U0137947

香料与香草

The Spice & Herb Bible

百科
全书

[加]伊恩·亨普希尔 著

许学勤 李才明 译

中国轻工业出版社

图书在版编目（CIP）数据

香料与香草百科全书 /（加）伊恩·亨普希尔
（Ian Hemphill）著；许学勤，李才明译. —北京：中
国轻工业出版社，2023.7

ISBN 978-7-5184-3801-3

Ⅰ.①香… Ⅱ.①伊… ②许… ③李… Ⅲ.①调味品
– 香料 Ⅳ.①TS264.3

中国版本图书馆CIP数据核字（2021）第266738号

版权声明

责任编辑：方　晓　贺晓琴　　责任终审：唐是雯　　整体设计：董　雪
策划编辑：史祖福　方　晓　　责任校对：朱燕春　　责任监印：张　可

出版发行：中国轻工业出版社（北京东长安街6号，邮编：100740）

印　　刷：鸿博昊天科技有限公司

经　　销：各地新华书店

版　　次：2023年7月第1版第1次印刷

开　　本：889×1194　1/16　印张：35.5

字　　数：680千字

书　　号：ISBN 978-7-5184-3801-3　定价：268.00元

邮购电话：010-65241695

发行电话：010-85119835　传真：85113293

网　　址：http://www.chlip.com.cn

Email：club@chlip.com.cn

如发现图书残缺请与我社邮购联系调换

180873K1X101ZYW

目录

前言

　　当一个人在香草农场长大，并在随后的50年间一直从事香草香料工作，很容易让人觉得其在烹饪时使用香草香料能够达到随心所欲的程度。然而，实际情形并非如此，多年来，人们一直向我提出很多问题，有基础的问题，也有独特的问题。人们最想通过每天与这些神奇自然产物打交道的人员，深入了解香料世界。本书基于笔者在此古老而有挑战性的行业中所积累的知识和经验，专门介绍香料的"内部故事"。

　　第一部分开头适当地解释了一些基础知识，也介绍了一些关于香草和香料的有趣事实。由于香料在不同国家食物和招牌菜中起着极为重要的作用，因此，我提供了一些日常香料使用的背景信息，也介绍了一些有关香料贸易历史的基本信息。本书还包括香料和香草各种用途和描述的技术信息，以及关于种植、干制和储存的一些基本信息。

　　第二部分（为方便快速查找参考文献）将按通用英文名称的字母顺序介绍各种香草和香料，同时给出相应的植物学名。这部分还包括使用、购买和贮存内容等基本烹饪信息。适当位置还添加了根据个人经验和旅行中收集的富于"地方色彩"的轶事信息。

　　第三部分介绍香料混合物艺术，以便读者自己制备混合香料。第二部分和第三部分均包括使用单独或香料混合物的食谱。

　　一旦了解各种香草和香料的特性，就可以将种类惊人的各种风味结合在一起，创造出令人难以想象的满意结果。希望读者能产生这方面的兴趣，并受到激励，最重要的是，希望本书能使读者了解日常烹饪中成功使用香料的艺术真谛，并获得更多的愉悦感。

伊恩·亨普希尔

Ian Hemphill

致谢

　　本书虽说是本人在香料行业一生的经验结晶，其中却也包含着多年来他人所分享的知识，并且，在本书旧版和新版的写作过程中均得到了他人提供的具体信息和支持。首先，要特别感谢我的妻子伊丽莎白，她一直支持我对香料的痴迷，并愿意随我为了找寻稀有香料而到热带闷热且远谈不上舒适的地方"度假"。撰写本书过程中，伊丽莎白的热情、常识和天才的编辑能力非常宝贵。我们的三个女儿，凯特、玛格丽特和索菲在我专注于此书写作时，给予了我所需的爱和精神上的支持。为有机会与我们的大女儿凯特合作，由她开发、测试和改进所有食谱，让我这位父亲感到非常自豪。我的父母约翰和罗斯玛丽，使我满怀热情撰写此书，并帮助反复校对原稿，提供了唯有父母才能给予的鼓励和指导。

　　香料行业类似于兄弟情谊，虽然我在香料贸易方面有无数朋友和同事，但如果没有印度香料委员会P.S.S坦皮博士的慷慨帮助，根本不可能写出一本关于香料的书。多年来，坦皮博士已经成了我的亲密朋友，我们都热衷于古老而令人陶醉的香料贸易。他帮助我们在芒格洛尔寻找有机香料种植者，在卡拉拉邦观看豆蔻拍卖，并参观古吉拉特邦香料研究机构。特别还要感谢已故尼尔·斯图尔特，二十世纪六十年代，我家第一次开始营销包装香草时，得到了他的宝贵建议。感谢：居住在土耳其的澳大利亚香料贸易商克雷格·塞姆普尔，安排我们参观了土耳其东南部的一些农场；西班牙埃尔克拉林的佩佩·桑切斯将我们偷偷带入孔苏埃格拉的藏红花节；河内的马克·巴内特曾帮助我们找到越南北部的决明子森林；澳大利亚北部纳珀比车站的土著妇女，以及珍妮特和罗伊·奇瑟姆；不丹农业部的尤登多尔吉和卡多拉；希俄斯乳香脂生产者协会的斯特拉斯·达马拉和他的女儿玛丽亚来；带我们去参观了科纳提岛上生长野生鼠尾草的克罗地亚斯克拉奇家族；许多其他为我们提供知识，并热情接待我们的农民、香料贸易者和商人。在澳大利亚，罗尔夫·胡舍尔一直是赫比香料和我们香料之旅的支持者。劳伦斯·隆尔根和休·塔尔伯特在我们遇到采购困难或技术问题时，常为我们提供知识和建议。

　　最后要指出，要不是我的经纪人菲利帕·桑德尔的坚持和支持，编辑埃尔斯佩斯·曼兹和凯瑟琳·普罗克特的耐心细致的关注，出版商简·柯里的热情和承诺，《香料与香草百科全书》一书的初版将永远不会出现。本书第三版包含更多有用的信息，包括97种香草和香料细节、66种香料混合物，以及170多种易于烹饪、令人垂涎的新食谱，这要归功于我妻子伊丽莎白的配方开发技巧和创造力，也要归功于受过传统训练并富有专业精神的爱女凯特。所有这一切都得益于罗伯特·罗斯公司出版商鲍勃·迪斯的支持，以及编辑朱迪丝·芬莱森、苏·苏梅拉和特蕾西·博尔迪安所提供的中肯的建议和对细节的关注。PageWave图片公司的凯文·科伯恩将如此多的信息通过诱人的版面设计呈现出来，这可谓一项壮举。

第一部分

香料世界

生活中的香料

你能想象一个没有香草和香料的世界吗？如果没有香草冰淇淋、肉桂面包或杜松子酒的杜松芳香味，该如何是好？设想一下，如果生活中没有罗勒香蒜酱、伍斯特郡酱、芥末酱、泡菜、辣椒酱、籽仁面包或配上浓郁的莎莎酱炸玉米饼，会成什么样子。大多数人每天都吃香料。辛辣食物并非如人们通常认为的那样一定是辣的，或许从现在起，应该把辛辣食物称为"加香辛料的食物"。另外，不要忘了形形色色、几千年来滋养和维持我们健康的药用香草和香料，事实上，许多现代药物都是由香草和香料的活性成分开发出来的。

"为食物配香辛料"，被宽泛地用于描述将小比例的几乎任何类型风味增强物质添加到菜肴中，以赋予其特定风味的行为。从人们经常需要考虑添加多少香料才能对大量食物产生有效影响这一角度来看，可以认为香料具有力道和功效的内涵特点。举两个例子，少量香草可赋予整桶冰淇淋香草风味，少量番椒和孜然可以使几千克豆子和碎牛肉变成美味的辣肉酱。

几千年来，人类一直在为食物添加香料，使其更加开胃、有助于保存，在极端情况下，香料还可掩盖食物本身非常糟糕的味道。两千多年前，开始出现香料历史记录，当时的香料是奢侈品，往往只有权贵才用得起。当时新出现的香料，其来源往往会被人为隐瞒而具有神秘色彩，因为香料贸易商希望能保持对这些产品的独家经营权。香料贸易非常有利可图：一次航行便有可能获得10倍于初始投资的利润。

香料贸易简史

以下介绍香料贸易简史，旨在使读者更好地了解这种古老的传统贸易对人类发展的影响，也是为了使读者能很好地感受香料对人类生活的重要作用。

来自多种文化的民间传说，表明香草香料已成为5000多年人类进化史的一部分。最早出现的有关使用香草香料的真实记录，可追溯到大约公元前2600年—前2100年的埃及金字塔时代。据说，当时建造胡夫金字塔的10万劳工食用过洋葱和大蒜。从那个时代起，人们不仅利用大蒜和洋葱维持生计，也利用其药用功效来保持健康。

公元前2000年

公元前2000年左右，从中国和东南亚进口的肉桂和桂皮成为埃及防腐工艺的重要组成部分。古代文明将令人厌恶的气味与邪恶相联系，而将甜美、干净的气味与纯洁和善良相联系。因此，人们产生了对令人愉悦香味的追求。

这一时期，用于食物调味的植物、用作药物的植物和用作宗教祭祀仪式的植物之间没有明显的区别。当某些叶子、种子、根和树胶被确认为具有令人愉快的味道和气味时，人们便逐渐产生对它们的兴趣。最终导致这些物料被用作调味品。人类可能已经感到药用香草和香料尝起来不是那么美味，但是它们的功效后来还是被健康从业者所欣赏和接受。人们赋予一些具有"天堂气味"的香料以宗教色彩，并且认为通过燃烧植物香树脂，产生烟雾，可将个人的虔诚传递给众神。

公元前1700年

叙利亚（古代美索不达米亚）一项考古挖掘发现了公元前1700年左右家庭厨房的丁香残留物。那时丁香只生长在印度尼西亚群岛的少数几个岛屿。人们只能想象，这些丁香到达这里前一定经历过环游世界的非凡旅程！

公元前1500年

1874年，德国埃及考古学家格奥尔格·埃伯斯发现了一份公元前1550年左右的文件，该文件现被称为《埃伯斯纸莎草书》。该文件包含与手术和内科有关的广泛信息，以及大约800种药物清单，所有这些药物都基于天然植物材料。埃及人将这些芳香性香草和香料用于药物、化妆品软膏、香水、熏蒸和防腐剂以及烹饪。

公元前1000年

巴基斯坦和印度西北部的印度河流域考古显示，公元前1000年之前，那里已经使用香草和香料。

公元前2000年到1000年间，阿拉伯人对从东方运输到西方的货物垄断创造了巨大的繁荣。当时，为现在欧洲部分地区供应香料的阿拉伯商人，对其产品来源故意保密，以此保护其商业利益。关于某些香料的起源，仍然存在许多不可思议的故事。几个世纪以来，这些商人假装月桂和肉桂来自非洲，并故意阻碍地中海进口商与相关的香料供应源发生联系，从而严格垄断了来自亚洲的香料。直到公元1世纪，罗马学者普林尼长老才提出，这些商人捏造了许多夸张的故事，以便提高其异国情调商品的价格。

公元前600年

亚述国王亚瑟巴尼亚（公元前668—前633年）建立的尼尼微大图书馆的楔形文字卷轴记录了一长串芳香植物，其中包括百里香、芝麻、豆蔻、姜黄、藏红花、大蒜、小茴香、茴香、芫荽和莳萝。

公元前300年

公元前331年—公元641年，希腊和罗马的香料使用量一直在增加。亚历山大大帝将希腊的影响扩展到了包括埃及在内的原波斯帝国的版图。从公元前331年开始，其征服导致地中海和印度之间出现希腊人定居点和商业点。这些殖民地位于被称为丝绸之路贸易路线的西部。亚历山大征服埃及之后，建立了亚历山大港，成为通往东方的门户；也是地中海和印度洋之间最重要的贸易中心。

公元100年

人们对季风推动帆船前进的作用，及逆向季风会阻碍帆船前进的知识，为建立从罗马、埃及港口直达印度马拉巴尔海岸胡椒市场的海路铺平了道路。

公元641年

641年罗马帝国的衰败，引起了香料贸易的重大变化。印度和罗马之间组织良好的商品贸易，因伊斯兰教蔓延而终结。阿拉伯人的征服破坏了统一的地中海，中断了传统的贸易路线，使当地商业出现了混乱和停滞。

最古老的油之一

很早的时候，亚述人就用芝麻制取植物油。

古埃及信息

《埃伯斯纸莎草书》的信息涉及八角、葛缕子、月桂、芫荽、茴香、豆蔻、洋葱、大蒜、百里香、芥末、芝麻、葫芦巴和藏红花。

科学基础知识

香草和香料在古希腊医学中起着重要作用。被称为"医学之父"的希波克拉底（公元前460—前377年）撰写的许多论文涉及药用植物，这些植物包括藏红花、肉桂、百里香、芫荽、薄荷和马郁兰。

公元800年

　　8世纪中叶，穆罕默德建立的大帝国从西部的西班牙延伸到东部的中国边境。穆斯林主要通过阿拉伯流动商人活动，其影响也扩展到了锡兰和爪哇。穆斯林传教士靠武力赢得印度宗教革命胜利后，开始在马拉巴尔海岸定居，并成为香料贸易商。

　　查理曼（公元742—814年），弗兰克斯国王和西方皇帝，是发展欧洲香草生产的重要人物。作为文学、艺术和科学赞助者，他首先在其领地组织大规模、有序的香草种植。812年，查理曼在德国皇家农场种植了许多有用的植物，其中包括八角、茴香和葫芦巴。

公元900年

　　641年（亚历山大的衰落）到1096年（第一次十字军东征）之间被称为黑暗时代。在此期间，有关欧洲香料的信息相当稀少。在意大利阿尔卑斯山北部，正常饮食中很少见到亚洲香料。所能获得的少量香料仅仅限于宗教团体和一些与香料联系紧密的商人使用。10世纪末的英格兰埃塞尔雷德法规规定，来自波罗的海和汉萨城镇的德国人，为获得与伦敦商人交易的特权，需要在复活节进贡，进贡品包括5kg胡椒。

公元1096年

　　第一次十字军东征发生在1096年。在此之前，有关近东的少量信息多来自旅行者的报道。此后，成千上万朝圣者接触到了叙利亚和巴勒斯坦的生活方式。其中之一就是尝到了香料食物等新奇美食的滋味。

公元1180年

　　亨利二世统治期间的1180年，伦敦商人建立了一个批发胡椒的行会。1429年，该行会成为批发公司。亨利六世颁布了批发销售规章，批发商一词由此出现。

公元1200年

　　13世纪的英格兰，1kg胡椒的价格为1英镑，此价格相当于现在1000多美元。当时，胡椒以粒计数被用作货币。相对而言，当时的香料比现在的要贵得多。在使非常乏味的食物或者气味强烈的猎物变得可口过程中，很容易理解香料所起的重要作用。

　　13世纪末，马可·波罗结束旅行并返回家乡。他讲述的惊人故事中，有神话般的中国财富，也有印度南部现称为泰米尔纳德邦人的生育能力。他极为准确地描述了爪哇岛和中国南海其他岛屿上大量种植胡椒、肉豆蔻、丁香和其他珍贵香料的故事。

公元1453年

　　君士坦丁堡在1453年落入土耳其人之手以后，对通往亚洲安全航线的需求变得更加迫切。由于奥斯曼帝国的扩张，使得旧陆地路线变得不安全，葡萄牙亨利王子因此派出了寻找通往印度的海路探险队。1486年，巴托洛梅乌·迪亚斯绕过好望角，确认可以通过海路到达印度洋。尽管克里斯托弗·哥伦布代表西班牙"发现"了新世界，但他的大量航海知识是在为葡萄牙人服务时获得的。哥伦布鉴定了香兰豆、多香果以及辣椒；后者属于辣椒家族，而不是他想要寻找的胡椒品种。

非常黑暗的年代

整个黑暗年代，欧洲的香草和香料主要由教堂种植，而且大多数都种植在本教会修道院花园中。在此期间，社会上到处是中世纪早期蛇油推销员所兜售的可疑香草。在这些自封药剂师们的观念中将想象与趣闻混在一起，炮制出各种产物，有些无害可作民间治疗用，有些是危险的堕胎药，有些号称是爱情药水，有些绝对是毒药。

公元1498年

瓦斯科·达·伽马于1498年抵达印度西海岸卡利卡特，完成了从非洲西部到东部的第一次海上航行。这是香料贸易史上最重要的壮举，因为它在最重要的香料贸易港口之间开辟了更快更安全的航线。

公元1520年

1520年费迪南德·麦哲伦航行通过巴塔哥尼亚海峡。一年后，经过艰难航行并付出许多船员死亡的代价，他到达了菲律宾。麦哲伦本人被杀，但有幸存者返回其国家，并带回了29吨丁香和许多袋装的肉豆蔻和肉桂。尽管这次探险付出了巨大的生命代价，但在经济上是成功的。

公元1600年

1600年英国人创立了他们的东印度公司，两年后，成立了联合荷兰东印度公司，称为VOC（Vereenigde Oost-Indische Compagnie）公司。这一非常成功的商业冒险，标志着英国人在亚洲建立了一个荷兰帝国。

公元1629年

荷兰巴达维亚号航船于1628年在阿姆斯特丹建造，专门用于从印度尼西亚香料群岛向荷兰运送香料。船的特点包括具有可通风的特殊货舱，以确保不使珍贵货物在通过热带的长途航行中受到破坏。可悲的是，船员中存在极大不安，部分人发起了叛乱，1629年6月，这艘船在澳大利亚西海岸遭到破坏。幸存者和叛乱分子间出现了可怕的一幕，许多人被屠杀。虽然巴达维亚号船一直没有从其所运输的香料中获利，但一定程度上由于上述可怕的结果，这一故事流传了下来。这是一则欧洲大陆早期历史故事，它发生在澳大利亚被英国人正式"发现"之前一个多世纪。

公元1770年

皮埃尔·普瓦弗（原名彼得·派博）是毛里求斯岛的一位法国管理员，该岛位于非洲东海岸，后来被称为法兰西岛。冒着被杀头的风险，他将丁香、肉豆蔻和月桂植物从荷兰控制的香料群岛走私出来。他经过多次尝试，证明这些植物可以在其原产地之外种植。他的成功为其他热带国家树立了模仿榜样。这一举措打破了荷兰人对丁香和肉豆蔻贸易的垄断局面。

公元1800年

在18世纪末，美国进入世界香料贸易世界。19世纪初期大部分时间，由于其托运人好斗的天性、快速的船只、经验丰富的水手等原因，使得塞勒姆在新英格兰港取得了苏门答腊胡椒贸易的实际垄断地位。在此期间，除了从1812年起美国港口受到英国封锁的三年战争期间，塞勒姆胡椒贸易一直在蓬勃发展。塞勒姆胡椒贸易随着1861年内战爆发而消亡。

一位大探险家的安息地

1524年，瓦斯科·达·伽马死于印度马拉巴尔海岸的科钦。他最初被葬在该市圣弗朗西斯教堂，那里至今仍可看到他的墓地。然而，他的尸体已于1539年被运回葡萄牙，并安葬在维迪盖拉一个镶嵌宝石的棺材里。

荷兰垄断

1605年—1621年间，荷兰人设法将葡萄牙人赶出一些产香料的岛，这使得荷兰垄断了丁香和肉豆蔻的贸易。

公元1900年至今

虽然香草和香料仍然在许多传统地区生产，但在20世纪，它们的种植变得较为分散。今天，几乎没有哪个国家能够垄断任何一种主要香料商品。印度、印度尼西亚、越南和马来西亚都是胡椒的主要生产国。中国和美洲建立了大量香料和香草种植园。同样，现代技术为加工、储存和使用香料创造了更为方便的新方法。但是，人们不应该忘记，世界各地交易的绝大多数香料仍然沿用着无数世代流行的方法进行种植。本书各章分散出现的题为"香料札记"和"香料贸易旅行"的内容，旨在介绍这些传统做法。

正如我们所知，香草和香料在商业世界的建立和进化中发挥着重要作用。虽然对香料的追求不再能够推动探索和商业发展，但这些天然商品仍然具有宝贵价值，并将在未来数个世纪继续为人类提供烹饪乐趣和药用功能。

从未满足

印度尼西亚虽然是世界上最大的丁香生产国之一，但它也是这种香料的净进口国，因为制造印度尼西亚独特的丁香烟，需要用到大量的丁香。

香料和香草有什么区别？

人们经常会问到的一个问题是"香草和香料之间有什么区别"？一般来说，通常将烹饪中用的植物叶子称为香草，而将干燥状态的各种其他植物部分称为香料。香料可以是芽（丁香）、树皮（肉桂）、根茎（姜）、果实（胡椒）、芳香种子（小茴香），甚至包括花蕊（藏红花）。称为香料的许多芳香种子实际上是从开花后的香草植物中收集得到的。芫荽是一个常见的例子：我们称其叶子为香草（芫荽），但其干燥的种子则称为香料。

那么，就像芫荽的茎和根可用于烹饪一样，大蒜和美味的茴香块茎也可用于烹饪。这些植物材料部分往往被归类为香草，因为它们通常像香草一样，以新鲜方式用于烹饪。

大多数香料的重要特征之一是以干燥形式使用。事实上，许多香料只能在干燥状态获得其关键风味属性。干燥期间，其天然存在的酶被激活，这些酶促使香料产生独特的风味。明显出现这种过程的香料包括丁香、胡椒和百香果。

由于大多数香料来自赤道地区（来自温带地区的种子香料，只能在开花后才能获得），所以很幸运，大多数香料无需以新鲜形式使用。香料可在恰当时节收获，干燥达到最佳风味效果，然后运往世界各地。干燥对香料的运输、交易和储存具有巨大影响——这是任何香料商品持续成功的先决条件。

烹饪用和药用的香草和香料

烹饪用香草和香料主要用于增添食物风味，它们可以在食物烹饪过程中加入，也可以在烹饪后作为调味品添加。许多烹饪用香草和香料也具有药用性，大蒜、百里香、丁香、肉桂和姜黄是典型的具有双重作用的香草和香料。

药用香草和香料专门提供其药用特性，并且通常具有强烈、令人不快的口味。由于本书作者不是医学专家，不便涉及医学领域，所以书中未讨论香草、香料的药用特性。人们普遍认为香草和香料中天然存在的高水平抗氧化剂和植物化学物质可促进身体健康，科学家正在积极探索它们的药用价值。按重量计算，香料含量达到产生保健作用的食品很少。

精油、油树脂、香精和提取物

人们经常提问精油、油树脂、香精和提取物这些通常用于香草和香料术语的定义。以下解释并非详尽无遗，但它们将有助于读者理解所遇到的这些术语。

精油是通过蒸汽蒸馏或通过机械粉碎和压榨过程，从叶、茎、根或种子之类天然原料获得的芳香产品。这些有效蒸馏物是调香师和调味师们使用了几个世纪的基本原料（遗憾的是，现在大多数香水和许多风味剂都是通过巧妙的化学提炼工艺得到的产物）。

如今，人们常常会听到关于芳香疗法用的精油。大部分香薰精油来自香草和香料。但是，应告诫厨师不要试图在烹饪中使用香薰精油，因为它们不是为人类食用消费而制造的。这类油有些可能含有毒素，或者由于浓度过高，如果摄入可能会有害。我父亲常购买一种非常昂贵的玫瑰天竺葵精油，用来与鸢尾根粉和肉桂粉混合，再加入香草、鲜花混合物，产生他所喜欢的香气，但它绝对不可食用。

油树脂利用特定挥发性溶剂提取生产。萃取后，溶剂通过低温真空蒸发除去。最新方法是用二氧化碳作溶剂萃取生产含油树脂；该过程产生完全不含溶剂残留物的最终产物。油树脂含有所有原始香草或香料存在的风味物，并且，与只含挥发性香调的精油风味相比，它能提供更宽泛的风味谱。出于这个原因，油树脂很受食品制造商欢迎：添加这类香料风味无须考虑因作物而异的风味强度。油树脂不能供家庭使用，因为在家庭厨房中不方便正确稀释，也不方便加到食物中。

香精用于描述某些基本风味物，它可能是天然的，也可能是人造的。因此，香兰香精可以是天然香兰豆的提取物，也可以是完全不同的东西，根本不含任何真正香兰的成分。尽管如此，因为其风味像香兰（这一点值得讨论），代表了香兰风味的精华。

提取物根据定义应是天然的，因为提取某物质的唯一方法要从真实材料开始。例如，香兰提取物是通过将香兰豆浸泡在酒精中制成的，是带有香兰风味的酒精提取物，这种提取物以悬浮液状态存在。这种只含香兰素、酒精和水的提取物，也被称为香精，因为它也代表了香兰素风味的精华。多数食品法规要求人造香精都要出现在商标中，所以要经常查看标签（任何情况下这都是一个良好习惯），看看是否有人造香精一词。

自己种植香草

本书力争将几乎各种可能遇到的烹饪香料、香草包括在内。有些可能很难找到，但希望读者能够发现它们，发现香料的部分乐趣在于找寻。

虽然香料生产可能相当复杂，并且取决于非常特殊的气候和土壤条件，但您可能希望种植一些（难以以新鲜形式获得的）香草。自己种植可以非常令人满意。

香草可以很好地栽培在花园的盆罐中，这些盆罐可置于所喜欢的位置。要成功栽培香草，就要了解它们的基本需求。由于种植香草的主要目的是日常烹饪使用，所以建议将它们种植在方便取用的地方。"厨房花园"的最佳位置应当既方便取用又能够观赏。

香草通常很健壮，需求很简单。毕竟，它们已经存在了几千年，并已证明，无论有无人工干预，它们都能生存繁衍。但是，需要遵循一些基本准则。香草和人类一样，需要阳光和新鲜空气。很少有能在室内良好生长的香草，香草生长在室外，可以获得充足的新鲜空气。

许多香草的生长只需一个季节，然后作为其自然生命周期的一部分而死亡。这是一年生和多年生植物之间的区别。罗勒、芫荽、茴香和莳萝等，一个生长季节完成一个生命周期；一些生存两年的植物，如亚历山大、葛缕子、芹菜和山萝卜，被称为两年生植物。生长超过两年未死亡的香草属于多年生植物，如百里香、迷迭香、牛至和月桂，多数多年生植物是相当健壮的灌木。

一些一年生植物，如芫荽和罗勒，在温暖气候中生长很快，开花早，产花多，结籽后衰亡。这种看似不可避免的命运可以延缓，但不能无限期推迟。建议花蕾一出现就摘掉，将它们扼杀在萌芽状态，这可防止香草开花，然后结籽和过早衰亡。

盆栽香草

香草同样可在罐、盆或吊篮中生长。只需要了解一些细节就可获得成功。

应确保容器足够大，以适应植物根系生长。对于灌木来说，基本经验是盆的深度应该等于植物的高度，因此，如果要种植高度约20cm的常见园栽百里香，则应确保容器深度至少等于此高度。对于月桂之类的灌木，盆的深度可以是成熟植株高度的三分之一左右。

应使用优质封盆混合物，商业封盆混合物已是能够提供保水性和适当排水之间最佳平衡的混合物。应将一些混合物放在盆底石子或碎陶片上，以确保其能有效排水，又不使土壤通过底孔漏掉。盆的放置位置取决于具体香草。虽然几乎所有香草都应置于室外，但它们的习性偏好范围从半遮阴和良好遮蔽到充分暴露于阳光和自然环境不等。

最重要的是，不要忘记浇水。如果忽视浇水，园栽草本植物会发展根系以吸收水分，可以在疏忽浇水情形下存活下来。然而，盆中生长的香草则完全依赖于持续浇水。如果盆完全干涸，根部无处发展，就会失去水分。应将盆栽香草看成笼子所养的金丝雀一样：它们必须每天都得到照顾！

购买植物

可以从零售商处购买各种香草和有限种类的香料植物，如芫荽、（用于种子的）莳萝和茴香，以及（用于根茎的）姜、姜黄和高良姜。苗圃和花卉商店往往备有最齐全的香草，超市和杂货店也经常出售这类植物。可询问售货员它们是否已经"壮实"。一些大规模生产商会直接在温室出售香草植物；它们暴露于自然条件下时，可能会受到冲击，这有可能导致植物死亡。

自己繁殖香草植物

适合香草和香料的繁殖类型主要有四种：分根、插条、压条和播种。

分根

分根最适合薄荷等草本植物，这类植物会扩散并长成相当大的植物丛。使这类植物保持健康并繁殖更多植物的方法之一是将它们分开。将一些植物从丛中掘出可以方便地做到这一点。小心地将20cm根系分成4~5cm的小根系，并重新种植。

插条

插条生长是一种古老的繁殖形式。这种方法包括取一段植物并将其培养出根。插条方法最适合木本香草、香料，如迷迭香和百里香以及树木，如月桂、肉桂、多香果、丁香和肉豆蔻等。

进行插条操作要使用锋利的刀或修枝剪。将长度约10cm的较结实尖端（分枝末端）切割下来，枝条从茎叶正下方切割。将切割枝条下部4cm处的叶子摘掉（这部分将埋在沙子中），留下至少三分之一的叶子在顶部。准备插条时，务必向上将树叶摘掉，也可使用枝剪将叶子剪掉，以免撕裂树皮。

从母株中截取插条（英文术语为"striking"）后，将插条保持在水中或用湿布包裹，直到准备将它们种植在沙子中，要确保插条不会枯萎。使用苗圃提供的粗河沙，将其坚实地装入盆中，不要使用沙滩沙，因为它们太细，并可能带有含盐残留物。切勿将插条直接插入沙中，因为这会损伤插条并会影响其成功地生根。首先，要用比插条稍粗的棍子或铅

种植插条

插条只需相距约2.5cm，可以在一个盆中栽种几个插条。将盆放在半阴的地方，这样太阳光线就不会太快地使沙变干或灼伤插条。根据天气情况，几周后插条将生根。此时，可以将它们分开置于盆栽土壤中，使它们在各自盆中生长，而后，可将它们再种植到较大盆中或花园中。

笔在沙子上钻洞。使插条末端湿润并将下部1cm浸入合适（可从苗圃购买）的生根粉中。抖掉多余的粉末，将插条三分之一长度的下部插入沙孔中。使沙子至少盖没过两个节（茎上生叶的部分称为"节"）并将插条周围的沙子按结实。浇水并确保始终维持插条湿润。

压条

通过压条进行繁殖的工作原理类似于插条，不同之处在于不在形成根以前将枝条从母株上切割下来。压条方法最适合具有水平方向枝条或枝条很容易弯曲到地面的植物，如法国薰衣草（*Lavandula dentata*）。

选择枝条长度并将其弯曲到地面。如同插条法，将准备埋入地下枝条长度最后5cm处的树叶仔细修剪。将几个叶子节点弄湿，涂上生根粉，并将它们埋在地表面下方2.5cm处。最好在茎秆上套一小铁丝环，并插入地面，以防止茎秆弹回。保持该区域有充足的水分。几周之后，可以拉起会生根的压条茎秆，然后将其从母株上切下。以后，枝条可以依靠自身新发的根系，成为独立生长的植物。

播种

香草也可以用种子种植。应将种子播种于河沙和土壤对半混合的混合物中，它们可装在直径约20cm的盆中，也可装在浅槽中。用木块夯实沙土混合物，在表面形成约5mm深的沟槽。将种子撒在沟里，理想情况下，每粒种子之间应该留有小间距。用无结块沙土混合物覆盖种子。再次夯实表面并使整个表面有良好浸润性，但动作要轻，以免种子受到扰动或移位。

始终保持苗床湿润，如果苗床在短时间内变干，萌发可能会停止。将容器放在水平表面上（这有助于防止意外过度浇水或大雨将所有种子冲到一端）。当幼苗长成约5cm时，小心地将它们从苗床中取出，并重新栽种到其他盆中，以便小苗生长。当种苗长到合适大小时，将它们移栽到大盆或花园中。

自己干燥香草

自己种植香草，就可以自己干燥香草，并可以得到满意效果。最适合家庭烘干的香草包括百里香、鼠尾草、马郁兰、牛至、迷迭香。以下内容主要讨论香草干燥，因为多数家庭不栽种香料。一些香料（例如辣椒、胡椒和香兰）的干燥细节在香料清单部分讨论。

自然空气干燥香草束

对捆成小扫帚大小的香草束进行干燥，是许多国家仍然在使用的传统方法。将这些香草束放在避光、温暖、干燥且通风良好的地方长达一周。香草干燥所需的时间取决于相对湿度。在湿度较低的气候条件下，干燥可能只需要几天。希腊、土耳其和埃及是干香草生产大国，这些国家的气候使种植者无须昂贵耗能的脱水机就可对香草进行干燥。

当感觉香草叶子完全清爽干燥时，可将它们从茎上剥离下，并存放在密闭容器中。如果感觉叶子柔软或呈革质，则还不够干，储存时会发霉。

在架子上风干香草

对于爱好者来说，用木头制作方形干燥架子并不困难。长宽45cm的正方形，深10cm的框架较适宜。架子底绷上防虫筛布，用尼龙绳或钉子固定。如果将除叶子摘下并丢弃茎，香草将更快干燥。这样不会出现较薄叶子与较粗茎秆同时脱水的情形。将叶片松散地铺展在架子上，深度约为25cm。将架子放在避光、通风良好的地方，让空气能够自由流通。

商业种植者面临的一项特殊挑战是，由于每种草本植物都有自己的结构特征，每种草本植物的干燥程度会有所

最好用新鲜香草干燥

摘取自己栽种的新鲜香草，可得到最佳干燥香草。从商店购买的新鲜香草可能是冷藏保存的，也可能收获后经过长途运输。非新鲜采摘的香草经常会在叶子上产生变色斑，这是由氧化或部分发酵所引起的。这类香草干燥出的产品品质和颜色较差，并且效用也较差。应在早上露水干后，白天的炎热使香气降低之前采集香草。

不同。叶片大小、密度、水分含量和许多其他物理属性将导致每种香草要以不同的方式脱水。这意味着自己晒干香草时，往往需要不时注意适当干燥的香草是否已经具有发脆质地。

在烤箱或微波炉中烘干

香草也可以在常规烤箱和微波炉中干燥。在传统烤箱中烘干香草，要将其预热至约120℃。将茎秆上的叶子摘下，单层铺在衬有羊皮纸的烤盘中。将烤盘推入烤箱，关闭热源并使门开一小缝。半小时后，取出香草，再次预热烤箱，并重复以上过程。重复干燥直到叶子变干变脆（这可能需要重复3~5次）。

用微波炉干燥香草，要将叶子从茎上摘下，并将香草叶单层铺在纸巾上。将半杯水置于旁边，用大火微波加热20sec。取出所有干燥发脆的叶子，继续微波干燥10sec，每次取出干燥的叶子，直到所有叶子干燥。这样做不会损坏微波炉，因为除了几片叶子以外，杯子中的水仍然会吸收微波能。

一种简单的选择

另一种不用按第10页上介绍方法制作架子进行干燥的方式，是将香草叶在纸上铺开。每天或每两天翻转叶子，因为在纸上不能像筛布那样可使空气流通。

购买和存储香料和香草

储存新鲜香草

大多数新鲜软叶香草，如罗勒、山萝卜、芫荽、莳萝、欧芹和龙蒿，可以装于水杯中在冰箱中保存长达一周。香草用洁净冷水清洗后，将其2.5cm茎部浸入水中，并用干净的塑料袋盖住叶子。具有较硬茎秆和较健壮叶子的新鲜香草，如百里香、鼠尾草、马郁兰和迷迭香，在室温下可以在水中，并暴露在空气中保持长达一周。无论采用何种方法，均需要每隔几天更换一次水。

许多香草采用冷冻方法可储存更长时间。枝条用锡箔包裹可使硬茎香草得到很好冷冻，冷冻后可将香草装入可重复密封的袋子中。较软香草的便捷冷冻方法是使用冰块托盘。将香草切碎（对芫荽之类可以整株利用的植物，可将叶子、茎和根一起切碎）。将切碎的香草填充至托盘三分之二位置，加水刚好没过香草，然后冷冻。冷冻后，将冷冻方块装入可重复密封的袋子中（以防止其吸收其他食物的不良气味），并储存在冰箱中。

购买时的注意事项

购买干燥香草和香料时，不要购买用纸板或低阻隔性塑料包装的，尽管它们的价格通常较便宜。劣质的包装会使挥发性油分逸出、氧气进入，这意味着产品在购回家时可能已经在劣变。

从散装箱中舀出的香料看起来很棒，并感觉具有诱惑力。然而，它们可能已暴露于昆虫、细菌和大量空气中。它们也可能被其他产品交叉污染。带有安全盖子的罐子较好些，但仍然不理想，除非这些罐子得到适当密封而不透气。当罐子将近清空时，香料或香草表面会暴露在空气中，从而使这种容器的有效性降低。最新包装材料（多层高阻隔材料可再密封包装袋）非常有效。重新密封之前，可以将这些包装中的空气挤出，因此，内容物可持续较长时间。

储存干香草和香料

如果要将干燥的香草和香料放在调料架上展示，应避免将架子放在阳光直射的地方，并仅将整体香料或经常使用香料用这种方式存放。各种具有精致细胞结构的干燥香草（如韭菜或欧芹），以及各种不经常使用的香草，最好保存在食品柜内，避免受到光线、热量和湿气的影响。

通常不建议将干燥的香草或香料存放在冰箱或冰柜中。当包装从冷环境中取出时，会产生冷凝水，从而引入不需要的水分。但是，如果生活在非常炎热的气候环境，或者有几个月不会再使用的香料，则最好存放在冷藏室。打开包装之前，应将其复温至室温，并确保所有冷凝水迹全部消失。

制备的香草香料

市场上越来越容易买到用瓶子和罐子装，密封后冷藏的"新鲜制备"香草和香料。这类产品可以很好地替代新鲜的香草香料。然而，由于保藏需要用到醋、糖或食用酸之类添加剂，因此香味中有时带有甜味、咸味和/或酸味。使用这些产品时，要先对其进行品尝，再调整制备菜肴的甜味、咸味或酸味。

不要从包装容器中直接取用香草

应避免在热气蒸腾的平底锅上摇晃包装容器或将香草倒入锅中。蒸汽会在包装容器口内部凝结，而蒸汽冷凝水会使香料变硬或更快地氧化，更糟糕的是，可能形成霉菌。

保质期和储存

　　香草和香料（即使是已经干燥过的香草和香料）的香味均来自其细胞结构中的挥发油和油树脂。随着时间推移，所有香草和香料都会变质，随着挥发油的逐渐蒸发，香味、香气也会消散。因此，尽量不要购买太多干香草和香料存放于食品储藏室。应在保质期或最佳使用期限之前用完香草或香料。春季进行大扫除时，要坚决扔掉任何超过其使用日期的香草和香料。配餐中不值得添加任何失去风味的东西。也不要试图简单地增加旧香料用量。这类香料已经失去芳香挥发性头香，但含在油树脂中的风味还未变质。这类香料使用过量可能会引入刺激性的苦味。

　　如果想知道香料是否仍然可以使用，只需闻一闻。如果能闻到一些香气和刺激性，它们应该没问题。要检查整体性香料的新鲜度，需要用刀（肉桂棒或丁香）或用磨碎机（用于肉豆蔻等香料）将香料块弄碎。每次烹饪使用任何香料，都要先嗅一下（辣椒片和辣椒粉除外）。熟悉香料的香气，有助于了解香料品质的好坏。此外，应当熟悉食谱中使用什么香料最适合所制备的菜肴口味。

买家要小心

　　从不熟悉的交易商或丰富多彩的异国市场购买香料时要小心。香料和香草都是会发生许多变化的农产品。这些变化如何影响香料和香草，将分别在有关章节中讨论。一些值得注意的共性因素如下：

- 购买藏红花时要非常小心。它是世界上最昂贵的香料，也是最经常被作假的香料。
- 寻找袋中存放香料的虫害。
- 确保香料装在带名称的密封袋中，许多国家海关和检疫官员不允许旅行者携带不明物质。

测试干燥香草的新鲜度

为了测试干燥香草的新鲜度，可将几片叶子放在手掌中用拇指来回擦拭。当香草变成粉末时，可闻到因摩擦动作和手温引起香草产生的香气。如果香气明显并令人愉快，则香草应该可以使用。如果出现霉味或陈旧草屑之类的气味，则将香草扔掉。

质量控制和最佳实践

　　尽管香料行业在运输、包装、储存、营销和使用方面已经有最新质量控制要求，但在农场层面，大多数香料、香草的收获和干燥仍然采用实行了几个世纪的方法。几乎所有销售的胡椒都要经过精心挑选；每根正宗肉桂棒在斯里兰卡都是由人工用传统肉桂削皮器剥离和卷滚而成；每朵香兰都经过人工授粉，每个香兰豆荚均在腌制过程中受到数十次处理。因此，许多香料携带来自土壤、粪便和人体的大量细菌，这并不奇怪。

　　1986年，我在出席印度世界香料大会时，发现印度代表无法理解西方人对清洁的突出要求。他们认为，香料中大部分细菌都会因烹饪加热而被杀灭。西方人的香料使用方法使得清洁成为一个问题：人们通常使用香料时不一定对其进行消毒。例如，在加热灯下保暖的干酪上撒胡椒粉，同样在鸡蛋上撒辣椒粉，都是细菌能够生长的高风险情形。

　　香料行业随后采用环氧乙烷（ETO）对香料进行消毒的措施；然而，这种物质被确定为高浓度致癌物。现在大多数国家都禁止使用ETO。除了提高农场的清洁标准外，可行的替代方案只剩下两种：辐照和各种形式的热灭菌。

　　辐照涉及将食物暴露于低剂量电离辐射中，电离辐射可杀死大多数细菌和昆虫幼虫。该方法广泛用于医疗产品消毒，并且在许多国家被允许用于食品消毒。然而，消费者一般不太愿意食用受过辐照的食品。而且，由于任何受辐照产品必须加上标记，因此，迄今为止未见有主要香料供应商采用这种做法。关于辐照安全性的辩论仍在继续，而对于多数人来说，还都是旁观者。

　　热灭菌是减少香料中细菌的最常用方法。这种方法主要是用过热蒸汽对整体香料进行处理，用足够强的瞬间热量杀死大多数微生物，同时又不会影响风味。然后在非常干净的环境中研磨香料。

有机是否更好？

　　如何看待购买有机香料？几年前，我和莉兹参观了印度芒格洛尔的一家有机香料农业合作社。我们希望了解当地农民为何愿意回归有机农业。我们得知，几年前，一些运往发达国家的胡椒被拒绝接受，原因是这些胡椒中含有大量农药残留（有趣的是，这些残留的农药正是同一发达国家出售给印度人的）。结果，一些农民决定回归其前辈使用了几个世纪的农业方法。

　　有机香料和香草越来越容易获得。然而，尽管我们可能想要相信它，但有机认证并不是质量的保证，它仅涉及认证机构的化学品使用标准。在我看来，有机香料与非有机香料相比，只有当风味相当或优于后者时，或者如果对化学品特别敏感时，才值得花高价购买。经常被忽视的是，大多数发达国家对进口食品中的化学残留物都有严格的标准，这缩小了标准产品和有机品之间的差距。

陈旧就是陈旧

有一种误解，认为对旧香料进行烘烤会让它们变得清新。加热或烘烤旧香料时会驱散一些残余的挥发性香气，并产生一些新烘烤气味，但这种香料的香气活力不会得到恢复。

清洁很重要

由于香草清理最好在农场进行，因此，印度香料委员会等政府组织在建立实用的香料生产标准方面做了大量的工作，这种标准通过官员现场向农民宣传实施。

有机种植

香料的消耗量相对较小（一餐少于10g或更少），因此它们的有机状态重要性远远不如蔬菜、鸡肉或牛排之类人们进食量较大的食物。

使用新鲜和干燥的香料香草

如今，在香草和香料行业，新鲜是最常被滥用和误用的术语。零售商说的"新鲜"香草和香料，是指未经干燥、冷冻或以任何方式加工过的产品。某些情况下，最好使用新鲜产品。例如，在泰国烹饪中，为了获得经典风味，要使用新鲜芫荽叶（香菜叶）、生姜、大蒜、柠檬草、酸橙叶和辣椒。但是，有一些菜肴，例如墨西哥巧克力酱，绝对需要焦糖化的干果果味。用新鲜番茄配成的意大利色拉最好用新鲜罗勒搭配，但肉酱则总是用由罗勒、牛至、百里香和月桂叶制成干香草搭配。

干香草具有更强劲、浓郁的风味，这种风味更容易加入菜肴并在其中扩散。由于它们是干燥状态的，其中的精油可以很容易地从叶子结构中释放出来，增加诱人的风味。如果特别喜欢新鲜香草风味，则可在烹饪结束前10~20min时添加。这样，烹饪热量不会破坏微妙的新鲜头香。总而言之，决定使用新鲜还是干香草时，需要考虑最宜使用的香草状态（当然，由于季节或供应方的原因，有时只能凑合使用某种状态的香草）。

为什么干燥的香料香草如此受欢迎？

几个世纪以来人们对香草和香料进行干燥有各种原因。干燥的主要原因是为了能将它们保存起来，以便以后使用。然而，一些香草和香料干燥的第二个重要原因是，烘干或风干过程发生的酶促反应可产生人们喜欢的独特风味。例如，当胡椒在阳光下晒干时，它们会变黑并形成挥发性油胡椒碱，这种物质使胡椒具有独特的风味。在风干之前，香兰豆是绿色无味的。经过几个月的窑干和风干过程，产生了人们所熟知和喜爱的香兰风味，这种香味来自干燥和风干过程中酶作用形成的物质。胡椒和香兰干燥过程发生的酶促反应，也可使丁香、多香果、肉豆蔻和豆蔻之类的香料充分形成风味。干燥的第三个主要作用对香草特别明显，干燥可使香草成为容易提供风味的形式，干燥也能提高风味效果。设想一下，如果用新鲜胡椒薄荷叶制作一杯胡椒薄荷茶会是一种什么情形。结果是茶的风味会非常淡，功能性挥发油的含量也很低。干胡椒薄荷叶则容易在热水中扩散，产生人们所熟悉的特征性风味。

使用整香料还是香料粉？

什么时候应该使用整香料，什么时候应该使用香料粉？这取决于烹饪方法和提供风味的最有效方法。例如，可以在炖煮时将整块肉桂棒加入水果中，这种做法可使肉桂味浸入水果，同时保持液体清澈，使用肉桂粉则会使汤汁变浑。但在制作咖喱、用于蛋糕和曲奇饼的面粉、香料混合物，或在烹饪前将香料与肉混合时，应当使用香料粉。香料粉容易与其他成分混合，与整香料相比，磨碎后的香料粉更容易提供风味。

如果使用电动研磨机，应注意不能过度研磨。大多数用于香料的电动研磨机都是经过改造的咖啡研磨机，因此，任何比咖啡豆更硬的香料，都会随着时间的推移而使研磨机受损。对于正宗的香辛料，应使用可靠的研钵和研杵进行研磨，这是几千年来厨师最有用的

干燥与新鲜香草的正确用量

香草干燥时要除去水分。这样，留下的干枯叶子尺寸会大大缩小，但仍然含有相同数量产生基本风味的油。换句话说，可以将干燥香草看成是新鲜香草的浓缩状态。因此，使用干香草的一般法则是，干燥香草的用量应在新鲜香草用量的四分之一到三分之一之间。然而，大多数干燥香草确实失去了人们所说的"新鲜挥发性头香味"。这些新鲜状态的头香味，在芫荽叶、罗勒、柠檬草、香葱和欧芹之类香草中尤为明显。即使是新鲜辣椒风味也有完全不同于干辣椒的头香风味。

工具之一。

有些厨师认为应该始终购买整香料，然后自己将其研磨成粉，如果不能确定市售香料粉的质量和新鲜度，这不失为一个好主意。对于不经常使用的香料，与香料粉相比，其保质期较长。一般来说，按建议的方式储存（见第13页），整香料的保质期有3年，而香料粉在12~18个月后就开始失去风味。市售的优质香料粉和现磨的香料粉一样，同样具有很好的风味。因此，如果使用很多香料，还是使用现成磨好的香料粉比较方便。

烘烤有助于改善风味吗？

有些厨师认为，烤香料会使其风味出来，但这是不对的。烤香料会改变其风味，就像烤面包的风味不同于面包一样，烤香料的风味也会不同于未烤香料的风味。烤香料是为了产生更多风味和增加风味强度。大多数印度咖喱都会用烤香料强化风味，但人们从不将烤过的肉桂、多香果、肉豆蔻或生姜添加到蛋糕中。我也不喜欢在鱼和蔬菜菜肴中加入烤过的香料，因为未烤过香料仍可保留其所带有的较细腻、清新的头香风味，这类食物不宜用烤香料所具有的浓郁、深层烘烤风味调味，烤香料较适用于红肉之类食物。

整香料和香料粉都可以焙烤，许多厨师喜欢焙烤整香料，同样，他们也喜欢购买整香料。但是，优质的新鲜香料粉同样也能很好地烘烤。为了焙烤整香料或香料粉，可将它们放在厚底盘，置于炉子上进行焙烤，直到它们即将烫手（如果太烫，香料可能会烧焦，使它们变苦）为止。将香料加入热锅中并不断摇晃，可以避免出现粘锅或燃烧现象。香料出现香气并开始变暗时，说明已经得到充分焙烤，这时就应该将其从锅中倒出，使其完全冷却，然后储存在密封容器中。烤过的香料要在一两天内用完（烘烤后，挥发性油会更快地氧化，并且风味会很快变差，所以不要存放超过几天的烤香料）。

第二部分

香料札记

　　这部分内容旨在提供97种香草和香料的快速查询信息。之所以选择这些香草和香料，是因为它们最常用于烹饪或具有特别有趣的历史和烹饪应用。每一条目所包括的细节内容则根据我对消费者兴趣爱好的了解进行选择。我曾经从事过香草和香料行业的大部分工作，童年时期种植过香草，20世纪90年代中期开始在新加坡经营香料公司，开展自己的香草、香料业务。数十年的讲座和课程，以及与包括厨师和食品制造商在内的各种消费者交谈，让我深入了解到人们的兴趣所在。

　　过去的18年里，我妻子伊丽莎白和我一起为我们设在澳大利亚悉尼的赫比斯香料（Herbie's Spices）公司，进行过广泛的业务采购旅行。我们还定期前往印度展开香料探秘旅行。由于工作和旅行，我们很幸运地体验到了香料贸易的诸多迷人之处，我觉得读者可能对这些感兴趣。我在这部分内容中描述了一些（我认为）有用的事实和轶事，我相信读者也会感兴趣。

如何使用香料和香草条目

香料和香草按通用名称字母顺序列出，通用名称下引用植物学名。每一香草、香料使用的各种标题如下。

俗称

这是最常用和熟悉的香草和/或香料的名称。

植物学名称

许多植物，包括收获香料和香草的植物，都有各种各样的名字。这些命名变化常常显得非常混乱，对于消费者来说尤其如此。为了防止混淆，我已经在每个条目中包含了每种植物的学名。尽管科学家们仍然可能会争论植物之间的某些科的关系，但植物学名确实提供了一种普遍接受的植物分类系统。

第一次对植物进行分类的尝试是希腊哲学家泰奥·弗拉斯托斯（Theo Phrastus）在公元前4世纪提出的。泰奥·弗拉斯托斯将植物分为草本植物、灌木或乔木。当时，英文"herb"一词仅用作植物大小的参考；它并不表示任何烹饪或药用属性。接着出现的植物命名方面的重要贡献，由卡尔·林奈（Carl Linnaeus）在1753年完成。在他的开创性的《植物种志》中，提出了花的形式存在差异。这种分类方法根据具体特征对植物进行分组，然而，这并不一定表明它们与其他类似植物有遗传共性。林奈给每个植物的命名分为两个部分，一个是属名，另一个是种名。这种命名法一直沿用至今，因为用拉丁语命名，使得该命名系统具有普遍性。完整的植物学名，后面通常是首先描述相应物种的植物学家的姓名（或其缩写）。因此，以小豆蔻为例，绿豆蔻的植物学名是*Elettaria cardamomum* Maton，*Elettaria*是属名，*cardamomum*是种名，Maton是首先描述它的植物学家姓名。

科

另一共同层面是植物所属的科。许多植物具有足够相似的特征，我们可以将它们放在同一个科。绿豆蔻的科名为姜科（Zingiberaceae），它与姜和高良姜属于同一科，它们都通过根茎生长。一些科名已被更改，以便更准确地反映其共性。例如，伞形科（Umbelliferae）包括了带有伞形花的植物。这个科名的英文名已经改为"Apiaceae"，它更准确地描述了具有空心茎的植物——这个名字来源于拉丁语apium，罗马人使用它来描述一种类似于芹菜的植物。在植物学界，仍然同时接受这两个科名。当一种植物具有新旧两个科名时，例如，旧科名为Umbelliferae（伞形科），新科名为Apiaceae（伞形科），则旧科名要列在新科名之后。

其他品种

有些植物有不同的品种，例如"罗勒"分甜罗勒、灌木罗勒、紫罗勒、樟脑罗勒和圣罗勒（仅举几例）。一些品种通过异花授粉自然发生，其他品种由植物育种者开发。刻意创造的新品种，称为栽培种。由于大多数香草和香料不会大面积种植，也不像水稻和小麦那样属于大宗作物，至今我还未知是否已开发出任何转基因品种。有些时候（如罗勒），列出了同一植物的其他品种名，也给出了相应的植物学名。

其他名称

如上所述，植物的俗名可能会有很大差异，具体取决于植物的种植或购买地点。例如，黑种草（nigella）籽通常被错误地称为"黑孜然"和"黑洋葱"种子。印度藏茴香（ajowan）籽的英文名也被称为"bishop's weed""carum"和"white carum"籽。使用这些"别名"而不是通用名称，通常会使消费者感到非常困惑，例如，芫荽叶通常被称为香菜。

由于香草和香料的名称经常被翻译成其他语言，因此英文常用名称的拼写可能会有很大差异。然而，它们听起来应该是相似的——许多英文名的拼写是由最初非罗马字母名字得到的最佳音译名形式。例如，中东香料漆树的英文拼写可能是sumak，sumach或summak。在实践中，不能说一种形式比另一种形式更正确。但是，为了建立一致的标准，我尽可能使用了最常见的名称拼写。

风味类型

香料分为五个主要风味类型：甜味、辛辣、刺激、热辣和混合型。属于咸味型的香草，可进一步分为温和、中、强或刺激。香草香料风味类型是这些配料在烹饪中使用比例的有用指南。如果知道某一香料是刺鼻的，就应注意它的使用量！这些分类在制作香料混合物时特别有用。在第三部分"混合香料的艺术"中，讨论了将这些不同风味组合在一起，以实现香草和香料的平衡混合效果。

利用部分

我们在此标题下列出了所使用的植物的各个部分，无论它们是干燥的还是新鲜的，也无论它们是被称为香草，还是被称为香料。

背景

香草和香料的一些最有趣的方面是它们不同寻常的起源和丰富多彩的历史，因此我们为每种植物提供了简短的历史描述。

香料札记/香料贸易旅行

在与香草和香料打交道的过程中，有过许多有趣的经历。我觉得有些内容值得分享，所以在相关条目中加入了这方面的内容。我希望读者会喜欢这些故事，但也许更重要的是，我希望读者会发现这些信息可以提升自己对香料和香草的喜爱。

植物

此标题下，我使用易于理解的术语对植物进行通俗性描述。有时包括有关繁殖和生长条件的相关信息，然而，本书主要关注的是这些植物的烹饪用途，因此园艺信息绝对是次要的。如果读者有兴趣了解更多，可以参见前文有关自己种植香料和香草的一般性描述。这部分包含的风味特征，有助于识别和增强对香草和/或香料的理解。

"其他品种"部分提供了主要条目植物开头所列品种的更多详细信息。包括相关植物信息，以及这些植物所具有的，可能与主条目植物相混淆的不同性质。某些情况下，我提到了不可食用但具有相似名称的植物，以避免混淆。

加工

每一主条目本包括了关于植物如何加工的内容，因为在许多情况下，加工方法是决定独特风味特征的重要因素。

采购与贮存

无论是在你家附近的超市购物，还是到专门的香料店采购，或者在伊斯坦布尔市场讨价还价，了解香草和香料的购买注意事项，都有助于购买到最好的产品。一旦香草、香料购回家，适当存储对于获得最佳效果至关重要。

使用

本节内容是对出现在配方后面注释的延伸，有助于读者在烹饪中自信地使用这类香草和香料，而无须特定配方。

烹饪信息

可结合的物料

就像马和马车一样，一些香草和香料能自然地融合在一起。此标题下列出了风味上能与相应条目名称结合使用的其他香草和香料。

传统用途

此标题下列出相应香草或香料最适合使用的食物类型，包括经典和创新食品。

香料混合物

本节列出了最有可能使用相应香草或香料的混合物。

每500g食物建议的添加量

由于香草和香料的风味强度各不相同，这里提供了用于每500g红肉、白肉（包括鸡肉和鱼肉）、蔬菜、谷物和豆类或烘焙食品的建议添加量。

食谱

我们在香草、香科（以及一些香料混合物）条目中加入了食谱，是因为探讨香草和香料使用，最好是利用刚阅读过相关信息的配料，制作一种食谱。有些食谱，香草或香料是主料，另一些食谱，香草、香料起重要配料作用。我女儿凯特开发的一些食谱，展示了这些风味的经典和创新用途。凯特的食谱旨在让读者了解如何更好地使用这些香草和香料。通过制作食谱，就能想象出具体风味以及它们如何对最终菜肴起强化作用。经过食谱制作，读者应该对出现在其他食谱中的相应香草或香料更熟悉，使用起来比较自信。

印度藏茴香（Ajowan）

学名：*Trachyspermum ammi*（又名*Carum ajowan*）

科： 伞形科（Apiaceae）

其他名称： 阿杰卫（ajwain）、主教草（bishop's weed）、开龙姆（carum）、白开龙籽（漂白的印度藏茴香）

风味类型： 辛辣

利用部分： 种子（作为香料）

背景

印度藏茴香原产于印度次大陆，它生长在阿富汗、埃及、伊朗和巴基斯坦。在19世纪末和20世纪初期，印度藏茴香是世界上百里香酚的主要来源，百里香酚是一种挥发油，用于制造漱口水、牙膏、止咳糖浆、含片和一些草药（百里香酚存在于草本百里香）。直到1914年，几乎所有印度藏茴香籽都出口到德国，用于提取药用百里香酚。印度藏茴香籽含有2.5%~5%的挥发油，其中35%以上是百里香酚。

植物

印度藏茴香是欧芹的近亲，然而，印度藏茴香叶子不用于烹饪。印度藏茴香籽很小，呈泪滴状，并呈浅棕色。与芹菜籽相似，印度藏茴香籽形成伞状簇。印度藏茴香籽的风味像百里香，因为它们含有高浓度挥发油百里香酚，这类种子香料具有特异的风味。它略带尖锐的胡椒味，并有悠长余味。漂白的印度藏茴香籽称为白开龙籽，虽然很少见，但风味较温和。

加工

印度藏茴香花头变成棕色时，便可在仲夏收获其籽。将植物连根拔起并在垫子上晒干，然后用手揉搓花朵以分离种子。挥发油百里香酚通过蒸汽蒸馏提取。

采购与贮存

印度藏茴香籽应呈均匀的颜色，且不应混有外来茎枝碎片。市场上销售的多为整粒印度藏茴香籽，如果需要研磨，可以使用研钵和研杵或干净的胡椒磨自己研磨。新近收获的种子具有独特的草本香气，并略带尖锐的辛辣风味。如果未见这些属性，则说明种子太老了，无法用于烹饪。应存放在密闭容器中，避免高温、光线和潮湿。在这些条件下，印度藏茴香籽的最佳储存时间为2~3年。

烹饪信息

可与下列物料结合	传统用途	香料混合物
● 辣椒	● 面包	● 贝贝雷（berbere）
● 芫荽籽	● 摩洛哥塔吉（tagines）	● 咖喱粉
● 小茴香	● 帕克雷丝（pakoras）	
● 葫芦巴籽	● 普拉苔丝（parathas）	
● 生姜	● 萨摩萨（samosas）	
● 芥末	● 咸饼干	
● 肉豆蔻	● 咖喱蔬菜和鱼	
● 红辣椒粉	● 蔬菜菜肴	
● 大多数香草	● 整粒芥末	

使用

　　与许多种子香料一样，印度藏茴香可为蔬菜、谷物和豆类增添风味。这些微小而强劲、香气浓郁的种子可为咸味饼干和肉类、海鲜和蔬菜、馅饼、糕点增添芳香美味。2mL印度藏茴香在烹饪过程中添加到250mL蒸白菜中，可为这种平淡无味蔬菜增添烤肉美味。使用印度藏茴香时，要少量使用，因为它的风味非常强烈。将印度藏茴香添加到泡菜和酸辣酱时，添加量可以随意些，因为长时烹饪会冲淡其风味。印度藏茴香在烹饪时非常小而且易于咀嚼，所以很少需要研磨它。

香料札记

我们旅行时，我妻子莉兹总是随身携带一包用印度藏茴香调味的贝贝雷，作为平淡无奇航空餐的补充零食。在一次飞行中，我们享用了一顿热腾腾的晚餐，其中包含一种不确定风味的奶油酱。莉兹将贝贝雷混合物撒在食物上时，散发出了诱人的香气。这种香气惊动了乘务员，莉兹不得不将贝贝雷传递给附近的乘客。由于现在已知高海拔会降低人们的味觉，因此建议负责航空食品的人士考虑增加几道含有强力香料混合物的菜肴。

每500g食物建议的添加量

红肉：15mL
白肉：10mL
蔬菜：5mL
谷物和豆类：5mL
烘焙食品：5mL

马铃薯豌豆萨摩萨

　　萨摩萨（Samosas）是一道著名的印度开胃菜，也是最常见的素食菜肴。这类马铃薯豌豆萨摩萨香料味温和，可使印度藏茴香在馅料和糕点中发挥重要作用。它们适合外卖，且制作简单。烘烤非常适用于马铃薯豌豆萨摩萨的烹饪，但如果有油炸锅，也可以用油炸方式烹饪。这道菜可与雷塔（酸奶沙拉）、薄荷酸奶一起食用。

● **烘烤盘，用羊皮纸衬里**

面团

多用途面粉	500mL
细海盐	5mL
印度藏茴香籽	2mL
酥油（见左侧提示）	60mL
水	90~120mL

馅料

马铃薯，去皮，切成2.5cm丁（大约2个大号马铃薯）	750g
油	15mL
洋葱，切丁	1/2个
新鲜磨碎的姜根	15mL
嫩尖椒，去籽并切成细丁	1个
整孜然籽	2mL
印度藏茴香籽	2mL
恰特马色拉	5mL
细海盐	2mL
现磨黑胡椒	1mL
大致切碎的新鲜芫荽叶	30mL
豌豆	125mL
水	30mL
黄油，融化	30mL

1. 面团：在一个大碗里，将面粉、盐和印度藏茴香籽混合在一起。用手指将酥油揉搓到混合物中，直到混合物像面包屑一样。分次加15mL水，直到形成坚实的面团。将面团转移到干净的台面并揉搓5min，直到光滑。将面团拍成球状，用保鲜膜包好，在室温下放置至少30min。

2. 馅料：同时，将马铃薯置于沸水锅中煮20~30min，直至松软。沥干并放在一边备用。

3. 在中高火平底锅中加热油。加入洋葱和生姜，炒3min，直至变软。加入尖椒、孜然籽、印度藏茴香籽、恰特马色拉、盐和胡椒，拌炒约2min，直到出现香气。加入煮熟的马铃薯、芜菁和豌豆，拌动约5min，直到马铃薯充分涂上香料混合物并开始分解。关闭热源，用捣碎器或大叉子轻轻捣碎马铃薯。放在一边冷却（将混合物转移到碗中将加快冷却过程）。

4. 烤箱预热到200℃。

5. 将制备好的面团等分成12块，用保鲜膜覆盖备用。在工作台面上撒少量面粉，用擀面杖将每个面团研压成约2mm厚的方形面皮。在每张方形面皮中心放15mL马铃薯混合物。用手指蘸水，淋滴在面皮边缘，然后轻轻将面皮折叠，盖在馅料上，形成三角形。压紧三角形边，使其密封。如果需要，可使用叉子在三角形密封边缘压上图案（参见提示）。

6. 将萨摩萨转移到准备好的烤盘中。将融化黄油刷在每个萨摩萨的两面。在预热的烤箱中烘烤20~30min，转动一次，直到糕点呈金黄色和酥脆状。立即食用。

阿库杰拉 （**Akudjura**）

学名：*Solanum centrale*

科： 茄科（Solanaceae）
品种： 灌木番茄（*S. chippendalei*）、野生番茄（*S. quadriloculatum*）
其他名称： 灌木葡萄干（brush raisin）、灌木苏丹娜（brush sultana）、沙漠葡萄干（desert raisin）、库特杰拉（kutjera）
风味类型： 辛辣
利用部分： 浆果（作为香料）

背景

阿库杰拉可能是人类已知最古老的香料之一，据报道已经被澳大利亚原住民使用了数千年。阿库杰拉原产于澳大利亚西部，与瓦尔皮里（Warlpiri）和安马依尔（Anmatyerr）人的神话有紧密联系。

作为澳大利亚原住民的主食，在灌木上干燥的阿库杰拉果实被收集并用水研磨成浓稠的糊状物。原住民将这种糊状物制成大球并让它们在烈日下干燥。阿库杰拉以高酸度、风味浓郁，以及维生素C含量高而著名，具有防腐剂作用，可以长时间储存。这种球状物通常被楔入树杈中供以后使用。尽管澳大利亚原住民主要将阿库杰拉当作粮食，但当前对各种口味的好奇心及体验渴望，使我们认识到阿库杰拉是一种香料，少量使用可以增强日常膳食中各种食物的风味。

植物

阿库杰拉是马铃薯和番茄的近亲，是一种耐寒的多年生植物，木质茎可间隔长出5~8cm长的尖锐穗状花序。柔软羽绒般覆盖的灰绿色叶子和新嫩锈色叶子衬托出迷人的紫罗兰色花朵，形状像五角星，有点类似于琉璃苣花。果实直径约2cm，最初呈紫绿色，成熟时呈淡黄色。由于这种黏性果实在沙漠条件下干燥，它们会收缩至1~1.5cm，颜色变暗至巧克力棕色。

阿库杰拉有一种令人愉悦的独特香气，如焦糖混合着晒干的番茄，带有舒适的"烘焙"韵味，让人想起全麦饼干，也有点像澳大利亚人所称的安扎克（Anzac）饼干风味。这种风味最初像焦糖，但是在约30sec后会令人意外地感到稍微苦涩的余味。颜色从浅橙色、棕色到深棕色不等，取决于植物在果实发育过程中接受到的雨水量。

火力

像许多澳大利亚本土植物一样，阿库杰拉一般在森林大火之后才能茁壮成长。其初始多产结果的能力会在几年内逐渐下降，直到下一次火灾使植物恢复活力。

俗称

澳洲原住民一般将粉状和整个灌木番茄称为阿库杰拉（Akudjura）或库特杰拉（Kutjera）。

每500g食物建议的添加量

红肉：5mL
白肉：2mL
蔬菜：2mL
谷物和豆类：2mL
烘焙食品：2mL

烹饪信息

可与下列物料结合

- 芫荽籽
- 柠檬桃金娘
- 芥末
- 胡椒
- 百里香
- 瓦特勒斯德

传统用途

- 烤肉
- 慢煮汤和砂锅菜
- 焙烤食品
- 泡菜和酸辣酱

香料混合物

- 澳大利亚本土香料
- 海鲜和野味调味料

其他品种

除了阿库杰拉之外，其他类似植物通常被称为灌木番茄。例如，灌木番茄（*Solanum chippendalei*）就是一种类似的植物。这种植物浆果与最常用的烹饪品种阿库杰拉（*S. centrale*）相比，风味平淡。野生番茄（*S. quadriloculatum*）看起来与阿库杰拉（*S. centrale*）和灌木番茄（*S. chippendalei*）相似，但含有较高毒素水平，不适合食用。

加工

阿库杰拉在澳大利亚中部沙漠野外成熟，在采摘之前，果实可在植物上自然干燥。澳大利亚中部湿度很低，几乎可以感觉到眼球的干涩。如果要避免食用后产生毒副作用，果实必须经过干燥，因为这样可降低生物碱含量。就像日晒可改变许多常见香料风味一样，干燥还可使阿库杰拉风味浓缩，产生更浓郁复杂的风味。

采购与贮存

购买整个阿库杰拉时，您会注意到颜色会有很大差异。颜色通常不是这种香料果实的质量指标，它仅受生长季节雨量影响。重要的是，果实质地应与耐嚼葡萄干相似；任何柔软感均表明它们未得到充分干燥。由于油含量高，研磨成的粉末有时会形成团块。一些块状物只要在触摸时粉末无湿润感，就不会影响烹饪应用效果。整粒的和粉末状的阿库杰拉最好储存在密闭容器中，远离高温、光线和潮湿。在这些条件下的最佳储存时间为2~3年。

使用

阿库杰拉的独特风味最受欢迎。像许多香辛料一样，用量过多会使苦涩、呛口的香调占据主导地位，并会掩盖果味、甜味和焦糖味。完整阿库杰拉可以在一开始就添加到菜肴中，包括汤、泡菜和酸辣酱以及砂锅菜。阿库杰拉粉可为曲奇饼和烤苹果奶酥增添怀旧的"乡村风味"。它能与芫荽籽粉、荆树籽、柠檬桃金娘和盐构成很好的烧烤擦抹混合物。

如果将一根针插在澳大利亚地图中心，肯定会落在爱丽斯泉，这就是我和一群原住民妇女一起收获野阿库杰拉的地方。一位名叫凯蒂的原住民，向我介绍了另一种灌木番茄植物（*Solanum chippendalei*）。它与阿库杰拉（*S.centrale*）几乎相同，但它长出的是直径3cm的闪亮圆形绿色果实，这些果实悬挂在一个大而尖形的精灵帽状花萼上。凯蒂将其切成两半，将（看起来像闪亮黑芝麻的）种子和内皮刮掉，然后邀请我品尝果肉，这种果肉看起来像蜜瓜。它会隐约使人想到哈密瓜，但人们永远不会用它来为食物调味。

在没有经验丰富收集者伴随帮助识别可食用品种情况下，我不建议自己挑选阿库杰拉。凯蒂曾指出另一种相关植物，野生番茄（*S. quadriloculatum*）。这种植物有着与阿库杰拉看似相同的花朵，有大型鼠尾草般的叶子，并生长海绵质地的绿色果实；然而，它们不可食用，且含中等毒素水平的生物碱茄碱。

澳洲丹波面包

丹波面包是一种传统的澳大利亚面包，以前是由流浪汉和牲畜贩子制作，他们携带的口粮有限。它类似于烤饼，在篝火炭中烤熟。孩提时代，我们常常将面包坯压入棍子末端，并在将熄火焰旁将它烤熟，然后取出棍子，再用金黄色糖浆填充中心，以便在晚餐后享用。土著澳大利亚人使用谷物和坚果，包括阿库杰拉，制作这种类型的面包。搭配新鲜鹰嘴豆泥，作为快捷方便午餐食用。

● 烘烤盘，用羊皮纸衬里
● 烤箱预热到180℃

自发面粉（见提示）	425mL
阿库杰拉粉	15mL
甜熏辣椒粉	1mL
磨碎的切达干酪	125mL
细海盐	一撮
酪乳（见提示）	300mL

用一个大碗，将面粉、阿库杰拉粉、辣椒粉、切达干酪和盐混合在一起，搅拌加入酪乳，然后用双手合并成一块蓬松的面团。将面团转移到轻微撒粉的工作台面，轻轻揉搓1~2min，直至光滑。将其做成直径约18cm的圆形面包，放在准备好的烤盘中。在预热烤箱中烘烤30~40min，直到顶部呈金色，底部坚固为止。

变化
为了增加风味，可将2片熟培根剁碎后加入面糊。

制作4人份

制备时间：
10min
烹饪时间：
30~40min

提示

如果未能在商店里找到自发面粉，可以自己做。制作250mL自发面粉，可以用250mL通用面粉与7mL发酵粉和2mL盐混合而成。
如果没有酪乳，也可以自己制作。将7mL柠檬汁和300mL牛奶混合，并放置20min，直到它开始凝固。

阿库杰拉意式烩饭

虽然这可能不是来自澳大利亚内陆地区的传统菜肴，但加上阿库杰拉焦糖香可为意式烩饭增添诱人风味。为增添用餐的丰盛感，还可以配上烤鸡肉或虾。

制作6人份

制备时间：20min
烹饪时间：30min

提示

如果提前准备，在步骤2中加入一半汤汁后停止，并冷藏。要完成操作，只需继续烹饪，添加阿库杰拉和剩余的汤汁。

阿库杰拉粉	30mL
开水	15mL
番茄酱	15mL
金合欢籽粉	5mL
特级初榨橄榄油	15mL
小号洋葱，切碎	1枚
瓣蒜，压碎	2枚
阿皮罗米	425mL
干白葡萄酒	125mL
蔬菜汤或鸡汤	1.25L
重奶油或搅打（35%）奶油	30mL
海盐和现磨黑胡椒粉	少许
切碎的新鲜罗勒叶	少许
现磨碎的帕玛森干酪	30mL

1. 用小碗装阿库杰拉，加开水没过，静置10~15min。沥干，丢弃浸泡液。在浸泡过的阿库杰拉中加入番茄酱和金合欢籽粉并搅拌均匀，搁置。

2. 中火，在深锅或平底锅中加热油，加入洋葱，煮约3min至其变软。加入大蒜，搅拌煮沸2min。搅拌加入阿皮罗米使油包裹米粒。加葡萄酒烧煮，不断搅拌，直至蒸发1~2min。将火力调到小火，分次添加一半汤汁，一次加250mL，每次加入后搅拌至所有液体被吸收（见左侧提示）。加入一半汤汁后，加入阿库杰拉混合物并搅拌混合。继续加入汤汁并搅拌，直到米饭呈奶油状并略有嚼劲。将制备物从炉子上移开，加入奶油，并加入盐和胡椒调味。食用时用罗勒和帕玛森干酪作装饰物。

亚历山大草 （**Alexanders**）

学名：*Smyrnium olusatrum*

科： 伞形科（Apiaceae）
其他名称： 黑色独活草（black lovage）、马穗（horse parsley）、野菜（potherb）、马芹（smyrnium）、野芹菜（wild celery）
风味类型： 温和
利用部分： 叶子（作为香草）、茎和花蕾（作为蔬菜）

背景

亚历山大草原产于地中海地区，约在2000年前由罗马人引入英国。从那以后，一直在英国生长发展，它生长在阳光充足、潮湿的肥沃土壤上，也可生长在靠近大海的岩石峭壁。在人们广泛使用洋葱、胡萝卜和萝卜之前，为了增加汤和炖菜的量和风味，亚历山大草曾被作为野菜栽培，其嫩枝和叶柄可作为蔬菜煮熟食用。

植物

亚历山大草是一种看起来很健壮的二年生草本植物，可长到1.5m高，茎粗，有沟，带有三个一组的圆形光滑深绿色叶子。由于黄绿色花朵长在无数伞形花序上，因此这种植物的英文旧科名为"Umbelliferae"（伞形科）。其小黑籽已被用作胡椒替代品；据说，这种关系导致出现了这种植物的另一个名称"黑色独活草"。嫩叶子和茎的风味类似介于芹菜和欧芹之间的风味，因此它也俗称为"马欧芹"和"野芹菜"。

其他品种

金色亚历山大草（*Zizia aurea*）生长在北美洲东部，有时人们将它的花添加到色拉中。因为有苦味，叶子和茎很少使用。最好不要吃根，据报道它们可能有毒。

历史札记

据说亚历山大草是以亚历山大大帝名字命名的。它也与亚历山大的"岩石欧芹（*Petroselinum crispum*）"非常相似。尽管它早期受欢迎，但到了18世纪中期，亚历山大草作为一种香草已经在很大程度上被芹菜取代。

烹饪信息

可与下列物料结合	传统用途	香料混合物
大多数香草，特别适合与下列物料配合： ● 罗勒 ● 独活草 ● 牛至 ● 芫荽 ● 色拉地榆 ● 香薄荷	● 豆类和豌豆 ● 萝卜 ● 马铃薯 ● 色拉 ● 蔬菜汤	● 通常不用于香料混合物

加工

亚历山大草主要鲜食，以干燥形式使用的做法很少见。如要烘干叶子以备后用，可使用与干燥欧芹和其他精致香草相同的技术。将早晨切割下来的多叶长茎，铺在纸或金属丝网上，置于避光、温暖、通风良好的地方。不要将它们挂在一起，因为搭在一起的叶子往往会在边缘变黑。当叶子萎缩至其大小的五分之一并且触感非常清脆时，将它们从茎上捋下来，并储存在密闭容器中。

采购与贮存

市场上没有亚历山大草的干香草出售。如果想自己晾干这种香草，可将其存放在密闭容器中，置于阴凉、避光的地方。最佳存储时间为一年。

使用

嫩叶和茎可以切碎，用于色拉、温和的炒菜、汤和炖菜。用少许橄榄油捣碎，也可以用作煮熟蔬菜的装饰物。粗茎蒸煮后加上橄榄油、盐和现磨黑胡椒粉是很好吃的蔬菜。花蕾蒸煮约5min除去苦味后，可用来制作色拉。蒸过的花蕾冷却后可加香醋一起食用，也可混合到生菜色拉中以增加花色。

每500g食物建议的添加量
红肉：125mL
白肉：125mL
蔬菜：250mL
谷物和豆类：250mL
烘焙食品：250mL

亚历山大草拉格泰姆色拉

我祖父是爵士音乐的狂热粉丝，也是20世纪40年代安德鲁斯姐妹的粉丝。她们演唱过一首名为"亚历山大拉格泰姆乐队"的歌，此歌名灵感来源同名色拉。这是一种诱人的色拉，用各种新鲜粗糙色拉叶配成。

特级初榨橄榄油	15mL
鲜榨柠檬汁	10mL
稍压实的撕碎亚历山大草，叶子和茎（见提示）	250mL
稍压实的撕碎软生菜（参见提示）	250mL
茴香头，刨片或切成非常薄的片（见提示）	1枚
新鲜牛至叶	15mL
刺山柑，冲洗并沥干	10mL
现磨黑胡椒	

1. 将油和柠檬汁装入小碗，搅拌均匀。
2. 用大碗装入亚历山大草、生菜、茴香头、牛至叶和刺山柑。用准备好的调料和胡椒调味（不需要盐，因为刺山柑非常咸）。

制作6份配菜色拉

制备时间：10min
烹饪时间：无

提示

如果手头没有亚历山大草，可以用175mL粗切碎的新鲜欧芹叶和60mL粗切碎嫩芹菜叶替代。

为这种色拉选择一种柔软的生菜，如巴特（Butter）生菜或比伯（Bibb）生菜。

茴香最好用蔬果刨刮，如果没有，可用盒式刨丝器的切片器完成操作。

多香果 （**Allspice**）

学名：*Pimenta dioica*

科： 桃金娘科（Myrtaceae）
品种： 海湾浆果（*P. racemosa*）、卡罗来纳多香果
（*Calycanthus floridus*）、加州多香果（*Calycanthus occidentalis*）
其他名称： 海湾朗姆浆果（bay rum berry）、夹心胡椒（clove pepper）、牙买加胡椒（Jamaica pepper）、皮门托（pimento）
风味类型： 甜味
利用部分： 浆果（作香料用）

有趣的用法

阿兹特克人将多香果与香兰一起添加到巧克力饮料中，玛雅人在尸体防腐处理时使用多香果。

背景

出现在1492年哥伦布第一次美洲航行日志中的疑似多香果，可能是最早的多香果记载。他向古巴当地人展示了一些黑胡椒（*Piper nigrum*）藤胡椒，当地人觉得他们认识这些胡椒。他们使用手语表示附近有大量这种浆果。当地人实际上指的是多香果树浆果，因此，开始出现了混淆的名称。这些胡椒状浆果被赋予植物学名"*Pimenta*"，它在西班牙语中是"胡椒"的意思。

1532年，西班牙费利佩四世被告知胡椒长在牙买加的树上。考虑到这种珍贵香料的充足供应可促进皇家金库增收，他便指示大臣调查牙买加胡椒。当时返回的船装满了多香果，一些投资者意识到这种货物的价值远远低于真胡椒（*Piper nigrum*），有些人一定不会喜欢它。人们只能设法为这种"新"香料寻找用途。多香果直到1601年才到达英国，据说，它在那里首先被当作豆蔻替代品使用。在17世纪，多香果被认为是一种防腐剂，特别适用于长途航行中的肉类和鱼类。有趣的是，即使广泛采用了现代食品加工和制冷技术之后，多香果仍然作为风味剂出现在许多制品中。

植物

香花

当多香果树的白色小花丛盛开时，空气中荡漾着丁香般的温和香气，这是能够想象的最佳香气之一。

多香果是一种热带常绿乔木的干燥和风干的未成熟浆果，原产于牙买加、古巴、危地马拉、洪都拉斯和墨西哥南部。多香果树高7~10m，有些树高达15m。树皮呈银灰色并具有芳香气，包裹着坚硬、耐用、致密的木材，19世纪的人们用这种木材制手杖。然而，由于担心会毁坏这种有价值的树木，立法禁止了这种做法。多香果叶呈深绿色、有光泽、坚韧并有芬芳香味，在细长的二级分枝末端成簇。

烹饪信息

可与下列物料结合	传统用途	香料混合物
• 月桂叶	• 煮熟的根块蔬菜	• 混合香料/南瓜饼香料/苹果派香料
• 豆蔻果实	• 煮熟的菠菜	
• 肉桂	• 番茄基料酱	• 咖喱粉
• 丁香	• 肉酱和肉泥	• 肉调味料
• 芫荽籽	• 肉和蔬菜汤	• 混合调味料
• 小茴香	• 烤肉	• 烤肉（trise）粉
• 茴香籽	• 肉汁	• 泡菜香料
• 生姜	• 腌泡汁和酱汁	• 磨碎香料
• 杜松	• 海鲜，特别是贝类	• 胡椒粉混合物
• 芥菜籽	• 泡菜、开胃小菜和果酱	• 甜味四合一香料
• 肉豆蔻	（作为整体香料使用）	（quatreépices）
• 辣椒	• 蛋糕、馅饼和曲奇饼	• 泰琼锅混合料
• 姜黄		• 中式老汤

传统上，人们不会有序种植多香果树；这种树生长在鸟类携带种子掉落的地方，这些种子散落在鸟类不易受到牲畜侵害的篱笆和灌木附近。曾经有人认为，为了发芽，多香果种子必须通过鸟类肠道，然而，现在已知，用从新鲜成熟多香果实中取出的种子播种会马上发芽。雄性和雌性多香果树都需要生产幼苗。为方便收获，多香果农会清除一些不需要的树，以构成当地人所称的"过道"，但这不算是有序种植。

多香果浆果经适当风干和干燥后，呈深红棕色球形，直径在3~5mm之间。由于内有可转动的微小种子，因此，握一小把种子在耳边猛烈摇晃会发出明显的嘎嘎声。虽然整个多香果浆果只散发出微弱香气，但多香果粉可以释放出独特的香气，让人想起丁香、肉桂和肉豆蔻。

其他品种

海湾浆果树（*Pimenta racemosa*）是一种相关联的品种。可用其叶子蒸馏产生海湾油，用于香水和生产称为海湾朗姆的芳香化妆品。另外两种带多香果名的植物是卡罗来纳多香果（*Calycanthus floridus*）和加州多香果（*Calycanthus occidentalis*），它们都是带香叶的落叶灌木。这些植物很少用于烹饪，因为它们有轻微毒性，尽管叶子有时会添加到百花香中。

加工

多香果又是一个可以用来说明香料干燥时酶反应会产生辛辣特征风味的很好例子。收获多香果要使用剪刀，将小簇未成熟浆果从树枝剪下。使浆果粒从茎上脱掉下，然后干燥并风干；使其水分含量从约60%降低到10%~12%。值得注意的是，即使在其产地，也不使用新鲜浆果烹饪。

仍存在混淆

从哥伦布发现多香果那天起，其植物学名称注定会出现混淆，这种混淆一直延续至今。皮门托（Pimenta）是西班牙语"胡椒"的意思。皮门托可以指长在藤上的胡椒，也可指胡椒科所有成员（包括甜胡椒和辣椒），以及多香果。此外，许多消费者将多香果与"混合香料"混淆，后者是一种甜味香料的混合物。多香果的法国名称是"toute épice"，这进一步增加了混乱，有些人坚持将多香果称为quaOtre épices，尽管这个术语实际上指的是两种香料混合物，多香果成分只是其中之一。"牙买加胡椒（*Jamaica pepper*）"这个名字仍然出现在一些食谱中，另一鲜为人知的错误名称——"海湾朗姆浆果（bay rum berry）"——也会出现在一些食谱中。

风干多香果，首先要将浆果铺在一个网球场大小的大型混凝土场地，这种场地称为"烘烤场"，被涂成黑色以吸收太阳热量。在烧烤场均匀铺成约5cm厚的浆果层。人们在白天耙几次，以帮助其均匀干燥。过去，人们在晚上将浆果堆成堆，并用防水油布覆盖。然而，这种做法后来发生了变化，因为盗匪经常来偷浆果。现在，人们将风干浆果耙起来，并锁在棚子里过夜，盖上防水油布以保持高温。这种"出汗"过程促进了酶反应，如果在室外干燥，也可以防止浆果皮受潮。

采购与贮存

整个多香果浆果应该呈均匀深红棕色球形。它们应该有粗糙表面，这是存在挥发性油腺的缘故。多香果应该有愉快、温和的丁香般香气，应无任何霉味。浆果大小不影响质量，然而，食物中使用浆果时，建议选择较大浆果以获得更好视觉吸引力。密封包装的整粒多香果，当存放在避免高温、光线和潮湿的场所，其风味可保持长达三年。

多香果粉应呈深棕色，具有明显的温和丁香香气，并伴有肉桂味，在拇指和食指之间摩擦时有点油腻，不会出现飞扬的干粉。因为粉碎的香料比整香料更容易释放出挥发性成分，所以，如与整多香果相同方式储存，多香果粉的储存寿命在12~18月。

使用

多香果出现在许多蛋糕和曲奇饼食谱中。它是英国烘焙用"混合香料"成分之一，这种混合物类似于北美的南瓜饼香料。一些厨师使用多香果作为甜味菜肴中丁香的替代品，因为它的丁香风味更加微妙。多香果所含的挥发油、丁香酚，与丁香的含量相同，而令人惊讶的是，也与香草罗勒的含量相同。一片新鲜罗勒叶压碎后可以闻到丁香般的香气。难怪，人们用多香果补充番茄的风味，并广泛用于制作番茄烧烤料和意大利面酱。斯堪的纳维亚人会在其著名的腌制生鲱鱼中加入多香果，通常也将其加入泡菜、肉酱和烟熏肉。

调味时，如不想使用深棕色的多香果粉末，则可使用整多香果浆果。例如，可在炖水果时添加一些多香果浆果、肉桂棒、整八角和香兰豆，制作出美味甜点。虽然多香果与胡椒没有关系，但通常的做法是在胡椒磨中加入大约5mL多香果浆果到胡椒粒中进行研磨。磨碎后，多香果芳香、甜辣味与传统现磨胡椒粉味相得益彰。多香果用于许多咖喱混合物和商品香料混合物中，也用于海鲜和红肉调味。少量多香果可用于对烹饪的根菜和菠菜调味，也可以添加到蔬菜（特别是番茄）汤中。

在牙头加圣安妮湾上的山坡上看到多香果树是一种难忘的体验。这也使我们了解到牙买加人对待多香果产业的认真态度。他们的农业部已经将"收获和风干多香果的正确程序"写入"农业操作规范"："任何违反这些规定的行为构成违法，可处以罚款或监禁"。

虽然多香果在许多热带国家种植，但据说它们从未能像在其原产地一样茁壮成长。人们当然可以理解为什么牙买加人如此保护这个行业。保护措施包括积极劝阻破坏树枝收获未成熟浆果的传统做法（按质量出售浆果，从而使采摘者尽快地打下长满浆果的树枝，而不是正确地切割它们）。这种做法不仅会伤害树木，而且还是导致枯萎病的主要原因之一，农业部称之为"不合规范的做法"。采用这种不规范收获多香果做法的结果是，树木可能会损失多达80%~90%的树叶，这可能需要长达四年时间才能恢复到足以出产下一次作物。此外，敲打树枝经常会使树产生震动，并留下大的易于腐烂的开放伤口。

烟熏烤鸡

17世纪从英国人手中逃脱的牙买加黑人奴隶，用香料腌制捕猎到的野猪，并在火上慢烤，以将其保存起来。他们使用的仍然是牙买加传统调味品。这道菜有点辣，风味类似于柴郡（Cajun）熏鱼或烤鸡肉，但加入的多香果使它具有令人垂涎的独特风味。搭配米饭和色拉，或搭配面包和凉拌卷心菜食用。

● **食品加工机**

腌泡汁	
橄榄油	15mL
洋葱，大致切碎	1头
蒜头，切碎	1枚
朗姆酒	30mL
压实的浅色红糖	5mL
鲜榨莱姆汁	15mL
多香果粉	10mL
辣椒片	5mL
姜粉	5mL
干百里香	5mL
现磨黑胡椒粉	2mL
细海盐	2mL
鸡大腿	6只

1. 腌泡汁：中火，在锅中加热油。加入洋葱和大蒜，炒2min，直至变软。

2. 将洋葱混合物转移到装有金属刀片的食品加工机上。加入朗姆酒、红糖、莱姆汁、多香果粉、辣椒片、姜粉、百里香、胡椒粉和盐，搅打成糊状物。将糊状物转移到可重复密封的袋子中，加入鸡肉并密封。翻转袋子使糊状料均匀涂在鸡肉外，冷藏至少1h（见提示）。

3. 在中高温下烤鸡，每边烤5min，或烤至汁液流尽。

制作6人份

制备时间：15min
烹饪时间：15min

提示

为了入味，可将鸡肉置于冰箱中腌制过夜。

芒果粉 （Amchur）

学名：*Mangifera indica*

科： 漆树科（Anacardiaceae）
其他名称： 芒果粉（amchur，amchoor）、青芒果粉
（green mango powder）
风味类型： 香气扑鼻
利用部分： 果实（作为一种香料）

> 英文名字"amchur"来自印地语的"am"（芒果）和"choor"（粉末）。

背景

芒果树原产于印度、缅甸和马来西亚半岛，它们已在印度种植了4000多年。16世纪的莫卧儿皇帝阿克巴尔在统治印度期间发起种植了10万棵芒果树。大约在同一时期，16世纪和17世纪的欧洲人将他们种植的芒果树传播到了世界上大多数热带和亚热带地区，在那里茁壮成长。

芒果树所有部分均可利用，但树皮、叶子、花和种子主要为药用。在饥荒时期，种子被磨成粉食用。青芒果主要用于印度和东南亚食品。

植物

芒果粉由芒果树未成熟干果实制成。芒果树是一种热带常绿植物，其高度可达40m，寿命可达100年。

澳大利亚北部能够享用丰富芒果的人们，或者收获季节对这种美味水果上瘾者，特别喜欢这种树提供的令人愉悦的酸味。

芒果制品有两种形式：一种是干燥后切成片；另一种是干燥后磨成粉。干青芒果片呈浅棕色，质地粗糙；干芒果研磨得到细粉末，颜色从浅灰色到黄色、米色不等，具体颜色取决于是否添加姜黄粉，也取决于姜黄粉的添加量（参见加工）。芒果粉具有温暖果香味，略带树脂味，它会在鼻腔后部产生刺痛感，隐约有泡沫的感觉。由于存在高比例天然柠檬酸（约15%），其风味呈水果味和令人愉快的酸性。

加工

长约5~10cm的绿色未成熟芒果采摘后可进行剥皮、切片和晒干处理。切片干燥后可研磨成灰色细粉末，这种粉末有时与高达10%的姜黄粉末混合，以产生较诱人的颜色。姜黄的泥土气息也平衡了一些酸度和树脂味。

烹饪信息

可与下列物料结合	传统用途	香料混合物
• 豆蔻果实	• 咖喱	• 咖喱混合物
• 辣椒	• 泡菜和酸辣酱	• 恰特马色拉（chaat masala）
• 肉桂	• 肉类和海鲜	• 海鲜咖喱
• 芫荽（叶子和种子）	• 蔬菜	• 调料混合物
• 小茴香		• 腌料（用作柠檬酸替代品）
• 咖喱叶		
• 生姜		
• 红辣椒		
• 胡椒		
• 八角		
• 姜黄		

采购与贮存

　　建议购买芒果粉末，因为芒果片不易在家里粉碎。购买量宜少，因为即使正确储存，微妙的风味特征也会在12个月内降低。应储存在密闭容器中，避免极端高温、光照和潮湿。

使用

　　使用芒果粉主要是利用其酸化能力。芒果粉是柠檬汁的良好替代品，5mL芒果粉可以代替45mL柠檬汁。芒果令人愉悦的酸味也使其成为咖喱和蔬菜以及鹰嘴豆中罗望子的便利替代品。在香料混合物中，芒果贡献了比柠檬酸更柔和的风味，相比之下，后者有些刺激。芒果对肉的嫩化作用及与其他腌制香料（如姜、胡椒、芫荽、小茴香和八角茴香）的兼容性，使其常常成为腌泡汁配料之一。

每500g食物建议的添加量
红肉：5mL
白肉：2mL
蔬菜：2mL
谷物和豆类：2mL
烘焙食品：1mL

芒果香草腌泡汁

这种腌泡汁非常适合鲑鱼或金枪鱼，但也可用于鸡肉或羊肉。腌泡汁中的芒果酸度与其中的新鲜香草相得益彰。

**制作约125mL
（足够供4~6块
肉或鱼腌渍）**

制备时间：10min
烹饪时间：无

● **食品加工机或搅拌机**

温和绿色手指辣椒，去籽并切碎	1个
稍压实的新鲜芫荽叶	250mL
稍压实的新鲜薄荷叶	125mL
橄榄油	30mL
芒果粉	5mL
格拉姆马萨拉（garam masala）	5mL
姜黄粉	5mL
普通巴尔干酸奶	45mL
海盐和现磨黑胡椒粉	适量

在食品加工机中，用配备的金属刀片或搅拌器，将辣椒、芫荽、薄荷、油、芒果粉、格拉姆马萨拉和姜黄粉，高速搅打成糊状。加入酸奶利用脉冲混合搅拌，再加盐和胡椒粉调味。腌泡汁装于密闭容器可在冰箱存放3天。

香辣鹰嘴豆咖喱

芒果赋予咖喱独特的活力，能很好地补充土质小茴香和姜黄的风味。此咖喱可与印度香米肉饭搭配供餐，也可用作虾莫利佐料。

酥油（见提示）	15mL
洋葱，切碎	1个
大蒜，切碎	3瓣
芫荽籽粉	7mL
小茴香粉	5mL
姜黄粉	2mL
芒果粉	7mL
格拉姆马萨拉	2mL
细海盐	1mL
克什米尔辣椒粉（见提示）	1mL
碎番茄，带汁	250mL
煮鹰嘴豆（见提示）	500mL
水	250mL
海盐和现磨黑胡椒粉	适量

中火，在大锅里融化酥油。加入洋葱和蒜泥，炒3min，直至变软。加入芫荽籽粉、小茴香粉、姜黄粉、芒果粉、格拉姆马萨拉、盐和辣椒粉，搅拌煎煮，再搅拌2min，直到混合均匀。加入番茄、鹰嘴豆和水，拌匀。降低火力，煨煮（偶尔搅拌）15min，直至变稠。加盐和胡椒粉调味。

制作4份配菜料

制备时间：5min
烹饪时间：20min

提示

酥油是一种用于印度烹饪的澄清黄油。如果没有，可以用等量黄油或澄清黄油代替。

克什米尔辣椒不一定来自克什米尔。它们是一种流行的印度辣椒，色素含量非常高，可将食物变成惊人的红色。如果没有，可以使用中等辣度的辣椒，例如红色长辣椒。

准备鹰嘴豆：在大碗中，加水没过鹰嘴豆至少2.5cm，浸泡过夜。排干水并冲洗干净，然后在大锅中，加盐水将鹰嘴豆覆盖至少12.5cm。煮1.5h或直到嫩软，然后排水。冷藏可保存1周，冷冻可保存3个月。

当归 （**Angelica**）

学名：*Angelica archangelica*（也称为*Archangelica officinalis*）

科： 伞形科（Apiaceace）
其他名称： 花园当归（garden angelica）、大当归（great angelica）、圣洁鬼（holy ghost）、益母草（masterwort）、野芹菜（wild celery）
风味类型： 中
利用部分： 根、茎、枝叶（作为香草）

背景

将当归称为"守护天使"的民间传说具有无可争议的说服力。据说一位僧人梦见一位天使，天使向僧人揭示当归有治疗瘟疫的功效。当归广泛用于异教徒和基督教节日。当归被认为起源于欧洲最北部，特别是拉普兰、冰岛和俄罗斯，当然，也有一些植物学家认为它可能起源于叙利亚。

大多数人都熟悉的当归，是用于为蛋糕、曲奇饼和冰淇淋调味和装饰的糖渍甜品。然而，未加工的当归也可用于咸味产品。例如在拉普兰，人们在开花前收集当归茎，将其叶子剥离并干燥以备后用。茎秆去皮后得到的新鲜多汁块被认为很适合生吃。如今，当归根最常见的商业用途是用于苦艾酒和查特酒之类利口酒。当归也是一些品牌杜松子酒的"秘密配料"。

植物

当归是最华丽的香草之一。厚壁空心芹菜状长茎秆上生着巨大绿色锯齿状扁平叶，它可以支撑巨大绿白色花朵构成的伞形花序。

当归植物可长到1.5~2.5m高，它们直到生长的第二年，才会长出精致芬芳的花朵，之后植物会死亡。当归植物所有部分均可利用，根、茎、叶和种子含有单宁和酸，表现出泥土气息、苦甜和温暖风味，有点像杜松。厨师们感兴趣的是其茎和叶；通过蒸汽蒸馏，可从根和种子中提取主要用于食品和饮料制造的精油。

加工

保存当归的最流行方法是用糖和绿色食用色素使其粗的、有凹槽的茎结晶，这样可得到诱人的亮绿色甜装饰调味品。

当归叶干燥后可用于泡茶。当归叶干燥，可选颜色较深、较成熟的叶子，铺在干净纸张上，置于避光、通风良好的地方几天。当叶子触摸起来感觉非常清脆时，可将它们弄碎并存放在密闭容器中。

可以选择将死亡的带种子花头倒置在温暖、避光的地方来干燥当归种子。干燥后，可击打干燥物并收集种子。

烹饪信息

可与下列物料结合	传统用途	香料混合物
● 杜松	● 新鲜叶子：用于大黄和菠菜	● 通常不用于香料混合物
● 薰衣草	● 干叶：茶	
● 柠檬薄荷	● 种子：提取物用于利口酒	
● 肉豆蔻	● 结晶茎：蛋糕和曲奇饼干	
● 胡椒		

采购与贮存

新鲜当归的供应有限，所以如果想使用新鲜的当归叶子或茎，可能需要自己种植。当归种子或幼苗宜在春季种植，应种植在潮湿、排水良好的肥沃土壤中，并应注意遮阳。

干燥当归叶的存放应始终防潮，最好放在密闭容器中。在这些条件下，它们的颜色和风味可以保持长达3年。当归种子应装入密闭容器，存放在阴凉、避光的干燥环境。在这些条件下，当归种子可以保存长达2年。

购买结晶或蜜饯当归时，应让商家以一定形式保证所售商品是正宗当归。市场上有许多冒充正宗当归制品的仿制品，最常见的假冒当归制品是绿色的坚硬胶片。

使用

可以在色拉中加入一些嫩当归叶子。茎秆可为炖水果、果酱和果冻补充甜味，特别适用于那些用高酸性配料（如大黄和李子）制成的产品。当归根可以作为蔬菜烹饪食用，其方式与茴香球根相同。干燥的当归叶茶，类似于中国绿茶，可以用热水冲泡，并可在没有牛奶或糖的情况下饮用。将结晶的当归茎切成小块，混合于面糊中，用于蛋糕、松饼和脆饼饼干，也可加在烘烤后的这些产品上面。

每500g食物建议的添加量
蔬菜：125mL鲜叶
烘焙食品：15mL剁碎的结晶茎

结晶当归

我祖母的一位朋友过去常常制作结晶橙皮和柠檬皮，这种做法过去很常见，但如今不再流行，每想到此我就有点伤感。奶奶有个结晶当归的配方，制作需要耐心。然而，这个过程虽耗时但不复杂，用结晶当归装饰自制蛋糕，会有非常好的效果。

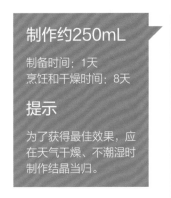

制作约250mL

制备时间：1天
烹饪和干燥时间：8天

提示

为了获得最佳效果，应在天气干燥、不潮湿时制作结晶当归。

当归幼茎，切成10cm长	6~8根
细海盐	125mL
开水	500mL
砂糖	875mL
水	675mL
额外的砂糖	500mL

1. 将当归放入一个耐热的大碗中。在量杯中将盐与开水混合直至完全溶解。将盐水倒入放有当归的碗中（盐水应没过当归）。盖上盖子，在室温下放置24h。

2. 用漏勺沥干当归，用手指剥离当归外层芹菜状纤维皮并丢弃，用冷水清洗去皮当归，搁置。

3. 中高火，在中号平底锅中加入糖和水，煮沸。加入准备好的当归，煮沸20min，直到开始软化。用漏勺将当归转移到金属架上沥尽糖水（收集沥下糖水，装在密闭容器中，放入冰箱）。不加盖在室温下放置4天，直到干涸并出现光泽。

4. 中火，在中号平底锅中，将预制当归置于保留的糖浆中煮沸20~30min，使当归吸收糖浆。将平底锅从热源移开，放在一边冷却。将冷却的当归转移到金属架上沥干糖浆（丢弃沥下的糖浆），不加盖放置4天，直到干涸并有光泽。用额外的砂糖充分裹住当归，放入密闭容器，可存放1年。

奶奶釉梨

我总觉得能在祖父母居住的萨默塞特小屋吃晚餐是一种享受。我奶奶有 一个迷人的香草园，她经常尝试食谱书上看到的香草用法。我们当时期待在甜点盘中见到的最好甜食是鲜绿色的结晶当归，它使这款甜品深受欢迎。

博斯克梨，去皮去核	4个
肉桂粉	5mL
超细（精白）糖（见提示）	5mL
黄油，软化	30mL
百香果浆（见提示）	250mL
结晶当归茎	4根
水	250mL
超细（精白）糖，搅打奶油或冰淇淋，配餐食用	125mL

1. 梨：用小碗装肉桂粉和糖，混匀。每个梨腔放一块黄油和四分之一肉桂糖。将梨直立，放在中号平底锅中，将平底锅放在一边。

2. 糖浆：用中火在小平底锅中将水和糖混合煮沸10min，不断搅拌，直至糖完全溶解。

3. 将糖浆倒在梨上，盖上盖子，用中火轻轻炖煮约10min（取决于梨的成熟度）。将锅从火源移开，在梨上不断浇淋糖浆几分钟，直到使梨很好地上釉。

4. 使用漏勺，小心地将梨转移到盘子，将百香果浆加入剩余的糖浆中搅拌均匀，将糖浆倒在梨上，用当归茎装饰每个梨并冷却1~2h。与奶油或冰淇淋一起食用。

制作4人份

制备时间：10min
烹饪时间：30min

提示

超细（精白）糖是一种非常细的砂糖，通常用于需要较快溶解颗粒的配方中。如商店里购买不到，可以使用配有金属刀片的食品加工机自己制作，将砂糖加工成非常细的沙子状质地。如果弄不到百香果浆，可以在大多数超市购买罐装百香果浆。

茴香籽（**Anise Seed**）

学名：*Pimpenella anisum*

科： 伞形科（Apiaceae）

其他名称： 茴香（aniseed）、茴香（anise）、甜孜然（sweet cumin）

风味类型： 甜

利用部分： 种子（作为香料），叶子（作为香草）

背景

茴香原产于中东，在温带地区广泛种植，特别是北非、希腊、土耳其、俄罗斯南部、马耳他、西班牙、意大利、墨西哥和中美洲。据称早在公元前1500年埃及就出现了茴香。可以肯定，1世纪罗马人很看重其消化特性，这要归因于挥发性油化合物茴香脑，这是一种也存在于茴香籽和八角中的物质。古罗马人没有现代抗酸剂，他们在盛宴结束时，会食用用茴香籽和其他芳香料制成的蛋糕，以帮助消化和清新口气。中世纪，茴香传播到了欧洲，这很有趣，因为这种植物只在温暖气候条件下才开花结籽。茴香种子经常用于为牛马饲料调味。狗也喜欢茴香风味，人们通常将茴香加入制备的宠物食品中。茴香也被认为可将老鼠吸引到捕鼠器。

蒸汽蒸馏提取到的茴香油通常为甜食提供甘草风味，现在广泛用于糖果制造。茴香也用于止咳糖、法国人喜欢的茴香酒、一些茴香味酒精饮料，如乌佐酒（ouzo）、番诺酒（pernod）、帕蒂斯酒（pastis），以及拉丁美洲人喜爱的阿瓜地安内酒（aguardiente）。茴香籽不应与八角混淆，后者主要是中国香料。然而，八角精油经常被用作茴香籽的替代品。

植物

茴香是最精致的草本植物之一，高达50cm。它有羽状扁平锯齿状叶子，让人想起意大利欧芹，茴香纤细茎上带有乳白色花朵，在夏末开放。开花后所结的茴香籽，收集起来可用作香料，茴香籽由两粒呈椭圆形和新月形的小种子组成，长约3mm。发芽时，这些种子多数保留了穿过果实中心的细茎，细细的，看起来像一只小老鼠。浅褐色种子带有细致浅色肋骨，具有独特的甘草味，不会太刺激或挥之不去。

加工

只有经过漫长的炎热夏季，茴香才会开花结果。这些气候条件也非常适合干燥种子。果实收获后，可悬挂或铺设在温暖、通风良好的区域，在阳光直射下干燥。一旦干燥并酥脆，可揉搓花头以将种子与花和茎秆分开，然后筛分，以便储存。这个过程通常会去除附着在某些种子上的细茎，使它们看起来更干净均匀。

烹饪信息

可与下列物料结合	传统用途	香料混合物
● 多香果	● 蔬菜和海鲜	● 通常不用于香料混合物
● 肉桂	● 配干酪意大利面酱	
● 丁香	● 蛋糕和饼干	
● 芫荽籽	● 鸡肉和贝类馅饼	
● 小茴香	● 利口酒（茴香籽提取物）	
● 莳萝籽		
● 小茴香籽		
● 肉豆蔻		
● 胡椒		
● 八角		

采购与贮存

当市场上将新鲜小茴香球茎错误地标为茴香或茴香籽时（事实并非如此），经常会出现混淆。茴香籽最好以整体形式购买；如果储存正确，其风味可保持长达3年。

由于茴香籽本身较小，所以烹饪通常直接使用茴香籽而不是其粉末。茴香籽应该呈褐色到浅棕色，并应尽量少带外皮和毛茸茸的细茎。茴香应存放在密闭容器中，避免高温、光线和潮湿，否则会加速变质并损失新鲜茴香味。

使用

茴香籽新鲜、独特的甘草和小茴香风味，使其成为印度蔬菜和海鲜菜肴的理想香料，尽管印度人更常使用其近亲小茴香籽。茴香籽的温和甘草风味与曲奇饼和蛋糕相得益彰，在德国和意大利均采用这种传统烘焙方式。斯堪的纳维亚黑麦面包含有茴香籽，各种加工肉类也是如此。可以在蔬菜汤、白酱，以及鸡肉和贝类馅饼中加入少量整茴香籽。茴香籽的新鲜风味对于丰厚的干酪菜肴具有平衡作用；茴香也被用来降低摩洛哥菜肴，以及土耳其和希腊多玛德斯（dolmades）中一些配料的油腻感。

新鲜茴香叶子可用于蔬菜色拉，也可添加到鸡蛋菜肴中，以增添微妙的龙蒿味。

每500g食物建议的添加量

红肉：10mL
白肉：5mL
蔬菜：5mL
谷物和豆类：5mL
烘焙食品：5mL

蜜饯枣酱

此简单蜜饯酱是干酪的美味伴侣。它也是法式面包蛋黄酱的一种可爱替代品，上面可以加上切达干酪和脆菠菜叶。

制作500mL

制备时间：10min，
加1h冷却
烹饪时间：15min

提示

建议使用具有优质柔软度的帝王椰枣（Medjool）。

去核椰枣，切成四片（见提示）	250mL
软质无花果干，切成厚1cm的片	250mL
波特酒	250mL
整茴香籽	5mL

中火，在小平底锅中，将椰枣、无花果、波特酒和茴香籽混合，然后煮沸。一旦混合物开始沸腾，便将锅从热源移开，并加盖，放在一边，直至完全冷却。将蜜饯枣酱装入密闭容器，冷藏可保存2周。

托切蒂

托切蒂（Torcetti）是一种酵母发面的意大利曲奇饼，源自皮埃蒙特大区，也可以认为是一种甜味革雷西尼（grissini，面包棍）。托切蒂可使用不同的调味料，但最常用的是茴香籽。

- 电动搅拌器
- 2只烤盘，内衬羊皮纸

温暖（不烫的）牛奶（见提示）	125mL
砂糖	10mL
速溶活性干酵母	5mL
黄油，软化	250g
鸡蛋，搅打	2个
通用面粉	750mL
整茴香籽	10mL
额外的砂糖，用于粘外层	60mL

制作16个大曲奇饼

制备时间：10min
烹饪时间：15min

提示

为活化酵母，确保将牛奶加热至体温（约37℃），或者伸入手指有温暖感，但不应感到有明显的温度差异。
为了制作较小的饼，可将4大块面团每块分成6块或8块相同尺寸的小块。

1. 将牛奶、糖和酵母装于碗中，搅拌至溶解。放置5~10min以活化酵母（混合物变为泡沫时，表示已可以使用）。

2. 使用搅拌机，低速搅打奶油1min，直到变白。加入黄油、鸡蛋并搅拌混匀，然后加入活化的酵母混合物。充分搅打，然后加入一半面粉混合均匀，再加入剩余的面粉和茴香籽并混合直至形成坚实的面团。用毛巾盖住碗，放置约1h（它会稍微发胀，但不像普通面团）。

3. 烤箱预热到190℃。将1/4杯（60mL）糖放在盘子或浅碗中。

4. 将面团转移到轻微撒粉的工作台面上，分成4个相等的小块，然后将每小块面团再等分成4份（得到16个相等面团块）。用手掌将每块小面团压成约1cm厚、15cm长的薄条。将每条面带平放，捏住面条末端并将它们相互交叉三分之一。用手指紧紧地压下将面条连接密封（看起来有点像带状环或交叉的腿）。将面团环在额外糖中拖动（使其裹上糖），然后转移到准备好的烤盘。在预热的烤箱中烘烤10~12min，直至面团呈金黄色。使用抹刀或调色刀，小心地将饼干转移到冷却架。将饼装入密闭容器，室温下最多可贮存3天。

胭脂籽 （**Annatto Seed**）

学名：*Bixa orellana*

科： 胭脂树科（Bixaceae）

其他名称： 阿奇奥特（achiote）、阿奇由特（achuete）、比夹（bija）、莱特卡（latkhan）、口红树（lipstick tree）、天然色E1606、噜扣（roucou）、奥里克（urucu）

风味类型： 辛辣

利用部分： 种子（作为香料）

背景

胭脂树原产于加勒比海地区、墨西哥和中南美洲。如今许多热带国家种植这种树。17世纪胭脂树种已被带到了菲律宾。其闪亮的枝叶和极其美丽的玫瑰般花朵，使得这种树在殖民地花园成为流行篱笆灌木。胭脂树的历史与其用作食品着色剂密切相关。这种着色剂也被称为牛血（Ox blood）红，是一种由胭脂树种子周围浆液制成的染料，用于纺织品制造。加勒比人用胭脂制作战争油漆和防晒霜。据说，美洲的早期欧洲定居者形容美洲原住民时，创造了"红皮"一词，指的就是这种胭脂红色。胭脂树也受到危地马拉古代玛雅人的重视。

很容易理解为什么胭脂红被称为"口红树"——只要涂抹种子周围的鲜红色果肉就会产生像许多商业口红一样的效果。胭脂籽已被用作藏红花替代品；虽然两者在某种程度上颜色相同，但风味肯定不一样。天然色——E1606是由胭脂红制成。在食品生产中，这种色素已成为潜在过敏性人工色素柠檬黄（E102）和夕阳黄（E110）的流行替代品。然而，最近的研究表明，一些人也可能对胭脂过敏。

植物

胭脂籽采自一种较小的热带常绿乔木，该树高度在5~10m。树叶呈心形，并有光泽，为鲜艳粉红色大花朵提供迷人背景，这些花朵具有野玫瑰般外观。胭脂树开花后形成多刺心形种子荚；成熟时，这些种子荚会开裂，露出红黄色果肉，果肉内包有约50粒金字塔形锯齿状红色种子。

干胭脂籽长约5mm，看起来像小石头，呈深红色氧化物（生锈）颜色。将干胭脂籽切成两半，就会露出粉末状指甲红外层及白色中心。干胭脂籽香气宜人、甜美和辛辣，有淡淡的干薄荷风味。这种风味是干的、温和的，带有泥土气息。

加工

这种成熟时收获的令采集者生畏的多刺果实，要在水中浸渍以使染料沉淀。收集沉淀物，干燥并压成饼，以进一步加工成染料、化妆品和食用色素。对于烹饪用途，可将种子简单地干燥并包装，以便装运。

烹饪信息

可与下列物料结合	传统用途	香料混合物
• 多香果	• 天然黄色（用于许多食物）	• 阿希跃苔（achiote）酱
• 辣椒	• 用于鸡肉和猪肉酱料	
• 芫荽	• 亚洲烤肉和腌制肉类	
• 小茴香		
• 大蒜		
• 牛至		
• 红辣椒		
• 胡椒		

采购与贮存

胭脂树种子应该呈均匀的深砖红色，并且无干燥果肉碎片。应购买整粒籽并将其装在密闭容器中，贮存在远离高温、光线和潮湿的地方。适当条件下优质胭脂树种子的贮存期可长达3年。

使用

胭脂红主要用作鱼、米和蔬菜的色素。在牙买加，它用于传统菜肴盐鳕鱼和阿开（ackee）果酱，这是一道著名的牙买加菜肴（阿开果是西非的一种水果，用于牙买加菜肴）。在菲律宾，胭脂红是鸡肉和猪肉块制成的菜肴皮皮安（pipian）的关键元素。墨西哥人使用胭脂红为其炖菜、酱汁和炸玉米饼着色。墨西哥超市出售的新鲜鸡肉，往往看起来很黄。这种颜色使消费者感到品质好；其颜色经常来自胭脂红。在尤卡坦州，胭脂红被用于香料混合物中，如雷卡多科罗拉多（recado colorado）和阿道包（adobo）。在亚洲烹饪中，中国人使用胭脂红为许多肉类菜肴着色，如烤肉、煮熟的猪鼻、猪耳朵和猪尾巴等。在西方，胭脂红是许多（包括红柴郡和莱斯特）干酪的有效着色剂。埃德姆（edam）干酪外皮用胭脂红染色，熏制鱼也是如此。

用胭脂树种子进行有效染色有两种方法。

• 为了给250mL米饭或蔬菜上色，达到与藏红花类似的效果，可在30mL水中加2mL胭脂树种子，小火炖几分钟。液体冷却后即可使用。

• 为给咖喱和肉类着色，要先在平底锅中将30mL橄榄油和2mL胭脂树籽用小火加热几分钟（小心不要烧着种子）直至油变黄，得到的油称为阿随得（aceite）。当使用猪油代替橄榄油时，这种油称为曼特卡特阿奇奥特（manteca de achiote）。将锅从热源移开，并放在一边冷却。使用细网筛过滤，丢弃种子。得到的染色油装在密闭罐中可储存12个月。

每500g食物建议的添加量

红肉：5mL
白肉：5mL
蔬菜：2mL
谷物和豆类：2mL
烘焙食品：2mL

阿奇奥特糊

阿奇奥特糊可能是最传统利用胭脂树种子的例子，它以其独特的泥土味和深色而闻名。阿奇奥特糊起源于墨西哥尤卡坦半岛，现在用于各种墨西哥菜肴，我最喜欢的是烧猪肉（Pork Pibil）。

● **研钵和杵或香料研磨机**

制备时间：5min

胭脂树种子	2mL
干牛至	2mL
孜然籽	2mL
整粒黑胡椒	2mL
整粒多香果	2mL
大蒜，压碎	2瓣
水	15mL
白醋	2mL
细海盐	1mL

在香料研磨机或研钵中，将胭脂树种子、牛至、孜然、胡椒和多香果混合并研磨直至混合物变成细粉末。加入蒜泥、水、醋和盐，彻底混合。将混合物转移到消过毒的广口瓶中，在冰箱中可冷藏1周。

烤猪肉

这道来自墨西哥尤卡坦地区菜肴的独特红色，由胭脂树籽制成的传统阿奇奥特糊状物赋予。这种慢烤猪肉风味浓郁，可与米饭完美搭配，也可用作玉米饼馅料。

制作6人份

制备时间：
20min，加2h
（或最多24h）腌制
烹饪时间：3~4h

阿奇奥特糊	1份
前猪腿肉，切成约12.5cm厚的块	1kg
鲜榨橙汁	250mL
大号红洋葱，切成两半	1颗
新鲜牛至	3枝
黄油	15mL
大号番茄，粗切碎	2个
细海盐	5mL
水	125mL

1. 在可重复密封的袋子或非反应性碗中，将准备好的阿奇奥特糊状物、猪肉、橙汁、洋葱和牛至混合。盖上盖子并冷藏至少2h或过夜。

2. 烤箱预热到120℃。

3. 在荷兰锅中加入黄油用中高温加热融化。当黄油起泡时，加入准备好的猪肉和腌泡汁。不断搅拌烤煮5min，直至微微变成褐色；然后加入番茄、盐和水。用铝箔或盖子盖锅，然后将其转移到预热的烤箱中。烤2~3h，直到肉嫩烂。从烤箱中取出，用叉子将肉捣碎加入酱汁直至混合均匀。

阿魏 （Asafetida）

学名：*Ferula asafoetida*（也称为*F. scorodosma*）

科： 伞形科（Apiaceae）

其他名称： 阿魏粉（asafetida powder）、魔鬼粪（devil's dung）、众神食物（food of the gods）、兴（hing）、兴格拉（hingra）、雷射（laser）、黄色阿魏（yellow asafetida）

风味类型： 辛辣

利用部分： 树液（作为香料）

背景

　　英文名词"Asafetida"（阿魏）来源于波斯语的"aza"（意指"乳香"或"树脂"），和拉丁语的"foetidus"（意指"发恶臭的"）。这种植物受到早期波斯人极大赞赏，它被称为"众神食物"。众所周知，阿魏是多年生巨型茴香的后裔，这种野生茴香生长在阿富汗、伊朗和印度北部海拔1000m以上地区。据推测，它与雷射根（Ferula tingitana，通常也称作串叶松香草）也有一定关系，这种植物在古罗马时代因其风味和健康功效而受到珍视，并且有许多阿魏的属性。雷射根主要生长在昔兰尼（北非），并且在公元1世纪中期灭绝，据推测原因在于过度牧牛和用作蔬菜（其强烈风味在烹饪过程中会消失），以及缺乏有序繁殖。可以想象，在许多香草和香料简单地聚集生长在野外并且得不到有目的栽培的时代，这种灭绝是非常可能的。据说亚历山大大帝在公元前4年将雷射根带到了欧洲；当时它被称为"臭手指"，这个名字也在阿富汗使用。失去心爱的雷射根以后，罗马人从波斯和亚美尼亚进口波斯阿魏树脂（被认为类似于我们今天所知的阿魏）；他们在大约2000年前将它带到了英格兰。由于它具有奇怪的香气，因此在不列颠群岛烹饪史上很少提及阿魏毫不奇怪。

烹饪信息

可与下列物料结合	传统用途	香料混合物
<ul><li>豆蔻果实</li><li>辣椒</li><li>肉桂</li><li>芫荽籽</li><li>茴香籽</li><li>生姜</li><li>芥末</li><li>胡椒</li><li>罗望子</li><li>姜黄</li></ul>	<ul><li>印度咖喱，特别是海鲜和蔬菜</li><li>煮熟的蔬菜和豆类菜肴</li><li>印度薄脆饼和印度馕</li><li>泡菜和酸辣酱</li><li>伍斯特郡酱</li><li>用作大蒜的一般替代品</li></ul>	<ul><li>恰特马色拉</li><li>咖喱混合物</li></ul>

植物

　　阿魏是世界上受争议最多的香料之一，特别是西方作家将它的气味与粪便和腐烂大蒜相提并论。阿魏是一种树脂性（油树脂）树胶，它从一些巨型茴香中提取得到，这种巨型茴香约有50个品种（其中一些是有毒的）。大多数商业阿魏植物高度约3m。它具有粗茎和类似于茴香的粗糙外观；只有生长大约5年后才会出现鲜黄色的花朵。

　　香料阿魏有四种主要形式：泪滴状、块状、碎片和粉末。有人认为阿魏气味闻起来有恶臭，也因此而闻名。然而，如果想到许多让人觉得有强烈气味的配料都在用于食物调味，则阿魏的气味自然就可以用较温和的术语来描述了。阿魏花束略带硫黄和辛辣味，类似于发酵大蒜味，但它有类似于菠萝那种挥之不去的甜味。阿魏有两个主要品种：一种称为兴（hing）的水溶性品种，它来自竹板阿魏（*Ferula asafetida*）；另一种称为兴格拉（hingra），是油溶性的，被认为是劣质品种，来自蒜阿魏（*F. scorodosma*）。泪滴状、块状和碎片状阿魏的风味最强烈。它们呈深红色至棕色，具有优质阿魏特有的香气。阿魏经常磨成粉，并与食用淀粉混合，以便于处理。

　　市场上的阿魏粉有两种常见形式：一种呈"棕色"（实际上是淡褐色）；另一种呈黄色，后者具有略微温和的风味，并且加有淀粉和姜黄，因此添加到食物中而容易与食物混合。

加工

　　阿魏汁液要从至少生长四年的树收集。该过程开始时要使树根暴露，将其割伤并使其避免阳光照射约4~6周，此期间树脂会渗出并硬化。印度某些地方的人们，在阿魏植物茎下部取树汁，就像从橡胶树取乳胶液一样。干燥树脂从起初为白色的奶油色块状物刮下，这种干树脂随着老化会变成红色，最后变成深红棕色。为便于后续处理，油树脂胶要进一步加工。简单地利用某种形式淀粉（通常

香料札记

阿魏树脂是植物的固化树液，传统上与小麦粉混合，使其更容易使用。因此，许多麸质过敏者不能在烹饪中使用它。幸运的是，一些香料贸易商已经说服了一些阿魏加工商，在加工中只使用米粉和阿拉伯胶。

是小麦粉，最近使用米粉）研磨硬树胶，可得到自由流动的棕色阿魏粗粉。将粉状树脂胶与小麦粉、淀粉、阿拉伯胶、姜黄（有时还有如胡萝卜素之类其他着色剂）混合可制成黄色阿魏。黄色阿魏的风味不如棕色阿魏，然而，质地较细腻，外观较宜人，因此加工得较多。

采购与贮存

应购买装在密封良好容器中的阿魏，原因有二：第一，与其他香料一样，其挥发油会逸出，风味也会减少；第二，强烈的气味会弥漫整个房间。深红棕色树脂块具有最强烈的风味，但除非熟悉该物质，否则建议购买更加方便使用的棕色或黄色粉末。

阿魏应存放在密闭容器中，远离高温、光线和潮湿。可将一个容器装在另一个容器内，以形成双重屏障。

使用

阿魏以能够减少肠胃胀气而出名，研究表明它对消化系统有益。阿魏常用于印度饮食，这类饮食由大量扁豆和豆类，以及容易产气的其他蔬菜构成。尽管阿魏确实具有强烈气味，但在烹饪过程中大部分都会变淡，因此会产生美妙的风味，可为各种菜肴调味。婆罗门教和耆那教认为大蒜具有春药属性，禁止信徒食用，所以阿魏成了大蒜替代品。

阿魏特别适合南印度酸豆汤之类扁豆菜肴，它可以强化鱼和蔬菜的咖喱味，如果没有阿魏，有人就不会制作这些菜肴。一些印度人会在煮罐盖反面黏上一小块阿魏树脂，以便让风味渗透到罐内。英文名词"epicure"（美食家）据说来源于公元1世纪罗马哲学家和早期美食家阿匹西亚斯（Apicius），他知道将大块阿魏树脂留在储存松子的容器中，阿魏树脂蒸汽因此会充分渗入松子，可以为作为配料使用的松子提供所需风味。烹饪过程中添加阿魏粉可能是最简单的应用方法。只要把阿魏想象成大蒜的另一种形式，就可以在传统印度食谱之外的菜肴中品尝到它的美味。

每500g食物建议的添加量

红肉：5mL
白肉：5mL
蔬菜：5mL
谷物和豆类：5mL
烘焙食品：2mL

素酸辣汤

这道菜是我家最喜欢的印度南部素食之一，风味美妙。阿魏用于许多印度菜肴，并且在酸辣汤粉中起重要作用，它不仅能增添开胃的大蒜味，还能减少扁豆和豆类菜肴引起的令人难以接受的瞬间。此汤可与巴斯马蒂米饭或巴斯马蒂肉饭一起供餐，上面可用新鲜芫荽叶点缀。

制作4人份

制备时间：30min
烹饪时间：40min

提示

可以使用各种蔬菜，如茄子、马铃薯或胡萝卜，但应注意不同蔬菜的烹饪时间。例如，马铃薯的烤煮时间应比豌豆的长。

使用2~3种蔬菜可得到微妙的混合风味效果。为取得较独特的风味，可只使用一种蔬菜，如胡萝卜或花椰菜。

煮扁豆：用细网筛，在冷水下冲洗250mL干扁豆。将其转移到中号平底锅中，加入1L水和5mL盐。用中火煮约20min或直至变嫩。

油	30mL
酸辣汤粉	30mL
阿魏切碎	适量
混合蔬菜（见提示）	500mL
水	500mL
细海盐	2mL
煮熟的扁豆或黄豌豆（见提示）	250mL
海盐和现磨黑胡椒粉	适量
新鲜芫荽叶	适量

用中火，在大锅中将油加热。加入酸辣汤粉，烧煮并不断搅拌1min，直至香气扑鼻。加入蔬菜炒2min，直到开始变褐色。加入水和盐，盖上锅盖，然后小火煮至蔬菜熟（烹饪时间可因所用蔬菜不同而调整）。加入扁豆，小火煮5min，直至加热。用海盐和胡椒粉调味。立即供餐，用芫荽叶点缀。

香蜂草（**Balm**）

学名：*Melissa officinalis*

科：唇形科（Lamiaceae，旧科名Labiatae）
其他名称：蜂蜜香脂（bee balm）、普通香脂
（common balm）、柠檬香脂（lemon balm）、
蜜蜂花（melissa）、甜香蜂草（sweet balm）
风味类型：中
利用部分：叶子（作为香草）

背景

　　香蜂草原产于欧洲南部，可能在公元70年前后由罗马人引入英国。这种植物随后在北美和亚洲种植。该植物的拉丁学名*Melissa*来源于希腊语中的蜂蜜。这种植物与蜜蜂的关系可以追溯到2000多年前，当时香蜂草被涂擦在蜂箱上以防分蜂，并吸引蜂蜜回箱，虽然它通常被称为"蜂蜜香蜂草"，但真正的蜂蜜香蜂草是美国薄荷，是一种不同属的植物。

　　香蜂草的英文俗名Balm是Balsam的缩写，是一个用于描述植物产生的各种香味产品的术语；香蜂草因这种植物的香气甜美而取名。16世纪西班牙皇帝查理五世喜欢每天吃一种名为"加尔默罗水"的滋补品，这是一种古老配方产品，用香蜂草、柠檬皮、肉豆蔻和当归浸泡在葡萄酒中制成。当时，香蜂草尚未被充分作为烹饪香草利用；它主要用于装饰和产生香气，为（由干香花、异国情调油和香料构成的）百花香增加甜香味。

植物

　　香蜂草与薄荷有关。外观上它类似于普通花园薄荷，深绿色的粗糙椭圆形叶子边缘呈锯齿状。该植物稠密多叶，高约80cm，喜欢阳光充足土壤肥沃的花园。香蜂草垫子般稠密浅根不像薄荷那样疯狂蔓延，因此在花园中较容易控制。虽然要在秋季将多年生香蜂草割掉，但其根系会保持休眠状态直到来年春天，最好在春天采用分根方式繁殖香蜂草。春天，其茎会长出吸引蜜蜂的小白花簇。香蜂草叶子具有穿透性和挥之不去的独特柠檬香味，令人耳目一新，清新芳香，这就是为什么它通常被称为"柠檬香蜂草"的原因。

加工

　　最好使用新鲜香蜂草，因为干燥时容易失去其挥发性柠檬头香。如果想自己干燥用于泡菜或香草茶，应特别注意确保在干燥过程中尽量避免光线或极端高温和潮湿。去除水分和保持风味的最佳方法是将其单层（不要重叠）铺在纸上，也可将它们结成松散的束，倒挂在避光、通风良好的地方。为获得最佳效果，应在相对湿度低于50%时干燥香蜂草。当叶子感觉非常脆和易碎时，水分含量将降至约12%，这是长期储存的理想水平。

烹饪信息

可与下列物料结合	传统用途	香料混合物
● 多香果	● 腌鲱鱼和鳗鱼	● 通常不用于香料混合物
● 月桂叶	● 本笃会和沙特勒斯等	
● 芫荽籽	利口酒	
● 薄荷	● 水果色拉	
● 肉豆蔻	● 蔬菜色拉	
● 胡椒	● 羊肉和猪肉酱	
● 迷迭香	● 家禽和鱼	
● 鼠尾草		
● 百里香		

采购与贮存

新鲜采摘的香蜂草叶可以放在一杯水中（就像在花瓶里一样），用塑料袋帐盖，可在冰箱存放几天。干香蜂草应存放密闭容器中，置于阴凉避光的地方。

使用

因为香蜂草具有柠檬薄荷风味，所以其烹饪应用范围几乎没有什么限制。香蜂草传统上用于比利时和荷兰腌鲱鱼和鳗鱼。它是甜味卡内斯梅利莎水（一种用香草和葡萄酒制成的17世纪灵丹妙药，也被称为"梅利莎水"）的基础。香蜂草也被用作几种著名利口酒的配料，例如，本尼迪克特甜酒和查特绿香甜酒。对于家庭烹饪来说，其令人愉悦的柠檬风味是水果色拉的清爽添加剂，调味品中仅含少量醋时，也可用香蜂草增添蔬菜色拉风味。香蜂草用于家禽馅料有非常出色的效果，它也可用于鱼类调味，特别是当鱼用少许黄油烹制并用锡箔包裹时。用作羊肉和猪肉佐料的独特薄荷香蜂草酱由以下配料构成：切碎的新鲜香蜂草和薄荷叶各15mL，5mL糖，少量精制海盐，15mL白葡萄酒醋和125mL热水。

每500g食物建议的添加量
红肉：20mL
白肉：20mL
蔬菜：20mL
谷物和豆类：20mL

香蜂草柠檬水

夏季烧烤和野餐时，可以品尝自制的柠檬水。香蜂草是一种很好的调味品，配方中制成的香蜂草糖浆也可用于制作鸡尾酒。

砂糖	125mL
水，分次使用	1.5L
大柠檬皮，粗切成片	3个
大柠檬鲜榨汁	3个
略压实的撕裂香蜂草叶	125mL

1. 小火，在小平底锅中加入糖和250mL水，烧煮并不停搅拌约5min，直至糖溶解。当糖完全溶解后，再煮2min，直到成为糖浆。将锅从热源移开。
2. 将糖浆转移到耐热碗或大水罐中，加入柠檬皮、果汁和香蜂草，然后放置至少1h，以便入味。
3. 加入剩余的1.25L水并搅拌，配香蜂草冰块（见提示）供餐。

制作1.5L

制备时间：5min
烹饪时间：
10min，加1h扩散

提示

为了制作用于鸡尾酒中的香蜂草糖浆，可先将香蜂草浸渍1h，再将糖浆通过细网滤入瓶子或罐子中。香蜂草糖浆装在密闭容器中，可在冰箱中保存2周。要制作杜松子酒鸡尾酒，可将45mL杜松子酒倒入高脚玻璃杯中，加入3个香蜂草冰块（参见下文）和30mL香蜂草糖浆，再在顶部加入75mL苏打水或柠檬水。为了制作香蜂草冰块，选择12片完整的小香蜂草叶，在冰块托盘的每个隔室中放置一片，加水冻结。

香蜂草马斯卡彭雪芭

这款简单的食谱清淡爽口。在晚宴上，可作为甜点或口腔清洁品。

制作6~8人份

制备时间：5min
烹饪时间：10min，加3~4h冷冻。

提示

如果没有香蜂草，可用等量新鲜薄荷或苹果薄荷替代。

● **食品加工机**

超细（细砂）糖	175mL
水	325mL
马斯卡彭干酪，室温下	250g
稍压实的切碎新鲜香蜂草	250mL
鲜榨柠檬汁	7mL

1. 在小平底锅中加入糖和水，用小火烧煮。轻轻搅拌约5min直至糖完全溶解。将锅从热源移开，并放在一边彻底冷却。

2. 在中型碗中加入马斯卡彭干酪、香蜂草和柠檬汁，搅拌至混合均匀。加入冷却的糖浆，混合均匀。将混合物倒入矩形或方形密闭容器（容量1L）并冷冻3~4h。用配有金属刀片的食品加工机，搅打混合物使其粉碎，然后倒回容器，冷冻1h后再食用。

伏牛花 （**Barberry**）

学名：*Berberis vulgaris*

科：小檗科（Berberidaceae）
其他名称：熊果（berberry）、欧洲小檗（European barberry）、圣刺（holy thorn）、黄耆浆果（jaundice berry）、皮啪列其灌木（pipperidge bush）、雪果（snowberry）、伏牛花果（zereshk）
风味类型：刺激
使用部分：浆果（作为香料）

背景

伏牛花被认为起源于欧洲、北非和温带亚洲，这种小檗科装饰性植物现在在北美和澳大利亚广泛种植。伏牛花的皮和根具有药用价值，其细木可制成牙签。20世纪中期引入化学染料之前，用伏牛花皮制成的黄色染料被用于羊毛、亚麻、丝绸和皮革的染色；在德国，一些染色工匠仍然使用这种树皮。"hole thorn"（圣刺）一词源于意大利传说，他们相信耶稣是戴着用这种树做的荆棘冠冕被钉在十字架上的。

不幸的是，伏牛花灌木是一种锈菌的宿主，这种真菌对小麦有侵害作用。伏牛花作为香料广泛种植后，导致了小麦锈病的传播扩大，从而使得农民非常讨厌它。10世纪早期的西班牙饥荒，主要原因是引发锈病的真菌对小麦作物造成破坏。这在某种程度上可以解释为什么如今很少提到伏牛花，为什么有些国家仍然禁止进口伏牛花。伏牛花常用作阿富汗和伊朗烹饪的配料，用于米饭调味。

植物

伏牛花（*Berberis vulgaris*）的成熟浆果可用于烹饪，因为它们具有令人愉悦的酸味和果香，这与罗望子相似。伏牛花是落叶灌木，高约2.5m；它带有一簇簇明亮的黄色小花朵，所结的果实呈紫红色，成熟后变成红色。干的成熟伏牛花果呈长圆形，长约1cm，触感湿润，它们看起来有点像微型葡萄干，红色果实随着时间推移因氧化而变暗。

其他品种

日本伏牛花（*Berberis thunbergii*）、山葡萄（*B. aquifolium*）和作为装饰性灌木在花园中常见的伏牛花（*B. thunbergii atropurpurea*），所结的果实有轻微毒性，均不宜食用。

烹饪信息

可与下列物料结合	传统用途	香料混合物
● 多香果	● 肉饭	● 通常不用于香料混合物
● 豆蔻果实	● 炖水果，特别是苹果	
● 辣椒	● 配红肉的果冻	
● 芫荽籽		
● 生姜		
● 胡椒		
● 藏红花		
● 姜黄		

采购与贮存

　　干伏牛花果最好只从有信誉的商店购买。由于某些物种有毒性，因此，不建议购买来源不确定的新鲜伏牛花果。干燥的伏牛花果有明显的潮润触感（典型的干果），应呈红色到深红色。应将购回的干伏牛花果装入密闭容器，存放在冰箱中，以尽量保持颜色和风味。按上述方式，干伏牛花果应能保存12个月。

使用

　　传统上，人们使用伏牛花果是因其柠檬酸含量高。伏牛花果做成果冻后很适合作为羊肉伴侣食用（类似于经常与野味配合的红醋栗果冻）。伏牛花果可用咖喱腌制食用，阿富汗人和伊朗人会在其米饭菜肴中加入伏牛花果。伏牛花果非常适用于由拉斯埃尔哈努特（ras el hanout）香料调味的菜肴，它们可为古斯古斯面（couscous）和米饭增添诱人的香气。有人喜欢将伏牛花果用于水果，特别是苹果。伏牛花果可为苹果馅饼增添愉悦感，这种伴随水果味的浓郁香味可在几乎任何类型水果松饼中实现。

每500g食物建议的添加量
红肉：10mL
白肉：7mL
蔬菜：5mL
谷物和豆类：5mL
烘焙食品：5mL

伏牛花饭

这道经典波斯菜肴展现了伏牛花果的美味。

巴斯马蒂米，浸泡（见提示）	750mL
橄榄油，分次使用	90mL
中号洋葱，切成薄片	1个
带骨去皮鸡腿，修除脂肪	5个
姜黄粉	2mL
细海盐，分次使用	10mL
现磨黑胡椒粉	5mL
水，分次使用	2.25L
原味酸奶	175mL
牛奶浸泡的藏红花（见提示）	2mL
鸡蛋	1个
伏牛花果	60mL
扁杏仁（见提示）	30mL
砂糖	15mL

制作6人份

制备时间：2h
烹饪时间：90min

提示

准备巴斯马蒂米：在碗里，加冷水没过米，加15mL细海盐。混合均匀后放置2h。如此可增加米的嫩度及吸收菜肴风味的能力。用细网筛沥浸泡米，并用冷水冲洗。

准备藏红花：在一个小碗里，用30mL牛奶浸没藏红花丝，静置15min。使用前从牛奶中取出。

如果找不到杏仁，可以使用杏仁片。

准备烹饪的锅，用30mL油涂抹大平底锅。

鸡肉加入菜肴后，丢弃剩余的腌泡汁（步骤5）。

1. 中火，锅中加热30mL油。加入洋葱烧煮约3min至金黄色。加入鸡肉、姜黄、5mL盐和胡椒粉，搅拌均匀，直至鸡肉两面都变成褐色。加入250mL水焖煮10~15min，直至鸡肉煮熟。将锅从热源移出，将鸡肉转移到盘子中冷却。保存洋葱和汤汁。

2. 用碗将酸奶、牛奶浸泡过的藏红花和鸡蛋充分混合均匀。加入鸡肉并加盖，冷藏1h。

3. 在平底锅中将伏牛花果与30mL油、杏仁和糖混合，中火烧煮直到呈金黄色。起锅备用。

4. 另取一平底锅，加入2L水和5mL盐，用大火煮沸。加入浸泡米，煮5min，使米粒边缘稍软化。将米取出沥汤，并用冷水冲洗。

5. 将一半煮过的米饭撒在准备好的锅底上（见提示），从腌泡汁中取出鸡肉，然后铺在米上面。将伏牛花混合物与剩余米混合，然后盖在鸡肉上。使用漏勺，将保留的洋葱均匀地分布在米饭上。轻轻倒入保留的汤汁。加盖，用小火煮30min，直到米饭吸收汤汁并变软。盛装到供餐盘。

罗勒（**Basil**）

学名：*Ocimum basilicum*

甜罗勒

科： 唇形科（Lamiaceae，旧科名Labiatae）

品种： 甜罗勒（*O. basilicum*）、灌木罗勒（*O. basilicum mini-mum*）、泰国罗勒（*O. cannum Sims*，也称为*O. thyrsiflora*）、圣罗勒（*O. sanctum*，也称为*O. tenuiflorum*）、樟脑罗勒（*O. kilimandscharicum*）、柠檬罗勒（*O. citriodorum*，也称为*O. americanum*）、多年生罗勒（*O. kilimandscharicum*，也称为*O. cannum*）

其他名称： 布什罗勒（bush basil）、樟脑罗勒（camphor basil）、圣罗勒（holy basil）、柠檬罗勒（lemon basil）、多年生罗勒（perennial basil）、紫罗勒（purple basil）、甜罗勒（sweet basil）、泰国罗勒（Thai basil）、多毛罗勒（hairy basil）

风味类型： 强

利用部分： 种子（作为香料）、叶子（作为香草）

强大的香草

一种理论认为，罗勒的名字来源于希腊语"basilikon phyton"（巴西里孔菲顿），意为"皇家草"。人们相信香气非常愉悦的罗勒适合皇宫。另一种说法是，罗勒以蛇怪（basilisk）命名，这种蛇见一眼就能杀人。

背景

有3000年历史的罗勒起源于印度，当地仍然将其看成是一种神圣的香草。罗勒原产地还包括伊朗和非洲，罗勒在古埃及、希腊和罗马都很有名。罗勒当然不是一种令人冷漠的香草。1世纪著名罗马学者普林尼认为它是一种壮阳药，交配季节要给马匹喂罗勒。罗勒在意大利象征着爱情：女士在窗户上摆放一盆罗勒，表明对情人欢迎。在罗马尼亚，一名年轻男子如果接受了一位年轻女士的罗勒枝，就被认为是订婚了。然而，不太喜欢罗勒的人（比如古希腊人）将它看成是仇恨的象征。早期一位名为赫拉留斯（Hilarius）的法国医生，声称只要闻到罗勒就可能导致人的大脑生出蝎子。

幸运的是，罗勒的正面传说占了上风，它于16世纪被引入欧洲。罗勒最常见于意大利和地中海烹饪，可能是因为那里温暖的气候使它很容易获得。在罗勒不能茁壮生长的较凉爽欧洲地区，人们基本上不像地中海、北美、亚洲和澳大利亚那样喜欢罗勒。

植物

有许多不同类型的罗勒，但迄今为止最受欢迎的烹饪用罗勒，一种多汁大叶甜罗勒，紧随其后的是茴香般美味的泰国罗勒。当人们想起夏天罗勒所具有的丁香和茴香般清爽香气，自然会想到喜温的一年生植物的茁壮成长。

烹饪信息

可与下列物料结合	传统用途	香料混合物
● 大蒜	● 意大利面酱	● 意大利香草混合物
● 杜松	● 煮熟的茄子	● 卡真（Cajun）和克里奥尔香料
● 墨角兰	● 南瓜和西葫芦	● 肉调味料
● 芥末	● 色拉	● 调味馅料混合物
● 牛至	● 香草三明治	● 干腌香料粉
● 红辣椒	● 家禽馅	
● 芫荽	● 酱汁和肉汁	
● 胡椒	● 草本醋	
● 迷迭香		
● 鼠尾草		

甜罗勒植株高约50cm，在理想条件下甚至更高。坚韧的茎秆有方形沟槽，深绿色的椭圆形褶皱叶长2.5~10cm。应该将微小的白色长鳍花掐掉，以防植物结果实。与所有一年生植物一样，一旦进入开花阶段，其生命周期就几乎完成。定期采摘花头也有利于叶子长得较浓密。

甜罗勒的滋味远不如新摘的叶子香气那么令人兴奋和具有刺激性。这意味着大量使用罗勒也不会破坏配方。甜罗勒的干叶与新鲜叶子完全不同。干燥后清新的头香味会消失，但干叶子细胞中浓缩的挥发油会给人一种辛辣丁香花束和多香果气味。这种风味可与淡雅的胡椒味相匹配，是长时间慢煮的理想调味料。

其他品种

灌木罗勒（*O. basilicum mimimum*）的叶子长8~10mm。它高约15cm，与甜罗勒相比，其叶子香气的刺激性较小，风味强度较小。灌木罗勒非常适合装饰菜肴，因为小叶子看起来比切碎的甜罗勒叶子更有吸引力。

紫罗勒（*O. basilicum*的栽培变种）有两种类型，一种是锯齿状紫色荷叶边罗勒，另一种是较光滑的黑欧泊罗勒，它们主要用于装饰。它们具有温和、令人愉悦的风味，在色拉和装饰中看起来很有吸引力。

多毛罗勒或泰国罗勒（*O. cannum Sims*）具有细长的椭圆形叶子，边缘有深锯齿，比甜罗勒具有更多樟脑香气，具有独特的甘草和茴香味。此品种的种子，被印度人称为塞葡荬（subja），无独特风味，但它们在水中会膨胀并变成凝胶状。它们在印度和亚洲，被用于糖果饮料增稠，并且也是越来越受欢迎的食欲抑制剂。

圣罗勒（*O. sanctum*）被印度人称为塔尔西（tulsi），是一种带淡紫红色花朵的多年生植物，略带柠檬味。肉桂罗勒（*O. basilicum*）具有独特的肉桂香气，并有长而直立的花头。这是一种有吸引力的植物，它的叶子可用于亚洲菜肴。

嫩质的多年生樟脑罗勒（*O. kilimandscharicum*）不宜用于烹饪，但其独特的樟脑香气使其成为花园中宜人的装饰草本植物。

香料贸易旅行

圣罗勒总让我想起和莉兹一起参观果阿以南印度西海岸芒格洛尔（Mangalore）一个有300年历史香料农场的情形。参加完胡椒藤、香兰花、生姜、姜黄和长胡椒的强制性观光后，我们坐在凉爽的阳台上，喝上生姜和小豆蔻红茶。在乘车回去的路上，看到一名女子用巨大的磨碾碎新鲜香料，也看到农场工人们在收割庄稼。坐下来谈论香料时，我马上注意到一个正方形圣罗勒罐，它静静地位于房子东侧靠近门口，这是当地的习俗。印度人相信圣罗勒是神圣的，它能够保护房屋。在那个平静的早晨，蜜蜂在圣罗勒花簇周围嗡嗡作响，人们很容易想象这是一个幸运的家庭。

加工

罗勒可能是最难处理的香草之一，将它冷藏、冷冻或脱水时，其潮湿、褶皱的深绿色叶子容易变黑。如果使用新鲜采摘的叶子，这类操作的效果会好些。为了干燥罗勒，要在出现花蕾前收获其多叶长茎。将它们铺在纸张或金属丝网上，在避光、温暖、通风良好的地方晾干。不要将它们挂在一起，因为受触碰的叶子往往会在边缘变黑。当叶子萎缩至其大小的五分之一并且触感非常清脆时，将它们从茎上摘下，并存放在密闭容器中。

采购与贮存

应避免购买枯萎或叶子上有黑色痕迹的新鲜罗勒。新鲜采摘的罗勒可以冷冻，并能稳定地储存几个星期。最好的冷冻方法是将小束罗勒放入干净可重复密封的袋中，吹入一些空气使其膨胀，然后放入冰箱中，并使其不会被压扁。你会发现在需要的时候取出几片叶子是非常方便的。另一种保存罗勒的有效方法是采摘较大的叶子，洗净并晾干，然后将它们叠放在一个消过毒的浅广口瓶中，叠放时在每片叶子上撒一点盐。用橄榄油填充瓶子，使所有的叶子都浸没，拧上盖子，然后冷藏。根据新鲜叶子的质量，以这种方式储存的罗勒应该有长达3个月不发生黑变的贮存期。

商店购买的"新鲜"瓶装罗勒，通常由新鲜和干燥材料组合而成。虽然它们是新鲜罗勒的良好替代品，但应该注意的是，所用的保藏性食用酸量会提供更浓郁的风味。使用这些瓶装香草时，应始终降低配方中柠檬汁或醋的用量，以便可由这种香草中较高含量的酸补偿。

深绿色的干罗勒很容易从食品商店购买到；然而，正如其他干香草一样，应购买优质包装的干罗勒，并应贮存在远离高温、光线和潮湿的环境。

值得注意的是香草和香料风味具有相似属性；通常这些共性程度确定了它们可以通用的程度。像罗勒、丁香和多香果均适合用于番茄，也适合用于许多番茄酱和加番茄的罐头食品，例如，配番茄的斯堪的纳维亚鲱鱼，含有丁香或丁香味的多香果。

圣罗勒

使用

　　罗勒所散发出的丁香般香气，来自（也存在于丁香和多香果的）油丁香酚，使其成为番茄的理想配伍品，它通常被称为"番茄香草"。

　　罗勒也可用于蔬菜，如茄子、西葫芦、南瓜和菠菜。烹饪开始半个小时内添加新鲜罗勒，可增强蔬菜和豆类汤的风味。我母亲经常用奶油芝士和切碎的罗勒叶制作香草三明治，风味干净清爽。大多数色拉，尤其是含有番茄的色拉，都可用新鲜罗勒增添风味。完全加热菜肴（例如色拉和香蒜酱汁）最能体现罗勒的简单性。

　　干罗勒适合用作家禽填料，可在烹饪开始时加入汤和炖菜中，也可添加到酱汁和肉汁中。按配方使用干罗勒替代新鲜叶子时，仅使用新鲜叶质量的三分之一。例如，如果意大利面酱需要加15mL压实的新鲜碎罗勒，用干罗勒作为替代品就只需5mL。

　　用橄榄油刷鱼、撒上新鲜磨碎的黑胡椒，加少许罗勒叶，用锡箔包裹起来烧烤是一种简单而有效享受这种多用途香草的方式。罗勒也用于肉酱和肉冻，其挥发性香气有助于抵消肝脏和野味的膻味。可以自己预先制作美味醋用于色拉酱，方法是在一瓶白葡萄酒醋中加入洗净并干燥（去除多余水）的新鲜罗勒叶，然后在阴凉处放置几星期。

　　罗勒叶最好整张或撕碎使用；大多数厨师建议不要用刀切罗勒叶子，因为这往往会消散香气。为了使烧烤番茄、西葫芦或茄子上所用的干罗勒叶较有新鲜感，可将5mL罗勒与各2mL的柠檬汁、水和油，以及0.5mL多香果粉混合。放置几分钟，然后撒在切成瓣的番茄或茄子片上进行烧烤。

> **每500g食物建议的添加量**
> 红肉：10mL干叶，40mL碎鲜叶
> 白肉：10mL干叶，40mL碎鲜叶
> 蔬菜：7mL干叶，30mL碎鲜叶
> 谷物和豆类：7mL干叶，30mL碎鲜叶
> 烘焙食品：7mL干叶，30mL碎鲜叶

罗勒油无花果

这些甜味和咸味无花果可以作为点心与马斯卡彭干酪搭配，与芝麻菜一起作为开胃菜，或加在用作开胃饼的方块香草橄榄油面包上面。这款组合菜肴的搭配效果非常好，正好出现在夏季新鲜无花果和罗勒都是旺季的短暂时节。罗勒油也可用于色拉或意大利面调味。

制作4人份

制备时间：24h
烹饪时间：10min

提示

剩余的罗勒油装在密闭容器中，保存在纸箱或冰箱（冷时会凝固）中长达2周时间。

● **食品加工机**

罗勒油

压实的新鲜罗勒叶	125mL
橄榄油	125mL
鲜榨柠檬汁	1mL
细海盐	一撮

无花果

成熟的新鲜无花果	12个
香醋（可能的话用陈醋）	适量
非常小的新鲜罗勒叶（可选）	12片

1. 罗勒油：用装有金属刀片的食品加工机，将罗勒、油、柠檬汁和盐搅打成光滑浆体（也可以用研钵和杵完成此操作）。将浆体转移到小平底锅中，用小火加热5min。加盖静置过夜，然后用细网筛过滤，丢弃固体。

2. 无花果：将烤架放在最高位置，预热烤箱。

3. 用锋利刀横向切开无花果顶部（注意不要切到底）并拉下所产生的"花瓣"以形成星形。将无花果切面朝上放在烤盘上，烤2~4min或直至开始变褐色。供餐时，用罗勒油和几滴香醋淋在无花果上。每个无花果顶部加一片罗勒叶（如果使用的话）。

香蒜酱和蛤蜊意面

炎热八月的一天，我们在普利亚雇了一辆车，来到靴子状意大利的后跟末端（意大利的马尔代夫）。在蔚蓝海水中游泳过后，尽管天气炎热，但仍然感到非常饥饿。我惊喜地享受了此款当地的特色佳肴。注意，商店购买的香蒜酱含有防腐剂和大量廉价配料，如花生和欧芹，而不是松子和罗勒。

● **食品加工机**

香蒜酱

略压实的新鲜罗勒叶	500mL
松子，稍烤焦（见提示）	125mL
切碎的帕玛森干酪	125mL
大蒜，压碎	2瓣
精细磨碎的柠檬皮	1mL
细海盐	1mL
现磨黑胡椒	1mL
特级初榨橄榄油	75mL

意大利面

特洛飞面（见提示）	300g
蛤蜊（vongole），冲洗并沥干	750g
白葡萄酒	60mL
海盐和现磨黑胡椒粉	适量

1. 香蒜酱：在装有金属刀片的食品加工机中，粗搅碎罗勒、松子、帕玛森干酪、大蒜、柠檬皮、盐和胡椒。在电机运行时，边从进料管加油，边搅打，直到香蒜酱混合物成泥，但仍保留一些质地。搁置。

2. 意大利面：在一大锅煮沸的咸水中烧煮特洛飞面8~10min，直到有咬劲。排水并盛到碗里，拌入香蒜酱直至混合均匀。搁置。

3. 大火，在同一锅中将蛤蜊和白葡萄酒混合。盖上锅盖煮6~8min，偶尔摇晃锅，直到蛤蜊全部打开（丢弃任何保持闭合状态的蛤蜊）。加入准备好的香蒜酱面食煮2min，用海盐和黑胡椒粉调味。立即食用。

变化

对于素食版，用250g蒸西蓝花代替蛤蜊。

制作4人份

制备时间：10min
烹饪时间：30min

提示

特洛飞面（trofie）是一种短而扭曲的意大利面。如果没有，可使用通心粉或螺旋形意面。

焙炒松子：用中火，轻轻摇动装松子的长柄平底煎锅，约3min，直至松子呈金黄色。一旦开始变色，立即将锅从热源移开。

香蒜酱是储存和使用罗勒的最有效方法之一。香蒜酱是基本快餐作料，可以加入新鲜煮熟的意大利面，很适合涂抹在新鲜面包上，也可抹在新鲜番茄片上食用。只要在顶部覆盖2mm厚的橄榄油，就可以防止氧化，装在密闭容器的香蒜酱可在冰箱中保存2周。

泰国罗勒鸡

泰国罗勒鸡（Gai pad krapow）往往是菜单中深受欢迎的一道菜，它用的配料少，可以随时在家里制作。这道菜很适合搭配蒸米饭，上面放个煎炒鸡蛋，就像印度尼西亚炒饭那样，成为一道美味早餐！

制作6人份

制备时间：10min
烹饪时间：10min

提示

这道菜通常是用绞碎鸡肉而不是鸡肉片制成。可以用装有金属刀片的食品加工机将购买的预绞碎鸡肉或简单地将鸡胸肉加工成所需的质地。如果没有圣罗勒，可以用泰国罗勒（不能用地中海罗勒，因为风味完全不同）替代。虽然最好使用新鲜圣罗勒叶，但也可以使用3个月内的圣罗勒叶。

● **炒菜锅**

中性口味油，如菜油或花生油	30mL
青葱，对半切开，再切成薄片	5棵
大蒜，切碎	6瓣
小红辣椒，切成薄片	2个
无骨去皮鸡胸肉，切成4cm的碎片（见提示）	750g
鱼露（Nam pla）	25mL
酱油	20mL
稍压实的圣罗勒叶（见提示）	375mL

大火，用炒菜锅加热油。加入青葱、大蒜和辣椒，炒2min直至变软。加入鸡肉不断搅拌烧煮约5min，或直到肉开始变褐色。加入鱼露和酱油，继续炒4~6min使鸡肉熟透。加入罗勒叶搅拌，将锅从灶上移开。立即食用。

月桂叶（**Bay Leaf**）

学名：*Laurus nobilis*

科： 樟科（Lauraceae）

品种： 英文bay leaf（月桂叶）广泛用于描述属于不同科的许多叶子，这些叶子像欧洲月桂叶一样被添加到各种食谱中。这些月桂叶包括印度月桂叶（*Cinnamomum tamala*）、印度尼西亚月桂叶，或沙蓝叶（*Eugenia polyantha*）、加利福尼亚月桂叶（*Umbellularia californica*）、墨西哥月桂叶（*Litsea glaucescens*）、西印度月桂叶（*Pimenta acris*）和波耳多叶（*Peumus boldus*）

其他名称： 海湾月桂（bay laurel）、欧洲月桂叶（European bay leaf）、高贵月桂（noble laurel）、诗人月桂（poet's laurel）、罗马月桂（Roman laurel）、甜蜜月桂（sweet bay）、正宗月桂（true laurel）、花环月桂（wreath laurel）

风味类型： 辛辣

利用部分： 叶子（作为香草）

背景

月桂树原产于小亚细亚。月桂树在地中海广泛种植，并可能是通过罗马的影响，在中世纪时期到达英国。罗马人珍惜并敬重月桂叶。香草学家约翰·帕金森在1629年写道，奥古斯都·恺撒戴着一个由野蒲萄（Bryony）和月桂组成的花环，以保护自己免受雷击。在希腊神话中，众神与阿波罗演出过一场恶作剧：他被指定追求达芙妮，而后者被要求拒绝阿波罗的追求。故事结束时，众神将达芙妮变成了一棵月桂树，让她从阿波罗的坚持中得到喘息的机会，阿波罗受到打击，并宣称将永远用她的叶子作王冠。

月桂树的拉丁名是"laurus"，意思是"著名的"。因此，在希腊和罗马时代，与胜利的士兵会戴上月桂叶花环一样，战车比赛抗争运动的获胜者也会加上月桂叶花环。英文称呼"poet laureate（桂冠诗人）"和"bacca laureate（学士学位）"，均源自为表彰有杰出成就的学者和医生而给他们颁发月桂浆果（bacca lauri）的传统。

植物

月桂树是一种稠密的中等高度常绿植物，在有利气候条件下可长到10m高。叶子呈深绿色，树叶上表面的颜色稍浅有光泽，下表面多呈哑光表面。树叶呈椭圆形和锥形，长5~10cm，宽2~4cm。幼叶呈浅绿色，较成熟的叶革质，深绿色的叶子较柔软，香气和风味较少。

新鲜月桂叶揉碎后会释放挥发性油，具有温暖、辛辣的新鲜樟脑香气和挥之不去的尖锐涩味。具有刺鼻、尖锐、苦涩的持久风味。干燥后，月桂叶变成浅绿色，并呈亚光外观。干月桂叶粉碎时会释放出较独特的香气，带有矿物油型香气，其苦味不如新鲜月桂叶浓。

烹饪信息

可与下列物料结合	传统用途	香料混合物
● 罗勒	● 炖菜	● 香草束
● 辣椒	● 汤、砂锅和烤肉	● 拉斯埃尔哈努特（ras el hanout）混合香料
● 大蒜	● 肉冻	● 牛排和白肉调味料混合物
● 墨角兰	● 清蒸鱼	● 赫伯斯普罗旺斯腌制香料
● 牛至	● 蔬菜菜肴	● 红肉干腌香料
● 红辣椒	● 番茄意大利面酱	
● 胡椒		
● 迷迭香		
● 鼠尾草		
● 百里香		

　　月桂树盛开蜡状奶油色小花朵，带有独特的黄色雄蕊，结出的是紫色浆果，浆果干燥后变黑色变坚硬。这些浆果不能用于烹饪，因为它们有毒（含月桂酸硬酯和月桂酸）。

　　一些园丁将月桂树种植成示范样本，并会选择一两株栽在刻意布置位置的盆中或花园中。我父母在澳大利亚种了十几棵月桂树，这些树在20多年里发展成了高大的树篱。月桂树可以在一个直立的树干上修剪成整齐的球状，但如果留下自然生长，其主茎周围会出现许多枝条，使得生长密度变大，生长速度变慢，很适合作为树篱。

其他品种

　　一些文化用"月桂叶"广泛地称呼许多不同的叶子，这可能是因为月桂叶在西方非常受欢迎的缘故。以下所述的都不是正宗的月桂叶。

　　印度月桂叶（*Cinnamomum tamala*）与月桂叶完全不同，它们来自各种肉桂树。印度尼西亚月桂叶（*Eugenia polyantha*），也称为"沙蓝叶"，是另一种所谓的月桂叶，略有微丁香般风味，用于许多印度尼西亚食谱。加利福尼亚月桂叶（*Umbellularia californica*）看起来与月桂叶（*Laurus nobilis*）非常相似，但具有较强桉树味，应该谨慎使用，例如，使用欧洲月桂叶数量的一半。墨西哥月桂叶（*Litsea glaucescens*），甚至西印度月桂叶（*Pimenta acris*），即海湾朗姆浆果树的叶子，也因为具有丁香般风味而被人们用于烹调。

　　波耳多树（*Peumus boldus*）是另一种风味浓郁的樟树，来自杯轴花科（Monimiaceae）。它用于南美菜肴。波耳多树原产于智利中部，现已经扩散到欧洲，但据我所知，当地没人将其叶用于烹饪。波耳多树叶子通常与香草茶混合作药物使用。波耳多树叶子含有生物碱，部分这种来源的生物碱有抗氧化作用。然而，这种应用的毒性问题已经出现，这可能是对过度使用的一种警告。

有些品种不能吃

烹饪用的月桂树不应该与月桂莓树或其他品种的月桂树混淆，因为其中许多是有毒的。

加工

月桂叶最好以干燥形式用于慢煮菜肴，因为干燥可使新鲜叶子中的苦味消散，并使赋予香味的挥发油更有效地渗入菜肴中。收获月桂叶，可按希望树木的外观来修剪树枝。不要修剪开花时节的月桂树，这一时段花朵可吸引大量蜜蜂。可用修枝剪在几小时内将树枝上的叶子剪下来。只留用干净成熟且无白蜡垢痕迹的叶子，叶子上的这种痕迹是一种会产生黑色沉积物质的害虫。

像其他香草一样，月桂叶最好在避光、通风良好的地方烘干。5天左右可使月桂叶水分蒸发掉，此时，其水分含量低于12%。为了避免卷曲并获得诱人的扁平叶片，要将单层叶铺在筛网上，确保通风良好，并将另一块网放在上面，用一些小木棍压住。当叶子清爽干燥时，将其存放在密闭容器中，置于阴凉避光的地方。

采购与贮存

世界各地商店出售的大部分干月桂叶都产自土耳其。它们有两个主要等级：一种是最低等级品，每50kg一包，通常含有大量异物，包括树枝、金属丝和岩石碎片（可能是为了充重量）；另一种是最佳等级品，这种土耳其月桂叶称为"手工选择"叶，这些叶子具有较好的风味，并且比包装叶子更清洁，且尺寸和颜色更均匀。

购买干燥月桂叶时，应买干净的绿色叶子，绿色越深，叶子越好。黄叶表示收获时质量差或长时间在光线下暴露过。如果储存正确，避免高温、光线和潮湿，整片状月桂叶的保质期可长达3年。粉状月桂叶使用方便，但应少量购买，或自行研磨。一旦研磨，即使在理想条件下储存，其风味也会在12个月内消失。

香料札记

关于月桂叶最有趣的回忆之一来自于我少年时。为参加一场秀，我准备好我的灰色骏马赫克托。它被打理得一尘不染，四蹄被涂上了颜色，第二天早上要送到活动场，所以不能把它弄脏，我把它关在一个父亲在里面种了一片月桂树的院子里。第二天早上，我们惊奇地发现赫克托"修剪"了大部分树木。熟悉马的人会闻到它们的清新干草气息。可以想象，当这匹灰色大马在马戏演出指挥和评判员面前呼出月桂"气息"时的令人惊愕情形！每当我修剪月桂树枝来干燥时，仍然会想起赫克托。

使用

月桂叶主要与慢煮食谱相关联。它们被认为是许多汤类、炖菜、砂锅菜、陶罐菜肴、肉酱和烤禽类菜肴不可或缺的香料。月桂叶（其他还包括百里香、马郁兰和欧芹）一定会出现在调味香料束中，这种传统法式香草束在烹饪时与其他配料一起加入锅中，在准备食用时取出。人们在烹饪高汤时加入月桂叶。

应始终谨慎使用月桂叶，因为其风味浓烈，并且在烹饪过程中容易合并。对于4人餐平均分量的菜肴，可使用2~3片干燥月桂叶，既可使用整叶，用后取出，也可粉碎后加到菜肴中烹饪软化。我喜欢用锡箔包裹的烧烤鱼里面放几根绿色莳萝尖、一片月桂叶和青芒果粉末。

每500g食物建议的添加量
红肉：2干叶或3鲜叶
白肉：1干叶或2鲜叶
蔬菜：1干叶或2鲜叶
谷物和豆类：1干叶或2鲜叶
烘焙食品：1干叶或2鲜叶

月桂米饭布丁

米饭甜点遍布世界各地，有很多变化。这是一种经典欧式布丁，在炉灶上加入新鲜月桂叶，可使柔软的奶油米饭具有微妙、独特的风味。这可能看起来很费时间，但我只是在烹饪其他菜肴时顺便制备这道甜点。它的风味真的令人舒服和满足，值得花些时间制作。

短粒米（见提示）	250mL
新鲜小月桂叶	2片
粗切片柠檬皮	1片
水	750mL
全脂牛奶	1L
砂糖	125mL
纯香兰素	2mL
新鲜磨碎的肉豆蔻，可选	

中火，用中等平底锅，将米饭、月桂叶、柠檬皮和水混合，煮沸，偶尔搅拌。煮沸后，盖上盖子，降低火力再煮约15min，直至大部分水分被吸收。加入牛奶、糖和纯香兰素，加盖煨40~50min，偶尔搅拌，直到米饭柔软并呈奶油状（应略有浓稠感）。关火，取出并丢弃月桂叶和柠檬皮，放置10~15min稍微冷却。在室温下或冷藏后食用，如果需要，可在食用时撒上少许肉豆蔻。

制作6人份

制备时间：5min
烹饪时间：75min

提示

如果有的话，可以使用"布丁米"，或者使用其他短粒米，如阿波罗（Arborio）米或卡纳罗利（Carnaroli）米。

美国薄荷（**Bergamot**）

学名：*Monarda didyma*

科： 唇形科（Lamiaceae，旧科名 Labiatae）

品种： 柠檬马薄荷（*M. citriodora*）、堇花马薄荷（*M. fistulosa*）、薄荷叶马薄荷（*M. menthifolia*）

其他名称： 香蜂花（bee balm）、芬芳香蜂花（fragrant balm）、印度羽（Indian's plume）、奥斯威茶（Oswego tea）、红香蜂花（red balm）

风味类型： 中

利用部分： 叶子和花朵（作为香草）

背景

美国薄荷原产于北美，16世纪由西班牙植物学家尼古拉斯·德·蒙纳德斯（Nicolas de Monardes）确定。因此，这一属植物学名用了他的名字。现纽约州的奥斯威戈人过去常常用它泡茶，因此得名"奥斯威戈茶"。美国人在1773年（英国人抵制从印度输入的茶叶）波士顿茶党事件后接受了这种植物。

植物

美国薄荷，与薄荷同科，是香草园的炫耀者。美国薄荷不像一般香草那样含蓄淡雅，后者的风味和药效往往比外观更受欢迎。美国薄荷带有十几朵管状的、有橙香味的花，簇生在绒球状轮生体上；美国薄荷叶长在坚固的方形茎上，成对长椭圆形叶子长8cm，宽2cm。璀璨的花朵有粉红色、紫红色，还有各种鲜艳红色（最受欢迎的是"剑桥猩红"品种）。这种植物的鲜花充满吸引蜜蜂的花蜜，因此俗称"蜜蜂香蜂花"[不要与也会吸引蜜蜂的烹饪用香蜂花（bee balm）混淆]。

美国薄荷不是伯爵茶（Earl grey）原料

美国薄荷的名字来自它的香气，香气类似佛手柑橙（*Citrus bergamia*）。用于调制伯爵茶的美国佛手柑油来自佛手柑橘子，而不是来自美国薄荷。

烹饪信息

可与下列物料结合	传统用途	香料混合物
● 罗勒	● 色拉	● 通常不用于香料混合物
● 薄荷	● 猪肉和鸭肉酱	
● 迷迭香		
● 鼠尾草		
● 百里香		

其他品种

柠檬马薄荷（*Monarda citriodora*），用于色拉，它的风味比橙子更像柠檬。野生或紫色的美国薄荷（*M. fistulosa*）也有轻微的柠檬香气，但烹饪用得较少。薄荷叶美国薄荷（*M. menthifolia*）具有褶皱薄荷状叶子，有时与淡香水薄荷（*Mentha x piperita citrata*）相混淆。

加工

为了制作泡茶用的干燥叶子，可将一束美国薄荷倒挂在避光、干燥、通风良好的地方，直到叶子变得非常干脆。轻轻地将整干叶从茎上碾碎并储存在密闭容器中，避免高温、光线和潮湿。

采购与贮存

想要获得新鲜美国薄荷，可能需要自己种植。收获鲜叶并切碎，然后装入冰块托盘，加满水并冷冻。鲜花也可以同样的方式进行处理。

以"奥斯威茶"名称出售的干美国薄荷可能含有一些干花和叶子。如果储存正确，其风味可保持12~18个月。

使用

美国薄荷鲜叶和鲜花最常用于烹饪，可以当薄荷或罗勒用，获得独特的芳香效果。色彩鲜艳的柔软蜜香花朵具有细腻刺激风味，适用于增加色拉的吸引力。叶子含有挥发油麝香草酚，也含有橙香味，这些风味可令人联想到百里香、鼠尾草和迷迭香风味，使美国薄荷叶成为与猪肉和鸭肉配套使用的理想香草，其橙香韵味使两类肉味均得到提升。

500g食物建议的添加量

红肉：30mL鲜叶
蔬菜：30mL鲜叶
谷物和豆类：20mL鲜叶
烘焙食品：20mL鲜叶

番茄美国薄荷面包

这个食谱首次出现在我祖父母一本名为《亨普山香草：它们栽培和用法》的书中，该书出版于1983年。我母亲初次对素食主义产生兴趣时改进了这道食谱。这是一种美味又营养的肉类面包替代品，也是我们家的最爱。

制作2人份

制备时间：5min
烹饪时间：20min

提示

制作新鲜面包屑：在装有金属刀片的食品加工机中，将5~6片隔夜面包（如果太新鲜，不会变成面包屑）搅打碎。将面包屑均匀地撒在烤盘上，约20min，放在一边晾干使其至干酥。装入可重复密封袋子，可在冰箱中保存6个月。

- **20cm×10cm的面包盘，涂上油脂**
- **烤箱预热至180℃**

鸡蛋，搅打	2个
398mL带汁番茄切片罐头	5kg
新鲜白面包屑（见提示）	375mL
碎切达干酪，分次使用	300mL
切碎的芹菜	250mL
切碎的新鲜美国薄荷叶	30mL
碎洋葱	30mL
橄榄油	30mL
细海盐	2mL

在一个大型搅拌碗中，将鸡蛋、番茄、面包屑、250mL干酪、芹菜、美国薄荷、洋葱、橄榄油和细海盐混合在一起。用勺子将混合物转移到准备好的面包盘中，顶部放入剩余的干酪，然后在预热烤箱中烘烤20min，直至呈金黄熟透。趁热与蔬菜色拉一道食用。

黑莱姆 （Black Lime）

学名：*Citrus aurantifolia*

科： 芸香科（Rutaceae）

其他名称： 阿玛尼（amani）、黑柠檬（black lemon）、干柠檬（dried lemons）、干莱姆（dried limes）、洛米（loomi）、糯米巴士拉（noomi Basra）、阿曼柠檬（Oman lemons）；新鲜时，被称为大溪地莱姆（Tahitian lime）或波斯莱姆（Persian lime）

风味类型： 浓郁

利用部分： 果实（作为香料）

背景

莱姆原产于东南亚。可能由摩尔人和土耳其商人将莱姆带到了中东。在橙子之前，人们熟悉的柑橘类水果是香橼，中国人早在公元前4世纪就已经知道这种水果，古埃及人也提到过它。公元前4世纪，莱姆在意大利南部、西西里岛和科西嘉岛有种植，大部分用于蜜饯果皮和香水的香橼仍然来自科西嘉岛。

热带地区的莱姆比柠檬好，当地经常将前者与柠檬混淆，莱姆树的历史有点模糊。莱姆树有几种类型，这些莱姆树均比柠檬树小，但较浓密，树皮较粗糙，并且具有大量尖刺。印度和亚洲常见的莱姆皮薄，酸而多汁。欧洲和美国种植的莱姆具有不同风味，不那么酸，被认为是墨西哥莱姆和香橼的杂交品种。波斯莱姆也有独特的滋味。这种莱姆最初是果实在树上已经晒干的品种，被忽视的果实在烈日阳光下晒干后具有优美风味可能是人们意外的发现。

植物

最常见用于收获在树上干燥果实的莱姆树是小而不均匀的常绿树木，高5m。树枝上长有一些尖锐的（能刺痛人的）小刺。莱姆果实是由对蜜蜂非常有吸引力的小白花发育而来的，一年中的大部分时间都能结果。新鲜莱姆呈绿色到黄色不等的颜色，通常皮较薄，多汁并有芬芳香气。由于莱姆很容易与其他柑橘树杂交，人们不能确定黑色莱姆是由哪种杂交树产的。

黑色莱姆通常是完全晒干的大溪地莱姆，直径范围在2.5~4cm。它们的颜色从浅棕褐色到深褐色不等，两端有最多10条深棕色纵向条纹。当打开黑色莱姆时，内部会露出黏稠的黑色髓残余物，释放出刺鼻的发酵柑橘香气。黑色莱姆的香味总让我想起丰富美味的自制果酱。

当葡萄酒大师要我们找一种香料加入灰霉菌（有时称为"贵腐菌"）甜酒时，我们出乎意料地发现可以用黑色莱姆。莉兹制作的一种糖冰糕加入了黑色莱姆。虽然它的灰色不怎么吸引人，但大家都觉得这种风味十分吸引人。

香料札记

我第一次见到黑色莱姆是在我的童年时代，当时我父母拥有一个柑橘园。在水果分类和装箱的分级棚中，总有一些橘子或柠檬会散落滚到在台板或分级滑槽下的地板上。这些果子会变干（无疑在此过程中会发霉和发酵）使得棚子充满一种刺激性甜香气，黑色莱姆的气味令人难以忘怀。

烹饪信息

可与下列物料结合

- 多香果
- 豆蔻果实
- 肉桂
- 丁香
- 芫荽籽
- 小茴香
- 红辣椒
- 胡椒
- 姜黄

传统用途

- 炖鱼
- 烩牛膝
- 烤肉
- 烤鸡（在烹饪过程中整个放在空腔中）

香料混合物

- 波斯香料混合物
- 柠檬胡椒基料混合物
- 海鲜调味料
- 家禽干腌香料

加工

虽然莱姆最初是在树上干燥的，但更常见的做法是在成熟时收获水果，然后在盐水中煮沸，再在阳光下晒干。湿度条件必须处于非常低的水平，否则，水果干得太慢，变成黑色，经常出现霉菌的迹象。有人告诉我，传统的做法是将新鲜采摘的莱姆埋在炎热的沙漠中，直到它们几乎失去所有的水分。

采购与贮存

黑莱姆可以从中东食品店和特色香料零售商处购买。黑色是指干燥的内膜；干燥的莱姆不一定有黑色外皮。深褐色至浅棕色通常最受欢迎，但是一些非常深色的莱姆具有更大的刺激性和浓重的风味，只要不发霉，这种黑莱姆更好。黑莱姆应始终存放在密闭容器中，避免极端高温、光照和潮湿。

使用

黑色莱姆的高度芳香、略微发酵风味特别适合鸡肉和鱼类，用法类似于在摩洛哥和中东食物中使用柠檬蜜饯一样。令人惊讶的是，在牛尾炖菜中添加一个或两个刺穿的黑色莱姆可使其出现令人欢迎的辛辣度。在将整个黑色莱姆添加到锅中或在烹饪前将其塞入家禽腔时，用叉子在莱姆刺几个孔，以使里面烹饪汁液注入美味食物。在丢弃莱姆之前，挤出里面所形成的美味汁液以获得令人特别满意的味觉。

黑色莱姆也可以粉碎并与胡椒混合，在烤制前撒在鸡肉和鱼肉上面，作为柠檬和胡椒的替代品。

每500g食物建议的添加量

红肉：
2个刺穿的整莱姆
白肉：
2个刺穿的整莱姆
蔬菜：
1个刺穿的整莱姆
谷物和豆类： 1个刺穿的整莱姆
烘焙食品： 1个刺穿的整莱姆

黑莱姆科威特鱼汤

一次，我父母去印度旅行途中遇到了一对来自科威特的夫妇，他们正在印度访问，拍摄并了解更多有关香料的信息。巴德（Bader）和苏（Sue）使我父母首次了解到黑色莱姆，并友好地分享他们的科学配方。这道香浓炖汤可与加有炸洋葱的米饭搭配。

碎小茴香	10mL
现磨黑胡椒粉	10mL
豆蔻粉	10mL
姜黄粉	10mL
细海盐	10mL
油，分批使用	45mL
洋葱，四等分切开	2个
番茄，四等分切开	3个
整黑色莱姆，每个用叉子刺4~5次	2个
大号绿色手指辣椒，切碎	1个
番茄酱	30mL
蒜末，分次使用	15mL
水	500mL
通用面粉	30mL
去皮鱼片，如鳕鱼或鲈鱼（每片约170g）	4片
切碎的新鲜莳萝叶	250mL
切碎的新鲜芫荽叶	250mL

1. 在研钵里，加入小茴香、胡椒粉、豆蔻、姜黄和盐，磨碎。

2. 中火，在大锅中加热30mL油。加入洋葱炒2min，直至软化。搅拌加入番茄、黑色莱姆、辣椒、番茄酱、10mL大蒜末和10mL磨碎的香料混合物，加水搅拌。调小火，加盖以保持温热。

3. 在浅碗或盘子中，将剩余的磨碎香料混合物与面粉混合。使鱼在混合物中翻动均匀裹粉。

4. 大火，在煎锅中加热剩余的15mL油。加入鱼煎1min，直到略呈褐色。将鱼转移至番茄混合物锅中（鱼应该被完全覆盖，如果需要，可以加入更多水）。加入莳萝、芫荽和剩余的大蒜末。小火，缓缓煮15~20min，或煮至用叉子叉进鱼肉时容易剥落。

琉璃苣（**Borage**）

学名：*Borago officinalis*

科：紫草科（Boraginaceae）
其他名称： 蜜蜂面包（bee bread）、星花
（star flower）
风味类型： 温和
利用部分： 叶子和花朵（作为香草）

背景

据说琉璃苣起源于中东（位于现在叙利亚东南部）阿勒颇，由罗马人带到英格兰。大片琉璃苣生长在英格兰南部白垩上，这种草本植物现在地中海、北美和许多其他温带地区广泛种植。传说中，琉璃苣与良好的精神状态和幸福感有关。普林尼曾说过："琉璃苣啤酒会消除人们的悲伤，让人很高兴地活着。"由于深信琉璃苣的精神激励作用，因此，人们将琉璃苣发给出发前的远征十字军士兵，血腥冲突之前的角斗士也使用琉璃苣。在威尔士，琉璃苣被称为"llanwenlys（兰莫灵）"，意为"欢乐的香草"。

植物

琉璃苣是最受瞩目的香草之一，这种烹饪用香草图案常见于挂毯、刺绣和彩绘陶瓷。无数演绎作品的灵感来自这种植物的典型"香草"外观。琉璃苣的茎高达1m，厚实柔软、空心多汁，覆盖着长达15cm的深绿色皱纹叶子，上端开着大量星形韦奇伍德蓝色花朵，这些花朵中心带有明显的黑色花药。整个植物上覆盖着细腻的绒毛，形成蓟一样的"别碰我"的外貌。传统蓝色琉璃苣花中常常出现一些柔和的粉红色花朵，这些花朵充满花蜜从而会吸引蜜蜂，因此俗称"蜜蜂面包"。还有一种罕见的白花种。

虽然琉璃苣是一年生植物，但由于它很容易自我播种，因此除非严寒冬季，它也会直接由自身种子发芽。很少有花园的景色比自己种植的琉璃苣更令人赏心悦目：在朦胧的绿叶和柔软的花蕾之间展现出浓密的蔚蓝色花朵。

加工

人们通常使用新鲜琉璃苣叶。它们在采摘后很快就会枯萎，所以可能非常难以有效地干燥。要干燥，最好是在清晨收获叶子并将它们铺在纸上或覆盖有网状物（如昆虫筛）的框架上。放在避光、干燥的地方，空气可以自由流通，让水分蒸发。当叶子非常脆时，将其搓碎，装入密闭容器中，避免高温、光线和潮湿。琉璃苣花也可以用相同方法干燥。

通过蒸汽蒸馏可从琉璃苣种子中提取被认为具有抗炎特性的精油。

烹饪信息

可与下列物料结合	传统用途	香料混合物
● 罗勒	● 鸡尾酒	● 通常不用于香料混合物
● 香葱	● 水果混合饮料	
● 水芹	● 蔬菜色拉	
● 独活草	● 香草三明治	
● 芫荽	● 汤	

采购与贮存

如果想全年享受这种流行的自播式烹饪香草，最好是自己种植。因为采摘后琉璃苣很快就会枯萎，所以一般很难购买到优质鲜叶。收获后的琉璃苣花较为健壮，因此通常会与其他异国情调叶子和花朵一起制备色拉。如果小心地采摘到完全开足的花朵，将它们放入冰块托盘中，每个格放一朵，轻轻注水并冷冻，则可取得很好的冻结效果。如果想让琉璃苣花看似具有新鲜初始毛茸感，可将这种冰块投入一杯果汁、杜松子酒和任何其他饮料中。

使用

琉璃苣的黄瓜风味使其可以合理地添加到任何蔬菜色拉中，但一定要将叶子切碎，从而可以消除胡须般的毛茸感。可将切好的叶子加入奶油干酪或农家干酪中，加点盐和胡椒粉，用这类琉璃苣风味干酪制成香草三明治。可将整张嫩叶裹上面糊油炸，制成不同的菜肴，作为开胃菜或配菜使用。琉璃苣花漂浮在果汁饮料或皮恩司（Pimm's）之类清爽饮品中，看起来很有吸引力，它们的风味与饮料相得益彰。将琉璃苣花浸泡在搅打好的蛋清中，撒上糖粉并让它们干燥，可成为甜点和蛋糕的流行装饰物。

香料札记

在20世纪50年代，我母亲意外地发现了一种古怪的现象。她将琉璃苣加入用典型澳大利亚酵母涂抹物卫杰马（Vegemite）和铺罗马（Promite，英国的Marmite）调味的三明治，结果得到的风味与新鲜去壳牡蛎非常相似！

每500g食物建议的添加量

红肉：125mL切碎鲜叶
蔬菜：125mL切碎鲜叶
谷物和豆类：125mL切碎鲜叶
烘焙食品：125mL切碎鲜叶
花朵主要用于装饰

琉璃苣汤

这道亮绿色菜汤用蓝色琉璃苣花制成，冷食或热食用均非常宜人。

制作2人份

制备时间：10min
烹饪时间：20min

● **搅拌器**

大号马铃薯，去皮，四等分切开	1个
蔬菜汤	500mL
略压实的粗切碎新鲜琉璃苣叶	1L
餐桌（18%）稀奶油	125mL
新鲜搓碎或磨碎的肉豆蔻	2mL
细海盐和现磨黑胡椒粉	2mL
新鲜琉璃苣花，可选	6朵

在中号平底锅中将马铃薯和蔬菜汤混合，中火煮沸约15min，直到可用叉子刺穿马铃薯。加入琉璃苣叶搅拌，煮2min，直至枯萎并充分混合。将锅从热源移开，放在一边稍微冷却。将混合物转移到搅拌器中搅打成菜泥，直至变得光滑。将搅打混合物放回锅中。加入奶油和肉豆蔻搅拌，用盐和胡椒调味，再煮热。分别装入就餐碗，上面可以加上琉璃苣花。

菖蒲 （Calamus）

学名：*Acorus calamus americanus*

科： 天南星科（Araceae）
其他名称： 旗根（flag root）、麝香根（muskrat root）、桃金娘草（myrtle grass）、鼠根（rat root）、甜甘菊（sweet calomel）、甜甘蔗（sweet cane）、甜旗（sweet flag）、甜草（sweet grass）、甜穗（sweet rush）、甜莎草（sweet sedge）、野生鸢尾（wild iris）
风味类型： 辛辣
利用部分： 根（作为香料），叶子（作为香草）

背景

菖蒲，常被称为甜旗，几乎可以肯定原产于印度山地沼泽。菖蒲根茎的使用可追溯到古代。它的传播显然早已出现，埃及图坦卡蒙墓中有这种植物的证据。即使维也纳植物学家克劳修斯在16世纪将其引入欧洲并且广泛移植之后，印度菖蒲根茎的风味仍被认为最强烈，并且最令人愉悦。波兰有最早栽种菖蒲的记载，据说当地菖蒲是由鞑靼人引入的。

菖蒲的英文名字"Calamus"来自希腊文"Calamos"，意思是"芦苇"。在英格兰，菖蒲曾被教堂和一些家庭用作宗教节日散布芦苇。它在诺福克（Norfolk）特别受欢迎，那里种植了很多。菖蒲现在广泛生长于英格兰沼泽地，在苏格兰也不少见。虽然西班牙没有菖蒲，但它在欧洲其他地区，向东部至俄罗斯南部、中国和日本都有大量种植。

菖蒲根与当归一样可加糖制成蜜饯，英格兰和北美都将它用在蛋糕和甜点以增加甜味。菖蒲的英文旧称为"galingale"，用于描述菖蒲根和亚洲香料高良姜。部分欧洲地区的居民有时吃幼嫩柔软的菖蒲花，荷兰孩子们咀嚼菖蒲根茎，都是因为它有甜味。从菖蒲中提取的油可用于生产杜松子酒和酿造某些啤酒。

最近，土耳其人使用这种蜜饯来抵御疾病，但很少用于烹饪。近年来，已经弄清楚，菖蒲含有β-细辛醚，这是一种致癌物质。因此，菖蒲被定为"不推荐用于烹饪"之物。据说美国菖蒲（*Acorus calamus americanus*）不含β-细辛醚。然而，一些国家已将所有来源的菖蒲油放在其禁用的植物和真菌名单中。禁止使用菖蒲油，是因为通过蒸汽蒸馏提取油时，植物中的任何不良元素（以及潜在有益元素）都会被浓缩。菖蒲根仍然被用作药用、化妆品和香水工业原料。

烹饪信息

可与下列物料结合	传统用途	香料混合物
● 多香果	● 蛋奶沙司和米饭布丁	● 通常不用于香料混合物
● 豆蔻果实	● 色拉	
● 肉桂	● 阿拉伯和印度甜菜	
● 丁香		
● 生姜		
● 肉豆蔻		
● 香兰		

植物

北半球浅溪流和水沟中生长的这种强壮多年生植物，唤起了人们对沼泽植物芦竹和芦苇的想象。菖蒲叶长达1.2m，呈剑形、略带皱纹，具有香味，其类似芦苇的坚硬圆柱形穗状花序上生长黄色小花朵。尽管这种植物有时会产生果实，但它主要通过根状茎的旺盛生长来实现繁殖。

虽然该植物所有部分均有甜味和芳香味（茎的内部具有类似橙子的风味），但大多数烹饪和药用原料，使用的是其根系或地下茎部分。根状茎直径约为2cm，干燥后呈浅灰褐色，表面有收获时去除蠕虫状小根留下的疤痕。根状茎的横截面呈苍白色（几乎是白色）、多孔、木质状。菖蒲根有刺激性香气，其风味（类似于肉桂、肉豆蔻和生姜混合物）最初呈甜味，具有苦涩余味。

加工

收获菖蒲是一件很烦琐的事。要将地面以下约30cm部分裹在泥中的无光泽根切断，并从泥中将其耙出。将菖蒲叶子剥离并从根茎中分离出来，根茎在切片和干燥之前必须彻底清洁并去除较少芳香味的小根。不应将菖蒲根剥离，因为含有芳香挥发油的细胞位于根部表皮。通常人们看重菖蒲的外观，因此，德国白皮菖蒲很受欢迎；然而，人们认为它不如未去皮的菖蒲，尤其是在医学应用方面。

采购与贮存

目前，大多数商业菖蒲似乎都产自印度和北美。即使在购买烹饪用途菖蒲时，也很有可能购买到的是药用菖蒲或阿育吠陀香料。菖蒲很容易失去挥发油，因此最好不长时间存放。应将其保持在整个切片状态，放在密闭的容器中，避免高温、光线和潮湿。以这种方式存储，菖蒲可以保存3年。

使用

烹饪使用菖蒲时要小心，因为它可能存在β-细辛醚。此外，由于它有促进月经的作用，孕妇不应食用。新鲜收获的叶子可用于奶油、米饭布丁和其他甜点，使其中的牛奶增香，这种做法与香兰豆或肉桂棒赋予风味的方式非常相似。嫩叶芽可以添加到色拉中。菖蒲根粉末有时用于印度和阿拉伯甜味菜肴，因它具有细腻的肉桂、肉豆蔻和姜的风味。

每500g食物建议的添加量

红肉：2mL
白肉：2mL
蔬菜：2mL
谷物和豆类：2mL
烘焙食品：2mL

石栗 （Candlenut）

学名：*Aleurites moluccana*

科： 大戟科（Euphorbiaceae）
其他名称： buah keras、candleberry、印度核桃、kemiri仁、kukui坚果树、清漆树
风味类型： 混合
利用部分： 坚果（作为香料）

背景

石栗原产于澳大利亚北部热带雨林、摩鹿加（马鲁古）群岛和马来西亚，也生长在南太平洋许多岛屿上。其植物学名Aleurites源于希腊语"floury"，指其嫩叶带银色粉末外观。石栗英文的俗名"Candlenut"源于人们用棕榈叶中脉（如灯芯）穿过未加工石栗坚果制作油灯的传统。这种坚果含油量高，会像蜡烛一样燃烧。石栗已被用于制造油漆、清漆和肥皂，也用以提取灯油。烤石栗果也是澳大利亚土著人和其他太平洋居民的食物之一。

植物

石栗是一种柔软、油腻的奶油色种子，包含在硬壳里的坚果，生长在一棵大树上。石栗树高达24m，手掌大小的叶子可提供极佳的遮阴效果。这种热带乔木与蓖麻属植物有关。大戟科许多其他成员的新鲜坚果都有毒，但在烘烤或烹饪时会失去毒性。未煮过的石栗几乎没有什么香味，略带肥皂味。烤石栗碎片或刨花具有杏仁般令人愉悦的坚果风味，但没有杏仁那种苦味特征。石栗周围的肉不能食用，但被认为是食火鸡（一种原产于澳大利亚昆士兰的大型不会飞的鸟）的重要食物。

加工

石栗收获后通常要烘烤。烤过的石栗在马来西亚和印度尼西亚市场出售之前，要将硬外壳脱掉。

烹饪信息

可与下列物料结合	传统用途	香料混合物
● 豆蔻果实	● 亚洲菜肴（作为增稠剂）	● 沙嗲酱
● 辣椒	● 米饭（切成薄片并烘烤）	● 马来咖喱
● 肉桂		
● 丁香		
● 芫荽籽		
● 茴香籽		
● 高良姜		
● 生姜		
● 芥末		
● 胡椒		
● 姜黄		

每500g食物建议的添加量
红肉：4粒坚果
白肉：3粒坚果
蔬菜：3粒坚果
谷物和豆类：3粒坚果
烘焙食品：3粒坚果

采购与贮存

　　由于含油量高，所以石栗很容易产生酸败，因此最好少量购买并将它们存放在阴凉干燥的地方。不能确定它们在被去壳之前是否烤过，所以在食用之前一定要在预热到80℃的烤箱中烤3min以消除毒性。

使用

　　石栗在许多亚洲菜肴中用作增稠剂。它们最常见于马来西亚食谱中，尤其适用于沙嗲。使用石栗时，为了获得最佳效果，在添加其他成分之前，应用厨房锉刀或肉豆蔻刨丝器将它们磨细。一种使用石栗的有趣方法是将其制成条状，然后在平底锅中烤5min或烤至金黄色。可将这些美味的烘焙品加入咖喱和沙嗲酱汁中，也可供餐前撒在米饭上。

马来咖喱

　　我们姐妹还在孩提时代，就随父母去马来西亚槟城度假，虽然我对香辣食物有点排斥，但仍能记得那些神奇的（马来）娘惹菜肴。石栗通常被认为是娘惹烹饪的秘密配料，这道独特的咖喱（注意不加辣椒）菜肴是我家壹爱的经典马来菜。此咖喱可搭配蒸米饭，上面用烘烤过的石栗片点缀。

● **烤箱预热到200℃**

剁碎芫荽	15mL	炖牛肉，切成5cm的立方体	1kg
小茴香粉	10mL	石栗，切成片并焙烤，分次使用	4粒
茴香籽粉	2mL	碎马克鲁特莱姆叶（见提示）	2片
姜黄粉	2mL	398mL带汁去皮	
姜粉	2mL	整番茄罐头	1罐
肉桂粉	1mL	水	400mL
丁香粉	1mL	棕榈糖或浅色红糖	10mL
现磨黑胡椒粉	1mL	细海盐	2mL
绿色豆蔻籽粉	1mL	肯丘尔（kenchur）粉	1mL
油	45mL	莱姆鲜榨汁	1个
洋葱，切碎	1个	椰奶（见提示）	250mL
大蒜，切碎	2瓣		

1. 用小火在厚底耐热锅中焙炒芫荽、小茴香粉、茴香籽粉、姜黄粉、姜粉、肉桂粉、丁香粉、黑胡椒粉和豆蔻籽粉1~2min，直至出现香气，颜色开始加深。加油搅拌成糊状。加入洋葱煮约3min至透明，加入大蒜搅拌均匀。分批加入牛肉，以免挤锅，搅拌均匀裹上香料，煮7~8min至牛肉外表呈浅褐色，将熟牛肉全部转移到盘子里。

2. 所有牛肉一旦变成褐色，倒回锅中，加入3/4石栗、莱姆叶、番茄、水、糖、盐、肯丘尔粉和莱姆汁。降低火力，搅拌轻煨约3min。盖上盖子并将锅转移到预热烤箱中，烘烤2h直到肉嫩。

3. 加入椰奶搅拌均匀。用保留的石栗条子装饰，立即食用。

制作6人份

制备时间：15min
烹饪时间：140min

提示

马克鲁特（Makrut）莱姆叶有时被称为"非洲黑人"莱姆叶。新鲜、冷冻或干燥的这种莱姆叶均可在亚洲杂货店买到。

提示

椰奶是从椰子肉中提取再加水稀释的液体。椰子"奶油"会出现在罐头顶部，因此使用前最好摇匀以获得均匀的乳液状态。

刺山柑 （Capers）

学名：*Capparis spinosa*（也称为*C. inermis*）

科： 山柑科（Capparidaceae）
其他名称： 雀跃浆果（caper berry）、雀跃
芽（caper bud）、雀跃灌木（caper bush）
风味类型： 刺激
利用部分： 花蕾和浆果（作为香料）

背景

刺山柑已被食用数千年。这种多年生耐寒植物在整个地中海盆地、北非、西班牙、意大利和阿尔及利亚都是野生的。它经常出现在岩石土壤中，生长在古老石墙的裂缝和建筑物的废墟中。由于这种植物在以上条件下非常容易生长，因此很难精确确定其起源。刺山柑的英文名为"Caper"，它来源于希腊语"he-goat（雄山羊）"。这意味着香料贸易中使用"山羊"一词来描述其独特风味并非仅仅是出于想象。

植物

刺山柑植物是一种匍匐生长的荆棘状灌木，最高长到1.5m，具有坚硬的椭圆形叶子和四瓣白色或粉红色迷人花朵，这些花朵充满摇动的紫色长雄蕊。这些花朵开花周期短（早上开花，下午花谢），大小与蒲公英相当。野生品种的刺山柑（*Capparis spinosa*）带有刺；然而，法国商业品种（*C. inermis*）没有这种刺。

我们所熟知的刺山柑，是盐腌或盐水保藏的未开放小花蕾。成熟花朵形成的椭圆形果实（如玫瑰果），被称为刺山柑浆果。新鲜刺山柑花蕾风味非常苦，并不令人愉悦。然而，腌制后，它们会产生独特的酸味、咸味、汗味、挥之不去的金属味和"山羊"尿味香气，这种风味的吸引力和清爽感令人惊讶。

加工

应当在最佳时间收获刺山柑花蕾。要在清晨太阳升起之前（否则花蕾会打开）采集大小合适的花蕾（过度成熟的大花蕾会产生酸味、涩味），然后在阴凉处放置一天。通常将保留着约3mm茎的萎蔫花蕾，放入盛有加盐葡萄酒醋的桶中腌制。此过程会形成癸酸，腌制刺山柑的独特风味来自癸酸的微妙作用。另一种方法是用干盐腌，不将花蕾浸入醋中。与酸泡方法相比，干盐腌产生的风味较不尖锐，比较甜。刺山柑浆果（有时甚至是叶子和穗状花序）也可腌制，特别是在塞浦路斯，那里生长的刺山柑多得惊人。

烹饪信息

可与下列物料结合	传统用途	香料混合物
• 茴香籽	• 普坦尼斯卡酱	• 通常不用于香料混合物
• 罗勒	• 浓郁的油炸鱼	
• 月桂叶	• 鞑靼酱	
• 细叶芹	• 利普陶尔（Liptauer）	
• 莳萝	干酪	
• 茴香	• 番茄（新鲜煮熟）	
• 大蒜		
• 芫荽		
• 龙蒿		

采购与贮存

法国生产的腌制刺山柑最出名。最小直径约3mm最精致的腌制刺山柑称为极品。其后的尺寸分为四个等级：最高级、高级、中级和末等，最后一种可能大到1cm。最低等级的刺山柑可以比极品级大五倍。干盐渍刺山柑通常作为非腌制品出售，直径达5mm。保存在加盐葡萄酒醋中的刺山柑，打开包装后应始终存放在冰箱中，并用酸腌汁覆盖。永远不能让它们变干，只从容器中取出需要量的刺山柑，并保持其余部分浸没。一旦刺山柑暴露在空气中，风味就会迅速恶化。干盐渍刺山柑的一个好处是它们在打开后不需要冷藏。

使用

虽然人们经常不加冲洗直接使用从液体中取出的醋渍刺山柑，但最好快速冲洗一下，以稀释咸味和酸味。使用前，应将盐腌刺山柑彻底冲洗并用纸巾轻轻擦干。咸而浓郁的刺山柑风味可增强食欲，是风味强烈或油性鱼类的绝好伴侣。刺山柑是塔塔酱的必需配料，它们还可以（很像漆树那样）加到番茄中，为色拉（特别是黑橄榄）增添花色，并能与家禽很好搭配。在西班牙，大多数餐前小吃菜单上会有刺山柑浆果。蒙彼利埃黄油和匈牙利利普陶尔干酪使用刺山柑作为关键配料。刺山柑美味的另一种食用方法是冲洗后，用纸巾彻底擦干，然后将其油炸。这种酥脆、美味的食物可以搭配干酪和薄脆饼干。

替代物

旱金莲（*Tropaeolum majus*）的绿色种子和花蕾被腌制用作刺山柑的替代品。然而，这些替代品具有清晰芥末般风味。新鲜旱金莲也可用作色拉装饰物。

每500g食物建议的添加量

红肉：10mL
白肉：10mL
蔬菜：5mL
谷物和豆类：5mL
烘焙食品：5mL

普塔涅斯卡意面

普塔涅斯卡的英文名为"Puttanesca"，这种酱汁不能再用其同名起源事物解释。鳀鱼、橄榄、刺山柑、番茄、大蒜和香草，这种不显眼的咸味组合制成了一种美味可口的意大利面酱。

制作4人份

制备时间：15min
烹饪时间：30min

提示

可以使用盐腌或盐渍刺山柑。加入酱汁之前，一定要用水将多余的盐冲洗掉。

● **研钵和研杵**

酱料

鳀鱼净肉	6片
大蒜	4瓣
轻压实浅红糖	2mL
黑橄榄，去核切碎	18个
干辣椒片	10mL
398mL带汁番茄片罐头	1罐
红葡萄酒	75mL
橄榄油	60mL
刺山柑，冲洗（见提示）	15mL
意大利混合香草束	15mL

面料

意大利面或通心粉	500g
新鲜磨碎的帕玛森干酪	适量

1. 酱汁：用研钵和研杵捣碎鳀鱼、大蒜和红糖，制成粗糊状。转移到平底锅用中火煮，加入橄榄、辣椒片、番茄、葡萄酒、油、刺山柑和意大利香草。开盖煨煮约30min，偶尔搅拌，直至液体减少变稠。

2. 意大利面：同时，在一锅沸腾盐水中，按照包装说明煮意大利面，直至有咬劲。将汤沥出，并将面食返回锅中。加入准备好的酱汁搅拌均匀，加入帕玛森干酪，立即食用。

葛缕子 （**Caraway**）

学名：*Carum carvi*（也称为*Bunium carvi*，*Carum aromaticum*，*C. decussatum*，*Foeniculum carvi*）

科： 伞形科（Apiaceae，旧科名Umbelliferae）
品种： 黑香菜（*Bunium persicum*，又称*Carum bulbocastanum*）
其他名称： 葛缕子果（caraway fruit）、波斯葛缕子（Persian caraway）、波斯孜然（Persian cumin）、罗马孜然（Roman cumin）、野生孜然（wild cumin）
风味类型： 辛辣
利用部分： 种子（作为香料）

背景

　　葛缕子被认为是世界上最古老的食物之一，公元前3000年的食物残骸中就发现了葛缕子籽。古埃及人用葛缕子籽埋葬死者，早期希腊人和罗马人已经开始利用葛缕子的药用和烹饪价值。阿拉伯人自12世纪起认识葛缕子，并将它称之为"Karawiya"，葛缕子的英文俗名（Caraway）据说源于此阿拉伯名词。然而，1世纪罗马著名学者普林尼（Pliny）认为，葛缕子的英文俗名源于名为"Caria"的小亚细亚省。

　　葛缕子在中世纪就广为人知。几个世纪以来，它一直被用作消化助剂，经常被添加到面包、蛋糕和烘焙水果中。人们用烤面团中的葛缕子喂信鸽，鼓励其飞回鸽舍，可以说明葛缕子具有"持久"能力的证据。在英格兰，经过整个20世纪的冷遇之后，葛缕子的使用似乎正在复苏，因为异国情调美食越来越受欢迎，葛缕子被认为是这些外来美食中一种必不可少的香料，例如，在印度的格拉姆马萨拉（Garam masala）和突尼斯的哈里萨（Harissa）中。

　　整个欧洲均栽种的葛缕子，据称原产于部分亚洲、印度和北非的部分地区。葛缕子在温带气候中很容易生长，现在已在许多国家种植。

令人困惑的名字

葛缕子籽的瑞典名称是"Kummin（康明）"，它容易与无处不在的香料——孜然产生混淆，后者具有非常不同的"咖喱味"。

烹饪信息

可与下列物料结合

- 多香果
- 豆蔻果实
- 肉桂
- 芫荽籽
- 小茴香
- 茴香种子
- 生姜
- 辣椒
- 胡椒
- 姜黄

传统用途

- 欧洲干酪
- 猪肉菜肴
- 面包
- 蔬菜，特别是卷心菜和马铃薯

香料混合物

- 格拉姆马萨拉
- 香肠调味料
- 哈里萨膏
- 沙嗲香料
- 塔比尔（tabil）
- 唐杜里香料混合物
- 拉斯哈努特

植物

葛缕子植物是一种娇弱的二年生植物，高60cm，其小空心茎上生有精致的淡绿色叶子，白色伞状花序。葛缕子的果实（这是其最正确的称呼）含有两个长度为5mm的新月形深棕色"种子"，每粒从头到尾延伸着五条轮廓清晰的浅色果棱（为了方便起见，将这些果实称为籽）。葛缕子根长而粗，呈锥形，像小胡萝卜，它颜色苍白，风味与种子相似。羽状叶具有莳萝尖一样的温和风味。葛缕子具有浓郁的温和泥土香气，略有茴香和小茴香风味，以及淡淡的橙皮味。葛缕子的风味起初类似于新鲜薄荷与茴香和桉树混合风味，而后出现的是持久坚果味。

其他品种

还有另一种葛缕子，这是一种通常被称为黑孜然或杰伊拉卡拉（Jeera kala）的多年生植物，学名为*Carum bulbocastanum*和*Bunium persicum*。这种植物种子的风味更像孜然，而不太像葛缕子。它通常用于由奶油、酸奶和碎坚果等构成的北印度丰富菜肴。

加工

葛缕子应在清晨趁露水仍在脆弱的伞形花序上时收获；如果收集时受到太阳光照，则干燥头部会破碎、会散落种子。收获后，应将完整的种子茎储存约10天，以使其干燥并完全成熟。然后脱粒得到种子（剩余的秸秆用作牛饲料）。

通过蒸汽蒸馏可从葛缕子籽中提取高活性香芹酮精油。这种油是利口酒，如阿夸维特酒（Aquavit）、科美酒（Kümmel）和杜松子酒的配料。此外，它还是漱口水、牙膏和口香糖的风味剂。

采购与贮存

通常认为荷兰葛缕子最好，但不丹、加拿大、印度和叙利亚的高品位葛缕子也非常好。葛缕子在正常储存条件下可持续使用3年。只有在希望快速使用时，才购买葛缕子粉，因为挥发性头香消散得非常快。葛缕子应存放在密闭容器中，避免高温、光线和潮湿。

使用

葛缕子用于许多欧洲干酪，因为其新鲜茴香和小茴香味有助于调和脂肪油腻和浓重口味。它特别适合用于有核水果（例如苹果、梨和榅桲）。葛缕子可用于猪肉香肠，也非常适用于卷心菜调味。葛缕子最著名的用途是制作黑麦面包。另一种适合添加葛缕子的食物是马铃薯，它特别适合用于马铃薯汤调味。

每500g食物建议的添加量
红肉： 7mL粉末
白肉： 7mL粉末
蔬菜： 3mL整粒籽
谷物和豆类： 3mL整粒籽
烘焙食品： 3mL整粒籽

三色卷心菜色拉

这是一道完美的烧烤色拉，卷心菜也可用其他混合蔬菜（或水果）替代，如茴香、胡萝卜或苹果。与石榴糖蜜猪腩搭配供餐。

白卷心菜，切成0.4cm厚	250mL
红卷心菜，切成0.4cm厚	250mL
绿卷心菜，切成0.4cm厚	250mL
蛋黄酱	75mL
酸奶油	30mL
葛缕子	7mL
鲜榨柠檬汁	30mL
海盐和现磨黑胡椒	适量

制作6人份

制备时间：10min
烹饪时间：无

提示

使用锋利刀（而不是食品加工机）将卷心菜切成丝。如果切成细丝，凉拌卷心菜可能变得水汪汪。

在一个大碗里，将白色、红色和绿色卷心菜、蛋黄酱、酸奶油、葛缕子和柠檬汁混合并拌匀。加盐和胡椒调味。为获得最佳口味，可在食用前至少1h加盖冷藏。这种色拉可在冰箱中保存2天。

变化
用250mL切细的茴香、胡萝卜或苹果替代其中一种卷心菜。

香料贸易旅行

葛缕子植物总使我和莉兹想起我们访问过的不丹东北部布姆唐地区一个名为乌勒（Ura）的小乡村。我们在那里研究低产高价值作物的商业机会，如棕色豆蔻、花椒和葛缕子，诸如此类作物可为不丹这样的小国提供急需的收入。我们的目标是帮助他们了解进口国家要求的质量规格，从而为不丹提供增加其香料出口的机会。我们访问的农民明久尔（Minjur）家有一小块地种葛缕子，看起来长得非常旺盛。我们了解到，在海拔3100m及当地气候条件下，葛缕子成了长达5年的多年生植物。当问到葛缕子价格时，我被明久尔的回答逗乐了，他对我们的翻译作了长时间手势比画，我当时在想象这些动作的意思，然而答案却是简单的"每千克500努扎姆（ngultrum）"，约8美元。

葛缕子蛋糕

这种在维多利亚时代的英国非常受欢迎的蛋糕可以追溯到16世纪。这种疏松发糕类似于一个由茴香般葛缕子和柠檬皮强化风味的简单磅蛋糕。

制作1块蛋糕

制备时间：10min
烹饪时间：40min

提示

如果在商店里买不到自发面粉，可以自己做。要制作250mL自发面粉，可用250mL通用面粉，7mL发酵粉和2mL盐混合而成。

这种蛋糕可在冰箱中冷冻保存3个月。要使其完全冷却，用保鲜膜包裹后冷冻保存。在室温下解冻后食用。

- **23cm×12.5cm的面包盘，涂油并衬羊皮纸**
- **烤箱预热到180℃**

黄油，软化	175mL
砂糖	185mL
鸡蛋，轻轻搅打	3个
自发面粉（见提示）	500mL
葛缕子	22mL
新鲜磨碎的柠檬皮	5mL
牛奶	45mL

1. 用低速电动搅拌器将装在碗中的黄油和175mL糖搅打成光滑奶油状物。分次添加一个鸡蛋，每次添加后搅拌。加入面粉、葛缕子、柠檬皮和牛奶，混合均匀。

2. 倒入准备好的面包盘中，均匀地撒上10mL糖。转移到预热烤箱，烘烤40min或直到金黄色，此时测试器件插入蛋糕中心再抽出时应为干净状。让平底锅在冷却架上冷却10min，再将蛋糕翻转到架子上完全冷却。

棕色豆蔻 （**Cardamom-Brown**）

学名：*Cardamomum amomum*（也称为*Amomum subulatum*）

印度棕色豆蔻

科： 姜科（Zingiberaceae）
品种： 印度豆蔻（*Cardamomum amomum*）、中国豆蔻（*Amomum globosum*，又名*A. tsao-ko*）
其他名称： 巴斯塔德豆蔻（bastard cardamom）、孟加拉国豆蔻（Bengal cardamom）、黑色豆蔻（black cardamom）、中国黑豆蔻（Chinese black cardamom）、伪豆蔻（false cardamom）、大豆蔻（large cardamom）、尼泊尔豆蔻（Nepal cardamom，）、带翅豆蔻（winged carda）
风味类型： 辛辣
利用部分： 豆荚和种子（作为香料）

背景

　　绿色豆蔻条目提供了豆蔻科一般历史记录。与绿色豆蔻不同，棕色豆蔻品种原产于喜马拉雅地区，通常生长在凉爽溪流处被阳光照射的森林中。当地已经由原来野生种群开发形成种植园。种植棕色豆蔻的香料园可持续25年以上，尼泊尔和不丹当地的种植园已有100多年的历史。

　　人们一直认为棕色豆蔻充其量只是绿色豆蔻的劣质替代品，经常被肆无忌惮地作为替代品交易。20世纪70年代，斯堪的纳维亚半岛的绿色豆蔻价格非常高，一些贸易商便从棕色豆蔻豆荚中取出种子，并将其作为绿色豆蔻出售。

植物

　　棕色豆蔻像绿色豆蔻一样，是一种从根茎中生长出来的多年生植物。它有长矛状叶子，植株高2m，有25~30个普通黄色花朵，它们出现在靠近地面的密丛中。开花后形成的椭圆形豆荚长约2.5cm，宽1cm，成熟时呈深红色至紫色，豆荚含有约40粒坚硬、深棕色圆形种子，这些种子被香气扑鼻的柔软果肉包裹着。

　　干印度棕色豆蔻荚呈深褐色，表面粗糙且有棱纹（毛茸茸的棱纹有时被称为翅膀）。剥开革质表皮便露出大量黏稠的焦油色种子，释放出木质、烟熏、樟脑香气。咀嚼时，这种种子具有收敛、抗菌的桉树味，令人耳目一新。

了解需要什么豆蔻

如果食谱只是简单地要求"豆蔻荚"而没有提到颜色，那么总是默认为需要绿色豆蔻。需要棕色或黑色小豆蔻的食谱肯定会说明。

　　许多经营印度餐厅的朋友告诉我，他们一般会计算烹饪过程中放入菜肴中的棕色豆蔻荚的数量。这样，相同数量豆荚可以在供餐之前取出，因为许多食客会抱怨咖喱中有蟑螂，而实际上那只是一个有翼印度棕色豆蔻荚而已！

烹饪信息

可与下列物料结合

- 多香果
- 辣椒
- 肉桂
- 芫荽籽
- 小茴香
- 生姜
- 绿色豆蔻
- 芥末
- 红辣椒
- 胡椒
- 八角
- 姜黄

传统用途

- 烤肉用腌泡汁
- 印度咖喱
- 中国老汤
- 亚洲汤

香料混合物

- 唐杜里香料混合物
- 印度咖喱混合物

一种香料名称的含意到底是什么？

不要被香料界的一些"丑小鸭"名字所吓退。当棕色豆蔻之类香料被冠以"伪"之类名字时，人们会情不自禁地觉得这是一种与流行近亲绿色豆蔻相比，通常品质较差的香料。就棕色豆蔻自身品质进行评估时，其作为调味品的价值可以得到充分认可。

其他品种

中国棕色豆蔻（*Amomum globosum*）是一种类似于印度品种的植物，但豆荚较大，长约4cm，宽2.5cm。豆荚外壳表皮外观相似，但较硬，较平滑。切开时，类似于核桃内部结构的隔段区暴露出多达20粒由肉膜覆盖的金字塔形种子。这种豆蔻比印度品种更具药味，但烟熏味较少。这种风味类似于松树和桉树，具有很大涩味、麻味和胡椒味。这种风味让我想起了稀有和古老的天堂谷物，也称为天堂胡椒（Melegueta），两者是近亲。

加工

初次看到收获棕色豆蔻的人会觉得这是一个迷人的过程，因为不知情者看不出该植物长有豆荚，它们位于植物深处的地面。用于干燥印度棕色豆蔻荚的方法，对于获得其独特风味特征至关重要。新鲜收获的深红色豆荚要铺在阴凉处平台约一周。干燥平台下面有暗火燃烧，来自火焰的热空气加速干燥过程，使豆荚变成深褐色并赋予特有的烟熏味。中国褐豆蔻香气不足主要是由于其采取的是晒干方式。大多数中国棕色豆蔻来自泰国，有时可能包括来自中南半岛的几种豆蔻属（*Amomum*）品种。

采购与贮存

不要被印度棕色豆蔻荚的肮脏外观吓倒，因为豆荚上会剥落下一些翅片，使其外观看似满是灰尘。棕色豆蔻荚应当完整，而能破碎，并且应具有第97页所述的经典香气特征。质量差的豆荚可能会带些泥土，如果开裂，则应将其剔除。从豆荚中取出的棕色豆蔻种子黏稠且易于处理，它们很快就会干燥并且失去其最佳属性，所以要保持豆荚完整直到准备使用。与所有香料一样，应将豆荚存

放在密闭容器中，避免高温、光线和潮湿。以这种方式存储，它们可保存长达3年。

香料贸易旅行

莉兹和我很幸运有机会访问不丹，这是一个位于尼泊尔、印度和中国西藏之间的完全内陆国家。当飞机着陆时，我们可以看到地平线上闪闪发光的喜马拉雅雪山。作为农业部的客人，我们的使命是考察香料生产，并提供西方国家香料买家对质量和食品安全要求的见解。沿着陡峭的山路行驶了几个小时后，我们参观了偏远村庄丹普（Damphu）的豆蔻农场。我很快爬上一个陡峭的斜坡，与两个挥舞着长而锋利窄钢刀的农场工人一起消失在植物丛中。工人们开始挖砍植物下部，直到挖到一坨两个拳头大小的奇怪灰泥丛。当我们带着战利品从灌木丛中出来时，农业部官员卡道拉与我们一起打开挖到的泥丛，露出了大约20个粗糙的紫色豆荚。我们打开一个豆荚并品尝，惊讶地发现种子周围柔软、半透明的新鲜果肉具有甜味。

使用

不应有任何关于棕色豆蔻品质不如绿色豆蔻的观念。应当考虑棕色豆蔻的风味优势，记住它所具有的不同风味，便会发现这种风味很有用处。印度棕色豆蔻的烟熏味为许多印度菜肴增添风味，如果意识到多数传统印度餐是在泥炉或开放木柴中烹饪的，便会发现这种调味方式合乎逻辑。印度棕色豆蔻是各种唐杜里风格食谱的宝贵香料，因其独有的木质烟熏味有助于传达与泥炉有关的复杂感官风味。同样地，中国褐色小豆蔻中的樟脑香味可与许多东南亚食谱的浓重香料（如八角）起有效平衡作用。棕色豆蔻豆荚可以添加到清汤中，其种子可与八角一起，研碎后用于烤猪里脊肉、亚洲蔬菜炒菜和牛肉条这类菜肴，可添加异国情调。

将棕色豆蔻与其他香料混合时，先要从豆荚中取出豆蔻种子，然后用研钵和研杵将其与其他干燥香料（如葛缕子）一起碾碎，以吸收其黏性；然后添加到香料混合物中。在腌泡汁（例如含有酸奶的）中，可用勺子背面捶打小豆蔻荚使其分开，然后将其全部加入。棕色豆蔻风味会渗透到菜肴中，并且可方便地在食用之前移除豆荚。

印度黄油鸡

这道丰富奢华的咖喱佳肴，起源于20世纪50年代的新德里，现在已成为最受欢迎的印度菜肴之一。配料清单一长串，但制作并不难。品尝它的美味，你会觉得自己的努力得到了很好的回报。

● **研钵和研杵**

黄油鸡肉香料混合物

棕色豆蔻豆荚	2个	葫芦巴籽粉	2mL
甜椒	12mL	现磨黑胡椒	2mL
小茴香粉	5mL	中辣辣椒粉（见提示）	1mL
芫荽籽粉	5mL	绿色豆蔻籽粉	1mL
姜粉	2mL	葛缕子粉	1mL
肉桂粉	2mL		

咖喱

原味酸奶	375mL	酥油（见提示）	15mL
去皮无骨鸡胸肉	约1kg	孜然籽	15mL
番茄酱	30mL	洋葱，精细磨碎成泥	3个
棕榈糖或压实浅红糖	15mL	蒜末	15mL
中辣咖喱粉，如马德拉斯咖喱粉		椰奶罐头	90mL
	15mL	餐桌（18%）奶油，	
杏仁粉	15mL	分次使用	250mL
番茄糊	15mL	新鲜芫荽叶，	
番茄或芒果酸辣酱或芒果泡菜	15mL	额外装饰料	15mL
格拉姆马萨拉	10mL	精细海盐	适量

1. 黄油鸡肉香料混合物：先用研钵和研杵粗略研磨棕色豆蔻豆荚。然后转移到一个小碗，加入辣椒粉、小茴香、葛缕子、姜粉、肉桂、葫芦巴籽粉、胡椒、辣椒粉、绿色豆蔻籽和葛缕子粉，充分混合。

2. 咖喱：在可重复密封的袋子中，将酸奶和以上预制香料混合物的一半（保留剩余的一半）混合。加入鸡肉密封，翻转袋子使混料充分裹涂上鸡肉，冷藏一夜。

3. 将烤箱架放在最高位置，预热鸡肉。取一烤盘用铝箔衬里。

4. 从腌料袋中取出鸡肉，尽可能使鸡肉多带腌泡料（丢弃多余的腌泡料）。将鸡肉放在准备好的烤盘中，烤4~5min直到鸡肉煮熟并变成褐色。

5. 同时，在一个小碗里，加入保留的香料混合物、番茄酱、糖、咖喱粉、杏仁粉、番茄糊、酸辣酱和格拉姆马萨拉。

6. 中火，用大锅融化酥油。加入孜然籽边煮边搅拌约30sec，直至香气扑鼻。加入洋葱和大蒜炒2~3min，直到洋葱变软。加入准备好的番茄酱混合物搅拌，煮制

制作6人份

制备时间：20min，加一夜腌制
烹饪时间：40min

提示

克什米尔辣椒粉辣度中等，风味鲜美，适用性强。可在大多数印度市场找到不同辣度的（取决于粉碎辣椒的种子和膜的数量）这种辣椒。酥油是一种用于印度烹饪的澄清黄油，如果没有，可以用等量的黄油或澄清黄油代替。

提示

香料混合物可以提前一周制成并储存在密封容器中。

2~3min。加入煮熟的鸡肉和锅里汁液，搅拌均匀。加入椰奶、奶油、芫荽叶和盐调味。不加盖轻轻煨约10min，直至略微收汁。用额外的芫荽叶装饰。与巴斯马蒂米饭一起食用。

变化

对于素食版，用相同数量的西葫芦、南瓜或任何根茎类蔬菜代替鸡肉。

绿色豆蔻（Cardamom-Green）

学名：*Elettaria cardamomum Maton*

科： 姜科（Zingiberaceae）
品种： 小豆蔻（*Elettaria cardamomum Maton*）、泰国豆蔻（*Amomum krervanh*）、斯里兰卡野生豆蔻（*Elettaria ensal*）、棕色或黑色小豆蔻（Brown or black cardamom）
其他名称： 豆蔻（cardamom）、小豆蔻（small cardamom）、香料之王（queen of spices）
风味类型： 辛辣
利用部分： 豆荚和种子（作为香料）

背景

绿色豆蔻原产于卡拉拉邦西南部山脉，这种豆蔻在这个热带王国被称为"香料之王"。它在阴凉季风森林中生长，这些森林被海拔超过1000m的轻柔晨雾所笼罩。斯里兰卡也是这种豆蔻的原产地，直到19世纪，绿色豆蔻（*Elettaria cardamomum Maton*）和野生品种豆蔻（*E. ensal*）仍从印度和斯里兰卡雨林的野生植物中收获。直到20世纪才正式开始绿色豆蔻的有序种植。

有关豆蔻的历史存在一定程度混淆：与我们今天所熟知和喜爱的香料相比，一些历史记载给出了豆蔻的粗略并相互矛盾的描述。公元4世纪的描述将豆蔻说成来自藤蔓。这种混淆可能是由于豆蔻与麦勒格塔（Melegueta）胡椒植物相似，也有可能与姜黄科另一具有胡椒味成员——摩洛哥豆蔻植物存在相似性。尽管如此，提到的香料如果确实是豆蔻或类似的东西，则是出现在公元前4世纪有关希腊贸易的一篇文章中。希腊词"Kardamomum"被用来描述优等豆蔻，而古义词"Amomum"，意思是"非常辛辣"，被用来描述劣等豆蔻。值得注意的是，棕色豆蔻的植物学名是*Cardamomum amomum*。公元1世纪，罗马进口了大量豆蔻，

烹饪信息

可与下列物料结合	传统用途	香料混合物
● 多香果	● 糕点、蛋糕和饼干	● 混合茶
● 香芹籽	● 糖果和牛奶布丁	● 咖喱粉
● 辣椒	● 炖水果	● 拉斯埃尔哈努特
● 肉桂	● 米饭	● 巴哈拉特（baharat）
● 芫荽籽	● 咖喱	● 格拉姆马萨拉
● 小茴香	● 塔津盖	● 波斯香料混合物
● 茴香籽		● 沙嗲（satay）香料混合物
● 生姜		● 塔吉（tagine）香料混合物
● 红辣椒		
● 胡椒		
● 八角		
● 姜黄		

它是罗马美食中最受欢迎的亚洲香料之一。豆蔻除了用于烹饪外，还因其具有清洁牙齿和饭后清口的功能而受到重视，这对于那些大量食用大蒜者尤其有吸引力。

植物

　　绿色豆蔻是热带喜阴多年生植物，它具有长矛状浅绿色叶子，植株高度在1~2m。

　　这种豆蔻的外观与生姜或百合相似。其叶子正面略微有光泽，背面无光泽。受瘀伤或切割时，它们会释放出令人联想到生姜和莱姆的精致樟脑香气。豆蔻的一个不寻常特征是它从根茎生长，这和生姜、姜黄、高良姜和莪术类似。豆蔻花是在植物根部的茎上生长的，并且倾向于分散在靠近基部的地方，几乎长在地面上。8~10mm的小白色花朵有大约10条从中心辐射出的紫色细条纹，几乎像一个微型兰花。授粉后花形成绿色豆蔻的豆荚。

一个宽泛的词

英文"Cardamon（豆蔻）"可用来描述多种香料。例如，它常被用来指生长在巴比伦空中花园的香料植物，而公元前720年当地气候条件可能并不适合绿色豆蔻生长。

香料贸易旅行

　　豆蔻收获和干燥季节，许多村庄会举行拍卖。莉兹和我顺着闻到的芳香味来到了旺达米特图（Vandamettu）村，这个村庄位于印度西南部卡拉拉邦的小豆蔻种植山丘。豆蔻拍卖室相当于一个大教室，室内有桌子和椅子围绕周边排列，面向中心。一上午拍出40多个批次的交易，这可能相当于2~3t豆蔻荚。参与拍卖的人很多时，买家们都会用小塑料袋装一些豆荚样品。他们打开袋子，将豆蔻放入盘中，并在投标前检查质量。豆蔻拍卖师以专业独特的戏剧性方式展示销售技巧。随着价格上涨，竞拍变得越来越激烈，马拉雅拉姆语（当地语言）的嘈杂声会一下子消失，接着是确定买主。眨眼之间，买家、价格和批号都出现在黑板上，几碗豆蔻荚被扔到铺着红地毯的地板上，然后递上一批新袋子。拍卖结束时，废弃在地板上的莱姆绿豆蔻荚样品深至脚踝。你可以理解，扑鼻而来的涩味，既刺激了我们的鼻腔，又消除了我们的鼻窦炎症状。

绿色豆蔻（*E. cardamomum Maton*）豆荚干燥时呈淡绿色和椭圆形，具有疙瘩质地。它们长约1~2cm。当纸状薄壳打开时，会露出三个种子瓣，每个种子瓣含有3~4粒油性、刺激性棕黑色种子。种子具有温暖的樟脑和桉树风味，口感有愉悦涩味和清爽感。

其他品种

泰国小豆蔻（*Amomum krervanh*）豆荚干燥后，有一个类似于绿色品种的纸质果壳，然而，形状更接近球形，泰国小豆蔻的荚通常呈淡奶油色。泰国豆蔻风味和香气比绿色豆蔻细腻，并且不怎么具有樟脑味。斯里兰卡土生的野生豆蔻（*Elettaria ensal*）是一种比印度绿色豆蔻大，且更坚固的植物。由于其风味较温和，在商业上不那么受欢迎。

加工

香料贸易中，将仍然在植物上的小豆蔻荚称为"豆蔻囊"。这些豆蔻囊必须在成熟前收获；否则，豆荚会在干燥时开裂并且不能有效地保持其所需的绿色。因为豆荚不同时发育，所以采收过程要持续几个月时间。采摘人员要小心翼翼地只采摘那些可以干燥的豆蔻囊。一篮装满新采摘的丰满、光滑、豌豆绿色的豆蔻荚，看起来真是一种美妙景象。新鲜绿色豆蔻荚没有强烈的香气，如果打开，会露出非常苍白的荚肉，内部包围着若干苍白种子。干燥后，整个风味强度会明显增加。

传统干燥过程曾在大棚里进行，其木条地板上铺有金属丝网，让空气自由流通。大棚的一端有一个燃木炉子，由管道将烟雾带走，以免污染豆蔻。地板下方30cm处有大管道供送温暖干燥的空气，使豆蔻果实的水分含量降至12%以下。目前干燥过程已经随豆蔻产业的发展得到改进。陈旧的木质干燥棚已被淘汰，取而代之的是高效电脑控制的电动或燃气烘干机。

无论采用何种方法，一旦干燥完成，高度芳香豆蔻荚都要过筛以去除各种残留茎秆，使豆蔻荚呈亮绿色。发货之前，要对豆蔻荚进行最终风选和尺寸分级。

淡奶油色豆蔻荚要么很迟采摘，要么在阳光下晒干。维多利亚时代流行的白豆蔻是用过氧化氢漂白豆蔻荚或将它们暴露在燃烧硫黄烟雾中制成的。现在，偶尔仍然会发现漂白或白色豆蔻，因为某些印度仪式需要有白色或苍白的东西。

采购与贮存

顶级绿色豆蔻荚呈均匀柠檬绿色，看起来不应该呈苍白或漂白状。应避免豆蔻荚最后开裂，开裂的豆蔻表明收获得太晚，导致干燥后挥发油含量较低。绿色豆蔻种子颜色为深棕色，它们称为"绿色"是因为来自绿色豆蔻荚。应采购具有独特清晰桉树香气，并且触感轻微油腻的豆蔻种子。由于豆蔻籽从荚中取出后会较快失去风味，所以除非是大用户，否则建议购买整豆蔻荚产品。

应该避免使用豆蔻籽粉，除非知道这种粉是新近磨碎的，并且应包装在能保

持风味的阻隔性材料中。一旦粉碎，豆蔻中的挥发性香味就会迅速消散，因此，尤其需要注意这类产品的基本存放原则。豆蔻粉的颜色应为深灰色；如果颜色太浅，外观略带纤维，则表明粉体来自整个豆荚，而不仅仅是种子。由于豆蔻荚外壳风味很少，因此不能购买带豆蔻荚的粉。应始终将豆蔻保存在密闭容器中，避免高温、光线和潮湿。在这些条件下储存，豆蔻应能保存长达1年。

使用

绿色豆蔻是一种多用途香料。它既可加入甜味食物，也可加入咸味食物。这是一种刺激性香料，应该有节制地加入菜肴中，但其新鲜的头香风味可为各种美食增添辛辣风味。传统上小豆蔻已用于调味糕点、蛋糕、饼干和水果拼盘。印度人在许多咖喱中加豆蔻，豆蔻也为一些摩洛哥塔吉锅菜肴添加鲜明韵味。

小豆蔻豆荚通常包含在"Biryani（比亚尼）"中；通过在烹饪过程中将1或2个拍过的小豆蔻荚放入水中，可以为煮熟的米饭添加美妙风味。小豆蔻可用于牛奶布丁和蛋羹，能很好地与柑橘类水果和芒果配合。切半的葡萄柚撒上少许糖和豆蔻籽，可制作成美味早餐。有人喜欢将豆蔻粉添加到布朗尼和曲奇饼之类巧克力产品。

许多食谱要求使用有瘀伤的小豆蔻荚，用擀面杖轻轻敲打或用刀片将其牢固地压在容器上会使一些含油的挥发性细胞破裂，并使风味更容易与其他成分融合。即使使用从豆荚中取出的种子，也建议轻微擦伤。如果想在家里研磨（从荚中取出的）小豆蔻种子，可以使用研钵和研杵、胡椒磨或干净的咖啡研磨机。如果使用咖啡研磨机，研磨完成后，只需研磨约15mL未煮过的大米，以清洁接触面，米粉会带走任何残留的风味。

在中东，小豆蔻是咖啡增强剂。人们会将一粒分裂小豆蔻荚推入咖啡壶狭窄喷口。倾倒时，咖啡经过裂开的小豆蔻时，会营造出清爽口感。制作普龙格（Plunger）柱塞咖啡时，可以尝试在壶中放入一些有瘀伤的小豆蔻荚和种子，以获得美味。

每500g食物建议的添加量
红肉：10mL籽
白肉：10mL籽
蔬菜：7mL籽
谷物和豆类：7mL籽
烘焙食品：7mL籽

印度香米肉饭

印度配餐如果没有米饭就不算完整，我喜欢由各种配料制作的芳香印度香米肉饭。这种手抓饭可有无数变化，这里介绍的是一种简单而美味的印度香米肉饭，其关键成分是绿色豆蔻荚。如果愿意，可以在供餐之前将豆蔻荚取出，但我非常喜欢在用餐时咬到一个豆荚并品尝到具有扑鼻香气的种子。

制作6份配菜

制备时间：30min，加2h浸泡
烹饪时间：25min

提示

为使小豆蔻荚微开裂，可用杵或擀面杖轻轻敲打，使其外皮稍微分开。烹饪前浸泡米可降低谷物的淀粉质感，并可防止黏结。也可以换2~3次水，充分冲洗米粒。

巴斯马蒂米	375mL
细海盐	15mL+1mL
黄油	15mL
洋葱，切半并切片	1/2个
7.5cm肉桂棒	1根
豆蔻荚，弄裂（见提示）	5mL
藏红花，浸泡在30mL温水中	一撮
月桂叶	1片
鸡汤或蔬菜汤	500mL

1. 在一个碗里，用冷水浸没过米，加入15mL盐，混合均匀，放置2h。使用细网筛，沥干米并在冷自来水下冲洗（见提示）。

2. 在带盖子的厚底平锅中，用中火融化黄油。加入洋葱，炒3~4min，直至呈金黄色。加入准备好的米，拌匀，煮约2min至米半透明。加入肉桂、豆蔻、带浸泡液的藏红花和月桂叶，搅拌1min。加入汤和1mL盐。煮沸，然后加盖并调到最小火（如果使用电炉，请关闭电源），（不搅拌）继续煮10min，直至米饭变硬（米饭应该稍有咬劲）。将锅从热源移开，置于一边，盖好，直到准备食用（这可确保米饭干而蓬松的效果）。

小豆蔻芒果

　　芒果让我想起澳大利亚圣诞节，这一时节人们会购买整盘新鲜水果在早餐时食用，当然，这在当地也是一年中最佳的水果上市季节。这款甜点可以快速制备，而且风味特别好，甜味和豆蔻味黄油可为水果增添美妙风味。适合与奶油、冰淇淋或纯酸奶搭配。

成熟芒果，去皮去核，切成1cm的片	4个
黄油	60mL
压实的淡红糖	60mL
绿色豆蔻籽粉	15mL

制作4人份
制备时间：10min
烹饪时间：10min

中火，在煎锅中融化黄油，加入糖并不断搅拌直至完全溶解。加入豆蔻籽粉搅拌。在煎锅底部铺一层芒果片（必要时分批），煮熟，在芒果上浇上香料黄油混合物，煮约2min直到温热。如果需要，将芒果转移到供餐盘中，并重复剩余水果操作。将剩余黄油混合物滴加到供餐盘中的芒果上，食用。

变化
用等量苹果、香蕉、梨或时令水果代替芒果。

芹菜籽 （**Celery Seed**）

学名：*Apium graveolens*

科： 伞形科（Apiaceae，前科名Umbelliferae）
品种： 芹菜（*A. graveolens dulce*）、块根芹
（*A. graveolens rapaceum*）
其他名称： 花园芹菜（garden celery）、块根芹
（smallage）、野芹菜（wild celery）
风味类型： 辛辣
利用部分： 种子（作为香料）

背景

原产于欧洲南部、中东和美国的块根芹，是一种古老的野生芹菜，它是芹菜的祖先，也是提供芹菜籽的作物。公元前2200年左右，埃及人主要将芹菜当药使用，也用它制作花环。希腊人和罗马人过去往往将野芹菜与死亡联系起来，可能是因为它有令人讨厌的气味。

芹菜最早用作调味品的记载出现于1623年的法国，将这种植物称为"Ache（伞形植物）"。现在种植的芹菜有许多品种，都没有古老原始芹菜的苦味，有些芹菜甚至天然是白色的，被称为"自漂白"品种。芹菜也可作为一年生作物生长，在这种情况下，植物周围的土壤要拢起，以创造一个可使蔬菜球茎变白的环境，这种方式类似于培育茴香球茎。

植物

芹菜种子来自一种古老的两年生沼泽植物，称为野芹菜，与人们熟知的食用芹菜茎几乎没有相似之处。这种生的野生植物往往有毒，而茎和锯齿状叶子则有难闻的气味。伞形白色花序形成1mm长的双悬果，在收获时会分裂。芹菜种子很小，1kg可有一百多万粒种子！

干芹菜籽颜色在浅棕色到黄褐色之间，具有芹菜茎般干草香味。芹菜籽风味浓郁、苦涩、温暖，色泽青绿，令人回味无穷。像芫荽籽一样，芹菜籽似乎是一种让人既爱又恨的香料：多数人有这种感觉。

其他品种

在18世纪早期，意大利人决定由野生芹菜培育出无苦味、用于烹饪的较温和芹菜品种。由此出现了我们今天所熟知的栽培芹菜品种（*Apium graveolens dulce*），它厚实多汁、纤维较少。另一种越来越受欢迎的芹菜称为块根芹（*A. graveolens rapaceum*），它生长着可食用的淡色球状根。

烹饪信息

可与下列物料结合	传统用途	香料混合物
● 多香果	● 蔬菜汁	● 月桂调味料
● 月桂叶	● 海鲜和鸡蛋菜肴	● 芹菜盐
● 香芹籽	● 干酪	● 腌肉揉搓料
● 细叶芹	● 色拉酱和蛋黄酱	● 猪肉香料
● 辣椒	● 烤鸡	● 用于烘焙和微波肉类的
● 肉桂	● 面包和饼干	商业混合香料
● 芫荽籽	● 水煮螃蟹	
● 茴香籽		
● 生姜		
● 红辣椒		
● 胡椒		

加工

作为两年生植物，芹菜种子在种植后第二年收获，通过切割带有种子的茎，使其干燥然后脱粒以从壳中得到微小的种子。

芹菜籽经蒸汽蒸馏可产生约2%的挥发油。芹菜籽油可用于肉类、非酒精饮料、糖果、冰淇淋和烘焙类加工产品。

采购与贮存

通常，芹菜籽最好以整粒形式购买，采用适当方法贮存，最长可保存3年。由于它们很小，用于烹饪时通常不需要研磨。磨碎的芹菜籽应尽快使用完，因为新形成的挥发性香气很容易蒸发，约1年后会产生较不均衡、越来越苦的风味。芹菜盐通常比芹菜籽更容易购买到，这可能是为了吸引更多人。芹菜盐通常由60%盐、30%芹菜籽和10%欧芹和莳萝之类干香草混合而成。芹菜籽和芹菜盐，都应该像其他香料一样储存在密闭容器中，避免高温、光线和潮湿。

使用

芹菜籽的浓郁风味很适合与番茄结合，因此，番茄和蔬菜汁以及血腥玛丽鸡尾酒中会使用芹菜籽，这对酸辣酱配方有很大好处。芹菜籽可用于汤、炖菜、泡菜和酸辣酱食谱中。它们非常适合搭配鱼和蛋，有时可以用于干酪，加了芹菜籽的色拉酱和蛋黄酱可用于凉拌卷心菜调味。在咸味糕点中，芹菜籽很像印度藏茴香籽，可弥补碳水化合物收缩使糕点重返新鲜。许多用于鸡肉、海鲜和红肉的商业香料混合物中含有芹菜籽以及辣椒粉、肉桂、姜、胡椒和盐等配料。

每500g食物建议的添加量
红肉：10mL
白肉：7mL
蔬菜：5mL
谷物和豆类：5mL

血腥玛丽酸辣酱

这是一款经典配料构成的混合酸辣酱，与煎蛋搭配构成完美的解酒菜肴。

制作500mL

制备时间：20min
烹饪时间：50min

提示

烤辣椒：烤箱预热到200℃。将辣椒放在烤盘中，烤约30min（烤至一半时，烤盘调头），直至辣椒变黑。也可用夹子夹住辣椒，在火焰上烤，并注意辣椒变黑时缓慢转动夹子。将烤辣椒转移到可重复密封的袋子中冷却。从袋中取出辣椒，剥皮（皮应该开裂）并丢弃种子。如果需要，还可以在此配方中使用商店购买的烤红辣椒。

对玻璃瓶进行消毒，用热肥皂水彻底清洗，然后沥干。瓶子口朝烤盘，并在预热到200℃的烤箱中加烘10min。盖子也要进行消毒，将其放入平底锅中，盖上盖子并煮沸5min。处理盖子和瓶子的手务必干净。

油	10mL
小号红洋葱，切碎	1个
大蒜，切碎	1瓣
成熟红番茄，切丁	3个
烤过的红色灯笼辣椒，剥皮去籽（见提示）	2个
红色长指辣椒，切碎	1/2 个
苹果醋	125mL
压实的浅色红糖	45mL
番茄酱	15mL
芹菜籽	5mL
细海盐	5mL
伍斯特郡酱	5mL
多香果粉	2mL
现磨黑胡椒	2mL
辣根酱或新鲜辣根	2mL

1. 用小火在中号平底锅中加热油。加入洋葱炒5min直到变软。加入大蒜炒2min，直至变软。加入番茄、烤辣椒、辣椒、醋、糖、番茄酱、芹菜籽、盐、伍斯特郡酱、多香果粉、胡椒和辣根酱，搅拌均匀。加热30~40min并不停搅拌，直到混合物变稠并呈现果酱质感。如果需要，可以品尝并调整调味料。将锅从热源移开，置于一边冷却。

2. 将酸辣酱用汤匙舀入无菌瓶中（见提示）。完全冷却后密封，可冷藏长达3个月。

雪维菜 （Chervil）

学名：*Anthriscus cerefolium*

科： 伞形科（Apiaceae，旧科名Umbelliferae）
其他名称： 法国欧芹（French parsley）、菜园雪维菜（garden chervil）、美味欧芹（gourmet's parsley）
风味类型： 温和
利用部分： 叶和茎（作为香草）

背景

　　雪维菜原产于东欧，罗马殖民者将其传播到了更远的地方。它曾被称为"没药"（*myrrhis*），因为从雪维菜叶中提取的挥发油具有类似于树脂物质没药的香气。民间传说认为，雪维菜可以使人快乐、机智和更加敏锐，赋予人青春活力，并象征真诚。

　　雪维菜在法国美食中最受欢迎。有时也可以在欧洲其他地区的食谱中看到它，偶尔也会出现在北美菜肴中。雪维菜于1647年由葡萄牙人引入巴西，现在在加利福尼亚州商业化种植，那里生产的雪维菜像欧芹一样脱水，用于包装汤料和草本香料粉混合物中，这是一种用于法国菜肴的风味温和的精致香草混合物。

植物

　　雪维菜相当漂亮，具有精致和装饰性花边，是一种喜阴的两年生植物，不耐炎热和干旱。植株较小，高30cm左右，具有类似于微型欧芹的亮绿色叶子。微小白花结出长而细的种子，不能用于烹饪。新鲜碾碎的绿色山形叶子香气浓郁，风味类似于法国龙蒿。

　　干雪维菜叶具有干草般的香气和欧芹风味，脱水过程中失去了大部分较淡的茴香味。

其他品种

　　有一种植物（*Chaerophyllum bulbosum*）虽然不是真正的雪维菜，也称为萝卜根雪维菜、球茎雪维菜或欧洲萝卜雪维菜。在19世纪，它的根作为食用蔬菜很受欢迎，但现在并不常见。

加工

　　采收雪维菜时，应首先采摘外部更强壮的部分，从而让较脆嫩的内部叶片得以发展。频繁的采收会促进大量新叶出现，并有助于防止结籽和死亡。由于其叶子结构脆嫩，有效地干燥雪维菜是一个相当大的挑战。脱水会使雪维菜皱缩得很厉害，在这个过程中它们会失去挥发性头香。干燥雪维菜叶的最佳方法是将它们铺在阴凉处铁丝网架上，那里温暖空气可以自由流通。几天后，待叶子变得非常脆时，就可以存放在密闭容器中。也可以将新鲜雪维菜叶剁碎，放入冰块托盘中，用少量水覆盖冷冻，供以后使用。

烹饪信息

可与下列物料结合	传统用途	香料混合物
● 罗勒	● 炒鸡蛋和煎蛋卷	● 细什锦香草
● 芹菜籽	● 奶油芝士和香草三明治	● 植物盐
● 芫荽叶	● 蔬菜沙拉	
● 莳萝叶	● 马铃薯泥	
● 独活草		
● 洋葱和大蒜		
● 欧芹		
● 沙拉伯内特（salad burnet）		

采购与贮存

有时可从杂货店购买到新鲜的雪维菜。雪维菜干应为深绿色，并且没有因暴露在阳光下而导致的泛黄迹象。菜干应储存在密闭容器中，置于阴凉处，最长可保存1年。

使用

烹饪中使用雪维菜，关键要注意它的脆弱特点。虽然雪维菜从不作为菜肴主料使用，但许多厨师喜欢用它与其他香草一起增强风味。法国传统细香草混合物主要包括龙蒿、欧芹、韭菜和雪维菜。雪维菜可用于炒鸡蛋和煎蛋卷、奶油芝士和香草三明治、沙拉，甚至马铃薯泥。由于其具有极其脆嫩的性质，这种香草不应长时间烹饪，也不应在过高温度下烹饪。只在烹饪的最后10~15min中加入雪维菜，也可将鲜叶作为装饰作用。

每500g食物建议的添加量
红肉：125mL鲜叶，20mL干叶
白肉：125mL鲜叶，20mL干叶
蔬菜：60mL鲜叶，10mL干叶
谷物和豆类：60mL鲜叶，10mL干叶
烘焙食品：60mL鲜叶，10mL干叶

雪维菜汤

我祖母一直从她的石墙香草园采集新鲜香草制作简单而巧妙的调味菜肴。我爸爸记得这款菜汤会在温和夏日午餐出现，这种午餐经常会有一些澳大利亚开创性食品、葡萄酒、戏剧和文学角色参加。此汤与水芹三明治是绝佳搭配。

● **搅拌机**

马铃薯，去皮，切成2.5cm的方块	500g
洋葱，剁碎	1个
鸡汤	1L
细海盐和现磨黑胡椒粉	适量
稍压实的切碎新鲜雪维菜	75mL
低脂酸奶油或原味酸奶	75mL
额外的新鲜雪维菜叶	适量

用平底锅混合马铃薯、洋葱和鸡汤，加盖，小火煮1h，偶尔搅拌，直到马铃薯变软。将锅中物料转移到搅拌机搅打成菜泥，直到光滑，再倒回到平底锅。加入盐和胡椒粉调味，再加雪维菜，调至小火煨10min。舀入4个碗中，随即浇入酸奶油，上面加上额外的雪维菜。

制作4人份

制备时间：10min
烹饪时间：75min

醋汁雪维菜金枪鱼尼斯沙拉

出自法国里维埃拉的尼斯沙拉，包括金枪鱼、马铃薯、青豆、橄榄和鸡蛋。我喜欢添加精致的雪维菜。

制作4人份

制备时间：40min
烹饪时间：5~10min

提示

煮鸡蛋：在一个大平底锅里，将鸡蛋放在一层，加入2.5cm深冷水。用中火煮沸，然后立即降低火力，煮6min。将鸡蛋放入充足冷水中以终止其进一步加热，然后剥壳。

烘芝麻：芝麻放入干锅用中火烘2~3min，不断摇晃，直至略微变成褐色。立即转移到盘子，以防止进一步褐变。

如果愿意，可以在煎锅中将金枪鱼扒碎。

油醋汁

切碎的新鲜雪维菜叶	15mL
苹果醋	15mL
鲜榨柠檬汁	15mL
第戎（Dijon）芥末	7mL
捣碎的大蒜	2mL
特级初榨橄榄油	30mL

金枪鱼

大型去皮金枪鱼腓（约375g）	1个
橄榄油	15mL
精细海盐和现磨黑胡椒	适量
宝石生菜或圆叶生菜，叶子分开	2头
煮熟的鸡蛋，四等分切开（见提示）	2个
新马铃薯，煮熟，沥干，对切开	375g
青豆，煮熟，沥干	100g
尼斯橄榄或黑橄榄	75mL
新鲜的雪维菜叶	60mL
芝麻，轻度烤熟（见提示）	45mL

1. 油醋汁：在一个小碗里，加入雪维菜、醋、柠檬汁、芥末和大蒜，用橄榄油搅拌。

2. 金枪鱼：在高温下加热煎锅。用橄榄油涂上金枪鱼，用盐和胡椒调味。每边煎3min（内部是半熟的；如果愿意，每边多煎2min）。

3. 用4个盘子（或用1个大盘子），均匀分开生菜、鸡蛋、马铃薯、豆类和橄榄。将煎好的金枪鱼分成4等份，并摊在沙拉上。用香醋淋每个盘子。盘顶加雪维菜和芝麻，立即食用。

变化

如果没有雪维菜，可以用新鲜罗勒碎叶代替。

辣椒 （**Chile**）

学名：*Capsicum*

> **科：** 茄科
> **其他名称：** 阿吉（aji）、辣椒（cayenne pepper，chili, chilli, chilly）、吉利椒（ginnie pepper）、皮里皮里（piri piri）、红辣椒（red pepper）
> **风味类型：** 辣
> **利用部分：** 荚和种子（作为香料）、叶子（作为香草）

背景

哥伦布1492年到达新大陆时，一直在寻找新的黑胡椒源。这有助于解释为什么当有人向他介绍辣椒（这是他第一次体验到另一种像胡椒一样辣的香料）时，他会将辣椒称为胡椒。直到今天，来自胡椒（piper nigrum）藤的真胡椒和辣椒在北美和欧洲的许多地方仍统称为胡椒（pepper），这经常导致混乱。

当时的旧世界并不知道，有证据表明，早在公元前7000年，墨西哥本土人就吃上了阿吉（aji）或称为阿西（axi），并且可能在公元前5200—前3400年已经开始种植，使它们成为在美洲种植的最古老植物之一。

发现辣椒以后，世界其他地方热情地将辣椒称为"穷人的胡椒"，即使是最贫穷的人现在也可以获得这种易于传播的促食欲调味品。

到了1650年，整个欧洲、亚洲和非洲都种上了辣椒。在欧洲，由于杂交以及土壤和气候条件的影响，导致出现较温和的辣椒品种，而在热带地区，各种较辣的品种（*C. annum*和*C. frutescens*）深受欢迎。对较辣的辣椒在热带地区受到欢迎的一种解释是，辣味会使体温升高，由此产生的汗液在皮肤蒸发时会产生降温效果。

人们对许多辣椒的识别仍然存在困惑，部分原因在于它们出自交叉授粉和杂交品种，再加上语言和方言方面所赋予的不同区域名称，识别起来更加复杂。世界上许多地方，包括印度、非洲和中国，辣椒的历史较短，这些国家消费大量辣椒，无法想象没有辣椒的500多年前，当地人是如何存活下来的。

植物

辣椒的五个主要品种已经与世界各地种植的数百种栽培品种杂交。很多书全用于描述这一巨大的植物科系，而且多数作者还谦卑地恳求读者对信息来源的不完全性给予谅解。考虑到这一点，我试图提供精简信息，以帮助揭开辣椒的神秘面纱，并提供与其烹饪使用相关的细节。

辣椒植物在大小和外观上差异很大。最常见的品种辣椒（*capsicum annum*）被描述为一种草本植物或一种小而直立的早熟灌木，具有椭圆形叶片和坚硬的非木质茎，可长到1m高。该品种通常每年种植一次，因为其结果能力在第一年后会减少。一些较温和的辣椒称为红辣椒的品种，专门在后面介绍。下一个最常见的品种是短周期多年生的小米椒（*C. frutescens*），其持续时间仅为2~3年。它与辣椒的区别在于果实往往更小更辣，包括鸟眼椒和塔巴斯科椒等品种。较少见到的另三个品种是浆果辣椒（*C. baccatum*）、苏格兰帽椒（*C. chinense*）和茸毛辣椒（*C. pubescens*）。苏格兰帽椒派生出特别辣的品种，如哈瓦那椒和苏格兰帽子椒，而极辣的布特乔洛

烹饪信息

可与下列物料结合

- 多香果
- 芒果粉
- 月桂叶
- 豆蔻
- 丁香
- 芫荽（叶子和种子）
- 小茴香
- 葫芦巴（叶子和种子）
- 生姜
- 柠檬桃金娘
- 马克鲁特莱姆叶
- 芥末
- 红辣椒
- 胡椒
- 八角
- 姜黄
- 越南薄荷

传统用途

- 墨西哥酱汁
- 亚洲炒菜
- 各种文化的咖喱
- 几乎世界上所有烹饪

香料混合物

- 烤肉腌擦料
- 咖喱香料
- 炸玉米饼调味料
- 贝贝雷（berbere）
- 泡菜香料
- 哈里萨膏（harissa paste）
- 塔吉锅菜（tagine）混合物
- 恰特马萨拉（chaat masala）
- 许多通用调味料混合物

辣源

辣椒素是一种结晶物质，它在辣椒种子的含量最高，与种子相连的肉质胎座也含有辣椒素。辣椒素可使大脑释放内啡肽，从而产生一种幸福感和刺激感。

基亚椒（bhut jolokia）据说是苏格兰帽椒和辣椒的杂交品种。

辣椒荚是一种多种子浆果，根据品种不同，可能会下垂并隐藏在类似马铃薯或烟叶般柔软的叶子中。有些辣椒荚也可以张扬地矗立生长，等待鸟类采摘，鸟类在其消化道中携带辣椒种子，经由排泄使其广泛的繁殖。辣椒荚有不同的形状、颜色和辣度。它们具有厚度不同的肉质光泽外皮，并包含2~4个几乎中空的腔室，腔室内包含许多圆盘状的淡黄至白色的种子。辣椒荚最小的是直径仅1cm的小圆形果实，最大的是长度超过20cm的椒荚。介于两者之间的，有直径小于1cm长约4cm的细长迷你辣椒；直径2.5cm的圆形番茄椒；中等大小辣椒荚长约10cm；以及不常见苏格兰帽椒（C. chinense），形状像头巾形帽和南瓜之间的交叉品。

大多数新鲜辣椒成熟之前呈绿色，成熟之后的颜色可以是红色、黄色、棕色、紫色或几乎黑色。新鲜辣椒具有独特的辣椒香气，它们的风味类似于绿色灯笼椒（在澳大利亚被称为辣椒）。成熟辣椒具有较丰满的辣椒味，同时，红色灯笼椒与绿色灯笼椒具有不同的风味。辣度从美味刺激到强烈烧灼感不等，主要取决于辣椒素含量。

通常可以根据辣椒荚大小估算辣椒中的辣度。一般（但不总是）辣椒越小，它就会越辣，因为种子和含辣椒素的胎座与果肉的比例相对较高。对于辣椒粉来说，由于苍白种子比例较高，因此较辣的品种通常呈橙色，而红色的较不辣。有趣的是，在较辣的品种中，辣椒素含量范围可以从0.2%到超过1%之间变化。人们在寻找测量不同辣椒辣度水平方法方面已经做了许多努力。毕竟，需要有一些方法来区分特辣的布特乔洛基亚椒、哈瓦那椒、鸟眼椒以及红辣椒品种。

香料贸易旅行

20世纪80年代中期，我在新加坡经营一家香料公司，当时我想了解香料传统加工方法动态。于是，我参观了一家印度家族所拥有的裕廊工业区小型香料研磨企业。他们专门研究从印度、巴基斯坦和中国进口的辣椒，每年出口数吨辣椒粉。这是一次迷人的经历，沾满热带地衣色的混凝土工厂氛围，看起来很像狄更斯济贫院与17世纪马来西亚堆栈货仓的杂交物。印度工人赤裸到腰部，只穿着纱笼般长衣。

五台古老的板式研磨机吵闹地搅动着，将麻袋中装满的鲜红色辣椒研磨成红橙色粉末。因为这种机械作用会产生大量热量，所以从研磨机出来的辣椒粉必须冷却；否则会烧焦和褪色。我看着大堆令人垂涎欲滴的辣椒粉散布在水泥地上冷却，很难相信这是在20世纪末期。汗流浃背的赤脚工人将地上冷却的辣椒粉耙在一起之后，再送回研磨机进行第二次研磨，使其磨得更加精细。最终装袋之前，要经过再次耙出和冷却阶段。

我还了解到为什么辣椒的颜色会从鲜红色变为浅橙色：你永远无法确定干燥辣椒中有多少淡黄色种子。因此，一批种子含量少的辣椒会得到非常红的粉末，而另一批种子比例较高的辣椒会产生橙色的辣椒粉。我在不断咔嗒作响的研磨机旁看了约20min，虽然鼻涕眼泪都出来了，但却被甜美的辣椒香味和空气中挥之不去的灼热感迷住了。

测量辣度

1912年开发的史高维尔（Scoville）方法，为食品技术人员提供了一种可量化确定辣椒的辣度水平的手段。虽然直到现代技术干预以前，这种方法属于主观方法，但这种测量辣椒刺激性和史高维尔辣度单位的方法，仍然是食品工业界最广泛使用的方法。过去，品尝小组成员会对大量稀释的辣椒进行取样，记录在口腔中感受到的辣度百分比水平。辣椒素的作用非常强烈，口腔感受可以检测千分之一水平的含量。记录的数值被赋予数千史高维尔（Scoville）单位，例如，检测到1%的辣椒素，相当于150000个史高维尔单位。辣度测量的结果范围可从0到对应于最辣腭灼热辣椒的1000000。使用现代技术，测量史高维尔辣度装置较常见的科学方法是使用高效液相色谱（HPLC）测量，这种装置较复杂，但更可靠。对于非专业的食品爱好者来说，一种方便使用的系统是简单地引用1~10的辣度水平，其中10表示最辣。

干辣椒与新鲜辣椒

干辣椒的风味与新鲜辣椒的风味完全不同，这就像晒干的番茄与新鲜番茄的风味不同类似。在干燥期间（通常在阳光下），糖的焦糖化作用和其他化学变化会产生较复杂的风味，可以显著增强各种菜肴的风味。虽然新鲜辣椒具有明显的辣味，新鲜甜椒具有头香和甜味，但干燥辣椒却可提供浓郁的果香、葡萄干般的甜味，不同程度的烟草和烟熏味，这些风味因品种不同而有差异。

最辣的辣椒

测到100万史高维尔单位的布特乔洛基亚（bhut jolokia）辣椒（实际上我不建议用于烹饪）处于辣度水平的最高端。它们的辣度水平可以千（10^3）为单位表示。

尽管辣椒有非常辣的口感，但也不能忽视干辣椒所带来的巨大风味贡献。

许多墨西哥辣椒根据其是新鲜的还是干燥的而具有不同名称。例如，波布拉诺（poblano）辣椒干燥后就被称为安蔻（ancho）椒，而贾拉佩奥（jalapeo）辣椒干燥和熏制后就被称为旗跑特蕾（chipotle）椒。以下并非详尽无遗介绍所有干辣椒，简要描述的是一些较常见的品种，并提供了1~10级的辣度水平。

其他品种

阿勒颇辣椒（Aleppo *C. annum*）：来自土耳其的深红色、中等辣度的粗糙辣椒片；具有浓郁的烤烟草味和挥之不去的温和苦味。与其相当的替代物构成：3份中热辣椒粉与1份奇波特尔辣椒粉混合。辣椒片在平底锅中干烤，然后加一撮盐研磨，也会产生类似风味。辣度水平：6。

阿纳海姆辣椒（Anaheim *C. annum*）：大而温和的新鲜辣椒，未成熟的绿色椒和成熟的红色椒均是流行的使用形式。传统上，这种辣椒烹饪方法是做成塞馅（酿馅）辣椒，可为墨西哥食物搭配的酱汁和色拉增添清新绿色口感。红色成熟时，通常被称为"科罗拉多辣椒"。辣度水平：4。

安蔻辣椒（Ancho *C. annum*）：干燥的大号波布拉诺（poblano）辣椒长约8cm，宽4cm，呈深紫色到黑色，风味温和，有果味，带有咖啡、烟草、木材和葡萄干风味。墨西哥烹饪中最常用的干辣椒之一。辣度水平：4。

布特乔洛基亚辣椒（Bhut jolokia *C. chinense x C. annum*）：也被称为"鬼辣椒"或"娜迦辣椒"（娜迦是印度阿萨姆邦的产地名）；据称是世界上最辣的辣椒，超过100万史高维尔辣度单位。这是一种为商业应用而开发的杂交品种，加工食品中只需要加入少量油树脂就可。广泛用于辣椒喷剂，防御性辣椒喷剂产品也称为梅斯（Mace）。辣度水平：10^3。

鸟眼辣椒（Bird's-eye *C. frutescens*）：小而极辣的新鲜辣椒；非常刺鼻。在非洲经常被称为"piri piri（皮里皮里）"，并且通常在没有很多辣椒风味的情况下为膳食添加"纯粹"的辣味。辣度水平：9。

凯斯客贝尔辣椒（Cascabel *C. annum*）：圆形李子色干辣椒，带有淡淡的果香和烟熏味。用于墨西哥食谱。种子会在干辣椒荚中发出隆隆声，因此取名为"cascabel"，西班牙语意为"拨浪鼓"。辣度水平：4。

卡宴辣椒粉（Cayenne *C. annum*）：通常是辣椒粉混合物，有固定的橙色红色配比和辣度。有人说其名字来自法属圭亚那首都卡宴，但似乎没有证据支持这一点。辣度水平：8。

辣椒片（Chile flakes *C. annum*）：通常是用印度泰贾（teja）或桑南（sannam）型辣椒切碎干燥而成；呈鲜红色，有很多种子，是意大利面酱和比萨饼的美味撒料。辣度水平：7。

奇泡特莱椒（Chipotle *C. annum*）：烟熏、干燥的墨西哥贾拉皮诺（jalapeño）辣椒，带有浓烟熏味，均衡的辣味。用于墨西哥菜肴，也被素食者在炖菜、汤和砂锅菜中作为火腿骨替代品使用；通常以其阿斗波酱罐头形式而闻名。辣度水平：5。

瓜肴罗辣椒干（Guajillo *C. annum*）：外观和风味与新墨西哥辣椒非常相似的干辣椒；长约15cm；具有樱桃般朴实风味和明显但温和的辣度。由于它们相对于种子有大量的肉，瓜肴罗辣椒为食物增添了令人愉悦的浓郁红色。辣度水平：4。

哈瓦那辣椒（Habanero *C. chinense*）：干辣椒，带有美妙芬芳、甜美、温暖的果味和辛辣风味。不要被这种天堂般风味所迷惑——它非常辣！可为莎莎酱和慢煮砂锅菜增添美味。辣度水平：10+。

贾拉皮诺辣椒（Jalapeño *C. annum*）：中等大小的新鲜辣椒，通常在成熟前收获绿色椒荚；具有新鲜青椒/甜椒风味和合适的辛辣风味，是在绿色和未成熟时干燥的极少数辣椒之一。通常可用盐水罐装。辣度水平：8。

克什米尔辣椒（Kashmiri *C. annum*）：印度干辣椒，有整体和粉末两种形式。整椒表皮粗糙褶皱，呈深红色。磨碎时，粉末呈鲜红色，常用于唐杜里风格菜肴，其令人愉悦的甜味、鲜明的辣味深受人们喜爱。我喜欢在需要磨碎辣椒的大多数印度配方中使用这种辣椒粉。辣度水平：7。

长辣椒（Long chile *C. annum*）：一个用于描述桑南（sannam）椒、泰贾（teja）椒和中国（天津）辣椒的各种栽培品种的宽泛术语；长约6cm，颜色呈亮红色至深红色不等。适用于整个辣椒炒制的四川菜。辣度水平：7。

穆拉托辣椒（Mulato *C. annum*）：与安蔻椒非常相似的干燥波布拉诺辣椒类型；深褐色；与安蔻椒风味相似，略有烟草和烟熏味，但不像烟熏的奇泡特莱椒。辣度水平：3。

新墨西哥辣椒（New Mexico *C. annum*）：新鲜的绿色或红色；也被称为"科罗拉多"或"加利福尼亚"辣椒；非常大的干燥辣椒长约15cm，具有朴实、樱桃般的风味和明显但温和的热量。辣度水平：4。

巴西拉辣椒（Pasilla *C. annum*）：干其拉卡（chilaca）辣椒，有时称为"黑人辣椒"；风味类似于安蔻辣椒和穆拉托辣椒，带有果香、草本和淡淡的甘草风味。传统上是用于制作著名的摩尔波布拉诺菜肴（mole poblano dish）的三种辣椒之一。辣度水平：4。

佩昆辣椒（Pequin *C. annum*）：小而有光泽，非常辣的干辣椒，具有珠状外观。与鸟眼辣椒相似，但几乎呈球形。辣度水平：9。

达斯皮莱特辣椒粉（Piment d'Espelette）：非常令人向往的各种辣椒粉，也经常被称为辣椒。它来自法国南部的巴斯克地区，作为AOC（受保护的原产地名称）产品，只有埃斯皮莱特种植的产品才能称为"达斯皮莱特辣椒粉"。它的温和果味和中等辣度使其适用于多种咸味菜肴。可加在比萨饼和意大利面上，也可加入炒鸡蛋和煎蛋卷，甚至可撒在色拉上。

皮里皮里（Piri piri或peri peri）：南非和印度某些地区经常用来形容辣椒的名字。皮里皮里调味汁本质上是具有一致风味特征的辣酱。皮里皮里粉通常是一种具有特殊浓郁柠檬味的辣椒混合物，深受南非消费者欢迎，情形类似于欧洲人对卡宴辣椒的喜爱。我在印度购买过腌制的桑南辣椒，其名称为"piri piri"。辣度水平：9。

波布拉诺辣椒（Poblano）：绿色未成熟整椒荚，干燥后称为安蔻辣椒（参见"安蔻辣椒"，第118页）。

塞拉诺辣椒（Serrano *C. annum*）：干燥时外观与鸟眼辣椒相似，但较大，长达5cm；嫩椒为绿色，成熟后为红色；滋味宜人，有果味。成熟整椒干燥后被称为"塞拉诺塞科（serrano seco）"。需要合理的辣度时，这是一种很好的选择品种。辣度水平：8。

塔巴斯科辣椒（Tabasco *C. frutescens*）：形小，黄色、橙色或鲜红色鲜辣椒；椒皮薄，非常辣；此辣椒干的很少见。用于制作同名辣椒酱。辣度水平：9。

特拼辣椒（Tepin *C. annum*）：野生型佩昆辣椒；皮薄且呈球形，非常像佩昆辣椒。这些小而相当辣的辣椒通常统称为"奇特品（chiltepin）"。辣度水平：8。

乌尔法比伯辣椒（Urfa biber）：非常像阿勒颇辣椒的土耳其干辣椒，来自乌尔法地区（距叙利亚阿勒颇东北200km处）。乌尔法辣椒片呈深红色至近乎黑色，如安蔻辣椒一样，同样有甜干果味，口感温和。辣度水平：4。

白色（white）**辣椒**：也被称为"风干辣椒"，干燥前用酸奶和盐腌制；呈浅黄色。通常在印度酒店与泡菜一起作为咖喱自助餐的伴侣使用。很适用于海鲜菜肴，可以用少许油炸，然后作为开胃品和饮料一起食用。辣度水平：6。

墨西哥辣椒粉

这不是纯辣椒粉，而是一种混合物。通常由碎辣椒、辣椒粉和碎小茴香组成，有时包括牛至和盐。寻找特色的"墨西哥"风味时，可以将其撒在炸玉米饼上，也可用作调味品。辣度水平：变化很大，在2~8，具体水平与品牌有关。

辣椒植物的叶子

辣椒叶（*C. sututescens*）不应与澳大利亚本地胡椒叶（*Tasmannia lanceolata*，）混淆。辣椒植物（最常见的是鸟眼辣椒）的叶子，在亚洲菜肴中作为辛辣香草使用。由于这些叶子可能有毒，所以应始终煮熟后食用，以便中和毒素。

加工

　　世界各地都对辣椒进行干燥和不同复杂程度的处理，然而，多数辣椒都以基本的方式处理。新鲜辣椒的含水量为65%~80%，具体含水量取决于它们在收获前已经在植物上干燥了多久。干燥辣椒的水分必须在10%左右，以抑制各种形式的霉菌。

　　印度（现在被誉为世界上最大的辣椒生产国）许多地方，干燥过程通常始于交易商购买新鲜辣椒时。辣椒堆在20~25℃的室内2~3天，以使任何仅部分成熟的辣椒荚完全成熟，使整批产品均呈现均匀的红色。此阶段应避免阳光直射，因为它可能会导致出现白色或黄色斑块。此阶段后，将辣椒放在阳光下晒，最好摊在混凝土地坪、房屋的平屋顶或编织垫上，以防止辣椒受污垢、昆虫和啮齿动物侵害。晚上，要将干燥的辣椒堆成堆，并用防水油布覆盖，第二天再在阳光下展开。经过大约3天日晒，辣椒会变干，较大辣椒通过踩踏或滚动变平，使其较容易装入袋中运输。平均而言，100kg新鲜辣椒可产生25~35kg干辣椒。

　　另一种干燥辣椒的方法流行于墨西哥和西班牙等国家，将成束辣椒捆绑在一起，形成环状挂在房屋墙壁上，甚至挂在晾衣绳上晒干。用棚屋和窑炉对辣椒进行人工干燥的做法正变得越来越普遍，这样可以克服变幻莫测天气的影响，并可得到更一致的最终产品。

　　在家中烘干辣椒时，应记住辣椒的光泽外皮不易散发水分，因此如果干燥过程花费时间过长，则辣椒荚内部会有霉菌形成的风险。为了克服这个问题，可将辣椒切成两半以使水分较容易逸散，然后将它们放在通风的网栅上，在温暖、避光的地方放置几天。然后在最热天气时，将它们转移到太阳下每天晒6~8h，晒2~3天，或晒到它们非常坚硬和干燥为止。

采购与贮存

　　购买新鲜辣椒时，应寻找坚固而不枯萎的辣椒。新鲜辣椒，无论是红色、黄色、棕色、紫色还是近乎黑色，都应该非常光滑。辣椒皮起皱表明它们已经开始干燥或者可能未在植株上成熟，最佳风味的辣椒最好在植株上成熟。新鲜辣椒可以在冰箱中存放1~2周；在温暖、干燥（不潮湿）天气条件下，可将它们放在水果盆中几天，直到需要时为止。

　　干辣椒的外观会因品种不同而有很大差异。建议只从有信誉、定期更换库存的供应商处购买，供应商应提供购买辣椒的类型和辣度水平的信息。干辣椒应存放在密闭容器中，避免高温、光线和潮湿。在这些条件下，干辣椒可保持其风味长达2年。

雪利辣椒酱

我父母的一位朋友曾在印度生活多年，随身总是携带一小瓶干雪利酒，里面浸泡着3~4个新鲜辣椒。将其加入汤品时，汤会出现惊人的辣味冲劲。显然，这是前印度居住者（他们嫌家里的汤平淡）经常光顾英国酒吧的常见做法。外桥公司（Outerbridge）在百慕大生产了一种有名的雪利辣椒酱产品。

使用

辣椒含有比柑橘类水果更多的维生素C，在全球数百万人的日常饮食中，已成为"必须使用"的调味品。辣椒的风味和辣味通常与印度、非洲、亚洲和墨西哥烹饪有关。印度咖喱或泡菜在没有辣椒的情况下是不完整的，它们是某些特色调味品的基础，如突尼斯哈里萨（harissa）酱和亚洲参巴（sambal）。整个地中海地区也使用辣椒，通常使用干辣椒。干辣椒具有复杂的风味，与许多希腊和意大利食谱中的大蒜、牛至、番茄和橄榄的浓郁风味相得益彰。

烹饪中使用辣椒时，辣味大小和持续时间通常会受菜肴中脂肪含量的影响。油脂倾向于裹携辣味分子，即易使辣味变得平和，或延迟辣味释放。因此，用辣椒和泰国香料炒出的菜肴辣味相当强。加入高脂肪椰奶，不仅可以降低辣度，还可延迟辣味感觉的出现。甜味也能降低辣度，这意味着你遇到的可能多半是甜辣酱，而不是纯辣椒酱。

如果不能确定辣椒的辣度水平，先少用一点，因为可以随时添加更多的辣椒。如果使用了太多的辣椒，可尝试适当添加一点糖（记住要保持菜口味的平衡）、奶油或椰子奶油。添加一些切碎的马铃薯并在烹饪约30min后将其取出是一种古老的补救措施，同样，也可加入些切碎的菜椒。将菜肴放在冰箱中过夜有时会有所帮助，因为随着时间的推移，风味会逐渐成熟并逐渐变柔和；然而，辣味不会明显降低。

尝到特别辣的菜肴受不了时，不要喝水缓解嘴里的辣味。喝水真的会使情形变得更糟！最有效的方式是用一匙糖缓解辣感。啤酒是辣食的好伴侣，传统印度酸奶饮料拉西（lassi）也有同样的作用。享受辣味咖喱美食时，黄瓜和酸奶雷太（raita）也是一种有效缓和辣感的辅助品。

处理新鲜辣椒后，应彻底洗手，否则应注意不要触摸任何敏感皮肤区域或眼睛。通常用温暖肥皂水洗手，如果仍有辣感，也可用些丙酮（指甲油去除剂）轻轻擦拭。一些非常辣的辣椒甚至会使手指起泡，尽管这种情况并不常见。对于那些不能确定辣椒有多辣的人来说，戴上一次性手套是明智的预防措施。烹饪时想要减少新鲜辣椒的辣度时，通常的做法是从内部去除种子和肉质辣椒素胎座。新鲜辣椒丝经常用于具有亚洲色彩的炒菜和色拉，也可作为配料用于肉酱和马铃薯菜肴。

整个的干辣椒可以用于咖喱菜肴和几乎任何其他种类的慢煮汤汁，因为这样可使辣椒风味和辣味渗出并混合到菜肴中。通常调味汁要求先将整辣椒刺孔并浸泡在热水中20min，然后切开并除去种子和筋，再用研钵和研杵捣碎，也可用食品加工机，将辣椒与其他配料一起加工。不同辣度的辣椒粉可用于各种咖喱、酱汁、泡菜、酸辣酱和糊状物。几乎任何能想到的菜肴都可用辣椒强化风味。从异国情调甲壳类动物到普通炒鸡蛋，从精心搭配的辣椒中获得的额外美味感觉，实在超出了人们的描述表达能力。

辣椒油

各类烹饪书都会罗列一些辣调味品。辣椒油最常用于意大利食品调味。一种简单的注入油，使用火红的干红辣椒，淋在热的比萨饼和意大利面上时会增加风味和热量。

橄榄油	250mL
中性调味油，如米糠油或植物油	125mL
干红辣椒	6个
辣椒片	5mL

1. 在小平底锅中将油、辣椒和辣椒片混合，小火煮约10min，或直到小气泡上升到表面，油出香味。从热源将锅移开，并放在一边彻底冷却。

2. 使用漏斗，将包括香料在内的油浸出料倒入无菌罐或瓶中（见提示）。得到的辣椒油可以立即使用，但风味将持续加深长达3个月。存放在阴凉、避光的地方可保存1年。

制备时间：无
烹饪时间：10min

提示

使用中性调味油调和橄榄油，让辣椒风味散发出来。

米糠油由稻米种子外壳提取。它具有高烟点和温和风味，通用性强。

罐子消毒，用热肥皂水彻底清洗，然后晾干。将罐子正面朝上放在烤盘上，并在预热至200℃烤箱中加热10min。对盖子进行消毒，将其放入平底锅，加水煮沸5min。处理盖子和罐子的手务必洁净。

朗玛琼

朗玛琼（Lahmucin）是一款美味比萨：调味碎羊肉薄薄地铺在脆皮上，然后撒上松子、酸奶和香草。依我看来，这是最适合家庭制作的"快餐"，如果没有美味阿勒颇辣椒，结果就不一样了。塔布雷是这道菜的绝佳搭档。

制作8人份

制备时间：
30min，加1h发面
烹饪时间：10min

提示

如果想要制作更快、更简单的朗玛琼，可以使用现成的面饼。

提示

羊肉馅料可以预先制备，装于密闭容器，可冷藏2天或冻藏1个月。

• **食品加工机**

面团

温水	325mL	橄榄油	45mL
速溶活性干酵母	10mL	通用面粉	1.25L
砂糖	5mL	细海盐	10mL

面料

略压实的新鲜薄荷叶	60mL	细海盐	5mL
略压实的新鲜欧芹叶	250mL	番茄酱	75mL
碎小茴香	5mL	绞碎瘦羊肉	750g
阿勒颇辣椒片，额外加上撒料	5mL	松子	125mL
芫荽籽粉	2mL	压实的新鲜欧芹叶	125mL
辣椒粉	2mL	卡西克（Cacik）	适量

1. 面团：将水、酵母、糖和油在量杯中混合。将面粉和盐放入一个大碗中，在中间扒一个窝，然后倒入酵母混合物。用木勺或手充分拌和。将面团翻转到撒有面粉的台面并揉捏约5min，直至光滑有弹性。将面团放回碗中，盖上略涂油的保鲜膜。在温暖处放置1h，直到稍微发面。

2. 面料：同时，用装金属刀片的食品加工机，将薄荷、欧芹、小茴香、阿勒颇辣椒、芫荽籽粉、红辣椒、盐和番茄酱脉冲搅打均匀。添加羊肉并脉冲搅打3~4次。

3. 烤箱预热到240℃。根据烤架数量，将2~3个烤盘放入烤箱。裁取8片与烤盘相同大小的羊皮纸，备用。

4. 在轻撒面粉的工作台上，揉面团1min，将面团分成8等份。每次取一块面团置于羊皮纸上用擀面杖将面团擀成至少5mm厚的薄片。将准备好的馅料均匀地撒在面皮上。抓住羊皮纸边缘，将比萨（带羊皮纸）放在烤箱中预热的烤盘上。重复其余面团操作和加面料。每个比萨烤8~10min，直到羊肉烤熟，面团酥脆和金黄。

5. 从热烤箱取出，撒上额外的阿勒颇辣椒、松子、欧芹和卡西克，立即食用。

嘉休格

嘉休格（Chakchouka）是一种遍布整个中东地区的美味早餐，有许多地方变化。这个食谱版本较体现摩洛哥色彩，哈里萨辣酱（harissa paste）与甜椒和一小撮干辣椒慢慢烧煮，完美展示了辣椒家族风采。

橄榄油	30mL
红色灯笼椒，去籽并切成1cm小片	2个
绿色灯笼椒，去籽并切成1cm小片	2个
大蒜，切碎	2瓣
小红辣椒，去籽切碎	1个
398mL带汁去皮切丁番茄罐头	1罐
哈里萨（harissa）	5mL
芫荽籽粉	5mL
甜椒粉	2mL
小茴香粉	2mL
细海盐	1mL
鸡蛋	4个

制作4人份

制备时间：20min
烹饪时间：30min

提示

为缩短烹饪时间，使用前将鸡蛋调至室温。

中火，用大号深锅加热油。加入红色和绿色灯笼椒，炒5min，直至开始软化。加入大蒜和辣椒搅拌，煮1min。加入番茄、哈里萨、芫荽籽、甜椒粉、小茴香粉和盐，搅拌混合。调至小火，慢炖10~15min，直至酱汁变稠。使用勺子背面，在混合物中压出4个凹痕，在每个凹痕中打入1个鸡蛋。盖上盖子，煮5min，直到蛋清煮熟，蛋黄仍然流动（或根据喜好确定）。立即与温热的皮塔（pitas或pide）饼一起食用。

变化
制作多肉版食谱，烹饪辣椒时，在煎锅中加入2片辣香肠或加香香肠。

奇波托英阿多波

本食谱通常要求在阿多波（adobo）中使用奇波托（chipotle），这是一种为烹饪菜肴添加刺激性风味的简单方法（非常辣）。然而，许多商店所售的奇波托品种含有高盐、防腐剂和高果糖玉米糖浆，尝试在家中自己制作奇波托英阿多波。

制作1杯（250mL）

制备时间：45min
烹饪时间：75min

提示

将冰箱中的阿多波冻结，然后将其转移到冷冻袋中并根据需要使用。冷冻的阿多波将持续长达1年。
对罐子进行消毒，用热肥皂水彻底清洗，然后沥干。将罐子正面朝上放在烤盘上，并在预热的200℃烤箱中加热10min。对盖子进行消毒，放入平底锅，用水盖上，煮沸5min。务必用干净的双手握住盖子和罐子。

• 普通或浸入式搅拌器

奇波托辣椒，去茎	8个
白洋葱，切碎	1/2个
大蒜，切碎	3瓣
干牛至	一撮
多香果粉	一撮
小茴香粉	1mL
细海盐	1mL
番茄酱	60mL
苹果醋	60mL
略压实的浅色红糖	30mL
水	125mL

1. 在一个小碗里，加开水没过辣椒，放在一边45min，直至变软。

2. 用搅拌器将2个辣椒的1/4杯（60mL）辣椒浸泡液、洋葱、大蒜、牛至、多香果、小茴香和盐搅打均匀。将混合物转移到平底锅中，用中火煮3min，直至发热。加入剩余的辣椒（废弃浸泡液）、番茄酱、醋、糖和水，小火煮1h，偶尔搅拌，直到酱汁变稠，辣椒分解（如有必要，加入更多的水，以帮助分解辣椒）。将锅从热源移开，并放在一边彻底冷却。装在灭菌罐的奇波托英阿多波可在冰箱中（见提示）保存长达3个月。

摩洛波尔巴诺鸡

摩洛波尔巴诺（Mole poblano）是所有墨西哥摩洛酱中最著名的，并且最常见于派对和庆祝活动，其多种配料最终成为特有的美味复合酱汁，而且制作起来非常方便。很难说哪种墨西哥菜肴最好吃，但不难说出最好吃的前三种墨西哥菜！

● **普通或浸入式搅拌器**

去皮无骨鸡胸肉约210~250g	4块	现磨黑胡椒	1mL
水或低钠鸡汤	1L	茴香籽粉	1mL
帕西拉（pasilla）辣椒，去籽	2个	丁香粉	一撮
小奇波托辣椒，去籽	1个	干墨西哥牛至	一撮
油	5mL	葡萄番茄，切半或高温烤至变黑	6个
葱，切碎	1个	软白玉米饼，切碎	1块
略压实的浅色红糖	5mL	生无盐杏仁	30mL
大蒜，切碎	2头	剁碎的山核桃	30mL
肉桂粉	5mL	烤芝麻，分次使用	45mL
辣椒粉	2mL	汤普森葡萄干	30mL
烟熏辣椒粉	1mL	可可粉	22mL
细海盐	5mL		

1. 用大锅装鸡加水煮沸，关火，并将锅放在一边。

2. 在耐热碗中，用开水没过帕西拉辣椒和奇波托辣椒，并放置10min直至辣椒变软。将辣椒粗略剁碎（丢弃浸泡液），并放在一边。

3. 小火，用平底锅或深锅加热油。搅拌加入洋葱和糖，盖上盖子，煮沸，偶尔搅拌，约5min，直至半透明。加入大蒜、保留的辣椒、肉桂、辣椒粉、烟熏辣椒粉、盐、胡椒、茴香籽、丁香、牛至、番茄和玉米饼。调至中火，边搅拌边煮1min，直到混合均匀。加入杏仁、山核桃、30mL芝麻、葡萄干和可可粉，煮1min。加入500mL鸡肉蒸煮液，搅拌均匀，煮2min，直至热烫。关火，使用搅拌器，以中等速度搅打直到酱汁大致混合（应保留一些质感）。

4. 将酱汁放回锅中（如有必要）并加入准备好的鸡肉。用中火煮5min，直到充分加热。撒上剩余的芝麻，与米饭一起进餐。

变化
使用火鸡胸肉代替鸡肉。

制作4人份

制备时间：25min
烹饪时间：30min

提示

如果鸡胸肉非常大，根据需要可以在烹饪后（加入酱汁之前）将它切成两半或切片。
可预先制备酱汁，在密闭容器中冷藏3天或冻藏1个月。

朝鲜泡菜

泡菜是世界上最受欢迎的调味品之一，它很容易制作。我们当地的韩国餐厅提供了一道美味的泡菜饭，我在家里用泡菜也模仿做了这种饭。韩国红辣椒片（gochugaru果丘加鲁）可以在优质亚洲杂货店找到，它对制作泡菜至关重要。粗粉碎的晒干红辣椒具有辣、甜、微烟熏风味，质地介于薄片和粉末之间。

制作1.5~2L

制备时间：
24h，加5天发酵时间
烹饪时间：无

提示

有些韩国人把他们的泡菜保存了2~3年，并且一直在发酵。我建议将它冷藏保存2个月，但是保存多长时间取决于个人口味（以及使用它的速度）。

泡菜可用于多种韩国食物，如泡菜饭、泡菜煎饼和炒菜等。

当大白菜叶子柔软、略微萎缩，风味完全融合时，泡菜就制备好了。它应该有腌制风味和微酸口感。如果泡菜变白或风味太酸，则已经变质，应该丢弃。

大白菜	500g
粗海盐	125mL
大米粉	125mL
水	250mL
大蒜，切碎	1瓣
姜，切碎	15mL
碎洋葱	30mL
韩国红辣椒片（果丘加鲁）或糊（果丘加）	250mL
青葱，切成2.5cm长葱段	1把
新鲜中国葱，切成2.5cm长段	1把

1. 用锋利菜刀，将大白菜纵向切成两半。在两瓣菜根切出三角形，将根部取出丢弃。将大白菜叶卷起切成2.5cm宽的条状，在冷水下冲洗干净。在一个大碗里，堆放白菜叶，在每层之间撒上盐，最后加一层盐。浇入冷水，约超出大白菜2.5cm。用厨房巾盖在碗上，用厚重盖子或盘子压重，以确保白菜始终浸没在水中。静置24h，直到叶子柔软和发韧。在冷水下冲洗干净，除去盐分；用色拉脱水器将水排干。将大白菜放回干净的碗里。

2. 小火，在小平底锅中将米粉与水混合，缓缓加热2~3min，直至形成糊状。加入大蒜、姜、洋葱和果丘加鲁。将锅从火上移开，将锅中香料倒在白菜上，搅拌使其完全覆盖菜叶子。加入葱和韭菜。转移至已灭菌的密闭容器中，在室温下放置3天以进行发酵。打开罐子释放积聚的气体，然后在使用前再冷藏2天（见提示）。

葱属植物 （Chives）

葱韭菜（Onion chives）学名：*Allium schoenoprasum*
蒜韭菜（Garlic chives）学名：*A. tuberosum*

科：葱科（Alliaceae）（原百合科Liliaceae）

品种：蓝韭菜（*A. nutans*）、中国葱（*A. ramosum*）、巨型韭菜（*A. schoenoprasum sibiricum*）

其他名称：韭菜（rush leek，葱韭菜）、韭菜（Chinese chives，蒜韭菜）

风味类型：中等

利用部分：叶子（作为香草）

背景

虽然一些韭菜的近亲（如洋葱和大蒜）的历史可以追溯到5000多年前，但直到19世纪，厨师才对韭菜这种精致风味的烹饪香草表现出很大兴趣。韭菜原产于欧洲和亚洲较凉爽地区，现在在加拿大和美国北部地区也有野生。韭菜的英文俗名"chive"源于拉丁词cepa（洋葱），后来演变为"Frech cive"。

植物

韭菜处于非开花期时，看起来像不起眼的草本植物，与世界上最受欢迎的其他烹饪香草相比，更像是一丛草。韭菜是葱科中最小的成员，该科包括大蒜、韭菜和青葱。韭菜主要有两个品种，葱韭菜和蒜韭菜，分别以其特有的洋葱和大蒜味而命名。烹饪只使用这两个品种的叶子，因为小而细长的球茎几乎不存在。

葱韭菜长15~30cm，有细长的草状亮绿色叶子，顶部逐渐变细，随着发育变得更加呈管状。葱韭菜有大量紫红色绒球形花朵，它们由圆柱形花瓣构成，从而葱韭菜成了夏季装饰植物，也深受植物艺术家喜爱。蒜韭菜比葱韭菜长一点，相比之下，其浅绿色成熟叶子明显平坦。蒜韭菜开白花，长在坚硬茎上，不适合食用。这两种品种都有受人喜欢的微妙洋葱和大蒜风味，以新鲜绿色形式提供，没有刺激性，也不会（对于一些人来说）因吃太多洋葱或大蒜后经历的"许多快乐回报"。

其他品种

蓝韭菜，又称西伯利亚蒜韭菜（*Allium nutans*），叶呈灰色，宽、厚、扁平；这种韭菜生长在中国、哈萨克斯坦、蒙古和俄罗斯。蓝韭菜比蒜韭菜风味更温和。中国韭菜（*A. ramosum*）的风味类似于蒜韭菜和葱韭菜的混合物。巨大韭菜（*A. schoenoprasum sibiricum*）（并不如其名称所指），其实并不特别大。这种韭菜的花和叶子均可利用，并且其球茎虽小，但可代替葱使用。

烹饪信息

可与下列物料结合

- 罗勒
- 细叶芹
- 水芹
- 莳萝叶
- 茴香叶
- 独活草
- 洋葱和大蒜
- 芫荽
- 色拉伯内特
- 酢浆草

传统用途

- 炒鸡蛋和煎蛋卷
- 酸奶油
- 色拉酱和蛋黄酱
- 白色调味汁
- 马铃薯泥
- 奶油浓汤（vichyssoise）
- 海鲜和鸡肉菜肴（作为装饰）

香料混合物

- 法式香草
- 色拉香草

加工

20世纪冷冻干燥的发明，对韭菜普及比对任何其他香草或香料的影响更深远。冷冻干燥是一种工艺复杂、资本密集型的脱水方法，可以去除植物材料中的水分而不会破坏其脆弱的细胞结构。冷冻干燥依赖于升华过程：从固体直接转变为气体。韭菜收获和人工分级后要进行冻结，然后使用真空室迫使水分由固相冰跳过液相直接变为气态。在冻干脱水过程中不会产生破坏细胞和风味的潜热，冻干成品具有新鲜韭菜所有的颜色、形状和风味，仅缺乏水分。因为许多食物中的水分足以使冻干韭菜再水化，所以使用前不需要复水。它们可以直接添加到食品中，如奶油芝士、酱汁、调料、马铃薯泥和炒鸡蛋。

采购与贮存

新鲜韭菜通常以2.5cm直径的小把出售。许多杂货店未能正确标记韭菜，其温和风味也难以嗅出是什么品种，可利用快速检查切口显示它们是管状（葱韭菜）还是扁平状（蒜韭菜）。非常娇嫩的韭菜最好从零售商处购买，这些零售商会将韭菜存放在冷藏室以防止变质。应避免购买看起来枯萎的韭菜。新鲜韭菜用可重复密封袋装，可在冰箱中存放长达1周的时间（注意，准备使用之前，不要洗涤韭菜）。

虽然干燥韭菜是不切实际的，但是可以将新鲜韭菜切碎，装在冰块托盘中加入少许水冻结。韭菜还可以与黄油混合并冷藏长达1周。韭菜黄油是深受喜爱的三明治的基料，也为烹饪蔬菜提供美味。

市场上大多数丁韭菜是葱韭菜，这可能是因为其微小亮绿色环更有吸引力，质量较轻，更能有效地填充容器的原因。冻干韭菜（通常这样标记）的质量远远优于空气干燥的韭菜。

应始终将干韭菜放在密闭容器中，置于阴凉干燥处，远离任何光源。在这些条件下，冻干韭菜的保质期可长达1年。

使用

韭菜风味和新鲜感令人非常愉悦，几乎不可能在美味菜肴中过度使用从而对菜肴风味产生负面影响。韭菜是法国传统混合菜（包括韭菜、雪维菜、欧芹和龙蒿）的重要配料，被称为"细香菜"。韭菜也可以用于许多商业化生产的包装汤料和酱汁。韭菜可即时加入正在烹饪的菜肴中，如煎蛋、炒鸡蛋和白汁。另一些应用，一开始不要添加它们，直到最后5~10min烹饪时间才加入，因为长时间加热会破坏大部分韭菜风味。新鲜韭菜非常适合作为鱼和鸡肉的装饰物使用，加有韭菜的色拉酱和蛋黄酱可增强吸引力和美味感。

每500g食物建议的添加量

红肉：
20mL干叶，40mL鲜叶
蔬菜：
15mL干叶，30mL鲜叶
谷物和豆类：
15mL干叶，30mL鲜叶
烘焙食品：
15mL干叶，30mL鲜叶

细香草煎蛋卷

细香草是经典法式新鲜香草混合物，包括雪维菜、龙蒿、欧芹和韭菜。这种混合物可与许多菜肴很好结合，特别是那些含有鸡蛋的菜肴。

● **15cm煎锅**

大号鸡蛋	2个
餐桌（18%）奶油	15mL
切碎的新鲜雪维菜叶	5mL
切碎的新鲜韭菜（见提示）	5mL
切碎的新鲜龙蒿叶	5mL
切碎的新鲜欧芹叶	5mL
黄油	5mL
海盐和现磨黑胡椒粉	适量

制作1人份
制备时间：5min
烹饪时间：5min

提示
切碎韭菜，要使它们整齐均匀地聚在一起，可用锋利剪刀或菜刀横向剪切。
煎蛋卷一定要在鸡蛋完全凝固之前折叠，迟了就折叠不起来。

1. 在一个小碗里，轻轻搅打鸡蛋和奶油。加入雪维菜、韭菜、龙蒿和欧芹，搅拌均匀。

2. 中大火，在煎锅中将黄油融化至发泡。倒入准备好的鸡蛋混合物。加热约1min至混合物边缘开始凝固。用刮刀将边缘向内铲起，使剩余液体流到外边缘。再重复一次，加热到约2min时，鸡蛋会几乎完全凝固但仍然有轻微颤动，将煎蛋卷对折，然后转移到餐盘（见提示）。立即供餐。

变化
为了获得更多风味和物质，在步骤1中加入15~30mL软山羊干酪和/或1个（去皮、去籽和切成小块的）番茄。

韭菜松饼配胡萝卜汤

新鲜韭菜是这种汤必不可少的装饰物，并且可以很好地与清淡干酪味松饼配伍。此食谱可制作出一套完美午餐，大量剩余的松饼可在以后食用或冷冻。

制作4人份

制备时间：20min
烹饪时间：45min

提示

如果在商店买不到自发面粉，可以自己做。制备250mL自发面粉，可将250mL通用面粉与7mL发酵粉和2mL盐混合。
装在密闭容器的松饼可以冷藏3天或者冻藏2个月。

- 普通或浸入式搅拌器
- 可装12个松饼的烤盘，刷上融化的黄油，撒上细玉米粉
- 烤箱预热到180℃

汤

黄油	30mL	烟熏辣椒粉	5mL
小号洋葱，切碎	1个	现磨黑胡椒	2mL
鸡汤或蔬菜汤	1升	餐桌（18%）奶油	250mL
鲜嫩胡萝卜（未剥皮），		新鲜韭菜，切成1cm长	30mL
切成1cm的圆片	500g		

松饼

自发面粉（见提示）	500mL	牛奶	175mL
细海盐	10mL	碎切达干酪	125mL
发酵粉	5mL	新鲜磨碎的帕玛森干酪	125mL
甜椒	5mL	油	125mL
鸡蛋（轻轻搅打）	2个	韭菜，切成1cm的	
酪乳	250mL	碎片（约60mL）	1束

提示

如果没有酪乳，可以使用普通牛奶或自制酪乳，加入15mL鲜榨柠檬汁至250mL牛奶。将它放在一边20min即可凝固。

1. 汤：中火，用平底锅融化黄油。加入洋葱，炒约5min至软。加入肉汤、胡萝卜、辣椒粉和胡椒粉煮沸。将火调至小火，炖15min或直至胡萝卜变软。用搅拌器将菜泥搅打均匀。返回锅中（如有必要）并搅拌奶油。如果需要，可以品尝和调整调味料。

2. 松饼：在一个大碗里，加入面粉、盐、发酵粉和辣椒粉。

3. 在一个单独的碗里，加入鸡蛋、酪乳、牛奶、切达干酪、帕玛森干酪和油，搅拌均匀后慢慢将其加入步骤2中，搅拌至光滑，混合均匀。拌入韭菜。将面糊倒入准备好的松饼锅中，烘烤15~20min，直至膨发并呈金黄色。从烤箱中取出并放置在锅中冷却5min，然后转到金属架上完全冷却。

4. 将温热的汤加入碗中，用韭菜装饰。与松饼一起食用。

肉桂和月桂（**Cinnamon and Cassia**）

肉桂（Cinnamon）学名：*Cinnamomum zeylanicum*；

月桂（Cassia）学名：*C. cassia*（也称为*C. burmannii*，*C. loureirii*，*C. tamala*）

月桂皮

科： 樟科（Lauraceae）

品种： 肉桂（*C. zeylanicum*）、中国肉桂（*C. cassia*）、阴香（*C. burmannii*）、西贡肉桂（*C. loureirii*）、印度肉桂（*C. tamala*）

其他名称： 肉桂皮、斯里兰卡肉桂（肉桂）、面包师肉桂、假肉桂、荷兰肉桂、印度尼西亚肉桂、西贡肉桂（月桂）、印度月桂叶、特杰帕特（印度月桂）

风味类型： 甜味

利用部分： 树皮和内皮（作为香料）、叶子（作为香草）

背景

　　肉桂和月桂的命名自古以来就令人困惑，因为肉桂的英文属名（*cinnamon*）已广泛用于描述肉桂和月桂。因此，在研究肉桂历史时，没有可靠方法来了解正在描述的品种。例如，圣经中提到的肉桂可以是樟属（*Cinnamomum*）的任何成员，包括肉桂和月桂。

　　甚至不同专家也对此科大小界定也不尽相同，包括不同类型肉桂和月桂名称数50~250种。可以肯定的是，肉桂和月桂都曾广泛交易，因为它们都未在圣地生长。

　　据说肉桂和月桂是最古老的香料之一。文字记录可以追溯到2500年前的法老之地，在那里被称为肉桂（实际上可能是月桂），被用于防腐处理。公元前1500年，埃及人前往"Punt之地"（今索马里）寻找贵重金属、象牙、外来动物和香料，包括肉桂和/或月桂，香料无疑是阿拉伯商人贩运到那里的，因为当时非洲不出产香料。当代任何肉桂和月桂贸易的真正起源的线索，都被交易者发布的不可思议的故事进一步笼罩在神秘之中，他们极力保守其货源的秘密。

　　例如，一个传言声称肉桂棒被（希腊、印度或欧洲东部的）"狄俄尼索斯地"中的巨鸟用来在陡峭山顶上筑巢。为了收集这种有价值的香料，勇敢的商人会在鸟巢附近留下牛和驴的碎尸，并隐藏在一定安全距离之外；鸟儿会猛扑下来，抓起沉重的动物尸骨，然后将它们带到鸟巢中。由于巢穴的强度不足以容纳这么重的尸骨，因而会坍塌并掉到地上，这让香料采集者能够收集有价值的肉桂棒，并将它们卖到西方。在我看来，这个传言支持这样一种观念，即肉桂棒实际上是斯里兰卡肉桂（*C. zeylanicum*）。精致的手卷桂皮卷与坚硬的月桂树皮相比，更容易用重物破碎。

　　古希腊人和罗马人可能均使用肉桂和月桂。在公元66年，当尼禄皇帝在其妻子葬礼上烧掉一整年肉桂供应量，令当时的罗马政治家Pliny the Elder感到十分震惊，他开始担心罗马的国际收支问题。到了13世纪，旅行者喜欢描写锡兰（今斯里兰卡）的肉桂；就在这个时候，查莱斯（Chalais）（专门从事肉桂采集和剥皮的种姓）人从印度移民到了斯里兰卡。今天，大部分斯里兰卡肉桂剥皮者都是那些查莱斯移民的后代。

　　月桂在中国的记载可以追溯到公元前4000年。因为从来没有人提到过当地曾有野生月桂，因此，这种月桂

烹饪信息

可与下列物料结合	传统用途	香料混合物
● 多香果	● 蛋糕	● 咖喱粉
● 香芹籽	● 甜糕点和饼干	● 南瓜饼香料
● 豆蔻果实	● 炖水果	● 甜混合香料
● 辣椒	● 咖喱	● 拉斯埃尔哈努特（ras el hanout）
● 丁香	● 柴茶等饮料	● 塔吉香料混合物
● 芫荽籽	● 摩洛哥塔吉（tagines）	● 格拉姆马萨拉
● 小茴香	● 柠檬罐头	● 四合一香料（quatreépices）
● 生姜		● 烧烤香料混合物
● 甘草		● 亚洲主要汤料
● 肉豆蔻		● 泡菜香料
● 八角		● 卡真香料混合物
● 罗望子		
● 姜黄		

必定是通过印度东北部与中国接壤的阿萨姆邦进入中国的。巴塔维亚（Batavia）或爪哇（Java）月桂生长在印度尼西亚苏门答腊岛、爪哇岛和加里曼丹岛。在首个公元千年，印度尼西亚人带着本土月桂到马达加斯加殖民。几乎可以肯定，他们与阿拉伯人之间有月桂和丁香之类的其他香料交易。

人们可以想象出肉桂和月桂在全世界传播途径的网络是：从印度尼西亚到马达加斯加，然后由阿拉伯、腓尼基和罗马商人将其贩到地中海，经陆路传到埃及和非洲。与此同时，这些香料从斯里兰卡传到罗马和希腊，从阿萨姆邦经著名的丝绸之路进入中国。

肉桂是最受15世纪和16世纪探险家追捧的香料之一。葡萄牙人1505年抵达锡兰（今斯里兰卡）后，最早对其供应取得实际垄断地位。荷兰人1636年开始控制锡兰后，葡萄牙人的垄断地位被荷兰人夺取，直到1796年，这种垄断权又传到了英国手中。今天，人们认为世界上最好的肉桂仍然来自斯里兰卡，而各种等级的月桂主要来自中国、印度尼西亚和越南。

植物

肉桂和桂皮都来自与月桂叶、鳄梨和黄樟有关的热带常绿树木。从肉桂树和月桂树剥离的树皮，即使在外观和风味特征方面明显不同，仍经常被混淆。

肉桂树，在野生状态下生长，高度可以达到8~17m，树的周长可达30~60cm。肉桂树的嫩叶呈强烈的红色，后变成淡绿色，成熟时上部呈光泽的深绿色。肉桂花呈淡黄色，直径约3mm，并有些恶臭气味。

月桂树比肉桂树大，树高可达到18m，可长成直径达1.5m的粗壮树干。在越南，月桂树生长在月桂种植园中，每棵树通常生长不到10年就开始收获。这意味着为了保持生产，苗圃必须储备大量的幼苗用于重新种植。月桂树是从树下聚集的种子生长出来的，据说，那些从（吃过小绿色水果的）鸟类肠道出来的种子最适合发芽。

香料贸易旅行

我们第一次访问斯里兰卡肉桂农场时，莉兹和我对传统肉桂削皮工的技巧感到震惊。观看肉桂削皮工的操作就像观看眼疾手快的魔术表演。剥皮工使用刀的动作相当灵巧，拿起切割下的茎秆，使用简陋的金属器具刮掉并丢弃看似软木质的外皮层。接下来，用黄铜棒揉搓茎秆，擦伤松动剩下的一层称为阿奇萨（agissa，内皮）的纸状厚度肉桂，并动手剥皮。剥皮工坐在地上，将肉桂茎的一端夹在大脚趾和第二脚趾之间，使用一把看起来很危险的锋利尖刀，在茎周围做两道相距约30cm的切口。再沿着整个长度进行纵向切口，然后巧妙地移除树皮内的细半圆柱。将这些细半圆柱置于阳光下一段时间（不到1h），使其硬化、卷曲和部分干燥。

负责制作长肉桂卷的剥皮工，要将30cm长的内皮卷筒插入另一内皮卷筒，直到形成一个1m长卷皮筒。收获树枝上破碎、分裂或有不均匀结节的较小的树皮，要放仕卷筒内，直到填满肉桂条。要将仍有点潮湿、带着香气和惊人柠檬香味的肉桂卷筒滚紧，然后放在一边彻底晾干。必须在阴凉处进行干燥，因为阳光照射会使卷筒翘起并破裂，外观不那么令人满意。我们应邀到农民屋子里面观看，那里墙与墙之间近天花板处，用绳子拉成绳架，待干燥的肉桂卷筒被悬放在绳架上，形成一个芳香的假天花板，直至干燥并供应给肉桂商人。由于肉桂的甜美香气散发在空气中，屋子自然不需要任何空气清新剂。

其他品种

在印度，月桂品种（*Cinnamomum tamala*）用于生产低级肉桂皮。其叶子可用于食谱，通常作为特杰帕特（tejpat，即印度月桂叶）使用，它们具有略带丁香味的风味。在印度尼西亚，阴香（*C. burmannii*）的叶子被用于烹饪，并且经常被西方人称为"印度尼西亚月桂叶"。然而，严格地说，印尼语月桂叶或杜恩萨拉（daun salam）是多刺果蒲桃（*Syzygium polyanthum*）的叶子，具有温和丁香和肉桂般风味。一般不建议使用欧洲月桂叶（*Laurus nobilis*）作为替代品，较好的选择是在配方中加入一根丁香或一小撮丁香粉或多香果粉。

加工

今天，斯里兰卡的肉桂加工可能是传统工人在香料贸易中仍然表现出的最灵巧的技能之一。观看这种加工很吸引人（参见"香料贸易旅行"）。肉桂剥皮工两人或三人一组，根据合同为农户提供劳动力。

种植后两到三年，将距离地面上方约15cm处的肉桂树砍伐掉，用土壤围培在树桩周围，以促进枝条形成。允许四至六个枝条发育长达2年，收获时，这些枝条长约1.5m，直径为1~2.5cm。切割后，修剪不需要的枝条，再次堆积土壤，肉桂树桩又长出一批枝条，供下一次收获。第一批红叶开始变成淡绿色并且树汁能自由流动时，便可进行收获。肉桂剥皮工要测试这些树茎，以确定何时树皮最容易剥落，割下的树枝要运送到农民家中或者剥肉桂皮的凉棚。

斯里兰卡肉桂以四种形式进行交易，顶级品是用粗麻布覆盖包捆在一起的圆柱形捆，长度超过1m，重45kg。这种最完善的肉桂是紧密卷起均匀连接的卷筒，被认为是最好的，通常称为"C5"。在运输和处理过程中，一些卷筒受到损坏；当它们被放入包中时，这些碎片被称为"碎卷筒"。另一个等级被称为"羽毛级"，它们由树枝内部树皮和小枝条组成，这些枝条不够大，不能制成全尺寸的羽片。它们仍然是真正的肉桂，但缺乏优质卷筒的视觉吸引力。大多数肉桂粉是由羽毛级肉桂制成。最低等级的真正肉桂是肉桂片，它们由刨花和修整下脚料制成，它们包括肉桂外皮和偶尔的树枝或石头。劣质深褐色粗糙肉桂粉由塞舌尔或马达加斯加成熟半野生肉桂树切成的肉桂片或外皮和内皮制成，它占了世界上未经加工的肉桂皮的大部分。

月桂的收获方法不同于收获肉桂所用的方法。首先，要用小刀刮下树的下部树干，去除苔藓和外部软木质。然后要将树皮切成几段，将树砍倒，并以相同方式除去剩余的树皮。在中国南方，从树上取得的树皮要刮掉外面的苦味材料。然后在阳光下晒干，使其卷曲成厚厚的树皮卷筒，这种月桂皮卷筒经常会与肉桂混淆。在越南一些地方，一种使月桂皮固化、洗涤、干燥和发酵的复杂过程可产生更高价值等级的香料。

月桂芽，有时用于甜渍品，是干燥的未成熟果实，通常来自中国月桂。它们具有肉桂般香味和温暖刺鼻香气。由于月桂芽的需求量一直不多，因此，一般只用少数树木在不受干扰的情况下生产这些芽。

采购与贮存

虽然肉桂和月桂都有不同等级，但无论是树皮还是粉末，肉桂和月桂之间的区别都很容易识别。粉状香料类型可分成不同质量等级。

斯里兰卡肉桂一般有三个主要等级。肉桂皮粉的等级最低，它是一种粗糙、略带苦味的深棕色粉末，通常价格最便宜。肉桂卷是正宗肉桂的最佳等级，即使它们是碎卷筒或肉桂羽片制成也是如此。碎卷筒是破损了的卷筒，而羽片是内部树皮的碎片，不能嵌入卷筒中。它们的风味和整肉桂卷筒的风味一样好。

过去，澳大利亚和英格兰等一些国家规定，将月桂标记为肉桂出售是非法的（尽管许多商人都这样做）。然而，在法国，"canelle"一词同时指肉桂和月桂。美国对肉桂和月桂的命名没有限制；"cinnamon"（肉桂）最常用来形容两者。然而，一些美国香料品牌现在简单地将桂皮称为"肉桂"，而将肉桂称为"斯里兰卡肉桂"，以此区分两者。

斯里兰卡批发市场有时会看到长达1m的手卷肉桂卷。然而，消费者最常看到是长8cm的肉桂卷，它由多层纸张厚度的肉桂薄皮同心卷成直径约1cm的圆柱体。肉桂卷的颜色范围在浅棕色至深棕色之间。经过研磨，这种肉桂卷可成为一种芳香粉末，其颜色与肉桂卷相似，肉桂粉非常细腻，并有多尘质感。肉桂香气甜美扑鼻、温暖宜人，具有木香，没有苦味或明显刺激性，这有助于解释为什么肉桂几个世纪以来一直被认为具有催情作用。

肉桂卷

月桂则通常以两种整体形式存在。一种是扁平的深棕色片条，长10~20cm，宽2.5cm，表面一面光滑，另一面粗糙并具有软木质感；另一种是卷筒状。这种卷曲树皮较厚（3mm，外观光滑与肉桂皮相似，但不像肉桂皮那样薄如纸张且呈红棕色）。肉桂皮粉风味（研磨释放挥发性油并使气味更加明显）浓郁芳香，其甜香气味具有穿透性，留香持久。风味中有一种令人愉快的苦味，很多人觉得它比肉桂更好。月桂粉通常比肉桂粉更暗更红，并且因为质地非常精细，所以其流动特性能与最好的滑石粉相比。在澳大利亚，通常被委婉地称为"面包师肉桂"或"荷兰肉桂"的月桂粉，价格通常比肉桂卷粉低，但要比肉桂树皮粉贵得多。许多糕点厨师更喜欢用月桂而不是肉桂。

肉桂和月桂不容易自己粉碎，所以如果食谱需要月桂粉或肉桂粉，建议购买优质粉末。最令人愉悦和芬芳的挥发性香精很容易蒸发，因此应将肉桂粉和月桂粉储存在密封容器中，避免极端高温和潮湿。在这些条件下，它们可保质一年多。整体肉桂皮和月桂皮较稳定，只要它们不暴露在极端高温下就能保存2~3年。

使用

为了将风味注入菜肴的液体介质，可使用常称为"肉桂棒"的（长度为8cm）肉桂卷。因此，当炖水果、制备咖喱菜肴或像印度饭（biryani）这样的香料米饭，甚至制作香料葡萄酒时，就使用整块的肉桂皮或月桂皮。墨西哥人喜欢用碎肉桂卷制肉桂茶（卡内拉），这种茶像印度凉茶一样，只需几分钟就能冲泡成茶，然后可将茶汤滤到杯子中，趁热饮用，可加入糖调味。

西方人最喜欢用粉末形式的肉桂与其他配料混合，为蛋糕、糕点、水果馅饼、牛奶布丁、咖喱粉、辛辣香料粉（garam masala）、混合香料、南瓜饼香料和其他香料混合物增添风味。月桂的较大刺激性，在商业烘焙食品中很受欢迎，例如肉桂甜甜圈、苹果馅饼、水果松饼和甜香料饼干。大部分北美面包店使用月桂而不是肉桂，可能是因为烘焙后的月桂香气比肉桂气息更容易散发到周围而吸引顾客的缘故。

使用肉桂还是月桂应该只是个人偏好问题。请记住，一方面月桂比肉桂具有更加强烈香味和刺激性，因此最好与其他独特风味的配料（如干果）一起使用。另一方面，肉桂较适合为苹果、梨和香蕉等新鲜食材补充风味。我经常将肉桂和月桂对半混合，以获得两者的好处。

肉桂和月桂的叶子无论是新鲜的还是干的均具有明显丁香般香气和风味，可在印度和亚洲烹饪中使用。我们参观越南北部柯都（Khe Dhu）月桂林时，见到主人捡了些大的干燥月桂叶子，并将它们放入鞋中，作为一种芳香气味鞋垫使用。

每500g食物建议的添加量

红肉：1卷
白肉：1/2卷
蔬菜：1/2卷
谷物和豆类：15mL肉桂粉，10mL月桂粉
烘焙食品：15mL肉桂粉，10mL月桂粉

苹果肉桂蛋糕

我小时候最喜欢奶奶做的热肉桂甜甜圈。那时候，在温热蛋糕面团上面撒上脆糖和芳香的肉桂真是天堂般的享受。奶奶还做过一种美味肉桂蛋糕，这种蛋糕的食谱出自她的儿童烹饪书《有趣的烹饪》。我的小女儿梅茜喜欢用心形模具制作这个蛋糕，她像我一样喜欢肉桂糖。

制作一个23cm蛋糕

制备时间：10min
烹饪时间：20min

提示

虽然此配方可以使用任何种类的苹果，但最好用烹饪用苹果，它通常不那么甜，并能保持较好的形状。可用布瑞本（Braeburn）、蜜酥（Honeycrisp）或红金（Jonagold）苹果。滴落稠度指一勺蛋糕混合物面糊可在几秒钟内轻易落回碗中。

- **23cm蛋糕盘，涂上油脂**
- **电动搅拌机或便携式搅拌机**
- **烤箱预热到180℃**

蛋糕	
超细糖	125mL
黄油	60mL
鸡蛋	1个
多用途面粉	300mL
肉桂粉	2mL
发酵粉	5mL
牛奶	90mL
大号烹饪苹果，去皮去核，切成1cm方丁	1个

面料	
超细糖	15mL
肉桂粉	5mL
黄油，融化	15mL

1. 蛋糕：在搅拌碗中高速搅打糖和黄油，直到轻盈蓬松。加入鸡蛋拌匀。加入面粉、肉桂和发酵粉，混合均匀。分批每次加入15~30mL牛奶混合，直到面糊达到滴落稠度（见提示）。蛋糕糊倒入准备好的蛋糕盘，上面放上苹果块，轻轻压入面糊中。在预热的烤箱中烘烤20~25min，直到上面变成褐色，插入中心的叉子取出时干净。烤盘从烤箱中取出并放在一边在盘中冷却约5min，然后将蛋糕转移到金属架上再冷却5min。

2. 面料：在一个小碗里混合糖和肉桂。用刷子蘸融化黄油刷蛋糕顶部，然后均匀撒上肉桂糖混合物。可趁热或冷后食用。蛋糕在密闭容器中可保存3天。

科沙利

很多年前，我去埃及做了一次背包客之旅，这种体验在很多方面都令人难以忘怀（大多数情况下都很好）。一个亮点是当旅游巴士驶向路边时，大家可以享受一塑料杯科沙利（koshari），这道传统佳肴，主体是用肉桂和肉豆蔻调香的甜味扁豆米饭，上面加有香料番茄和焦糖洋葱面料，非常美味。

洋葱面料

洋葱，切半和切片	2颗
油	30mL

扁豆和米饭

黄油	15mL
油	250mL
煮熟的扁豆（见提示）	250mL
碎米粉丝	250mL
巴斯马蒂米，冲洗和沥干	5mL
肉桂粉	2mL
肉豆蔻粉	2mL
水	750mL

番茄酱

398mL带汁碎番茄罐头	1罐
大蒜，剁碎	1瓣
细海盐	2mL
白醋	15mL
小茴香	2mL
辣椒片	2mL

制作4人份

制备时间：10min
烹饪时间：45min

提示

小扁豆用法国小扁豆，它们具有很好的质地和风味，不需要像其他豆子那样进行充分浸泡和准备。如果没有法国小扁豆，可以使用常规绿扁豆。

煮小扁豆：125mL扁豆用冷水冲洗并沥干。中火，用锅将扁豆与750mL水混合，煮20~25min。在步骤2中沥干并加入平底锅。

1. 洋葱面料：小火，用锅加热油。加入洋葱，盖上盖子，煮约20min，偶尔搅拌，直到洋葱柔软半透明。加大火力，煮5~10min，不断搅拌，直至变暗。将锅中物料转移到衬有纸巾的盘子并放在一边。

2. 扁豆和大米：在大平底锅里加热黄油和油。加入扁豆、米粉和米，搅拌均匀。加入肉桂和肉豆蔻，不断搅拌，炖2min，直至香气扑鼻。加入盐和水煮沸，不断搅拌。降至小火，盖上盖子并焖煮约15min或直至所有液体被吸收并且米饭变软。

3. 番茄酱：用中低火，在小平底锅中加入番茄、大蒜、盐、醋、小茴香和辣椒片，煨约10min，偶尔搅拌，直至变稠。

4. 供餐：将米饭和扁豆分成4个碗，每个碗上面放一勺番茄酱，撒上炸洋葱。

提示

为使菜品更美味，可以在每份食物上搭配少量煮熟的鹰嘴豆。

越南炖牛肉

在越南，这种香浓的牛肉菜肴被称为"bo kho"（博科），与烤面包一起作为早餐食用。甜美的香料非常均衡，这种炖菜即使当晚餐食用，也很舒服。在烤箱中慢煮时，整个屋子会有一股很神奇的香气。强烈建议，寒冷夜晚在火前将其作为传统炖牛肉替代品食用。搭配法国长棍面包或普通米饭或米粉食用。

制作6人份

制备时间：
20min，加2h腌制
烹饪时间：4~5h

提示

制作胭脂红油：中火，在小平底锅中将60mL油与30mL胭脂树籽混合。不断搅拌煮约5min（种子的颜色会渗入油中）。用细网筛过滤收集红油，并丢弃种子。

腌泡汁

青葱，切半	2棵
中国五香粉	5mL
八角	3颗
2.5cm生姜，去皮切丝	1块
（7.5~10cm长）月桂卷	2根
柠檬草茎，纵向对切开	1根
大蒜，擦碎	2瓣
牛腩，大致切成5cm的块	800g

炖汤

胭脂树油，分次使用（见提示）	45mL
中国五香粉	5mL
柠檬草茎，纵向对切开	1根
番茄酱	30mL
月桂叶	2片
牛肉汤	875mL
胡萝卜，切成5cm斜切块	2根
轻压实的泰国罗勒叶，可选	250mL

1. 腌泡汁：在可重复密封的袋子里，加入青葱、五香粉、八角、生姜、月桂、柠檬草和大蒜。加入牛肉，密封，拌匀。冷藏2h或过夜，翻袋一次或两次，以使腌泡汁分配均匀。

2. 将烤箱预热到120℃。

3. 从袋中取出牛肉，将腌泡汁倒入一个大荷兰烧锅。用纸巾拍牛肉，吸干汁液。

4. 中火，煎锅中加热1汤匙（15mL）胭脂红油。加入三分之一牛肉，煮5~7min，直到四面都呈褐色，将熟牛肉转移到荷兰烧锅。剩余的油和牛肉重复以上操作。

5. 在荷兰烧锅中加入1茶匙（5mL）五香粉、柠檬草、番茄酱、月桂叶和牛肉汤。搅拌均匀，用中火加热至微沸。盖上盖并转移到预热的烤箱。烤煮3~4h，直到肉嫩但不散碎。加入胡萝卜再烤45min，直到胡萝卜煮熟，肉很软。撒上罗勒（也可不用）供餐。

丁香（**Cloves**）

学名：*Eugenia caryophyllata*（也称为 *Syzygium aromaticum*）

科：桃金娘科（Myrtaceae）

其他名称：钉子香料（nail spice）、内尔肯（nelken）、廷宪（ting hiang）

风味类型：辛辣

使用的部分：花蕾和茎（作为香料）、叶子（作为香草）

背景

丁香原产于印度尼西亚东部摩鹿加群岛，其中包括特尔纳特岛（Ternate）、蒂多尔岛（Tidore）、莫蒂尔岛（Motir）、马基安岛（Makian）和巴坦岛（Batjan）。一次在叙利亚（古代美索不达米亚）非凡考古中发现的家庭厨房丁香遗骸，可以将丁香的使用追溯到公元前1700年左右。几乎无法想象那些丁香经过了几次转手，如何从摩鹿加群岛出发经过海路和陆地最终到达目的地。

据说，中国汉代（公元前206年—公元220年）已经引入丁香，它们可能是口气清新剂的最早形式。据记载，当时大臣们去见皇帝时，口中会含有能使呼吸变香甜的丁香。

阿拉伯商人从印度和锡兰（今斯里兰卡）交易中心购买丁香，但出售这种珍贵货物时会对其来源严格保密。罗马人只知道丁香是通过大篷车队进口的，公元2世纪丁香也到达了埃及亚历山大港。4世纪，这种香料在地中海地区已经广为人知。8世纪，丁香的声誉和使用已遍及整个欧洲。

十字军东征之后的欧洲，疾病和瘟疫司空见惯，当时人们一直在寻找可使（随着废物和尸体腐烂而发出恶臭的）空气变得清新的香料。人们发现丁香具有天然防腐和麻醉作用。通过蒸汽蒸馏提取的辛辣丁香油可以迅速缓解牙痛。到了13世纪，人们往往随身携带自制的（装有镶嵌丁香的苹果或橙子）香盒，相信这可抵御瘟疫。

1297年，马可·波罗从东方载誉而归，他回忆起曾在东印度群岛上看到过丁香种植园。哥伦布向西航行企图找到这些香料岛，但最终却发现了西印度群岛。五年后，瓦斯科·达·伽马沿着好望角航行到印度进行同样的搜寻，他在加尔各答找到了丁香，这里是一个贸易中心，其供应的香料可能来自东印度群岛。

截至1514年，葡萄牙人控制了丁香贸易。当时，寻找香料是一项严肃的事业。1522年，麦哲伦环绕航行船队中唯一幸存返回西班牙的船只，装了29t（26000kg）丁香，其价值足以支付全部探险费用。船长塞巴斯蒂安埃尔卡诺因此获得奖金和一块由三粒肉豆蔻、两根肉桂和十二根丁香图案构成的盾徽。1605年荷兰人打破葡萄牙人对摩鹿加群岛的垄断。他们驱逐了葡萄牙人，并使用残忍恐怖手段无情地对该地区控制了200年。为了保持丁香的高价地位，荷兰人采取的策略之一是立法将丁香种植范围限制在哈马黑拉岛海岸外的格贝（Gebe）岛，作为这一策略的一部分，他们连根拔起并烧毁了在其他岛屿上生长的丁香树木。任何人在香料岛以外的地方种植或销售香料都被判处死刑。尽管如此，从1750年到19世纪初，人们还是进行了许多尝试，以打破这种丁香贸易垄断。最成功的一位名叫皮矣尔·波瓦［Pierre Poivre，童谣中彼得·派珀（Peter Piper）的原型］的强悍法国人，他当时是法兰西岛（现毛里求斯）的主管。经过多次尝试，他设法将一些丁香幼苗从格贝岛走私出来，并成功种植了少量树木。随后，在留尼汪、马提尼克岛和海地以及塞舌尔建立了丁香种植园，取得了不同程度的成功。

烹饪信息

可与下列物料结合

- 多香果
- 芒果粉
- 豆蔻果实
- 辣椒
- 芫荽种子
- 小茴香
- 生姜
- 科卡姆
- 甘草
- 肉豆蔻
- 八角
- 罗望子
- 姜黄

传统用途

- 蛋糕
- 火腿
- 甜糕点和饼干
- 炖水果
- 咖喱
- 加香饮料，如加香葡萄酒（glüwein）
- 摩洛哥塔吉（tagines）菜肴
- 柠檬蜜饯
- 腌制肉类
- 泡菜

香料混合物

- 咖喱粉
- 南瓜饼香料
- 甜混合香料
- 拉斯埃尔哈努特（ras el hanout）
- 塔吉香料（tagine spice）混合物
- 巴哈拉特
- 柏柏尔
- 格拉姆马萨拉
- 中国五香粉
- 调味香料
- 泡菜香料
- 四合一香料（quatreépices）（甜味和咸味）

与此同时，西方国家正在废除奴隶制的势头上，其结果之一就是桑给巴尔拥有过剩的奴隶。这时，一位名叫萨利赫·本·哈拉米勒（Saleh bin Haramil al Abray）的阿拉伯人，认识到皮埃尔·波瓦成功打破荷兰人对丁香贸易垄断是一个机会，于是在该岛建立了丁香种植园，并让那里的奴隶在种植园劳动。不幸的是，这引起了阿曼苏丹赛义德注意，他当时在马斯喀特统治着他的王国（其中包括桑给巴尔）。1827年，苏丹航行到了桑给巴尔并与美国达成了一个主要涉及象牙贸易的商业条约。然而，他很快意识到，为了增加桑给巴尔的财富，他必须扩大与美国和欧洲的贸易，他认为丁香贸易是实现其目标的手段。看到萨利赫·本·哈拉米勒是一个政治威胁，苏丹没收了他所有的种植园。苏丹赛义德随后下令，在桑给巴尔和奔巴（Pembar），每种一棵椰子树，必须种植三棵丁香树。当苏丹于1856年去世时，桑给巴尔成了世界上最大的丁香生产国之一。20世纪60年代，尽管桑给巴尔成熟丁香树林因"突发死亡疾病"而遭遇重大损失，但仍与马达加斯加一起占据着世界主要丁香生产国的地位。然而，到了20世纪末，由于桑给巴尔和奔巴农业管理不善，使印度尼西亚重新成为世界最大丁香生产国。

有趣的是，丁香这个名字来自拉丁文clavus，意思是"钉子"。

香料贸易旅行

桑给巴尔是一个能让人联想到异域风情的地名，并且发音与英语bazaar（集市）押韵。我永远忘不了（10岁左右开始的）第一本集邮册中收藏有从桑给巴尔寄来的一张红色邮票，邮票背景中有一个渔夫在单桅帆船上投网捕鱼的插图，我发现它非常具有异国情调。我第一次来到桑给巴尔，看到了丁香树含苞待放。经过多次搜寻和追踪香料贸易联系人的线索之后，我终于找到了一位交易员，他告诉我桑给巴尔不再是全球丁香交易中心。1968年，当桑给巴尔独立于英国时，"马克思主义"政府占领了所有私人丁香种植园并将其交给了人民。从那时起，丁香行业在当地开始衰退，因为不熟练的业主不再能适当地维护丁香树。在较短时间内，桑给巴尔在世界市场上失去了主导地位。随后我参观了印度尼西亚香料群岛中历史悠久的特尔纳特丁香岛，看到了成千上万棵健康的丁香树，道路和人行道上散落着最近收获的丁香花蕾，在阳光下晒干。在热气腾腾的热带空气中，能闻到扑鼻的丁香香气真是太好了。

植物

我们知道，丁香是一种干燥的未开封花蕾。生长丁香花蕾的热带常绿植物，高度约10m，有浓密的深绿色叶子。丁香树干直径约30cm，在其基部附近通常分权出两个或三个非常坚硬、具有粗糙灰色树皮的木质分枝。这些较低树枝往往会死去，紧密种植时，锥形丁香树会形成神奇的芳香树冠。丁香树新叶子呈鲜艳的粉红色，成熟后，叶的上表面呈有光泽的深绿色，下表面为浅绿色、无光泽。

丁香花蕾分10~15个簇，长足尺寸便可采摘，此时花蕾应仍呈绿色，但刚开始变成粉红色，让人联想到幼小有袋动物的未开眼睛。这时的花蕾如果不采收，将开花并变成下垂的长圆形果实，称为"丁香之母"，这在香料贸易中没有用处。干燥后，丁香呈红棕至深棕色，长约8~10mm，指甲形状，一端呈锥形。

丁香花蕾端有一个易碎、带有四个尖头的灰白球，像订婚戒指中钻石一样。

丁香具有辛辣、温暖、芳香、樟脑般和微弱胡椒香气。这种风味非常强烈，对人有一定的药用，有着温暖、甜蜜、绵长和麻木的感觉。适量使用时，丁香可为食物带来令人愉悦的清新口感和甜香味。

加工

首次采摘丁香的树龄为6~8年，并可持续采摘长达50年。据报道，有些丁香树可以存活150年。丁香树木非常敏感，通常每4年只能采摘一次，后一次采摘的收成很大程度上取决于前一次采摘过程的护理程度。受到粗暴处理和破损的枝条将对丁香树产生冲击，减少后续产量。

詹姆斯·弗雷泽（James Frazer）爵士在其名作《金枝》一书中，描述了当地人对待这些作物的态度："当丁香树盛开时，要像对待孕妇一样，附近不能发出噪声，晚上不得带着灯光或火焰经过这些树，人们不能戴着帽子接近它们，必须在树木面前露面。这些预防措施是为了避免树木发出警报从而不结果，或者过早地掉果实，就像怀孕期间受到惊吓的妇女不合时宜地分娩一样"。尽管现代态度发生了变化，但在一些村庄，种植和收获丁香仍然具有宗教意义。

当丁香花蕾大小长足但在未有花瓣落下暴露雄蕊之前，由人工将丁香簇采摘下。因为它们并非同时到达收获阶段，所以挑选者必须足够熟练、经验丰富才能知道如何挑选最佳群集。装满的篮子送到中心区域，将簇状物在手掌中转动从而使花蕾从茎部脱落。折下花蕾铺在织物垫上干燥，热带阳光几天内可将它们干燥成其特有的红棕色。在干燥过程中，一些酶会被激活，产生挥发油丁香酚，干的丁香茎中也存在较低浓度的丁香酚。

判断丁香干燥程度的传统方法是将它们紧紧握在手中，如果能捏碎，并且尖刺部分很硬，表明它们已被适当干燥。干燥时丁香会失去约2/3的重量，1kg丁香可能包含多达15000个花蕾。

也可采集丁香叶用蒸汽蒸馏方式提取生产丁香叶油。这种挥发性油可用于香料和食品饮料制造。由于收获这种油的枝叶会严重降低丁香的产量并使树木易受真菌感染，因此，在主要丁香生产国这种做法并不常见。

采购与贮存

购买整丁香花蕾时，要找干净整洁的买，因为这表明它们在收获过程中已经得到精心护理。大多数花蕾应该是完整的，大多数仍然保留小而柔软的易碎小球。如果小球已经脱落，也不用担心：丁香本身仍会保留其大部分风味。但是，应注意不能有尖短丁香杆，它们实际上是丁香茎。丁香茎含有约30%的丁香挥发油，掺丁香茎是无良香料贸易商最喜欢采取的掺假方式之一。该行业的另一种造假做法是将丁香在水中煮沸以提取一些油，再将提过油的丁香干燥出售。

只从信誉良好的企业购买丁香粉，这可确保购买到的是最近碾磨的，因为丁香粉很快就会失去挥发油（见下文）。丁香粉应呈深褐色，一种浅棕色、略带纤维和砂质感的丁香粉，可能是由丁香茎充分粉碎得到的。

丁香花蕾和丁香粉都应存放在密闭容器中，避免高温、光线和潮湿。丁香花蕾如果储存正确，可保存3年以上。丁香粉的储存期约为18个月。

使用

印度尼西亚，将丁香茎粉与烟草混合制成丁香烟，这种烟燃烧时会发出噼啪声并散发出独特的香气。只要在世界任何地方闻到丁香烟气味，马上使我想起搭乘特许双桅船绕印度尼西亚香料群岛航行的情形。

丁香是丁香橙（或香盒）的重要组成部分，这种橙子不腐烂是丁香具有抗菌性的一个明显例子。

由于丁香有刺激性，因此，烹饪中必须谨慎使用，否则其风味很容易盖过菜肴。即便如此，很难想象许多传统食品（包括苹果派、火腿、炖水果和泡菜），如果不加丁香会是什么样。在丹麦，丁香是"胡椒蛋糕"的配料，丁香也常被添加到异国情调的阿拉伯菜肴中。中世纪有一种流行香料葡萄酒称希波克拉斯（hippocras），使用的香料包括豆蔻、生姜、丁香等，即使是现在，欧洲和斯堪的纳维亚的加香料葡萄酒也以同样的方式调味。丁香也用于印度和亚洲咖喱。丁香是真正的国际香料，可在世界各大洲的厨房中找到。

每500g食物建议添加量
红肉：5枚丁香蕾
白肉：3枚丁香蕾
蔬菜：3枚丁香蕾
谷物和豆类：2枚丁香蕾或1mL丁香粉
烘焙食品：1mL丁香粉

赫比圣诞火腿

我记得，这道火腿菜肴一直是我们圣诞节家庭聚餐的核心。它应在几天前做好准备，这样当火腿烹饪时便会将积聚的最美风味散发出。圣诞节早晨总是以火腿和鸡蛋开始，然后在午餐时吃火腿，此后几天会吃三明治、汤和馅饼。爸爸最后终于公开了秘方，希望其他家庭能像我家一样，享受并喜爱上这道菜肴。

● **烤箱预热到160℃**

制作一只2kg火腿

制备时间：20min
烹饪时间：90min

去骨猪后腿	1.5~2kg
整个丁香	20~30粒
金橘或橘子果酱	375mL
整粒芥末	375mL
八角粉	5mL
菠萝汁	500mL
黑啤酒	500mL

1. 尽可能小心地去掉（尽可能是一整只）猪后腿的皮（丢弃）。使用锋利的刀，在所有猪腿肥肉上刻出棱形图案，线条间距约2.5cm，用手指将丁香按入棱形线槽中。将猪腿转移到深烤盘中。

2. 在碗里，将橘子酱、芥末和八角粉混合在一起。混合料松散地舀放在火腿上形成厚涂层。将菠萝汁和啤酒倒入锅底。将火腿放入预热烤箱中，每千克质量烤25min，偶尔在火腿上涂些果汁（如果火腿变暗太快，用铝箔覆盖）。当火腿呈金黄色并烤至内部温度为70℃时，从烤箱中取出，盖上薄膜并放置约15min后再切片。将剩余的火腿放入密闭容器，可冷藏1周时间，切片并分批冷冻，可冷冻长达3个月。

香料李子

如果你喜欢喝假日香料葡萄酒，那么你就会爱上这些李子。这种李子最好与加香冰淇淋或圣诞布丁一起食用，也可添加到苹果馅糕点或馅饼中。

中度酒体红葡萄酒（见提示）	250mL
砂糖	125mL
成熟的李子，切半、去核（约10个）	250g
整丁香	2mL
5cm肉桂棒	1根
橙子皮，切成薄丝	半只
0.5cm粗的姜根	2块

中火，在平底锅中加入葡萄酒和糖。不断搅拌煮约5min，直到糖溶解。加入李子、丁香、肉桂、橙皮和生姜，煮至软。降至小火，煨约10min（具体时间根据李子的成熟度而定），直到李子发软，但不会分开（刀应该容易插入，但不能将肉分开）。将锅从热源移开，锅放在一边，让李子在糖浆中冷却。立即食用，或冷藏长达1周。

变化
要制作香料葡萄酒，只需省略李子。

芫荽（**Coriander**）

学名：*Coriandrum sativum*（也称为*C. sativum vulgare*）

科：伞形科（Apiaceae，旧科名Umbelliferae）
品种：芫荽籽（*C. sativum vulgare*）、印度芫荽籽
（*C. sativum microcarpum*）、刺芹或多年生芫荽
（*Eryngium foetidum*）
其他名称：香菜（cilantro）、香菜叶（coriander leaves）、中国香菜（Chinese parsley）、日本香菜（Japanese parsley）、香绿（fragrant green）
风味类型：混合
使用的部分：种子（作为香料），叶子、茎和根（作为香草）

背景

　　芫荽原产于欧洲南部和中东地区，自古以来一直被人类使用。希腊南部的考古挖掘中发现了芫荽籽的证据，据说这个地层的历史可以追溯到公元前7000年。公元前1550年的《埃伯斯纸莎草书》（*Ebers Papyrus*）像圣经一样已经提到了芫荽。人们在法老墓葬中发现了芫荽籽，认为古代希腊人、希伯来人和罗马人最喜欢的香草是芫荽。罗马医生希波克拉底在公元前400年提到过它。巴比伦空中花园栽种有芫荽，公元812年，法兰克斯国王查理曼（Charlemagne）命令在欧洲中部的皇家农场种植芫荽。中世纪的爱情魔药是由芫荽制成的，在《一千零一夜》中提到芫荽是一种壮阳药。

　　罗马军团将芫荽引入英国，当时他们将带入的种子播种，以便为其面包调味。尽管伊丽莎白时代英国烹饪流行芫荽，但在工业革命时期似乎已经不再流行。早期殖民者将该植物带到了美洲。芫荽种子和叶子在印度和中国菜中已经使用数千年。今天，大多数烹饪法都使用芫荽籽，在拉丁美洲芫荽特别受欢迎，既用于生鲜色拉，也用于为熟酱汁调味。新鲜芫荽叶子也广泛用于亚洲和中东烹饪。

植物

　　芫荽是一年生植物，像其他种子作物（如小麦、大麦、燕麦、小茴香、葛缕子、葫芦巴和芥末）一样，在世界温带地区繁盛。这是一种生长旺盛的植物，植株高约80cm。芫荽具有类似于意大利语欧芹的深绿色扇形叶子。芫荽植物的茎细长并分枝。下部叶子非常圆，但在茎上进一步分裂和呈锯齿状。随着植物成熟，浓密叶茎向上串长，形成大量粉红色到白色的伞状花朵，这些花是种子的来源。

名字里面有什么？

普林尼用来称谓芫荽的英文名字是"*coriandrum*"，这一名字来源于希腊语单词"koros"，意思是"虫子"或"昆虫"。一些学者认为这个名字的灵感来自于新鲜叶子的昆虫般香气，而另一些人则认为与其光滑浅棕色种子看起来像小甲虫有关。

烹饪信息

可与下列物料结合

叶

- 罗勒
- 咖喱叶
- 莳萝叶
- 葫芦巴叶
- 大蒜
- 柠檬草
- 柠檬桃金娘
- 香兰叶
- 欧芹
- 越南薄荷

种子

适合所有烹饪香料，但特别适合与以下物料配伍：

- 阿库杰拉（akudjura）
- 多香果
- 香芹籽
- 豆蔻果实
- 辣椒
- 肉桂
- 丁香
- 小茴香
- 茴香籽
- 生姜
- 胡椒
- 姜黄
- 金合欢籽

传统用途

叶

- 亚洲和中东色拉
- 拉丁美洲酸橘汁腌鱼、莎莎酱、色拉和熟酱
- 炒菜和咖喱
- 印度米饭（作为装饰）

种子

- 咖喱
- 甜蛋糕
- 曲奇饼和饼干
- 水果馅饼
- 鸡肉和海鲜砂锅菜

香料混合物

叶

- 亚洲香料混合
- 泰国绿咖喱
- 海鲜调味料

种子

- 咖喱粉
- 南瓜饼香料
- 甜混合香料
- 拉斯埃尔哈努特（ras el hanout）
- 巴哈拉特（baharat）
- 柏柏尔
- 塔吉（tagine）香料混合物
- 杜卡赫（dukkah）
- 哈里萨辣酱（harissa）混合物

芫荽叶具有新鲜的、青草的昆虫般清新香气，并有清新柠檬般开胃滋味。根据我的经验，大约10%西方人不喜欢芫荽叶味道，一些作家将其香气描述为恶臭。

芫荽籽小，几乎呈球形，直径约5mm。它们有十几条纵向线纹，就像一个微小的中国灯笼。芫荽籽干燥后具有与叶、茎和根完全不同的风味特征。它们的美味让人想起橙子、柠檬皮和鼠尾草。芫荽籽有一个薄而坚硬的外壳，即使精细研磨也能保持粗糙沙状质地，但不会有砂粒感。来自籽壳的纤维可吸收水分，有助于为咖喱和辣酱等菜肴增稠。

芫荽籽通过蒸汽蒸馏提取芫荽精油。这种精油，可用于制香水，也可用于甜食、巧克力、肉类和海鲜产品，以及杜松子酒等酒类调味。芫荽精油可掩盖药物中令人不快的气味。

香料贸易旅行

从事香料业务的一大好处是莉兹和我去过一些独特的地方。例如，有一次我们被邀请到了古吉拉特邦艾哈迈达巴德附近的印度香料委员会研究站。该站专门从事种子香料农艺学（作物改良各个方面）的研究；研究人员使用传统植物育种方法开发栽培品种，以达到最大产量，甚至研究自然方法控制害虫，以减少对化学品的依赖。有趣的是我们看到了他们为获得最佳种子生产力而开发的芫荽植物；它们看起来非常散乱，与本土芫荽的欧芹般叶子非常不同。然而，当我们在一排排植物间行走时，被踩碎的植物释放出与众不同的昆虫般香气。多年的香料工作已使我们开始喜爱上这种香气。

其他品种

通常可获得两种芫荽种子。一种是最常见的，呈淡褐色至浅棕色（*Coriandrum sativum* var. *vulgare*），广泛用于世界各地烹饪。它们是最典型的温和芫荽籽，是大多数咖喱、摩洛哥塔吉和东南亚菜肴使用的品种。另一种称为印度种或绿色品种（*C. sativum* var. *microcarpum*），其尺寸略小，较呈蛋形，略带绿色调的淡黄色。它的味道有点像其新鲜叶子，带有柠檬味。这种品种非常适合于制作调味酱，用于含有大量新鲜食材的炒菜。我甚至喜欢用胡椒磨临时磨一些粉出来，抹在鱼和鸡上，就像在烹饪后在食物上使用新鲜胡椒粉一样。

多年生的"锯齿""锯叶"或"长芫荽"（*Eryngium foetidum*）是一种鲜为人知的植物，其叶子可用作香草。虽然它的味道像芫荽，但它实际上是一个不同的物种，它无疑用的是不同的植物学名称。由于这种品种是一种多年生植物，所以已经获得一定程度普及。园丁们对一年生的芫荽（*C. sativum*）变得有点不耐烦，因为一旦它们开始良好生长，便会开花结籽，然后死亡。多年生芫荽被认为原产于加勒比岛屿，现在东南亚广泛种植。我们首先在越南，后来又在印度南部的卡拉拉邦的香料研究站看到了这种品种。"长芫荽"的锯齿状叶长7cm，这使得它们在越南烹饪中特别有用，便于用它来包裹食物。当它们被压碎时，香气类似于传统芫荽叶，唯一的缺点是略带禾草余味和尖锐刺激口感。然而，像芫荽一样，它能与莳萝完美地平衡。我有时会在汤中使用长芫荽，但往往放入整片叶子，然后在食用前将其取出。与许多随着成熟而变硬的叶子不同，多年生芫荽的最大叶子明显比幼叶柔软。

加工

叶子

芫荽叶的干燥方式与欧芹等绿色香草相同。虽然可以通过去除水分而不会破坏颜色并失去过多风味的复杂设备来生产合理的干燥产品，但是芫荽叶在家里很难干燥，干燥过程通常会导致挥发性头香失去。可以通过两种方式延长新鲜芫荽的保存期：

气味警报

芫荽植物含有有机化合物，其中包括脂肪醛，它们也存在于昆虫中。这可能有助于解释为什么一些人有时对这种香草的香气和味道有如此强烈的反应。

存放新鲜芫荽

新鲜芫荽叶可在冰箱中储存几天。家庭种植的芫荽叶，保存时间会长于商店购买的，后者可能在购买之前已经在冷藏库保存或收获多日。

风味调和物

制作香料混合物时，芫荽籽是一种调和剂，可以用来控制相互冲突的风味。几乎不可能使用过多的芫荽籽。事实上，一些北非菜肴［如柏柏尔（berbere）鸡和山羊咖喱］烹制时会用杯子而不是勺子量取添加芫荽籽。如果意识到已经做好的香料混合物添加了过多的辛辣香料（如丁香或豆蔻），缓解这类缺陷的简单方法是加入（较之于主导香料）两倍量的芫荽籽粉。例如，如果使用5mL碎丁香粉，则加入10mL芫荽籽粉。多数情况下，这类混合物的风味将恢复平衡。有些食谱要求在研磨加入菜肴之前对芫荽籽进行轻度干燥或烘烤。烘焙会改变风味，营造出更复杂的口感。

1. 将一束（最好是根部完好无损的）芫荽放入一杯水中，然后像帐篷一样在上面罩一个塑料袋，一起存放在冰箱里，可以使芫荽保鲜几天。如果无法在适当时间内用完它，则可以将其冻结。

2. 要冷冻芫荽叶子，应将新近洗过的小枝用铝箔包起来，将边缘折叠紧。此铝箔包装芫荽叶可在冰箱中保鲜长达一个月。要冻结茎和根，可使用冰块托盘的方法（它不适用于叶子）：非常精细地切碎包括一些根在内的茎（或者，也可以将根茎磨碎）。每个冰块格用芫荽填至四分之三，然后加满水冷冻。冻结后，将芫荽冰块从托盘中取出，装入可重复密封的袋子中，存放在冻藏室中。

使用这些方法，芫荽任何植株部分都不会浪费。浪费情况经常发生在仅需要用叶子而购买一大堆芫荽时。烹饪需要互补风味性质的汤（亚洲、拉丁美洲和中东烹饪往往有此要求）时，只需在烹饪结束前约10min时加入冷冻芫荽块。如果想在制作咖喱酱时使用冷冻芫荽根，请在使用前解冻并排干水分。

芫荽籽

芫荽籽可在清晨或傍晚收获，这两个时段有露水，可以防止果实破碎。收获阶段的种子呈鲜绿色，仍然具有像叶子一样的风味。干燥后，它们变成淡褐色，形成令人愉悦的柑橘般风味。许多国家，如印度，人们将割下的植株悬挂干燥，然后脱粒获取种子。在许多发达国家，采用小麦收割机进行收获操作，既可以获得均匀高质量的芫荽籽，同时大大降低了劳动力成本。

采购与贮存

购买的新鲜芫荽束最好仍保留根系，这有助于购回的芫荽保持新鲜。此外，根在一些烹饪（亚洲烹饪）时特别有用。优质的干芫荽叶由于没有香气往往不被人们重视。然而，烹饪结束时加入干燥的叶子，或将它们撒在蒸米饭之类热食物上时，蒸汽中的水分足以使这些干叶释放出令人惊讶的风味，如果没有新鲜芫荽，可用干叶替代。要确定干芫荽叶的风味品质，可取一些放在舌头上约1min，如果感觉不到特有的芫荽味道，则可认为这些干叶已经过期，不应再使用它们。

芫荽籽应该看起来干净，虽然有些可能仍保留有约2mL长的小尾，但不应该有棍棒和更长的茎。芫荽籽粉不宜大量购买，因为如果储存不当，研磨香料的挥发性芳香风味容易蒸发。储存在密闭容器中，避免高温、光线和潮湿时，芫荽籽可保存约2年。芫荽籽研磨成粉有1年的保存期。

使用

芫荽叶主要用于亚洲、印度、中东和拉丁美洲食谱。长时间烹饪会使芫荽叶的细腻风味消失。因此，为了获得最佳风味，应在烹饪的最后5min时加入芫荽叶。

芫荽籽是各种烹饪中最有用的香料之一，因为它是一种适合混合的香料。它几乎可与任何香料配伍混合，无论是甜味还是咸味香料均是如此。值得一提的是，芫荽籽提取物也被用来改善药物口感，这并不奇怪，我一直关注芫荽籽粉有效平衡混合物中甜味和刺激性香料的方式，如各种甜味混合香料、南瓜馅饼香料或很辣的突尼斯哈里萨辣酱。

芫荽籽加入鸡肉砂锅会有很美的风味，因为其风味会在炖煮时扩散，而烹饪也使芫荽籽变软。将一些绿色印度芫荽籽放在胡椒磨中，并研磨在烤鱼上，味道鲜美。对于要求芫荽粉的配方，可使用研钵和研杵研磨，更有效的方法是使用咖啡或胡椒研磨机。芫荽籽未得到精细研磨时，并且如果未烹饪足够长时间（这需要30~40min）使其软化，那么它们可能品尝起来会有沙砾感。

干烘焙

烘焙后的芫荽籽可产生更浓郁的风味，也能加重咖喱味。这种处理适用于牛肉和其他红肉咖喱菜肴，也适用于鲑鱼和金枪鱼等味道浓郁的海鲜菜肴。用中火加热煎锅，加入种子，摇动锅焙炒最多3min，直至香气扑鼻。香料一旦经过烘焙，所含的油会较快氧化，使风味变差，所以烘焙过的香料应尽量在几天内使用。最好不要将烘焙芫荽籽用于甜食，如蛋糕、馅饼和其他水果类菜肴。

每500g食物建议添加量
红肉：25mL籽粉，125mL鲜叶
白肉：20mL籽粉，125mL鲜叶
蔬菜：20mL籽粉，125mL鲜叶
谷物和豆类：20mL籽粉，125mL鲜叶
烘焙食品：20mL籽粉，用鲜叶装饰

酸橘汁腌鱼

我们在墨西哥让一位出租车司机带我们一起去他常就餐的地方，司机答应了，我们最后进了一家位于一条繁忙主干道的小咖啡馆，几乎没花什么钱就吃到了一道酸橘汁腌鱼。这道菜只需新鲜鱼、酸橙汁和芫荽，其他什么也不用，十分简单。但在整个拉丁美洲，这种酸橘汁腌鱼的做法会因地区不同而有差异，根据喜好不同而添加的作料还可包括洋葱、辣椒、番茄和鳄梨等。虽然没有将鱼加热烹饪，但酸橙汁中的酸会使生鱼蛋白质变性，产生与烹饪一样的效果。

制作2人份

制备时间：15min
烹饪时间：10~20min

去皮无骨的冷鲜白肉鱼（如鲷鱼、鳕鱼或大比目鱼），切成1cm的小块	300g
长红色手指辣椒，去籽并切碎	1根
切碎的新鲜芫荽叶	30mL
切碎的红洋葱	15mL
特级初榨橄榄油	5mL
细海盐	2mL
用3个酸橙鲜榨的果汁、玉米片，搭配就餐用	

在不起反应的碗中，将鱼、辣椒、芫荽叶、洋葱、油、盐和酸橙汁混合均匀，静置10~20min。当鱼肉受酸橙汁作用"成熟"时，鱼肉变得不透明。搭配玉米片供餐。

橙酱猪里脊肉

芫荽籽作为混合型香料很少用作主要配料。在这道菜中，芫荽籽与橙子、酱油和甜洋葱产生完美搭配。

猪里脊肉条	约250g
腌泡汁	
橄榄油	30mL
橙子皮和汁	2个
酱油	30mL
白葡萄酒醋	30mL
细海盐	5mL
芫荽籽粉	30mL
焦糖洋葱	
橄榄油	60mL
洋葱，切成薄片	4颗
超细糖	60mL
橄榄油	60mL
干雪利酒	175mL
海盐和现磨黑胡椒粉	适量

制作6人份

制备时间：70min
烹饪时间：40min

1. 腌泡汁：在浅碗中加入油、橙皮和果汁、酱油、醋、盐和芫荽籽。加入猪肉，滚动裹上作料，加盖并在冰箱里至少放置1h。

2. 焦糖洋葱：小火，在锅中加热油。加入洋葱和糖，搅拌均匀，盖上盖子。烧煮15min，偶尔搅拌，直至变软。炒煮2~3min，直到呈金黄色。搁置备用。

3. 从腌料中取出猪肉，将多余的汁倒入碗中，保留备用。在中火锅中加热油。加入腌好的猪肉，煮8~12min，使最厚处肉的温度（用插入式数显温度计读取）达到71℃。转移到一个盘子，并用铝箔覆盖，以保持温度。

4. 在同一煎锅中，用中火将保留的腌泡汁煮沸。再煮10min，直到成为浓稠浆状。加入雪利酒，再将锅中物煮沸，拌入盐和胡椒粉调味。

5. 将猪肉切成2.5cm大斜方形，并均分装在6个盘子中。加上焦糖洋葱面料，倒尽锅中酱料。

苹果大黄芫荽面包屑

父亲回忆起奶奶在20世纪五六十年代所著香草书籍时，觉得他的最爱之一是这种面包屑。这道美味食谱由母亲完善。如果能在碗里找到四个丁香中的一个，我和姐姐们常常会有一种中彩般的喜悦。这种面包屑使用新鲜研磨芫荽籽，展示了这种美妙香料的多功能性。这种面包屑适合搅打奶油、冰淇淋或奶油冻。

制作6人份

制备时间：20min
烹饪时间：40min

提示

可以在烹饪前制备并冷冻面包碎屑。将面包屑装在可重复密封袋中，可在冻藏室中保存长达1个月。从冷冻状态开始，约烘烤35min，直至苹果酥嫩，顶部呈金黄色。

- **23cm方形玻璃烤盘，涂上黄油**
- **烤箱预热到180℃**

格兰尼史密斯苹果，去皮、去核和切片	6个
大黄约300g，切成5cm碎段	1束
整丁香	4个
肉桂粉	10mL
老式燕麦片	250mL
多用途面粉	250mL
略压实的红糖	125mL
芫荽籽粉	10mL
黄油	125mL

1. 准备好的烤盘中，分层加入苹果和大黄，撒上丁香和肉桂。备用。
2. 在碗里加入燕麦片、面粉、糖和芫荽籽粉，将黄油搓捏进混合物，直至形成酥性碎屑。将碎屑混合物均匀轻轻地（不要压下）涂抹在苹果和大黄上。烘烤约30min，直至苹果变嫩，顶部呈金黄色。

变化
可用等量切碎的去皮梨代替大黄。

小茴香 **（Cumin）**

学名：小茴香：*Cuminum cyminum*；黑小茴香：*Bunium persicum*

科： 伞形科（Apiaceae，旧科名Umbelliferae）
其他名称： 黑茴香（black cumin）、绿茴香（green cumin）、杰拉（jeera）、白茴香（white cumin）
风味类型： 辛辣
使用的部分： 种子（作为香料）

背景

小茴香被认为原产于中东地区，早在公元前5000年就为古人所熟知。人们已在法老金字塔中发现了小茴香种子，据说，埃及人在开始使用肉桂和丁香之前，就在制作木乃伊的过程中使用了小茴香（公元前1550年的埃及医学文献《伊伯斯纸莎草书》中已经提到小茴香）。公元1世纪，罗马学者普林尼称小茴香是"所有调味品中最好的开胃菜"。旧约和新约《圣经》中都提到了小茴香。在罗马时代，小茴香是贪婪的象征，吝啬鬼常被形容成是吃了小茴香之辈。因此，贪得无厌的2世纪罗马皇帝马尔库斯·奥列里乌斯的绰号是"小茴香"。

小茴香自13世纪以来一直在英国使用，并被16和17世纪的本草书提及。虽然在中世纪小茴香的使用具有迷信色彩（它被认为可以防止恋人变心），但当时是一种流行调味品。在中世纪德国婚礼仪式上，新娘和新郎要在口袋里装些小茴香、莳萝和盐，以确保对彼此忠诚。随西班牙探险家带着小茴香到达奥格兰德时，便将它传播到了美洲。20世纪早期，英国食品书中有关小茴香的描述很有趣。人们将它描述为具有"非常令人不愉快"风味，"比芜菁更难接受"，显然这证明当时的英国食物平淡无味。

小茴香现在主要在伊朗种植，伊朗以生产最优质的"绿色"小茴香种子而闻名。小茴香种子的其他主要生产国是印度、摩洛哥和土耳其。

植物

小茴香是一种小型（约60cm高）精致的一年生植物，具有细长分权枝茎。由于它们的柔弱性，其茎秆会被其微小白色或粉红色花朵后的果实压弯。这些果实通常被称为小茴香种子。小茴香具有深绿（几乎呈蓝绿）色复叶，类似于茴香，这些复叶上有长而窄的小叶。虽然小茴香是一种热带植物，但它在极端高温条件下不能很好生长。

小茴香种子平均长度为5mm。两端呈锥形，仅略微弯曲，厚度约为3mm。小茴香种子的颜色在浅棕色与土黄色之间，并具有柔软绒毛表面，使它们显得暗

黑小茴香籽

黑小茴香（*Bunium persicum*）籽的形状与多数人熟悉的小茴香（*Cuminum cyminum*）相似，但它呈深棕色，几乎是黑色，当被压碎时具有浓厚的芳香气，与松树气味非常像，并且没有泥土气。其风味类似于松树风味，具有收敛性和苦味。黑小茴香不应与黑种草（nigella）（科隆吉kolonji）混淆。

有一种多年生芜荽（*Carum bulbocastanum*，或*Bunium persicum*），通常被称为"黑小茴香"或杰拉卡拉（jeera kala）。这种种子的风味更像小茴香而不像芜荽，它通常用于含有奶油、酸奶和碎坚果的北印度丰厚菜肴。不要被愚弄：它不能替代各种食谱中的真正小茴香。如果以相同比例对照使用，它会产生略微尖锐的苦味，而没有小茴香种子所具有的温暖泥土风味。

烹饪信息

可与下列物料结合	传统用途	香料混合物
● 多香果	● 印度咖喱和几乎所有亚洲红咖喱	● 巴哈拉特（baharat）
● 豆蔻果实	● 鸡和海鲜菜肴	● 烧烤香料混合物
● 辣椒	● 米饭和蔬菜	● 咖喱粉
● 肉桂	● 面包	● 柏柏尔
● 丁香	● 墨西哥酱汁	● 中国老汤
● 芜荽籽	● 金梅尔（kummel）之类利口酒	● 北非腌泡汁（chermoula）
● 茴香籽		● 杜卡赫（dukkah）
● 葫芦巴籽		● 哈瑞沙浆（harissa paste）混合物
● 生姜		● 墨西哥辣椒粉
● 芥末		● 拉斯埃尔哈努特（ras el hanout）
● 黑种草		● 帕奇佛龙（panch phoron）
● 红辣椒		
● 罗望子		
● 姜黄		

香料札记

一些食品公司常请我协助开发香料混合物。我曾经做过一种用于鱼的香料混合物：它含有姜黄、新鲜莳萝、胡椒、芜荽籽和莱姆叶，但不知何故风味过于刺激。添加少量（少到多数人感觉不到）小茴香后，该混合物便有了浓郁均衡的风味。另一家公司让我开发一种家禽馅料。我第一次尝试配制出包含洋葱、大蒜、百里香、鼠尾草、马郁兰、月桂叶、薄荷和辣椒粉的香料，结果令人愉快但并不出众。我再次有意识地添加了一点点碎小茴香，也产生了平衡风味。所以请记住，小茴香不仅仅是咖喱香料，它也是一种带有圆润、舒适香味的香料，它可在很大范围内为香料混合物和食物的风味带来平衡作用。

淡无光。每粒种子沿其长轴向都有九条非常细的脊或油沟，并在一端生有3mm长的毛茸茸尾巴。小茴香籽研磨后成为质地粗糙、具有油腻感的深土黄色粉末。

小茴香的香气辛辣、温暖、朴实、持久、甜美，带有一丝干薄荷味。其风味具有类似的辛辣、朴实、微苦和温暖特点，让人联想到咖喱。

小茴香籽和葛缕子的外观有些相似，但它们常常因其他两个原因而混淆：葛缕子的德语单词是Kummel［听起来像英语的cumin（小茴香）］，而葛缕子和小茴香在印度语中用相同单词，通常称为jeera（杰拉）或zira（济拉）。由于在印度葛缕子的用量远没有小茴香那么多（优质garam marala例外），因此，两者在印度不存在混淆问题，但可能会导致其他地区将两者混淆。

加工

当小茴香植株完成开花，并且在成熟果实开始从其重载伞形花序开始落下之前，便可收获小茴香。人们将带有种子穗状茎捆起来，悬挂在阴凉处干燥，或简单地将其割倒晒干，然后脱粒以除去种子。在脱粒后，通过揉搓种子以除去约90%的毛发状尾巴。我曾着迷地看到过这种仍在印度西北部古吉拉特邦进行的操作，女人们简单地用手掌上搓揉小茴香种子，然后使其在大型工业风扇前掉落下来，吹走种子的细尾巴，而小茴香种子则落到地上。

采购与贮存

小茴香虽然是辛辣香料，但研磨后会逐渐失去最受人喜爱的风味，所以如果购买的是粉末状小茴香，就应购买高质量、用隔气材料包装的小茴香粉，它应是

新磨成的，具有油性质地，并呈近乎土黄颜色。因为小茴香种子研磨成粉会很油腻，因此无良商人为降低成本而常在其中混合些廉价的芫荽籽粉。如果装在密闭容器中，避免高温、光线和潮湿，整粒小茴香籽可保存3年，而小茴香粉则有1年的保质期。

使用

虽然许多厨师可能会发现小茴香过度刺激并且会令人厌烦地想起咖喱，但要记住，它的风味不需占主导地位。适当巧妙地应用小茴香，可以非常有效地平衡和完善其他香料的风味。印度咖喱无疑广泛使用小茴香，它既用于米饭和蔬菜，也用于面包和制作泡菜和酸辣酱。有名的印度种子混合物帕奇佛龙（panch phoron）包含整粒小茴香籽。中东菜肴通常以小茴香为特色，因为它特别适合羔羊，它是摩洛哥香料组合物的重要配料，如北非辣酱（chermoula）和哈里萨辣酱（harissa）。人们熟知的炸玉米饼和辣椒酱中所含的墨西哥辣椒粉，通常是辣椒粉、红辣椒粉、小茴香粉和盐的简单混合物。小茴香也能很好地用于橙色蔬菜（胡萝卜和南瓜），因为煮沸或蒸煮时可将种子加入水中。小茴香粉是南瓜汤和蔬菜砂锅的美味补充。

食谱通常需要干焙过的小茴香籽或粉末，因为这可产生令人愉快的坚果味并减少一些苦味。干焙小茴香，可用中火加热干锅，加入种子或粉末，搅拌或摇动锅，使小茴香四处移动，使其不粘或燃烧。当小茴香开始发出烘烤香气并且颜色开始变暗时，可将锅从热源移开，并立即将内容物倾倒出来以防止余热进一步过度作用于小茴香。

干焙适用于许多印度和马来食谱，然而，它也会改变风味，会驱除一些最微妙的香气，而这种效应可能不适合温和鸡肉或海鲜菜肴或辣椒酱的制作。更多有关小茴香用途的信息，请参阅"香料混合技艺"，特别是咖喱混合物。

蒸汽蒸馏可提取小茴香籽中的精油，作为香水和利口酒配料使用，例如可用于德国饮料库慕尔（kummel）。

小茴香洋葱番椒炒牛肉

几年前，我在帮助泰国专家David Thompson做烹饪演示。所有食物都很棒，但这种牛肉菜肴给人的印象最深。通常这么多小茴香只在咖喱菜肴中才用到，但这道炒菜中大量小茴香用得很适宜。

制作4人份

制备时间：20min
烹饪时间：20min

提示

焙炒小茴香粉：将其放入干锅中，用中火均匀加热（不停摇晃）1~2min，直至其略呈褐色并产生芳香。立即从锅中取出小茴香粉。多种类型辣椒都可干燥使用，基本干燥的红辣椒通常比其新鲜状态辣，并且具有新鲜辣椒中没有的略甜焦糖味。亚洲杂货店有各种干辣椒供应。

提示

克什米尔辣椒粉味道鲜美，适用性强。多数印度市场有不同辣度的这类产品出售，辣度主要取决于辣籽和辣椒膜的比例。

- 研钵和研杵
- 炒菜锅

辣椒酱

干长红辣椒（见提示）	125mL	大蒜，切碎	5瓣
细海盐	5mL	小茴香粉，轻轻焙烤（见提示）	
青葱，大致切碎	5棵		15mL

牛肉

油	250mL	细海盐	一撮
干小红辣椒	5根	砂糖	一撮
青葱，切成薄片	5棵	罗望子水	10mL
300g牛臀肉，沿肉纹横切成2.5cm的片	1块	鱼露	10mL
		白洋葱，减半，切成薄片	1/2颗
小茴香粉	5mL	略压实的新鲜芫荽，茎和叶	125mL
中辣辣椒粉（见提示）	一撮		

1. 辣椒糊状物：在一个小碗中，用温水盖住长干辣椒，放置10min使其软化；沥干并弃浸泡液。用锋利菜刀将辣椒切碎。用研钵和研杵将切碎的辣椒与盐一起捣成糊状。加入青葱、大蒜和小茴香，然后搅拌均匀。静置待用。

2. 牛肉：大火，在炒锅中将油加热至冒热气。加入干燥的小辣椒，炒2~3min，直至其呈暗红色。用漏勺将辣椒转移到衬有纸巾的盘子。加入青葱煮约3min，直至其开始变褐。用漏勺将青葱转移到衬有纸巾的另一盘子中。从炒锅倒出煎炸油，留30mL，置于一边待用。

3. 在一个大碗里，加入牛肉、小茴香、碎辣椒、盐、糖和炒辣椒。

4. 用大火将留在炒锅中的油加热。加入牛肉和香料，炒约2min，直到牛肉刚开始变褐。加入准备好的辣椒酱，用木勺背面将其分开。加入罗望子水和鱼露。当牛肉煮熟后，加入切好的洋葱、芫荽和预留的青葱。再炒1min，直到加热。立即供餐。

辣味玉米肉酱

可能没有什么菜比辣椒更有争议的了；对于初学者来说，关于加入豆类甚至番茄会有很多争论。然而，小茴香的作用却不可否认，为风味层次丰富的烟熏墨西哥辣椒带来质朴基础。制作好的辣椒酱不应草草了事，因为适当的烹饪会有最好的效果。这种酱使用起来简单，可与新鲜芫荽一起撒在米饭上，再加上一勺酸奶油，也可浇在炸玉米饼或玉米饼上。这是一道完美的预制冷冻菜肴，深受大众喜爱。

安可（ancho）辣椒	1根	干牛至	15mL
墨西哥干辣椒	2根	肉桂粉	1mL
小茴香籽	10mL	398mL碎番茄罐头	1罐
芫荽籽	5mL	番茄酱	15mL
瘦牛肉	1kg	牛肉汤	250mL
油	30mL	细海盐	5mL
洋葱，切碎	1颗	398mL芸豆罐头（见提示）	1罐
大蒜，切碎	4瓣	黑巧克力（70%~90%可可固体）7g	
长手指青辣椒，去籽切碎	1根	海盐和现磨黑胡椒粉	适量

1. 在耐热碗中，用沸水盖住安可辣椒和墨西哥辣椒，并放置30min。沥干，丢弃浸泡液和茎，切碎并放在一边待用。

2. 中火，在干锅中加入小茴香籽和芫荽籽炒拌约3min，直至出现香气。将香料转移到干净研磨机（或使用研钵和研杵）研磨。搁置待用。

3. 在大号重型平底锅或荷兰烤锅中，用中高火，分2或3批烧煮牛肉约10~12min使其成棕色，注意不要将牛肉贴锅压平，要用勺子将大块牛肉捣碎（为了最佳效果，牛肉应该呈小颗粒状）。用漏勺将熟牛肉转移到碗中，丢弃锅中多余油脂，搁置待用。

4. 在同一个平底锅中用小火加热油，加入洋葱、大蒜和青辣椒，煮约3min，偶尔搅拌，直到洋葱软化。搅拌加入焙烤小茴香和芫荽、牛至、肉桂和浸泡辣椒；再煮3min，直到混合完毕。添加保留的肉、番茄、番茄酱、汤和盐，继续加热5min，搅拌，然后盖上盖子，小火煮1h，偶尔搅拌。加入芸豆和巧克力，不加盖，加热煮沸，偶尔搅拌，再加热20~30min直至酱汁减少但不干燥。如果需要，加入盐和胡椒粉调味。立即供餐。

变化

对于大块辣椒，用等量牛排胫骨或侧腹牛排代替碎牛肉。

制作6~8人份

制备时间：45min
烹饪时间：100min

提示

为了增加辣度，在步骤4中加入15mL切碎的辣椒酱、肉和番茄酱。

提示

如果希望预先制备辣椒，则可使浸泡的辣椒冷却，再转移到密闭容器中冷藏3天或冷冻3个月。芸豆罐头可以用2杯煮熟的豆子代替。

咖喱叶 （**Curry Leaf**）

学名：*Murraya koenigii*

科：芸香科（Rutaceae）
其他名称：美以太尼（meetha neem）、客里佩塔（karipattar）、卡鲁韦佩莱（karuvepillay）
风味类型：强
使用的部分：叶子（作为香草）

背景

　　咖喱树原产于斯里兰卡和印度。它们通常出现在喜马拉雅山麓的低海拔森林中，从拉维（Ravi）到锡金（Sikkim）及至阿萨姆（Assam）都有分布。它们也种植在许多家庭花园中，特别是印度南部的卡拉拉邦，依我看来它们已经成为南印度烹饪的一个显著特征。安得拉邦、泰米尔纳德邦、卡纳塔克邦和奥里萨邦的农场都种植咖喱树。咖喱树也生长在安达曼和尼科巴群岛、斯里兰卡、马来西亚和缅甸，以及许多太平洋岛屿上。咖喱树是柑橘家族成员，因此其作为砧木过去曾用于嫁接柑橘。咖喱树还与著名的装饰性莫克橙树（*Murraya paniculata*）有关。只要能够避风，澳大利亚和美国南部的大部分无极端霜冻地区都适合种植咖喱树。

植物

　　咖喱叶是长在一种令人愉快的小型热带常绿乔木上的小叶。这种树在有利条件下可高达4m左右。树干细长而有弹性，支撑着一系列叶子下垂的茎，使树具有整体叶状外观。每个"叶状体"携带约20片从中心茎生长的叶子。叶子大小差别很大，长在2.5~7.5cm之间，宽在1~2cm之间。到了夏季，叶子上表面呈有光泽的明亮绿色，下表面呈无光泽的淡绿色。虽然这种树严格说来不是落叶树，但在冬季开始时，在一些较凉爽的天气中，叶子会变黄，许多可能会落下，但随着温暖春天的到来，会出现明亮新芽和叶子。在热带地区，通常可以全年采摘咖喱叶。

　　咖喱叶的风味不像咖喱。咖喱叶名字源于这种树叶用于咖喱，特别是在印度南部。咖喱树与橘子树和柠檬树属于同一科，甚至会不经意散发出微辣柑橘般迷人香气。咖喱叶风味类似于柠檬味，但缺乏柠檬和酸橙的果味。

被认错的树

咖喱树不应该与生长在欧洲的装饰性银灰色咖喱植物（*Helichrysum italicum*）相混淆。尽管有人声称后者有咖喱味，我认为这种植物没有烹饪价值。

烹饪信息

可与下列物料结合	传统用途	香料混合物
● 多香果	● 装饰印度菜肴	● 咖喱粉
● 豆蔻果实	● 印度和亚洲咖喱	● 酸辣汤粉
● 辣椒	● 虾米	● 万度旺（vadouvan）咖喱粉
● 肉桂	● 炒菜	
● 丁香	● 海鲜腌料	
● 芫荽（叶子和种子）		
● 茴香种子		
● 葫芦巴种子		
● 生姜		
● 马克鲁特莱姆叶		
● 芥末		
● 红辣椒		
● 罗望子		
● 姜黄		
● 越南薄荷		

其他品种

咖喱树有两种类型。森坎布（*Murraya koenigii senkambu*）咖喱树的叶子小而窄，有绿色中脉，平均长2.5cm，宽1cm。苏瓦西尼（*M. koenigii suwasini*）品种的叶子较大，有粉红色中脉，由于它具有较强风味，更适合烹饪。

加工

成功地干燥咖喱叶的关键是要确保其能够保持颜色和风味。从茎秆上扯下最好看的新鲜绿叶，并单层铺在纸上或金属丝网。放在避光、通风良好的地方，避免潮湿。几天之内，叶子呈深绿色、无黑色或棕色斑块，并且感觉非常清爽和干燥，这意味着它们可以使用。

采购与贮存

购买新鲜咖喱叶时，要确保小叶附在茎上，并且不枯萎。带茎的鲜叶装在可重复密封袋中，可冷藏1周以上，在冷冻室中可保存2个月。

很难找到优质干咖喱叶。大多干叶颜色很黑，缺乏特有的挥发性香气。应寻找保留深绿色的干咖喱叶。干燥的叶子应存放在密闭的容器中，避免高温、光线和潮湿。干叶有长达1年的保质期。

香料贸易旅行

我和莉兹在新加坡时，一天我们沿东海岸公园大道行驶，当时两人都觉得闻到了咖喱叶的气味。我们以为前面的卡车一定装有咖喱叶。然而，事实证明，我们闻到的是燃烧的机油气味！除具有独特的柑橘特征外，咖喱叶还会释放出一种奇怪的令人垂涎的辛辣气味，闻起来有点像燃烧的机油气味。

使用

咖喱叶用于印度咖喱调味，特别适用于南部和马德拉斯风格的咖喱。为了获得最佳效果，在添加其他配料之前，应将新鲜或干燥的咖喱叶用油炸。

每500g食物建议添加量

红肉： 10张鲜叶或干叶
白肉： 6~8张鲜叶或干叶
蔬菜： 6张鲜叶或干叶
谷物和豆类：
6张鲜叶或干叶
烘焙食品：
6张鲜叶或干叶

虾莫利

我的首次印度旅行是随父母去的，当时他们正在进行一次香料发现之旅。印度西南卡拉拉邦科钦的海鲜给我留下了难忘的印象。该地区的食谱很容易制作，味道也很棒。南印度菜肴风味清新、简单，极具特色。

制作4人份

制备时间：20min
烹饪时间：15min

提示

也可用冷冻熟虾做这道菜。按照步骤3说明，简单解冻和添加。将烹饪时间减少到1min，只需加热（注意过度烹饪会使虾变硬）。椰子奶油的味道与椰奶相同，但较浓，含水量较少。

巴斯马蒂米	500mL
中号带尾虾仁（见提示）	16颗
细海盐	5mL
姜黄粉，分批使用	7mL
椰子油	30mL
新鲜咖喱叶	20~30mL
小洋葱，切成薄片	1颗
小绿辣椒，去籽，切段	3根
2.5cm姜块，去皮、切成薄片	1块
大蒜，切成薄片	2瓣
番茄，去皮、去籽、切块	2个
椰子奶油（见提示）	250mL

1. 在带盖平底锅中，用2杯（500mL）冷水没过米，并放置约10min。然后开始煮饭，先用大火煮沸，再用小火，加盖烧煮约15min，直到水完全烧干，并且米饭变软。将锅从热源移开，盖上盖子，放在一边待用。

2. 同时，在一个大碗中放入虾仁和15mL姜黄，搅拌使虾均匀沾上姜黄，搁置待用。

3. 中火，用大平底锅或中号炒锅，融化椰子油，加入一半咖喱叶，加热到叶子变脆。使用漏勺将咖喱叶转移到衬有纸巾的盘子，并放在一边。锅里加入洋葱、辣椒、生姜和大蒜，煮约5min至洋葱透明，加入番茄和剩余的咖喱叶拌炒，煮2min。加入剩余的2mL姜黄拌炒，煮1min。加入椰子奶油搅拌。加入虾仁，小火煮2~3min，直至虾仁变成粉红色并煮熟。

4. 供餐，煮熟的米饭分装入4个餐盘，顶部盖浇上虾莫利（moilee），用保留的炒咖喱叶装饰。

莳萝（Dill）

学名：*Anethum graveolens*

科： 伞形科（Apiaceae，旧科名Umbelliferae）
品种： 欧洲莳萝（*Anethum graveolens*）、印度莳萝或日本莳萝（*A. sowa*）
其他名称： 莳萝籽、莳萝草、花园莳萝、绿色莳萝
风味类型：（种子）辛辣、（芽/叶）强
使用的部分： 种子（作为香料）、叶和芽（作为香草）

背景

　　莳萝原产于地中海地区和俄罗斯南部。普遍认为，早在公元前3000年，古巴比伦人和亚述人就已经种植莳萝。罗马人熟悉莳萝，他们将其当成生命力象征：角斗士的食物要撒上莳萝。1世纪罗马学者普林尼提到过莳萝。中世纪作家认为莳萝具有神奇属性，可以抵御邪恶，是增强爱情的魔药，也是催情剂。据了解，自1570年起，英格兰人一直种植莳萝，并且在17世纪比现在更受欢迎。在美国，莳萝籽被称为"礼拜堂种子"：教会成员周日经常会随身带些莳萝籽，以便在长时间布道时吃上一小口。

植物

叶尖

　　香草莳萝是一种特别耐寒的一年生细叶植物。莳萝植物高约1m，具有直立光滑、有光泽的空心茎，顶部有细小的毛状叶子。莳萝开淡黄色的小花，与欧芹、葛缕子、茴香、芫荽和小茴香同科，它带有类似伞状花序，随后成为种子簇。新鲜莳萝尖具有独特的欧芹香味和微妙的茴香味。

　　干燥后的嫩莳萝尖呈深绿色细条，每片只有3~4mm长。香气浓郁，但比许多干香草更芳香。当放入口中时，它会迅速软化，释放出欧芹和茴香的味道，与新鲜莳萝的味道相当接近。

种子

　　莳萝种子实际上是分成两个微小的果实，呈浅褐色，沿着种子长轴有三条浅色细线或油槽。每粒种子长约4mm，呈椭圆形。由于大多数种子在收获后分成两半，所以多数莳萝种子一侧看起来平坦而另一侧看起来是凸起的，并且一些种子仍带着1mm直径的纤细茎。莳萝种子具有比绿色莳萝尖更强的香气和风味。干燥时，莳萝种子会形成鲜明茴香风味特征，并且也有点像葛缕子，而新鲜莳萝叶中存在的欧芹风味会消失。

一种平和的香草

值得一提的是，英文"dill"（莳萝）名字来源于古挪威语"dilla"，意为"舒缓或半静"，暗示莳萝对消化系统有镇静作用，也因为莳萝曾被用来喂哭泣的婴儿以便止哭。

烹饪信息

可与下列物料结合

叶
- 罗勒
- 月桂叶
- 芫荽叶
- 水芹
- 茴香叶
- 大蒜
- 拉维纪草
- 欧芹

种子
- 多香果
- 月桂叶
- 芹菜籽
- 辣椒
- 肉桂
- 丁香
- 芫荽籽
- 茴香籽
- 生姜
- 芥菜籽
- 胡椒

传统用途

叶
- 农家干酪和奶油
- 干酪调味料
- 鸡肉和海鲜白色调味汁
- 炒鸡蛋和煎蛋卷
- 鱼类菜肴
- 色拉酱和香草醋

种子
- 泡菜，特别是黄瓜
- 黑麦面包
- 萝卜
- 南瓜和白菜（在烹饪过程中添加）

香料混合物

叶
- 色拉香草
- 海鲜调味料
- 植物盐

种子
- 鱼和家禽调味料
- 泡菜香料
- 拉斯埃尔哈努特（ras el hanout）

其他品种

印度和日本种植一种称为印度莳萝或索瓦（*Anethum graveolens var. sowa*）的莳萝变种。索瓦是一种比欧洲莳萝更小的植物，并且具有不太令人愉快的风味。然而，通过蒸汽蒸馏它提取的油在泡菜制作和食品加工中广泛用作调味剂。

加工

叶尖

如果保护措施适当，新鲜蒔萝的嫩尖端可以很容易干燥，并能全年提供这种可口的香草。无论是新鲜还是干燥蒔萝尖，其最佳收获时节是当植物尚未完全成熟并且花蕾刚刚开始形成之时。

用剪刀剪茎，并剪掉羽状末端。在干净吸水纸（可用纸巾）上薄薄地铺展剪下的蒔萝尖，并放置在温暖、通风良好的避光处几天。

蒔萝也可用微波炉烘干。将250mL稍压实的蒔萝尖端放在微波炉内的纸巾上，在高温下加热2min。继续用微波炉额外加热30sec，直至叶子非常脆爽。

种子

当植物成熟，完成开花并且果实（种子）完全形成时，收获蒔萝种子。蒔萝种子通常在清晨或傍晚时收集，这时果实上有露水。这种露水有助于防止种子破碎和掉落，连种子带茎一起收割可过后进行脱粒。

采购与贮存

叶尖

新鲜嫩蒔萝很容易买到，也能够方便地保存几天。应购买看起来明亮和新鲜的蒔萝束，避免购买有任何萎靡迹象的蒔萝。可将蒔萝茎下底部5cm包裹在铝箔中，存放在冷藏室的装水容器中。

干燥的绿蒔萝尖端应始终有清脆感觉，呈深绿色，没有黄色迹象。这种干燥的香草最好储存在密闭容器中，避光（否则会使颜色变黑，风味会迅速消失），避免高温和潮湿。如储存得当，干蒔萝将保持其风味和颜色至少12个月。

种子

蒔萝种子很容易买到，整粒形式的蒔萝籽，在避免高温、光线和潮湿条件下贮存，有长达3年的保质期。籽粒不像绿色尖端那样对光敏感，因此如果需要的话，将它们保存在调料架中几乎不成问题。

粉碎的蒔萝籽会很快失去风味，所以，如食谱要求蒔萝籽粉时，建议自己现磨。这可用研钵和研杵或香料研磨机（或者胡椒磨）轻松完成。在许多应用中，蒔萝种子在烹饪过程中会变软并且会释放风味，因此不需要研磨。

使用

如今，许多国家烹饪中都使用蒔萝籽和新鲜蒔萝香草；蒔萝在斯堪的纳维亚、德国和俄罗斯最受欢迎。

香料贸易旅行

我们最后一次在越南北部桂皮森林旅行期间，随行人员在镇上找到了一家供应"com pho（汤粉）"的小餐馆，我们推测这家店是供应中式米粉的。这一餐以汤为主，配以新鲜蔬菜和米粉。我们在汤中发现了大量的新鲜蒔萝尖。在澳大利亚和许多西方国家，人们通常不会将新鲜蒔萝（Anethum graveolens）看成是亚洲配料，然而，如果联想到科威特炖鱼中芫荽叶、胡椒、豆蔻、小茴香和姜黄的美妙风味，就不会对亚洲菜肴中蒔萝美味感到奇怪了。下次在做亚洲炒菜或汤时，可尝试加入等量芫荽叶和蒔萝尖，以提供令人愉快的茴香和欧芹的新鲜风味。

每500g食物建议添加量

红肉：
10mL籽，5mL叶
白肉： 7mL籽，5mL叶
蔬菜：
5mL籽，2mL叶
谷物和豆类：
5mL籽，2mL叶
烘焙食品：
5mL籽，2mL叶

叶尖

　　新鲜绿色莳萝具有清爽、细腻的风味，适量使用，可为各种食物带来美味。切碎的带茎莳萝叶特别适合用于农家干酪或奶油干酪、白色调味汁、海鲜和鸡肉菜肴、煎蛋卷、炒鸡蛋、色拉、汤和蔬菜，以及浸泡用醋。莳萝叶和刺山柑已成为熏鲑鱼卷的"必备"伴料。加几片莳萝叶的原味酸奶拌新鲜黄瓜，是辛辣菜肴或浓烈海鲜的完美配菜。

种子

　　腌泡菜要加莳萝种子，因此美国的腌黄瓜称为"莳萝泡菜"。莳萝籽也被加在面包（特别是黑麦面包）中，它能很好地与马铃薯之类其他碳水化合物配合。莳萝籽可用于蔬菜调味，如胡萝卜、南瓜和白菜。莳萝籽是异国情调摩洛哥香料混合物中的一种配料，用于鱼和家禽调味的商业香料混合物中，莳萝籽是常用配料。

越南莳萝姜黄鱼

　　我最喜欢的越南菜之一是传统河内鱼丸（*cha ca*），这是一道由莳萝、姜黄、大量鱼露搭配的迷人鱼糜菜肴，由桌上热煎锅供餐。不要被大量气味冲人的虾酱吓退，这道菜不能缺它。我朋友迈克尔是一位美食家，父母都是越南人，他非常友好地向我介绍了他的家庭食谱。现在我也喜欢照此做饭，招待家人和朋友。

制作
4人份

制备时间：
90min
烹饪时间：
15min

鲶鱼、灰胭脂鱼、巴萨鱼、罗非鱼或鳕鱼，切成5cm的片段		750g

腌汁

油	60mL	姜黄粉	30mL
砂糖	15mL	蒜粉	15mL
虾酱	10mL	姜粉	5mL

酱

砂糖	30mL	米粉	175g
温水	30mL	油，分批使用	15mL
虾酱	10mL	红洋葱，切半和切片1/2个	
蒜头，剁碎	1头	大葱，斜切成薄片	6棵
酸橙（鲜榨汁）	2个	新鲜莳萝束，切碎	1束
长红指辣椒，切成薄片 1/2个		压碎的烤花生，可选	125mL

1. 腌料：在一个大碗里，加入油、糖、虾酱、姜黄、大蒜粉和生姜。加入鱼块，然后彻底涂抹。加盖并冷藏至少1h。

2. 酱汁：在一个小碗里，加入糖、水、虾酱、酸橙汁、大蒜和辣椒，搅拌直至糖溶解。搁置备用。

3. 在一大锅开水中煮米粉约5min，直至变软。用漏勺捞出米粉，沥干，然后在冷水下冲洗2min，直至完全冷却，充分排水。将米粉转移到一个碗中，加盖，置于一边备用。

4. 用中火，在大锅中加热5mL油，加入红洋葱，煸炒约3min，直至开始软化。用漏勺将洋葱转移到盘子中，并放在一边备用。

5. 将剩余的10mL油加入煎锅中。加入鱼，每面煎2~3min，直到鱼肉颜色变得不透明，用叉子测试时很容易剥落。缓缓拌入煮熟洋葱和莳萝。

6. 供餐，将米粉分装在用餐碗中，然后盖浇上鱼混合物。用酱汁和花生装饰（如果使用的话）。马上食用。

酸奶莳萝黄瓜

我奶奶的《四季草药》中有此食谱描述。这道菜让我想起炎热夏日午间散热的最好方法是在阴凉处享用清淡午餐，包括这道清爽的黄瓜菜。

大黄瓜，去皮，切成薄片（见提示）	2根
原味酸奶	250mL
切碎的新鲜莳萝叶	15mL
海盐和现磨黑胡椒粉	适量
额外切碎的新鲜莳萝叶	适量

1. 在锅中煮沸的咸水中，将切好的黄瓜煮1min。立即用漏勺将黄瓜片转移到冷水下冲洗，充分排水。

2. 在浅盘中，将煮熟的黄瓜、酸奶和莳萝混合在一起，加盐和胡椒调味。冷却后加上额外的莳萝即可食用（最好在制作当天食用）。

制作4人份

制备时间：5min
烹饪时间：5min

提示

可用Y形蔬菜削皮器将黄瓜切成整齐薄片。

接骨木 （**Elder**）

学名：*Sambucus nigra*

科： 山楂科（Sambucaceae），原为衣壳草科（Caprifoliaceae）

品种： 欧洲接骨木（*S. nigra*）、美洲接骨木（*S. nigra canadensis*，又名*S. mexicana*）

其他名称： 黑接骨木（black elder）、蛀树（bore tree）、普通接骨木（common elder）、接骨木浆果（elderberry）、管树（pipe tree）

风味类型： 温和

使用的部分： 浆果（作为香料）、花（作为香草）

石蕊试验

来自接骨木果实的蓝色物质可用于制作石蕊试纸，它遇到碱时会变成绿色，而遇到酸时会变成红色。

背景

接骨木树原产于欧洲、北非和西亚，自埃及时代就已为人所知。植物王国中，几乎没有其他成员在迷信色彩和用途方面，可与接骨木树相比。幼嫩的接骨木枝具有柔软的髓，很容易顶出形成空心枝管，因此，这种树也称为"管树"或"空心树"。17世纪英国草药学家卡尔佩珀提到过小男孩喜欢接骨木，他们会用接骨木来制作喷枪。接骨木树致密的白木抛光后，可制成串肉扦、鞋钉、编织网针、梳子、数学器具，甚至乐器（可能是木管乐器）。

人们普遍认为，骷髅的十字架是由接骨木制成的，这或许可以解释为什么接骨木树被认为是死亡和不幸的象征。接骨木嫩芽条被作为随葬品使用，也用来制作灵车马夫的鞭子，以保护死者免受巫婆伤害。在中世纪，有人专门负责将接骨木树乱长的枝丫修剪掉，以免伤人，吉卜赛人不会用接骨木堆篝火，并且，欧洲许多地方的人都认为接骨木与魔法有关，尤其是黑魔法！具有如此黑暗声誉的树木会有众多实用、药用和烹饪目的的应用，确实有点令人费解。

植物

接骨木有三十多种，均有不同水平的毒性，使得欧洲接骨木成为烹饪首选，且是唯一推荐的食用品种。烹饪用接骨木树是一种引人注目、生长旺盛的落叶乔木，在有利条件下可长到10m高。因为在接骨木树基部周围蔓延许多甘蔗般枝条，其外观通常更像树篱而不像树木。接骨木树的薄荷状树叶呈深绿色，长4~8cm，边缘有细锯齿。叶子受伤时会散发出不明显的微弱草香味。

接骨木树盛开直径超过7.5cm的大型平顶乳白色簇状花。这些花看起来好像是用花边专门制作的，以供成群蜜蜂忙着采蜜。

烹饪信息

可与下列物料结合	传统用途	香料混合物
花	花	• 通常不用于香料混合物
• 当归	• 清凉甜酒	
• 佛手柑	• 清凉饮料	
• 柠檬草	• 蔬菜菜肴	
• 柠檬桃金娘	浆果	
• 柠檬马鞭草	• 葡萄酒	
• 薄荷	• 果冻	
浆果	• 蜜饯和果酱	
• 多香果		
• 肉桂		
• 甘草		
• 八角		

接骨木花有点苦，然而，在用甜味剂加工成接骨木花产品后，更令人愉悦的花朵特性会显现出来。开花过后，会形成深紫色、近乎黑色的浆果；当完全成熟时，浆果直径可达8mm。

新鲜接骨木果实不能生吃：它们含有生物碱并且有点苦。然而，在干燥或烹饪时，风味会变得较宜人，并且毒性会消失。接骨木叶子根本不能吃，因为它们可能含有微量氰化物。

加工

花

虽然接骨木在其发源地欧洲的开花季节相对较短，但在美国和澳大利亚较温暖地区生长的接骨木树的开花期可有几个月。在欧洲，接骨木花在盛开期采摘，并堆成花堆，在温暖的地方放置几个小时。这种处理可使花瓣松开，然后可通过筛分将其与花茎和花梗分开。

自己干燥接骨木花，应在清晨采摘花朵，以免白天的炎热使它们的香气降低。应将花朵铺在干净纸上，置于温暖、避光、干燥的地方几天。

浆果

接骨木浆果应在完全成熟时采收，新鲜浆果仅用于烹饪和含破坏生物碱工艺的加工中使用。接骨木果实有时会被烘干以供以后烹饪使用，其干燥方式与葡萄干相同。要干燥成熟接骨木果，应将其从茎上摘下，然后均匀地铺在纸上或覆盖有网状物（如昆虫筛）的框架上。放置在避光、干燥、通风良好的地方，让水分蒸发。干燥后的接骨木浆果看起来像葡萄干。

香料札记

如果你要把接骨木树砍掉，或把它移到其他地方，希望你能如愿以偿。我们在孩子成长时期，曾试图移走我们乡村居所的一棵接骨木树。首先，我们尝试将其砍倒，并烧掉树桩，但它又重新长了出来。我们想尽办法对付它，但我们在那里生活的岁月里，它一直活着，后来还蔓延成了一大树丛。据我们所知，它仍然蓬勃地生长着！

采购与贮存

接骨木花茶有时可从健康食品商店购买到，但很少有接骨木果出售，所以如果需要它们，你真的需要种植接骨木树。接骨木树在花园里很引人注目，最好将它栽种在大罐或其他容器中，这样可以防止它乱长。

干燥接骨木花应像其他干燥香草一样储存，它们可有长达1年的保质期。

新鲜接骨木果放入冷冻袋冷冻贮存，可在6个月内使用。储存在密闭容器的干接骨木，在避免极端高温、光照和潮湿条件下，可有3年保质期。

使用

接骨木花和接骨木均可用于酿造葡萄酒，尽管一般使用接骨木来为传统葡萄酒（特别是葡萄牙生产的葡萄酒）上色，而不常见生产接骨木果酒。

接骨木花的小花瓣可用于泡制接骨木花茶和香草茶等。接骨木鲜花用柠檬汁浸泡过夜，可以得到清凉饮料，将接骨木花头蘸上稀面糊并油炸，可制成不寻常的配菜。我母亲发现，将接骨木花装在细布袋中，放入将煮好的水果糖浆中加热3~4min，可为醋栗、苹果或木瓜果冻之类添加麝香葡萄般风味。

接骨木浆果风味有点像黑醋栗，可用来制作可爱的蜜饯和果酱，特别适合与苹果搭配。像其他浆果一样，可以将干接骨木浆果添加到馅饼中。

每500g食物建议添加量

注：如果使用新鲜而不是干浆果，数量加倍。
蔬菜：250mL花
红肉：5mL干浆果
白肉：5mL干浆果
蔬菜：2mL干浆果
谷物和豆类：2mL干浆果
烘焙食品：5mL干浆果

接骨木花露

我朋友罗西每年都会用她乡村花园里的接骨木花做几批花露，而我每次总是欣然前去品尝。毋庸置疑，这是一种可爱的招待饮品，也可与矿泉水混合成清爽的夏日饮料，还可添加潘趣酒或鸡尾酒。

● **灭过菌的可重复密封玻璃瓶**

新鲜接骨木花	12~14朵
未上蜡大柠檬，挤油并切成薄片	2个
砂糖	500g
水	375mL
柠檬酸（见提示）	37mL

1. 在一个大碗里，混合接骨木花、柠檬油和柠檬片。搁置。

2. 小火，用平底锅，将糖和水混合，煮5~7min，不断搅拌，直至糖完全溶解。调至大火，加热至沸腾。将热糖浆倒在接骨木花上，搅拌均匀。加入柠檬酸，用毛巾罩上，在室温下放置24h。

3. 用衬有粗棉布的细网筛，将液体过滤入瓶中并密封，丢弃滤渣。花露装于密闭容器中可在室温下保存长达3个月。

制作625mL

制备时间：25min
浸泡时间：24h

提示

柠檬酸是一种天然防腐剂和调味剂。储藏丰富的杂货店和健康食品商店均会有柠檬酸出售。瓶子要进行消毒，用热肥皂水彻底清洁，然后晾干。将瓶子置于烤盘，在预热到200℃烘箱中烘10min。将盖子放入锅中，加水煮沸5min。

接骨木花奶油酱

熟水果拌奶油是一种英国甜点，早在冰淇淋出现之前就已存在。这道甜点很美味，夏天接骨木浆果和花旺盛期很容易制作。可与脆饼干搭配食用。

制作6人份

制备时间：10min
烹饪时间：5min

提示

采摘接骨木花时，应确保小花完全打开，并能轻轻摇动，将采下的花倒置，以去除可能存在的昆虫。食用前，从茎上轻轻摘下花朵。

原料	用量
重奶油或（35%）搅打奶油	500mL
鲜奶油	250mL
接骨木花露	90mL
糖果（糖霜）糖	75mL
纯香兰精	1mL
新鲜树莓，分批使用	750g
新鲜接骨木花，轻轻摘下花（见提示）	5朵

在一个大碗里，将重奶油、鲜奶油、花露、糖果糖和香兰精轻轻地搅拌混合在一起。加入四分之三的树莓搅拌。将混合物倒入甜点碗或马提尼酒杯中，顶部盖浇上剩余的树莓和新鲜接骨木花。

土荆芥（**Epazote**）

学名：*Dysphania ambrosioides*（曾用学名：*Chenopodium ambrosioides*）

科：藜科（Chenopodiaceae）

品种：驱虫籽（*Dysphania anthelmintica*）

其他名称：美国驱虫籽（American wormseed）、鹅脚（goosefoot）、耶路撒冷香芹（Jerusalem parsley）、耶稣会茶（Jusuit's tea）、墨西哥茶（Mexican tea）、佩科（paico）、藜（pigweed）、臭鼬草（shunkweed）

风味类型：强

使用的部分：叶子（作为香草）

背景

原生长在墨西哥的土荆芥已经适应在纽约北部生长，人们甚至可在公园和后院见到野生的土荆芥。这种植物于1732年被引入欧洲，可能是因为它具有药用价值，曾一度记录在美国药典中。然而，现在通常只在美国民间医学中提到它。

拉丁美洲菜肴越来越受欢迎，引起人们对许多传统南美风味的兴趣，其中以土荆芥和万寿菊风味最受欢迎。英文"Epazote"（土荆芥）一词源于墨西哥南部和中美洲纳瓦特尔语，意思是"闻起来像动物的肮脏东西"，此描述极具概括性，但实际上土荆芥并非像此描述所说。

植物

土荆芥有许多品种，但墨西哥烹饪中最出名的是一种有大量分枝的一年生品种，它类似于旺盛生长的留兰香，植株高达1.2m，叶子呈绿色，或深红色和绿色。锯齿状的叶子长2.5~7.5cm，具有较不太受人喜欢的香气和不一般的味道，多数人已经习惯于土荆芥风味，就像习惯于芫荽叶或阿魏胶风味一样。虽然许多园丁都将土荆芥看成杂草，但现在许多菜园都栽种土荆芥。

其他品种

驱虫籽（*Dysphania anthelmintica*）之所以如此命名，是因为这种植物能够对抗肠道蠕虫生长。然而，驱虫籽不能用于烹饪。

加工

土荆芥通常新鲜使用，然而，它也可以像其他绿色香草一样干燥。要将叶子烘干以备后用，应将它们铺在纸上或金属丝网上，置于避光、温暖、通风良好的地方。当叶子清脆易碎时，就可以使用了。

烹饪信息

可与下列物料结合	传统用途	香料混合物
● 辣椒 ● 小茴香 ● 牛至 ● 红辣椒 ● 胡椒	● 墨西哥砂锅菜和豆类菜肴 ● 玉米饼	● 通常不用于香料混合物

采购与贮存

土荆芥很容易用种子种植，并且可以从专门供应墨西哥农产品的零售商购到。为了妥善保存新鲜土荆芥束，应将根部完好无损的土荆芥束插在水杯中，再用塑料袋罩住。这样可在冰箱冷藏室存放数天。也可以将刚洗过的土荆芥小枝用铝箔包裹，这种铝箔包装物可在冻藏室保存长达1个月。

一些香料商也有干燥的土荆芥出售，虽然它是新鲜土荆芥的完美替代品，但它的使用方法与干芫荽代替鲜叶芫荽的使用方式相同。干燥土荆芥应储存在密闭容器中，在避免高温、光照和潮湿条件下，可持续使用1年。

使用

土荆芥在尤卡坦半岛（Yucatán Peninsula）的烹饪中备受青睐，当地有一道称为"mole de Epazote"（土荆芥肉块）的名菜，这是一道以山羊肉为主料的浓郁红汤砂锅菜。据说，土荆芥可以控制豆类含量高饮食造成的肠胃胀气（与阿魏相似），因此被用于汤类、许多豆类菜肴和炸玉米饼。土荆芥的用量应谨慎：过多会破坏膳食风味。

土荆芥确实具有一定药用价值，市场上也有土荆芥凉茶供应。但是，应避免大量食用。目前已知，食用过量土荆芥，会引起令人不快的副作用，包括恶心。

每500g食物建议添加量
红肉：15mL干叶
白肉：10mL干叶
蔬菜：10mL干叶
谷物和豆类：10mL干叶
烘焙食品：10mL干叶

摩洛青酱汁

顾名思义，这种墨西哥酱汁类似于经典的摩洛酱，但增加了更多"绿色植物"。它可以在烹饪后立即食用；与普通的摩洛酱不同，它不会随着时间的推移而改善。可以与水煮鱼或鸡肉和米饭搭配。

- **食品加工机**
- **搅拌机**

去壳无盐生南瓜子，烤熟（见提示）	500mL
鸡汤，分次使用	500mL
青番茄或树番茄（tomatillos），大致切碎（约4~5块）	175g
新鲜大酸模叶	6片
新鲜墨西哥胡椒叶（见提示）	4片
新鲜大枝土荆芥	8枝
杰拉佩诺（jalapeño）辣椒，粗切碎	4个
油	60mL
海盐和现磨黑胡椒粉	适量

制作6人份

制备时间：15min
烹饪时间：45min

提示

烘焙南瓜子，用中火在干锅中持续2~3min，经常摇晃锅，防止烤煳，直至南瓜子发出爆破声。
在拉丁美洲市场寻找墨西哥胡椒叶。

1. 将南瓜子在有金属刀片的食品加工机中搅打碎，然后倒入一个小碗中，并与125mL肉汤混合。搁置备用。

2. 在搅拌机中，将剩余的375mL肉汤、番茄、酸模叶、胡椒叶、土荆芥和辣椒搅打混匀，以中速搅打至顺滑。

3. 中火，在厚底锅中，将番茄混合物加热5min，不断搅拌以防止粘锅，直至变稠并出现香气。将火力降至小火，继续煨煮20min，偶尔搅拌直至变稠。加入南瓜子混合物煮10min，不停搅拌，直至充分混合并充分加热。用盐和胡椒调味，立即食用。

玉米饼汤

我第一次访问墨西哥时，刚到达那会儿感到既疲惫又饥饿。这份顶部配上条状香脆玉米饼、鳄梨和碎奶的辛辣番茄汤，着实使我大开眼界。

制作6~8人份

制备时间：10min
烹饪时间：25min

提示

浸泡安丘辣椒：取下辣椒蒂，并抖出种子。将辣椒放入一个小的耐热碗中，然后浇上开水。静置5min，直至辣椒柔韧。保留浸泡液，与肉汤一起加入汤中。

干燥土荆芥与烟熏辣椒一起会产生泥土气味，但如果没有，也可以使用干牛至。

奎索（Queso）干酪是一种专门为墨西哥薄饼而制作的奶油墨西哥融化干酪，但也被用于许多需要干酪的墨西哥菜肴中。如果找不到，可使用等量碎切达干酪。

● **普通或浸入式搅拌器**

油	15mL
红洋葱，切碎	1/2个
蒜头，切碎	1头
安丘辣椒，浸泡，大致切碎（见提示）	1个
干土荆芥（见提示）	5mL
398mL带汁番茄罐头	1罐
鸡汤	1L
煎炸用油	适量
玉米粉大圆饼，切成长7.5cm、宽1cm的条状	3块
切碎的奎索干酪	250mL
切碎的鳄梨	2个
青柠	1个
稍压实的新鲜芫荽叶，大致切碎	250mL
海盐和现磨黑胡椒粉	适量

1. 中火，用大锅加热油。加入洋葱、大蒜和辣椒，炒约5min，直至呈金黄色。加入土荆芥、番茄和鸡汤，煮沸。减小火力，再煮15min。

2. 同时，在煎锅中加热2.5cm深的油。分批炸玉米饼条约2min或直至呈金黄色。用漏勺将饼条转移到衬有纸巾的盘子。

3. 用搅拌器快速将汤搅拌均匀，用盐和胡椒粉调味。

4. 供餐，把汤舀到碗中，上面加玉米饼条、碎干酪、鳄梨丁、一滴青柠汁和香菜叶。

变化
为使汤更加丰富，上菜前加入熟鸡肉。

茴香 （**Fennel**）

学名：*Foeniculum vulgare*

科： 伞形科（Apiaceae，旧科名Umbelliferae）
品种： 普通（野生）茴香（*F. vulgare*）、佛罗伦萨茴香（*F. vulgare var.azoricum*）、印度茴香（*F. vulgare var. panmorium*）、甜茴香（*F. vulgare var.dulce*）
其他名称： 茴香（aniseed）、茴香（finnichio）、佛罗伦萨茴香、印度（勒克瑙）茴香
风味类型： 混合（种子）、强（花粉、复叶）、温和（鳞茎，作为蔬菜）
使用的部分： 种子和花粉（作为香料），叶子（作为香草）

背景

　　许多有关茴香的历史可能主要指一种野生多年生植物，它在托斯卡纳地区大量生长。直到20世纪，当意大利人迁移到澳大利亚和美国时，栽培型一年生茴香植物仍主要局限于其原产地意大利。

　　茴香原产于欧洲南部和地中海地区。自古以来，茴香种子一直被中国人、印度人和埃及人用作调味品。罗马人用它作为香料和蔬菜，这毫无疑问在将茴香引入北欧方面起了作用，当地已有900年的茴香历史。公元961年，西班牙人的农事记录中提到了茴香。查理曼，8世纪法兰克斯国王和西方皇帝，是促进德国皇家农场香草有序种植的重要人物。茴香作为其种植的植物之一，促进了茴香在整个欧洲的传播。

植物

　　甜茴香（*Foeniculum vulgare* var. *dulce*）是为获取种子而种植的主要品种。这种植物，夏季会开出大量亮黄色伞形花朵，秋季则结出淡绿色果实（种子）。这种茴香的叶子具有轻微的茴香香气。

　　甜茴香的干燥种子呈黄色，或多或少带有绿色色调，种子越绿，质量越好。茴香种子平均长5mm，许多茴香籽会分成两部分，使其一侧平坦而另一侧凸出。茴香籽沿长轴方向有灰白色发丝宽肋条，偶尔也会存在带小茎的完整种子。茴香籽香气最初似小麦，带有微弱茴香气息。品尝时，茴香籽会释放强烈的茴香风味，这种风味温暖、辛辣（但绝不辣），像薄荷醇，并且香气清新。茴香籽的特性在烘烤时会发生变化，印度和马来烹饪中的菜肴常发生这种变化。烘焙使茴香产生独特甜味，这种甜味很像添加了红糖一样。

> ### 球茎茴香
>
> 特别种植的茴香球茎，比其自然尺寸大。茴香球茎长到高尔夫球大小时，要在其基部周围堆积土壤，并且随着植物生长，为了保持基部覆盖，要不断地添加土壤。要去掉长出的花序，以阻止植物进入结籽阶段。当茴香球长到比网球大时便可以收获，收获的茴香球茎要切掉根部，洗净，并在切割后10天内使用。

烹饪信息

可与下列物料结合	传统用途	香料混合物
种子和花粉	**种子**	**种子**
● 多香果	● 面包和饼干	● 咖喱粉
● 豆蔻果实	● 意大利香肠	● 格拉姆马萨拉
● 辣椒	● 马来咖喱	● 中国五香粉
● 肉桂	● 面食和番茄菜肴	● 泡菜香料
● 丁香	● 沙嗲酱	● 柴郡香料混合物
● 芫荽籽	**花粉**	● 拉斯埃尔哈努特
● 小茴香	● 鱼馅饼	● 帕奇佛龙
● 葫芦巴种子	● 培根蛋面	**花粉和叶子**
● 高良姜	● 巧克力甜点	● 通常不用于香料混合物
● 生姜	**叶子**	
● 芥末	● 色拉	
● 黑种草	● 汤	
● 红辣椒	● 砂锅（作为装饰）	
● 罗望子	● 白色调味汁	
● 姜黄		
叶子		
● 月桂叶		
● 细叶芹		
● 韭菜		
● 芫荽叶		
● 水芹		
● 莳萝叶		
● 大蒜		
● 欧芹		

　　意大利人有收集和使用甜茴香花粉的传统。如今，甜茴香花粉已经开始成为一种异国情调和昂贵配料在世界各地流行。花粉追捧者声称其风味比茴香籽的相同风味强百倍。甜茴香花粉的稀有性以及人们对其风味的夸张程度，使其处于一种藏红花般的地位。严格来说，它不仅仅是一种花粉；它还含有相当比例的花卉植物材料。虽然茴香花粉风味芬芳甜美，但它与小而甜的勒克瑙茴香种子没有什么不同，因此，后者可作为前者的可接受替代品使用。在我看来，茴香花粉的风味强度被人为夸大了。

其他品种

　　野茴香（*F. vulgare*）是一种大型植物，其风味不如佛罗伦萨茴香（*F. vulgare var. azoricum*）；野茴香高达2m以上，经常出现在路边和低洼潮湿地区的沟渠中。佛罗伦萨茴香是一种一年生植物，在烹饪中用途甚广，可用来生产作为蔬菜食用的独特球茎。这是一种90cm高，引人注目的小型草本植物，其柔软芹菜状

茎秆覆盖着许多明亮绿色叶子，使该植物具有蕨类植物外观。有意栽培的球茎坚硬、呈白色。有些人误将它当作茴香植物，可能是因为它有类似茴香的风味。

印度茴香籽（*F. vulgare* var. *panmorium*）仅产自印度，通常被称为勒克瑙茴香籽。这些种子的大小约为标准茴香种子的一半，呈鲜绿色，颜色与优质豆蔻果实相似。勒克瑙茴香具有强烈的茴香香气和温和的甘草味。这种茴香味道甜美，像甘草，使其成为理想的餐后口腔清洁剂和清新剂。在印度餐厅收银台旁，人们常常可以看到用颜色鲜艳糖衣包裹的这类茴香籽。

香料贸易旅行

我们在印度古吉拉特邦西北部朱纳格特农业大学梅塔博士陪同下参观一处香料研究所，是一次较值得怀念的种子香料体验。我兴奋地进入了一片茴香（*F. vulgare*）丛时，也一时失去了莉兹的视线。为防止与其他品种交叉授粉，试验者用布覆盖着这种植物的异国情调高产花朵，当时这些品种正在进行高产试验。温暖阳光下，我在一排排种子香料间前行，蜂鸣声和着碎叶香气让我想起了在香草和香水中度过的童年。毫不奇怪，此类环境总会使我感觉很舒服。

加工

茴香的球茎和叶子很少被加工，因为其新鲜状态时的属性最佳。然而，许多国家会利用这种植物开花后形成的果实商业化生产茴香籽。像大多数种子作物一样，茴香也是在清晨或傍晚收获的，此时水分（露水）的存在有助于防止种子破碎。脱粒前，要将茎切掉，然后干燥脱籽。茴香籽最好在阴凉处干燥，因为这有助于其保持较高水平的绿色和甜味茴香味。茴香籽通过蒸汽蒸馏可制成茴香精油；这种精油可用于非酒精饮料、冰淇淋和利口酒等。

采购与贮存

茴香球茎及其叶状绿色植物，通常可从果蔬零售商处购买到，特别是意大利供应商，他们总是将这种植物称为"finnichio"或（不正确的）"anise"。

为了存放球茎茴香，以及取得最佳清脆度，应将球茎泡在水中贮存于冰箱冷藏室中。然后可将它切成薄片环，像洋葱一样分开后用来做色拉。这种球茎可使用几天。

茴香籽很容易获得，但风味质量和清洁程度差异很大。应寻找至少有一些绿色调的种子，应注意受污染的小块污垢，以及啮齿动物的粪便。茴香种子的形状使得这类异物难以筛除，因此一些贸易商一般仅对茴香籽进行粗略清洁。装在密闭容器的茴香籽在避光、阴凉地方储存可保持其风味长达3年。

茴香籽应呈浅黄褐色，略带绿色色调，具有粗糙纹理，并且高度芳香。如果

名字里面有什么？

英文名字"fennel（茴香）"源自罗马语，意为"香草"，即茴香（*foeniculum*）。茴香在16世纪的意大利象征奉承，导致将奉承口语化为"dare finocchio"（意思是"给茴香"）。茴香在古希腊是成功的象征，古希腊人在公元前490年取得对波斯人作战大胜的战场名马拉松，在希腊语中是多茴香的意思。现在，世界上几乎所有温带地区都能种植或生长茴香。

将它们装在密闭容器中，并远离高温、光线和潮湿，则可将其风味至少保留住1年。

使用

新鲜茴香叶（复叶）可以像莳萝草新鲜绿色尖那样使用，用于色拉和白色调味汁、海鲜、砂锅装饰物、汤和肉冻。用新鲜茴香叶垫底蒸整条鱼，是利用加热过程中赋予鱼芳香风味的传统方式。

茴香可以切成两半作为蔬菜烹饪，然后撒上帕玛森干酪或配上白汁或干酪酱。我们喜欢将新鲜茴香球茎精细切碎，然后与少许橄榄油、新鲜罗勒叶和新鲜磨碎帕玛森奶酪一起，用熟面片包起来。

茴香籽可用于汤、面包、香肠、意大利面和番茄菜肴，也可用于泡菜、酸菜和色拉。印度和亚洲烹饪几乎总要烘焙茴香籽，这可使它们具有完全不同的甜味和辛辣味。虽然讲究纯粹的人可能不同意，但我很熟悉这种烤茴香籽，在中火热炉子上用小锅可以轻松进行茴香籽烘焙。可将约30mL茴香籽粉加入热锅中并稍微摇动以防止茴香燃烧。当粉末开始变色并且空气中出现令人愉悦的香气时，可将内容物倒入盘子中。存放在密闭容器中烤茴香籽，在避免高温、光线和潮湿的条件下，可有约3周的保质期。

每500g食物建议添加量

红肉：15mL籽和复叶，10mL粉末

白肉：15mL籽和复叶，10mL粉末

蔬菜：10mL籽和复叶，10mL粉末

谷物和豆类：10mL籽和复叶，10mL粉末

烘焙食品：10mL种子或粉末

山羊干酪卷

由于茴香花粉非常微妙，所以最好简单地加热或者根本不再加热。茴香的温和茴香味与山羊干酪能完美搭配，如果方便的话，可搭配些腌制甜菜和一些金莲花叶子。这是一道非常美味的开胃菜。

茴香花粉	2mL
现磨黑胡椒粉	1mL
软山羊干酪条	150g

制作2人份

制备时间：5min
烹饪时间：无

将茴香花粉和胡椒粉在小盘子上混合，然后均匀分散。将山羊干酪在调味料中滚动，均匀涂抹上香料混合物。供餐，将干酪转移到盘子上，将其切成1cm的干酪片。可以提前制作，并用保鲜膜包裹或装在密封容器中，有长达3天的保质期。

茴香烩菜

茴香是烤肉或烤鱼的绝佳搭配，它本身就是一道可爱的素食菜肴，还有一些硬皮面包可以吸收果汁。

制作4人份

制备时间：5min
烹饪时间：75min

- **20cm方形玻璃烤盘**
- **烤箱预热到180℃**

球茎茴香，去除叶子，四等分切开	2枝
柠檬，鲜榨汁	1个
海盐和现磨黑胡椒粉	适量
橄榄油	15mL
大葱，切片（约125mL）	1根
现磨姜丝	5mL
小茴香粉	1mL
白葡萄酒	175mL

1. 在烤盘中，摆放茴香球茎，使其并排贴合。淋上柠檬汁，用盐和胡椒粉调味。

2. 中大火，用煎锅加热油。加入大葱、生姜和小茴香，炒3min，直到呈金黄色。加入白葡萄酒煮沸即可。将酱料浇在茴香上。

3. 用盖子或铝箔盖上烤盘，在预热烤箱中烘烤45min，直至变软。开盖再烘烤20min以上，直到略微变成褐色。在室温下食用。

烤鸡沙嗲

烤鸡沙嗲必须是我小时候在新加坡生活的最美好回忆之一。我们在小贩摊位中选了一个停了下来，尽情地吞食蘸着甜花生酱的嫩鸡肉串。沙嗲对于儿童来说是一种很好的可用于认识香料食物的范本，此版本食谱没有许多制备沙嗲酱汁中能检测到的尖锐酸度（这种酸度为保存所必需）。这种沙嗲也是一种很好的蘸酱。

● **金属或木制烤串棒（见提示）**

沙嗲酱

茴香籽粉	15mL
马来咖喱粉	30mL
棕榈糖或稍压实的红糖	7mL
油	5mL
碎粒花生酱	250mL
酱油	5mL
水	适量

鸡

无骨去皮鸡胸肉约1kg，切成4cm的立方体	4块
油	5mL
海盐和现磨黑胡椒粉	适量
黄瓜，去皮去籽，并切成10cm的细条	1根
青葱，利用白色和绿色部分，朱利叶化（Julienne）	6棵

1. 沙嗲酱：中火，用干锅烘焙茴香，不断搅拌，持续30sec。加入咖喱粉搅拌，加热30sec。加入糖和油，炒煮1~2min，直至形成浓郁的深色糊状物。拌入花生酱和酱油，加水达到所需稠度。起锅备用。

2. 鸡肉：鸡肉装入一个大碗，加油，加入盐和胡椒调味。将鸡肉串成6串。盖上盖子，放在冰箱里备用。

3. 将烧烤箱或烤盘加热至高温。鸡肉每面烤4~5min，将其烤熟并稍微变焦（这可增添很好的风味），趁热配上黄瓜和葱食用。在鸡肉上浇沙嗲酱，也可用鸡肉侧面蘸酱。

制作6人份

制备时间：15min
烹饪时间：20min

提示

如果使用木制烤串棒，请在使用前将它们浸泡在水中至少30min，以防止其在烹饪时燃烧。可以提前4天制作酱汁，并装在密闭容器中冷藏。如果酱汁变得太稠太干，只需加入更多水。如果加水过多，请在小火下加热搅拌直至变稠。

提示

朱利叶化（Julienne）是一个用于描述将食材切割大约3mm厚和7.5cm长细条的术语。也可以使用鸡大腿。此时可能需要额外2min的烹饪时间。

葫芦巴 （Fenugreek）

学名：*Trigonella foenum-graecum*

科：豆科（Fabaceae，旧科名Leguminosae）
品种：蓝色葫芦巴（*T. melilotus-caerulea*）
其他名称：鸟脚（bird's foot）、牛角（cow's horn）、希腊葫芦巴（foenugreek）、山羊角（goat's horn）、葫芦巴干草籽（Greek hay-seed）、美的（methi）
风味类型：辛辣（种子）、强（叶子）
使用的部分：种子（作为香料）、叶子（作为香草）

背景

葫芦巴的拉丁植物学名称中，"*Trigonella*"是指三角形花，而"*foenum-graecum*"的意思是"Greek hay（葫芦巴干草）"，这是罗马人从希腊带回的名称。葫芦巴叶在那里被用来为发霉或发酸干草增添甜味，以便增加对牛的吸引力，即使至今，人们也还将葫芦巴叶添加到牛和马的饲料中，许多人认为它可以改善牲畜食欲并增加其皮毛光泽。葫芦巴原产于西亚和南欧，几个世纪以来它一直在野外生长，这得益于它的耐寒性。目前，地中海、南美洲、印度和中东的许多地方均在种植葫芦巴。这种香草是已知最古老的栽培植物之一；公元前1000年的医学著作中有证据表明埃及人在防腐过程中使用了这种植物。公元812年查理曼皇帝鼓励在中欧种植葫芦巴，促进了它的流行。

植物

葫芦巴是一种细长、直立的一年生草本植物，属于豆科成员，与苜蓿具有相似外观。它的叶子呈浅绿色，有三片长圆形小叶。葫芦巴开黄白色花朵，形成的10~15cm的果实具有典型豆类性质，类似于微型蚕豆，含有10~20粒种子。葫芦巴俗称"山羊角"和"牛角"，是指其籽荚具有角状形状。

葫芦巴种子犹如3~5mm长的硬质金棕色石砾。一侧有明显沟槽，看起来像是由拇指指甲压成的。这些种子略带尖锐辛辣的香气，风味苦涩，有豆腥味。葫芦巴种子常被烘烤，这一过程使其苦味突出，并释放出坚果焦糖和枫糖浆风味。注意不要过度烘烤种子，因为这会使其变得非常苦。

干葫芦巴叶是一种由细卷须状茎和三片小叶构成的淡绿色的缠绕物。这种干叶具有温和草香气，带有一丝椰子气味，叶子风味与种子相似，但缺乏其潜在苦味。

> 葫芦巴味道让我想起小时候吃我祖母剥出的生豌豆味道。

烹饪信息

可与下列物料结合	传统用途	香料混合物
叶和种子	叶	叶
● 多香果	● 蔬菜和鱼咖喱	● 通常不用于香料混合物
● 豆蔻果实	● 菠菜和马铃薯菜肴	种子
● 辣椒	种子	● 柏柏尔
● 肉桂	● 印度咖喱	● 咖喱粉
● 丁香	● 蛋黄酱（适合尖锐	● 希尔伯特（hilbeh）
● 芫荽籽	芥末口味）	● 帕奇佛龙（panch phoron）
● 小茴香	● 提取物用于制作仿	● 酸辣汤粉
● 茴香籽	枫糖浆	● 兹乌革（zhug）
● 高良姜		
● 生姜		
● 芥末		
● 黑种草		
● 红辣椒		
● 胡椒		
● 八角		
● 罗望子		
● 姜黄		

其他品种

　　蓝色葫芦巴（*Trigonella melilotus-caerulea*）因其花呈蓝色而得名，是一种鲜为人知且较温和、苦味较少的葫芦巴，原产于高加索和欧洲东南部山区。这种品种的烹饪用途似乎仅限于其原产地，主要用于为干酪和面包调味。

加工

　　葫芦巴通过种子种植后在3~5个月内成熟。最常见的收获方法是将整株植物连根拔起并在阳光下晒干，以便方便地脱粒得到种子。脱粒得到的种子要再次干燥至水分含量约10%，以获得最佳储存条件。

采购与贮存

　　葫芦巴叶，印度语称为"methi ka saag（美第奇卡萨格）"。特色香料店通常供应干燥形式的葫芦巴叶。葫芦巴叶最好呈豌豆绿色，没有泛黄迹象，并且具有日晒干草香气和明显豆腥味。应将它们存放在避光的密闭容器中，以免褪色及风味损失。

　　葫芦巴种子质量差异不大。然而，由于它们具有石子状外观，通常会发现未经适当清理的种子会带有石子的情形。在将葫芦巴种子放入香料或胡椒研磨机之前，应仔细对其进行检查。葫芦巴种子应少量购买：一旦碾碎，风味就会消散。

实用加工

我记得在印度古吉拉特邦看到过一种特别实用的葫芦巴脱粒方法。一架牛车在一堆切好的葫芦巴上绕圈转动，从而压破豆荚并释放种子。将压碎的干草装入直径约2m的大筛子中，然后由几个年轻人摇动以将种子从豆荚和茎中分离出来。不一会儿，振动者脚踝便被金黄色葫芦巴种子埋没。

香料札记

不妨邀请你的朋友在家中试一试以下内容：香料欣赏课时，我最喜欢进行的猜测游戏之一是让人传递一盘葫芦巴种子，并要求闻其气味。然后我让他们想象可以在超市购买到的人造甜味糖浆，因为葫芦巴种子提取物与其他配料一起会被用来为这种产品调味。有时二十个人中会有一两人猜准：仿枫糖浆！一旦说出来，两者就显得非常相似。

每500g食物建议添加量
叶
红肉：10mL干叶
白肉：10mL干叶
蔬菜：7mL干叶
谷物和豆类：5mL干叶
烘焙食品：5mL干叶
种子
红肉：
5mL整粒，7mL粉末
白肉：
2mL整粒，3mL粉末
蔬菜：
2mL整粒，3mL粉末
谷物和豆类：
2mL整粒，3mL粉末
烘焙食品：
1mL整粒，2mL粉末

葫芦巴种子应存放在密闭容器中，避免高温、光线和潮湿。籽粒可持续保存3年或更长时间，一旦磨碎成粉末，保质期变为1年。

使用

葫芦巴种子通常与苜蓿和绿豆（*vigna radiata*）一起发芽，或者自己发芽后用来制备色拉。葫芦巴叶子具有独特风味，与蔬菜和鱼类咖喱相得益彰，适合与菠菜、豌豆和马铃薯菜肴搭配。

葫芦巴种子是食品制造业的重要原料，因为它们的提取物可用于制作人造枫糖浆，也可用于泡菜和烘焙食品。它们经常被添加到咖喱香料中，在其中产生其独特的清新微苦风味，例如，辣味微恩度露（vindaloo）咖喱便是添葫芦巴种子的。将葫芦巴种子加入菜肴时要小心，其苦味可能会过于强烈，廉价咖喱过度使用这种相对便宜的香料时常常也会出现类似的情形，从而影响了咖喱混合物。葫芦巴种子是帕奇佛龙的重要配料，这是一种由各种种子香料构成的混合物，这种混合香料通常用油煎一下后用于制备咖喱菜肴，它也可用于辛辣糕点和马铃薯菜肴。

葫芦巴籽粉可以像芥末粉一样添加到蛋黄酱中，它能提供与芥末相似的风味，但没有芥末那么辣。

希贝罕

希贝罕（Hilbeh）是一种也门葫芦巴、芫荽叶和辣椒构成的美味。葫芦巴种子在此难得成为主角，当你尝到它时便会认识到这是为什么。浸泡过夜后，葫芦巴种子会变成凝胶状，这种状态具有很好的质感。希贝罕可以像哈里萨辣酱那样使用，可以添加到汤或炖菜中，可与色拉三明治或烤肉串一起食用，还可仅当蘸料使用。

● **搅拌机**

制备时间：24h
烹饪时间：无

葫芦巴种子	30mL
水，分次使用	750mL
稍压实的芫荽叶	500mL
绿色手指辣椒，去籽切碎	1个
大蒜，切碎	4瓣
鲜榨柠檬汁	30mL
细海盐	5mL
油	15mL
水	30~90mL

1. 在一个小碗中，用250mL水淹没葫芦巴种子，并放置24h，排水并换两次水（当它变浑浊时换水）。制备好后，种子会变软，像果冻一样。使用细网筛排尽水。

2. 在搅拌机中，将制备好的葫芦巴、芫荽叶、辣椒和大蒜混合，脉冲搅打直至混合物顺滑。加入柠檬汁、盐和油，脉冲搅打混合。加入30mL水，并脉冲搅打成糊状物（如果需要，加入更多的水以达到所需的稠度）。此美味装入密闭容器在冰箱存放可长达3周。

变化
在步骤2中加入两个去皮、去籽番茄，加入柠檬汁、盐和油。

咖喱腰果

这道菜是香料与腰果和椰奶丰富度相得益彰的完美典范。在我父母的香料发现之旅途经的印度阿格拉和斋浦尔之间，有一处由芥菜地所环绕的古老射击小屋，被人称为拉克斯米维拉斯（Laxmi Vilas）宫，我在此品尝到了这道美味，随后开发了这个食谱。这是一道可与朋友分享的素食美味。它可作为宴会配菜，也可单独配米饭食用，可用新鲜芫荽叶做点缀物。

制作6人份

制备时间：15min
烹饪时间：1h

提示

可以提前一天制作酱汁，做到步骤2加入椰奶为止，然后装入密闭容器，冷藏待用。通过添加干酪和葫芦巴并加热，可简单地继续操作。
如果你找不到干酪，可以用等量豆腐代替。

● 搅拌机或食品加工机

黄咖喱粉	10mL
油	15mL
洋葱，切碎	1个
大蒜，拍碎	2瓣
恰特马萨拉	5mL
细海盐	5mL
生无盐腰果	625mL
水	250mL
400mL椰奶罐头	1罐
干酪，切成2.5cm见方（见提示）	1kg
稍压实的新鲜葫芦巴叶	125mL
新鲜芫荽叶	60mL

1. 中火，用大型干锅烘焙咖喱粉1min，直至呈金黄色并散发芳香气味。加入油和洋葱，炒约2min至洋葱变软。加入大蒜炒2min，直至软化。拌入恰特马萨拉和盐。加入腰果和水，将火降到小火，继续加热烧煮约45min直到坚果变软。
2. 将咖喱混合物转移到装有金属刀片的搅拌机或食品加工机中，高速搅拌混合，直至顺滑。将酱汁倒入锅中，调至中火，加入椰奶拌匀，加入干酪和葫芦巴，加热至温热。用芫荽叶装饰，食用。

黄樟粉 （Filé Powder）

学名：*Sassafras officinalis*（也称为*S. albidum*，*S. sassafras*，*Laurus albida*）

科： 樟科（Lauraceae）
其他名称： 奥格树（ague tree）、古姆波非勒（gumbofilé）、红沙参（red sassafras）、狭叶沙参（sassafras leaf）、丝状沙参（silky sassafras）、白沙参（white sassafras）
风味类型： 温和
使用的部分： 叶子（作为香草）

背景

原产于墨西哥湾的黄樟树被认为是第一个抵达欧洲的美国药用植物。它于1564年由西班牙药用植物学家尼古拉斯·蒙纳德斯（Nicolas de Monardes）确定，其名字现被用于一属植物的命名。用蒸汽蒸馏从黄樟根和树皮中提取的精油，可用于医药、黄色染料源、香料和肥皂加香，以及软饮料调味。美国弗吉尼亚州曾有一种根啤酒是用黄樟树根发出的嫩芽制成的。由于存在黄樟脑，美国食品和药物管理局以及许多其他国家现已禁止在食品中使用黄樟树精油，因为黄樟脑会导致肝癌。由根部制成的黄樟粉也在许多国家被禁止使用，并且绝不能内服。

厨师们对食用安全的黄樟粉的兴趣，源自美国东南部巧克陶（Choctaw）人的启发。他们将幼嫩黄樟叶干燥后磨碎成粉，然后在新奥尔良市场出售，用作汤和炖菜的调味料和增稠剂。

植物

不要将黄樟与原产于澳大利亚的黑沙参树（*Antherosperma moschatum*）混淆，据报道这种树有毒。黄樟粉是用美国黄樟树的嫩叶制成的，这是一种高30m的落叶树，树枝细长，具有光滑橙棕色树皮和宽阔的椭圆形叶子。黄绿色小花形成5cm长花簇，这些花最后形成带有红色茎的深蓝色果实。黄樟叶子长度可达12.5cm，但用于制作黄樟粉的是5~7.5cm的较小叶子。黄樟粉呈深绿色，质地细腻。黄樟粉香气有点像干薄荷，其风味会令人想起一种非常温和的香草混合物，这种混合以百里香和马郁兰香调占主导地位。

采购与贮存

不要将黄樟粉与上面提到的沙参粉油或沙参油混淆（它们通常由树皮或根制成，具有强烈的肉桂般药味）。虽然黄樟树含有黄樟脑（一种对肝脏有毒的物质），但烹饪使用其叶子并不成问题。但是，不建议使用黄樟树皮或根烹饪或药用。

由黄樟叶制成的粉末呈深苔绿色，非常干燥和细腻。黄樟粉应存放在密闭容器中避光，并特别注意避免潮湿，因为它容易吸收水分而加速劣变。在理想条件下储存时，黄樟粉可使用1年以上。

烹饪信息

可与下列物料结合	传统用途	香料混合物
• 罗勒	• 浓汤（作为增稠剂）	• 通常不用于香料混合物
• 辣椒		
• 肉桂		
• 芫荽籽		
• 茴香籽		
• 大蒜		
• 洋葱		
• 红辣椒		
• 欧芹		
• 胡椒		
• 百里香		

每500g食物建议添加量
白肉：30mL
蔬菜：30mL

使用

黄樟粉最常见的用途是在制作浓汤时作为增稠剂。

秋葵汤

秋葵汤（Gumbo）是一道著名的南美炖汤，它是结合了当地土著、法国、西班牙和非洲文化元素的美食。这种汤传统上用秋葵增稠，但巧克陶人在19世纪中期引入了黄樟粉。当我与朋友去参加新奥尔良爵士音乐节时，每天令人疲惫的庆祝活动都有这种浓汤相伴，我仍然能回忆起这种汤的味道有多棒。虽然我家爵士音乐氛围可能不怎么活跃，但我十分赞赏这道由莉兹开发的食谱。

油	30mL	月桂叶	1片
多用途面粉	15mL	细海盐	2mL
小洋葱，切丁	1个	现磨黑胡椒粉	2mL
甜青椒，去籽并切成1cm的小块	1/2个	秋葵，切成小块	10个
		鱼汤（见提示）	1L
大蒜，切碎	2瓣	扇贝	125g
成熟的番茄，去籽并切成1cm的小块	2个	中号生虾，去壳，清除血管	175g
番茄酱	60mL	混合海鲜，如螃蟹、贻贝、牡蛎或蛤蜊	175g
卡真香料混合物	15mL	黄樟粉	7mL
干百里香	2mL	长粒米饭	750mL

制作4人份

制备时间：15min
烹饪时间：45min

1. 中火，用大型不锈钢锅加热油。加入面粉烧煮，不断搅拌，直至形成金黄色糊状物。将洋葱、青椒和大蒜搅拌均匀，煮至洋葱半透明。加入番茄和番茄酱，中火煮5min，不停搅拌，直至混合均匀，增稠。加入卡真香料混合物、百里香、月桂叶、盐和胡椒粉，搅拌均匀。拌入秋葵，煮5min，直至变软。倒入汤汁，搅拌均匀，煮沸。调至小火，煮30min。加入扇贝、虾和混合海鲜，调节火力，继续煨煮5min，直到海鲜煮熟。

2. 从制备好的汤中取250mL倒入一个小碗里，拌入黄樟粉（它会变得非常浓稠和黏稠——这属于正常），加入汤中煮2~3min，直至变稠（见提示）。

3. 供餐，将煮熟的米饭均匀分配在4个深碗中，然后浇上秋葵汤。立即食用。

变化

为取得温和但较咸香料混合物效果，可将卡真香料混合物用等量克里奥尔调味料替代。

提示

如果使用牡蛎或螃蟹，请在食用前几分钟将它们加入锅中，这样就不会过度烹饪（当牡蛎和螃蟹坚硬且不透明时就算完成加热）。

黄樟粉在重新加热时会变得很黏，所以只有在计划一次性消耗所有浓汤时才添加它。

如果提前准备浓汤，请在上菜前过滤后加入。推荐量为每1L液体5~10mL。

高良姜（**Galangal**）

学名：*Alpinia galanga*

科： 姜科（Zingiberaceae）

品种： 大高良姜（*A. galanga*）、小高良姜（*A. officinarum*）、肯邱尔（*Kaempferia galanga*）

其他名称： 高良姜（galangal）、爪哇根（Java root）、老挝粉（Laos powder）、朗库亚斯（lengkuas）、暹罗姜（Siamese ginger）（大高良姜）、中国根（China root）、中国姜（Chinese ginger）、绞痛根（colic root）、东印度卡特拉根（小高良姜）、肯朱尔（kentjur）、肯古尔（kencur, kenchur）

风味类型： 辛辣

使用的部分： 根茎（作为香料）

背景

原产于爪哇的大高良姜（*Alpinia galanga*）是最常用于烹饪的品种。原产于中国南方的小高良姜（*A. officinarum*）通常用于药用。这两个品种在公元869年的欧洲都有记载，当时高良姜被列为远东贸易物品。古代印度人就已知道高良姜，阿拉伯人用高良姜喂马，以使其获得能量。另外，在亚洲，高良姜粉被当作鼻烟（深度嗅闻，可以享受到高良姜粉对鼻腔的清新作用）。英文旧名"galingale"曾同时用于描述高良姜和水菖蒲。

植物

不同品种的高良姜都是姜科（Zingiberaceae）成员，从这些热带植物的外观可以看出，它们都有长片状绿叶，并均具有姜状根茎。

大高良姜是烹饪中最常用的品种，高2m，开绿白色兰花状花朵，具深红色脉状尖端。这种植物所结红色浆果的种子，有时被用来替代豆蔻。其疙瘩状地下茎皮薄，呈橙棕色，有深浅交替的"虎纹"环，根茎内所含肉质呈淡奶黄色。

大高良姜香气类似于生姜，具有尖锐刺鼻香气，相同的刺激椒味和清爽滋味。大高良姜粉呈奶油米黄色，它质地粗糙、蓬松，有时呈纤维状。

小高良姜高1m，根茎外皮呈橙红色到锈棕色，条纹相似，果肉呈淡褐色。该品种具有药用价值，除了马来西亚和印度尼西亚食谱中少量使用外，很少用于烹饪。

其他品种

肯奇（*Kaempferia galanga*）看起来像小高良姜，外皮呈红棕色。然而，其内部肉不是纤维状的。磨碎后，它变成乳白色粉末，令人想起鸢尾根粉的甜香气味。肯古尔比大高良姜滋味温和，并且辣味极弱。

烹饪信息

可与下列物料结合

- 多香果
- 豆蔻果实
- 辣椒
- 肉桂和月桂
- 丁香
- 芫荽籽
- 小茴香
- 葫芦巴籽
- 生姜
- 芥末
- 黑种草
- 红辣椒
- 罗望子
- 姜黄
- 莪术

传统用途

- 泰国汤
- 亚洲咖喱和炒菜
- 海鲜菜肴
- 桑巴酱（sambal pastes）

香料混合物

- 泰国红咖喱和绿咖喱混合物
- 仁当（rending）咖喱粉
- 喇沙（laksa）香料混合物
- 拉斯埃尔哈努特（ras el hanout）

加工

　　为了生产高良姜粉和肯古尔粉末，应将根茎中的小根除去。

　　要刮掉一些外皮以加速干燥，通常采用日晒方式干燥，此过程需要几天时间。在研磨之前，根茎要净化处理。这包括将它们置于网状滚筒中翻滚，以去除大部分残余的根和皮。

不错的选择

需要较温和但仍芳香滋味时，可以用肯古尔粉替代高良姜。

采购与贮存

大高良姜新鲜根茎可以从大多数亚洲市场和其他农特产品商购到。这种根茎看起来像姜，但外皮有较大条纹，也不像新鲜姜黄那样外皮环绕条纹呈橙色。

新鲜高良姜根茎应该丰满、坚实和干净。就像保存新鲜的生姜、洋葱和大蒜那样，可将高良姜装在开口容器中，存放在碗橱中，如此可有1周的保质期。整个高良姜根茎冷冻起来可有3个月的保质期。

干燥的高良姜片通常可以从亚洲和特色香料店购买到。将它们装在密闭容器中，存放在阴凉干燥处可有2~3年的风味保存期。

高良姜和肯古尔一次不宜多买。其粉末有12个月保质期，过后粉末会失去其风味。高良姜粉的保存方式与其他香料粉的保存方式相同。

使用

高良姜是许多东南亚菜肴的重要配料，泰国食物尤其喜欢用高良姜。泰国当地流行的酸辣汤，如冬阴功汤（tom yum kung），会添加新鲜磨碎或切成片的高良姜，以及柠檬草和马克鲁特（makrut）莱姆叶。

要用新鲜高良姜做菜，应先用刀刮去或修去外皮。然后，根据配方说明，将其切成薄片或利用厨用刨刀（如擦丝刨）将根茎擦磨成细丝。

高良姜粉可用于泰国绿色和红色咖喱，也可以在中国、马来西亚、新加坡和印度尼西亚特色烹饪中使用。与生姜类似，高良姜的浓郁芳香味有助于中和过度腥味，因此常用于海鲜食谱。高良姜粉可用于桑巴（一种由辣椒、干虾和罗望子水制成的火辣亚洲糊状物），而摩洛哥香料混合物会添加这种异国情调的桑巴。

每500g食物建议添加量
红肉：7mL 粉末
白肉：5mL 粉末
蔬菜：5mL 粉末
谷物和豆类：5mL 粉末
烘焙食品：2mL 粉末

香菇高良姜汤

这道泰国汤非常美味，令人满意，而且容易制作。高良姜有助于将汤的甜味、酸味、咸味和苦味结合在一起。

● **研钵和研杵**

鸡汤	625mL
400mL椰奶罐头	1罐
15cm新鲜高良姜，等厚切成10片	1块
芫荽根（见提示）	3根
青葱，四等分切开	2根
马克鲁特莱姆叶，分两批用（见提示）	2片
柠檬草，粗切碎	1根
大蒜，对切开	1瓣
红指辣椒，切碎	1个
棕榈糖或稍压实的红糖	15mL
鲜香菇（见提示）	250mL
鱼露	30mL
鲜榨柠檬汁（约）	15mL

1. 中火，在大锅里加入肉汤和椰奶，煮沸。

2. 同时，用研钵和研杵，使劲将高良姜、芫荽根、青葱、莱姆叶、柠檬草、大蒜、辣椒和糖捣碎成糊状。将此香料糊加入肉汤混合物中，将汤煮沸，然后降低火力煨30min。

3. 使用细网筛，将汤汁过滤入碗中（丢弃固体残渣）。将肉汤放回锅中，加入蘑菇、鱼露和酸橙汁（可能不需要全量）。立即食用。

制作4人份

制备时间：10min
烹饪时间：50min

提示

马克鲁特莱姆叶有时被称为"卡菲尔（kaffir）"莱姆叶，新鲜、冷冻或干燥的这种莱姆叶可以在亚洲杂货店购到。

如果没有新鲜高良姜，则在步骤2中向肉汤中加入10片干燥的高良姜切片，再煮30min。芫荽根具有令人难以置信的风味。不幸的是，它们经常在销售之前被切断，在这种情况下，可以使用双倍数量的茎。在切碎之前，应将根部刮下污垢并洗净。如果没有新鲜香菇，可以用等量干香菇替代。也可以使用新鲜牡蛎菇替代。

印尼炒饭

这道印度尼西亚炒饭是当地招牌佳肴。食谱差异很大，因为它传统上由剩饭、肉类和蔬菜制成。这是一道绝佳的备用菜肴，在电视机前准备了一顿美味的周日晚餐。

制作6~8人份

制备时间：15min
烹饪时间：10min

提示

如果不使用炒锅，可用非常大的煎锅做这道菜肴，根据需要还可将食材分成两半，分两批烹饪。

制作炒饭（nasi goring）香料混合物：在碗中，加入15mL磨碎的红色克什米尔辣椒、10mL大蒜粉、10mL中辣辣椒片、5mL砂糖、5mL细海盐、2mL安丘尔（amchur）粉、2mL磨碎的高良姜和1mL磨碎的生姜，搅拌均匀。本食谱在此制作50mL混合物量。将剩余部分存放在密闭容器中，用于下次制作炒饭。

● **炒锅（见提示）**

油，分批使用	15mL
鸡蛋，搅打	3个
冷长粒米饭	1L
炒饭香料混物（见提示）	22mL
青豌豆，新鲜或冷冻	250mL
煮熟的鸡胸肉150~210g	1块
大葱，利用白色和绿色部分，切成薄片	8根
煮熟的小虾，去壳去肠	175g
酱油	30mL
番茄酱	30mL
鱼露	15mL
海盐和现磨黑胡椒粉	适量
芫荽叶	250mL
青柠，四等分切开	2个

1. 中大火，锅中加热5mL油。倒入鸡蛋，煎煮2~3min，抬起并旋转炒锅，尽可能使蛋液薄薄地铺满锅，直至完全凝固。将鸡蛋转移到砧板上，大致切碎，搁置。

2. 同样用大火，加热剩余的油。加入米饭和炒饭香料炒2min，直至米粒散开，并被香料裹上。加入豌豆、鸡肉、大葱、虾、酱油、番茄酱和鱼露，炒煮到混合均匀。拌入切碎鸡蛋皮，用盐和胡椒粉调味。供餐时用芫荽叶和酸橙角点缀。

变化

通常将鸡蛋炒好并盖浇在炒饭上面。可以在步骤2结束时边炒饭边加入鸡蛋，以获得诱人的黏性菜肴。

大蒜（**Garlic**）

学名：*Allium sativum*（也称为*A. controversum*，*A. longicuspis*，*A. ophioscorodon*，*A. porrum*）

科： 葱科（Alliaceae）
品种： 象大蒜（*A. ampeloprasum*）、蛇大蒜（*A. sativum ophioscorodon*）、交际大蒜（*Tulbaghia violacea*，也称为*T. alliacea*）、野蒜（*A. ursinum*）
其他名称： 小丑糖蜜（clown's treacle）、穷人糖蜜（poor man's treacle）、臭玫瑰（stinking rose）
风味类型： 辛辣
使用的部分： 蒜头和蒜薹（作为香草）

背景

　　大蒜已经存在很长时间，其确切起源细节模糊。据说，它起源于西伯利亚东南部，后来传播到地中海地区，并在那里它被驯化。有人坚信，大蒜在有记录历史之前就已经在印度、中国和埃及种植。大蒜是已知最古老的栽培植物之一。在公元前1358年的埃及法老图坦卡蒙墓中发现了几个蒜头。金字塔的建造者经常吃大蒜，罗马医生希波克拉底在公元前400年已注意到大蒜的药用价值。旧约圣经、伊斯兰文学、罗马和希腊文学，以及犹太法典均有对于大蒜的描述。虽然大蒜是罗马劳动者常见食物，但它却被当时的上流社会蔑视，他们认为食用大蒜是粗俗的标志。尽管如此，大蒜还是让罗马士兵在战斗前获得了勇气，毫无疑问，一点点"大蒜气息"可帮助他们战胜野蛮的敌人。

　　大蒜由罗马人引入英国，它开始出现在10世纪的古老英国植物记载中。乔叟和莎士比亚的作品均提到过大蒜，但由于其气息独特，并不总是从正面角度介绍。大蒜的许多健康特性有很好的记载：刘易斯·巴斯德在1858年报道了它的抗菌活性，第一次世界大战期间，生蒜汁在战壕中被用作战地调料。常见英文名词"clown's treacle（小丑糖蜜）"和"poor man's treacle（穷人糖蜜）"是指大蒜作为家庭治疗的地位，而"treacle（糖蜜）"原意是中毒和叮咬的解毒剂。

　　即使到了21世纪，人们仍然因大蒜有抑菌性而在食品制造过程中将其作为保藏助剂使用，一些著名的保健实践者认为它可用于处理各种小病。

植物

　　大蒜与洋葱、香葱、韭菜和青葱（Alliaceae）同科。它是一种耐寒多年生植物，其长而扁平、坚挺的长矛状灰绿色叶子长30cm，宽2.5cm。英文名"garlic（大蒜）"源于盎格鲁撒克逊语中的"garleac"，gar意为"长矛"，而leac意为"植

黑蒜

黑蒜是在恒定热量和湿度条件下，通过发酵作用使生蒜头老化约1个月而成。在此期间，蒜头所含的糖和氨基酸被激活以产生蛋白黑素，这使得大蒜瓣变黑。结果产生一种黑色、柔软、香脂和罗望子状糊状物，它可以从每片蒜瓣中挤出。我最喜欢将黑蒜与干酪一起吃；黑蒜也可以像松露一样加到面食、意大利调味饭和蘑菇中。

烹饪信息

可与下列物料结合

适合大多数烹饪香草和香料，但特别适合与下面这些搭配：

- 印度藏茴香（ajowan）
- 月桂叶
- 香芹籽
- 香葱
- 芫荽（叶子和种子）
- 咖喱叶
- 茴香（叶子和种子）
- 马克鲁特莱姆叶
- 科卡姆
- 芥末
- 牛至
- 欧芹
- 胡椒
- 迷迭香
- 鼠尾草
- 龙蒿
- 百里香
- 越南薄荷

传统用途

- 蛋黄酱
- 几乎每一种可以想象的美味菜肴

香料混合物

- 烧烤香料
- 卡真香料
- 夏梦勒（chermoula）
- 咖喱粉
- 哈里萨膏混合物
- 意大利香草混合物
- 拉克沙（laksa）香料混合物
- 红肉和白肉调味混合料

物"。大蒜植物最引人注目的部分是其头重脚轻的奇特花头，它长在叶子上方伸出的蒜薹上，由一个紧凑的淡紫色、白色花瓣组成。

大蒜最有用的部分是位于地下的蒜头。蒜头可有白色或粉红色表皮，大小差异很大，范围在长小蒜头的亚洲蒜到加州巨型蒜之间。蒜瓣是一种圆形块状小鳞茎，它由多片羊皮纸状外皮包裹，看起来像用纸巾包裹的紧握指关节。小鳞茎的英文名称为"clove（蒜瓣）"，源于"cleave"一词，意思是沿着谷物裂开或分开。在蒜头内紧致的蒜瓣由鳞片状膜隔开。虽然带保护性皮壳的蒜瓣没有气味，但当它被压碎或去皮时，其中的酶会被迅速激活，产生大蒜素，分解成二硫化烯丙基，这是一种可弥漫在空中、香气浓郁的含硫化合物。

生大蒜具有尖锐、辛辣的风味，使人有辣味感觉。熟大蒜风味较甜，并不像有些人想象的那样有刺激性。

干大蒜呈淡黄色，以8~10mm长的切片、直径2mm的颗粒形式出售，也可以细粉末形式出售。

蒜薹是45cm长的花茎，通常从硬颈大蒜（A. ophioscorodon）收集。过去，许多园丁将它们除去，因为具有丰满卷曲蒜薹的植株产生的蒜头较小。然而，近年来，蒜薹已成为一种流行烹饪美食。它们具有独特蒜味，风味比蒜头略温和。

其他品种

象大蒜（*Allium ampeloprasum*）与韭葱的关系比普通大蒜更密切。虽然它具有非常大的蒜头，但味道并不浓郁，因此它并不能替代真正的大蒜。蛇大蒜（*A. sativum ophioscorodon*）是最常种植来生产大蒜薹的品种，细长的花秆实际上不会产生花朵。交际大蒜（*Tulbaghia violacea*）是一种具有小型星形六瓣紫红色花的植物，因为它不产生大蒜气息，因此在文明社会中是可以容忍的，故而被誉为交际大蒜。交际大蒜不是真正的大蒜，现在健康专业人士建议不要吃它。野生大蒜（*A. ursinum*）可能是20种左右大蒜植物中最不寻常的一种，尽管它不是葱属植物。它也被称为"熊大蒜"，它分布于欧洲和西亚大部分地区。它有可以食用的宽阔叶子，但是球茎很小，被认为收获烦琐，因此它不受香草和蔬菜种植者欢迎。

加工

大蒜在全球的普及已产生了对其进行各种形式加工的需求，包括新鲜冷藏、罐装大蒜和各种形式的脱水大蒜片、颗粒和粉末。干大蒜最常见，因为它易于运输和储存，烹饪时使用方法与新鲜大蒜非常相似。为了生产大蒜片和大蒜粉，要将蒜皮去掉并切成薄片或切块，然后通过脱水器，脱水器温度足以使大蒜水分含量降至6.75%左右，但温度不能太高以免使大蒜风味受到损失。

大蒜粉可以两种方法制成：一种方法是将干燥的切片大蒜研磨成粉，其通常会吸收水分（技术上称之为吸湿性），因此通常要添加淀粉以防止其变黏；另一种方法是将新鲜处理的大蒜制作成糊状物，然后像制造速溶咖啡那样，采用喷雾方式进行干燥，得到的粉末在烹饪时容易溶解。对于那些不含麸质的饮食，它具有不含添加小麦淀粉的益处。

罐装大蒜泥是用压碎的大蒜与油或柠檬汁或醋等食用酸混合制成的，从而具有保鲜效果。有时，这些糊状物含有一定比例的脱水大蒜，使其呈现更深的黄色。

采购与贮存

购买新鲜大蒜时，要购买牢牢固定在一起的蒜头。蒜瓣应该很硬，并且没有显示出从纸质鞘上收缩的迹象。蒜瓣皮剥去后，任何变色斑点都要切除，因为它们具有不良风味。头部保持完整的大蒜最好储存，因为分开的蒜瓣会较快失去风味。完整蒜头应装在敞开容器中，置于阴凉、避光的地方。新鲜大蒜不应存放在冷藏室中，因为它有发芽倾向。

晚春时期，农产品市场短期内会有蒜薹供应。蒜薹应该清新柔嫩。已经变得太大且坚挺的蒜薹会比嫩蒜薹辣，纤维质较多。

大蒜泥产品通常会带有"打开后冷藏"的说明，这是必不可少的，因为即使食品酸和大蒜的天然抗菌特性有助于保存，开盖长时间暴露在常温下也会导致霉菌生长。

各种形式的干大蒜都很容易买到。最好购买以某种高阻隔材料包装的产品，如复合塑料、铝箔或玻璃。永远不要买看起来粗糙的大蒜粉，这种粉表明已经吸收了额外的水分，味道会变差。应始终将干燥的大蒜存放在密闭容器中，置于阴凉避光的地方。要特别注意避免极度潮湿，永远不要在蒸锅上方将内容物从包装中抖出来。通过这些防护手段，干蒜可保质至少1年，也许2年。

使用

蒜薹的风味强度因大小不同而有差异。嫩蒜薹可以切短用于色拉、与香葱一样用作装饰物，可用于意大利面、煎蛋卷和炒鸡蛋。

谈到以各种形式使用大蒜时，这样的问题会很有诱惑力："有没有不使用大蒜的美味菜肴？"但这样做会非常亏待这种美味香草，几乎没有菜肴不能用大蒜改善风味，虽然它的刺激性往往被非使用者所厌恶，但当其他人都沉迷于大蒜时，从口腔中呼出的大蒜味几乎不会引起同时大蒜食客们的注意。

大蒜煮熟后比生吃时更温和，味道更甜，整个蒜头放在烧烤架上慢慢烤约30min，这种转变最为明显。蒜头内奶油色肉质不再有生蒜的热辣味。将蒜肉从烧焦的酥脆蒜衣中取出来，然后散布在随附的烧烤肉类和蔬菜上（我推荐切片茄子）。

大蒜在一道菜肴中不需要占主导地位。令人惊讶的是，少量大蒜可以提高许多食物的风味，包括精致的蔬菜。无论是甜味、辛辣味还是辣味，均可以用大蒜风味平衡。大多数烹饪法都会使用大蒜，特别是地中海、印度、亚洲和墨西哥烹饪，并经常将大蒜用于商业肉类制造、砂锅和香肠。大蒜被用于许多制备好的香草和香料混合物，如意大利香草、比萨调味料、大蒜盐和几乎所有香料混合物，这些调料可用于白色或红色肉类。大蒜是突尼斯哈里萨辣酱的一种配料，为摩洛哥夏梦勒（北非辣酱）和也门辣酱（Yemeni zhug）增添了风味特色。

为给色拉赋予温和的蒜味，可用切开的蒜瓣擦拭碗内。这种方法也可以在做汤或炖菜之前的锅内使用，羊肉或烤牛肉和家禽在烹饪之前还可以用切好的蒜瓣等揉搓腌渍。

用新鲜压碎的大蒜调味的大蒜黄油，能很好地与海鲜搭配，用橄榄油浸泡新鲜大蒜制成的大蒜油也是如此。"Aïoli（蒜油酱）"是一种来自法国南部的浓郁稠厚的大蒜蛋黄酱，是一种多功能酱汁，可用于与洋蓟、鳄梨、芦笋、鱼、鸡肉和蜗牛搭配。我最喜欢在烤之前，用大蒜、迷迭香、辣椒、杏子和压碎的开心果填充羊腿。

一些厨师会将去皮蒜瓣切成两半，然后将中心的浅绿色芽尖去掉。不同发展程度的芽尖会（当非常绿色时）使大蒜略带苦味。

大蒜黄油

大蒜黄油是一种易于制作的多用途黄油，非常适合用于大蒜面包，或烧烤前后添加到海鲜、肉类和蔬菜中。大蒜量可根据个人口味进行调整，从农贸市场选择新鲜大蒜效果最好。

优质黄油，室温	125mL
大蒜，切碎	1~2瓣
细海盐	一撮

制备时间：10min
烹饪时间：无

使用勺子或立式搅拌机的桨，在搅拌碗中将黄油搅拌至变软。加入大蒜和盐，拌匀。在干净的工作台面上铺一大块塑料包装膜，在中间铺上黄油。将黄油紧紧包裹成圆筒，并冷藏。大蒜黄油可在冷藏室保存3天，或在冷冻室保存长达3个月。使用时，只需切下所需量便可。

变化
加入5mL意大利香草以及大蒜和盐。

超级食物色拉

蒜薹通常是大蒜植物中被忽视的部分。蒜薹通用性很强，可以将它的大蒜风味赋予各种菜肴。每当我感觉需要什么美妙滋味的食物时，首先想到的是蒜薹。

制作6人份

制备时间：
40min，加浸泡过夜
烹饪时间：5min

提示

煮奎奴亚藜：将奎奴亚藜加到一大锅冷盐水中。大火煮沸，降低火力煮10min或直到胚芽与种子分离（看起来它们已经分开，露出一个白色小颗粒，这是胚芽）。使用细网筛，在冷水下沥干并冲洗藜麦。充分排水。

煮绿豆：沥干并冲洗浸泡的豆子，然后加入一大碗冷盐水。大火煮沸，降低火力煮10min，直到豆变酥。

绿豆，浸泡过夜，煮熟并沥干（见提示）	125g
奎奴亚藜，煮熟并沥干（见提示）	125g
婴儿纽扣蘑菇，切成薄片	125g
荷兰豆，斜刀切片	125g
大号鳄梨，切块	1个
蒜薹，切片	5根
鲜榨柠檬汁	175mL
特级初榨橄榄油	150mL
酱油	30mL
细海盐和现磨黑胡椒粉	一撮
烤芝麻	30mL
腌红姜，沥干	15mL

1. 在一个大碗里，加入绿豆、藜麦、蘑菇、荷兰豆、鳄梨和蒜薹。

2. 在一个小碗里，搅拌柠檬汁、油和酱油。添加到色拉大碗中，搅动混合均匀。用盐和胡椒粉调味，配上芝麻和腌红姜。

变化
为制作更丰厚的色拉，加入250mL熟鳟鱼片或鲑鱼片。

四十蒜瓣烤鸡

这道菜肴值得制作，纯粹是因为它在屋内产生的香气。为成功制作这道烤鸡菜肴，大蒜和鸡肉的质量非常重要。在鸡肉旁边挤出柔软、甜美的烤整蒜瓣是件非常愉快的事。此菜肴可与白胡桃南瓜鹰嘴豆色拉、发突喜或什锦烤蔬菜一起食用。

● **烤箱预热到180℃**

大鸡	1只
细海盐	适量
油，分批使用	125mL
带皮大蒜瓣，分批使用	40瓣
新鲜百里香，分批使用	1枝
新鲜月桂叶，分批使用	4枝
柠檬，切片，分批使用	1个
洋葱，切片，分批使用	1个

1. 用约15mL油揉鸡肉，加盐调味。
2. 在一个大型铸铁锅或荷兰烤锅（大到足以容纳整只鸡）中，将剩余的油、30瓣大蒜和一半的百里香、月桂叶、柠檬和洋葱混合在一起。
3. 将剩余大蒜、百里香、月桂叶、柠檬和洋葱填入鸡腔内。将鸡胸侧放在铁锅中的蒜瓣上。不加盖，将锅置于预热的烤箱中烤45min。从烤箱中取出，小心地将鸡肉翻身（使鸡胸朝上）。使鸡与锅底汁液大致混合，再送回烤箱烤45min。
4. 从烤箱中取出鸡肉，将烤箱温度调至200℃。当烤箱达到该温度时，将鸡肉送入烤箱再烤15~20min，或者直至鸡皮变成褐色，此时在鸡腿附近插入叉子时流出的汁液应清澈。将鸡转移到一个大盘子中，旁边摆些蒜瓣，供餐。

制作6人份

制备时间：5min
烹饪时间：110min

提示

不要丢弃盘中残留的美妙大蒜汁液。将它过滤到罐中，并存放在冰箱中，用于为其他菜肴调味。

野蒜乳清干酪疙瘩

我第一次遇到野蒜的地方是我们夫妇一道去过的英格兰南方树木繁茂的丘陵。当时一种明显的大蒜香气包围了我们，我们突然意识到整个灌木丛都是野蒜！我们收集了一些这种野蒜，尽可能多地带回家做菜。从那时起它变得越来越受欢迎，现在可以在春季的许多农贸市场找到它。

制作4人份

制备时间：15min
烹饪时间：25min

提示

如果已经购买了一大堆野蒜，请在步骤4中将额外的叶子添加到平底锅中。

如果找不到野蒜，可以用等量野生芝麻菜代替。

00型面粉是一种精细研磨的白面粉。在这个配方中可用多用途面粉替代，但要确保它事先被筛分好。

稍压实的野蒜叶，切碎	500mL
乳清干酪	500mL
磨碎的帕玛森干酪	60mL
鸡蛋	1个
00型意大利面粉（见提示）	250mL
海盐和现磨黑胡椒粉	适量
橄榄油	15mL
樱桃或柚子番茄	375g
野蒜花，可选	

1. 在碗里，加入野蒜叶、意大利乳清干酪、帕玛森干酪和鸡蛋。分批加入面粉搅拌，直到面团成为与马铃薯泥相似的稠度，用盐和胡椒调味。

2. 将四分之一的面团放在干净、表面整洁的工作台面上。用手掌轻轻地将面团搓成直径约2.5cm的长条，用面刀将面团切成2.5cm的小段。剩余的面团也如此处理。

3. 在一大锅煮沸的咸水中，分批煮面疙瘩3~5min（面疙瘩漂浮到表面时已经煮熟）。使用漏勺，将煮熟的面疙瘩转移到衬有塑料膜的托盘中（面疙瘩可以提前做好，覆盖并冷藏最多1天）。

4. 中火，在大煎锅中加热油。加入番茄和制备好的面疙瘩，炒约5min，直到番茄略爆开，面疙瘩变成褐色。搭配野蒜花（如果使用），供餐。

姜（**Ginger**）

学名：*Zingiber officinale*

科： 姜科（Zingiberaceae）

品种： 火炬姜（*Etlingera elatoir*，也称为*Nicolaia alatior* 和*N. speciosa*）

其他名称： 姜根、姜茎

风味类型： 辛辣

使用的部分： 根茎（作为香料）、花（作为香草）

背景

姜的起源是模糊的。虽然姜生长在许多热带地区，各地居民均声称当地是姜的原产地，但并不知道何处是世界上野生姜真正的发源地。尽管如此，中国和印度栽培姜的历史可以追溯到古代，这表明它可能起源于印度北部和东亚之间。

生姜是到达欧洲东南部的最古老的亚洲香料之一。有一个故事讲述了公元前2400年左右，希腊附近的罗德岛上一位面包师如何制作第一块姜饼。在公元前5世纪，波斯大流士国王派往印度的贸易团带回了生姜。孔子（公元前551年—前479年）提到过姜的益处，公元1世纪，希腊的医生狄奥斯科里迪斯同样在他的《药物学》中称赞过姜的好处。阿拉伯商人向希腊和罗马运送生姜，但对其来源保密。

公元2世纪，生姜已被记载在亚历山大港的进口清单中，这些产品需缴纳罗马关税。《古兰经》中提到了生姜，这表明那些到达天堂的人将不会被剥夺姜味水的乐趣。生姜在公元9世纪的德国和法国以及11世纪的英格兰都已有名。到了14世纪，生姜被认为是继胡椒之后英国最常见的香料。亨利八世注意到了姜的药用价值并推荐它。后来，姜饼成了英国女王伊丽莎白一世最喜欢的甜点。

因为生姜可以很容易地在船上的盆中生长，所以活姜根茎在中世纪被广泛交易。结果，姜被移植到了许多地区。正如阿拉伯人在13世纪从印度将生姜运到东非那样，16世纪西班牙人在牙买加建立了生姜种植园。到1547年，据说从牙买加出口到西班牙的生姜已超过1000吨。大约在同一时间，葡萄牙人也在西非建立了生姜种植园。瑞士巴塞尔市有一条开展香料贸易商业务的街道称为"Imbergasse"，意思是"姜巷"。

植物

生姜是一种看起来郁郁葱葱的热带多年生植物，直立叶状枝直径约5mm，高度可达1.2m。每年消失的长矛形叶枝条会从芦苇茎侧向发芽。单独的花茎直接从根茎长出，以长方形的穗状结束，白色或黄色的花朵上长着紫色斑点的花唇。

烹饪信息

可与下列物料结合

- 多香果
- 豆蔻果实
- 辣椒
- 肉桂和月桂
- 丁香
- 芫荽（叶子和种子）
- 小茴香
- 咖喱叶
- 茴香种子
- 高良姜
- 柠檬草
- 柠檬桃金娘
- 马克鲁特莱姆叶
- 红辣椒
- 八角
- 姜黄

传统用途

- 蛋糕
- 糕点和饼干
- 南瓜饼
- 烤南瓜（烹饪之前撒上）
- 所有咖喱
- 亚洲炒菜
- 红肉（具有嫩化效果）
- 海鲜（去鱼腥味）

香料混合物

- 烧烤调料混合
- 柏柏尔
- 中国老汤
- 牙买加混蛋香料
- 红色和绿色咖喱
- 香料混合物
- 咖喱粉
- 混合香料/南瓜馅饼香料/苹果派香料
- 唐杜里调味料
- 四合一调味料

通常所说的姜根（正确的术语是根状茎），是根系的无柄节部分，它生长在地下与块茎关节一起扩散。这些部分在交易中被称为"根"或者更经常和恰当地称为"手"，因为它们具有指关节形状，类似于人的手关节。较小分枝的根茎逻辑上足以称为"手指"。姜根茎被鳞片包围，形成覆盖苍白姜肉的米色粗糙表皮。

香料贸易旅行

1997年1月，莉兹和我在喀拉拉邦南印度州度过了一个月，参观了许多香料农场和加工设施。我们最难忘的经历之一是前往位于科钦市以北45公里的科他曼加兰地区，在那里我们参观了一个生姜干燥设施。经过一段不舒服的旅程后，我们到达了一个固定场所，分布在占地5公顷的岩石山坡上。数百名农民，每人都租了一小块光滑岩石面，正在将他们收获的生姜铺散在上面，让烈日晒干。三三两两的小组成员聚集在临时搭的棚布上。他们的工作是大致刮去根茎两侧的姜皮，以加速干燥。他们在两脚之间使用钢镰刀，因此可以用双手将姜刮到刀片上。

徘徊在这些已经做了几个世纪的生姜制备者中间，我们确实感觉好像也已穿越到了过去，看不到机械装置。当我们看到几个年轻人清理干燥的姜根茎时，他们面对面站着，拿着一个粗麻布袋的两端，里面装着大约3kg干姜，交替地用手臂上下猛烈地拍打它，就像有人用沙滩巾擦沙子一样。几分钟激烈搅动之后，对其他根茎的磨损部分地起到清理作用，那个拿着袋子开口端的男人放开手，将袋子里的干姜倒在地上，露出一堆相对干净的生姜，周围则是片状、容易用簸箕去除的杂物。

我们还看到了姜和姜黄的清洁方法，它更加迷人。像搁浅的水手一样，两名男子坐在一艘大小相当于一艘小艇的"船"对面。他们的脚上缠着粗麻布，在他们之间是一堆生姜。他们面对面踢动双脚，情形就像小孩们在澡盆中相互踢脚玩耍一样。结果就是：姜再次被摩擦清洗干净。

姜的香气和风味可因栽培品种类型、收获阶段，及其生长区域不同而存在差异。姜根茎通常具有甜味、刺激性香气和柠檬般新鲜度。姜的风味同样因收获时节不同而表现出浓郁、甜味、辛辣、微辣到辣等程度上的差异。很大程度上，早期收获的姜根茎甜而嫩，较晚收获的根茎则纤维较多并且辛辣。

其他品种

亚洲烹饪用的姜花来自于一种也属于姜科（Zingiberaceae）的植物，称为火炬姜（Etlingera elatior）。虽然这种花具有高度装饰性，但用于食谱的是其花蕾：切碎后可作为蔬菜生吃，也可作为娘惹（Nonya）菜肴（如"叻沙"laksa）配料用。火炬姜可为印度尼西亚、马来西亚和泰国菜肴添加酸味，其味道类似于越南薄荷和姜的组合。

加工

姜以两种主要方式加工：保藏（例如，在盐水或糖浆中保存或结晶以生产干姜）和干燥（生产干燥的切片姜或姜粉）。

保藏姜

由嫩姜根茎制成的保藏品或结晶品通常称为"茎姜"。由于加工中使用糖，这些形式的产品特别甜。像新鲜生姜一样，这些产品也可能是温和的或辣的。

为了制作保藏姜，要收获并洗净未成熟的根茎（比成熟根茎甜，纤维较少）并修剪根部。要将洗净的生姜去皮，切成所需形状，并均匀地分为以下三个等级：

一级：从根茎末端或指状物中选择"幼茎"和"可选择茎干"姜，切成约4cm长的椭圆形片段。

二级：手指姜，较小的椭圆形片段。

三级："货运姜"，由主根茎构成，并根据大小再分为三级。

分级后的姜装入桶中，加盐并盖上盖放置24h，之后将产生的液体排出。然后加入新鲜的盐，这次还加入醋，让生姜腌七天。在该处理阶段姜称为"盐腌姜"或"盐渍姜"。此阶段出来的姜，大部分将用糖进一步处理，以制成"糖浆"姜或"干"姜和"结晶"姜。

为了制备糖浆姜，要将盐渍姜从盐水中取出，洗净，并浸泡在冷水中，在两天内更换几次水。然后将洗过的姜在水中煮沸10min。再使姜在糖浆中煮沸两次，直至使姜充分受到糖浸渍。为了制备干燥姜或结晶姜，要将糖浆姜第三次煮沸，以蒸发更多的水。然后使姜沥干，进行干燥并撒上糖，制成绝对美味的食物。

白姜

一些国家喜欢漂白或白色的姜。为此，要将生姜垒成约1m高的堆，中间看起来像柳条烟囱。将一碗硫黄粉点燃并放入烟囱内，然后用防水油布覆盖生姜堆，直到烟雾产生效果。由于现在的消费者不太愿意用仅是为了好看而用硫黄处理过的产品，所以这种做法正逐渐消失。

干姜

姜粉（粉碎的姜）缺乏新鲜姜根状茎所具有的清新挥发性香气，但保留了辛辣、浓郁的香气和特有的姜味。

在香料贸易中，干姜分成七个等级出售，这些等级说明了磨成粉之前姜受到的处理。

- "去皮""刮皮"或"无皮"姜是指整个根茎外皮已被去除干净，而皮内组织未受到损伤。因此，这个等级具有最好的风味。
- "粗刮"生姜，次好等级，仅从平坦侧面去除姜皮，以加速干燥。
- "未去皮"或"带皮"姜根茎带着皮完整干燥。
- "黑"姜，这个名字有点误导性。因为它是指整个姜在刮皮和干燥之前在沸水中烫10~15min。这可杀死根茎，防止发芽，便于刮擦，并使姜的颜色变暗。
- "漂白"或"石灰"姜，描述经过硫黄或石灰处理的清洁去皮整姜根，这种姜的颜色更浅。
- "劈开"姜和"切段"姜，是指未剥皮根状茎沿纵向或横向切开，以加速干燥。
- "截根"是指由留在地下超过一年根茎植株生成的次生根茎。它们较小，颜色较深，纤维较多，通常较辣。

采购与贮存

供消费者使用的生姜主要有以下7种形式：

- 鲜姜根茎（茎）：清洁但未加工的生姜，保存在罐子里。
- 姜末（切碎的姜）：罐装保存。
- 腌姜：通常切成薄片，染成粉红色，作为寿司姜出售。
- 糖浆姜：糖浆腌制的嫩姜片。
- 澳大利亚"裸"姜：经过糖浆浸渍但已经沥尽糖浆的姜。
- 蜜饯姜：过糖浆浸渍，沥尽糖浆，再撒上糖粉的姜。
- 姜粉（磨碎的姜）：由干燥姜片粉碎而成。

大多数杂货店都出售新鲜生姜，这种生姜应该丰满、坚实和干净。要将新鲜生姜储存在碗橱内的开口容器中，就像新鲜洋葱和大蒜一样。以这种方式存储，可将姜保持长达1周。

市场上有瓶装用醋或其他酸保存的姜丝供应。这类产品开盖后必须冷藏。包装上的使用日期取决于制造商的保存方法。

用糖浆和结晶方式保存的姜要储存在阴凉干燥环境，有1年以上的保存期。

虽然大多数酸渍姜和糖浆姜（裸姜和蜜饯姜）来自中国，但从20世纪70年代开始，澳大利亚的保藏姜因其甜美、带有柠檬味和令人愉悦的无纤维质地，而成为糖果和烘焙界的首选。

干姜片和生姜粉可能来自不同国家，姜的原产地会影响这类产品的风味。

牙买加生姜具有微妙香气和风味。这种姜被认为是烹饪用的最佳品种之一，并被用来为软饮料调味。欧洲和美国的超市有大量牙买加生姜供应。尼日利亚生姜有一种刺鼻的樟脑味，塞拉利昂的姜也是如此。食品加工业用这些生姜制造挥发油和油树脂。印度干燥姜，来自马拉巴尔海岸的科钦和卡利卡特，广泛出口。科钦姜通常被认为是两者中较好的一种，因为它具有类似柠檬的香气和令人愉悦的刺激性，并且未经漂白（卡利卡特姜通常是漂白过的）。虽然从全球产量角度来看，澳大利亚生姜产量较低，但它的纤维含量最少，而且，依我看，它在烹饪方面效果最佳。质量差的生姜具有呛口滋味和刺激性灼辣香气，并且通常含有大量纤维（可以用普通面粉筛筛分出来）。姜片和姜粉的储存条件类似于其他完整和磨碎香料：装在密闭容器中，避免高温、光线和潮湿。以这种方式存储，可有长达1年的保质期。

使用

生姜可以归在比较通用的香料种类中。其浓郁、鲜爽、微辣、温和及香甜滋味，使其可与从甜味到咸味的各种菜肴配合。鲜姜、保藏姜或姜粉通常可添加到蛋糕、糕点和饼干中。莉兹制作的美味南瓜烤饼，加了切碎的生姜和姜粉。生姜与橙色蔬菜配合得很好（肉豆蔻粉也是如此）。可在烘烤前将生姜撒在南瓜上，也可在蒸熟后，将姜粉与少许黄油一起涂在南瓜上，再油煎。

许多亚洲菜肴多使用生姜，生姜与大蒜、柠檬草、辣椒、马克鲁特酸橙及芫荽叶风味能形成完美的结合。日式料理通常以使用腌渍（上色）粉红色或红色姜为特色。类似于高良姜，生姜有助于中和过度腥味，我觉得烹饪浓烈风味的海鲜几乎都要用姜调味。姜粉在多数印度和亚洲咖喱中都曾被发现。烧烤前将姜粉揉到红肉上，可为其增添美味，并具有轻微嫩化效果。

> **每500g食物建议添加量**
> 红肉：10mL粉末，15mL鲜姜丝
> 白肉：10mL粉末，15mL鲜姜丝
> 蔬菜：7mL粉末，10mL鲜姜丝
> 谷物和豆类：7mL粉末，10mL鲜姜丝
> 烘焙食品：7mL粉末，10mL鲜姜丝

大豆生姜蒸三文鱼

我发现这道简单菜肴中蒸过的蔬菜丝很适口。这道美味可在"减肥日"与白菜或西蓝花，或与香兰叶椰子饭一起食用。我喜欢将三文鱼短时间烹煮，所以，必要的话，可以根据各自口味增加烹饪时间。

制作4人份

制备时间：10min
烹饪时间：15min

提示

三文鱼也可以在垫有羊皮纸的蒸笼中加盖烹制10~15min。
对于菜丝，将蔬菜块切成大约3mm粗和7.5cm长的细长条。

- **28cm×18cm的玻璃烤盘**
- **四个30cm方形铝箔片**
- **烤箱预热到180℃**

250g无骨三文鱼片	4块
7.5cm的大姜块，去皮切成细丝（见提示）	4块
大葱，白色部分，切成细丝	4根
酱油	30mL
芝麻油	5mL
现磨黑胡椒粉	适量

1. 将每一鱼片放在铝箔方块的中央。将生姜和大葱分成4等份，撒在鱼片上，撒上酱油和芝麻油，加入胡椒调味。松散地拉起鱼周围（留有足够大小的）铝箔边缘，并折叠密封。

2. 将鱼包好，接缝朝上转移到烤盘，在预热好的烤箱中烘烤15~20min，直到三文鱼开始剥落（根据需要增加烹饪时间）。用单个盘子盛放鱼包，或将鱼从包中取出，与烹饪汁一起食用。

变化

用大比目鱼以同样方式做这道菜也很棒，扇贝也是如此。如果需要一些辣味，可以尝试在每片鱼上撒2mL七味唐辛子（shichimi-togarashi）。

姜布丁

这种传统蒸煮布丁中，干姜的甜味、温暖风味令人愉悦。

- **1.25L布丁模具，涂有润滑脂，底部衬有羊皮纸**
- **食品加工机**

2.5cm干姜片，切碎	4片
姜块浸过的糖浆	30mL
转化糖浆（见提示）	60mL
黄油，软化	250mL
自发面粉（见提示）	250mL
超细糖	250mL
姜粉	5mL
鸡蛋，轻轻搅打	3个
牛奶	30~60mL
开水	适量

1. 在准备好的布丁模具中，将生姜均匀撒在底部，淋上姜块糖浆和转化糖浆，搁置。

2. 用装有金属刀片的食品加工机，将黄油、面粉、糖、姜粉和鸡蛋混合在一起。在电机运行状态下通过进料管加入牛奶直到形成稠厚的面糊（此时面糊应从勺子中缓慢下落）。

3. 将面糊浇入（淋有姜糖和转化糖浆的）布丁模具中，并涂抹平。撕一块足够大的铝箔覆盖模具，并在一面涂抹上润滑脂。将（留有余量的）铝箔润滑面朝下放在模具顶部并按压边缘以密封。用绳子固定铝箔片（修剪任何松散边缘）。

4. 在炉子上放一个大锅，在底部放一个盘子。将布丁模放在盘子上。将沸水倒入锅中，直到它到达模具一半高度，然后开始用小火加热。盖上锅盖，蒸2h，必要时加开水，确保锅中水不会沸腾烧干（见提示）。

5. 供餐，小心地从锅中取出布丁模并取出铝箔。在模顶部放置一个盘子，然后快速翻转模具，使布丁转移到盘子中，用生姜和糖浆浇盖。

制作6人份

制备时间：15min
烹饪时间：2h

提示

带盖塑料布丁模具可在许多炊具商店购到，也可用铝箔覆盖模具。如果没有布丁模具，可用体积大致相同的深而耐热碗代替。

可以用等量液态蜂蜜替代转化糖浆。

如果在商店里找不到自发面粉，可以自己做。制备250mL自发面粉可用250mL通用面粉、7mL发酵粉和2mL盐混合而成。

烹饪2h后，如果需要，可以关火，并且根据需要，可以在供餐前将布丁搁置长达2h。

黏姜饼

姜饼分为两大类：孩子们喜欢的人形脆曲奇饼和富含糖蜜和糖浆的发面蛋糕，这种蛋糕通常含有较多生姜香料。这种蛋糕效果随着存放时间延长而得到改善：最好在烘烤后的第二天或第三天左右食用。

制作一块30cm × 20cm的饼

制备时间：5min
烹饪时间：45min

提示

可以用等量液体蜂蜜替代转化糖浆。
为有更浓郁的姜味，可在烘烤前将125mL切碎的结晶姜加入面糊中。

- **30cm×20cm的蛋糕盘，涂有油脂并衬有羊皮纸**
- **烤箱预热到150℃**

黄油	250mL
转化糖浆（见提示）	75mL
轻压实的红糖	125mL
糖蜜	175mL
牛奶	300mL
多用途面粉	375mL
姜粉	15mL
肉桂粉	5mL
小苏打	7mL
鸡蛋，轻轻搅打	2个

1. 小火，在平底锅中，溶化黄油、糖浆、糖和糖蜜，搅拌混合。将锅从热源移开，并拌入牛奶，置于一边冷却。

2. 在一个大碗里，加入面粉、生姜、肉桂和小苏打。在中心扒一个坑，倒入黄油混合物。加入鸡蛋，轻轻搅拌，直至混合均匀。倒入准备好的锅里。

3. 在预热的烤箱中烘烤40~50min，或者直到插入中心的叉子干净，并且在触摸蛋糕时感觉非常柔软并呈海绵状。从烤箱中取出并在平底锅中完全冷却，然后切成方块。装在密闭容器的蛋糕，在室温下可保存1周。

摩洛哥豆蔻（**Grains of Paradise**）

学名：*Amomum melegueta*（也称为*Aframomum amomum*，*Aframomum species*，*Amomum species*，*A. grana paradisi*）

科：姜科（Zingiberaceae）
品种：鳄辣（alligator pepper）或"红果（mbongo）香料"（*A. citratum*，*A. danielli*，*A. exscapum*）
其他名称：金尼谷（ginny grains）、几尼谷（Guinea grains）、麦勒格塔胡椒（Melegueta papper）
风味类型：辣
使用的部分：种子（作为香料）

背景

　　摩洛哥豆蔻是一种在欧洲常被称为麦勒格塔胡椒的香料，原产于从塞拉利昂到安哥拉的非洲西海岸。英文俗名"Melegueta（麦勒格塔）"源自"Melle（梅莱）"，梅莱是一个由曼丁哥人（Mandingo）居住的古老帝国，位于毛里塔尼亚和苏丹之间上尼日尔地区。葡萄牙人将它称为"Terra de Malaguet（麦勒格塔土地）"，其西部的海岸通常称为黄金海岸，自从这种香料出名之后，此海岸也被称为天堂谷物海岸和胡椒海岸。

　　最早关于摩洛哥豆蔻的记载可以追溯到1214年。13世纪，小亚细亚古城尼西亚的皇帝约翰三世的宫廷医生处方中用到了摩洛哥豆蔻，很可能是因为它具有抗菌和兴奋作用，并且"grana paradise [天堂谷物，格拉纳帕拉迪西（音译）]"被列入1245年里昂市场销售的香料清单中。这个名字是由意大利贸易商创造的，他们从地中海北风山（Monti di Borea）港口运来；他们不知道这种香料的起源，因为它是通过沙漠陆路运输到的黎波里的，因此假设它来自"paradise（天堂）"！到14世纪中期，装载象牙和麦勒格塔胡椒的船有了直通西非的海路。虽然这种香料与胡椒无关，但它被认为是一种可接受的替代品，并且由于其当时相对可达性（通往印度的海路，直到1486年才发现真正的胡椒），它在欧洲很受欢迎。

　　在16世纪，英国人积极地从黄金海岸交易象牙、胡椒和摩洛哥豆蔻。当时的英国草药师约翰·杰勒德提到了它的药用价值，这种植物的种子和根茎在西非都有药用价值。摩洛哥豆蔻种子是名为希波克拉斯（hippocras）五香酒的配料之一，其刺激性被用来为葡萄酒、啤酒、烈酒和醋提供人工强化风味。据报道，伊丽莎白一世个人特别喜爱摩洛哥豆蔻。到了19世纪，这种香料在西方美食中已经失宠，并且在整个20世纪，人们通常出于好奇才会用到它。然而，在21世纪，由于消费者对摩洛哥菜肴的兴趣以及将其纳入异国情调的香料混合物，摩洛哥豆蔻在烹饪圈中经历了一连串流行潮。

　　西方国家仍然难以找到摩洛哥豆蔻，主要是因为它一直是野生收获的。这种没有正规农业和收获的情况严重限制了摩洛哥豆蔻供应，如果有幸找到了一个供应来源，许多国家进口法规会找不到如何管理进口这种香料的条文。

烹饪信息

可与下列物料结合

- 多香果
- 月桂叶
- 豆蔻果实
- 辣椒
- 肉桂和月桂
- 丁香
- 芫荽籽
- 小茴香
- 大蒜
- 生姜
- 科卡姆
- 迷迭香
- 八角
- 罗望子
- 百里香
- 姜黄

传统用途

- 很多非洲菜（和辣椒一样）
- 突尼斯炖肉
- 野味
- 慢煮砂锅菜

香料混合物

这种香料非常罕见，通常不会添加到香料混合物中；但它已添加到：
- 塔吉（tagine）香料混合物
- 辣椒混合物

植物

摩洛哥豆蔻是一种属于姜科和豆蔻科植物的种子。这种草本豆蔻叶状茎灌木通过粗壮的根茎生长，可能会有很大差异，具体取决于它长在西非什么地方。与小豆蔻相似，摩洛哥豆蔻的花朵长在5cm的茎上，基茎出现在地面以上的基部，开花后形成10cm红色到橙色的梨形果实，内含许多深棕色小种子。坚硬、圆润、芳香并有刺激性的种子直径为3mm。它们的滋味最初呈松树味，然后出现辛辣、辣、刺舌和麻木感，类似于澳大利亚本土山椒（*Tasmannia lanceolata*）；同样地，也可以检测到带有樟脑韵味的挥发性松节油味。

其他品种

鳄椒，或称"红果香料"（*Amomum citratum*，*A. danielli*，*A. exscapum*），与摩洛哥豆蔻有关。它看起来类似于棕色（黑色）印度小豆蔻荚，具有颠簸爬行动物外观。鳄椒与摩洛哥豆蔻具有相似的风味，即使在其原产地北非也很少见。除了仪式用途外，它还被加入突尼斯式炖牛肉。鳄椒以整体干燥形式出售。

加工

与其近亲绿色和棕色小豆蔻及鳄椒不同，摩洛哥豆蔻种子要手工将其从豆荚取出，并将周围的黏性果肉去除，在阳光下干燥长达一周。

采购与贮存

西方国家很难找到摩洛哥豆蔻，因为其供应受到三个限制因素的阻碍：（1）对于禁毒执法机构来说，这个香料名字让人联想到损害神经系统的概念；（2）作为胡椒掺假物使用已经导致一些国家禁止进口该香料；（3）该作物从未经历过有组织的栽培。因此，除了嗜香料的非洲人持有少量这种香料之外，它很可能仅在高度专业化的香料店才能购到。

对于那些有幸获得这种异国情调香料的人来说，可购买整粒种子并装在密闭容器中，避免高温和潮湿。在这些条件下，其风味将持续长达5年。

一种相当成功的摩洛哥豆蔻粉替代物可用以下方法制成：将棕色小豆蔻荚、4个黑胡椒和1个塔斯马尼亚山胡椒或杜松子的6粒种子混合在一起，用研钵和研杵研磨成粉。摩洛哥豆蔻粉的贮存方法与其他香料粉相同：装在密闭容器中，避免高温、光线和潮湿。在这些条件下，这种香料粉可持续保质长达1年。

使用

摩洛哥豆蔻的使用方式与胡椒大致相同。在西非，它被认为是黑胡椒的可接受替代品，对于一些当地菜肴，它是首选香料。充满异国情调的摩洛哥香料混合物如可能含有压碎的摩洛哥豆蔻种子，它们的辛辣味可在突尼斯炖肉出现，炖肉中加入了肉桂、肉豆蔻和丁香调味。摩洛哥豆蔻加入菜肴之前最好将其磨碎，因为其种子在烹饪时不轻易软化，而研磨可将它们的风味释放出来。

每500g食物建议添加量

红肉：5mL
白肉：3mL
蔬菜：2mL
谷物和豆类：2mL
烘焙食品：2mL

突尼斯炖牛肉

由于原产于西非，所以大多数非洲菜肴都用摩洛哥豆蔻调味。这道带有花生酱，称为"maafe（马菲）"的炖牛肉，展示了这种香料的日常使用方式。可与马铃薯泥或米饭一道食用。

制作6人份

制备时间：15min
烹饪时间：1h

提示

可以用研钵和研杵研碎摩洛哥豆蔻和花生。也可用碗和木勺背面操作。

油	30mL
洋葱，切碎	1颗
炖牛肉，切成5cm的块	750g
红指辣椒，切碎	1个
398mL带汁切块番茄罐头	1罐
摩洛哥豆蔻，大致粉碎（见提示）	10mL
甜椒粉	10mL
黄油	5mL
无盐烤花生，大致粉碎（见提示）	125mL
海盐和现磨黑胡椒粉	适量

1. 在一个厚底大平底锅中，用中低火加热油。加入洋葱炒约4min，直至透明。将火力调至中高。

2. 为避免挤锅，分批煮牛肉约8min，直到各面都呈褐色。加入辣椒、番茄、摩洛哥豆蔻和甜椒粉搅拌，并将其煮沸。将火力调至小火，加盖慢煮约1h，偶尔搅拌，直到肉嫩。

3. 同时，在小煎锅中中火融化黄油。加入花生，并使用木勺背面使花生粘上黄油，做成粗糊。将花生黄油酱加入炖肉锅，用盐和胡椒粉调味，煮5min，直到风味融合。趁热食用。

变化
如要做素食炖菜，可用等量煮熟的鹰嘴豆代替牛肉，将烹饪时间减少到15min。

辣根 （Horse Radish）

学名：*Armoracia rusticana*（也称为*Cochlearia armoracia*，*A. armoracia*，*A. rustica*，*Cardamine armoracia*，*Rorippa armoracia*）

科：十字花科（Brassicaceae，旧科名Cruciferae）
品种：芥末（*Wasabia japonica*，也称为*Eutrema wasabi*）
其他名称：大雷福（great raifort）、日本辣根（山葵【wasabi】）、山萝卜（mountain radish）、红科尔（red cole）
风味类型：辣
使用的部分：根（作为香料）、叶子（作为蔬菜）

背景

辣根的起源模糊。一些历史学家声称，早期希腊人在公元前1000年就已经知道它，并且在罗马人入侵之前英国人就使用过辣根，但很奇怪，公元1世纪的罗马美食家阿皮修斯没有提及它。辣根被认为原产于东欧，靠近里海，并在俄罗斯、波兰和芬兰生长。因为它能在温带地区繁衍生息，所以很容易在其原产地之外传播。到了13世纪，辣根在欧洲被归化，并且据报道在16世纪它在英国成为野生作物，在那里被称为"红科尔"。约翰·杰拉德在他1597年所著的《草本植物》中将辣根称为德国人用于肉类和鱼消费的调味品。

辣根是犹太逾越节家宴中吃的苦菜之一，以提醒人们受埃及人奴役的苦难。辣根因其药用价值而受到高度重视，并且仍然受到自然疗法师的欢迎，以帮助缓解呼吸道充血。早期殖民定居者将辣根运到美国，现在经常能在潮湿、半阴环境见到生长的辣根，并且许多园艺家认为这是一种生机勃勃、难以根除的杂草。

根据日本传说，辣根是几个世纪前在一个偏远山村发现的。与大多数难以追溯到起源时间的植物一样，人们对辣根的起源知之甚少；然而，日本在10世纪左右似乎就已知种植辣根。辣根现在在土壤条件适宜、气候寒冷的许多国家种植，包括美国、加拿大、中国、新西兰。

植物

辣根是一种生长旺盛的多年生植物，具有大而柔软的肉质深绿色叶子，类似于菠菜。叶子长约60cm。直立茎上形成的许多白色芳香小花，最后结出长椭圆形的荚果，其中含有大部分不能发芽的种子，因此，这种植物靠根茎传播。

幼叶可以像菠菜一样煮熟，但这并不常见，因为辣根主要是根据其根部的

便宜的惊险刺激

16世纪，少数提供辛辣味的调味品之一是辣椒，那个时代辣椒是一种昂贵的商品。即使在新世界发现了辣椒之后，它们也花了几个世纪才被欧洲人所接受，因此当地人很高兴能够从野外生长的辣根中获得美味刺激。从那以后，辣根一直是英国美食的主要调料。

烹饪信息

可与下列物料结合

- 罗勒
- 月桂叶
- 莳萝（叶和种子）
- 茴香（叶和种子）
- 葫芦巴种子
- 大蒜
- 拉维纪草
- 芥末
- 芫荽
- 迷迭香
- 黑芝麻
- 百里香

传统用途

- 冷肉（作为酱汁）
  含有番茄的海鲜酱
- 一般的日本料理
- 寿司和生鱼片
- 芥末豌豆

香料混合物

- 通常不用于香料混合物

风味进行栽培。辣根有一根30cm长的主根，较小的根分叉成不同的角度；它看起来像一个肥大的胡萝卜，但多毛、较多皱纹，外皮呈黄棕色。内部的根肉是白色和纤维状的，释放出一种强烈、刺激性、令人流泪的香气，能直接从鼻子后部流出。这些特有的头部清新香气和辣根的强烈刺激性辣味只有在根部受到切割或刮削时才会产生，这个过程会破坏单独的细胞并使两种成分——黑芥子苷（一种葡萄糖苷）和一种酶——形成一种强烈的挥发油，其化学式与黑芥菜籽所含的相同。整个刺激过程短暂，除非添加酸味剂（柠檬汁或醋），否则只需15min辣气便会消失。酸能阻止酶反应，从而阻止反应过程产生的辣味成分。

其他品种

山葵或日本辣根（Wasabia japonica）呈淡绿色，来自多年生草本植物的块茎，具有与辣根相似的香气和味道，但通常被认为更复杂、刺激性更大。过去20年里，山葵生产者进行了大量争辩和游说，为山葵正名。制造商通常会将辣根、芥末和绿色素混合成假山葵。欧盟实施了新的标签要求，只允许真正的日本辣根使用术语山葵和日本辣根，现在这种材料的真实性已经可以独立测试出。由于这项法规，瑞士和德国的超市货架上已经撤除了许多假山葵产品，许多其他国家也可能效仿。

还有一种树称为辣根树（Moringa oleifera），它原产于西马喜马拉森林。它被栽培来生产种子，用于提取制造苯油，苯油可用于化妆品和作为精密仪器的润滑剂。这种树带有种子的豆荚具有肉味，有时可用于咖喱调味。辣根树之所以得名，是因为根部像辣根一样辛辣，偶尔会以类似方式用于食物调味，尽管它不被认为是辣根的良好替代品。

加工

辣根最好在秋末收获或"挖起"，因为随着寒冷天气的来临，其风味会改善。在挖出根部之前大约一周时，要将其多叶的顶部切掉（大面积耕种，只有较小分叉面积）。要将根部洗净并修剪，横生的小根切割下来用于加工，主根要保留下来用于重新种植。在切碎或磨碎以制作辣根酱之类的产品之前，要将收获的根包起来，并避免光照，因为光照会使它们变绿，从而不利于出售。辣根的内核与胡萝卜的类似。磨碎新鲜辣根时，只使用根部的外层部分，因为内核风味较少，并且有点橡胶状，难以碾磨。

采购与贮存

应彻底清洗新鲜辣根以清除残留的污垢。将辣根装在可重复密封的袋中，可在冷藏室中存放长达2周，或者磨碎装在可重复密封袋中，可在冷冻室中存放几个月。超市里有各种辣根酱和糊状物供应。在美国，这些产品通常用甜菜汁涂成红色，主要用于产生视觉吸引力，而不是为了增强风味。通常还可以购买到脱水辣根颗粒、薄片或粉末，这类产品是制作酱汁或添加到蘸料的合理替代品。各种脱水辣根的味道都会与新鲜的有差异，薄片和颗粒状脱水辣根需要较长的浸泡时间，因为它们具有坚固的纤维质地。

辣根和山葵粉较容易使用，因为加入冷水后几分钟内就可激活辣效应。一些山葵酱是用染成绿色的辣根制成的，除非这些酱料制造商将其产品标记为仿制山葵，否则这种做法最终应该被禁止。新西兰现在生产的是一种非常优质的山葵粉，不论你是否相信，这种产品大量出口到日本。山葵粉与芥末粉一样，在与冷水接触后几秒内就会产生辣性和刺激性；它是仅次于新鲜山葵的最佳选择。应将辣根粉、颗粒和薄片以及山葵粉储存在密封容器中，避免受热、光照和潮湿。

使用

辣根通常在冷却状态食用，或在烹饪结束时再添加到温热食物中，因为其大部分辛辣都会因受热而减少。使用辣根或山葵粉时，应遵循以下几条简单规则以获得最佳效果：

- 切勿直接加入热菜，热量会抑制酶的反应。
- 粉末应仅与冷水混合，制成浓稠的糊状物，这会激活产生特征辣感的酶。
- 从粉末制成糊状物后，用保鲜膜覆盖并冷藏5~10min，以使辣感发挥其全部效力。
- 立即使用（即使仅1h后辣感也会减弱）。

辣根最常见的用法就是将它当作芥末一样使用；辣根也可以用于火腿、畜类舌头、腌制（盐腌）牛肉之类，它特别适用于烤牛肉。将新鲜磨碎或切成薄片的辣根与糖和醋混合，制成简单的辣根酱或调味品。为了加入猪肉，可将这种混合物与磨碎的苹果、薄荷和酸奶油混合。辣根也适合搭配鱼类和海鲜，许多流行的红色海鲜酱料都是通过在丰富的番茄基料中加入磨碎的辣根制成的。在东欧和斯堪的纳维亚国家，辣椒添加到汤和酱汁中或与奶油干酪混合，辣椒会与甜菜形成一种刺激性的结合。在日式料理中，山葵是寿司馅料的一种配料，是生鱼片（生鱼）的伴侣，经常与日式酱油混合用作蘸料。

> **每500g食物建议添加量**
> 红肉：15mL鲜丝
> 白肉：10mL鲜丝
> 蔬菜：5mL鲜丝
> 谷物和豆类：5mL鲜丝
> 烘焙食品：5mL鲜丝

辣根酱

新鲜制成的辣根酱比市售的瓶装货更好吃，所以如果能获得新鲜辣根，那就照此简单食谱自己做吧。这种酱适用于轻度烤熟的牛肉或熏腌鱼。

制作约250mL

制备时间：5min
烹饪时间：无

提示

为了精细地磨碎辣根，使用厨房锉刀，如Microplane公司制造的类型。

去皮，细磨新鲜辣根（见提示）	45mL
酸奶油	250mL
第戎芥末	5mL
海盐和现磨黑胡椒粉	适量

在一个小碗里，加入辣根、酸奶油和芥末酱，用盐和胡椒调味。此酱汁装在密闭容器中，可冷藏保存长达1周。

山葵酱荞麦面

荞麦面由荞麦制成，具有朴实、令人满意的味道。在日本，无论是繁忙的火车站还是高档餐厅，随时都有各种面条供应，如汤面、炒面和凉拌面。山葵是日本不可或缺的调味品，它被用于各种菜肴。这种凉拌面条，用山葵作佐料食用，是午餐盒或野餐中三明治的绝佳替代品。

荞麦面	300g
芝麻油	10mL
山葵粉	10mL
冷水	10mL
米酒醋	30mL
油	30mL
酱油	15mL
鲜榨柠檬汁	15mL
豌豆，斜切成2.5cm的短段	375mL
烤芝麻（见提示）	15mL
腌红姜，可选	

制作4人份

制备时间：5min
烹饪时间：10min

提示

为了激活产生辣味的酶，山葵粉需要与冷水混合。

烤芝麻：放入干锅中焙烤2~3min，不断摇晃，直至略微变成褐色。立即转移到盘子，以防止进一步褐变。

1. 在沸腾的咸水中，煮荞麦面约5min至面条柔软。用冷水淋洗冷却。将面转移到一个碗，并拌入芝麻油（以防止粘连）。

2. 在一个小碗里，将山葵粉用水和匀（见提示），加入醋、油、酱油和柠檬汁。将调料加在面条上，加入豌豆和芝麻，拌匀。顶部加腌姜（如果使用）。

变化

对于热面，沥干但不要冲洗面条。在锅中将热面条与调料、豌豆和芝麻混合，用小火加热2min。

万寿菊 （ Huacatay ）

学名：*Tagetes minuta*（也称为*T. graveolens*，*T. glandulifera*，*T. glandulosa*）

科：菊科（Asteraceae或Compositae）
品种：万寿菊（huacatay）（*T. minuta*）、巴巴劳盖利苔
（papaloquelite）（*Porophyllum ruderale*）
其他名称：阿尼西略（anisillo）、黑薄荷（black mint）、
奇奇帕（chijchipa）、金吉拉（chinchilla），马斯特兰佐
（mastranzo）、臭罗杰（stinking Roger）、南锥万寿菊
（southern cone marigold）、斯维科（suico）、瓦客泰叶
（wacataya）、祖哥（zuico）
风味类型：辛辣
使用的部分：叶子（作为香草）

驱虫作用

近来，万寿菊科成员因具有驱虫特性而受到赞赏，并且以万寿菊的驱虫作用最大，因此人们将它当伴侣植物养植。万寿菊根部分泌物对鳗虫等线虫具有杀灭作用，将其当作香草种植时，它会驱逐白菜蛾和其他昆虫。

背景

万寿菊原产于美洲，因此在哥伦布时代以前其他地方不知它的存在。当地土著人用它制作药茶、对食物调味，并可能还用来控制传统农业害虫。"Tagetes（万寿菊）"这个名字与伊特鲁里亚先知"Tages（泰格）"有关。自西班牙在美洲殖民化之后，万寿菊便开始出现在世界各地，从欧洲到亚洲、非洲和澳大利亚。万寿菊在澳大利亚被戏称为"臭罗杰"。

万寿菊除了用作烹饪香草外，还可用于制造天然染料和称为万寿菊油的精油，这种油通过蒸汽蒸馏提取得到。巴西生产的万寿菊油被用于香水、酒精和非酒精饮料、加工食品和烘焙食品。

植物

万寿菊是南美洲南部温带草原的一年生植物。该植物直立生长，有时被称为有害杂草。这种植物可长到1.2m高，具有锯齿状叶子，在其韧性分枝末端开乳黄色花朵，这种植物的贮存对于热情厨师来说有一些惊奇。

首先，它有一种强烈茴香般药物香气，这种香气对某些人来说是令人不愉快，就像芫荽和土荆芥给人带来的影响一样。其次，经过仔细检查和一定时间欣赏其香气，可以使人想起苹果、菠萝和茴香的香味。与芫荽不同，我发现这种植物叶子干燥后的风味更加令人愉悦。

烹饪信息

可与下列物料结合	传统用途	香料混合物
• 罗勒	• 奥克帕（ocopa）和万寿菊酱	• 通常不用于香料混合物
• 咖喱叶	• 黑薄荷酱	
• 莳萝叶	• 肉类腌料	
• 葫芦巴叶	• 作为芫荽替代品	
• 大蒜		
• 柠檬草		
• 柠檬桃金娘		
• 香兰叶		
• 芫荽		
• 越南薄荷		

其他品种

万寿菊品种繁多，有些可用作绿叶蔬菜，有些则主要用于装饰或药用。巴巴劳盖利苕（*Porophyllum ruderale*），也称为巴巴劳，是万寿菊科的另一个成员，具有类似于芫荽的独特风味。这种植物的叶子呈椭圆形并且柔软，将要结籽的花朵像蒲公英。人们认为，墨西哥烹饪远在芫荽之前就已经使用巴巴劳盖利苕和土荆芥，因为它是该地区真正的野生香草药之一，当地人称之为"quelites"。其风味比芫荽更复杂，它们以非常相同的方式用于色拉和风味装饰。

加工

由于万寿菊很容易从其所喜生长的半湿润土壤中拔起，因此，我喜欢将整个植物从地中拔出来，洗净根部然后将其倒挂在避光、通风良好的地方晾干，直至叶子枯萎并变清脆。然后将干燥叶子从茎上摘下。

采购与贮存

万寿菊鲜叶可以在西班牙裔经营的店里购买到，通常以约30cm长和7.5cm直径的整把形式销售。切割好的茎和叶子已被折叠并用细绳捆紧。

新鲜带叶的万寿菊茎秆轻轻洒上些清水后，最好保存在冰藏室的保鲜盒中。以这种方式存储，可以持续2~3天，但应注意，这种冷藏的叶子会快速枯萎。如要冷冻，可将茎叶从茎秆上摘下，不用切割，压入冰块托盘中，几乎不用水覆盖，然后放入冰箱中。将冻结的冰块取出，装入可重复密封的袋子中，并存放在冷冻室中，这样可有长达3个月的保质期。

随着这种香草的普及，其干燥叶子和粉末产品在拉丁美洲产品市场上越来越多。市场上也有"万寿菊酱"（万寿菊制成糊状物）供应，这种产品可以作为新鲜万寿菊的替代品使用。

像其他干香草一样，干燥万寿菊应贮存在以下条件：装在密闭容器中，避

香料札记

当莉兹还是澳大利亚北部农村的一个女孩时，从来不知道这种如此疯长的瘦长、骨瘦如柴的"臭罗杰"杂草还可以吃。将单个茎秆从地面轻松拔出，便是一个简易的木马，小拳头握住带泥的茎秆基部，顶部羽状叶拖地扬起红色火山灰尘。莉兹和小伙伴们赤脚骑"马"，无忧无虑。现在，60年后，我们把车停在路边，收集臭罗杰叶子，我们现在认识到这就是万寿菊，就把它带回了家中厨房。

免高温、光照和潮湿。在这些条件下，干燥叶子可保持其风味长达1年。

使用

可以将万寿菊当成芫荽、土荆芥和阿魏来使用。这种产品刚一接触时都具有强烈、看似奇怪的香气和味道，但在与其他食物平衡时却非常受欢迎。含万寿菊的安第斯山脉、秘鲁和玻利维亚腌泡汁可用于猪肉、羊肉和山羊，是奥克帕的一种重要配料。奥克帕曾是印加信使随身携带休息时食用的一整袋装有花生、辣椒和香草的食物。如今，奥克帕已经演变成一种酱汁，与含有洋葱、大蒜、万寿菊、辣椒、烤花生、面包和干酪的摩洛酱（mole）类似。这些是煮熟的混合物，可与煮熟的鸡蛋和马铃薯一起食用。用万寿菊代替芫荽可能会使人感到惊奇。

干燥万寿菊用量为新鲜万寿菊用量的三分之一时，有相同的调味效果。

每500g食物建议添加量
红肉： 125mL鲜叶，30mL干叶
白肉： 125mL鲜叶，30mL干叶
蔬菜： 60mL鲜叶，15mL干叶
谷物和豆类： 60mL鲜叶，15mL干叶
烘焙食品： 鲜叶点缀

奥克帕

当我们意识到野生澳大利亚植物"臭罗杰"实际上与南美香草华卡泰相同时，就觉得有必要尝试用来制作奥克帕（Ocopa），这是一种经典的秘鲁酱，通常配有煮熟的鸡蛋和切成片的煮马铃薯。我发现它也非常适合用作蔬菜色拉酱。

制作750mL
制备时间：10min
烹饪时间：10min

提示

阿吉阿马里洛（Aji Amarillo）是一种南美黄辣椒。它可以是新鲜的、罐装的、干的或糊状的，所有这些形式都适用于本配方（1个干辣椒相当于1个新鲜或罐装辣椒，也相当于5mL辣椒糊）。这种辣椒可在特色香料店或南美杂货店购到。

● **搅拌机**

油	15mL
洋葱，大致切碎	1颗
大蒜，切碎	1瓣
干燥的阿吉阿马里洛辣椒，去籽切碎（见提示）	1个
干万寿菊	60mL
无盐花生，略烘烤	75mL
普通饼干（约4个）	30g
意大利乳清干酪	250mL
淡奶	250mL
细海盐	1mL

中火，在锅中加热油。加入洋葱并炒制约5min至半透明。加入大蒜、辣椒和万寿菊，煮2min，直到变软。转移到搅拌机，加入花生、饼干、意大利乳清干酪、淡奶和盐；搅打成细滑的菜泥。此酱汁装在密闭容器，可在冷藏室中保存3天。

杜松 （Juniper）

学名：*Juniperus communis*（也称为*J. albanica*、*J. argaea*、*J. compressa*、*J. kanitzii*）

科：柏科（Cupressaceae）
品种：叙利亚杜松（*Arceuthos drupacea*）、加利福尼亚杜松（*J. californica*）、鳄鱼杜松（*J. deppeana*）
其他名称：杜松子（juniper berries, juniper cones, juniper fruits）
风味类型：辛辣
使用的部分：浆果（作为香料）

背景

杜松树原产于地中海、寒带的挪威、俄罗斯，喜马拉雅西北部和北美洲。几千年来，杜松一直被认为是一种有价值的医用香料，并且历经多个世纪，被视为一种神奇植物。它在圣经中被提及，希腊医生盖伦和狄斯科里德斯在公元100年左右提到了杜松的价值。由于松香使空气清新，人们用杜松叶作香草，以清新陈旧空气。瑞士人在冬季用加热燃料烧杜松浆果，为陈旧的教室消毒。在瘟疫期间，伦敦人曾燃烧杜松木试图防止感染，但未获成功（他们不知道这种疾病是由老鼠身上的跳蚤所传播的）。杜松浆果有时被用作胡椒的替代品，它们也被烘焙并用作咖啡替代品。杜松子酒是一种从杜松子中获得独特风味的白酒，其英文名"Gin"是来自杜松的荷兰语："Jenever"。

植物

有许多不同种类的杜松，小到为提供烹饪用杜松浆果的1.5~2m高的小灌木，大到12m高的树木。杜松灌木丛紧凑，尖锐的脊状针状灰绿色叶子以直角方向突出，使得浆果采集者往往受到刺痛，除非戴着厚手套（或使用筷子）进行采摘。黄绿色花朵有雄性的或雌性的；然而，雌雄异株的花，靠风力传粉。不太明显的花朵开过之后结出直径为5~8mm的雌球果，我们通常称之为浆果。这种浆果需要两到三年才能成熟。淡黄色的雄球花出现在叶子的基部，不能用于烹饪。

杜松子最初坚硬并呈淡绿色，成熟后呈蓝黑色，内部肉质含有三个黏稠的棕色硬种子。当干燥时，浆果保持柔软，但如果打开，人们会发现种子周围的髓是非常易碎的。杜松的香气会立刻使人联想到英国干杜松子酒、木香、松树、树脂味、有点花香，含有松节油。杜松的风味类似于松香，辛辣、清爽且有滋味，使其成为营养丰富或含脂食物的绝佳选择。虽然杜松对大多数人来说被认为是无害的，但建议孕妇和肾病患者避免大量食用。

其他品种

杜松品种大约有30种，但其中许多种类的浆果太苦，不能用于烹饪。一些值得注意的例外是：生长在土耳其、南欧和北非的叙利亚杜松（*Arceuthos drupacea*）；生长在北美洲西南部的加州杜松（*Juniperus*

烹饪信息

可与下列物料结合	传统用途	香料混合物
● 多香果	● 多脂食物	● 其他香料混合物
● 月桂叶	● 酒精饮料（特别是杜松子酒）	
● 墨角兰	● 汤和砂锅	
● 洋葱和大蒜	● 烤禽	
● 牛至	● 面包和香草馅	
● 辣椒		
● 迷迭香		
● 鼠尾草		
● 龙蒿		
● 百里香		

香料札记

几年前，我家里种了一棵小杜松树。在尖锐的针叶树中采摘杜松浆果非常痛苦，以致我们得用筷子将它们捡出并投入下方地面的托盘中。这一作业虽然非常缓慢，但至少它让我们大大提高了使用筷子的技能。

每500g食物建议的添加量

红肉：5枚浆果
白肉：5枚浆果
蔬菜：3枚浆果
谷物和豆类：3枚浆果
烘焙食品：3枚浆果

californica）；以及生长在亚利桑那州、得克萨斯州和墨西哥的鳄鱼杜松（*J. deppeana*）。这些品种的生长习性，授粉方法和结果与杜松（*J. communis*）相似，并且浆果也可用于烹饪。

加工

因为杜松子需要2～3年才能成熟，一棵树将同时承载未成熟果实和即食果实。成熟时（通常在秋季）手工采摘的浆果品质最好，因为各种机械形式收获都会压碎小浆果球体，使它们变干并失去风味。

只有成熟的新鲜或干燥浆果适合用于蒸馏制造杜松子酒的油（最好用新鲜成熟浆果）。

应采购与贮存仍然保持湿润和触感柔软的浆果，这类浆果在手指之间相对容易挤压而不会破碎，它们处于最佳状态。一些浆果偶尔会在其蓝黑色皮肤上出现花白霜斑。虽然这是一种无害的霉菌，但未经适当干燥的浆果可能会发霉，应避免使用。一定要在马上使用它们之前，才对杜松子进行碾碎或研磨，因为挥发性成分一旦暴露在空气中就会迅速蒸发。杜松浆果装在密闭容器中，在避免高温、光线和潮湿的条件下储存，保存期为2~3年。

使用

杜松子通过其独特风味特征所具有的"清新"能力，为食物赋予只有这香料才能提供的风味。除了用于菜肴烹调之外，杜松还能减少野味的强烈味道，减少鸭肉和猪肉的脂肪效应，并消除面包馅料的胀腹感。杜松浆果可用于各种野味食谱中。它们可添加到鱼和羊肉中，与其他香草和香料混合均匀，特别是百里香、鼠尾草、牛至、马郁兰、月桂叶、百香果以及洋葱和大蒜。

鹿肉馅饼

我在我丈夫的家乡苏格兰度过了很多时间，当地鹿肉很珍贵。在此经典料理中，松树般风味的杜松子在令人尽兴的丰盛鹿肉馅饼中对野味起到了平衡作用。此配方也可用驯鹿或其他红肉制作。

制作6人份

制备时间：20min
烹饪时间：3h

提示

粉碎杜松子，既可使用研钵和研杵，也可用擀面杖或木勺背。杜松子相当柔软，因此容易处理。

- **25cm深盘馅饼盘**
- **烤箱预热到140℃**

油，分次使用	30mL	炖鹿肉，切成4cm见方的小块	
中号胡萝卜，纵向切半并			1.25kg
切成薄片	2根	中度的红葡萄酒	250mL
纽扣蘑菇，切成四瓣	500mL	鸡汤	500mL
青葱，对切开	5根	月桂叶	3片
大蒜，切成薄片	2瓣	干杜松子，轻轻压碎（见提示）	
切片烟熏培根，切碎	4片		15mL
多用途面粉	15mL	枝条新鲜的百里香	2枝
细海盐	2mL	玉米淀粉	10mL
现磨黑胡椒粉	2mL	25cm×38cm酥性糕点皮	1张
		鸡蛋，搅打	1个

1. 中火，在大号荷兰烤锅中加热15mL油。加入胡萝卜、蘑菇、青葱、大蒜和培根；煎约5min，直全变成褐色（小心不要烧糊）。使用漏勺，将混合物转移到碗中并放在一边。预留锅。

2. 用可重复密封的袋子，装入面粉、盐和胡椒粉，混合。加入鹿肉，密封袋子并摇匀，使混合粉充分裹在肉上。

3. 中高火，用同一荷兰烤锅加热剩余的15mL油。分批煎鹿肉5~7min，直到四面呈褐色，将鹿肉转移到碗里。加入葡萄酒，煮1min，搅拌，从锅底刮去棕色碎片。加入褐色鹿肉，保留的蔬菜、肉汤、月桂叶、杜松子和百里香。加盖并在预热的烤箱中烘烤约2h，直至变软。

4. 使用漏勺，将肉和蔬菜转移到馅饼盘中，丢弃月桂叶。将玉米淀粉加入剩余的汤汁中，搅拌均匀。煮沸至减少一半，约10min。倒入馅饼馅，放置10~15min，稍微冷却。

5. 烤箱预热到200℃。

6. 盖上酥性糕点皮，并拉伸边缘以密封。用刀子在糕点上切小块，让蒸汽排出。用刷子在酥皮上面刷鸡蛋液，在预热的烤箱中烘烤约20min或直到糕点为金黄色。

提示

混合物可以提前一天进行灌装并冷藏过夜。

科卡姆（Kokam）

学名：*Garcinia indica Choisy*

科： 金丝桃科（Clusiaceae，原科名Guttiferae）
品种： 阿萨姆格雷戈（asam gelugor）（*G. atrovir-idis*）、康波奇（cambodge）（*G. cambogia*）、高拉革（goraka）（*G. gummi-gutta*）
其他名称： 黑科卡姆（black kokam）、可科姆（co-cum）、鱼罗望子（fish tamarind）、库库姆（kokum）、库库姆黄油树（kokum butter tree）、山竹油树（mangosteen oil tree）
风味类型： 浓郁
使用的部分： 果实（作为香料）

背景

这种热带森林乔木，原产于印度卡纳塔克邦、古吉拉特邦和马哈拉施特拉邦，以及卡拉拉邦西部高止山脉、西孟加拉国邦和阿萨姆邦，很难繁殖。尽管葡萄牙人对马哈拉施特拉邦的果阿市确实很熟悉，但这种树却不为其他地方的人所熟知。

科卡姆黄油是一种家庭手工业用科卡姆种子提取的可食用脂肪，有时会成为黄油和酥油贸易中的掺假物品。许多产品可由成熟科卡姆果实制成，除了用于烹饪的香料外，未成熟科卡姆外皮晒干后可用作天然红色素源。

植物

科卡姆树是一种细长、优雅的热带常绿植物，高度达15m，具有中等密度的椭圆形浅绿色叶子。科卡姆果实看起来类似于小李子，直径2.5cm，成熟时呈深紫色。科卡姆树产量变化很大，每季约30~130kg。颜色非常深的紫色果肉经过干燥，外皮变扁平呈长约2.5cm的革状小片，它展开后有黄芩果大小。科卡姆香气略有水果、香脂和单宁香气。科卡姆具有立即呈现刹口、酸性、涩味和咸味的风味，给人留下口感清新的干果愉悦甜味感。科卡姆的酸度来自其高含量的苹果酸，与青苹果和香料苏麦的酸相同。极少量的酒石酸和柠檬酸增加了科卡姆风味的独特复杂性。

其他品种

阿萨姆格雷戈（*Garcinia atroviridis*）是一种与科卡姆密切相关生长亚洲的香料植物。它具有类似于科卡姆的酸性特征，但令人困惑的是它也被称为"罗望子片"，其实它不是罗望子。

这些果实以干片状或粉末形式出售。我还看到过一种阿萨姆格雷戈香料混合物，它用淀粉研磨以吸收黏性和额外的柠檬酸。康波奇（*G. cambogia*）是一种类似的相关树，生长在印度南部的尼尔吉里山区。由其干燥外皮

烹饪信息

可与下列物料结合

- 多香果
- 豆蔻果实
- 辣椒
- 肉桂和月桂
- 丁香
- 芫荽（叶子和种子）
- 小茴香
- 咖喱叶
- 茴香籽
- 高良姜
- 柠檬草
- 柠檬桃金娘
- 红辣椒
- 八角
- 姜黄

传统用途

- 印度咖喱，特别是果鱼阿咖喱
- 甜酒

香料混合物

- 通常不用于香料混合物
- 亚参果（asam gelugor）粉

制成的浓缩物可用于食品制造，然而，在印度，它似乎主要用于药用。高拉革（*G. gummi-gutta*）是一种生长在东南亚以及南印度和非洲的品种。这种品种的果实呈淡黄色，像小南瓜一样呈罗纹状，其果皮和果实因其酸味而被干燥。高拉革通常作为科卡姆替代品出售。

加工

　　科卡姆果实成熟时收获，收获后只有整果质量一半的果皮，被用来晒成干果皮。有时会将盐揉在果皮上以加速干燥，这也有助于其保持浓郁的皮革味。科卡姆也可用糖浆煮沸，制成美味深紫色至红色香甜品，如上所述，我们的印度主持人向我们保证，它有助于减肥和降低胆固醇。无论有无保健效果，一月里一个潮湿的下午，在可

香料贸易旅行

　　我们第一次见到科卡姆是在印度南部，当时我们受到赛迪阿布家庭热情的乡村款待，因我们的到来他们家拿出了自制的小吃和科卡姆水。印度南部的食物非常美妙，你真的很难不好好地欣赏它们。我们坐在阴凉的走廊阳台与家人交谈，同时啃着香料渍品，并就着鲜艳的粉红色科卡姆水将它们吞下。最初寒暄过后，我们漫步到房子附近的一栋建筑物里，那是他们的家庭作坊，专门制作科卡姆香甜品（他们称之为布尔达birinda）。整洁的两室建筑，一部分在用不锈钢大桶煮沸糖浆，另一部分用于灌装瓶子并贴上标签。这些产品就是我们之前品尝的科卡姆香甜品。我们借此机会观赏了附近的科卡姆树。赛迪阿布说他们在果实成熟时收获，然后，只是占整个果实约50%的果皮被用来晒干保存。有时将一些盐揉在果皮上以加速干燥，这还有助于保留皮屑。为了制作浓郁、清爽的深紫色香甜品，他们用糖浆煮沸科卡姆。主人向我们保证，经常服用这种补品有助于减肥和降低胆固醇——被如此多的精美印度餐包围时，这便是一场艰苦的战斗！

爱的科钦市（我最喜欢的印度地方之一）郊区的胡椒、肉豆蔻和丁香园转悠了一天之后，喝到科卡姆饮料真是令人难忘。

采购与贮存

科卡姆可从香料零售商处购买，这些零售商可选择或专门供应印度香料。一次应少量购买，比如12~20件，因为柔软、韧性果皮会干燥，如果保存太久，会失去一些味道。如果看到表面有白色结晶粉末迹象，请不要担心，它不是霉菌，这通常是干燥过程使用过多盐的结果。为了确保菜肴不会过咸，在加入配方菜肴之前，可先用冷水短暂清洗一下科卡姆。与其他香料储存方式相同，科卡姆应装在密闭容器中，避免直射光线、极端高温和潮湿。在这种情况下，科卡姆可持续保存2年以上。

使用

科卡姆可用作酸味剂，与罗望子的用法非常相似。与罗望子或生芒果（青芒果粉）相比，其略带果香的风味具有更温和的效果。通常将整片科卡姆加入餐盘而不切碎，不过，先要检查一下碎片，确保没有小石头留在扁平的果皮内。科卡姆可用于各种咖喱，特别适用于鱼咖喱，因此南印度人将它称为"鱼罗望子"。我做咖喱时，通常会在其他制备操作进行的同时，在番茄酱中加入几片科卡姆让其风味扩散。

每500g食物建议的添加量
红肉：4片
白肉：4片
蔬菜：2~3片
谷物和豆类：2~3片
烘焙食品：2~3片

南印度沙丁鱼

在海鲜丰富的印度南部，科卡姆被称为鱼罗望子。价廉物美、富含营养的沙丁鱼可与科卡姆的果味和酸味特性完美地结合。

制作4人份

制备时间：10min
烹饪时间：20min

提示

沙丁鱼煮至轻轻拉动可抽出鳍片时为止。

● **炒锅，可选**

油	30mL
无糖椰丝	125mL
大蒜，压碎	4瓣
洋葱，切碎	4颗
绿色手指辣椒，切碎	2个
新鲜或干咖喱叶	2片
科卡姆	2片
2.5cm姜，去皮和磨碎	1段
水	250mL
新鲜沙丁鱼（约3条大鱼或6条小鱼）	250g
海盐和现磨黑胡椒粉	适量

1. 中火，在炒锅或大平底锅中加热油。加入椰丝、大蒜、洋葱、辣椒、咖喱叶、科卡姆和生姜，搅拌均匀，炒5min，直至变软，香气扑鼻。加水和沙丁鱼。加盖，降至小火，炖约10min，直到沙丁鱼刚煮好（见提示）。使用漏勺，小心地取出鱼并转移到盘子里，剥去肉（去掉皮和骨头）。

2. 将鱼放回锅中搅拌，搅拌2~3min，直至混合均匀，用盐和胡椒粉调味。立即供餐。

薰衣草 （Lavander）

学名：*Lavandula angustifolia*（*English lavender*，也称为*L. spica*，*L. officinalis*，*L. vera*）

科： 唇形科（Lamiaceae原科名Labiatae）
品种： 法国薰衣草（*L. dentata*）、意大利薰衣草（*L. stoechas*）、绿薰衣草（*L. viridis*）、棉薰衣草（*Santolina chamaecyparissus*）
其他名称： 阔叶薰衣草（broad-leaf lavender），薰衣草维拉（lavender vera）、薰衣草香料（lavender spica）、真薰衣草/英国薰衣草（true lavender/English lavender）、流苏薰衣草/法国薰衣草（fringed lavender/French lavender）、西班牙薰衣草/意大利薰衣草（Spanish lavender/Italian lavender）、银香菊/棉花薰衣草（santolinacotton/lavender）
风味类型： 强
使用的部分： 鲜花（作为香草）

背景

各种薰衣草均原产于地中海地区，有些是古希腊人和古罗马人所熟知的。薰衣草经常加入洗澡水中——毫无疑问，薰衣草的英文单词"lavender"来自拉丁语lavare，意为洗漱。直到1568年左右，英国薰衣草才在英格兰种植，此后便在那里繁衍生息。直到20世纪末，英国和法国种植的薰衣草质量被公认为是世界上最好的。从那时起，在理想气候和土壤条件下，澳大利亚塔斯马尼亚州也开始种植薰衣草，用于提取精油。

植物

薰衣草是一种特别吸引人的芳香植物。它可以在大多数香草园中找到，虽然它的香气和观赏价值大于烹饪价值。有许多不同类型的薰衣草，虽然有些是不适用于烹饪的杂交品种，但是从欧洲到非洲北部的食谱中使用的是最香的英国品种和较低强度的法国品种。英国薰衣草是烹饪用的首选品种，是一种小而浓密的灌木，高1m，有银灰绿色光滑尖叶。薰衣草细长茎秆向上伸展，茎秆上部6~10cm长、高度芳香、吸引蜜蜂的摇曳花头，由微小的紫红色花瓣组成。

法国薰衣草与英国薰衣草相比，它具有深锯齿状叶子，有较粗的四角形茎、较短的花梗和较蓬松的花头。值得注意的是，虽然法国薰衣草的花香比英国品种的香气少得多，但它的肉质叶子含有更多的香气。这使得它成为一种实用品种，适用于装饰目的，可令室内产生令人愉悦的香气。

英国薰衣草花头干燥后用于烹饪，并且只用从轮生体上摘下的紫红色软花。英国薰衣草的草花香气诱人、甜美、芬芳、带木质气。它的风味类似樟脑，有松花香味，与迷迭香相似，具有挥之不去的苦味。

烹饪信息

可与下列物料结合	传统用途	香料混合物
● 多香果	● 冰淇淋	● 埃尔韦斯普罗旺斯
● 月桂叶	● 黄油饼干	
● 豆蔻果实	● 蛋糕和糖衣	
● 芹菜籽	● 香水和肥皂	
● 肉桂和月桂		
● 生姜		
● 墨角兰		
● 欧芹		
● 龙蒿		
● 百里香		

香料札记

坦率地说，我发现生长在法国普罗旺斯美丽广阔田间的薰衣草实际上是高产薰衣草（*Lavandula angustifolia*）或英国薰衣草，这非常有趣。鉴于这两个国家之间几个世纪的竞争，法国人仍然坚持称其为"法国薰衣草"并不奇怪！我认为这在一定程度上是合理的，因为它是在法国种植的。

其他品种

法国薰衣草（*Lavandula dentata*）花多产。它是花园里一个很好的品种，因为它的开花期比春季开花的英国品种要长得多。当花头凋落时，将大部分植株砍掉，随后又可长出大量吸引蜜蜂的花朵。意大利薰衣草（*L. stoechas*）开深紫色花朵，顶部有直立翅瓣。虽然它是一种极具吸引力的品种，但由于其味苦，不适合烹饪。绿色薰衣草（*L. viridis*）具有淡绿色花朵，香气较弱，但它确实能为花园增添吸引力。棉花薰衣草（*Santolina chamaecyparissus*）开黄色花朵，具有蓬松的叶子，它最适用于做地面覆盖花。

加工

薰衣草花最好在清晨日出始将挥发性香气驱走前收获，仍未开放的花蕾含油量最高。将满载花朵的茎秆割下后，绑成约20根/捆，并在避光、干燥、通风良好的地方倒挂几天。干燥后，将花朵从茎秆摘下，也可轻轻拍打使花从茎上落下。

采购与贮存

可以从一些香料零售商和花店购买薰衣草花。用于烹饪目的薰衣草不要从非专门供应烹饪香草和香料或特殊食品的企业购买：其他途径购到的薰衣草很可能受到过杀虫剂污染，也有可能添加过其他油、香水或不可食用成分以增强其香气和外观。干燥薰衣草的方式储存与其他香草和香料的相同，应装入密封容器中，避免高温、光线和潮湿。可以将一碗薰衣草花放在房间里以散发香味，为避免在几周内失去所有香气，可在晚上将容器盖上，只在白天将盖子取下。

使用

烹饪中使用薰衣草量应该少，因为其刺激性会变得过于强烈，并且会给食物增加不必要的苦味。虽然现在许多厨师都不认为薰衣草是一种烹饪香草，但它在17世纪与其他花卉一起，被用来与糖混合制作蜜饯，及制作蛋糕和饼干用芬芳糖霜。在摩洛哥，薰衣草被称为榨玛（khzama）。薰衣草与玫瑰花瓣、鸢尾根粉、藏红花和许多其他心情调节物质一起，还被添加到异国情调香料混合物拉斯哈努特中，这个名字意思是"商店顶端"，也就是说露天市场香料贸易商会在顶上放置最好的香料混合物。薰衣草也出现在著名的普罗旺斯赫伯斯（herbes de Provence）的美味香草混合物中。法国香草出口商告诉我，在普罗旺斯赫伯斯中添加薰衣草的做法，起初只针对劣质干香草添加，目的是增加香草混合物的风味。薰衣草适合与含奶油的甜味菜肴搭配，也可为脆饼增添多彩互补的风味。17世纪起在糖霜中使用薰衣草的做法一直沿用至今。

每500g食物建议添加量

红肉：5mL
白肉：5mL
蔬菜：5mL
谷物和豆类：5mL
烘焙食品：5mL

普罗旺斯比萨

普罗旺斯是世界上我最喜欢的地方之一。七月份，那无尽的薰衣草是其一大亮点。当然，食物也很棒，这种简单的比萨式菜肴在每个面包店都有销售。这种比萨饼既可趁刚从烤箱取出热的时候食用，也可在野餐时吃冷的，最好用桃红葡萄酒作伴侣食用！普罗旺斯赫伯斯是一种香草混合物，包括干百里香、马郁兰、欧芹、龙蒿和薰衣草。薰衣草的花香与辛辣干香草一起，能很棒地为许多法式砂锅菜增添风味。

● **烤盘，内衬羊皮纸**

大号洋葱，切成薄片	5颗
橄榄油	30mL
黄油	15mL
大蒜，切碎	2瓣
细海盐	1mL
25cm×38cm酥皮糕点皮	1片
沥干的油浸凤尾鱼	60g
尼斯橄榄，去核	15颗
普罗旺斯赫布斯	7mL
鸡蛋，搅打	1个

1. 小火，将洋葱、油、黄油、大蒜和盐用带盖平底锅煮约1h，偶尔搅拌，直到洋葱非常柔软，像果酱一样。开盖，大火加热3~4min，不断搅拌直到洋葱变成褐色。备用。

2. 烤箱预热到180℃。

3. 将酥皮糕点皮放在准备好的烤盘上。使用小刀，在糕点边缘轻轻划出2.5cm边框（小心不要切开），将洋葱混合物均匀地撒在边框内。从左上角开始向右下角以凤凰图案排列凤尾鱼。在每个格子开口内放置一个橄榄，面上撒上普罗旺斯赫布斯，并用刷子将蛋液刷在糕边框，烘烤15~20min或直到边缘呈金黄色。切成六个矩形块，供餐。如果不立即食用，可冷却并存放在密闭容器中2天。

制作6人份

制备时间：10min
烹饪时间：90min

提示

为了节省时间，可提前一两天制作洋葱混合物，并装于密闭容器中冷藏备用。
如果想要增添一点颜色和香料，可艾萨克上些埃斯普莱特椒或甜椒片。
作为小吃，可将每一块四等分切开，制作24小份吃。

薰衣草和柠檬橄榄油蛋糕

这种芬芳蛋糕把我带回到了普罗旺斯薰衣草田，这片田野在风景如画的乡村中绵延不绝。当地人喜欢在尽可能多的应用中使用薰衣草，这种蛋糕就是一个很好的例子。它非常稠密，因此在松饼盘中烹饪它们可以完美分离。

- **可盛放12个松饼的烤盘，涂抹面粉**
- **烤箱预热到180℃**

牛奶	250mL
柠檬，皮磨得非常碎，果肉榨汁	2个
特级初榨橄榄油	250mL
砂糖	250mL
鸡蛋	3个
蛋糕粉（见提示）	375mL
干薰衣草（见提示）	15mL
发酵粉	15mL

1. 将牛奶、柠檬皮、柠檬汁和油搅拌均匀。

2. 使用电动搅拌器，将糖和鸡蛋混合，直至出现蛋白泡沫。缓缓加入牛奶混合物中搅拌。

3. 在碗中，将面粉、薰衣草和发酵粉混合。轻轻地将干燥成分与湿成分拌和在一起。将面糊倒入准备好的烤盘中，在预热的烤箱中烘烤15~20min，直到呈金色且插入中心的测试器清洁干净。从烤箱中取出烤盘，并放在一边冷却10min，然后小心地将蛋糕翻转到盘子上。在室温下，加入糖果糖和一团鲜奶油或奶油糖粉。在同一天食用完，或放在密闭容器中冷冻，可保存1个月。

柠檬草 （**Lemongrass**）

学名：*Cymbopogon citratus*

科： 禾本科（Poaceae原科名Gramineae）
品种： 马拉巴尔草或科钦草（*C. flexuosus*）、罗莎草（*C. martinii*）、香茅草（*C. nardusi*）
其他名称： 骆驼的干草（camel's hay）、香茅（citronella）、茏（serai）
风味类型： 强
使用的部分： 茎和叶（作为香草）

背景

柠檬草生长在亚洲的热带地区。古罗马人、希腊人和埃及人用它作药物和化妆品。它在亚洲的受欢迎程度可能与柠檬在热带地区不易生长的事实有关。因此，柠檬草成为几乎所有追求芬芳柠檬味美食的另一个来源。柠檬草在南美洲、中非和西印度群岛种植。印度马拉巴尔海岸供餐的海鲜，特别喜欢使用柠檬草和姜，咖喱和咖喱叶的风味。在佛罗里达州，人们种植柠檬草为获得柠檬醛，这是一种通过蒸汽蒸馏提取得到的油，可作为柠檬皮风味的天然替代品，也可用于肥皂制造。这类油还可用另一种香茅属（Cymbopogon）的玫瑰草提取，它具有甜天竺葵香气，被用于勾兑玫瑰精油，而玫瑰精油是用于制造香水的精油。

植物

乍看之下，具有0.5~1m长矛状叶片的柠檬草似乎并不太适合用作烹饪香草。然而，一旦体验到其美妙的柠檬香味，这种观点就会迅速改变。柠檬草生长在稠密草丛中，这种草丛每年都会增大，很少见到开花。类似剃刀的略微稠密叶片具有随之延伸的中央肋条，某些阶段叶尖颜色会从浅绿色变化到锈红色。虽然这些长矛的叶子带有柠檬草香气，但实际上最常用于烹饪的是较低处几乎呈白色的茎。柠檬草具有类似于柠檬的浓郁风味，这要归功于其柠檬醛的含量高，柠檬醛也是柠檬外皮所含的一种物质。

其他品种

马拉巴尔或科钦草（*Cymbopogon flexuosus*）也被称为东印度柠檬草，因为它原产于印度、斯里兰卡、泰国、缅甸和越南。虽然也用于烹饪，但它不如柠檬草（*C. citratus*）适用。另一种罗莎草（*C. martinii*）因其油脂而受到重视，这种油脂已被用作驱虫剂和防腐剂。香茅草（*C. nardusi*）具有令人不愉快的强烈味道，不适用于烹饪。它最适合用于提取香茅油（一种有效驱虫剂）。香茅油特别适合将蚊子吸引到隔间里，虽然一个意想不到的特点是它也可以吸引蜜蜂，因为它与吸引蜜蜂的信息素相似。

烹饪信息

可与下列物料结合	传统用途	香料混合物
• 多香果	• 亚洲汤	• 泰国和印度尼西亚调味料混合物
• 豆蔻果实	• 咖喱和炒菜	• 绿咖喱混合物
• 辣椒	• 蒸海鲜	
• 肉桂	• 用于腌鱼、猪肉和鸡肉	
• 丁香		
• 芫荽（叶和籽）		
• 小茴香		
• 茴香籽		
• 葫芦巴籽		
• 高良姜		
• 生姜		
• 芥末		
• 黑种草		
• 红辣椒		
• 罗望子		
• 姜黄		
• 越南薄荷		

香料札记

多年前，我们仕家里种植了一大片柠檬草。随着季节的交替，该草丛变得越来越大，直到它的直径达到约1m。然后令人惊恐的是，柠檬草开始死亡，这让我想起当薄荷、韭菜和柠檬草等香草失去控制时会发生什么——周边植物生长会使处于中心位置的植物缺乏水分和营养成分。这会导致中心部分植物枯萎，从而产生腐烂并成片消失。这就是为什么应该每隔一两个季节分植柠檬草的原因。

加工

如果机会种植柠檬草，记得每年将大草丛分成两到三个小草丛，这样它们就会茁壮成长并扩大生长范围。收获时，在低于地面处将茎割下，然后取出锋利的扁平叶片。加工柠檬草有三种基本方法：一是蒸汽蒸馏提取油，二是将新鲜茎干脱水，三是保存在罐中。

柠檬草在干燥时往往失去其最好的挥发性成分，并没有像柠檬桃金娘之类香草那样对风味和其他属性产生任何浓缩。瓶装的柠檬草通常用柠檬汁或醋保存。由于它们的风味与柠檬草兼容，并且适合大多数使用柠檬草的食谱，因此这种保藏柠檬草可以替代新鲜的柠檬草。

采购与贮存

新鲜柠檬草通常以三四根长约40cm的茎形式出售，这种茎已经去除块根和尖锐的叶子。柠檬草茎应坚固，白色带有绿色调，不能看到干枯或皱纹状态。当用塑料膜包裹时，新鲜的柠檬草茎可以放在冷藏冰箱里几个星期；它们也可以冷冻6个月。应将干柠檬草切成直径5~6mm的小段，干柠檬草的储存方式与其他干香草和香料的相同：装在密闭容器中，远离高温和潮湿。

使用

为了获得最佳效果，添加入大多数菜肴之前应仔细准备柠檬草，唯一不用太操心的是锅中受到烧煮的柠檬草后面要丢弃的操作。因此，我把整个柠檬草做成一个结（小心不要把手放在叶子上）并把它放入锅中，在锅中，切割后的柠檬草在烹饪过程中会释放出风味。供餐之前要取走用过的柠檬草结。

当切碎柠檬草加入炒菜和咖喱，或用研钵和研杵碾碎时，应从茎上剥去任何剩余的上部，这部分完全是叶状的并且没有紧密卷起。剥去几层外层，保持嫩白色部分，并将其横向切成非常薄的圆片。如果不这样做，剩余的纵向纤维将产生毛茸茸的外观和令人不太愉快的口感。

柠檬草为许多亚洲菜肴赋予其特色。蒸海鲜和家禽菜肴、猪肉腌料和用铝箔包裹烧烤整鱼等场合，可以考虑应用柠檬草。柠檬草中的柠檬醛含量相当稳定，因此它可以承受长时间烹饪，并且不会像柠檬香桃金娘那样迅速减少。

每500g食物建议添加量
红肉：8~10cm鲜秆
白肉：8~10cm鲜秆
蔬菜：8~10cm鲜秆
谷物和豆类：8~10cm鲜秆
烘焙食品：5~6cm鲜秆

绿咖喱鸡

这道菜肯定是泰国最典型的菜肴之一。我还没见到过有哪个到泰国餐厅用餐的人不点这道菜。糊状物需要剁切，但操作起来非常简单，并且可以分批冷冻以备将来使用。

制作6人份

制备时间：30min
烹饪时间：25min

提示

准备柠檬草：使用锋利菜刀，切断下部球茎末端并剥去外部的两层或三层茎，直到露出柔软的白色内部，这样更容易切片。

马克鲁特莱姆叶也称为"卡菲尔"莱姆叶，可以在大多数亚洲市场中找到。

亚洲烹饪中经常使用小红葱。如果找不到它们，可以使用具有类似风味的常规青葱。

提示

虽然高良姜略甜，但如果需要可以替代姜根。椰奶是从椰子肉中提取的液体加水勾兑而成。"奶油"会浮在罐头顶部，因此最好在使用前摇匀以获得均匀的乳状质地。

- **搅拌机**
- **铁锅**

绿咖喱糊

绿手指辣椒	5个	新鲜磨碎的青柠皮	一撮
切碎的柠檬草（见提示）	30mL	虾酱	2mL
切碎的马克鲁特莱姆叶（见提示）		芫荽籽粉	2mL
	5mL	碎小茴香	1mL
小红葱，切丁（见提示）	5颗	新鲜的白胡椒粉	一撮
切碎的新鲜高良姜	15mL	细海盐	一撮
大蒜，切碎	4瓣	水	15mL
切碎的新鲜芫荽根/茎	15mL		

咖喱

油	10mL	混合蔬菜（蘑菇、荷兰豆、青豆）	
去皮无骨鸡大腿，修剪并			375mL
切成4cm小块	1kg	压实的新鲜芫荽叶	125mL
椰奶	500mL		

1. 绿咖喱酱：在搅拌机中，加入辣椒、柠檬草、莱姆叶、小红葱、高良姜、大蒜、芫荽根、青柠皮、虾酱、芫荽籽粉、小茴香、胡椒粉、盐和水，高速搅拌混合直至形成糊状物（必要时加入更多水）。

2. 咖喱：调至中火放炒锅，加热油。加入鸡肉煮2~3min，不断搅拌，直至鸡变成浅褐色。加入准备好的咖喱酱，搅拌约3min，直到鸡肉彻底裹上酱。加入椰奶煮沸，然后降低火力，煮10min，直到酱汁开始变稠。加入蔬菜，煮5~10min，直到蔬菜嫩脆，鸡肉煮熟。撒上芫荽叶，即可食用。

变化

要制作红咖喱酱，用7个干红辣椒（去籽，在沸水中浸泡10min，沥干并切碎）代替绿色辣椒，并在步骤1中加入10mL磨碎的辣椒粉。

柠檬草贻贝

本书所有食谱中，这可能是我丈夫最喜欢的（我们常吃的）一道菜。新鲜的贻贝经济实惠，营养丰富，吸收越南风味后好吃得令人难以置信。

米糠油或橄榄油（见提示）	15mL
柠檬草，去皮、切碎（见提示）	6根
大蒜，切成薄片	2瓣
贻贝（见提示）	1.5~2kg
鸡汤	500mL
蚝油	30mL
鱼露	30mL
红指辣椒，切成薄片	1个
稍压实的新鲜芫荽叶	250mL

1. 中火，在大锅中加热油。加入柠檬草和大蒜，炒1min，直到香气扑鼻。添加贻贝，调至大火。加盖，煮5min。取下盖子，轻轻搅拌。加入肉汤、蚝油和鱼露，加盖，煮5min，直至所有贻贝都打开（可能需要摇晃锅或搅拌一两次，以便均匀散热）。

2. 供餐，将贻贝放入深碗中（丢弃所有未打开的贻贝）并在碗中均匀分配肉汤。顶部用辣椒和芫荽叶点缀，立即供餐。

制作4人份

制备时间：15min
烹饪时间：10min

提示

米糠油是一种具有少量风味和高烟点的未氢化油。如果找不到，可以使用任何其他中性油。

准备贻贝：在冷水下冲洗。点击任何打开的贻贝，如果它们没有回应并闭合，则将其丢弃。使用刀背，刮掉任何藤壶并拉出卷须（胡须）。将其装在碗中，盖上湿布，在冷藏箱中保存，直到准备烹饪。贻贝最好在食用当天购买。

准备柠檬草：使用锋利的刀，切断坚韧的根部并剥离丢弃外部的两层或三层茎，直到出现柔软的白色内部，这样更容易切片。

柠檬桃金娘（**Lemon Myrtle**）

学名：*Backhousia citriodora*

科：桃金娘科（Myrtaceae）

品种：茴香桃金娘（*Syzygium anisatum*）、肉桂桃金娘（*Backhousia myrtifolia*）

其他名称：柠檬铁木、柠檬香桃金娘、沙蒿桃金娘、甜马鞭草树、树马鞭草

风味类型：强

使用的部分：叶子和花（作为香草）

柠檬醛

柠檬醛是柠檬、柠檬草和柠檬马鞭草的柠檬风味物。柠檬桃金娘的柠檬醛含量远远高于其他来源，它最初是在19世纪末发现的。20世纪早期，通过蒸汽蒸馏提取的这种精油，被用作柠檬调味剂。可能因为柠檬更容易获取，并且有更长柠檬醛加工史的原因，柠檬桃金娘油生产一直没有什么起色，直到20世纪末，许多有事业心的农民开始种植柠檬桃金娘树。

背景

虽然没有确定澳大利亚本土香草和香料的确切古物记载，但这些虽耐寒，却对霜冻敏感的树木，在新南威尔士州北部和昆士兰州的沿海地区已经生长了数千年。人们对这些植物进行鉴别和分类后，其植物学名"Backhousia"取了约克郡护理员詹姆斯·贝克豪斯（James Backhouse）之姓，他在1832—1838年访问过澳大利亚。

目前，南非、美国南部和欧洲南部都种植柠檬桃金娘树，近年来，为了提取精油而拓展种植的国家有中国、印度尼西亚、泰国（种植最活跃的）及澳大利亚。

植物

各种澳大利亚本土有用植物中，壮观的柠檬桃金娘树是我的最爱之一。这些有吸引力的常绿雨林树高达8m，在热带条件下甚至可以达到20m。生长旺盛，低矮的枝条覆盖着椭圆形、逐渐变细的深绿色的叶子，类似于月桂叶。秋天，小白色花朵在厚而柔软的簇中绽放，它的外观和实用性使它成为一棵出色的树。花和小果都可以吃，叶子也可以吃。

柠檬桃金娘的香气类似于柠檬马鞭草、柠檬草和马克鲁特莱姆叶的混合物，有令人难忘的桉树气息，这在雨后特别明显。柠檬桃金娘风味浓郁，带有明显酸橙味和令人愉悦的余味、略带麻木的樟脑味。柠檬桃金娘的柠檬醛含量（赋予柠檬味的成分）约为90%，而柠檬草约为80%，柠檬仅为6%。柠檬桃金娘具有粉状粗糙叶，呈淡绿色。新鲜研磨时，它会释放出各种诱人的香气和风味。

其他品种

茴香桃金娘（*Syzygium anisatum*），也称为环木树，生长在澳大利亚新南威尔士州北部。它是一种中大型树，长而窄的叶子，最初柔软呈粉红色，但成熟时叶子呈深绿色并有光泽。它们具有独特的茴香味，也有类似甘草的味道，这是因为它们富含茴香脑。茴香桃金娘可以替代茴香籽和八角。通过蒸汽蒸馏提取的油，可用于掩盖令人不快气味，并用于

烹饪信息

可与下列物料结合	传统用途	香料混合物
• 多香果	• 亚洲菜肴（少量添加）	• 含有澳大利亚本土香草和香料的混合物
• 豆蔻果实	• 烤鸡肉、猪肉和鱼	• 烤肉擦料
• 辣椒	• 薄煎饼	• 炒菜调味料
• 肉桂	• 黄油饼干	• 叻沙（laksa）香料混合物
• 丁香	• 蛋糕和松饼	• 绿咖喱混合物
• 芫荽（叶和籽）		
• 小茴香		
• 茴香籽		
• 葫芦巴籽		
• 高良姜		
• 生姜		
• 芥末		
• 黑种草		
• 红辣椒		
• 罗望子		
• 姜黄		
• 越南薄荷		

肥皂和化妆品。

肉桂桃金娘（*Backhousia myrtifolia*）之所以如此命名，是因为它具有明显的肉桂和月桂味。这种树的其他常见名称是卡罗尔铁木（carrol ironwood）、不碎裂（neverbreak）和灰色桃金娘（grey myrtle）。这种热带雨林树广泛分布在从悉尼南部到布里斯班北部的澳大利亚东海岸。这种树的鲜叶被用于香草茶、饼干，甚至咖喱，但请记住，肉桂桃金娘应该谨慎使用，因为它有略尖锐的口感，这种口感可能超过可接受程度。

加工

柠檬桃金娘叶可以全年采摘。与月桂叶一样，只收获相当坚硬的深色成熟叶子，因为它们具有最好的风味。虽然可以使用新鲜的柠檬桃金娘，但是干燥过后风味会增强，并且与许多香味浓郁的香草不同，小心地避免阳光照射，它似乎不会失去其精致的头香味。柠檬桃金娘果的果肉只在新鲜时使用，重要的是在将果肉加入菜肴之前要去除硬核。

像其他香草一样，柠檬桃金娘叶最好在避光、通风良好的地方烘干。柠檬桃金娘叶需要约5天的干燥时间使水分蒸发、变脆；干燥状态叶子的水分含量低于12%。为了避免卷曲并获得诱人的扁平叶片，要将叶铺在金属丝网（昆虫筛）上，确保通风良好，并将另一块网放在上面，用一些小块木头加重。当叶子清爽干燥时，它们就可以使用了。

香料札记

有关詹姆斯·贝克豪斯及其与澳大利亚的关系，我有幸收到英国约克简·卡伦的一封电子邮件，她在其中说："我一直在从事有关柠檬桃金娘（*Backhousia citriodora*）的研究，由于我目前正在约克开展活动，在詹姆斯·贝克豪斯苗圃旧址上建立一个遗产中心；柠檬桃金娘的学名用了詹姆斯·贝克豪斯的姓。詹姆斯·贝克豪斯不仅是一位具有开创性的植物学家，而且还是贵格会传教士，约克有100英亩原始苗圃被称为北方基尤。"我们真心希望简的活动成功！

采购与贮存

　　新鲜柠檬桃金娘叶有时可以从澳大利亚本土食品的特殊供应商处购买。由于当地喜欢将柠檬桃金娘作为街树栽种，所以许多澳大利亚人现在只需冒险去人行道旁边的"自然地带"就可以采摘一些新鲜的柠檬桃金娘叶。然而，对于那些没有机会轻松获得柠檬桃金娘叶的读者来说，更方便的是从香草、香料店以及许多美食零售商处购买，既可买完整柠檬桃金娘叶，也可购买柠檬桃金娘叶粉。由于柠檬桃金娘的精油有挥发性，因此必须注意这种香料只购买少量就可，例如，少于50g新鲜磨碎的柠檬桃金娘粉，就可满足正常家庭要求，应确保将它密封包装。将干柠檬桃金娘叶子装在密闭容器中，放在阴凉、避光的地方，整叶将持续长达2年，叶片粉可至少保存1年。

使用

　　柠檬桃金娘的用途非常多，因为其芳香柠檬风味几乎适用于任何食物。然而，为达到最佳效果，要记住两个基本原则：一个是只添加少量，例如，500g的肉类或蔬菜添加1~2mL，然后品尝以决定是否添加更多量。二是只使柠檬桃金娘短时间处于烹饪食物中，不要让它在极端温度的时间超过10~15min。如果使用过多柠檬桃金娘，或者煮熟时间过长，那么产生香味的挥发油就会损失，并会产生刺激的桉树药味。

　　柠檬桃金娘是柠檬草的绝佳替代品。它可用于亚洲炒菜，特别是那些有鸡肉、海鲜和蔬菜的炒菜。烹饪前撒上一点柠檬桃金娘，烤制鸡肉、猪肉和鱼的风味都会得到提升，冷食的熏制鲑鱼也一样可加柠檬桃金娘。柠檬桃金娘是蛋糕和松饼的一种香气添加物，但我喜欢将它加到较低温度下快速烹饪的甜味食物，如俄式薄煎饼和原味松饼。在那些快速烹饪应用中，可在加入其余配料之前，将柠檬桃金娘用少许温热牛奶或水将其风味泡出。用柠檬桃金娘粉调味的脆饼干特别好吃。然而，这种饼干（如果你想多放更长时间的话）最好在烘焙后几天内食用，因为新鲜柠檬味很快就会变质。

每500g食物建议添加量
红肉：1~2mL干粉末
白肉：1~2mL干粉末
蔬菜：2mL干粉末
谷物和豆类：2mL干粉末
烘焙食品：2mL干粉末

柠檬桃金娘鸡肉卷

与常规柠檬一样，柠檬桃金娘同样可用于甜味和咸味菜肴。柠檬桃金娘特别适合鸡肉的温和风味，可真正将鸡的鲜味吊出来。这种美味肉卷适合用作理想的午餐或清淡的晚餐。

去皮无骨鸡胸肉，每块切成3条	4块
柠檬桃金娘粉	10mL
橄榄油	10mL
海盐和现磨黑胡椒粉	适量
软玉米饼	6个
慢烤番茄	12颗
稍压实的野生芝麻菜叶	500mL
蛋黄酱	125mL

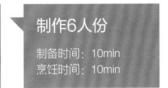

制作6人份
制备时间：10min
烹饪时间：10min

1. 在碗里，将鸡肉与柠檬桃金娘和油混合，用盐和胡椒粉调味。将鸡肉条放在烤盘上，在烤箱中烤约4min或直至烤熟。（或者将鸡肉每面煎4min左右，或直到煎熟为止。）

2. 沿着每个玉米饼的中心涂抹30mL蛋黄酱。顶部加2个烤番茄、芝麻菜和2个煮熟的鸡肉条，卷起并立即供餐（或者用箔包裹后外送）。

柠檬桃金娘芝士蛋糕

我很小的时候，妈妈周末在我祖父母的苗圃和商店做蛋糕，我们姐妹自然成了"服务员"。我最喜欢的甜点是一种未经烘烤的简单芝士蛋糕，这是一种类似蛋糕的甜点，馅料中加有柠檬桃金娘，基料中加入了金合欢籽。这些澳大利亚本土香料在此配方中完美地为基料增添了坚果味，为馅料增添了新鲜感。如果需要，可以在此基础上加入额外的柠檬皮和新鲜树莓。

制作8人份

制备时间：5min
烹饪时间：
10min，加4h冷却

提示

基料的干燥配料，也可以通过装入可重复密封袋子（除去内部空气）并用擀面杖将其研压碎。

- **23cm弹簧扣烤盘，涂有润滑脂并衬有羊皮纸**
- **食品加工机**
- **电动搅拌机**

基料

消化饼干或格雷厄姆饼干（约15块）	210g
澳洲坚果	175mL
金合欢籽粉	5mL
黄油，融化	125mL

馅料

明胶	15mL
水	45mL
全脂奶油芝士，室温下	500g
超细糖	175mL
纯香兰提取物	2mL
柠檬桃金娘粉	10mL
精细磨碎的柠檬皮	5mL
餐桌（18%）奶油	250mL

1. 基料：在配有金属刀片的食品加工机中，将饼干、澳洲坚果和金合欢籽加工成细碎屑（见提示）。转移到一个碗里，加入黄油搅拌均匀。用勺子背面，将混合物均匀地压在弹簧扣烤盘底部。在制作馅料时将烤盘冷藏。

2. 馅料：小火，在小号平底锅中，将明胶和水混合加热至溶解（如用微波炉加热，将明胶与水装入耐热碗中，在高温下煮20sec）。将明胶液转移到搅拌碗中，加入奶油芝士、糖、香兰提取物、柠檬桃金娘粉和碎柠檬皮。用电动搅拌器中速打匀，直至顺滑。加入奶油混合均匀，倒入准备好的基料。供餐前，加盖冷藏至少4h。

柠檬马鞭草 （Lemon Verbena）

学名：*Aloysia triphylla*（*formerly Lippia citriodora*；也称为*A. citriodora*，*L. triphylla*，*Verbena triphylla*）

科： 马鞭草科（Verbenaceae）
其他名称： 柠檬蜂刷（lemon beebrush）
风味类型： 强
使用的部分： 叶子（作为香草）

背景

柠檬马鞭草原产于南美洲，由西班牙人引入欧洲。出于某种原因，这种植物引入欧洲的历史不能清晰确定。1700年代中期，一些柠檬马鞭草标本被秘密进口到西班牙。而后，大约在1760年，法国皇家植物学家和自然学家菲利贝尔康门松（Philibert Commerson）在欧洲公开宣传柠檬马鞭草。1784年，牛津植物学教授向英国园艺师介绍了柠檬马鞭草，在英格兰生长的柠檬马鞭草，很快成为当地花园的最爱。因为干燥叶子能有效地保留香气，所以柠檬马鞭草在干百花香中成了流行的配料，其他配料还包括玫瑰花瓣、薰衣草等。希腊民间认为，在枕头里撒上一些干柠檬马鞭草可以确保有一个甜蜜的梦。这是莉兹睡眠枕头的灵感，其中包括有助于良好睡眠的薰衣草、催生甜蜜梦境的柠檬马鞭草，以及有助于清醒的玫瑰花瓣。

植物

不要与另一种称为马鞭草（*Verbena officinalis*）的植物混淆，柠檬马鞭草是一种有吸引力的落叶树，高4.5m，它具有长约10cm的浅绿色尖叶。如果一直不加修剪，则这种树的宽度可以长到2m。因其含油腺体，高度芳香的叶子底部感觉黏稠且几乎粗糙。在叶子覆盖的树枝末端形成的精致朦胧羽毛花朵呈淡紫薰衣草色。柠檬马鞭草鲜叶被压碎，或者甚至只是简单地刷一下，就会使空气中弥漫着天堂般柠檬香味。为描述柠檬马鞭草的香气和风味，最好将它看成是没有酸味和果味且具有高度芳香的柠檬。

加工

春季柠檬马鞭草出现新叶几个月后最适合收获柠檬马鞭草，因为嫩叶容易枯萎，并且不会留下太多香气。当树生长3年，夏初修剪时要将其30%的生长量修剪掉；然后在夏末进行相同程度的修剪。这种修剪可促进枝叶新生和浓密。如

很少有哪种植物像柠檬马鞭草那样能唤起我童年时代的强烈回忆。我父母有一片树林，我们在夏天不断从这片林子获得收获。我们将叶子晒干，然后将它们放入带有软木塞的陶罐中，并将它们作为配料用于制作百花香，在圣诞节时在路边商店出售。我和妻子莉兹开始创立家庭时，我们的三个女儿都还是小孩，莉兹利用夏天从同一个树林里采摘的叶子制作了香熏枕头，并将它们卖掉以增加我们的收入。

烹饪信息

可与下列物料结合	传统用途	香料混合物
● 豆蔻果实	● 黄油饼干	● 通常不用于香料混合物
● 肉桂	● 蛋糕和松饼	
● 生姜	● 米饭和牛奶布丁	
● 罗望子		
● 越南薄荷		

果不进行收获，或不进行修剪，树木可能会变得非常细长并稀疏。

　　干燥之前将树叶从切割树枝上剥离下来最简单的方法是，用拇指和食指轻轻地捏住叶子的薄端，然后朝粗端拉，这时就可得到一把叶子。将摘下的叶子放在昆虫筛或垫有纸张的框架上，在避光、温暖、通风良好的地方放置几天，直到它们变得非常清爽干燥。

采购与贮存

　　市场上很少有新鲜柠檬马鞭草出售。干燥形式的柠檬马鞭草，最常出现于香味礼品中，或与其他香草混合用于香草茶中。干柠檬马鞭草叶应该呈深绿色，酥脆，有柠檬味，并且不应该闻到霉味。使用前干柠檬马鞭草叶应装在密闭容器中，置于阴凉、避光的地方。当将叶子混合成百花香或其他一些带香味的物品并留在敞开的房间内时，香气会在一两年内自然蒸发。

使用

　　新鲜柠檬马鞭草叶可为巧克力蛋糕添加诱人的花香。先在蛋糕模底部放几片叶子，再将面糊舀入蛋糕模，然后进行烘烤。当蛋糕冷却时，可以将这些叶子剥离，而其在烘烤过程中释放的芳香油则会留在蛋糕中。我母亲经常在烘烤前将两片或三片叶子放在米饭布丁和蛋羹上。也可以将叶子切碎，就像柠檬桃金娘一样加入亚洲菜肴。

每500g食物建议添加量

红肉：5片鲜叶
白肉：4片鲜叶
蔬菜：4片鲜叶
谷物和豆类：4片鲜叶
烘焙食品：4片鲜叶

柠檬马鞭草茶

我祖父母的香草香料店以及苗圃处，有一占地0.8公顷称为萨默塞特小屋的香草园，内有一排可爱的郁郁葱葱的柠檬马鞭草树。为了挣些零用钱，我和姐姐们会摘些树叶，爷爷把它们放在托盘上晾干，然后在商店里卖，柠檬马鞭草的香气瞬间将我带回了童年。这种马鞭草茶清爽爽口，有助于消化，夏天饮用可加冰块。

干柠檬马鞭草叶（见提示）	250mL
开水	1L

在大型茶壶或咖啡壶中，将开水倒在柠檬马鞭草上，浸泡10min后可倒出饮用。

变化

加入1汤匙（15mL）干薄荷，再加2条柠檬皮。

制作4人份

制备时间：5min
烹饪时间：10min

提示

如果使用鲜叶，将数量减半。

甘草根 （**Licorice Root**）

学名：*Glycyrrhiza glabra*

科： 豆科（Fabaceae，旧科名Leguminosae）

品种： 美国甘草（*G. lepidota*）、中国甘草（*G. uralensis*）、俄国甘草（*G. echinata*）

其他名称： 黑糖（black sugar）、西班牙汁（Spanish juice）、甜根（sweetroot）、甜木（sweetwood）

风味类型： 辛辣

使用的部分： 根（作为香料）

背景

甘草原产于欧洲东南部、中东和西南亚。早在其药用特性受到赞赏之前，这些地方的居民喜欢将它作为免费甜食咀嚼的历史已经有好几代。古希腊人、埃及人和罗马人都知道甘草根是治疗咳嗽和感冒的药物。植物学名"*Glycyrrhiza*"源于希腊词，意为"甜根"。甘草甜素是一种甜味化合物，它赋予甘草独特的风味。希腊医生泰奥弗拉斯托斯（Theophrastus）在公元前3世纪写道，如果人感到口渴，甘草可解除人的口渴感。从甘草根部提取的黑汁，与今天生产的黑汁一样，被希腊人和罗马人用作清凉饮料。

甘草在整个中世纪一直被作为一种药物使用，直到15世纪，中欧或西欧似乎仍还没有种植甘草。多米尼加黑人修士于16世纪在约克郡庞特弗拉克特（Pontefract）修道院首次种植甘草，约克郡后来成了英格兰甘草糖果业的中心。因此，将甘草提取物通过蒸发浓缩得到的小黑片称为"Pontefract cake（庞特弗拉克特饼）"。甘草根含有约4%的甘草甜素，其甜度被认为比蔗糖甜50倍。值得注意的是，甘草根的甜味对于糖尿病患者是安全的（不是糖，但含有甜味剂）。甘草的独特风味可用于掩盖某些药物苦味，它是酒精饮料的配料，例如，健力士黑啤（guinness stout）、茴香利口酒（anesone）、拉基酒（raki）和森布卡茴香酒（sambuca）。甘草也用于鼻烟和嚼烟调味。

植物

甘草是一种草本多年生小型豆科植物，1~1.5m高木质茎直立多分枝。其叶子为复叶，花冠为蝶形花冠，淡紫色，形成松散的总状花序状，生长在叶柄与主茎相交的地方。开花后形成的小豆荚含有五粒种子，这豆荚和种子没有烹饪作用。利用部分是该植物的大型主根，其根可以长达1m深，并且还有许多水平根状茎在地下蜿蜒展开。

虽然有几种不同类型的甘草（*Glycyrrhiza*），但最适合烹饪用的品种是光果甘草（*G. glabra*）。这种甘草根截面外层呈灰褐色，中间为黄色纤维质。其香气温和（即使切割或擦伤）并略微有甜味，具有类似于新稻草般干燥香气。甘草味道最初是苦的，但在口中非常甜并有茴香味，特有的甘草味萦绕在一起，使人气息更加清新。甘草根粉呈灰绿色，非常细，如滑石粉，它具有极强的风味。

烹饪信息

可与下列物料结合	传统用途	香料混合物
• 多香果	• 炖水果	• 中国老汤
• 小豆蔻	• 冰淇淋	
• 肉桂和月桂	• 家禽和猪肉腌料	
• 丁香	• 烟草调味	
• 芫荽籽		
• 茴香籽		
• 生姜		
• 肉豆蔻干皮		
• 胡椒		
• 八角		
• 花椒		

亚洲老汤

老汤有点像稠厚的甜味香料酱油，我经常在亚洲烹饪中用它作为普通酱油替代品。老汤的秘诀在于用细布捆绑在一起的香料包，它将香味注入酱油、糖和水的混合物。这款香料袋可以多次使用。在中国，旧时的家庭会将一个主要香料袋保留多年，添加更多的香料，以更新风味。老汤香料包不用时，要保存在冰箱中，并应在第一次浸液调味后的几周内再使用第二次。

其他品种

美国甘草（*G. lepidota*）原产于北美，具有甜味、挥之不去的甘草味，并已用于药用和烟草调味。然而，它并没有像光果甘草（*G. glabra*）那样经常使用，它具有糖果的优良风味。中国甘草（*G. uralensis*）在中国种植，这种开花植物与光果甘草（*G. glabra*）完全不同，具有椭圆形叶而不是复叶。其用途主要限于传统中医学。俄国甘草（*G. echinata*），或野生甘草，偶尔用作糖果、软饮料、烟草和鼻烟中光果甘草（*G. glabra*）的替代品。

加工

甘草植物进入第三或第四年度时可收获其根；到秋天收获整个根系，并将树冠和吸盘储存起来以供春天重新种植。根部经洗涤和修剪之后，长而直的根有时作为甘草棒出售，而粗细不一的扭曲根可切碎研磨成粉或用于加工提取物。提炼甘草提取物，先要用粉碎机将根粉碎成浆，然后将根浆加水煮、蒸发、煎熬成黑色黏稠物，这种黏稠物可以卷成棒并堆放在板上干燥。由于均匀甘草条和这些浓缩干燥物条均被称为"棒"，而会产生一些混淆。甘草加工后留下的废纤维可用于制造刨花板。

采购与贮存

香料专卖店通常供应多种形式的甘草根，常见形式有整条的、切碎的和粉末状的。甘草非常稳定，除了避免高温外，不需要特殊储存条件。然而，甘草粉很可能会从大气中吸收水分，因此必须将其保存在密闭容器中。最好储存在避免潮湿的环境，因为遇潮湿粉末容易发黏结块。由浓缩物制成的甘草甜饼和甘草棒暴露于潮湿环境时也会变黏，因此请将它们存放在阴凉的容器中。

使用

　　将甘草加入菜肴时，建议少放点，因为其潜在苦味可能过于强烈。炖水果时，可加入切碎的甘草和八角、肉桂和香兰。亚洲"老汤"香料袋可能含有甘草片、棕色小豆蔻、八角、茴香、肉豆蔻干皮、花椒、肉桂、生姜和丁香。

每500g食物建议添加量
红肉：5mL碎片
白肉：3mL碎片
蔬菜：2mL碎片
谷物和豆类：2mL碎片
烘焙食品：2mL碎片

中式老汤猪肉排

　　这种复杂的芳香老汤有许多用途，可以说是制作黏性排骨的最佳选择之一。

制作8人份
制备时间：3h
烹饪时间：1.5h，加1h入味

提示
亚洲杂货店可以找到干姜和柑橘皮。如果没有，可以用新鲜生姜和柑橘皮代替，当然，干燥的香料会获得较正宗的风味。

- **干酪布或平纹细布**

老汤

八角	3粒
切碎的甘草根	10mL
切片干姜（见提示）	1块
柑橘皮	1片
月桂条	1/2条
整花椒	5mL
整多香果	2mL
茴香籽	2mL
芫荽籽	2mL
干红指辣椒	1个
砂糖	125mL
开水	500mL
酱油	150mL
猪排骨约500g	8块

1. 老汤：在一个小碗中，加入八角、甘草根、生姜、柑橘皮、月桂、花椒、多香果、茴香籽、芫荽籽和辣椒。将碗中香料用15~20cm方形平纹细布包裹，并用厨房细绳扎住布头，制作成香料包。小火，在平底锅中，加入糖、水和酱油。加入调料包，不时搅拌，直到糖溶化。开盖，煨1h。置于一边冷却，然后取出香料包。

2. 在可重复密封的塑料袋中，将排骨和冷却的老汤混在一起，冷藏至少1h或过夜。

3. 烤箱预热到150℃。

4. 将排骨和腌料转移到烤盘中，在预热烤箱中烘烤约1.5h，直到肉煮得熟透，酱汁焦糖化。

莱姆叶（马克鲁特）
Lime Leaf（Markrut）

学名：*Citrus hystrix*（也称为*C. papedia*）

科：芸香科（Rutaceae）
其他名称：印度尼西亚莱姆叶（Indonesian lime leaves）、卡菲莱姆叶（"kaffir" lime leaves）、莱姆叶（lime leaf）、野莱姆叶（wild lime leaves）
风味类型：中
使用的部分：叶子和果实（作为香草）

背景

所有柑橘树都原产于东南亚。它们在中世纪可能由摩尔人和土耳其入侵者引入欧洲。从那以后，柠檬被广泛使用。然而，莱姆经常与柠檬混淆，因此莱姆树的历史有点模糊。直到最近几乎没有证据表明在东南亚以外地区有人知道马克鲁特莱姆树，不过，随着人们对亚洲烹饪的兴趣与日俱增，特别是泰国和巴厘岛的美食，马克鲁特莱姆叶在许多西方城市也都能很容易买到。

植物

不要将马克鲁特莱姆树与普通的果树混淆，如墨西哥、大溪地和西印度酸橙，也不要与欧洲和北美的莱姆树（段树）（*Tilia curopaca*）混淆。

马克鲁特莱姆树是一种小灌木，高3~5m，有许多尖刺叶柄有很明显的翼片，看起来如两叶相连。每对头尾相接的柑橘叶，长8~15cm，宽2.5~5cm。莱姆树叶上表面呈深绿色、革质且有光泽，下表面呈浅绿色和哑光。受到撕裂或切割时，马克鲁特莱姆叶子散发出天堂般气味，这种气味像莱姆、橙子和柠檬的混合味，但不像其中的任何一种风味。马克鲁特莱姆叶的味道类似于柑橘，让人联想到柑橘香气，但缺乏通常与该家族成员相关的酸味。其果实比大溪地莱姆的大，并且具有非常粗糙、多疙瘩表面和厚皮，其外皮通常是唯一被利用的部分，因为这些莱姆产生非常少的汁。

加工

与普遍看法相反，采取适当措施，马克鲁特莱姆树叶能够有效地干燥。有光

名字里面有什么？

多年来，这种树被称为"卡菲"莱姆树，因为其果实粗糙，所以被视为劣质。英文"Kaffir（卡菲）"是对南非和其他参与奴隶交易国家劣等人的称呼，在一些亚洲国家，它意味着"非信徒"。这个词现在通常被认为具有冒犯性。因此，我采用泰国语马克鲁特称呼这些叶子，因为它的菜肴在全球广为人知，并大量使用这种叶子。

烹饪信息

可与下列物料结合	传统用途	香料混合物
● 罗勒	● 色拉	● 红色和绿色咖喱混合物
● 豆蔻果实	● 亚洲炒菜	● 泰国香料混合物
● 辣椒	● 叻沙汤	● 海鲜搓腌料
● 芫荽（叶子和种子）	● 亚洲咖喱	
● 小茴香	● 清爽的夏日饮品	
● 咖喱叶		
● 高良姜		
● 生姜		
● 八角		
● 罗望子		
● 姜黄		
● 越南薄荷		

香料札记

新鲜的香草叶的含水量、厚度和大小差别很大。因此，找到干燥它们的最佳方法一直是一个挑战，对于诸如马克鲁特莱姆叶之类厚革质叶情形更是如此。在采用脱水机之前，我们过去常将各种香草放在通风良好的铁屋顶下的避光天花板上。天气晴朗时，这种方式提供了近乎完美的干燥条件。

泽革质叶脱水的最大的问题是表面膜不容易释放其含水量，这意味着在叶片干燥之前会开始变质，许多叶子最终会出现棕色和黑色斑块。但是，如果加热过头，叶子会枯萎并变黄。为了达到最佳效果，应将新鲜采摘的叶子铺在纸上，放在温度低、湿度低的地方。当叶子变得非常脆，并且失去皮革般柔韧感觉时，就可以使用了。

采购与贮存

新鲜马克鲁特莱姆叶通常可以从新鲜农产品零售商处购买。只有到了冬季将结束时，市场上才可能找不到新鲜叶子。新鲜整叶装在可再密封袋中，可在冻藏冰箱中储存约3个月。

干马克鲁特莱姆叶应该呈绿色，而不是黄色，最好在与其他干香草相同条件下贮存。它们装在密闭容器中，在避免光照、极端高温和潮湿条件下，可保存12个月。

使用

只有鲜叶适合用于色拉，要去除沿着每片叶子中心延伸的坚韧主叶脉，将它们切得非常精细，以消除其坚硬发韧的质地。制作清汤或汤料时，可加入新鲜或干燥的完整叶子，因为只需它们提供风味，而不一定吃这些叶子。对于叻沙汤、鸡肉或海鲜炒菜、咖喱，特别是含有椰子奶油的咖喱等菜肴，可使用切碎的新鲜或弄碎的干马克鲁特莱姆叶。

每500g食物建议添加量

红肉: 3~4片整鲜叶或干叶
白肉: 3片整鲜叶或干叶
蔬菜: 2片整鲜叶或干叶
谷物和豆类: 2片整鲜叶或干叶
碳水化合物类: 2片整鲜叶或干叶

泰国鱼糕

这些鱼糕是十分受欢迎的泰国街头食品，原因是：芳香的菜姆使这种菜肴令人难以置信地上瘾。制作咖喱酱后，它们很容易组合在一起。这些多汁小吃可以制作出美味的开胃菜或小吃，最好趁热吃。

- **搅拌机**
- **食品加工机**

红咖喱糊

干红辣椒，去籽，在沸水中浸泡 10min	7个	新鲜磨碎的菜姆皮	一撮
辣椒粉	10mL	虾酱	2mL
切碎的柠檬草	30mL	芫荽籽粉	2mL
切碎的新鲜马克鲁特菜姆叶	5mL	小茴香粉	1mL
小红葱，切段	5颗	现磨白胡椒粉	一撮
切碎的新鲜高良姜（见提示）	15mL	细海盐	一撮
大蒜，切碎	4瓣	水	15mL
切碎的新鲜芫荽根/茎	15mL		

鱼糕

坚实白色鱼，如鳕鱼，切成碎片	500g	鸡蛋，轻轻搅打	1个
切碎的新鲜菜姆叶	5mL	四季豆，修剪并切成5mm的段	20粒
超细糖	2mL	油	适量

制作约20只鱼糕

制备时间：40min
烹饪时间：20min

提示

虽然高良姜略甜，但如果需要可以用姜替代。

1. 红咖喱酱：在搅拌机中，加入辣椒、辣椒粉、柠檬草、菜姆叶、青葱、高良姜、大蒜、芫荽、菜姆皮、虾酱、芫荽籽粉、小茴香粉、胡椒粉、盐和水，高速混合形成糊状物。

2. 鱼糕：在配有金属刀片的食品加工机中，加入鱼、菜姆叶、糖、鸡蛋和45mL制备好的咖喱酱。脉冲搅打，直到充分混合。将内容物转移到碗中，加入四季豆拌匀。

3. 大火，在煎锅中，加热5mL油，直到出现小气泡。将火力降到中火。分批操作，用手将混合物捏成鱼圆糕，每个鱼糕使用约30mL混合物。每边煎约3min，直到金黄并煎透。将煎好的鱼糕转移到衬有纸巾的盘子上，排除多余的油并加盖保温。重复操作，直到所有鱼混合物用完。立即供餐。

冬阴功汤

这种汤结合温暖的高良姜、火辣的辣椒、浓郁的莱姆和独特的辛辣柠檬叶，有益身心健康。感觉身体不适时，它是鸡汤的绝佳替代品，也是泰国餐的最佳开始方式。

制作6人份

制备时间：10min
烹饪时间：25min

提示

马克鲁特莱姆叶子通常被称为"卡菲"莱姆。准备柠檬草：使用锋利的刀，切断下部球茎端，剥去外面的两层或三层茎，直到露出白色柔软的心部，这样更容易切片。

大号生虾，去壳和肠腺，保留壳	12个
油	5mL
水	1.25L
新鲜或干燥马克鲁特莱姆叶，撕裂（见提示）	5片
新鲜高良姜，去皮和切碎	22mL
柠檬草茎，白色部分，切碎（见提示）	1根
红指辣椒，切成薄片	1个
鲜榨柠檬汁	60mL
鱼露	15mL
嫩纽扣蘑菇，切成薄片	250mL
新鲜芫荽叶，装饰	75mL

1. 中大火，在大锅里加热油。加入虾和虾壳，烧煮2min，经常搅拌或直到虾开始变褐，加水煮沸。使用漏勺将虾和虾壳转移到碗中并放在一边。使用细网筛，将肉汤滤入干净的平底锅中。

2. 在平底锅肉汤中，加入莱姆叶、高良姜、柠檬草茎、辣椒、柠檬汁和鱼露。煨15min。加入预留的虾和蘑菇，煮5min或直到虾变成粉红色。品尝并调整调味料（根据个人口味，可能需要更多的莱姆、鱼露或辣椒）。撒上芫荽叶，立即食用。

变化

为使用餐更丰厚，在上菜前加入250mL煮熟的鸡丝和90g煮熟的米粉。

拉维纪草 （Lovage）

学名：*Levisticum officinale*（也称为*Hipposelinum levisticum*，*L. levesticum*，*Ligusticum levisticum*，*Selinum levisticum*）

科： 伞形科（Apiaceae，旧科名Umbelliferae）

品种： 山地拉维纪草（*Ligusticum mutellina*）、苏格兰拉维纪草（*Ligusticum scoticum*）

其他名称： 科尼什拉维纪草（Cornish lovage）、意大利拉维纪草（Italian lovage）、古老英国拉维纪草（Old English lovage）

风味类型： 温和

使用的部分： 叶子（作为香草）

背景

　　拉维纪草被认为原产于地中海地区，尽管一些专家认为它可能起源于中国。腓尼基人首先认识到拉维纪草的根、叶和种子的药用价值，该植物在古希腊和古罗马时代的医药、烹饪和化妆品应用中已受到重视，他们约在公元元年就开始种植这种植物。自12世纪以来，拉维纪草已在捷克斯洛伐克、法国和德国进行商业化种植，并于14世纪在英国用于药用。

　　近来，辛辣的拉维纪草叶已经不再像从前那么流行，可能是由于以往较微妙的风味在21世纪不再那么诱人的缘故，如今人们的味蕾受到各种美食强化风味的影响，许多天然香辛料被人工香辛料替代。

植物

　　拉维纪草是一种粗壮的多年生植物，看起来像枝叶稀疏的当归。拉维纪草叶子非常类似于意大利欧芹（平叶）的叶子。这种植物的茎是空心的，类似于芹菜，高1~1.5m。硫黄色花朵组成精致伞形花序，比当归的圆头小。拉维纪草具有厚实的肉质灰棕色根，形状像胡萝卜，长约10~15cm，根具有药用特性，但没有什么烹饪价值。拉维纪草叶的滋味略带酵母味，让人想起芹菜和欧芹的组合，带有非常温和的辛辣口感。

其他品种

　　山地拉维纪草（*Ligusticum mutellina*）是一种叶子略像欧芹叶的品种。其花呈紫色而不是黄色，但只有叶子具有欧芹和芹菜般风味。苏格兰拉维纪草（*Ligusticum scoticum*）有时被称为"海拉维纪草"。它在外表上与正宗拉维纪草

伪拉维纪草

除了正宗拉维纪草之外，另外两种植物也被称为拉维纪草：黑色拉维纪草，实际上是亚历山大草（*Smyrnium olusatrum*）和印度藏茴香籽，这两种植物已被人充作拉维纪草，可能是因为它们有相似的外表和香辛味。

烹饪信息

可与下列物料结合	传统用途	香料混合物
● 亚历山大草	● 蔬菜色拉	● 剁细香草
● 芝麻菜	● 炒鸡蛋和煎蛋	● 色拉香草
● 细叶芹	● 马铃薯泥	
● 莳萝	● 白色调味汁	
● 大蒜		
● 欧芹		
● 色拉地榆		
● 酢浆草		

最相似，其叶子、茎和种子均具有欧芹风味，可加以利用。

加工

可以用与欧芹相同的方式干燥拉维纪草叶，将其铺在纸或金属丝网上再避光，置于空气可以循环、通风良好的地方，几天后叶子便会变干脆。

为了收集种子，应在植物开花结束时，小心地割下含有精致种子的伞形花序轴，将其倒挂在温暖干燥的地方。几天之后，种子便可以脱粒，得到的种子可以储存起来，供以后播种或烹饪使用。

采购与贮存

由于烹饪用拉维纪草的需求量不多，因此很少有新鲜或干燥的叶子出售。机敏的园丁会从专门种植香草的苗圃找到拉维纪草苗。

储存新鲜收获拉维纪草的最佳方法是将多叶的茎放在一杯水中，用一个干净塑料袋像帐篷一样将其连杯子一起罩住，然后放在冷藏冰箱里。每隔几天更换一次水，并应在收获后一周内使用完。可以将新鲜拉维纪草切碎并装入冰块托盘中，浇上少量水并将其冷冻。将冰块转放入冷冻袋中并在袋中贮存到需要时；如此在冷冻冰箱中保持长达3个月。

如果有机会购买到干燥拉维纪

草，则必须像欧芹一样呈绿色，并应装在密闭容器中。应像贮存其他干燥香草那样贮存干燥的拉维纪草：贮存在凉爽、避光处的干拉维纪草将保持其风味长达1年。

应将干燥的拉维纪草籽存放在密闭容器中，远离高温、光线和潮湿。

使用

当拉维纪草与欧芹、山萝卜、莳萝和切碎的洋葱和红辣椒一起使用时，其微妙胡椒风味可为色拉提供完美的风味互补。这种组合还可以添加到煎蛋卷、炒鸡蛋和马铃薯泥中，以获得诱人的外观和令人愉悦的味道。添加拉维纪草而不是其他口感较浓烈的香草或香料时，可能会给平淡的汤和调味汁"安全"地提升风味效果。我最喜欢使用拉维纪草的香草三明治和菜肉馅煎蛋饼。

每500g食物建议添加量

红肉：
125mL鲜叶，5mL干叶
白肉：
125mL鲜叶，5mL干叶
蔬菜：
125mL鲜叶，5mL干叶
谷物和豆类：
125mL鲜叶，5mL干叶
烘焙食品：
125mL鲜叶，5mL干叶

拉维纪草肉馅煎蛋饼

这种菜肉馅饼可以趁热吃，也可以冷食，并且很适用于野餐。拉维纪草与鸡蛋和马铃薯完美搭配，但如果手边没有新鲜拉维纪草，也可以使用小菠菜。

● **30cm深的耐热煎锅**

橄榄油，分批使用	175mL
洋葱，对切开，切片	3个
鸡蛋，轻轻搅打	14个
马铃薯，去皮，切成2.5cm的方块，煮至软	2颗
稍压实的拉维纪草叶	750mL
羊干酪，粉碎	210g
海盐和现磨黑胡椒粉	适量

制作6~8人份

制备时间：10min
烹饪时间：35min

1. 中低火，在煎锅中加热50mL油。加入洋葱煮10min，偶尔搅拌，直至呈金黄色。将煮好的洋葱放在一个大碗里，煎锅留用。

2. 在碗里，将洋葱与鸡蛋、马铃薯、拉维纪草和羊干酪混合，用盐和胡椒粉调味。

3. 预热烤炉。

4. 中低火，将剩余的125mL油倒入煎锅中。加入鸡蛋混合物，约30sec后，轻轻搅拌，均匀分布配料。煮2min，降低火力，再煮5min，直到鸡蛋开始凝固。

5. 将煎锅转移到预热烤炉中，烤3~4min，直到肉馅煎蛋饼上面凝固。将锅从烤炉取出，并放置冷却10min，然后翻转到大盘子中。

玛拉 （**Mahlab**）

学名：*Prunus mahaleb*

科： 蔷薇科（Rosaceae）
其他名称： 马赫莱皮（mach lepi）、马哈利（mahaleb）、马莱毕（mahlebi, mahlepi）、圣露西樱桃（St. Lucie cherry）
风味类型： 辛辣
使用的部分： 内核（作为香料）

> 一位希腊朋友给了我们一种称为tsoureki（色莱奇）的传统复活节小圆面包，它用玛拉调味，并用鲜艳鸡蛋装饰（蛋壳用食用色素染成红色）。它不仅看起来棒极了，而且玛拉内核和杏仁酥般风味完美地丰富了这种面包。

背景

玛拉原产于欧洲南部，这种北半球树野生生长在地中海地区，直至土耳其。公元1世纪阿拉伯人记载了有关玛拉的最早文字；随后一些阿拉伯作家提到了它的种植，直到12世纪。玛拉最初用于中东和土耳其香水和药品，后来成为一种流行烹饪香料，特别是用于面包调味。目前，世界主要玛拉生产国是伊朗，其次是土耳其和叙利亚。

植物

玛拉是一种不寻常的芳香香料，它由一种野生黑色小樱桃的去壳核仁制成。该樱桃树是一种枝叶茂盛的落叶树，与桃子和李子同属一科（蔷薇科）。树高达12m，有6cm椭圆形、精细锯齿状鲜绿色叶子，早期开单朵白色花朵。绿色果实直径仅为8mm，收获阶段的成熟果实呈黑色。玛拉颗粒呈浅棕褐色、具有泪滴形状，长5mm，内部呈乳白色。玛拉的神奇之处在于即使你第一次闻到它，也似乎非常熟悉它。这种熟悉来自其独特香气具有樱桃甜味、杏仁味和花香味，类似于杏仁蛋白酥。玛拉风味是芬芳玫瑰水般甜味、（略带）坚果味及（惊人）苦余味的结合。

加工

收获的成熟果实，切开后，可以取出核，破碎后露出里面的玛拉仁。

采购与贮存

尽管有时会有玛拉粉供应，但一粉碎成粉末状，玛拉就会从乳白色变为脏黄色，并迅速氧化失去其风味和香气。因此建议购买完整内核，临使用前，用研钵

烹饪信息

可与下列物料结合	传统用途	香料混合物
● 多香果	● 中东面包	● 通常不用于香料混合物
● 肉桂和月桂	● 曲奇饼和饼干	
● 丁香	● 蛋糕和糕点	
● 芫荽籽	● 土耳其米饭菜	
● 生姜	● 水果馅饼和牛奶布丁	
● 肉豆蔻		
● 黑芝麻		

和研杵或干净的咖啡研磨机将其研磨。

　　玛拉仁应储存在密闭容器中，部分是为了延长其保质期，同时也防止其香气污染食品室中的其他食物。应远离直射光线、极端高温和潮湿环境。以这种方式存储时，整粒玛拉可持续保存约1年。研磨成粉的玛拉应在约一个月内使用完。

使用

　　玛拉用于面包、曲奇饼、薄脆饼干、蛋糕和糕点，可以使这些产品具有正宗的中东和土耳其风味。玛拉也是土耳其米饭的一种配料，加在面团中可为新鲜水果面包调味，加在牛奶布丁中也很好吃。由于其芳香和苦味特性，配方中，每500mL面粉只需添加不超2~5mL的玛拉粉。

每500g食物建议添加量
谷物和豆类: 10mL粉末
烘焙食品: 10mL粉末

阿拉伯早餐面包

这类称为"ka'kat（卡吉）"的阿拉伯早餐面包，适合与美味樱桃果酱配合，是羊角面包的可爱替代品。面包中的玛拉可平衡和补充樱桃的甜味。

制作16个

制备时间：
10min，加2h发面
烹饪时间：20min

提示

烘焙芝麻：中火，在干锅中不断摇晃2~3min，直至略微变成褐色。立即转移到盘子，以防止进一步褐变。

酵母与面粉混合的同时，向相同方向搅拌有助于面筋有效地形成。

将手指按入面团时，面团会变得光滑有弹性，并迅速恢复形状。

● **2张烤盘，内衬羊皮纸**

超细糖	30mL
速溶干酵母	10mL
温水	500mL
面粉	1~1.25L
无盐黄油，融化	60mL
细海盐	5mL
玛拉籽，磨成粉末	1mL
鸡蛋，搅打	1个
烤芝麻（见提示）	45mL

1. 在一个大碗里，将糖和酵母用温水溶解。每次加入250mL面粉，在相同方向不断搅拌，直到形成稠厚面团（见提示）。加入750mL面粉后，搅拌1min，然后静置10min醒面。

2. 将黄油、盐和玛拉粉搅拌加入面团，然后重新加入剩余的面粉，每次加250mL，直到不能加入更多面粉，并且面团又不太干。将面团转到轻微撒粉的操作台面，并揉面10min，直至光滑并有弹性（见提示）。将面团放入干净、轻微涂油的碗中，盖上厨房巾，放在温暖的地方醒发1.5h，直至发面至体积翻倍。

3. 将面团转到轻微撒粉的台面，揉面约2min，直到内部空气被排出，面团光滑。将面团等分成16块。使用手掌，将每个部分搓卷成雪茄形状，然后将两端拼接在一起形成一个圆圈，在准备好的烤盘上至少间隔5cm排列圆圈。盖上一块厨房巾，放在一边静置30min。

4. 烤箱预热到200℃。

5. 在烘烤前，用刷子将蛋液刷在圆圈面团上，并撒上芝麻。烘烤约20min，直到金黄色。在供餐前，将小面包转移到栅架稍微冷却。该面包装在密闭容器中可保存2天。

乳香 （Mastic）

学名：*Pistacia lentiscus*（也称为*P. lentiscus* var. *chia*，*Lentiscus massiliensis*，*Lentiscus vulgaris*，*Terebinthus lentiscus*）

科： 漆树科（Anacardiaceae）
其他名称： 胶乳香（gum mastic）、玛斯蒂雅（masti-ha）、乳香泪（mastic tears）、玛斯蒂奇（masticha）、玛斯蒂卡（mastika）
风味类型： 辛辣
使用的部分： 树液/树胶（作为香料）

背景

多种乳香树（*Pistacia lentiscus*）生长在地中海和中东地区，但世界上大部分胶质乳香来自希腊希俄斯岛上受保护原产地树（*P. lentiscus* var.*chia*）。在这个希腊东部的岛屿上，明显可以感觉到人们对胶乳香树的无比热情和奉献精神，甚至还有一个胶乳香种植者协会致力于研究、生产和推广乳香和乳香制品。

乳香历史悠久，可追溯到古希腊古罗马时代。希腊和罗马的博学作者，如普利尼、迪奥斯科里斯、盖伦和泰奥弗拉斯托斯，均提到过乳香。法老们都熟知乳香，（被希腊医生称之为"医学之父"的）希波克拉底曾利用乳香治疗各种疾病，包括秃头、肠道和膀胱疾病，他用乳香做成药膏，用于牙齿镇痛，以及用乳香处理蛇伤问题。我觉得有个传说特别合适乳香，说的是圣·伊西多尔在公元250年被罗马人折磨致死时，他的身体被拖到了乳香树下，乳香树见到圣人残缺身体后便开始哭泣。

从10世纪开始，希俄斯岛便以其"*masticha*（玛斯蒂雅）"而闻名。这个名字来源于希腊语"*mastichon*"，意为"咀嚼"，也是英语单词"*masticate*（咀嚼）"的词根，因为乳香通常用于制作口香糖和口腔清新剂。到了14世纪和15世纪，乳香制品生产具有高度组织性，并且由记录员（scribae masticis）控制，他们的任务是记录胶乳香的生产。由于乳香的重要性，在土耳其人占领期间，希俄斯岛乳香制作村庄获得了特殊的权利，例如，他们可以自己管理，并允许敲响教堂钟声。总共有21个乳香村庄，他们用26t胶乳香支付什一税，然后免缴所有其他税款。像对待大多数有价值商品一样，盗窃乳香的处罚均很严厉，其严厉程度与盗窃数量直接相关。

被盗乳香的接收者也会受到同样的惩罚，这些惩罚措施范围从用炽热钢块烫额头，到割去耳朵、眼睛或和鼻子。如果一个人被抓获的偷盗量超过180kg，会受到绞刑这样的极端惩罚。因此，1435—1440年多次访问希俄斯的安可娜旅行者奇尔里阿克斯皮西科利（Kyriakus Pitsiccoli），有一次听到这样一种说法："如果想住在希俄斯，只能持有胶乳香，但不能偷。"

目前，胶乳香种植者协会列出了64种胶乳香的用途，其中包括其抗癌特性，用于辅助治疗十二指肠溃疡，有益于口腔卫生，以及在南摩洛哥和毛里塔尼亚被用作催情剂。

烹饪信息

可与下列物料结合	传统用途	香料混合物
● 多香果	● 土耳其软糖	● 拉斯哈努特
● 豆蔻果实	● 冰淇淋	
● 肉桂和月桂	● 甜布丁和蛋糕	
● 丁香	● 牙膏和口香糖	
● 芫荽籽	● 慢煮羊肉	
● 小茴香	● 烤肉串（沙威玛）	
● 生姜		
● 玛拉		
● 香兰		

植物

　　胶乳香树，或者希俄斯岛人所称的"schinos（斯基诺）"树，是一种生长缓慢的耐寒常绿树，平均高度为2~3m，尽管已知有些树达到5m。乳香树具有闪亮、深绿色叶子，类似于桃金娘树叶。树干粗糙且多瘤节，受到刮伤时，会产生一种透明的树脂状物质，凝固后成胶乳香。这类耐寒树在40~50年后完全长足，其中有些树被认为需200年才完全长足。种植5~6年的树木便会开始生产乳香，当它们长到15年树龄时，每棵树最大乳香产量可达1kg。一棵树生产乳香的周期大约在70年左右。乳香种植者斯泰利奥斯向我们介绍了一棵乳香树，他记得在他65岁的时候该树就已经成熟了，现在还在生产中。

　　收集和加工后，胶乳香会变硬。常见乳香粒（泪）大小范围在3~5mm。乳香泪质地很脆，有些结晶。当破碎时，乳香泪会露出像碎石英一样的光泽表面，释放出微弱松脂般香气。乳香味道最初呈苦味和矿物质味，咀嚼几分钟后变得较中性，此时它呈现口香糖般质地，并呈不透明淡黄褐色。即使经过15~20min的咀嚼，仍有令人惊讶的清新口味，不像如今的口香糖那样，其大量风味会在几分钟内消失。在烹饪中，虽然乳香的主要功能是提供质地并充当黏合剂，但它确实能提供风味。通过蒸馏乳香树叶子和树枝，也可以生产胶乳油，然而，很少有厨师熟悉它，因为它的主要用途是用来制造糖果、利口酒和药品。

加工

　　胶乳香在6月至9月间生产，这种生产仍受到严格控制。首先，要清理树基周围地面，并用白色黏土平整地面，这一过程称为干燥。白色黏土含有石灰石，能促进干燥，并有助于清除落在其上的乳香泪。第一次对树干切割或"割伤"通常在早上（此时乳香泪的产量最大）进行，要在树上划出10~20道伤口。伤口必须只涉及树皮，而不能切入木质部。当地农民斯泰利奥斯向我们展示如何划伤树皮时，我们在几分钟内便看到了由树汁形成的乳香泪，看起来很像是人眼角形成的泪水。渗出的乳香泪在滴落到黏土之前，有时会呈钟乳石状。整个生产

乳香使用窍门

使用研钵和研杵，很容易将乳香泪研磨成细白色粉末，但应在刚要添加到菜肴之前研磨。否则乳香粉容易重新合并成滴或大块。应使乳香冷却以便于研磨，因为这样可使乳香略微变脆。

如果用来研磨胶乳香的研钵和研杵最后涂上一层像清漆一样的黏稠乳香（在炎热天气操作往往会出现这种情形），将它们放入冰箱几小时，便可马上切除这些器具上的乳香残渣。

乳香粉最好与油脂混合。可将乳香粉泪添加到温热的橄榄油中，这样可使各种色拉酱都能够附着在色拉上。

香料贸易旅行

我们第一次访问希俄斯时，碰到了胶乳香种植者协会商业部门的玛利亚，她向我们介绍了岛的历史和有关乳香的神奇故事。参观一个散布着公元前8世纪—公元前5世纪建筑遗址的岛屿，至少可以说是令人敬畏的。世界上占领及使千万人受难的残酷历史总会使人不安，希俄斯居民几个世纪以来经历过多次遭受入侵的困境。

开车在希俄斯岛上转悠，看到成片的乳香树，激发我在笔记本上记下了以下内容："乳香树枝叶茂盛，看起来很硬、生长速度很快，由于受到压力以及受到创伤使其树枝和树干变得多瘤节、粗糙和扭曲，因此看起来比实际树龄要老得多。此情形仿佛是老人在魔法森林里变成的树木。希俄斯居民经历了几个世纪以来无法形容的艰辛，目睹眼前流着珍贵树脂泪滴的乳香树，人们感觉眼前见到的是先辈所经历的苦难生活。凝视一棵乳香树就能体会到展现俄希斯人和人类面对伤害永不放弃、忍辱负重求生的顽强精神。"

如果没有参观历史悠久的乳香村，就不算有完整的希俄斯之旅。我们大部分时间都在卡拉莫蒂（Kalamoti）附近度过，还漫步在梅斯塔（Mesta）、皮尔吉（Pyrgi）、卫沙（Vessa）和利西（Lithi）的狭窄街道上。参观乳香村就像时光倒流，（不要试图开车进入村庄）其宁静狭窄街道两旁的房屋装饰精美，黑白几何图案映衬着挂在墙上晾干的亮红色番茄。

季节，一棵树要受到多达100次划伤，但过多地"划伤"幼树会抑制未来的产量。在前后10~20天时间内，当树胶从切口中渗出时，就会发生凝固，很快，珍珠般的乳香泪、小球甚至是水坑状乳香树脂片便会布满每棵树下形成的独特白色黏土地坪。

然后是收集乳香泪，首先要使用一种称为"timitiri（梯米梯里）"的特殊工具。将树干上的乳香泪除下（如果让其留在树上，会氧化并变黄，变得味苦）。然后要收集地面上的胶乳香，要将收集到的乳香泪装入木箱，并转移到屋内凉爽处，并进行检选，以备在冬季由村里的妇女进行清洗。要用筛子除去任何黏附的叶子和土壤，并用冷肥皂水清洗胶乳香，彻底冲洗，并铺在屋内袋子上晾干。干燥后，要用小刀去除各种残留的脏颗粒。乳香村民在冬季的大部分时间都在用手工仔细清理夏天的产品，准备出售。

清洁后的胶乳香分为三个主要等级：皮塔、大泪滴和小泪滴。皮塔是在许多乳香滴成为一体时产生的泡沫，这个等级的最大乳香个体直径可达7.5cm，呈椭圆形。

大乳香泪直径约为6~10mm，小乳香泪直径约为3~5mm，小碎屑乳香被归类为粉末。各种未经清理的剩余乳香通常都通过蒸馏用于香水和酒精饮料，如乳香利口酒、茴香酒和拉基酒。

采购和贮存

胶乳香可以从希腊和中东食品商店和特色食品零售商处购买。最常见的包装规格为1~5g，因为它相对昂贵，并且配方中一次使用量少。乳香泪应该非常透明，略呈金黄色调，类似印度月光石。乳香最好存储在凉爽的地方，极端高温或长时间受热会导致乳香泪变得混浊和变色，并失去风味。乳香泪在适当条件下可有3年以上的保存期。

使用

乳香具有从药用到各种功能的多方面应用，包括用作油漆稳定剂和制作（特别是用于乐器的）清漆。乳香已被用于生产香皂、牙膏、杀虫剂、电绝缘体和轮胎。用胶乳香和松香可制成乳香（frankincense），乳香已被用于制革、织造和养蜂业。乳香用于烹饪确实是其一个应用亮点，除了添加到口香糖和糖果中之外，乳香还是利口酒中的配料。我们参观希俄斯海滨一家酒吧时，甚至享受到了乳香莫吉托！乳香被用于上等正宗土耳其美食，包括面包和糕点、冰淇淋、甜布丁和杏仁蛋糕。

尽管纯粹主义者可能不会接受，但乳香确实可用于替代几乎找不到的兰根粉（salep）。乳香还可与油、柠檬汁和香料混合上浆料（相当于中东版希腊酱料"Gyrose"），用于涂抹传统土耳其烤肉串（也称为"shawarma"沙瓦玛）。用拉斯哈努特和乳香粉炖的羊肩具有多汁质地。胶乳香加少许糖捣碎并与玫瑰或橙花水混合可用于许多甜味烹饪；通常应用比例是：每4份甜点用1mL碎乳香。

每500g建议的添加量
红肉：2mL碎粒
白肉：2mL碎粒
蔬菜：1mL碎粒
谷物和豆类：1mL碎粒
烘焙食品：1mL碎粒

乳香芦笋夏日汤

这种汤是一道可爱的夏天开胃菜，加上乳香使芦笋质地柔软，更加令人满意。

制作4人份
制备时间：5min
烹饪时间：20min

提示
为做成超顺滑的汤，混合后用细网筛过滤，然后加入奶油。

- 羊皮纸
- 搅拌机

橄榄油	15mL
小洋葱，切碎	1颗
细海盐	5mL
新鲜芦笋（3~4支）	250g
乳香粉	1mL
橄榄油	5mL
墨西哥红辣椒，可选	2mL
鸡汤	250mL
餐桌（18%）奶油	125mL
海盐和现磨黑胡椒粉	适量

1. 小火，在锅中加热15mL油。加入切碎的洋葱，盖上一张羊皮纸，将其压在洋葱碎片上（以助出汁过程）。煮12min，直到洋葱非常柔软（小心不要变褐）。

2. 同时，将一大锅水煮沸，加入盐和芦笋。煮约2min，直到嫩脆。保留125mL的烹饪用水并沥干芦笋。从芦笋中切出8个最好的笋尖，留作装饰物用。

3. 在一个小碗中，将乳香与5mL油混合，搅拌均匀。

4. 在搅拌机中，将煮熟的芦笋、乳香油、煮熟的洋葱、预留的烹饪水、墨西哥红辣椒（如果使用）和肉汤混合。搅打成均匀的糊状物，倒回平底锅，搅拌加入奶油，用盐和胡椒调味。在小火上温热供餐，也可冷却后配上保留的芦笋尖，冷食。

橙花冰淇淋

橙花冰淇淋在埃及是一种美味佳肴。通过乳香和橙花水组合，可使冰淇淋产生独特柔和质地和非常清爽的风味。这款乳香配方由著名食谱作者苔丝·马洛斯提供。

- **冰淇淋机（见提示）**

乳香泪，磨成粉末	1mL
超细糖，分次使用	125mL
玉米淀粉	22mL
全脂牛奶，分次使用	500mL
重奶油或搅打（35%）奶油	300mL
橙花水	20~25mL

1. 在一个小碗中，将乳香粉与15mL糖和玉米淀粉混合，加入125mL牛奶搅拌均匀。备用。

2. 中火，在平底锅中将剩余的牛奶和糖混合。加入奶油搅拌，煮8~12min至沸腾。搅拌玉米淀粉混合物，并加入锅中，煮30min，不断搅拌，直到浓稠和冒泡。

3. 将锅放入装满冷水的大碗中冷却，不停搅拌。一旦完全冷却，加橙花水调风味并搅拌均匀。

4. 将混合物倒入冰淇淋机中，并按照制造商的说明进行操作。

5. 将冰淇淋转移到密闭容器中并冷冻24h。食用前，在冷藏冰箱软化1h。

制作4人份

制备时间：5min
烹饪时间：1h，加1天冷冻

提示

如果没有冰淇淋机，可将混合物装入密闭容器中并冷冻至边缘冻结。然后将混合物转移到碗里。用电动搅拌器搅打均匀，再装回密闭容器，重新冷冻。

薄荷 （**Mint**）

学名：*Mentha*（也称为*M. crispa*，*M. viridis*）

科： 唇形科（Lamiaceae，原科名Labiatae）
品种： 绿薄荷（*M. spicata*，*M. crispa*，*M. viridis*）、胡椒薄荷（*M. piperita officinalis*）、科西嘉薄荷（*M. requienii*）、苹果薄荷（*M. x rotundifolia*）、古龙薄荷（*M. x piperita f.citrata*）、唇萼薄荷（*M. pulegium*）
其他名称： 普通薄荷（common mint）、绿薄荷（green mint）、羊肉薄荷（lamb mint）、女士薄荷（our-lady's-mint）、豆薄荷（peamint）、伯利恒圣人（sage of Bethlehem）、尖薄荷（spire mint，spearmint）、黑色薄荷（black Mitcham）、黑薄荷（black peppermint）、白薄荷（white peppermint，peppermint）
风味类型： 强
利用部分： 叶子（作为香草）

背景

英国似乎到了17世纪才了解胡椒薄荷，当时认为这种薄荷是水薄荷与尖薄荷（也称绿薄荷）的杂交品种。尖薄荷原产于旧世界温带地区，罗马神话提到过这种薄荷。

薄荷的英文俗名"mint"来自Minthe（蜜斯），一位迷人仙挑起波西比娜（冥王星爱嫉妒的妻子）的嫉妒心，将蜜斯变成了低矮且被压迫的薄荷植物。希波克拉底和狄奥斯科里迪斯提到过薄荷的药用益处。在罗马时代，薄荷是一种清新房间用的点缀芳香草本植物。圣经中提到法利赛人用薄荷、茴香和小茴香缴税。薄荷种植得非常广泛，目前有25种以上品种的薄荷分布在的世界上许多温带地区。

尖薄荷和胡椒薄荷油是当今最重要的调味成分之一，很难想象一生中如果那一天尝/闻不到某种形式的薄荷味道或香气该如何是好。然而，直到18世纪，英格兰才开始在萨里郡米彻姆（Mitcham）药用植物园种植大量胡椒薄荷和尖薄荷。到1796年，在伦敦，人们将米彻姆种植的约40hm²薄荷，用蒸馏法提取到1350kg精油。这种被称为"Black Mitcham（黑米彻姆）"的薄荷是一种耐寒品种，能比其他品种薄荷生产出更多优质精油，仍然是当今薄荷油行业的主要薄荷品种。

一个世纪之后，美国通过企业营销和大规模生产，成为尖薄荷和胡椒薄荷油行业的主要参与者。正当生产者试图操纵种植者和原材料价格时，美国市场巧妙地推出了保证不受杂草和掺杂物污染的高品质薄荷油。

薄荷油行业经历了令人难以置信的高点、价格崩溃，以及大多数市场发展动态过程中出现的现象，如投机、垄断和欺诈性广告等。早期市场开拓者中，有许多人经历了难以置信的艰难，如果他们能够看到今天的消费者对薄荷味的热爱，就会感到欣慰。

烹饪信息

可与下列物料结合

- 辣椒
- 芫荽（种子和叶子）
- 小茴香
- 墨角兰
- 牛至
- 欧芹
- 迷迭香
- 鼠尾草
- 风轮菜
- 百里香
- 姜黄
- 香兰

传统用途

- 烤肉，如鸡肉，猪肉和小牛肉
- 黄油煎的新马铃薯和青豌豆
- 番茄和茄子（少量）
- 色拉酱
- 清爽的果汁冰糕
- （雷塔）酸奶
- 香草茶

香料混合物

- 哈里萨膏混合物
- 羔羊调味料
- 唐杜里香料混合
- 特殊混合香草

植物

　　薄荷家族包含大量品种，这是由于其在物种内易于杂交所致。在所有薄荷品种中，尖薄荷作为最有用和最受欢迎的烹饪香草脱颖而出。胡椒薄荷在药用方面广受青睐，可用于甜食调味，并被用于许多口气清新剂，但我认为它不是常规烹饪配料。

　　尖薄荷有两种常见形式：一种是经典品种（*Mentha spicata*），该品种具有绿至浅绿色窄叶，生长缓慢；另一种澳大利亚人所称的普通薄荷或花园薄荷（*M. viridis*），这是一种具有较粗糙、褶皱、圆叶的品种，总是在距离滴水龙头不远的阴凉处生长。尖薄荷具有独特的薄荷香气，并且其令人愉悦风味特点是淡雅、柔和、温暖，杀菌性不强。

　　胡椒薄荷叶与尖薄荷叶相比，叶呈椭圆形；这种薄荷呈深绿色，风味近似辛辣，具有明显口腔清新和杀菌特性，并具有甜香脂味，使人马上能联想起薄荷糖润喉含片。胡椒薄荷有两种类型：一种是茎呈深紫色的"黑色"薄荷（*M. spicata x piperita vulgaris*），另一种茎呈绿色的"白色"薄荷（*M. x piperita officinalis*）。

其他品种

　　苹果薄荷（*Mentha x rotundifolia*），又称菠萝薄荷或羊毛薄荷，叶子褶皱，有时杂色，除了遮盖旋光性使之具有柔软模糊外观以外，看起来很像普通薄荷。它们的风味类似于尖薄荷，带有令人愉悦的青苹果味，适用于水果色拉。科西嘉薄荷（*M. requienii*）具有与胡椒薄荷最相似的风味特征，它主要用于香草茶，其蒸馏提取物用于烈酒调味。

　　古龙薄荷（*M. x piperita f.citrata*）比尖薄荷和胡椒薄荷更高更直立，是一种装饰性薄荷，在花园里受到走动人员碰擦会散发出清新的古龙香水香气。它通常不用于食谱，但一些厨师喜欢在亚洲菜肴添加其香水般香味。生姜薄荷（*M. x gracilis*）以其清淡的姜香味而闻名，很适合用于亚洲食物。除蚤薄荷（*M. pulegium*）是一种生长缓慢的地皮薄

荷，有小而浅的绿叶；它不能食用，但可将其放在狗毯下面驱除跳蚤！

还有更多薄荷品种：玉米薄荷（*M. arvensis*）有点苦味；水薄荷（*M. aquatica*）是一种具有胡椒薄荷味的品种；日本薄荷（*M. arvensis var.piperascens*）是另一种胡椒薄荷味品种；美国野生薄荷（*M. arvensis var.villosa*）生长在北美洲，比大多数所谓野生薄荷的风味更温和。

越南薄荷（*Polygonum odoratum*）不是真正的薄荷，越南薄荷条目中有更详细的介绍。马薄荷（*Monarda punctata*）和土狼薄荷（*Monardella villosa*）与佛手柑有关，并且更多地应用于制药而不是烹饪。

加工

用于食品和制药工业的尖薄荷和胡椒薄荷油可通过蒸馏提取。干薄荷的生产方式与其他绿叶香草的生产方式大致相同：在温暖、避光、低湿度环境中脱水，直到水分含量达到10%左右。

将家庭栽种的薄荷捆成束，倒挂在避光、通风良好和干燥地方，叶子容易变得非常干爽。或者，也可以在微波炉中烘干它们：将叶子单层铺在纸巾上，在微波炉中用高温档每次加热20sec，检查每次加热后叶子的脆度。当叶子变得清爽干燥时，将它们从微波炉取出，并将剩余的叶子摊开，直到所有叶子干燥。为防止微波炉磁控管受损，可微波炉中将1/2杯（125mL）水放在薄荷叶旁边。

采购和贮存

大多数新鲜农产品零售商都有新鲜尖薄荷出售。如果同时有光滑窄叶品种和褶皱圆叶品种，则购买前者会有更好的烹饪风味。薄荷束插在水杯中，并用塑料膜罩住，可很好地在冰箱里存放。每隔几天更换一次水，新鲜薄荷可以持续保存2周。

干燥尖薄荷通常标示"薄荷"出售，在大多数情况下，干尖薄荷呈深绿色，几乎是黑色。严格来说，这种薄荷应称为"搓碎"薄荷。

这种薄荷叶片很小，约3mm因为它们在干燥后从茎上摘下时会破碎。优质干薄荷可以呈深色或浅绿色，但不应该看起来多尘或被淡黄色茎秆污染。有时可以购买到土耳其尖薄荷，它呈浅绿色，具有清晰的风味和香气。干薄荷的储存方式与其他干香草相同：装在密闭容器中，避免极端高温、光线和潮湿，在这些条件下，可持续保存长达1年。

使用

胡椒薄荷在厨房中远不如尖薄荷用得多。它偶尔用于甜食食谱，例如薄荷奶油，或作为调味品添加到巧克力蛋糕之类烘焙食品。薄荷茶可能是一种最受人喜欢的香草饮料，这是一种令人愉快、放松的茶，有助于消化，并有助于清除冬季轻微地流鼻涕。

另一方面，尖薄荷具有无数烹饪应用，因为其轻盈的薄荷味为与之相结合的食物带来新鲜元素。一些作者认为薄荷不能很好地与其他香草结合，然而，我看到过少量薄荷能很好地与百里香、鼠尾草、墨角兰、牛至和欧芹产生风味互补效果。许多人想到薄荷时，首先想到的可能是烤羊肉配薄荷酱或薄荷果冻。但薄荷也能很好地与鸡肉、猪肉和小牛肉搭配，薄荷可撒在新马铃薯或煮熟的绿豌豆中，这种场合的薄荷均与少量黄油捣碎混合在一起。薄荷用量很少时，与番茄和茄子有很好的配合。色拉和色拉酱可以加入一点薄荷，冰镇黄瓜汤和新鲜水果色拉等冷菜也是如此。传统薄荷酒，薄荷利口酒和许多酒精饮料均因这种不起眼的薄荷植物而展现其风味特色。

中东、摩洛哥、印度和亚洲烹饪食谱往往添加薄荷，包括酿藤叶、塔吉、黄油鸡和炒菜，还有用鲜椰丝、咖喱叶、油炸芥菜籽和辣椒制成的各种酸辣酱。我最喜欢的是凉拌黄瓜、酸奶和薄荷雷塔（raita），这些可为唐杜里羊肉、鸡肉和肉丸之类印度香料肉类添加完美刺激感。

每500g建议的添加量

红肉： 20mL剁碎的鲜叶，7mL搓碎的干叶

白肉： 10mL剁碎的鲜叶，3mL搓碎的干叶

蔬菜： 5mL剁碎的鲜叶，1mL搓碎的干叶

谷物和豆类： 5mL剁碎的鲜叶，1mL搓碎的干叶

烘焙食品： 5mL剁碎的鲜叶，1mL搓碎的干叶

薄荷酱

羊肉和薄荷是传统搭配。我如不用摩洛哥或印度香料为羊肉调味，就会用薄荷酱和豌豆制作老式烤羊腿。

轻压实的新鲜薄荷叶，切得很碎	250mL
砂糖	30mL
开水	45mL
白葡萄酒醋	30~45mL
海盐	适量

在耐热碗中，加入薄荷、糖和开水，搅拌直至糖溶解。预留30min，让液体浸泡薄荷。加入白葡萄酒醋和盐调味，酱汁装在密闭容器，可在冷藏冰箱保存3天。

制作125mL

制备时间：
10min，加30min浸泡
烹饪时间：无

白酱

坎雪克（Cacik）是土耳其黄瓜酸干酪酱汁，由冷却薄荷、酸奶和黄瓜组合而成，相当于希腊贴聚奇（tzatziki）或印度雷太（raita）。坎雪克可以作蘸料用，也可兑水成为炎热天提神醒脑的清凉汤。白酱是拉米森（Lahmucin）、茄子色拉和塔布里（Tabouli）的拌料。

制备时间：10min
烹饪时间：无

提示

可以用7mL干薄荷替代新鲜薄荷。

黄瓜，长约15cm	1/2根
纯希腊酸奶	250mL
大蒜，切碎	1瓣
细海盐	2mL
新鲜薄荷叶，切非常碎（见提示）	15mL

1. 用刨丝器刨黄瓜，将黄瓜丝转移到放在碗上的细网筛上，静置5min以排干水。
2. 在一个小碗里，将准备好的黄瓜、酸奶、大蒜、盐和薄荷混合在一起，冷藏。最好在制作当天吃。

变化

做汤：如果希望在步骤1中将黄瓜刨得更细，则不要沥干黄瓜。在步骤2中将250mL水加入碗中并充分混合。

薄荷巧克力慕斯

巧克力和薄荷是一种美妙搭配，我喜欢简单的巧克力慕斯甜点。不要上当，这种慕斯其实并不含太多薄荷提取物，但味道非常浓。本慕斯非常容易制作，是极好的预制佳肴。我喜欢用老式鸡尾酒杯或碗盛装这道慕斯。

70%的巧克力，大致切碎	105g
黄油	15mL
纯薄荷提取物	1mL
鸡蛋，分离蛋清和蛋黄，在室温下均温	3颗

1. 中火，在水盆中放置一个耐热碗，加入巧克力、黄油和薄荷提取物。将水煮沸，然后关火（利用余热融化巧克力）。搅拌巧克力一次或两次，使其均匀融化，巧克力融化后，从热源移开，并放在一边。

2. 使用电动搅拌器，搅打碗中的蛋清，直到形成坚挺泡沫峰（提起搅拌器时，白色泡沫应保持其峰值而不下垂）。

3. 用抹刀将蛋黄加入融化的巧克力混合物中搅拌，然后拌入蛋白。轻轻快速地将蛋白搅入巧克力中，同时尽可能保持充气和蓬松状。

4. 将慕斯分装在4个小模具或玻璃杯（约125g容量）中，加盖并冷藏6h或过夜。慕斯在冷藏冰箱中可保存2天。

制作4人份

制备时间：5min
烹饪时间：10min

提示

如果想要获得有情趣的供餐效果，可在供餐时加一枝薄荷、撒一些可可粉或巧克力粉，或加一团生奶油。

芥菜（**Mustard**）

学名：*Brassica alba*（也称为*Sinipas alba*）

科：十字花科（Brassicaceae，原科名Cruciferae）

品种：黄（白）色芥菜（*Brassica alba*或*Sinipas alba*）、黑芥菜（*B. nigra*）、褐芥菜（*B. juncea*）

其他名称：中国芥菜（Chinese mustard）、印度芥菜（Indian mustard）、叶芥菜（leaf mustard）、米祖纳芥菜（mizuna mustard）、绿芥菜/褐芥菜（mustard greens/brown mustard）

风味类型：辣

利用部分：种子（作为香料）、叶子（作为香草）

背景

芥菜是人类已知的最古老的香草之一，自最早历史记载以来一直被人们使用。芥菜可作为兴奋剂和利尿剂内服，或外敷用于缓解一般肌肉酸痛，均受到古希腊人的高度重视，包括公元前5世纪哲学家毕达哥拉斯和著名医师希波克拉底。芥菜在圣经中被称为最伟大的香草。

公元前334年，波斯国王大流士三世给亚历山大大帝送去了一袋芝麻，象征着他的大部分军队。亚历山大回送了一袋芥菜种子，隐喻不仅人员数量上，而且能量上的优势。芥末在罗马时代被用作调味品，像胡椒那样简单地撒在食物上。当时芥菜叶通常作为蔬菜食用。如今，芥菜在亚洲美食中使用最为广泛，也是南美洲烹饪的重要成分。

公元812年，法兰克斯国王和西方皇帝查理曼决定将芥菜种植在中欧帝国农场。大约同一时间，法国人在巴黎附近的修道院土地上种植芥菜作为收入来源。当人们见到种植芥菜有利可图，于是就设法以芥菜为基础开发更多复杂混合物。因此，芥末与蜂蜜、醋和葡萄汁的混合物（成熟葡萄的未发酵汁）流行了起来。关于英文芥末名称"mastard"的合理推测——它来自两个拉丁词"mustum"（一定）和"ardens"（辣）的组合。

芥末由罗马人引入英格兰。13世纪，巴黎的醋制造商获得了制作芥末的专利权，到了18世纪，英国和法国还都在完善芥末加工方法。法国人的方法包括添加龙蒿、蘑菇、松露、香槟甚至香兰等成分。英国人则专注于将芥子壳与核心分离的方法，制作超细芥末粉，通常还加入小麦粉和姜黄。这些催生了一个芥末制造业，通过向大众提供一种令人愉悦的调味品，为常常被认为无味蔬菜和咸肉等日常膳食增添了情趣。

植物

所有芥菜属于十字花科（此科曾用学名Cruciferae，现用学名Brassicaceae），因为花瓣与希腊十字架形状相似而得名。

白色（或黄色）芥菜生长习性最普通，高度约1m，茎具有刺毛。2.5~5cm的菜籽荚形状像鸟喙，含有大约6颗黄色菜籽。叶子呈淡绿色，柔软并有裂片，鲜黄色花朵相对较大。

烹饪信息

可与下列物料结合	传统用途	香料混合物
● 多香果	● 泡菜	● 咖喱粉
● 豆蔻果实	● 印度咖喱	● 佩奇佛伦（panch phoron）
● 辣椒	● 色拉酱和蛋黄酱	● 泡菜香料
● 肉桂	● 香醋	● 肉调味料
● 丁香	● 制备芥末	● 芥末粉
● 芫荽籽	● 食用油	● 酸辣汤粉（sambar powder）
● 小茴香		
● 茴香籽		
● 葫芦巴籽		
● 高良姜		
● 生姜		
● 黑种草		
● 红辣椒		
● 胡椒		
● 八角		
● 罗望子		
● 姜黄		

黄芥菜籽，是指其菜籽呈奶黄色，而不是白色，直径接近3mm，是三种芥菜籽中气味最温和的。黄芥菜籽外壳微凹陷，这种菜籽具有很强的吸湿性，曾被当作硅胶使用，广泛用于保持化学制剂和电子产品干燥。

所有芥菜籽完整状态下均无明显香气。事实上，即使磨碎后也几乎不散发出香味。芥菜籽含有一种黑芥子酶，这种酶在与液体接触后才会被激活，从而产生典型的芥末辣味和刺激性风味。完全形成的辣芥末的辣味呛口，具有刺激性，这种刺激性辣气会冲向鼻子后部，清除鼻窦并使眼睛流泪。然而，并非所有芥末都是辣的（参见下面的"加工"），温和芥末仍然可能具有浓郁、咸味、顺滑和令人愉悦的味觉。

其他品种

芥菜籽方面存在一定程度混淆，因为最常用于烹饪的有三种芥末：白色（黄色）芥末、黑芥末和棕色芥末。此外还有另外两种密切相关的植物：田芥菜（*Brassica rapa*）和油菜（*B. napus*），这两种菜籽也被压制成芥菜籽油用于烹饪。

黑芥菜（*B. nigra*）是一种高大、光滑的植物，上部叶呈窄披针形长矛状，

香料贸易旅行

几年前，我们在印度古吉拉特邦对种子香料进行研究，当时我们见到一头牛拉着一辆大车围绕着一个类似于大禾草堆的物体转圈。靠近看时，发现这头牛正在拉动大车使芥菜籽脱粒（*Brassica juncea*）。当菜籽荚完全发育但尚未成熟时，要收获芥菜，以避免在收集过程中芥菜籽破碎而失去许多菜籽。将芥菜秸秆割下后，要将其捆起来，并进行干燥，然后将其简单地堆放在地上，并驱动牛车滚压使菜籽荚破裂释放出深棕色菜籽，从而使芥菜籽得以脱粒。在一侧，三名年轻人手抓着一个直径约为2m的巨大筛子。他们站在小牛般高的芥菜籽堆上，另一工人则将更多压过的干秸秆堆放到大筛子中。年轻人们满脸笑容，因我们对其日常工作如此感兴趣而高兴。

长2~3m。它带有黄色花朵，外观与黄芥末相似，但较小。黑芥末的长角果直立而光滑。它们长2cm，内部包含约12粒深红棕色和几乎黑色的菜籽，菜籽直径约1cm。黑芥菜籽比黄色种子更刺鼻。

棕芥菜（*B. juncea*）的大小与黑芥菜相似，然而，其叶子大且呈椭圆形。花呈淡黄色，菜籽荚长2.5~5cm。棕色芥菜籽看起来几乎与黑色相同，但当酶被激活时，它们只有约70%的刺激性。黄芥菜（*B. alba*）产生的辣度几乎与黑色和棕色芥菜籽一样多，但它缺少印度烹饪所需的深度坚果性刺激。黄芥末籽传统上用于制作英式芥末酱和芥菜泡菜。

田芥菜（*B. rapa*）和油菜籽（*B. napus*）通常被称为"油菜"，是一类用于烹饪和加工食品生产的冷榨油，这类菜籽通常不用作烹饪香料。

加工

当菜籽荚完全发育但尚未成熟时，就需要收获芥菜籽，因为它们容易爆裂。黑芥菜特别难以机械收获，因此在许多国家，它已经被略微不那么刺鼻的棕色品种所取代，而后者没有那么容易破碎。切割后，要将成捆的芥菜"秸"堆起来干燥，然后脱粒获取菜籽。芥末粉是通过研磨黄色、黑色和棕色芥菜籽，去除外皮（单独或组合），然后经过精细筛分而制成的。偶尔会添加一些淀粉和颜色以获得所需的风味和外观。还有一种脱辣的芥末粉，用于食品制造，以产生温和芥末味，但口味不辣，这种效果是通过使菜籽经受一种使黑芥子酶失活的温度、湿度处理而实现的。

以糊状形式装在玻璃瓶的称为芥末酱，制备方法是将芥菜籽浸泡在冷水中以激活酶，然后添加酸性液体，例如醋、白葡萄酒或酸果汁（未成熟水果的汁液，通常是葡萄汁）。加酸可抑制或阻止酶反应，并使糊状物剂稳定在所需的辣度水平。黑色和棕色芥菜籽含有不同于黄色芥菜籽的葡萄糖苷，这些化合物与黑芥子酶的反应使其更富于刺激，这就是为什么它们被优选用于制作辣芥末。然而，与所用芥菜种类相比，不同液体对酶的影响往往更能有效地影响产品的最终辣度。水会产生呛口辣味；醋具有温和浓郁风味；葡萄酒有刺激性辛辣味；而啤酒会产生非常辣的风味。即使利用水制作辣芥末，也应在混合物达到适当辣度水平时加入醋。这时的酸不会破坏酶产生的挥发油，但可以防止芥末风味随着时间推移而恶化。

采购和贮存

黄芥菜籽很容易买到，但全黑芥菜种子相对稀少，因为它们的大规模生产已被棕色芥菜取代，即使是专家也很难区分两者之间的区别。食谱要求黑芥菜种子时，棕色是可接受的替代品。

芥末粉的制备过程如下：将芥菜籽壳去除，研磨去壳菜籽，然后用细筛过筛。芥末粉最适合制作辣芥末，只需加入少许冷水，让混合物静置15min即可产生辣味。磨碎的黄芥菜籽是由整粒菜籽碎粉得到的，它含有菜籽外壳，具有很好

芥籽油

通常印度食谱中作为配料的芥籽油是通过冷榨方法制取的。因为冷榨油，所以其酶不会被激活。这意味着，传统的芥籽油是不辣的，它与其他食用油一样，仅用作食用油。然而，澳大利亚一家富有开拓性的生产商——杨迪雅芥菜籽油公司——也生产芥籽油。在压榨之前将芥末籽浸泡在水中，这样就可产生极少量芥末油，非常适合制作咖喱和亚洲炒菜。在美国，FDA规定芥籽油应仅用于外部目的，因为它含有高水平芥酸，实验室研究表明，这种酸可能对大鼠产生负面影响。但是，没有证据表明这种物质对人体有害。

的吸湿性。

芥菜籽和粉末应储存在密封容器中，避免极端高温、光线和潮湿。整粒种子可保存3年以上，芥末粉可保存1~2年。

市场上有各种各样芥末酱供应，包括大规模生产的产品、特色精品和自制品牌产品。最好避免购买出现分离迹象的瓶装芥末酱，如果上面出现醋，则说明产品生产时间较长，该产品可能已超过其使用日期。优质芥末酱打开后不需要冷藏，因为芥末具有天然的微生物抑制特性，可以防止发霉。但是，冷藏的芥末会有更长的保存期。由于一些芥末制造商使用不同的工艺，因此要始终遵循标签上的存储说明。

使用

整粒芥菜籽是泡菜香料混合物和印度种子混合物——佩奇佛伦（panch phoron）的重要成分。它们可为蒸菜（例如它们的近亲卷心菜）添加坚果风味。制作咖喱开始进行油炸时，芥菜籽会释放出美妙坚果风味和轻微辛辣味，但不增加辣度（酶未被激活）。南印度菜肴常见做法是用油炸芥菜籽、咖喱叶、孜然籽和阿魏，然后在上菜前加入这种美味混合物，这个过程称为回火（必须快速盖上锅盖，以防止芥菜籽味在厨房中弥漫）。

芥末粉不能直接添加到醋中，因为这样会使酶失活，并产生苦味，应始终先用一些冷水与粉末混合（不能用热水，因为这也会使酶失活）。为了制作餐桌用辣芥末，应用冷水与芥末粉混合调味，并放置15min以使其产生辣味。只需制备当天的芥末用量，因为隔天芥末辣味就会消散。由芥末粉加水调成的糊状物，可以添加到油醋色拉酱中，因为其中菜籽壳的吸水性能使其成为乳化剂，可防止混合物在摇动后10min或更长时间出现分离。烤红肉的实用涂料可按以下方法制备：将10mL棕色芥菜籽与各15mL的红辣椒、漆树和牛至混合，加盐调味。除了可以制作出美味的烤肉外，还可以得到不错的副产品：深色的、浓郁的肉汁。

温和的芥末酱是三明治中黄油或人造黄油的理想替代品，它几乎不含脂肪，风味与典型三明治配料相得益彰。

整粒芥末酱

自己制作芥末比较容易，尤其适合作为调味品或礼物送给朋友。此配方用于制作味道浓郁、质地粗糙的芥末酱。它适用于肉类，并可作为涂抹料用于烤牛肉或烤羊肉。可以通过改变香料的数量或添加其他成分（如辣椒和晒干的番茄）进行调整。

制作125mL

制备时间：10min
烹饪时间：10min，加1~2周用于成熟

提示

如果刚制出的此款芥末呛口并味苦，不要感到奇怪，风味充分发展需要储存一周时间。
如果芥末在一两个星期后显得太易流动，可对整个混合物重新研磨以破碎更多的芥菜籽，这样就会使它们吸收多余的水分，然后冷藏。

● **研钵和研杵**

黄色芥菜籽	15mL
棕色芥菜籽	15mL
青胡椒	2mL
香旱芹籽	1mL
细海盐	1mL
多香果粉	4颗
压实的浅红糖	1mL
干龙蒿	2mL
红葡萄酒醋	60mL

使用研钵和研杵、干净的香料或咖啡研磨机，将黄色芥菜籽和棕色芥菜籽、胡椒、香旱芹籽、盐和多香果粉混合在一起，研磨至粗糙质地（确保大部分芥菜籽破裂，以便它们吸收液体并产生可匙取的混合物）。加入红糖和龙蒿，搅拌均匀。加入醋搅拌约3min，直至乳化。转移到无菌密闭容器中，放置在阴凉、避光的地方约1周，以产生风味。此芥末可在冷藏冰箱中保存长达1个月。

多萨

我父母参加印度香料发现之旅时发现，自己更期待一日三餐中的早餐，这要归功于酒店自助早餐提供的美味薄饼。塞满香料马铃薯的香脆煎饼加上酸奶真是天然的组合，这已成为我家早午餐的最爱。传统上，制作多萨面糊要将扁豆和大米磨碎并进行发酵，但我已开发出这种较便捷，但同样美味的多萨。

● **烤箱预热至180℃**

制作6人份

制备时间：15min
烹饪时间：80min

提示

鹰嘴豆面粉也称扁豆粉或贝山粉。它可以在亚洲和印度市场和健康食品商店中找到。

馅料

白马铃薯（约6个大马铃薯）	1kg	孜然籽	5mL
酥油	15mL	姜黄粉	2mL
洋葱切片	1/2	葫芦巴籽	2mL
现磨姜根	15mL	新鲜咖喱叶	60mL
绿色手指辣椒，切成薄片	1个	海盐和现磨黑胡椒粉	适量
棕色芥菜籽	5mL		

面糊

鹰嘴豆粉（见提示）	375mL	细海盐	一撮
白米粉	125mL	水	425mL
棕色芥菜籽	7mL	原味酸奶	30mL
黑种草籽	5mL	油	15~30mL

装饰料

原味酸奶	250mL	稍压实的新鲜芫荽叶	250mL
切碎的新鲜薄荷叶	30mL	芒果酸辣酱	适量

1. 馅料：用叉子将马铃薯全部刺破，并在预热的烤箱中烘烤1h或直至非常柔软。从烤箱中取出并放在一边，直到冷却到足以进行后续处理。剥皮并装入碗中捣碎成泥（应该像团粒糊状物）。

2. 中大火，在炒锅或大平底锅中，融化酥油。加入洋葱、生姜、辣椒、芥菜籽、孜然籽、姜黄粉和葫芦巴粉。不断搅拌，煮5min，直到洋葱变软，香料飘香。加入马铃薯和咖喱叶拌匀，用盐和胡椒粉调味，起锅备用。

3. 面糊：在一个碗里，加入鹰嘴豆粉、白米粉、芥菜籽、黑种草籽和盐。在量杯中将水和酸奶搅拌在一起。用面粉混合物做一圈，将酸奶混合物倒入中心，搅拌直至形成光滑面糊（它将非常稀薄）。

4. 用一平底锅或煎饼锅，加热15mL油，直至闪闪发光。用勺子将一勺面糊倒入锅中，立即倾斜并旋转平底锅，使面糊尽可能薄地覆盖尽可能多的面积。每边煮2~3min，直到酥脆。将煮好的煎饼转移到一个大耐热大盘子里，盖上铝箔，放在温暖的烤箱里。重复剩余面糊操作，根据需要添加更多油。

提示

可以在前一天制作马铃薯和薄饼混合物并冷藏过夜。

5. 在一个小碗里，将酸奶和薄荷混合在一起。

6. 供餐：将马铃薯重新加热至滚烫，摆上餐桌，同时摆上薄煎饼、酸奶混合物、芫荽叶和酸辣酱，供人自取食用。

变化

另一种素食型配方做法，用500g蒸熟的花椰菜花头，与约250mL碎奶酪一起捣碎，替代马铃薯。

桃金娘 （Myrtle）

学名：*Myrtus communis*

科： 桃金娘科（Myrtaceae）

品种： 海角桃金娘（*Myrsine africana*，也称为*M. retusa*）、沼泽桃金娘（*Myrica gale*，也称为*M. palustris*）、紫薇（*Myrica nagi*，也称为*M. integrifolia*）、蜡桃金娘（*Myrica cerifera*，也称为*M. mexicana*）

其他名称： 普通桃金娘（common myrtle）、科西嘉胡椒（Corsican pepper）、甜蜜桃金娘（sweet myrtle）、甜蜜香杨梅（sweet gale）、正宗桃金娘（true myrtle）

风味类型： 强

利用部分： 叶子、树枝和花朵（作为香料）

背景

桃金娘原产于欧洲南部、北非和西亚，并在地中海地区广泛生长。桃金娘经常被用在以色列新娘的婚礼花束中，因为它与爱情和女性魅力相关，桃金娘还与忠诚和不朽有关。在亚洲部分地区，将干燥的粉状叶子制成婴儿用的爽身粉。桃金娘浆果被用于地中海葡萄酒调味，如今桃金娘常用于甜食和一些利口酒。

植物

乍一看，常绿桃金娘树不会让人联想到它有烹饪用途。这类大型灌木或小乔木具有紧密聚集、有光泽的蜡状叶子，长度为2.5~5cm。它们迷人的花朵是白色的，盛开着像银莲花一样丰富的花蕊，看起来它们的作用只是用来装饰。叶子的苦涩味，以及开花后所结浆果的松脆杜松和迷迭香风味，意味着这种香草在传统方式中用于食品调味的用途有限。桃金娘不应该与观赏性紫薇（*Lagerstroemea indica*）混淆，也不应与柠檬桃金娘（*Backhousia citriodora*）混淆。

烹饪信息

可与下列物料结合

- 多香果
- 月桂叶
- 杜松
- 墨角兰
- 牛至
- 胡椒
- 迷迭香
- 鼠尾草
- 香旱芹
- 龙蒿
- 百里香

传统用途

- 野味
- 家禽
- 烤红肉

香料混合物

- 通常不用于香料混合物

其他品种

这里提到的各种桃金娘品种都具有相似的风味特征，并且在食品中以相同方式使用。海角桃金娘（*Myrsine africana*）生长在喜马拉雅山脉，并且分布在从北非到东亚一带。其果实可以新鲜或干燥后食用，其种子像许多小黑种子一样被用来掺假作为黑胡椒。该品种最常见的用途是药用。

香杨梅（*Myrica gale*）是一种落叶灌木，高约1.2m，其叶子与南亚杨梅的类似。这种植物孕妇不宜食用，因为据报道它会导致流产。从西欧到斯堪的纳维亚和北美都有这种灌木分布，其叶子和浆果可以用于咸味食物调味。其树枝在英国约克郡被用于啤酒制造，以生产"加莱啤酒"。

南亚杨梅（*Myrica nagi*）所结的果实与其他桃金娘植物果实相比，较甜、较酸，往往鲜食。蜡杨梅（*M. cerifera*）也被称为"肉桂野杨梅"。其浆果具有蜡状涂层，可在沸水浸泡除去。收集到的蜡可用来制作蜡烛，这种蜡烛燃烧时会释放出清新松脂香气。它不应与伏牛花子（*Berberis vulgaris*）相混淆，后者是一种用于波斯菜的甜酸味果实。

加工

桃金娘叶容易使用，其方法与月桂叶或马克鲁特莱姆叶的相同。将新鲜采摘的叶子单层铺在多孔纸上，放在温度低、湿度低的避光处。当感觉叶子非常清爽，并且失去柔韧革质感时，便可以存放起来以供日后使用。成熟浆果最好在阳光下晒干，因为直接受热有助于水分从革质表皮排出。

采购和贮存

桃金娘植物的树枝、叶子和浆果是最常用部分。由于食品供应商不能随时供应鲜品，因此，桃金娘值得家庭栽种。桃金娘植物喜在阳光充足、排水良好的中等肥沃土壤中生长。一束新鲜桃金娘叶子装在可重复密封袋中，可冷冻保藏3个月。

干桃金娘叶和深紫色至黑色的浆果，可以从一些特色香料店购买到。这些干品应存放在密闭容器中，远离极端高温、光线和潮湿。

使用

由于桃金娘味苦，因此烹饪后很少与食物一起食用。烘烤之前，既可用枝叶包裹肉，也可将叶子塞入家禽腹腔中。桃金娘叶可以像月桂叶那样添加到砂锅中，但建议在上菜前将它们取出。

在中东，人们有时食用开花后形成的成熟浆果，而干燥的浆果则被添加到食物中以获得其风味和温和的酸度。在意大利，风味像橙花一样的桃金娘甜美鲜花在色拉中很受欢迎。然而，桃金娘似乎是最受欢迎的烹饪木材，用于烧烤和烤肉时，它会给食物带来芬芳的烟熏味，具有特别好的开胃效果。

桃金娘的树皮、叶子和花卉通过蒸馏提取的精油，可用于制造香水、肥皂和护肤品。称为"天使水"的香水是用桃金娘花卉制成的。

每500g食物建议添加量（烹饪后取出）
红肉：10张叶
白肉：5张叶
蔬菜：2个浆果
谷物和豆类：2个浆果
烘焙食品：2个浆果

香桃炖小牛肉

Osso bucco是一种切成薄片的小牛肉小腿，味道鲜美。在烹饪过程中溶入的骨髓大大增添了这道菜肴的享受感。在这里，桃金娘通过赋予小牛肉温和的松树般的香气来平衡其坚固性，与烤马铃薯泥一起食用。

制作4人份

制备时间：10min
烹饪时间：105min

提示

通常准备的小牛肉小腿不让骨头露出，这与羊腿不一样。小牛肉小腿的厚度约为5cm，最好在低温下慢煮。

● **烤箱预热至160℃**

多用途面粉	15mL
盐和现磨黑胡椒粉	适量
小块小牛肉小腿，5cm厚（见提示）	4块
黄油	15mL
橄榄油	15mL
洋葱切片	1颗
白葡萄酒	250mL
牛肉汤	250mL
小枝新鲜的桃金娘叶子	3片

1. 用可重复密封袋子，将面粉、盐和胡椒粉混合调味均匀。加入小牛肉小腿，并使其充分裹上混合粉。

2. 将大号厚底耐热锅或荷兰烤锅放置在中大火上，在锅中加热黄油和橄榄油。加入小牛肉小腿，炒2~3min，直至变成褐色，装盘并放在一边。

3. 用同一个锅放在中火上，将洋葱炒5min，直至半透明。加入白葡萄酒和牛肉汤，煮1min，搅拌混合，关火。在洋葱上撒桃金娘叶，然后将准备好的小牛肉放在叶子上面。加盖，在预热的烤箱中烘烤1.5h，直至非常柔软，烹饪中途将锅转动一次。

4. 在食用前拣出桃金娘叶，将小牛肉小腿均匀分装在供餐盘中，并在上面放一勺洋葱酱。

黑种草 （Nigella）

学名：*Nigella sativa*

科： 毛茛科（Ranunculaceae）
其他名称： 夏努稀卡（charnushka）、客朗矾（ka-lonji）、灌木魔鬼（devil-in-the-bush）、绕雾蜜斯（love-in-a-mist）（*N. damascena*）、黑孜然或野葱籽（错误称呼）
风味类型： 味辛
利用部分： 种子（作为香料）

背景

黑种草原产于西亚和南欧，目前在埃及、中东和印度有大量生长。黑种草的记载很少，但其药用特性早已为古代亚洲香草学家所熟知。古罗马人用它做饭，早期定居者把它带到了美洲，当地的黑种草籽像胡椒一样被用作调味料。有关黑种草的命名较为混乱，因为在印度它偶尔被称为"黑孜然籽"。它不仅并非正宗黑孜然籽（*Bunium persicum*），而且它们具有截然不同的风味。由于黑种草籽可能在物理上类似于正宗洋葱（*Allium cepa*）籽，因此黑种草也经常被误称为"黑葱籽"或"野葱籽"。但洋葱籽的风味很弱，通常仅用于发芽。经过反思，我认为大多数要求加洋葱籽作为配料的食谱，实际上都要求厨师使用黑种草。有一本法国烹饪书中提到过黑种草也被称为"四合一香料"，我觉得这很奇怪，因为"四合一香料"是四种香料（白胡椒、肉豆蔻、生姜和丁香）的混合物，传统上用于制作熏肉、火腿、香肠、肉酱，及熟食店陶罐肉。黑种草籽油可用于治疗目的，用的是不怎么清晰的名称"黑籽油"。

植物

烹饪用的黑种草是一种一年生直立植物，属于毛茛科（Ranunculaceae），与观赏植物绕雾蜜斯（*N. damascena*）是近亲。黑种草并无什么观赏吸引力，它高30~60cm，其线状纤细叶子呈灰绿色，开直径约2.5cm的五瓣蓝色或白色小花，形成钉尖状籽囊。每个籽囊被分成5个带有突出垂直钉状物的种子隔室。成熟后，它们会开裂，分散出微小哑光黑色种子。每粒有棱泪状种子长约3mm，并具有奶油色中心。黑种草籽偶尔与黑芝麻（*Sesamum orientale*）混淆并令人难以区分。黑种草籽基本不散发香气，但其味道令人愉悦，有点像胡萝卜味。黑种草籽风味具有坚果味、明显金属味，使人有持久辛辣和喉咙干燥的感觉。

其他品种

绕雾蜜斯（*N. damascena*），也称为"灌木魔鬼"，因为它在开花呈现出尖尖的外观，是一种观赏性一年生植物，也是毛茛科成员。其鲜花呈深到浅蓝色，使绿色的草更具吸引力，尽管这种灌木看起来像是无数厚脸皮的蓝色魔鬼！绕雾蜜斯的种子无已知毒性，但通常不用于烹饪。

烹饪信息

可与下列物料结合	传统用途	香料混合物
● 多香果	● 土耳其面包和	● 佩奇佛伦（panch phoron）
● 豆蔻果实	印度馕	● 咖喱粉
● 辣椒	● 咸味饼干	
● 肉桂	● 咖喱	
● 丁香		
● 芫荽籽		
● 小茴香		
● 茴香籽		
● 葫芦巴籽		
● 高良姜		
● 生姜		
● 芥末		
● 红辣椒		
● 胡椒		
● 八角		
● 罗望子		
● 姜黄		

加工

　　黑种草籽囊在成熟时收获，但此时可能会爆裂，因而应略在此之前收获。进一步干燥后，要将籽荚脱粒以获取种子，最后应筛分以清除可能残留的籽荚壳。

采购和贮存

　　最好购买整粒的黑种草籽，这种草籽应该呈煤黑色。因为它们比黑芝麻便宜，所以不太可能误卖成黑芝麻。一般情况下，黑芝麻有可能被黑种草籽所替代。可以根据夹带灰白色草籽荚碎片来识别劣质未清理种子，黑种草籽的整体形态非常稳定，并且装在密闭容器中，在凉爽干燥的地方储存在，可保持其风味长达3年。

使用

　　因为黑种草风味很适合与碳水化合物类食物配合，所以通常能在土耳其面包和印度烤面包上看到黑种草籽。黑种草是印度佩奇佛伦混合香料的必需配料，这种混合香料的其他4种香料是孜然、茴香、葫芦巴和芥菜籽。佩奇佛伦也适合与另一种碳水化合物马铃薯搭配。黑种草籽在加入配方之前，应用油稍微炸一下，或者加少许油，这样往往会带出坚果的风味，并减少些金属感呛味。我最喜欢的一种享用黑种草籽的方法是五香鸡尾酒饼干。

每500g建议的添加量

红肉：20mL籽
白肉：20mL籽
蔬菜：10~15mL籽
谷物和豆类：
10~15mL籽
烘焙食品：10mL籽

辣炒花椰菜

这道美味配菜使用佩奇佛伦，这种诱人的混合种子香料，特别适合蔬菜。

酥油	15mL
佩奇佛伦	5mL
大蒜，切碎	1瓣
现磨姜丝	15mL
姜黄粉	2mL
细海盐	2mL
格拉姆马萨拉	2mL
花椰菜，切成小花	400g
水	60mL

制作2人份
制备时间：10min
烹饪时间：15min

小火，在炒菜锅或大平底锅中加热酥油。加入佩奇佛伦并炒煮2min，直到略微变成褐色。加入大蒜和生姜，煮1min，直至软化。加入姜黄粉、盐、格拉姆马萨拉和花椰菜，搅拌均匀。加水煮5~7min，不断搅拌，直至花椰菜变软。

五香饼干

我父母的赫布斯香料铺开业后不久，母亲便开始制作这类饼干。这类饼干已经成为一种家庭最爱，并且仍然是许多香料欣赏课程的特色。它们与餐前饮料搭配非常完美，我们家好像每次都会将这些饼干吃个精光！

制作约25块饼干

制备时间：5min
烹饪时间：
20min，加45min冷却

- 擀面杖
- 2只烤盘，内衬羊皮纸

通用面粉，加上揉面用额外面粉	300mL
拉斯哈努特香料混合物	10mL
黄油	75mL
切碎（老）切达干酪	175mL
香旱芹籽	10mL
黑种草籽	5mL
大蛋黄（或2个小蛋黄），稍搅打	1个
水	

1. 在一个大碗里，将面粉和拉斯哈努特混合在一起，将黄油揉搓进去，直到面粉像面包屑一样。添加切达干酪、香旱芹籽和黑种草籽，搅拌结合。加入蛋黄，搅拌至形成坚实的面团，必要时加入少许水。转到撒有面粉的工作台面上，轻轻揉搓至光滑。用保鲜膜包裹面团，冷藏30min。

2. 在十净撒有面粉工作台面上，将面团擀成3mm厚面皮。使用小刀，将面团皮切成4cm的条带，然后将面条带斜切成菱形（如果愿意，也可使用饼干切割模）。将面坯转移到准备好的烤盘上，冷藏15min。

3. 烤箱预热至190℃。烘烤15~20min，直到冒泡并呈金黄色。在烤盘上冷却2~3min，然后转移到栅网架完全冷却。饼干装在密闭容器中可保存1周。

肉豆蔻和梅斯 （**Nutmeg and Mace**）

学名：*Myristica fragrans* Houtt.（也称为*M. officinalis*，*M. moschata*，*M. aromatica*，*M. amboinesis*）

科： 肉豆蔻科（Myristicaceae）
品种： 巴布亚肉豆蔻（*M. argentia*）
其他名称： 玛斯卡托（muskat）、玛斯卡纳斯（mus-katnuss）（肉豆蔻）、纳特梅斯/梅斯（nutmace/mace）
风味类型： 甜（肉豆蔻），辛辣（梅斯）
利用部分： 坚果和假种皮（作为香料）、肉（作为果实）

背景

　　肉豆蔻原产于印度尼西亚的班达群岛，也称为摩鹿加群岛或著名的香料群岛。公元前，这种香料就已经传到中国和印度。公元500年，肉豆蔻已抵达地中海。十字军东征期间，肉豆蔻向北进入欧洲，因此到了13世纪它的使用已广为人知。在16世纪，这种香料贸易蓬勃发展。葡萄牙人、西班牙人和荷兰人都参与了这一贸易活动，并冒着巨大风险来保护他们的宝贵商品，并将其进口到欧洲。

　　今天看着这种不起眼的肉豆蔻，很难想象它曾经对全球经济有过很大影响，并激发了15~17世纪的发现之旅。

　　这种肉豆蔻的独特地位是由其地理位置决定的。肉豆蔻树当时只在安汶和班达海附近几个岛屿上生长，并且在世界其他任何地方都不为人知。肉豆蔻和丁香是那段时间最受欢迎的香料之一。怀着控制市场的强大愿望，荷兰东印度公司即VOC（Vereenigde Oost-Indische Compagnie）公司拥有自己的军队，为确保VOC的经济利益，他们对当地居民实施过严酷的暴力行为。到了17世纪，荷兰人失去了对安汶的控制权，因涉及利润丰厚的肉豆蔻来源，这一主要收入来源曾推动荷兰进入黄金时代。荷兰人当时决心将那些生产肉豆蔻的岛屿重新置于其控制之下。在千禧年房地产交易中，新阿姆斯特丹州长彼得斯图维森与英国人签署了一项条约，将曼哈顿岛与摩鹿加群岛的几个岛屿用作交换。

　　然而，故事没有到此为止。当时人们普遍认为，肉豆蔻等树木无法在其原产国之外成功种植。除了香料群岛以外，任何人在其他任何地方种植或销售这种香料都会被判处死刑。尽管如此，从1750年到19世纪初，人们还是进行了许多尝试，以打破肉豆蔻和丁香贸易的束缚。参与这些活动的企业家中，最成功的是法兰西岛（毛里求斯）的负责人，一位名叫皮埃尔博瓦（Pierre Poivre）的勇敢法国人（童话人物Peter Piper的原型）。经过多次尝试，他将一些肉豆蔻和丁香幼苗带出摩鹿加群岛，并在毛里求斯成功种植了少量树木。随后，在法国留尼汪岛

香料札记

我在印度南部的喀拉拉邦参观一个当地人称为"香料园"的香料种植场时，第一次被肉豆蔻的魔力迷住了，很幸运地发现了一个成熟肉豆蔻（就整个作物季节来说，它有点儿早熟）。当农夫把果实打开时，露出了闪着湿润血红色的梅斯肉，令人叹为观止！梅斯是果实传递营养到种子的胎座，它像手一样紧贴肉豆蔻外壳，它的手指握得很紧，留下很小的凹痕，以显示它们在脆弱的深棕色外壳上的位置。

烹饪信息

可与下列物料结合

肉豆蔻
- 多香果
- 豆蔻果实
- 月桂
- 肉桂
- 丁香
- 芫荽籽
- 生姜
- 香兰

肉豆蔻干皮
- 丁香
- 辣椒
- 胡椒

传统用途

肉豆蔻
- 熟南瓜捣黄油
- 南瓜和马铃薯（烘烤前）
- 肉酱和牛肉
- 煮熟的菠菜
- 干酪酱
- 牛奶和米饭布丁
- 辛辣甜蛋糕
- 曲奇饼干

肉豆蔻干皮
- 海鲜（烤制或油炸前）
- 用于清蒸贝类的老汤
- 做小牛肉和砂锅肉用的酱汁
- 鱼馅饼

香料混合物

肉豆蔻
- 混合香料
- 南瓜饼香料
- 四合一香料
- 一些甜美、浓郁的咖喱

肉豆蔻干皮
- 泡菜香料
- 拉斯哈努特
- 海鲜搓揉用香料

上建立了肉豆蔻和丁香种植园，取得了不同程度的成功，这表明这些树木可以在大多数热带地区种植。肉豆蔻现已在许多东南亚国家、印度和斯里兰卡种植，今天一些最优质的肉豆蔻生长在加勒比海的格林纳达岛上。

植物

在所有甜味香料中，味道最浓郁的肉豆蔻与一种鲜为人知、称为梅斯的辛辣香料类似，虽然它们的风味有一些相似之处，但它们的使用方式完全不同，应被视为不同的香料。

肉豆蔻和梅斯具有共同的植物学名称*Myristica fragrans Houtt*，两者都来自一种高7~10m的热带常绿乔木。树叶上表面有光泽呈深绿色，下表面呈浅绿色。肉豆蔻树分雄性或雌性两种树。一棵雄树足以为10棵雌树授粉（从而可以使其出果实），因此必须剔除不需要的雄树。然而，树木性别要到大约5年才能确定。肉豆蔻树木在15年内变得完全成熟，并且可以有长达40年的产果期。

原产于印度尼西亚摩鹿加群岛的肉豆蔻，现在可以在世界上大多数热带香料种植国家中生长。肉豆蔻果实看起来像坚实的黄色油桃，形状完全相同。遗憾的是，它不像油桃那样美味，它有一种酸辣的味道。当地人用这种树的果肉做泡菜，有时用盐和糖保存，做成浓郁糖果。梅斯是围绕肉豆蔻果实的假种皮（胎座），肉豆蔻是种子，包裹在硬而脆的壳中。

当将整个肉豆蔻切成两半时，显露出对称的浅棕色和深褐色含油纹路。肉豆蔻和梅斯中的挥发油含有少量肉豆蔻酸和豆蔻素，它们具有麻醉性和毒性，因此，这些香料不应过量食用。

其他品种

巴布亚肉豆蔻（*Myristica argentia*）来自西巴布亚。它们的形状比正宗肉豆蔻（*M. fragrans*）细长，风味较少，因此，他们通常被认为是劣等品。巴布亚肉豆蔻粉碎以后出售，以希望消费者看不出它与正宗肉豆蔻的差异。

加工

肉豆蔻

　　肉豆蔻果实是通过使用长竹竿来挑选的，这种竹竿有一根刺可以把肉豆蔻从树上摘下来，当采摘者从树上采摘果实时，竹竿有一个像篮子一样的末端可以接住肉豆蔻。当肉豆蔻的种子被切开时，肉豆蔻籽的壳就会被剥离。有时肉豆蔻在阳光下晒干，壳仍然在上面，肉豆蔻黏在它们上面。一旦肉豆蔻干了，种子就会附着在光滑的外壳内，外壳会在曾经被肉豆蔻皮包裹的地方留下痕迹。在印度尼西亚、印度和许多其他肉豆蔻生产国，肉豆蔻通常与这种脆弱的外壳一起销售，但在大多数西方市场，只有呈暗棕色、内壳变硬且有皱纹的肉豆蔻。这是我们熟知和喜爱的肉豆蔻香料，具有独特的辛辣味和香气。

　　肉豆蔻成为掺假对象已有几个世纪，经常有各种实际原因。优质带壳的肉豆蔻含油量很高，以致它们会堵塞商业香料研磨机，在极端情况下粉碎的肉豆蔻会以浆液而不是粉末形式出现。一些加工商为了克服这种过度油腻，采取的最简单方法是加入某种形式淀粉来吸收多余的油，因不同程度和目的而添加淀粉后的肉豆蔻粉与不添加的没有什么区别。

　　我在印度遇到过一位英国香料贸易商，告诉我他们过去常常把整袋肉豆蔻放在外面。到早上，肉豆蔻会被冷冻，在这种脆性状态下，可以毫无问题地通过研磨机。现在，许多香料在冷冻状态通过香料研磨机（称为"冷冻粉碎"），或者更经济地用液氮冷却研磨机的研磨头来减少摩擦产生的挥发油损失。因为肉豆蔻含有很高的油分，所以即使磨碎成粉也能很好地保持其风味，所以它应该是那些包装好的粉体香料之一，它的风味几乎与现磨粉的一样好。

梅斯

　　从坚果上剥下来后，要将梅斯在阳光下展开晒干。在干燥过程中，它会失去刚从坚果上剥落时美妙的闪亮湿润外观。它会略微萎缩，很快会因在露天氧化而变得暗淡。只要日晒一到两天内，它就可干燥成优质的暗红橙色梅斯干。当它处于整体或大致破碎形式时，在大多数食谱中被称为"片状梅斯"。干燥的梅斯需要小心处理和包装，否则它们会折断成小木片大小的碎片。

采购和贮存

肉豆蔻

　　购买肉豆蔻时，应注意质量方面有很大差异。整个肉豆蔻储存太久（如果农民认为价格还会上涨，经常会储存更长时间）会开始变干，失去一些挥发油；干燥的肉豆蔻会受到昆虫的攻击留下微小钻孔。这类肉豆蔻在商业上被称为"BWP"（B代表破碎，W代表蠕虫，而P代表腐朽）。当研磨时，它们会产生干燥的浅棕色粉末，风味很少。完整形式的BWP肉豆蔻不能研磨成粉，因为它们粉碎后只形成碎屑，而不会产生我们期望的均匀、湿润和芳香的刨花状。

　　完整和磨碎的肉豆蔻应储存在密闭容器中，并远离极端高温、光线和潮湿。完整状态肉豆蔻可保存至少3年，磨碎的肉豆蔻可有1年以上的风味保质期。

梅斯片

香料贸易旅行

香料群岛在世界历史中曾发挥过非常重要的作用，特别是在香料贸易方面。因此，莉兹和我迟早要去探访在我们之前访问过那里的香料商人曾走过的路径。即使在21世纪，这些历史悠久的岛屿也很难到达。我们刚巧搭到了从安汶到班达内拉的12舱帆船，我们参观了著名的加农阿比（Gunung Api）火山，然后向北航行穿过赤道到达蒂多和特内特的丁香群岛。

就在我们离开之前，我把这次旅行告诉了我90岁的母亲。她提醒我，我外祖父是西澳大利亚西北部布鲁姆的一位珍珠大师，他在100年前曾到过班达群岛。她找出了一本破旧的家庭相册，其中包括加农阿比的照片。想象一下，在我外祖父拍完他的照片100年后，我们驶向这座高耸的火山会有多么兴奋。它最后一次喷发是在1988年，所以当我们参观火山顶部时，它已是一个不同形状的火山，一侧山体已经被喷走了。

这次旅行的一个亮点是探索偏远的艾香料岛，这是一个安静祥和的地方，当地人很热情。我们站在复仇堡的废墟中，观看曾开拓丛林建造的地牢遗骸和生锈大炮，很难想象那里曾经发生过的冲突，也不知5个世纪以前此岛的经济意义到底有多重要。

肉豆蔻种衣

肉豆蔻种衣通常以粉碎形式供应。完整的肉豆蔻种衣称为"肉豆蔻种衣片"，并不常见。在熟食店或超市销售的肉豆蔻种衣要比肉豆蔻贵得多。

磨碎的肉豆蔻种衣、磨碎的肉豆蔻等应储存在密闭容器中，远离极端高温、光线和潮湿，磨碎的肉豆蔻种衣可有1年的保质期。以相同的方式存储的完整梅斯片可有长达3年的保质期。

使用

肉豆蔻

为了获得最好的风味，许多人喜欢自己现磨肉豆蔻（就像现磨胡椒一样）。肉豆蔻磨碎机可将整个肉豆蔻磨碎，也许值得购买。或者，也可以用厨房刨丝器的最细部分搓擦肉豆蔻，但应注意不要伤到手指！

肉豆蔻的温暖、芳香、浓郁风味可用于各种各样食物。虽然性质上主要是甜的，但通常应该谨慎添加。肉豆蔻长期以来被用于老式食品，如米饭布丁和撒在奶昔上。牛奶吧和啤酒吧柜台上都曾经摆有一个肉豆蔻摇晃罐，就像如今普遍在卡布奇诺上撒上粉状巧克力或肉桂一样。肉豆蔻也用于饼干和蛋糕中。有一个美妙的荷兰肉豆蔻蛋糕配方无疑受到了荷兰和印度尼西亚肉豆蔻之间密切联系的启发。

肉豆蔻也可用于蔬菜，特别是块根类蔬菜，用于制作微波炉加热或蒸煮的马铃薯、胡萝卜和南瓜美味。只是将它们煮熟，然后加些黄油和肉豆蔻便可。另一种流行的做法是用肉豆蔻对煮熟的菠菜调味，其强劲的甜味似乎可以抵消菠菜的金属味。

替代肉豆蔻种衣

如果配方需要梅斯而手头又没有，则可用以下方式对其作合理替代：四分之一（或更少）配方量的肉豆蔻粉与相等比例的芫荽籽粉制成混合粉。

肉豆蔻种衣

肉豆蔻种衣具有类似肉豆蔻的风味。然而，它的风味更加微妙，略有新鲜、淡雅和不怎么强的韵味，使其很适合用于海鲜菜肴等咸味食品，也适用于鸡肉或小牛肉用的酱料。肉豆蔻种衣也适合搭配意大利面等碳水化合物。

在整个烹饪过程中使用全部肉豆蔻种衣片，以浸出其风味而不会在透明贝类汤之类的菜肴中留下碎屑粒。尽管在食用前通常要将肉豆蔻种衣取出，但一些印度米饭仍将其留在饭中，就像也留在饭中的肉桂、整粒丁香和小豆蔻豆荚一样。更常用的是梅斯粉，这样不需要长时间烹饪，因为粉状更容易释放其风味。

每500g建议的添加量

肉豆蔻
红肉：10mL粉
白肉：7mL粉
蔬菜：5mL粉
谷物和豆类：5mL粉
烘焙食品：5mL粉

肉豆蔻种衣
红肉：7mL粉
白肉：5mL粉
蔬菜：3mL粉
谷物和豆类：3mL粉
烘焙食品：3mL粉

龙虾浓汤

这款豪华汤非常适合特殊场合的晚餐。梅斯是这种海鲜菜肴的传统元素，它的刺激有助于平衡龙虾和奶油的丰富性。

● **普通或浸入式搅拌器**

去壳龙虾尾	2只
黄油	15mL
油	15mL
青葱，切碎的	2根
番茄，切碎	2个
柠檬，鲜榨果汁	1个
梅斯	2片
科涅克白兰地	30mL
鱼或蔬菜汤	750mL
月桂叶	1片
新鲜欧芹茎	1根
切碎的新鲜龙蒿叶	5mL
重奶油或搅打（35%）奶油	45mL
盐和现磨胡椒粉	适量

制作4人份

制备时间：
15min
烹饪时间：
45min

1. 使用非常锋利菜刀或烹饪剪刀，将龙虾尾部纵向切成两半，剔出肉并放在一边。

2. 用中火，在大号厚底锅中加热黄油和油。加入龙虾壳和青葱，炒3min，直到青葱柔软，呈金黄色。加入番茄、柠檬汁、梅斯和白兰地，煮1~2min，经常搅拌，直到酒精蒸发。加入肉汤、月桂叶、欧芹和龙蒿，煮20min。添加保留的龙虾肉。加热，搅拌8~12min，直到龙虾变白并煮熟，将煮熟的龙虾转移到碗里。

3. 使用细网筛，将汤过滤加入搅拌器中（丢弃固体）。加入四分之三的保留龙虾肉，高速搅打至顺滑（或在锅中使用浸入式搅拌器搅打）。如有必要，将汤放回锅中加热，加入奶油，用盐和胡椒粉调味。

4. 用刀子将剩下的龙虾切成碎片，在供餐碗中分开。加汤没过固形物，上餐。

肉豆蔻蛋糕

这款美味滋润的甜味蛋糕是一款精致的烹饪作品，展现了肉豆蔻独特而美妙的风味。肉豆蔻蛋糕是一种传统欧洲食谱，无疑这款蛋糕受到了荷兰东印度公司带回欧洲商品的启示。蛋糕上面裱上鲜奶油并撒上一些磨碎的肉豆蔻或黑巧克力。

制作一个20cm的蛋糕

制备时间：5min
烹饪时间：90min

提示

如果在商店里找不到自发面粉，可以自己做。制备250mL自发面粉，可将250mL通用面粉、7mL发酵粉和2mL盐混合而成。

- **20cm圆形蛋糕盘，涂有油脂，内衬羊皮纸**
- **烤箱预热至180℃**

自发面粉（见提示）	500mL
稍压实的红糖	500mL
肉桂粉或桂皮	10mL
多香果粉	5mL
芫荽籽粉	5mL
黄油	125mL
鸡蛋	1个
肉豆蔻粉，或现磨肉豆蔻粉	10mL
牛奶	250mL

1. 在一号大搅拌碗中，加入面粉、红糖、肉桂粉、多香果粉和芫荽籽粉，将黄油搓捏到混合物中，直到它看起来像粗面包屑。将一半混合物倒在准备好的锅底部。

2. 在一个小碗里，将鸡蛋、肉豆蔻粉和牛奶搅拌均匀。加入剩余的面粉混合物并搅拌均匀（这会出现易流动的面糊，彻底搅拌以避免结块），将面糊倒在锅内面包屑上。在预热的烤箱中烘烤80min，或直到呈金棕色并且触摸中心富有弹性。从烤箱中取出，并在平底锅中冷却约5min，然后翻转到金属架上以完全冷却。

奥利达（Olida）

学名：*Eucalyptus olida*

科： 桃金娘科（Myrtaceae）
其他名称： 森林浆果香草（forest berry herb）、草莓胶（strawberry gum）
风味类型： 中
利用部分： 叶子（作为香草）

背景

奥利达原产于澳大利亚新南威尔士州东北部高原和干燥森林地区。这个地区是邦加隆人的传统家园，他们在此居住了2万多年。奥利达能在浅而贫瘠的土壤和酸性花岗岩中生长。

含有大量肉桂酸甲酯（肉桂酸）的奥利达，已经在欧洲被使用了很多年，用于增加果酱和蜜饯的风味。肉桂酸甲酯作为天然风味增强剂，可使加工商能以低成本批量生产水果制品，且对风味没有什么影响。可以将肉桂酸甲酯视为用于咸味食品所用味精（谷氨酸钠或谷氨酸）的甜食版本，它也可以天然存在于食品中。过量使用味精已经招致人们质疑。幸运的是，使用奥利达中存在的天然形式肉桂酸甲酯不会遭遇类似情形。

植物

自20世纪90年代普及以来，奥利达一直是最令人困惑的澳大利亚本土香草之一。直到2005年，它的俗名仍是"森林浆果香草"，之所以这么称呼是因为它具有独特的浆果味。该名称具有误导性，因为所利用的部分实际上是叶子，尽管它们可能已被原住民用于药用，但其圆锥形果实不能食用。

奥利达（*Eucalyptus olida*）是一种高达20m的醒目树，具有灰棕色树皮，树皮常卷成长条带露出壮实的浅灰色树干。树冠浓密，覆盖着深绿色渐变的椭圆形叶子，类似于月桂叶和其他桉树叶。其香气清新，如浓郁果味，带有肉桂和夏日浆果香气。奥利达呈桉树和禾草般收敛性风味，具有麻舌草本口味。

加工

最初收获的奥利达叶子是野生。然而，由于存在危害有限树木种群风险，以及作为调味品其普及程度的增加，大多数奥利达树现在都是人工种植的。收获到的奥利达叶干燥方式与月桂叶、柠檬桃金娘和茴香桃金娘等其他香草叶的方式类似，悬挂在温暖、避光的地方进行。通过蒸馏可从叶子中提取高含量的肉桂酸甲酯精油，用于食品、香水和香皂制造。

烹饪信息

可与下列物料结合	传统用途	香料混合物
● 多香果	● 水果色拉	● 含有澳大利亚本土香草和香料的混合物
● 豆蔻果实	● 核果和浆果	● 鸡肉和海鲜调味料
● 肉桂	● 搅打奶油和冰淇淋	
● 丁香	● 芝士蛋糕	
● 芫荽籽	● 薄煎饼	
● 茴香籽	● 黄油饼干	
● 生姜	● 烤海鲜	
● 香兰		

采购和贮存

市场上很少有新鲜奥利达叶供应。然而，使用更加方便的干燥全叶或叶子粉，可方便地在澳大利亚香草香料店以及美食零售商购到。大多数这类供应商仍然将奥利达称为"森林浆果香"或"草莓胶"。

由于精油具有挥发性，因此建议一次只购买少量（例如10g）用密封包装的新近生产的奥利达叶粉，以满足正常家庭要求。奥利达叶应像其他精致绿色香草一样储存：装在密封容器中，置于阴凉、避光的地方，奥利达粉末可持续保存至少1年。

使用

奥利达具有广泛的用途，但通常最好将其视为一种增味剂，而不要期望它具有自身特色风味。为使用奥利达获得最佳效果，值得记住的基本指导原则如下：

● 加入少量，例如每500g水果或蔬菜，先加1~2mL或1~2片叶子，品尝一下，然后确定再加入的量。

● 仅添加到短时间加热的食谱中，不要使奥利达在极端高温下超过10~15min。加热时间过长会使赋予香味的挥发油耗尽，并且可能会产生呛口的干草味，降低宜人的奥利达风味。

虽然奥利达自身风味会在果酱中减少，但它仍然可以增强水果和浆果风味。尽管奥利达在脆饼、蛋糕和松饼制作上效果很好，但我更喜欢将它添加到未经加热的甜食（如水果色拉）或在较低温度下快速烹饪的食物，如加入俄式薄煎饼和粉饼。在快速烹饪应用中，最好将奥利达加入少许温牛奶或热水中，以便在将其加入菜肴之前调出风味。

每500g建议的添加量
白肉：2mL
红肉：5mL
水果和蔬菜：2mL
谷物和豆类：2mL
烘焙食品：2~5mL

香蕉煎饼

由于奥利达最好尽量少烹饪，因此这道食谱应该比较完美。充满可爱甜蜜奥利达香味的香蕉薄煎饼，可作为愉快早餐、早午餐或甜点享用。

● **煎饼锅**

煎饼糊

鸡蛋	2个
酪乳（见提示）	250mL
细海盐	2mL
奥利达粉	2mL
自发面粉	175mL

馅料

成熟的香蕉	2根
重奶油或搅打（35%）奶油	15mL
奥利达粉	2mL

1. 搅打奶油：在一个搅拌碗中，将鸡蛋、酪乳、盐和奥利达搅拌混合均匀。筛入面粉，搅拌至顺滑。为获得最佳效果，在烹饪前加盖并冷藏1h。
2. 烤箱预热至100℃。
3. 馅料：在一个碗里，用叉子将香蕉捣碎，并与奶油和奥利达搅成糊状。搁置备用。
4. 用中火，在厚底煎饼锅或平底锅中加入一小块黄油并在锅中滚动，直到融化并使锅底完全浸上油脂。舀2汤匙（30mL）面糊进锅中，并快速倾斜转动锅底，使面糊在锅底分布成薄层。煮约2min，直到面糊顶部刚好坚硬，下面呈浅褐色。翻过来煎另一边约2min，直到略微变成褐色。将饼转移到盘子上，然后送入预热烤箱中保温。剩余面糊同样操作，必要时加入更多黄油。
5. 制作所有煎饼后，均匀涂抹馅料，然后卷起饼皮，趁热食用。

变化

可以用250mL夏季浆果混合物代替香蕉。

为增加风味，在每个薄饼馅料中加入一勺牛奶焦糖或焦糖酱。

制作8个煎饼

制备时间：75min
烹饪时间：30min

提示

如果没有酪乳，可将7mL柠檬汁加入300mL牛奶中。让它静置20min，直到开始凝固。

牛至和墨角兰（**Oregano and Marjoram**）

牛至学名：*Origanum vulgare*

墨角兰学名：*O. marjorana*（也称为*Marjorana hortensis*）

牛至

科： 唇形科（Lamiaceae原Labiatae）

品种： 希腊牛至（*O. vulgare hirtum*）、墨西哥牛至：*Poliomentha longiflora*，*Lippia graveolens*（也称为索诺拉牛至）、罐墨角兰（*O. onites*）、冬墨角兰（*O. heraclesticum*）、中东墨角兰（*Marjorana syriaca*）

其他名称： 野墨角兰（wild marjoram）、里加尼（rigani，牛至）、甜墨角兰（sweet marjoram）、打结墨角兰（knotted marjoram）、罐墨角兰（pot marjoram）、冬墨角兰（winter marjoram）、里加尼（rigani，墨角兰）

风味类型： 辛辣

利用部分： 叶子和花朵（作为香草）

背景

牛至属植物（*O. vulgare*和*O. marjorana*）原产于地中海地区，几个世纪以来一直被作为花卉和撒播香草种植。它们在古希腊和埃及很受欢迎；1世纪岁马美食家阿比修斯（Apicius）已经使用这类香草。

牛至和墨角兰在亚洲、北非和中东地区广泛分布，中世纪甜墨角兰已被引入欧洲。墨角兰被视为幸福的象征；人们将它栽种在墓地，祈求逝者得到永恒和平。此物种英文名"Origanum"来自希腊语"oros"和"ganos"，意思是"山的欢乐"。这种表达来源于这些生长在岩石希腊山坡上的香草散发出的令人愉悦的香气和外观。

在中世纪，辣椒、摩洛哥豆蔻、豆蔻、丁香等刺激性香料要么难以获得，要么对普通人来说太昂贵。因此，牛至、迷迭香和百里香等风味强烈的香草是权贵、富人热衷、流行的稀有异国情调香料替代品。

香料贸易旅行

访问希腊希俄斯岛时，我们很高兴看到了生长在其原生栖息地的牛至（一种长在岩石山坡上的坚韧小植物），并体验到了当地人如何使用它。在岛上参观时，我们在想，如此恶劣条件下如何能够生产这样美妙的植物。搓碎的干希俄斯牛至似乎出现在每种菜肴中，特别是希腊色拉。我很高兴地看到，这种干燥香草所产生的完美风味，与许多电视厨师所介绍的形成了鲜明对比，这些厨师仅使用新鲜香草，并介绍这样做的好处，还介绍说干燥形式的香草品质较差。虽然在许多菜肴中，新鲜的香草是首选，但绝不应以牺牲最佳风味为代价。用干牛至撒在羊奶酪和番茄橄榄色拉上，或用来装饰饭菜的效果，与在食物上撒些黑胡椒粉没有什么不同。

烹饪信息

可与下列物料结合	传统用途	香料混合物
牛至	**牛至**	**牛至**
● 香旱芹	● 比萨	● 意大利香草
● 罗勒	● 意大利面食	● 混合香草
● 月桂叶	● 希腊色拉	● 烤肉调料混合物
● 辣椒	● 茄	● 馅料混合物
● 大蒜	● 肉饼	**墨角兰**
● 墨角兰	● 烤牛肉、羊肉和猪肉	● 香草点缀物
● 红辣椒	**墨角兰**	● 埃尔韦斯普罗旺斯
● 胡椒	● 短时烹饪的鱼和蔬菜	● 意大利香草
● 迷迭香	● 色拉	● 混合香草
● 鼠尾草	● 炒鸡蛋	
● 香薄荷	● 煎蛋	
● 百里香	● 美味蛋奶酥	
墨角兰		
● 香旱芹		
● 罗勒		
● 月桂叶		
● 辣椒		
● 大蒜		
● 牛至		
● 红辣椒		
● 胡椒		
● 迷迭香		
● 鼠尾草		
● 香薄荷		
● 百里香		

20世纪初，牛至和墨角兰在澳大利亚和美国还并不为人所熟知。随着第二次世界大战后来自意大利和希腊的移民的涌入，这一切都发生了变化，世界上许多地方都被引入了地中海美食的乐趣。可以肯定地说，用牛至调味的比萨饼和意大利面酱是西方最受欢迎的菜肴之一，近年来我注意到地中海风味在亚洲消费者中也越来越受欢迎。

牛至（*Origanum*）属成员有时会与其他也被称为牛至的植物混淆（见下文）。牛至是墨西哥烹饪常见成分，但在南美洲种植并出口到许多国家的牛至实际上是地中海牛至。

植物

牛至和墨角兰在此放在一起介绍，是因为两者密切相关并且相似，似乎没有必要对它们进行分类。

中东墨角兰

这一品种存在一定混乱，因为它与扎阿塔儿（za'atar）松散地联系在一起。然而，扎阿塔儿通常既用于描述百里香香草，也用于描述包含有百里香、芝麻和漆树的香料混合物。

甜墨角兰是烹饪中最常用的品种，这是一种相当茂密的多年生植物（虽然在寒冷气候下，它会在冬季休眠或死亡），高度在30~45cm，深绿色的叶子长2.5cm，略带肋状，上面稍深，下面较浅，呈长椭圆形。墨角兰和牛至都开白色微小花朵。

墨角兰的特点是花茎从茎尖处的紧密绿色结中突然出现，它的风味和香气呈温和咸鲜草香型，类似于百里香。干墨角兰叶就像一种温和的百里香，具有令人愉悦的苦味和樟脑品质。风味浓郁的罐墨角兰口感不如甜墨角兰，它于18世纪被引入英格兰，并且往往在太冷不能种甜墨角兰的地区种植。

牛至与甜墨角兰相比，其外观更加健壮并更具蔓延性。它在大多数气候条件下都能常年茁壮生长。它的高度约60cm，有较趋圆形的叶子，并有精细叶绒覆盖。牛至风味比墨角兰更有刺激性，味道更浓郁。干燥后，牛至具有令人愉悦的风味，具有独特的呛口胡椒韵味。

其他品种

希腊野生着许多不同类型牛至属植物，这些野生品种被称为里加尼（rigani）。因气候和土壤条件，不同类型野牛至的风味可有很大差异，外观也有一定程度差异，人们从希腊度假回家后很难再找到度假时特别喜欢的特殊风味。

罐墨角兰（*O. onites*）具有比甜墨角兰强的风味，并且经常用作牛至的替代品。冬墨角兰（*O. heraclesticum*），也称野墨角兰，原产于希腊，像马铃薯罐头，它具有强烈的味道，被认为是牛至和里加尼的合适替代品。中东墨角兰（*Marjorana syriaca*）比甜墨角兰强，但比最辛辣的牛至更温和。

希腊牛至，也称为里加尼（*O. vulgare hirtum*），通常是用玻璃纸包裹的十燥束状品种，许多人认为它是唯一正宗的希腊牛至。来自得克萨斯州的墨西哥牛至（*Poliomentha longiflora*）是墨西哥牛至的一个品种，它属唇形科，与地中海牛至同科，不能与索诺兰牛至混淆，后者是一种不同的植物，但通常也被称为"墨西哥牛至"。

索诺兰牛至（*Lippia graveolens*）实际上是马鞭草科（Verbenaceae）成员。它是一种小型芳香灌木，该植物有两种植物学名称"*Lippia graveolens*"和"*L. berlandieri*"。

生活在墨西哥干燥北海岸的塞里人已经手工采摘了几个世纪的这种植物叶子。与大多数在避光环境干燥的香草不同，这些叶子置于墨西哥炽热阳光下晒干，最终产生极其刺鼻的风味。

加工

新鲜墨角兰和牛至是色拉和温和风味食品的绝佳添加物，它们在干燥时具有最佳口感和最强刺激性。应该在植物开花之前进行收获，此阶段它们的活力最大，并且它们的风味达到顶峰。切割下最长、最密集的叶子，已开的花头也一起割下，将它们捆起倒挂在避光、通风良好、温暖、干燥的地方，连续几天，当叶子清爽干燥时，可以将它们从茎上采摘下。

自己烘干牛至和墨角兰时，务必将叶子从茎上摘下后再储存。即使叶子感觉清爽干燥，茎仍会保留一些水分，如果将茎叶仍然存放一起，则茎中的水分会迁移到叶子。记住，这些香草生长的国家，夏季湿度极小，因此脱水特别有效（因此有将干燥香草一起出售的传统）。

采购和贮存

　　新鲜农产品零售商会供应新鲜墨角兰和牛至，成捆购买时，应确保它们未枯萎。为了保持新鲜，可将茎放入一杯水中，这样可有至少1周保质期。

　　干墨角兰和牛至之间存在很多混乱，特别是在20世纪。出现这种混乱主要与价格和可用性有关，而与其他因素无关。当牛至较稀缺（较受欢迎）时，贸易商想通过混合一定比例的甜墨角兰来进一步拉开两者价格差距。鉴定较为困难的一个原因是，不同生产国来源的牛至外观和风味会有很大差异。

　　欧洲牛至通常呈深绿色，几乎是黑色，像干薄荷，并且具有独特的风味。辣椒牛至呈淡绿色，非常干净，没有茎干，并且具有强烈可口的风味，胡椒味比欧洲牛至弱。希腊牛至，可是也可不是里加尼，其干束通常用玻璃纸袋包装后出售。这是最有刺激性的牛至，一旦购买，最好将叶子从茎秆上摘下，然后储存在密闭容器中。

　　脱水墨角兰和牛至应以与其他干香草相同的条件贮存，装在密闭容器中，远离极端高温、光线和潮湿，在这些条件下，这类干燥香草可保存1年以上。

使用

　　牛至比墨角兰更辛辣，是许多国家区域菜肴的流行配料。牛至可与罗勒组合，这两种香草组合与大量番茄搭配已经成为大多数国家比萨饼和意大利面食的代名词。用牛至调风味的菜肴包括茄子、西葫芦和青椒，通常可以在慕莎卡和肉糕食谱中找到。烹饪之前，用红辣椒、漆树、牛至和大蒜混合物搓擦，可使烤牛肉、羊肉和猪肉产生浓郁风味和令人垂涎的外表。

　　新鲜墨角兰可为色拉增添风味，也适合口味精致的食物，如鸡蛋菜肴、略烹饪的鱼和蔬菜。干墨角兰的风味比新鲜的更浓郁，它是与百里香和鼠尾草一起构成的经典英式混合香草的传统配料。墨角兰与猪肉和小牛肉配合得很好，也可用于家禽馅、饺子和香草烤饼。墨角兰与欧芹和黄油混合可制作美味香草面包。

干香草

牛至和墨角兰干燥后均更富刺激性。两种香草在干燥时都具有更复杂的风味特征，这解释了为什么它们在许多传统菜肴中几乎完全以干燥形式使用。干牛至也随墨角兰、百里香、月桂叶、多香果和胡椒粉一样，是流行的橄榄腌制香料。

每500g建议的添加量
红肉：10mL干叶，25mL鲜叶
白肉：5mL干叶，15mL鲜叶
蔬菜：5mL干叶，15mL鲜叶
谷物和豆类：5mL干叶，15mL鲜叶
烘焙食品：5mL干叶，15mL鲜叶

慕莎卡

制作这道食谱非常耗时，但真的是一道美味、丰盛的菜肴，适合与烤宽面条配合。茄子不像平时煎炸那样，茄子吃油性较差，这里采用烘烤法对它进行烹饪。牛至可能算是用得最多的希腊香草了，它很适合用于这道菜。

制作6人份

制备时间：20~30min
烹饪时间：1.5~2h

提示

为了节省时间，可提前一天准备茄子和羊肉。对于稍微丰厚的酱汁，可用等量红葡萄酒代替肉汤。
凯发罗特里（Kefalytori）是一种坚硬咸味羊奶或山羊奶干酪。如果没有，可以用等量的巴马干酪或佩克立诺干酪替代。

- **2个烤盘**
- **30cm×20cm的烤盘**
- **烤箱预热至180℃**

茄子，切成1cm厚（约3个大茄子）	750g~1kg
细海盐	10mL
橄榄油	60mL
碎羊肉	1kg
洋葱，切碎	1颗
大蒜，切碎	4瓣
干牛至	15mL
肉桂粉	5mL
月桂叶	2片
番茄酱	45mL
（398mL）压碎番茄罐头	1罐
鸡肉或羊肉汤（见提示）	175mL
海盐和现磨黑胡椒粉	适量

白酱	
黄油	60mL
多用途面粉	60mL
牛奶	500mL
肉豆蔻粉	1mL
磨碎的凯发特里干酪（见提示）	60mL
海盐和现磨白胡椒粉	适量
蛋黄	2个

1. 在烤盘上单层排列茄子，撒上盐，放置15min，然后用纸巾擦干，用油刷一下。在预热的烤箱中烘烤20min，直到柔软并呈金黄色，从烤箱中取出并放在一边。

2. 中火，在大平底锅中，将羊肉炖8~10min，直至变成棕色，使用漏勺将羊肉转移到盘子。

3. 小火，用相同平底锅（应该有大量炖羊肉剩余的脂肪）加热洋葱并炒5min。加入大蒜、牛至和肉桂粉，搅拌均匀。加入煮熟的羊肉、月桂叶、番茄酱、碎番茄和肉汤。开盖煨约40min，偶尔搅拌，直到液体减少，肉很嫩。去除月桂叶并用盐和黑胡椒粉调味。

4．白酱：同时，用中火，在小锅里融化黄油。加入面粉搅拌1min，制成面糊。将锅从热源取开，缓缓加入牛奶，连续搅拌至顺滑。将锅放回加热，不断搅拌，煮沸。煮沸后，关闭火源（此时酱汁会很稠厚）。加入肉豆蔻和干酪，加入盐和白胡椒粉调味。搁置备用。

5．在烤盘底部，排列一层茄子，顶部盖浇一半羊肉混合物，再铺另一层茄子，将剩余的羊肉盖浇在上面的茄子层。

6．将蛋黄搅打入制备好的调味白酱，然后均匀地倒在慕莎卡上。在预热烤箱中烘烤30~40min，直至呈金黄色并烤熟。从烤箱中取出并放置15min，冷却后再食用。

变化
对于素食版本，可用相同数量的煮熟的红色或绿色扁豆替代羊肉并使用蔬菜汤。

墨角兰马色拉炒野生蘑菇

这是一种旺季时制备野生蘑菇的极好方式，我最喜欢将颜色颇黄的鸡油菌与肉质牛肝菌和甜墨角兰配对。将这道菜作为开胃菜，可配上烤面包，也可搅拌加入普通意大利调味饭。

黄油	15mL
青葱，切成细丁	2根
大蒜，切碎	1瓣
野生蘑菇，切成大块（见提示）	1L
马色拉葡萄酒	60mL
新鲜墨角兰叶子	30mL
餐桌（18%）奶油或鲜奶油	60mL
盐和现磨胡椒粉	适量

制作4份开胃菜

制备时间：10min
烹饪时间：10min

提示

蘑菇不要洗，而要用蘑菇刷或糕点刷仔细除尘。

中火，在锅中融化黄油，加入青葱和大蒜，炒3min。加入蘑菇，煮4~5min，偶尔搅拌，直至嫩并呈淡褐色。倒入马色拉葡萄酒，煮沸3~4min，不断搅拌，直至酒精蒸发。将墨角兰和奶油搅拌均匀，加入盐和胡椒粉调味即可。立即供餐。

变化
为了浸泡，在添加奶油之前，排出烹饪蘑菇的液体，然后使用食品加工机将它们搅打成糊状，搅拌加入足够奶油以达到所需的稠度。

鸢尾根 （**Orris Koot**）

学名：*Iris germanica var. florentina*

科：鸢尾科（Iridaceae）
品种：达尔马提亚鸢尾（*I. pallida*）
其他名称：佛罗伦萨鸢尾
风味类型：辛辣
利用部分：根（作为香料）

背景

产生鸢尾根粉的鸢尾属植物原产于欧洲南部。它们通过繁殖传播到了印度北部和北非，并在意大利受到广泛种植，以利用其根茎。1世纪科学家泰奥弗拉斯托斯（Theophrastus），迪奥斯科里季斯（Dioscorides）和普林尼（Pliny）均赞赏过鸢尾根的药用品质。中世纪，意大利北部就已种植佛罗伦萨鸢尾（*I. germanica var.florentina*）和达尔马提亚鸢尾（*I. pallida*）。因此，佛罗伦萨是以种植这种植物而闻名。

植物

烹饪用（也是最香的品种）的鸢尾根粉来自佛罗伦萨鸢尾的根茎。佛罗伦萨鸢尾是一种庞大花卉植物家族之一，人们主要因其华丽花朵而种植，这些花朵在春季和初夏的观赏花园中很受欢迎。尽管有时称为旗鸢尾，但不应将它们与甜旗（菖蒲）混淆，后者在美国有时也被称为野生鸢尾。

佛罗伦萨鸢尾是一种有吸引力的多年生植物，具有蓝绿色扁平、狭窄的剑状叶片，宽2.5~4cm。花茎达1m或更长，开两种花：带有黄色花芒、紫罗兰色调白色花朵和无花芒纯白色花朵。鸢尾根粉呈淡奶油色至白色，具有非常精细的质感，如滑石粉，具有与紫罗兰明显相似的香气。风味也呈花香味，具有特有的苦味。

其他品种

达尔马提亚鸢尾（*Iris pallida*）原产于克罗地亚亚得里亚海沿岸。通过蒸馏从其根部提取的精油，可用于香水、香皂和面霜。

烹饪信息

可与下列物料结合	传统用途	香料混合物
● 多香果	● 摩洛哥塔吉	● 拉斯哈努特
● 香芹籽	● 百花香	
● 豆蔻果实	● 丁香橘子（香盒）	
● 丁香		
● 芫荽籽		
● 小茴香		
● 莳萝籽		
● 生姜		
● 茴香籽		
● 辣椒		
● 胡椒		
● 姜黄		

加工

用于制作鸢尾根粉末的最佳鸢尾品种是佛罗伦萨鸢尾根（*I. germanica* var. *florentina*）。这种植物成熟需要三年时间，然后挖出根茎。将它们去皮并干燥至少三年以达到最佳刺激性，然后将它粉碎成粉。去皮和制备根茎过程对质量有重要影响：高级佛罗伦萨鸢尾几乎呈白色；去皮不彻底的鸢尾根可能会得到褐色的粉末，并含有软质红棕色外皮颗粒。

采购和贮存

过去鸢尾根粉很容易从北美药店买到，但现在只有专业零售商供应。鸢尾根不值得自己研磨，可直接购买磨好的鸢尾根粉。尽量避免购买带有颜色或有太多块料的鸢尾根粉末。鸢尾根粉有很强的吸湿性，必须将其存放在密闭容器中，以防潮湿。

使用

由于鸢尾根没有能立即让人想到的食物，所以我惊讶地发现，没有什么可替代摩洛哥拉斯哈努特混合香料中给人留下难忘香味感觉的鸢尾根。这种混合物具有独特的香气和风味，由20多种不同的香料制成，其中的鸢尾根粉是耐久释香成分。

香料札记

如若不提及深印在脑海中的两种用法，有关鸢尾根我就没有什么可写内容。一种是我父亲的用法：将玫瑰花瓣、香熏天竺葵叶、薰衣草和金盏花，以及柠檬马鞭草制成百花香。家人采摘的芳香原料，由父亲进行干制，然后制作百花香。百花香制作是一种炼金术活动，要用鸢尾根粉作固定剂，将肉桂和丁香加在一起，最后要添加少量精油。看到如今百花香没人喜欢的结局，不免让我感到伤感。如今，只有含有病态人造香味的空气清新剂的商业产品。

另一个值得一提的鸢尾根应用是将丁香橙香包在鸢尾根粉中滚动，进行这种处理得到储存期长达3个月的丁香橙，其中鸢尾根是取得这种效果的关键。

每500g食物建议添加量

红肉：1mL粉
白肉：0.5mL粉
蔬菜：0.5mL粉
谷物和豆类：0.5mL粉
烘焙食品：0.5mL粉

波曼德（丁香橙）

　　中世纪流行制作的波曼德，用以防止邪恶、预防疾病和阻止昆虫。挂在衣柜里的丁香橙散发出令人愉悦的香气，可阻止飞蛾接近。我记得与姐妹们一起制作丁香橙的情形，要用拇指推丁香。离开我们儿时的家时，所制作的丁香橙还被褪色天鹅绒丝带悬挂在橱柜里。它们可能至今仍在那里！

制作1个波曼德

制备时间：
45min，加8~12周干燥
烹饪时间：无

- 薄纸，用于包装
- 丝带，用于绑扎

鸢尾根粉	10mL
肉桂粉	10mL
新鲜橙子，可能的话，直接从树上摘下	1颗
完整干丁香	250mL

1. 在一个足以滚动橙子的碗中，将鸢尾根粉和肉桂混合均匀。

2. 将丁香插入橙子，每个丁香之间留下丁香头宽的间隙（这很重要，当橙子收缩时，如果丁香太靠近，则橙子会裂开）。当橙子完全被丁香覆盖时，将其放在香料混合物中滚动。用薄纸包裹橙子，并在干燥的地方存放8~12周。

3. 用一条漂亮缎带从上到下围绕保藏处理过的丁香橙，并在其中间系住，在顶部留出一个约30cm长的环，用它将丁香橙悬挂起来。制作的丁香橙可持续保持多年（多达50年），随着时间的推移，它将逐渐萎缩并变得坚硬。

波曼德（丁香橙或丁香苹果）

爸爸年轻时，家人会在橙子旺季制作丁香橙；我曾祖母手特别灵巧，比其他人做得快！家里还作了一首制作波曼德的诗：

着手开始制用之前	为使滚动的水果能很好保持
选择成熟新鲜橙子或苹果	将纸绕水果折叠起并置于一边
丁香插在水果周围	几星期后水果变成耐存球
在（不太厚的）纸上	我们的制作方法真诚
混合鸢尾根粉和肉桂香料	多刺波曼德可世代相传

此诗印在毛巾上，放在萨默塞特小屋商店出售。

百花香

　　我能回忆起小时候在我爷爷奶奶家里闻着罐子里芳香百花香的美好情形。长大后，我始终无法理解为什么人们会在室内使用人造清新剂。这是爷爷过去制作的百花香配方，并在1983年出版的《汉费尔香草的栽培与利用》一书中有所介绍。

● **带盖的2.5~3L玻璃瓶**

干玫瑰花瓣	1L
干香味天竺葵叶	500mL
干薰衣草花和叶子	500mL
干柠檬马鞭草叶	250mL
鸢尾根粉	30mL
丁香粉	5mL
肉桂粉	15mL
薰衣草精油	5mL
玫瑰天竺葵精油	5mL
肉桂条	5根
整根丁香	12粒

1. 在罐子里，将干燥玫瑰花瓣、天竺葵叶、薰衣草和柠檬马鞭草混合。

2. 在一个小碗里，将鸢尾根粉、丁香粉和肉桂粉混合。添加薰衣草和玫瑰天竺葵精油，搅拌均匀以确保它们充分混合。在油混合物中加入干燥的配料，用手轻轻地彻底混合。密封并放置在阴凉、避光的地方至少1个月。

制作2.5L

制备时间：15min，加1月用于扩散
烹饪时间：无

提示

通过每天或隔天覆盖一段时间来使你的花香"休息"似乎可以使它的香气再生。

潘丹叶（**Pandan Leaf**）

学名：*Pandanus amaryllifolius*

科：潘丹科（Pandanaceae）
品种：尼可巴面包果（*P. odoratissimus*）、螺旋露兜树（*P. fascicularis*）
其他名称：潘丹纳斯叶（pandanus leaf）、螺旋松（screwpine）、兰普（rampe）
风味类型：中
利用部分：叶（作为香草）、果实（作果实）

背景

潘丹原产于马达加斯加。它们是古老的植物，其自然栖息地横跨印度洋，延伸到东南亚、澳大利亚和太平洋群岛。在这些地区，人们常常看到它们依附在水边生长，有大量坚硬的气生根，这些根也保护着它们所生长的河岸。

潘丹树所结的球形果实如菠萝大小，澳大利亚原住民将其烘烤后咀嚼其果肉，焙烧的热量破坏了草酸钙。1842年抵达悉尼的普鲁士探险家弗里德里希·莱希哈特（Friedrich Leichhardt），经过舌头起泡和剧烈腹泻之后（很大程度上因他的不适感）发现，如果未经加工并中和其有害特性，潘丹果实就无法食用。

亚洲美食的日益普及已经使得潘丹叶及其果实成为人们所熟悉的配料。

植物

用于烹饪的潘丹叶子是从高8m的螺旋形树上采集的，这是一种史前古老物种，既不是松树也不是棕榈树。它的特点是坚硬的树枝，支撑大量在高跷状气生根上，并有螺旋状排列的锋利边缘的叶子［取名"screwpine（螺旋松）"的原因］。叶子在中途弯曲45度左右，给茂密的上部叶子带来下垂、风吹过的外观。其芬芳白色花朵发育成直径20cm的果实，看起来像绿色菠萝。潘丹树有500多种，几乎有同样多的叶子颜色差异。

潘丹叶的香气甜美、温和，具草本气息。它总让我想起新加坡米饭香味，它具有类似禾草般甜美和令人愉悦的风味。新鲜嫩潘丹叶与棕榈叶的叶片具有相似外观。

有用的植物

坚韧的纤维性潘丹叶传统上用于做草屋顶，也被编织成帆布、衣料、地垫和篮子。太平洋岛屿妇女穿着的古老水手草裙是用分裂漂白过的潘丹叶制成的。亚洲许多地方，用于装糯米的吸引人的编织篮子是用潘丹叶编制成的。

烹饪信息

可与下列物料结合	传统用途	香料混合物
• 辣椒	• 亚洲松糕	• 通常不用于香料混合物
• 芫荽（叶子和种子）	• 蒸米饭	
• 高良姜	• 绿咖喱	
• 大蒜		
• 生姜		
• 马克鲁特莱姆叶		
• 柠檬草		
• 柠檬桃金娘		

其他品种

被称为尼可巴面包果（*Pandanus odoratissimus*）的品种也被称为"手掌棒"。它的果实尽管看起来像面包果，但与正宗面包果无关。一种称为库勒（kewra）的香精是用这种树和另一品种*P. fascicularis*的花制成的，库勒是一种具有麝香和茉莉香气的强效香水，可为（槟榔刨花与槟榔叶一起咀嚼的）叶包槟榔提供独特香味。

加工

由于颜色是潘丹叶关键属性之一，所以不能直接暴露在阳光下干燥，而必须在阴凉的地方慢慢干燥，以保持其鲜绿色外观和独特的香味。干燥后的叶子要切成足够大的碎片，以便烹饪后从盘子中取出，也可以将它粉碎成粉末从而不再有粗糙感。潘丹叶粉细腻，略带纤维，有芳香味，呈鲜绿色。将新鲜整叶压碎或煮沸，可制取用于蛋糕或糖果上色的提取物。

采购和贮存

新鲜潘丹叶可从亚洲杂货店和一些农特产品零售商处购买。将它们存放的最佳方式是整体贮存，装在可重复密封袋子中，存放在冷冻冰箱中。

潘丹叶粉可以从香料店购买到。应确保购买亮绿色的潘丹粉，并将其存放在远离光线的地方，以保持其颜色。

东南亚市场出售的潘丹提取物可用于蛋糕和糖果着色，然而，它们通常添加有人造色素，味道与潘丹叶的有很大差异。库勒提取物可以在为数不多的亚洲特色食品商店中找到。

使用

初看起来，在新加坡和其他东南亚国家，鲜绿色潘丹蛋糕片是一种浓密但却很轻的海绵蛋糕，看起来总觉得用了人工色素。然而，它们的黄绿色实际上来自潘丹叶。在亚洲许多地方，烹饪时会将潘丹叶条添加到米饭中。有时候整片叶子会打成几个结，就像柠檬草一样，在烹饪时浸入汤或咖喱中。受伤的打结叶子会散发出其特有的风味，烹饪结束后很容易取出。由 *P. fascicularis* 或 *P. odoratissimus* 的花制成的库勒，是一种芳香精华，被称为"东方香草"。它可用于甜食和冰淇淋，也被用于节日克什米尔菜肴和一些咖喱。

每500g建议的添加量

红肉：2mL粉末
白肉：2mL粉末
蔬菜：2mL粉末
谷物和豆类：2mL粉末
烘焙食品：2mL粉末

潘丹叶椰浆饭

20世纪80年代，我作为小孩去新加坡真是一段令人难以置信的经历，很快在市场和小贩摊位找到了家的感觉。随着我们的口味适应，大米始终是我们的首选。我们喜欢这款潘丹椰浆饭。

制作6人份

制备时间：10min
烹饪时间：40min

提示

准备米饭：米放在一碗凉水中，轻轻地在手掌之间摩擦以去除淀粉。换水并重复两次将其洗净，然后彻底沥干。椰奶是从椰子肉中提取的液体，然后淡化。"奶油"将位于罐头的顶部，因此最好在使用前摇匀以获得合适的乳状稠度。

新鲜的绿色潘丹叶	2片
水	750mL
茉莉香米，冲洗干净，沥干（见提示）	500mL
椰奶（见提示）	250mL
细海盐	5mL

1. 一次用一片潘丹叶，用一只手按住叶子的顶部，用叉子紧紧抓住叶子，然后用叉子将其纵向切碎。将切碎的潘丹叶卷打成结。

2. 中火，在大锅里，加入水、米、打结的潘丹叶，椰奶和盐，加盖并煮沸。关闭热源（不要取下盖子）并放置30min以让米饭蒸透。在供餐之前用叉子打松米饭并丢弃潘丹叶。

红辣椒 （Paprika）

学名：*Capsicum annum*

科： 茄科（Solanaceae）

其他名称： 红辣椒（hotpaprika）、匈牙利红辣椒（Hungarianpaprika）、温和红辣椒（mildpaprika）、红辣椒（Horapaprika）、甜椒（pimento）、荚椒（podpepper）、烟熏红辣椒（smokedpaprika）、西班牙红辣椒（Spanishpaprika）、甜红辣椒（sweet-paprika）、甜椒（sweetpepper）

风味类型： 混合

利用部分： 荚（作为香料）

背景

红辣椒的起源可以追溯到7000年前，当时土著墨西哥人消费各种辣椒（红辣椒的前身）作为其饮食的常规部分。新世界红辣椒历史较短，直到1492年哥伦布带回辣椒和甜椒，才由西班牙人和匈牙利人培育出我们现在所知的红辣椒。西班牙人首先将各种辣椒转变成一种称为"pimentón"（此名字取自西班牙语pimienta，意为胡椒）的深红色粉末，这种粉末迅速被人们接受，成为烹饪配料。红辣椒似乎首先在西班牙的拉维拉（La Vera）附近瓜达卢佩的热罗尼姆斯（Jerónimos）修道院种植。基于连续多年栽培和杂交以及相应发展出了各种干燥、熏制和碾磨方法，出现了富有西班牙特色的红辣椒。

16世纪中叶，土耳其征服者将辣胡椒（chile peppers）引入匈牙利。那里自17世纪以来，土耳其人不断培育出理想品种，结合天气和土壤条件，创造了一种独特的适应寒冷气候的红辣椒，因其独特特性而闻名。如今，布达佩斯南面的考洛乔镇以及更南端的塞格德市是匈牙利主要的红椒粉产区。匈牙利在17世纪处于土耳其占领之下，虽然当时栽培称为"土耳胡椒"的红辣椒是死罪，但许多尝过这种具有温暖、辛辣味辣椒的人，仍然无法抗拒这种美味的诱惑而非法种植，这可以解释为什么辣椒在匈牙利花了这么长时间才成为当地接受的调味品。

植物

红辣椒粉是由各种甜辣椒（Capsicum annum）产生的各种鲜红色粉末的常见名称，甜辣椒与辣椒属于同一家族。红辣椒植株及其果实大小和外观差异很大。所有这些都被描述为早熟直立灌木，具有椭圆形叶，开单一白色花朵，并具有非木质茎。

红辣椒荚（或称果实）可很长（20cm）而壁薄（像一巨型辣椒），也可小而圆（直径4cm），类似于小型甜椒。红辣椒果实的颜色介于鲜红色、深红色和几乎棕色之间，所有红辣椒果实均在完全成熟时收获。红辣椒的鲜艳颜色取决于辣椒红素（存在的红色素）和辣椒素（辣椒中的辣味元素）的含量。红辣椒中不同程度的辣味和苦味取决于含辣椒素的胎座和种子的比例，也取决于风干和干燥方法。

近年来，以色列、中国和津巴布韦已成为红辣椒主要生产国，其中一些甜味深红色品种在颜色强度和适口

烹饪信息

可与下列物料结合

几乎适合所有烹饪香草和香料，但特别适合与下列结合：

- 多香果
- 罗勒
- 香芹籽
- 豆蔻果实
- 辣椒
- 肉桂
- 丁香
- 芫荽籽
- 小茴香
- 茴香籽
- 大蒜
- 生姜
- 牛至
- 欧芹
- 胡椒
- 迷迭香
- 鼠尾草
- 百里香
- 姜黄

传统用途

- 匈牙利牛肉
- 鸡
- 小牛肉和猪肉
- 砂锅
- 烤肉，烧烤肉或煎肉（烹饪前撒上）
- 鸡蛋菜肴（作为装饰）
- 酱汁
- 肉饼

香料混合物

- 唐杜里香料混合物
- 烧烤香料混合物
- 巴哈拉特
- 卡真香料
- 夏梦勒混合物
- 咖喱粉
- 哈里萨膏混合物
- 墨西哥辣椒粉
- 拉斯哈努特
- 塔吉香料混合物

性、无苦味等特性方面均有改进，使其成为非常有用的调味品。来自这些国家的红辣椒有时会通过匈牙利和西班牙进入市场，并被错误地认作当地产的红辣椒。

匈牙利红辣椒粉

匈牙利红辣椒粉分为六个主要等级，每个等级取决于所用果实的质量，种子、连接组织（胎座）及茎与果肉的比例，以及研磨过程的充分程度，所有这些都会影响产品的辣度水平和风味。

- 特级（Különleges）：是一种非常温和的等级，被认为质量最好，颜色最丰富。它由精心挑选的果实制成，经过精细研磨，产生近乎丝滑的粉末。研磨前要去除种子、含有辣椒素的胎座和茎，使其呈现诱人的甜味，没有任何苦味及余味。
- 精致级（Delicatessen）：不如特级温和，具有较明显的甜椒风味和浅红色。
- 甜贵级（Édesnemes）：是出口最广泛的品种，因其鲜红颜色和甜味而受到重视。甜味、缺乏苦味和浓郁香气是通过带籽研磨果肉实现，种子在水中经过洗涤和浸渍可除去大部分产生辣度的辣椒素。
- 半甜级（Félédes）：甜味类似于甜贵级的，略有辣味。这个品种由果肉和一些胎座制成，使它有几乎可辨的呛口冲劲。
- 玫瑰级（Rósza）：由整个果实制成，除去茎和果蒂。玫瑰级产品红色较少，比上述几种等级产品辣味强。

香料贸易旅行

我们因对匈牙利红辣椒调研，到了布达佩斯南部的考洛乔镇。幸运的是，我们碰巧遇上那里一年一度的红辣椒节。考洛乔镇为庆祝它与红辣椒的联系，甚至建了红辣椒博物馆。博物馆的天花板完全覆盖着红辣椒痕迹，两侧墙壁展示着红辣椒历史，以及古老的农器具等物品。第二天，我们和主人一起参加了辣椒节，一位名叫乔尔吉的女士还向我们介绍了农场和红辣椒加工设施。节日期间，周围大部分地方都是市场摊位般的帐篷，来自各行各业的参赛者参加了红辣椒烹饪比赛。我们被邀请（并接受）品尝了一种红辣椒酒，这是一种当地形式的杜松子酒，50%酒精度使其有很大冲劲，很适合凉爽潮湿的日子饮用。

- 强级（Erös）：由完整果实制成，质量不够高，无法达到前面提到的等级。与其他红辣椒相比，纹理颜色较粗，颜色较深，强级有明显的苦味背景和挥之不去的辣味，因为它很辣，所以可将它看作较刺激辣椒。

西班牙红辣椒粉

西班牙红辣椒粉的评级与匈牙利的相似，但由于其历史、栽培和加工方法等方面原因，它与匈牙利风格明显不同。一般来说，西班牙红辣椒果实往往较小较圆，颜色较深，并且具有不同程度的烟熏和"煮熟"风味，质地（但并非总是）较粗糙，具有较强烈的香气。西班牙人所称的"pimentón（红辣椒粉）"有三种主要类型，每种类型有三种等级。**特级**，用不含种子的果实研磨而成；**精选级**，含10%种子；**普通等级**，含约30%的种子。当然，种子的百分比会影响每个产品的辣度水平和苦味程度。

烟熏红辣椒通过对红辣椒荚进行烟熏得到，烟熏随干燥和风干过程一起完成（参见下面的"加工"）。来自西班牙拉维拉地区的三种主要类型的烟熏红辣椒，2005年被授予原产地名称地位，还可根据它们的甜度、苦味和辣度来描述：

- 甜味（Dulce），具有甜美、烟熏香气及令人愉悦的金属风味，呈深红色精细纹理。
- 苦甜或半甜（Agridulce），具有明显苦味，其味道鲜美，颜色和香气与甜味（Dulce）相似。

市场上也有各种等级随意命名的"温和"西班牙红辣椒粉，有时冒充匈牙利红辣椒粉。一类颜色特别深红、纹理粗糙，并有微弱焦味的产品通常被认为是劣质品，但我发现它比其他任何产品更适用于摩洛哥和中东食物。

来自西班牙穆尔西亚地区的诺拉（Ñora）红辣椒粉由一种小个（直径2.5cm）深红色红辣椒制成，带有甜、温暖、开胃香气和温和、充分发展的甜味风味。这种红辣椒与标准西班牙红辣椒品种相同，但椒荚留在植物上直到非常深暗和成熟。诺拉红辣椒粉，类似于瓜希柳辣椒粉和新墨西哥州的辣椒粉，我最喜欢用它制作传统的西班牙烧烤酱（Romesco）。

埃斯佩莱特辣椒（Piment d'Espelette）是一种令人非常喜爱的红辣椒，以其温暖、果味和轻微辣椒般口感而广受欢迎。它产自法国南部巴斯克地区，作为AOC（受控制原产地名称项目）产品，只有埃斯佩莱特种植的产品可以命名为"埃斯佩莱特辣椒"。埃斯佩莱特辣椒的温暖、果味及温和辣度特性使得这款独特香料适合大多数咸味菜肴。这种椒可撒在比萨饼和意大利面上，可以加入炒鸡蛋和煎蛋卷，甚至撒在色拉中。

加工

红辣椒粉的加工方法因世界主要生产国而异。鉴于其悠久的历史和家族企业已经经营了许多代，匈牙利和西班牙在风干期、粉碎次数和最终粉末细度方面倾向于保持较传统做法。

非传统方法只需将椒荚干燥而不需要长时间风干，只需经过一到两次工业香料粉碎机研磨即可。红辣椒农场的产量可达每公顷1~4t；平均需要5kg的新鲜辣椒荚才能生产出不到1kg的干红辣椒粉。

匈牙利红辣椒

在匈牙利，厚皮辣椒果实可在收获前完全成熟并变成鲜红色。采摘后，成熟果实要风干25~39天，这可大大增加其色素含量。研究表明，在风干过程中，辣椒红色素可以增加120%。除了色素外，抗坏血酸（维生素C）水平也与辣椒红素的浓度成比例增加。营养观察者一个有趣观点是，研究表明，当辣椒素含量高时，维生素C含量较低。

传统上，通过将红辣椒荚堆放在房屋窗户的遮蔽位置或将果实串在大环，并将它们挂在栅栏、开放式棚屋，甚至晾衣绳上，进行风干。当干燥的椒荚在风中嘎嘎作响时，风干过程就完成了。在风干过程中更现代的储存方法是将成熟的椒荚放在大棉网袋中，并将它们堆放在开口的风干棚中。看到装满网眼袋鲜红辣椒的半挂车到达客罗佳（Kolocsa）加工设施的情景着实令却惊讶。风干后，椒荚几乎干燥，然后要将它们在阳光下放置两到三周以完成干燥。现在更常见的做法是，椒荚在50℃连续窑中干燥。

下一个关键阶段是碾磨，此阶段将产生上面提到的不同等级的匈牙利红辣椒粉，这些等级根据去除的茎、种子和胎座数量确定。红辣椒粉产品等级还受到去辛辣洗涤种子数量影响，所述洗涤种子也被研磨，并添加到红辣椒粉末中。红辣椒通常比典型辣椒更红，因为它们的皮肉厚，辣椒红素含量较高，种子数量较少。

研磨过程中的摩擦会产生热量。虽然在研磨某些香料（例如豆蔻等高挥发性香料）时通常不希望这种情况发生，但红辣椒会因此产生一定程度的焦糖化，这强化了产品，并且是加工产品风味调节的关键。然而，这是一个微妙平衡过程。研磨期间过多的热量意味着粉末将产生呛口苦涩风味，这种风味被认为不符合最好等级匈牙利红辣椒粉要求。一些最好和最柔滑红辣椒粉要经过多达六次的辊磨。

西班牙红辣椒粉

西班牙红辣椒粉，尤其是埃斯特雷马杜拉（Extremadura）拉维拉（La Vera）产的美味芳香烟熏红辣椒粉，加工方式略有不同。用于制作非烟熏红辣椒的成熟果实要在山坡上堆放约24h风干，一旦水分含量降低10%~15%，并且辣椒红素含量开始

增加，它们便要在灼热的夏日阳光下干燥约4天。然后将椒荚切成两半或四等分，再晒8天，直至完全干燥。通过研磨和筛分去除种子和茎，产生出不同水平甜味红辣椒粉的加工方式，类似于匈牙利红辣椒粉所采用的方法。

西班牙烟熏红辣椒粉制品，传统上采用在低洼土坯烟熏室对新采摘的成熟果实进行烘干的方式制成。这些烟熏室用缓慢燃烧的橡木烧制烤架缓缓加热，必须密切监测烟熏过程，以确保辣椒适当干燥。加热过度会使红辣椒在自身水分中煮熟并破坏风味。研磨过程同样需要细心照料，第一次研磨需要长达8h，摩擦产生的热量对产品最终风味、深红色和光滑顺溜的质地起着至关重要的作用。

采购和贮存

除了一些特殊品种（如诺拉）完整形式的红辣椒可从专卖店购买以外，大多数干红辣椒以粉末形式出售。腌红辣椒和红辣椒酱可在欧洲熟食店购买到，这些产品有点酸，因为保存需要加醋。这种制品可用于制作某些食品，并且可以在一些配方中替代番茄酱，或两者同时使用。新鲜红辣椒荚可以从特产商店购买，然而，请注意，市售的大红辣椒荚实际上可能是一种大辣椒，比你想象的要辣。

红辣椒应贴上标签，以表明其产地是匈牙利、西班牙或其他来源。如果没有标出产地，至少应说明它是甜的、温和的还是辣的。红辣椒的颜色从鲜红色和丝绸般光滑到深红色和粗糙质感不等。棕色红辣椒，要么曾在潮湿环境中暴露过，要么随着贮存时间增长而变色，应该避免使用。

购买烟熏红辣椒时，应确保其是真品。如今，将烟熏剂和味精添加到甜味或温和红辣椒中，并用来冒充真品的是一种常见做法。烟熏红辣椒粉颜色深，质地粗糙，通常含有磨碎的种子和茎，是劣质等级产品。

虽然历史上有红辣椒粉掺杂红铅和砖粉等可怕填料的做法，但目前食品法规能保护消费者免受这种公然的造假。建议面筋不耐受消费者从供应商购买不含麸质的红辣椒粉，红辣椒粉中的面筋被记录为来自加工者为清洁碾磨机用一定量小麦来通过碾磨机的操作，因而可能会留下对某些消费者有害的残留物。

使用

红辣椒粉广泛用作食用色素和风味物，它是通常添加到香肠和腌制肉类中的人造红色素的流行替代品。因为其圆润和出色均衡的风味特征能与大多数美味风味配合，所以红辣椒粉可归类为混合香料的必备香料之一。大多数设计用于烹饪前撒在肉上的商业调味料都含有红辣椒粉。快餐烧烤和炭烤鸡通常会从表面所涂的调味料获得令人垂涎的颜色和味道，其中包括合理数量的红辣椒粉。

对于家庭烹饪，甜红辣椒是必用配料，它为匈牙利炖牛肉提供其独特的颜色和风味：它能与牛肉或小牛肉和奶油有完美结合。红辣椒还可以增强猪肉和鸡肉的风味。红辣椒经常被用来装饰龙虾、虾和蟹肉。鸡蛋菜肴，无论是炒蛋、水煮蛋，还是做成煎蛋卷，均可用最适合的多汁红辣椒补充风味。红椒杏仁酱（Romesco）是著名的加泰罗尼亚酱汁，利用红辣椒（经常用诺拉椒）取得鲜艳色彩和深度风味效果。

红辣椒是辣椒的绝佳替代品，因为它可在无辣味的情况下提供相同的风味。只需用等量红辣椒粉代替辣椒粉，即可制作出温和而美味的芳香咖喱。如果你对辣椒有点畏惧，红辣椒也可以用来淡化辣椒的辣味。将红辣椒添加到辣味菜中不会破坏其风味，但它有助于将辣味控制在味觉可接受水平。对于一个新鲜辣椒，可用（2mL）

红辣椒粉替代，辣椒粉或辣椒碎片则可用2倍量的红辣椒粉替代。

　　烟熏红辣椒粉应该比非烟熏品种更加谨慎使用，因为其风味较浓烈。烟熏红辣椒粉是许多素食餐的很好补充物，因为它可在没有肉的情形下赋予烟熏培根风味。蛋黄酱中加烟熏红辣椒粉很棒，非常适合搭配海鲜。烤前撒上烟熏甜红辣椒，几乎可使烤三明治成为一餐饭。

每500g建议的添加量*

红肉： 最多125mL甜红辣椒
白肉： 最多125mL甜红辣椒
蔬菜： 20mL甜红辣椒
谷物和豆类： 10~15mL甜红辣椒
烘焙食品： 10~15mL甜红辣椒
*注：对于辣红辣椒，将建议量降低约一半。

烧烤酱

　　这种传统加泰罗尼亚烧烤酱来自西班牙北部的塔拉戈纳。这种酱适用于烧烤鮟鱇鱼或烤羊腿，也可作为面包的蘸酱使用。烟熏红辣椒最初使用的是诺拉红辣椒，但随着这种椒越来越难以获得，烟熏甜红辣椒成了合适的替代品。

制作约1杯（250mL）

制备时间：15min
烹饪时间：5min

提示

可以自己烘焙红辣椒，也可使用现成的瓶装制品。烘焙红辣椒：烤箱预热至200℃。将红辣椒放在烤盘上烤约15min，直到外壳变黑。将烤好的红辣椒转移到袋子，密封，放在一边，直到冷却。冷却后，红辣椒壳很容易脱落。用刀刮掉种子并丢弃。

● 食品加工机

切片酵母面包，大致切碎	4片
成熟的番茄（约6只），去籽并切碎	400g
烤红辣椒（见提示）	3个
烟熏甜红辣椒粉	15mL
鲜榨柠檬汁	30mL
雪利醋	5mL
中号红洋葱，切碎	1/4颗
大蒜，大致切碎	2瓣
杏仁片	30mL
特级初榨橄榄油	60mL
海盐和现磨黑胡椒粉	适量

　　在装有金属刀片的食品加工机中，将面包、番茄、烤红辣椒、红辣椒粉、柠檬汁、醋、洋葱、大蒜和杏仁混合在一起，将混合物加工成粗糊。电机运转时，通过进料管加油，用盐和胡椒粉调味。酱汁装在密闭容器中，可在冷藏冰箱中保存长达1周。

匈牙利炖牛肉

妈妈和爸爸从匈牙利回来时带回了几袋新鲜红辣椒，我们用红辣椒制作的第一道菜是这道炖牛肉。这道菜也可以用传统的牛肉制作，但我喜欢用美味的小牛肉制作。

● **烤箱预热至140℃**

小牛肉肩，切成5cm肉块	1.25kg
盐和现磨胡椒粉	适量
油	30mL
黄油	15mL
洋葱，对切开，切成薄片	2颗
大蒜，切碎	4瓣
甜椒，去籽，并切成2.5cm的碎片	1个
胡萝卜，去皮，切成2.5cm的碎片	3根
匈牙利甜红辣椒	45mL
芫荽籽	5mL
白葡萄酒	125mL
小牛肉汤	500mL
番茄酱（见提示）	625mL
月桂叶	2片
马铃薯，去皮，切成2.5cm的碎片	2颗
黄油酱汁面条，煮熟并涂黄油	500g
酸奶油	125mL
切碎的新鲜欧芹叶	125mL

制作6人份

制备时间：15min
烹饪时间：3min

提示

帕沙特（Passata）是一种新鲜（未煮过的）滑溜番茄酱。如果找不到这种酱，可以用等量的罐装碎番茄代替。

1. 用纸巾擦干小牛肉，加盐和胡椒粉调味。中火，用一个大号荷兰烤锅加热油。分批煮小牛肉8~10min，不断搅拌，直到四面都变成褐色，必要时加入更多的油。一旦小牛肉变成褐色，将小牛肉倒入盘子中并放在一边。

2. 小火，在同一锅中融化黄油。加入洋葱，加盖，煮10min，偶尔搅拌，直至洋葱半透明并柔软。取出锅，加入大蒜炒2min，直至软化。加入甜椒、胡萝卜、甜红辣椒和芫荽籽。将褐色的小牛肉放回锅中搅拌，直至挂涂上香料。加入白葡萄酒、肉汤、番茄酱和月桂叶，搅拌均匀。将火力调至中火并煮沸，然后加盖，并将锅转移到预热的烤箱中。加热90min，每隔30min搅拌一次，从烤箱中取出锅。当肉变软时，加入马铃薯再煮30min，直到肉很嫩，马铃薯煮熟（见提示）。

3. 为了供餐，将准备好的黄油酱汁面条分装在深碗中，并舀入等量的牛肉。每一份食物都配上一层酸奶油和一些欧芹。

提示

一定不要过早添加马铃薯。过度煮熟会使它分散在汤中。

欧芹 （**Parsley**）

学名：*Petroselinum crispum*（也称为*P. petroselinum*，*P. vulgare*，*Selinum petroselinum*）

卷曲的欧芹

意大利（平叶）欧芹

科： 伞形科（Apiaceae旧科名Umbelliferae）

品种： 卷曲欧芹（*P. crispum*）、意大利欧芹（*P. crispum neapolitanum*）、汉堡欧芹（*P. sativum tuberosum*）、愚人欧芹（*Aethusa cynapium*；有毒）

其他名称： 卷曲的欧芹（curled parsley）、三重卷曲的欧芹（triple-curled parsley）、苔藓卷曲的欧芹/卷曲的欧芹（moss-curled parsley /curly parsley）、扁叶欧芹（flat-leaf parsley）、大叶欧芹/意大利欧芹（large-leaf parsley /Italian parsley）

风味类型： 中

利用部分： 叶子（作为香草）

背景

　　欧芹已经培育和开发了许多世纪，其确切起源很难确定。现在我们所知的所有欧芹与其祖先几乎没有什么相似之处可能使这个问题更加复杂。18世纪瑞典植物学家卡尔·林耐（Carl Linnaeus）认为欧芹原产于撒丁岛。然而，其他人说它起源于东地中海地区。植物学名称"Petroselinum"来自希腊语"petra"，意为石头，它被赋予欧芹，因为欧芹被发现生长在希腊的岩石山坡上。

　　虽然古希腊人未在烹饪中使用欧芹，且将它视为死亡象征，并用作葬礼香草。在神话中，欧芹被认为是从希腊英雄阿切莫罗斯的血液中迸发出来的，他是死亡的先驱。欧芹被制成花环，也被作为饲料喂马匹。公元2世纪，具有神奇特性的欧芹被罗马人用作口气清新剂。

　　中世纪时期，欧芹被迷信所包围。欧芹种子的发芽期很长，因此，人们相信这些种子需要足够时间在地狱与世间来回七次后才能发芽。迷信的农民会拒绝移植欧芹，有些人完全害怕栽种欧芹。17世纪，早期殖民者不顾这些迷信将欧芹带到了美国，欧芹的用处和宜人的风味很快就被新世界所接受，其实用性胜过了所有挥之不去的迷信。

　　如今，（卷曲和平叶）新鲜欧芹广泛用于烹饪，脱水卷曲欧芹是一种非常受欢迎的烹饪香草。脱水欧芹可用于家庭烹饪、餐馆配餐、快餐，及许多加工和干燥食品。

烹饪信息

可与下列物料结合	传统用途	香料混合物
● 芝麻菜	● 奇米秋里酱	● 加尼花束
● 罗勒	● 煎蛋卷，炒鸡蛋和咸	● 普罗旺斯香草
● 月桂叶	味蛋奶酥	● 混合香草
● 细叶芹	● 马铃薯泥	● 意大利香草
● 菊苣根	● 塔布里（tabouli）	● 碎香草
● 香葱	● 汤	● 夏梦勒香料混合物
● 莳萝	● 面食	
● 茴香叶	● 用于牛肚、鱼和家禽	
● 大蒜	的欧芹酱	
● 独活草		
● 墨角兰		
● 薄荷		
● 牛至		
● 迷迭香		
● 鼠尾草		
● 百里香		

植物

　　欧芹是一种通过播种种植的两年生植物。作为胡萝卜家族的一员，嫩欧芹植物与胡萝卜的叶子有着惊人的相似之处，直到欧芹叶子完整长成，此时可以很容易地识别出平叶或卷曲的欧芹品种。

　　种植卷曲欧芹时要有耐心，种子可能需要长达两周的时间才能发芽。播种后（特别是卷曲的欧芹），种子必须保持湿润，直到它们发芽。由于欧芹是两年生植物，因此一旦出现长花茎就应将它们切断，以防植物在第一年结籽。如果修剪适当，欧芹可在下一年提供生长丰富的叶子。

　　欧芹具有特别独特的香气，这很有趣，因为草本植物通常被描述为温和而微妙。欧芹口味可以描述为清新、爽脆并略带泥土气。欧芹与其他香草结合使用时表现十分和谐，这使它成为一些混合物（例如细混香草、香草束和混合香草）的完美搭档。欧芹是"混合友好型"香草，因为它能与大多数风味相结合，它似乎永远不会占据主导地位，但又总能让人感受到它的存在。

　　"中国欧芹"是常用于描述新鲜芫荽叶的普通名称，但这是一种误称：在 *Petroselinum* 属中没有中国欧芹这种植物。

品种

　　卷曲欧芹（*Petroselinum crispum*）传统上是一种外形像欧芹的品种，其几乎像绉状褶边叶子使其成为随处可见的点缀品，并且是两种品种中更出彩的一

欧芹根

欧芹根是一种蔬菜，而不是香草植物。像胡萝卜一样，人们栽种这种植物是为了获取其根部而不是叶子。农贸市场经常有欧芹根出售，并且在北美越来越受人欢迎。它在外观上非常类似欧洲防风草，虽然它的微苦味道更接近芹菜根。就像它的胡萝卜近亲一样，它非常适合用于汤和炖菜。

种。它长到25cm左右，很容易从其有大量紧密束缚的明亮绿叶而加以识别。卷曲欧芹有30多种变种，某些品种会较紧密卷曲，而另一些品种较稀疏。

意大利欧芹（*P. crispum neapolitanum*），也称为扁平叶欧芹或大叶欧芹，长到45cm，比卷曲欧芹有更深的绿色，顶部看起来有点像芹菜和芫荽，并且其味道略强于卷曲欧芹。由于意大利食品越来越受欢迎，以及人们对地中海和中东美食的迷恋，平叶欧芹已成为最近最常用的烹饪品种，这两种烹饪都使用大量意大利欧芹。意大利欧芹有更强的风味，更容易繁殖和旺盛生长等习性，这使得这一品种对厨师和园丁都很有吸引力。

汉堡欧芹（*P. sativum tuberosum*）主要为获取欧洲防风草根似的根部而种植，在欧洲东部，人们将其煮熟后作为蔬菜食用，像茴香球一样。欧芹根在北美越来越受欢迎，作为香草用于汤类，起增稠和增味作用。

愚人欧芹（*Aethusa cynapium*）是一种有毒植物，看起来非常类似于意大利平叶欧芹，它出现在英国花园里，有时会生长在真正的欧芹中。愚人欧芹有一种令人不快的风味，尽管如此，许多人仍然会无意中将其与欧芹一起收集起来，从而因误食而生病。这也许可以解释为什么卷曲欧芹迄今为止仍是英国最受欢迎的欧芹品种。

加工

尽管其外观精致，并且有着微妙的风味，但欧芹的脱水效果非常好。各种香草的有效干燥取决于在保留香气挥发性油的前提下，去除叶子细胞结构内的水分。欧芹叶缺乏革质、有光泽的吸湿表面，通常很容易干燥。干燥这种香草的商业方法非常惊人。茎秆摘下的清洗过的叶子被强大气流吹入一个腔室，该腔室被类似于喷气发动机的装置加热。接触到这种过热空气（几百摄氏度）后，叶子水分几乎瞬间失去至剩余10%左右。叶子在此较轻状态下，由顶部吸出加热腔室。令人惊讶的是，此过程非常迅速，叶子表面从不因受热过度而降低风味。这使得干燥产品令人惊讶地具有与新鲜欧芹一样的风味，特别是当将它添加到潮湿食物（例如鸡蛋菜肴甚至马铃薯泥）时，更是如此。

自己种植的欧芹很容易在家里的烤箱烘干。将菜叶单层铺在烤盘上，将烤箱预热至120℃，然后关闭加热。立即将烤盘放入烤箱中，用余热烘干欧芹，用钳子小心地将叶子转动几次，在15~20min之后，欧芹应呈干爽状。从烤盘烤箱中取出，使叶子完全冷却，并将其装在密闭容器中，避光存放。

采购和贮存

新鲜欧芹是所有新鲜香草中最常见的。应选择无枯萎叶子的菜束，菜叶应具有弹性、直立、硬挺。在冷水下彻底冲洗，以去除留在叶子中的任何砂粒并挤干。储存欧芹，可将菜束放在一杯水（如花瓶中）中，并用塑料袋罩住，然后冷藏，也可将新鲜欧芹用箔包裹并冷冻。

干欧芹最好少量购买，经常补充，因为它会迅速失去其颜色和风味。应选购没有茎和黄叶的深绿色欧芹叶片。应始终将干燥欧芹储存在远离任何直射光源的地方，并装在密闭容器中，避免端高温和潮湿环境，在这些条件下，干欧芹可贮存长达1年。

使用

欧芹的清新、均衡风味及清脆口感使其成为大多数食物的理想伴侣。它可以减少一些食物长时间停留在口腔的味道（其中最突出的是大蒜）。它是传统上著名香草混合物的特色配料，例如法国（与山萝卜、香葱和龙蒿一起构成的）组合香草植物粉末，以及（与百里香、墨角兰和月桂叶一起构成的）装饰性香草束。新鲜或干燥欧芹可用于煎蛋卷、炒鸡蛋、马铃薯泥、汤、意大利面和蔬菜菜肴，以及用于与鱼、家禽、小牛肉或猪肉一起食用的酱汁。

新鲜欧芹比大多数新鲜香草更能承受较长时间的烹饪。欧芹可与大蒜和黄油一起用于大蒜面包，也可作为简单装饰物，用于多汁的铁板烧烤牛排。欧芹与薄荷是中东色拉塔布里的重要配料。平叶欧芹作为特色配料用于许多摩洛哥菜肴，包括加有柠檬蜜饯的拉斯哈努特混合香料塔吉锅（tagine），以及用包括芫荽叶、洋葱、小茴香和辣椒的北非腌泡汁混合物（chermoula）调味的各种菜肴。

欧芹酱

这种简单酱汁是鱼的经典伴侣。我特别喜欢将它用于清蒸熏鳕鱼和马铃薯泥——典型的清淡食物。

牛奶	375mL
小洋葱，四等分切开	1颗
月桂叶	1片
新鲜卷曲欧芹茎	3枝
黄油	15mL
多用途面粉	15mL
切成细碎的欧芹叶	45mL
餐桌（18%）奶油	15mL
海盐和现磨黑胡椒	适量

制作约 375mL

制备时间：5min
烹饪时间：15min

1. 中火，在小平底锅中加入牛奶、小洋葱、月桂叶和欧芹茎，煮至微沸（但不要让牛奶煮沸），从热源将锅移开，并用细网筛将汤汁滤入碗中（弃去固体）。搁置备用。

2. 中火，在同一锅中（冲洗过的），融化黄油。加入面粉，煮1min，搅拌，直到混合物变成金黄色，形成糊状（面糊）。将锅从热源移开，并逐渐加入牛奶，不断搅拌直至完全加入。将锅重置在中火上，煮沸，不断搅拌。一旦煮沸，就关火，加入切成细碎的欧芹和奶油搅拌。用盐和胡椒粉调味。

奇米胡里酱

在巴西烧烤店（churrascaria）用膳是我永生难忘的一次盛餐：烤到极致的烧烤肉，由简单色拉和一碗奇米胡里（chimichurri）酱相伴。这种最初来自阿根廷的酸性香草调味品，由肉类用的黄油或番茄酱调味品改良而成，深受人们欢迎。最好在用餐前至少1h（或更长时间）制备，以便留出时间使香料入味。虽然很容易用食品加工机处理，但我认为精心手工切碎食材会使这道美味更受人喜爱。

制备时间：10min
烹饪时间：无

提示

为了将香草精细切碎，应将它们集拢在砧板上，并用锋利菜刀剁切，使香草堆从纵横两个方向受到剁切。

压实的意大利欧芹叶子，切碎	250mL
压实的芫荽叶，切碎	30mL
大蒜，切碎	2瓣
特级初榨橄榄油	75mL
红葡萄酒醋	45mL
辣椒片	5mL
细海盐	1mL
现磨黑胡椒	1mL

在碗中，将所有成分混合在一起。如果需要，可以品尝并调整调味料。留出1h以使风味得以发展，食用时盖浇在烧烤的蔬菜和肉类上。酱汁装在密闭容器中，可在冷藏冰箱中保存1周。

塔布里

　　我从不厌倦塔布里（tabouli）的新鲜风味。这是一种完美的夏季烧烤色拉，是曼兹（mezze）供餐的必备伴侣。塔布里的许多版本遍布全球，黎巴嫩食谱使用较高比例的欧芹来制作碾碎干小麦，这是我最喜欢的方法。与拉米林和凯雪克（Cacik）一起供餐。

细小的碾碎干小麦，浸泡并沥干（见提示）	125mL
成熟的藤蔓番茄，去籽和切块	3粒
小黄瓜，去籽并切块	1根
大葱，将白色和绿色的部分切成薄片	6根
切碎的意大利平叶欧芹	750mL
切碎的新鲜薄荷	125mL
多香果粉	2mL
柠檬，榨汁	1个
海盐和现磨黑胡椒粉	适量
漆树粉	15mL

　　在一个碗里，加入碾碎干小麦、番茄、黄瓜、大葱、欧芹、薄荷、多香果粉和柠檬汁，用盐和胡椒粉调味。食用前冷藏。食用时撒上漆树粉。将其装入密闭容器中，可在冷藏冰箱保藏3天（见提示）。

变化

为了制备更健康的色拉，可加入125mL煮熟的白藜麦或半藜麦和半碾碎干酪。

制作6人份

制备时间：20min
烹饪时间：无

提示

碾碎干小麦可以在炉子上煮，就像煮米饭一样，但不是必需的，也可以简单地将它浸泡。将碾碎干小麦放入碗中，加入5cm冷水。加入2mL盐并搅拌混合。预留20min浸泡。碾碎干小麦将受到"熟化"。将其转移到漏勺，在冷水下冲洗并沥水，然后加入色拉。
如果冷藏超过2天，省略（不像其他配料耐藏的）黄瓜并在食用前加入。

粉红肖乳香胡椒（**Pepper-Pink Schinus**）

学名：*Schinus terebinthifolius*

科： 漆树科（Anacardiaceae）
品种： 胡椒树（*S. areira*，也称为*S. molle*；中度毒性）
其他名称： 胡椒子树（peppercorn tree）、圣诞浆果（Christmas berry）、巴西乳香树（Brazilian mastic tree）
风味类型： 味辛
利用部分： 浆果（作为香料）

背景

这种胡椒树原产于秘鲁安第斯山脉。过去，南美土著人用胡椒树浆果来为酒精饮料调味。这些树有时也被称为巴西或美国"乳香树"，因为具有轻度毒性*S. molle*品种胡椒树的白色树汁在南美洲被用作口香糖。实际上，胡椒树与产生树脂汁液的树木属于同一家族的成员。肖乳香属（Schinus）树木几乎能在世界上任何温带地区干旱、排水良好的土壤中生长。

粉红胡椒（*Schinus terebinthifolius*）也经常被称为"圣诞浆果"，现在法属印度洋留尼汪岛上商业种植。这种浆果既可腌制也可干制。

植物

胡椒来源在我家乡澳大利亚很混乱，我们中的许多人常随着一棵长在校园、家中花园或公园里提供遮阴的"胡椒树"一起长大。人们常常看到小溪岸边成排的胡椒树，也可见到小围场胡椒树荫下的牛群，在农村和内陆地区的烈日下寻找喘息机会。所以很容易理解澳大利亚常见胡椒来自胡椒树的假设。真正的胡椒实际上来自胡椒藤蔓，它产生真正的黑色、白色、绿色和粉红色的商业胡椒。

然而，有几种产生可称为假胡椒的植物。两个品种肖乳香属（Schinus）树产红色小浆果，通常作为粉红胡椒出售。最常用于烹饪的粉红胡椒树（*S. terebinthifolius*），是一种树叶稠密的矮树，具有椭圆形有光泽的叶子，看起来像月桂叶。开白色小花，结出浓密直立成束较大浆果，成熟时呈深粉红色或猩红色。红胡椒树浆果在干燥时直径达到5mm。它们具有浅粉红色易碎外壳，几乎没有香气或风味；它包含一粒坚硬、不规则的深棕色小种子（直径1/3mm）。当压碎时，这种种子会释放出一种甜美挥发性松树般香气，闻起来有点像微弱胡椒

烹饪信息

可与下列物料结合	传统用途	香料混合物
● 多香果	● 鱼	● 一些胡椒粉混合物
● 月桂叶	● 野味和丰富食物（当杜	（不推荐）
● 辣椒	松用）	
● 芫荽籽	● 色拉酱	
● 茴香（叶子和籽）		
● 杜松		
● 桃金娘		
● 红辣椒		
● 欧芹		
● 迷迭香		
● 鼠尾草		
● 龙蒿		
● 百里香		

油气味，胡椒油是正宗黑胡椒的关键成分。同样具有甜、温暖、新鲜和樟脑般风味，具有挥之不去的涩味，但不太辣。

其他品种

胡椒树（*Schinus areira*，*S. molle*），常见于澳大利亚，根据供水情况，树高范围在7~20m。它们具有下垂叶状叶子，并开淡黄色小花朵，并结长长的浆果。浆果起初呈绿色，然后变成黄色，成熟时成为玫瑰粉红色。

加工

粉红胡椒树（*S. terebinthifolius*）浆果可用盐水保存，也可将收获的浆果串通过抖动使其从茎干上脱落下来，然后在阳光下晒干。然而，在阴凉处干燥的浆果可保持较高程度的颜色，从而具有较理想的品质。

采购和贮存

购买盐水腌的粉红胡椒，很难看出所购买的确切品种。来自胡椒藤（*Piper nigrum*）的正宗粉红胡椒总是保存在盐水中，以防止酶的活化，使粉红胡椒变成黑色。理想情况下，装胡椒的瓶子应标出"*S. terebinthifolius*"或"*Piper nigrum*"以表示所含的具体粉红胡椒品种。香料行业存在一种可悲的行为，交易员们通常会故意向消费者提供较少而不是较多的信息，并托词说不宜提供太多事实，以免把消费者弄糊涂。

建议只购买干燥的胡椒树胡椒，这样你就可以闻到它，并知道你买的是什么。通常应将干粉红胡椒储存在密闭容器中，远离极端高温、光照和潮湿，在这

肚子问题？

粉红胡椒（更多是其外观而非其风味原因）变得时髦被添加到透明玻璃或塑料胡椒磨中，与黑色、白色和绿色干胡椒一起粉碎。20世纪80年代，一些文章将这种粉红胡椒的过度消费与消化道问题联系起来。广泛分析表明，粉红胡椒并不比其他类型胡椒毒性更强。然而，一些权威机构建议不要使用胡椒树（*S. ariera*）浆果，因为它们的毒性被认为大于粉红胡椒树（*S. terebinthifolius*）的，并且可能对有肠道问题的人产生负面影响。

些条件下，粉红色胡椒树胡椒可保持其风味长达3年。由于不同加工商可能会使用不同的盐腌方法，因此请始终注意瓶罐标签上的存储和使用说明。

使用

胡椒树胡椒可用于地中海地区的许多鱼类食谱中。像杜松子一样，其清爽、松树般风味也可用于野味和其他丰富型食物。许多肉酱顶部的凝胶通常含有粉红色胡椒树胡椒。它们不仅因视觉效果而应用，它们松脂般口腔清新风味可与丰富型肉酱构成完美平衡。虽然它们在透明的胡椒磨中看起来很漂亮，但其易碎外壳往往会堵塞研磨机。如果需要研磨胡椒树胡椒粉，最好用研钵和研杵。

盐腌的粉红胡椒因比干燥的软，因而较适用于色拉酱，也适用于不加热的菜肴。使用前应该冲洗并沥干，以减少咸味。

每500g建议的添加量

红肉：10mL整粒
白肉：7mL整粒
蔬菜：5mL整粒
谷物和豆类：5mL整粒
烘焙食品：3mL整粒

粉红胡椒猪肉酱

这道菜肴很好吃，虽然很费时间，但很容易制作。烹肉酱（Rillettes）是一种类似于肉酱的法国主食，在室温下配吐司或硬皮面包食用，朋友们来家做客，或者在圣诞节，我都要做这道菜。除了看起来非常漂亮外，粉红胡椒还能使猪肉酱更加完美。

● **4个小模子**

腌汁

青葱，切碎	2根
大蒜，压碎	2瓣
切片柠檬	2个
橄榄油	30mL
细海盐	15mL
粉红色胡椒树胡椒	10mL
杜松子	2mL

猪肉

五花肉，切成2块或3块	1kg
橄榄油（见提示）	500mL~1L
粉红色胡椒树胡椒，轻轻压碎（见提示）	15mL

制备时间：8h
烹饪时间：5~6h

提示

用研钵和研杵或勺子背面轻轻碾碎胡椒。
五花肉非常肥腻，烹饪后会失去很多脂肪，因此本食谱需要大量肉。
所需的油量取决于烹饪容器大小。

1. 在一个大的可重复密封的塑料袋中，装入青葱、大蒜、柠檬、油、盐、全胡椒和杜松子，密封袋子并摇匀。加入五花肉，密封并放在冷藏冰箱中至少1天（不超过2天）。

2. 烤箱预热至110℃。

3. 从腌料中取出猪肉并去掉香料（丢弃腌料）。将肉转移到荷兰烤锅或深烤盘，肥肉面朝上，将橄榄油倒在猪肉上直至完全浸没。盖上盖子（或箔，如果使用烤盘）并烘烤4~5h，直到肉嫩并分开。从烤箱中取出并放在一边冷却。

4. 当猪肉冷却到足以处理时，从油中取出（保留油）。用手取出肉并弃去脂肪。用锋利刀子大致切碎猪肉，然后转移到碗里。加入碎干胡椒和45~60mL预留的食用油。用叉子捣碎并压实肉（如果需要，添加更多的油）。为了供餐，将熟肉酱混合物压入小模子中，用一些轻微粉碎的粉红胡椒装饰。覆盖的熟肉酱可在冷藏冰箱中保存长达1周。在食用前调至室温。

塞利姆胡椒 （Pepper-Selim）

学名：*Xylopia aethiopica*

科：番荔枝科（Annonaceae）
品种：毛椒（*X. aromatica*）
其他名称：非洲胡椒（African pepper）、埃塞俄比亚胡椒（Ethiopian pepper）、塞利姆谷物（grains of Selim）、几内亚胡椒（Guinea pepper）、金巴辣椒（kimba pepper）、黑胡椒（negro pepper）、塞内加尔胡椒（Senegal pepper）、西非胡椒（West African peppertree）
风味类型：辣
利用部分：种子荚（作为香料）

背景

由于两者都原产于西非，因此塞利姆胡椒经常与摩洛哥豆蔻相混淆。它也被用作胡椒掺假物，就像荜澄茄椒（cubeb peppers）一样。这种做法在16世纪很常见，当胡椒（*Piper nigrum*）供应短缺和/或价格高的时候，人们便寻找较便宜的黑胡椒替代品。塞利姆辣椒的命运出现了神奇的转折，它曾经被人鄙视为掺杂物，现在因其稀有而备受追捧，如果有的话，它比黑胡椒贵得多。

植物

塞利姆胡椒，通常也被称为"塞利姆粒"，由小胡椒粒大小的种子组成。角状的种类长度从2.5～5cm不等，具有像小豆荚一样的旋钮状外观。这种长豆荚的树被称为西非胡椒树，高达20m，有一条直而窄的树干，树干直径约60cm。这种原生长在西非潮湿森林地区的树，除了烹饪应用之外还有许多用途。例如，树木高度芳香的根可用于西非酊剂，用于驱除肠道中的蠕虫和其他寄生虫。

其他品种

毛椒（*Xylopia aromatica*）原产于南美洲，为巴西的土著人使用。它与塞利姆胡椒类似，不要与也是巴西原产的肖乳香属（*Schinus*）胡椒树混淆。

加工

含有种子的籽荚成簇生长，并也成簇收获和干燥，通常在阳光下晒干，但有时也用火烤干，这可给籽荚和种子带来烟熏味。

烹饪信息

可与下列物料结合	传统用途	香料混合物
● 多香果 ● 月桂叶 ● 豆蔻果实 ● 辣椒 ● 肉桂和月桂 ● 丁香 ● 芫荽籽 ● 小茴香 ● 大蒜 ● 生姜 ● 八角 ● 罗望子 ● 姜黄	● 非洲菜（与黑胡椒一样） ● 尼日利亚炖菜 ● 野味 ● 慢煮砂锅菜	这种香料非常罕见，通常不会添加到香料混合物中；但它已包括在以下两混合物中： ● 拉斯哈努特 ● 辣椒混合物

采购和贮存

　　塞利姆胡椒非常罕见，许多国家的进口限制使其采购变得更加困难。它通常以整个籽荚形式出售，当储存在密闭容器中时，可保持其风味至少3年。

使用

　　塞利姆胡椒的使用方式与黑胡椒、花椒或摩洛哥豆蔻的使用方法相同。像花椒一样，大多数樟脑般、麻木药用风味都来自籽荚本身，相比之下，种子实际风味很少。因此，人们通常将整个籽荚或籽荚粉添加到烹饪中，以充分发挥其风味。最好使用研钵和研杵进行研磨，应丢弃研磨后产生的纤维状物，而仅将残留的细粉添加到食品中。在尼日利亚南部，干燥的籽荚被用于当地油炸炖肉奥贝塔（obe ata）中，也被用于一种名为依秀吴（isi-ewu）的山羊头汤。虽然塞利姆胡椒本身味道像一种薄荷脑皮肤软膏，但与肥厚野味、非常油腻配料结合时，它具有降低腻味的作用。

每500g建议的添加量
红肉：5mL粉碎荚
白肉：3mL粉碎荚
蔬菜：2mL粉碎荚
谷物和豆类：2mL粉碎荚
烘焙食品：2mL粉碎荚

布卡炖菜

这种尼日利亚炖肉传统上包含各种类型的肉类，包括内脏。它具有强烈的辛辣味和大量胡椒。此款食谱不包含内脏，但如果需要，也可以包含在肉的总量中（见提示）。在较熟悉的演绎食谱中不常看到煮熟的鸡蛋，然而，它们可使这顿非洲餐更耐饥。

制作4人份

制备时间：15min
烹饪时间：1h

提示

煮鸡蛋：将鸡蛋放入一个平底锅中，加入至少1cm的水。用中火将水煮沸。减小火力，煮6min。取出鸡蛋用冷水冲洗以停止加热。为获得最佳效果，使用1~2周龄的鸡蛋。
可以使用诸如心脏、肝脏、舌头或肚子等牛内脏。

- **研钵和研杵**
- **搅拌机**

塞利姆胡椒荚	5mL
中号成熟番茄，大致切碎	10个
红灯笼椒，去籽并切碎	2个
苏格兰帽子椒，切碎	1个
中号洋葱，切碎，分批使用	2颗
油	60mL
炖牛肉，切成5cm的碎片	500g
大蒜，切碎	1瓣
牛肉汤	250mL
鸡蛋，煮熟和去壳（见提示）	4个
海盐	

1. 用研钵和研杵将塞利姆胡椒研磨成粗粉，搁置备用。

2. 在中等速度的搅拌机中，将番茄、灯笼椒、胡椒和一半洋葱打成菜泥。添加塞利姆胡椒粉，用脉冲模式搅打混合。搁置备用。

3. 在一厚底平底锅或荷兰烤锅中加热油。加入牛肉（必要时分批加入），煮8~10min，直到四面都呈棕色。将熟牛肉倒入盘子里，放在一边。

4. 中火，在同一锅中，将大蒜和剩余洋葱煮2min，直到变成褐色。加入番茄混合物泥，不断搅拌，煮2min，直至混合并增稠。加入保留的牛肉和肉汤，煮沸。火力降至小火，煮约45min至肉变软。加入煮鸡蛋，加盐调味。

花椒（**Pepper-Sichuan**）

学名：*Zanthoxylum simulans*（也称为*Z. bungeanum*）

科： 芸香科（Rutaceae）
品种： 日本树胡椒（*Z. piperitum*）、北方花椒
（*Z. americanum*）、带翅花椒（*Z. alatum*，也称为
Z. planispinum）、青花椒（*Z. schinifolium*）
其他名称： 茴香胡椒（anise pepper）、中国胡椒
（Chinese pepper）、青花椒（fagara）、日本树胡椒
（Japanese pepper tree）、花椒（prickly ash）、
山椒（叶子）、四川花椒（Sichwan pepper）、四川
花椒（Szechwan pepper）、地发勒（浆果）tirphal
（berries）
风味类型： 辣
利用部分： 浆果（作为香料）、叶子（作为香草）

背景

花椒原产于中国的四川省，由于受印度文化影响，被认为在公元前1000年就用于烹饪。花椒属（*Zanthoxylum*）的花椒树分布在中国、不丹、韩国和日本。日本人用花椒树木制作研钵和杵，声称它赋予被捣碎食物独特而温和的风味。北美土著人使用不同品种美洲花椒（*Z. americanum*）树皮作为一般兴奋剂和牙齿镇痛的灵丹妙药，因此，美洲花椒树也被称为"牙痛树"。

植物

不要将四川胡椒与藤蔓胡椒混淆，四川胡椒是许多花椒树的干燥浆果，通常被称为"花椒"，属于芸香科。大多数品种是小落叶乔木，平均高度3m，茎和枝上有尖刺。名为四川胡椒的一种树有30cm长的羽状复叶，分成5~11个类似小月桂叶的椭圆形小叶。在春末，叶子前会长出黄绿色小花朵。这些小花会结出直径5cm的球形红色果实，当干燥时，这些果实会开裂，露出一种微小的黑色种子，这种种子在压碎时特别坚韧。开裂果实看起来有点像八角茴香的果实，一种理论认为，这种相似性使得这种香料经常被称为"茴香胡椒"。

花椒具有温暖、辛辣、扑鼻的香气，带有柑橘韵味。花椒压碎时可闻到薰衣草花风味。花椒也有胡椒般浓郁风味，并会在舌头上留下麻嘶嘶的感觉。粉末状花椒树叶用于日本料理，花椒在日本称为山椒（sansho）。

其他品种

日本胡椒树（*Zanthoxylum piperitum*，也称为*Fagara piperita*）是一种比四川胡椒树略小的落叶灌木。像所有的花椒植物一样，花可以是雄性或雌性，雌雄异株，果实具有与其他品种相同的特征风味和麻辣感。

北方花椒（*Z. americanum*）生长在北美东海岸，从魁北克到佛罗里达。当地人因其具有麻木特征而咀嚼这

烹饪信息

可与下列物料结合	传统用途	香料混合物
● 多香果	● 富含脂肪食物，如猪肉和鸭肉	● 中国老汤
● 月桂叶	● 北京烤鸭	● 中国五香粉
● 辣椒	● 椒盐鱿鱼	● 椒盐鱿鱼香料混合物
● 芫荽籽	● 与盐一起作为干烤调味品	● 七味唐辛子
● 茴香（叶子和种子）		
● 生姜		
● 杜松		
● 红辣椒		
● 欧芹		
● 胡椒		
● 迷迭香		
● 鼠尾草		
● 八角		
● 龙蒿		
● 百里香		

种浆果，它有点像带辣味的丁香。带翅花椒（*Z. alatum*，也称为*Z. planispinum*）是生长在日本、中国和韩国的叶子较稠密的灌木。它以与其他花椒植物相同的方式用于烹饪。青花椒（*Z. schinifolium*）也生长在日本、中国、韩国和东亚其他地区，远至不丹北部。它的外观类似于其他花椒植物。

加工

花椒果实成熟时手工采摘，在阳光下晒干，从亮红色变为红棕色。在干燥过程中，果皮会裂开，露出里面的黑色小种子。通过筛分和风选方式除去籽荚中许多种子、枝条和尖刺。

将坚挺花椒叶收集起来，在避光的温暖、干燥环境中干燥，然后粉碎成粉，包装后称为生素（sansho）。由于中国和其他生长这类树的国家对生素需求量很低，因此通常不会收获叶子。

香料贸易旅行

对于这些小而辣味强烈的胡椒状籽荚，我有过两次有趣的经历。第一次是在前往不丹途中，参观了偏远的大阜镇（Damphu）。参观过棕色小豆蔻荚收获后，我发现了一棵四川胡椒树，上面覆盖着可以收获的成熟红色浆果。想知道这些新鲜浆果尝起来是什么滋味，出于好奇，我选了一棵浆果咀嚼了起来。这是真是一次令人震惊的经历。大约30sec后，辣味不断积聚在我嘴里。记住，糖是过量辣味的最佳缓解剂之一，莉兹递给我一包咳嗽滴剂，我迅速咀嚼。此灵丹妙药真有效，但要注意：第一次品尝植物一定要小心！

我的第二次经历是在印度尼西亚，当时美食家威廉·旺索（William Wongso）正在巴厘岛乌布举行烹饪示范。在那之前我只看到过用于烹饪的干花椒。然而，威廉在他的菜肴中运用了带籽的新鲜花椒浆果，这使得菜肴口感更加强烈。在北苏门答腊岛，他们将这些新鲜的浆果称为曼地玲（mandalling）。这种鲜浆果味道浓烈且麻木。我建议将新鲜浆果的籽去掉，在我看来，它们会使食物产生砂粒感，西方口味食客会对此不适应。

采购和贮存

特产香料零售商有花椒粉出售，但为尽量保留风味，最好购买完整分散花椒果实，并在烹饪前自己粉碎。在粉碎或研磨之前，应注意去除内部黑色小种子，它们风味很小，磨成粉末时会产生令人不快的砂砾质感。花椒中经常发现存在多刺茎和玫瑰状尖刺，即使是优质的整粒花椒也是如此，因为它们很难用机械去除。因此，在添加到菜肴之前，要对其进行挑选，并丢弃令人讨厌的碎片。

（带籽）花椒

生素（粉状花椒叶），最常用野花椒（Z. simulans）叶磨成，可在专门供应日本食材的商店购买。它通常包装在小型密封箔袋中。一次只购买少量，因为包装打开后其颜色和风味不久就会消失。我发现原产于澳大利亚的柠檬桃金娘叶可用来替代生素，大约一半量柠檬桃金娘可替代配方中所要求的生素量。

应将花椒和生素存放在密闭容器中，远离极端高温、光线和潮湿。在这种条件下，完整花椒可保持其风味长达3年，花椒粉可保存约1年，生素可保持约1年。

使用

中国五香粉传统上使用花椒，但由于其辣度高，成本相对较高且（通常）难以采购干净、无砂的均匀粉末，因此，现在五香粉通常用真胡椒（Piper nigrum）。这种香料的浓郁风味使其成为猪肉和烤鸭等富含脂肪食物的理想伴侣。北京烤鸭配上浓郁的黑色咸味酱汁，用薄饼包裹起来，可从花椒中获得很多独特的风味。

开裂椒荚进行干烤可以增强其风味。我们的一位朋友喜欢烤制花椒粉和盐的混合物，然后可以将其揉搓在鹌鹑和其他野味上再进行烘烤，也可以椒盐混合物作为调味品放在桌子上，以便蘸裹到酥脆鸡翅和其他美食上。近年来，椒盐鱿鱼已成为一道受欢迎的亚洲餐馆佳肴，将黑胡椒、花椒、辣椒和盐以相同的比例混合，实现其独特的风味。

在日本，花椒是香料混合物七味粉的成分，它由花椒及盐、黑芝麻和味精等构成。生素用于面条和麻辣汤调味，而在日本称为椒芽（kinome）的新鲜花椒叶子可用于竹笋之类蔬菜调味，也可用于汤料装饰。

花椒可与八角茴香和生姜很好配伍，与少量（比如体积小于四分之一）黑色、白色和绿色胡椒（P. nigrum）的混合，增添了额外的风味，可以涂抹在肉上进行烹饪。

每500g
建议的添
加量
红肉：
10mL整个
白肉：7mL
整个
蔬菜：5mL
整个
谷物和豆类：
5mL整个
烘焙食品：
3mL整个

椒盐鱿鱼

香料炒鱿鱼的食谱应该不下上千种。依我看来，花椒是一种常常被人遗忘的关键配料。花椒会在舌头上产生麻麻的感觉，补充了辣椒爆辣和其他胡椒的辣味。这道菜很讨人喜欢，保证一抢而光。

制作6份辅菜

制备时间：15min
烹饪时间：5min

提示

清洁鱿鱼：轻轻地将头部和触须拉离身体。伸入身体并拉出清晰的骨架（刺）；丢弃内脏。用锋利刀子从眼睛下方的头部切下触须；丢弃头。切掉侧翼和细膜。用冷水彻底冲洗身体、触须和鱼翅并拍干。在干净的工作台面上，将每个鱿鱼卷平放，并沿一侧水平切割，这样就可以将其打开并平放。刮掉多余的黏液，在冷水下冲洗干净并拍干。在肉体上切出5mm的斜角刀口，小心不要切断。相反的方向重复操作。将鱿鱼切成水平条，然后切成10cm长条。

● **研钵和研杵**

花椒	5mL
白胡椒	5mL
黑胡椒	5mL
中辣辣椒（如克什米尔辣）碎	5mL
细海盐	20mL
大蒜粉	10mL
米粉或玉米淀粉	125mL
油	1.5~2L
葱，葱白部分，切细	1束
长红指辣椒，切成薄片	1个
鱿鱼，清洗并切成10cm长（见提示）	750g
菜姆，切成楔形	1颗
大致切碎的芫荽叶	60mL

1. 用研钵和杵，将花椒、白胡椒、黑胡椒、碎辣椒、盐和大蒜粉混合在一起，研磨直到细腻。将混合物转移到一个小碗里，加入米粉拌匀，搁置备用。

2. 中火，在炒锅或深锅中将油加热直到起波纹，加入葱和切好的辣椒炒2~3min，或直到开始变黄。使用漏勺将锅中物转移到衬有纸巾的盘子。

3. 分批操作，调味米粉中充分裹涂的鱿鱼，甩掉多余粉料，然后放入热油中煎炸2min，经常搅动，直到金黄酥脆（鱿鱼片会卷起来，所以要不时搅动，以确保其受到充分油炸）。使用漏勺将熟鱿鱼转移到衬有纸巾的盘子上。

4. 供餐，将鱿鱼放在带有菜姆角的盘子上。撒上油炸辣椒、葱和芫荽叶。

藤胡椒 （Pepper-Vine）

学名：*Piper nigrum*

科： 胡椒科（Piperaceae）

品种： 黑色、白色、绿色、真粉红胡椒（*Piper nigrum*）、荜澄茄或"尖毛"胡椒（*P. cubeba*）、印度长胡椒（*P. longum*）、印度尼西亚长胡椒（*P. retrofractum*）、蒌叶（*P. betle*）、墨西哥胡椒叶（*P. sanctum*）、卡瓦（*P. methysticum*）、澳大利亚辣椒藤（*P. rothianum*，也称为*P. novae-hollandiae*）、萨汗（*P. boehmeriafolium*）

其他名称： 黑胡椒，白胡椒，青胡椒，粉红胡椒，木犀胡椒，胡椒粉

风味类型： 辣

利用部分： 果实（作为香料）、叶子（作为香草）

背景

正宗粉红胡椒（*Piper nigrum*）被公认为"香料之王"，其历史几乎就是香料贸易的历史。几个世纪以来，没有哪种香料像正宗粉红胡椒那样对商业、发现之旅、文化和美食有如此深远的影响。原产于印度南部西高止山脉的胡椒，在公元前1000年已经出现在早期梵文著作中。Pippali是用来描述长胡椒（*P. longum*）的梵文词，希腊词peperi、拉丁语和英语胡椒名piper和pepper均源于此。

公元前4世纪，泰奥弗拉斯托斯（Theophrastus）描述过长胡椒和黑胡椒。公元1世纪，普林尼提到长胡椒，认为它在古希腊和古罗马较黑胡椒更早出名，并且前者较后者优越。大约在这个时候，狄奥斯科里迪斯提到了白胡椒，并认为它与黑胡椒由不同植物生产。在公元前100年至公元600年间的某个时间，印度教殖民者将胡椒带到了印度尼西亚群岛。公元176年，长胡椒和白胡椒在亚历山大港口开始缴纳关税。然而，出于政治原因，普通公民更喜欢使用的黑胡椒则免税。

胡椒是亚洲和欧洲之间最早的商业货物之一。在其鼎盛时期，亚历山大港、热那亚港和威尼斯港的繁荣要归功于香料贸易，特别是胡椒贸易。寻找胡椒以及以更快更安全方式将这种"黑金"带回欧洲，促使人们开始了伟大的发现之旅，例如1498年瓦斯科·达·伽马（Vasco da Gama）的航行，当时他在印度马拉巴尔海岸登陆。

到了中世纪，胡椒作为一种商品和货币同样重要，许多房主对本地货币几乎没有信心，他们会要求房客用胡椒支付房租。因此，出现了"胡椒租金"一词（当时它与现代非常便宜租金的意义完全相反）。在10世纪末的英格兰，埃塞尔雷德（Ethelred）的法规要求在英格兰从事香料和其他东方商品贸易的"东方人"（来自波罗的海和汉萨城镇的德国人）缴纳交易税，包括以5kg的胡椒获得与伦敦商人交易的特权。有人认为英镑（sterling）这个词来源于"东方人"（Easterling）。在亨利二世统治时期，1180年，胡椒同业公会在伦敦成立。随后将其纳入香料同业公会，该公会于1429年成为杂货公司（Grocers's Company）。

烹饪信息

可与下列物料结合

几乎所有烹饪香草和香料均能与之结合，但与下列物料有特殊亲和力

- 多香果
- 罗勒
- 香芹籽
- 豆蔻果实
- 辣椒
- 肉桂
- 丁香
- 芫荽籽
- 小茴香
- 咖喱叶
- 茴香籽
- 葫芦巴（叶和种子）
- 大蒜
- 生姜
- 牛至
- 红辣椒
- 欧芹
- 迷迭香
- 鼠尾草
- 香薄荷
- 百里香
- 姜黄

传统用途

- 所有咸味食物，既可在烹饪时添加，也可在餐桌上添加

黑胡椒
- 红肉
- 野味
- 味道浓郁的海鲜
- 鸡蛋菜肴（适量使用）

白胡椒
- 酱汁
- 熟食

绿胡椒
- 红肉
- 家禽
- 野味
- 猪肉和鸭肉
- 肉酱
- 砂锅
- 白色调味汁

正宗粉红胡椒
- 色拉酱
- 海鲜和家禽
- 砂锅
- 肉酱
- 白色调味汁

香料混合物

- 胡椒磨混合物
- 咖喱粉
- 巴哈拉特
- 柏柏尔
- 馅料混合物
- 烧烤香料混合物
- 中国老汤
- 牙买加混合香料
- 格拉姆马萨拉
- 中国五香粉
- 拉斯哈努特
- 卡真香料

当君士坦丁堡于1453年落入土耳其人之手时，穆斯林统治者对香料贸易征收高额关税，由西方通往亚洲的海上航线变得更加紧迫，这是决定资助哥伦布前往香料群岛的关键因素。他的船工非常关注胡椒，当发现多香果浆果时，还被错误地命名为"牙买加胡椒"或"pimiento"（西班牙语"胡椒"的意思）。

不同种类的荜澄茄胡椒（P. cubeba）因其松树般滋味和较弱风味而从未受到人们重视。东印度人将这个品种称为荜澄茄或"尖毛"胡椒，因为它上面附着一个小穗。早在10世纪，阿拉伯人就认为这个品种起源于爪哇。几个世纪以来，这种胡椒经历了兴衰起伏。13世纪，它在欧洲作为调味品和药用品而受到欢迎，但到了17世纪，很少见到荜澄茄胡椒。20世纪胡椒价格高涨时期，如果能以足够低成本获得荜澄茄胡椒，它们就会被用来冒充正宗辣椒，这导致该品种声名狼藉，它甚至被一些当局禁止作为胡椒用于香料混合物。

连续几个世纪，胡椒贸易像肉豆蔻和丁香贸易出现了消沉。控制胡椒各种供应来源在葡萄牙和荷兰之间转移。当英国人占主导地位时，胡椒的价值相当低，而且其交易几乎未能像以前多个世纪那样有利可图。18世纪，荷兰东印度公司倒闭。拥有快船的创业型交易商将美国的塞勒姆和波士顿港口变成了主要胡椒市场，这种情形一直持续到20世纪。

植物

胡椒是热带多年生攀缘藤蔓的果实，其高度可达10m以上。胡椒科（Piperaceae）有1000多个品种，然而，最重要的是提供圆粒胡椒、荜澄茄胡椒和长胡椒（印度和爪哇）的品种。胡椒藤在其印度南部原产地是一道诱人的风景，在卡拉拉邦西高止山脉，它们长在由棕榈树（有时是桉树）构成的格子棚架上，当地将这种棚架称之为"香料园"，而不是种植园。胡椒藤不是一种寄生性植物，活树只提供一个易于其生长的格子，这些树冠在收获期间可为胡椒藤和采摘者提供遮阴。在一些国家，如马来西亚和柬埔寨，胡椒藤生长在柱子或可进入的棚架上。

胡椒藤具有深绿色椭圆形叶子，叶子上部有光泽，下部呈苍白色。叶片大小因类型不同而异，但平均长度约为18cm，宽度为12cm。小花朵长在3~15cm长、悬挂在叶间的穗状花序上，这些圆柱形花簇授粉后便变成胡椒粒。雌雄同体花的授粉（最常见栽培品种的遗传特征）受到雨水辅助，当水沿着花簇流下时，增加了传粉分布的效率。结有密集（胡椒）果实的穗条，长度在5~15cm之间，靠近顶部的穗最粗，直径超过1cm，并逐渐变细至底部尖端处的5mm或更小。每个穗可以产生50粒或更多粒单种子果实，其在完全形成时呈深绿色。然后，胡椒粉从绿色状态成熟为黄色，最后成熟时呈亮粉红色。人们总能通过观察胡椒穗来判断季风的质量，如果穗状花序结有丰富的果实，那就是一个很好的季风。如果果实稀疏，就好像失去了一些果实一样，那么这种季风就不太好，不利于花朵最佳授粉。

绿色未成熟胡椒具有新鲜呛口辣味，即使正确干燥，它们也会产生比黑胡椒、白胡椒或真粉红胡椒更微妙的风味。黑胡椒具有黑褐色至黑色皱纹皮，是干燥状绿胡椒果实。

黑胡椒是迄今为止最受欢迎的胡椒形式，它们具有温暖、油腻、穿透性香气，并具有浓郁、刺激性风味和挥之不去的辣味。白胡椒呈乳白色，表面相当光滑。这些是去除含油外皮（果皮）的果实"心脏"。这使其不那么芳香，但味道更辣，更清爽。正宗粉红胡椒（*P. nigrum*）与粉红树胡椒不同，是完全成熟的果实。它们具有近乎甜美成熟浆果般的果味，并有开胃的老胡椒辣味。

其他品种

荜澄茄或"尖刺"胡椒（*Piper cubeba*）来自原产于印度尼西亚的热带攀缘藤本植物。荜澄茄胡椒干燥后呈黑色，并且外观与黑胡椒相似，但一端有突出的3~8mm长的茎，看起来像带有保险丝的球形卡通炸弹。荜澄茄胡椒内有一粒悬浮小种子，但不像圆粒胡椒（*P. nigrum*）那样包含白色核心。荜澄茄胡椒香气清新、辛辣，具有松香和柑橘韵味，而风味具有明显松树和辛辣味。

印度长胡椒（*P. longum*）和印度尼西亚长胡椒（*P. retrofractum*）来自细长的攀缘藤蔓，其叶子比圆粒胡椒（*P. nigrum*）看起来更稀疏。两者之间最明显的区别是印度长胡椒的果实比印度尼西亚（爪哇）长胡椒的果实小，较不刺激。所谓长胡椒是因为果实直径为5mm，长度为2.5~4cm。每一深棕色至黑色粗糙表面的穗状花序类似于松树的雄球花，当在横截面中观察时，它显示出最多含8粒暗红色小种子的籽轮。长胡椒具有极其甜美的芬芳香气，这种香气就如熏香和鸢尾根粉香的混合体。风味辛辣，缠绵麻木，掩盖了其无害气味。

蒌叶（*P. betle*）与所有其他（胡椒属）藤本胡椒植物属于同一科。这些叶子在印度用于盘安（paan，一种口红）、与槟榔（*Areca catechu*）一起咀嚼作为牙齿疼痛舒缓剂，槟榔有时被误称为蒌坚果。蒌叶也被用作许多东南亚（特别是泰国和印度尼西亚）菜肴的包装叶。

香料贸易旅行

　　每次我前往位于印度马拉巴尔海岸、内有瓦斯科·达·伽马（Vasco da Gama）墓的科钦圣弗朗西斯教堂，我都要想象，在香料贸易鼎盛时期那些令人眼花缭乱的疯狂日子里，这座城市的海港看起来、闻起来该是什么情形。我喜欢参观的一个地方是位于科钦马坦切里区的国际胡椒交易所，马坦切里区也是历史悠久的犹太教堂的所在地，其令人惊叹的蓝色中国手绘瓷砖展示了萨尔曼·鲁西迪（Salman Rushdie）在其著作《摩尔人的最后叹息》中的大气描述。就在犹太教堂的拐角处的胡椒交易所，只有受到邀请才能进入，我们这些做香料贸易的通常能被安排参观。

　　科钦胡椒交易所就像证券交易所一样，有投机者、对冲者、期货和所有交易所术语。体验传统"公开喊价"交易系统实在令人兴奋，在耳闻目睹似乎一片混乱情形下，所有买家和卖家都用马拉雅拉姆（卡拉拉邦地方语言）话大喊大叫，仿佛战斗中战士们的喧嚣和愤怒。在喧嚣声中，他们设法与纽约、鹿特丹、伦敦和新加坡的客户保持联系，同时用另一只手对着其他人打手势，要求其停止呐喊。我上次访问是在1999年，当时已经安装了计算机，所以我认为交易者的混战将成为过去。然而，我很高兴地发现，尽管采用现代技术，科钦的胡椒交易商仍然以"公开抗议"出价和合约打破了宁静的午后空气。

　　墨西哥胡椒（*P. sanctum*）来自一种更像灌木而不像藤的胡椒科（Piperaceae）成员。它具有类似于蒌叶的椭圆形叶子，墨西哥烹饪中使用新鲜叶子，通常用于包裹烤鱼。新鲜的叶子也用于主要由新鲜配料制成的莫尔维德。墨西哥胡椒叶在其原产国之外很少见。然而，蒌叶可以作为替代品用于包裹食物，蒌叶替代墨西哥胡椒叶与龙蒿一起加工成的糊状物，可提供合理的风味替代品。

　　卡瓦（*P. methysticum*）是胡椒科（Piperaceae）的另一个成员，它的根用于制作流行的糊状（据说无毒的）同名波利尼西亚饮料。据我所知，这个品种胡椒不被用来为食物调味。

　　澳大利亚胡椒藤（*P. rothianum*，也称为*P. novae-hollandiae*）在商业上是未知的。在北昆士兰的热带雨林中生长的几种本地种胡椒是攀援性植物，其叶子结构与其他的胡椒科成员相似。年幼的本地胡椒藤附着在树干上，但随着其成熟，最终会从原来的支撑中脱颖而出，就像一种粗壮的雨林藤本植物。其干果风味是商业胡椒的不良替代品。这种*P. rothianum*品种只记录过可食用。到目前为止，还未见它有什么经济意义。

　　萨汗（*P. boehmeriafolium*）用于老挝北方（特别是以前皇家首都琅勃拉邦附近）著名的奥林（or lam）炖菜。这种胡椒藤，叶子和生长习性与圆粒胡椒藤（*P. nigrum*）的非常相似。然而，这种植物用于食物调味的是其茎而不是其胡椒。

加工

　　加工藤蔓胡椒（特别是圆粒胡椒）的关键是创造出绿胡椒、黑胡椒、白胡椒和正宗粉红色胡椒粒。胡椒外皮（果皮）中含有一种酶，它对用于制备所需最终产品的干燥或保藏过程很重要。

黑胡椒

黑胡椒传统上用开花六个月后大小长足的绿色未成熟*P. nigrum*果实（浆果）制成。这一时节的浆果连同其依附的穗状花序一起由人工采摘，然后要对其敲打使浆果与花序轴分开，以便在阳光下晒干。在此干燥过程中，果皮中的酶被激活，氧化使胡椒变成黑色。干燥过程会形成各种辛辣成分，其中包括与油树脂一起产生的含胡椒碱挥发油，所有这些都有助于形成复杂、令人垂涎的香味和黑胡椒强烈风味。

十二月到次年三月间在印度南部旅行时，人们会看到路边的编织垫上铺着的不同干燥阶段数以百万计的胡椒。那些刚被采摘的鲜绿色浆果，类似于微型豌豆海洋，深棕色和黑色的胡椒已可装袋。另一种更复杂的加工方法是将分选过的绿色浆果浸入沸水中一小段时间，这种处理可加速酶反应，不像在阳光下需要几天时间才变成黑色，热烫的胡椒可在2~3h内变黑。热烫后胡椒要进行晒干或在窑中干燥，使水分含量降至约12%。这两种工艺都会产生浓黑、高度芳香的胡椒，在现磨成粉用于食物时会散发出天堂般的香气。

总有一定比例黑胡椒是空的，也就是说，它们内部没有坚硬的白心。在香料贸易中，这些被称为"轻"浆果。整粒黑胡椒规格通常规定了最大百分比轻浆果，特别黑的黑胡椒粉通常在研磨前添加了不同比例的这些低成本轻质浆果。淡橙色黑胡椒的质量通常比黑色黑胡椒质量好，这似乎有违直觉。这是因为灰胡椒的大部分浆果含有白心，而非常黑的黑胡椒粉是用较高比例空心浆果研磨成的。

绿胡椒

当绿胡椒粒大小长足，但尚未开始成熟时由手工采摘。为了使它们保持绿色，必须防止酶活化从而使果实变黑。最古老、最传统的方法是将这些绿色胡椒粒放入盐水溶液中，既可将整个带胡椒的穗状花序浸入盐水中，也可将脱粒后的单粒胡椒粒浸入盐水中。盐水可抑制酶活性，从而可防止果实变黑。这就是绿胡椒传统上只有罐装或瓶装盐渍品的原因。

为了制作干绿胡椒，要将新鲜采摘的绿色浆果浸入沸水中15~20min，这足以灭酶。让浆果在阳光下晒干或在窑中烘干，它们可保持深绿色，但较黑胡椒质地萎缩，同时仍保持其特有的绿胡椒风味。用于胡椒磨粉的最适合的干绿胡椒是采摘后期的浆果，与季节初期收获的相比，它们较坚固，更不容易破碎或堵塞研磨机。生产绿胡椒的最佳高科技工艺是冷冻干燥，这种工艺可保持其丰满的外观和鲜绿色。冷冻干燥的绿色胡椒在接触到水分后很快就会重新复水，因此它们非常适合烹饪。这种冰干绿胡椒不推荐用于胡椒磨粉，因为它们太软了。

白胡椒

白胡椒通过将果实中含酶果皮除去再进行干燥得到，有两种方法可以实现这一结果。一种方法是，在称为剥皮的过程中，可以机械地擦掉外壳。因为剥皮的白胡椒难以生产，并且不能产生最终产品，所以最好采用浸泡和浸渍的传统方法，这涉及采摘正在成熟过程中的果实，这一阶段果实颜色正变成黄色和粉红色。将浆果紧紧地装入麻袋中并浸入水中（最好是干净流动的水流）两到三周，具体时间取决于果实的成熟度。在此期间，在细菌活动的帮助下，硬核外面的外壳会软化并松散（这一过程称为浸解）。

胡椒从水中取出后，要进行浸软处理：踩踏并洗净，直到没有果皮残留。在日晒或烤箱烘干时，这些胡椒仍然呈乳白色，因为它们不存在使其变黑的酶。最后，彻底干燥至关重要。如果没有适当干燥，很容易在白胡椒粒上形成霉菌，给它们带来霉味、旧袜子气味。另一种生产白胡椒的方法是仅收获完全成熟的浆果。这种胡椒较容易在较短时间内脱去外皮，但收集成熟浆果的做法不切实际，成熟浆果容易破碎，鸟类也喜欢在成熟时采摘它们，导致更大的损失。

白胡椒粉以罐装和包装形式出售。然而，由于白胡椒比黑胡椒更贵，因此不太诚实的商人常常会用小麦或米粉对它进行掺假。

正宗粉红胡椒

正宗粉红胡椒通过将成熟红色胡椒果实放入盐水中处理得到，生产方法与传统青椒方法相同。不幸的是，粉红胡椒不能煮沸、干燥或冷冻干燥，因为它们的果皮在这个阶段是相当柔软并易碎，除了用盐水浸泡以外，其他处理方式都会使它破碎。

胡椒油树脂

胡椒油树脂主要用于食品加工业。它具有稳定的香气和风味，易于与其他成分混合，并且没有任何含菌风险，所有这些都是加工食品中所需的品质。胡椒油树脂用乙醇之类有机溶剂从黑胡椒中提取得到，最新的提取方法是使用二氧化碳，这种方法不会留下任何溶剂残留物，从而可产生优质最终产物。

黑胡椒油

用于香料和调味剂的黑胡椒油通过蒸馏生产。

采购和贮存

购买胡椒时，请记住，胡椒的风味特征主要受其来源影响。世界上不同地区种植的品种以及气候和土壤条件，都对胡椒最终香气和风味有影响。

影响胡椒品质的第二个重要因素是干燥、储存和分级时对胡椒的护理程度。有时胡椒不够干，这种情况发生在农民贪婪的时候，通过出售一批含水量为14%而不是所需的12%的辣椒，农民（按重量支付）最终会卖出更多重量的胡椒。问题是潮湿胡椒易受霉菌影响，这会使其无法售出。不法商人会尝试通过一种称为修复的做法来修正发霉的胡椒的外观。

这类措施包括用油喷洒灰霉病的胡椒粒，再通过筛分这些胡椒，直到霉菌消失并使胡椒粒变黑发亮。虽然闪亮有光的极黑的胡椒可能诱人购买，但优质黑胡椒的光泽总是略带哑光，从不闪亮。

来自不同国家胡椒具有的特定特征与下列因素有关：土壤和气候条件、收获和加工方式，以及最终分级。以下描述虽然并非详尽无遗，但提供了一些在购买胡椒时需要注意的基本指导原则。

印度胡椒起源于马拉巴尔海岸，两种主要类型的黑胡椒以它们交易的中心命名。位于科钦北部的代利杰里（Tellicherry）将其胡椒等级命名为"Tellicherry Garbled Special Extra Bold（TGSEB）"。分级术语解释为，"Garbled"意味着清理去除茎、石头和大部分轻质浆果；"Special"表示这是基于风味特征的最佳等级；而"Bold"表示一种大胡椒，这里表示的是一种特大级胡椒。另一个对印度香料贸易很重要的胡椒评级标为"MalabGarbled No.1（MG1）"。这是一种高档清洁胡椒，曾经被称为Alleppey胡椒（Alleppey是科钦南部一个布满人工运河的地区，风景如画），现在通常以出产胡椒的马拉巴尔海岸命名。许多人认为印度胡椒是世界上最好的胡椒，因其高油树脂和挥发油含量而备受推崇，这解释了为什么印度胡椒香气和刺激性如此令人愉悦。

印度尼西亚胡椒比印度胡椒小。近来，印度尼西亚黑胡椒以其独特的柠檬味和有竞争力的价格在亚洲其他地区、澳大利亚和新西兰变得非常受欢迎。有两种主要类型的印度尼西亚胡椒：一种是"Lampong Black"，以苏门答腊岛东南部的一个主要胡椒产区命名，另一种是"Muntok White"，一种温和的白胡椒，在邦加岛生产并从Muntok港口出口。

马来西亚黑白胡椒几乎全部在沙捞越生产，并从古晋港口出口，这两个地理名称都可用来描述胡椒。沙捞越胡椒香气较温和，风味没有印度或印度尼西亚胡椒那么呛口，大量这种胡椒粉碎以后，在超市中以人们熟悉的黑胡椒粉和白胡椒粉形式出售。

来自喀麦隆的彭贾（Penja）白胡椒是另一种白胡椒，其加工方式与其他白胡椒相同。它具有独特的风味特征，因为它生长在营养非常丰富的火山土壤中。它确实具有可观的辣度水平，并且香气中的霉味比许多其他白胡椒的少。

柬埔寨胡椒越来越受欢迎，尽管柬埔寨在全球范围内是一个相对较小的胡椒生产国。柬埔寨南部的贡布省有一种有趣黑胡椒生产法，最高等级贡布胡椒是通过这种独特工艺生产。胡椒浆果在成熟和红色时收获，当果实成熟时，其糖分会随成熟过程增加，并且这增加的甜味有助于整体风味特征，贡布胡椒也是如此。其干燥过程也很不寻常，它开始在阴凉处进行，这减缓了酶的激活速度，因此胡椒碱不会快速发展，胡椒粒也不会变黑。结果产生了一种带有微红色调的黑胡椒，它具有一种成熟、甜美的香味，当现磨贡布胡椒粉撒在食物时，便会被所有人所喜爱。

其他生产胡椒的国家有斯里兰卡、巴西和澳大利亚。澳大利亚黑胡椒的风味比马来西亚沙捞越胡椒的风味更浓郁，并具有烟叶味。

区域香料生产商竞争激烈的经营环境，出现了一种商品营销寻求产品真实或感知水平差异化的趋势。土壤和气候条件，以及收获和收获后处理等地理因素，总会使某一地区的品种与其他地区种植的香料存在风味差异。因此，胡椒营销人员常常根据这些独特性的元素，强调其胡椒的与众不同。

使用

数千年来，胡椒一直是世界上最受欢迎和最常交易的香料。胡椒可被归类为少数几种既是烹饪用料又是食客手中调味品之一的香料。谨慎地摇下的、手撮加入的，或现磨加入的黑胡椒粉都有可能提振人们对一顿不尽如人意食物的食欲。

黑胡椒具有最独特的胡椒风味。它通常用于风味浓厚的食物，如红肉、强烈

识别质量

人们可能时常看到ASTA这一用于描述来自印度尼西亚和马来西亚胡椒的字母缩写。此缩写词意味着胡椒符合美国香料贸易协会制定的清洁度、挥发性油含量、水分含量和其他技术规格的最低标准。因此，它表明了特定的质量标准，这对于采购大量胡椒的工业香料买家来说是非常重要的。通过最低标准的较低等级被称为FAQ（公平平均质量）。这个术语通常情形下也适用于许多来自平常香料市场以外的香料。

不愉快的结合

许多香料混合物中都含有黑胡椒，但食品技术人员请注意，当与某些脂肪和油脂含量高的配料混合时，它确实会表现出奇怪的属性，例如，它与椰子结合会发生反应，产生明显的肥皂味和令人不快的异味。我从未在家庭烹饪中体验到这种效果，但它会发生在食品加工生产中，这些食品在配送到超市之前要经过数周的分装和储存期。

风味的鱼类和海鲜，以及野味。适量使用时，它也可用于细腻的食物。少量现磨黑胡椒粉可以为新鲜草莓和梨片配合柔软奶酪强化风味。

白胡椒经常被欧洲厨师使用，他们不喜欢在白色调味汁中加入黑色斑点。手头备些白胡椒，可以在想有胡椒味而又不希望用黑胡椒占主导风味时使用。这种效果对于泰国和日本食物尤为明显，其中生姜、柠檬草、马克鲁特莱姆叶、高良姜和芫荽的清淡口味可以被黑胡椒的强烈辛辣所掩盖。一定要适量使用白胡椒，因为它的辣味可以覆盖更微妙的配料（对于平均等级的白胡椒，使用时如果出手太重，就有可能使食物满是霉味、旧袜子的味道）。称为咸味四合一香料的欧洲混合香料由白胡椒、肉豆蔻、生姜和丁香混合而成。除了用于熟食外，咸味四合一香料在桌上也很适合代替普通白胡椒。（甜味四合一香料的构成几乎与咸味的相同，只是白胡椒由多香果粉取代。）

绿胡椒既可与黑胡椒配合，也可与白胡椒配合，通常以胡椒粉形式混合。绿胡椒风味适合用于家禽、红肉和海鲜的肉汁和白色调味汁中，特别令人愉悦。绿胡椒可强化肉酱和牛肉风味，大多数油脂食物如猪肉、鸭肉和野味也适合用绿胡椒调味。

正宗粉红胡椒在加入配方之前，应彻底冲洗，以消除盐水咸味。可以在研钵中加些橄榄油（甚至少许醋）将正宗粉红胡椒研成色彩鲜艳的美味色拉调料。粉红胡椒也适用于上述绿胡椒的应用。

每500g建议的添加量
红肉：10mL胡椒粒
白肉：7mL胡椒粒
蔬菜：5mL胡椒粒
谷物和豆类：5mL胡椒粒
烘焙食品：3mL胡椒粒

绿胡椒酱

这是牛排的经典调料，简单而美味。也可以使用越来越广泛的冷冻干燥绿色胡椒制作。

油	15mL
小葱，切碎	1根
蒜末	5mL
干邑酒（见提示）	30mL
沥尽盐水的绿色胡椒	30mL
重奶油或搅打（35%）奶油	250mL
海盐和现磨黑胡椒粉	适量

中火，在锅中加热油。加入葱和大蒜煮2min，搅拌直至软化。加入干邑酒搅拌，加入胡椒和奶油，煮沸，不断搅拌，直至变稠。用盐和胡椒粉调味，然后将锅从热源移开。加在熟牛排上，立即食用。

制作约250mL
制备时间：5min
烹饪时间：10min

提示
虽然最好用干邑酒，但也可以使用白兰地。

胡椒水

胡椒水是一种几乎清澈的胡椒汤，经常装在玻璃杯或马克杯中啜饮，同时与极辣咖喱配餐。虽然它不会减轻咖喱的辣度，但这道饮料具有清洁作用，在印度南部最受欢迎。可以用它来滋润干咖喱米饭，也可以只是在用餐时喝它，就像你享用中餐时喝绿茶一样。

● 研钵和研杵

黑胡椒粒	5mL
小茴香粉	2mL
棕色芥菜籽	2mL
干红指辣椒	1个
姜黄粉	1mL
蒜末	10mL
黄油或酥油	15mL
小号洋葱，切碎	1颗
新鲜或干咖喱叶	6片
牛肉汤、鸡肉汤或蔬菜汤	500mL
罗望子浓缩液或1片罗望子4cm长（见提示）	2mL

1. 用研钵和研杵将胡椒粉、小茴香、芥菜籽、胡椒和姜黄一起研磨至粗粉状。加入蒜末并捣成糊状。

2. 中火，锅中加热黄油。加入洋葱和咖喱叶，煮约5min，偶尔搅拌，直到洋葱变软，咖喱叶发脆。加入肉汤、罗望子和调制好的香料糊，搅拌均匀。煨1h后立即供餐。

制作约500mL

制备时间：10min
烹饪时间：70min

提示

如果使用鲜榨罗望子汁而不是浓缩汁，可将罗望子片放入碗中，加开水并放置10min浸泡。然后通过细网筛过滤，用勺子背向下推挤固体。丢弃剩余的果渣，并向盘中加入液体。为了将汤做成透明液体供餐，可在食用前将其通过细网筛过滤。在每个碗中加入几颗漂浮的胡椒粒。

塔斯马尼亚（Tasmanian）胡椒叶和胡椒粒

学名：*Tasmannia lanceolata*

科： 林仙科（Winteraceae）

品种： 多里戈胡椒（*T. insipida*）、墨西哥胡椒叶（*Piper sanctum*）

其他名称： 山椒（mountain pepper）、山椒（mountain pepperberry）、山椒叶（mounatain pepperleaf,）、康沃尔胡椒叶（Cornish pepperleaf）、本地胡椒（native pepper）、塔斯马尼亚胡椒（Tasmanian pepper）

风味类型： 辣

利用部分： 浆果（作为香料）、叶子（作为香草）

当地应用

澳大利亚本土植物风味成分（通常被称为"丛林食物"）在烹饪中应用，兴起于20世纪，已成为时尚，并在澳大利亚厨师中越来越受欢迎。

不要混淆胡椒

塔斯马尼亚属胡椒，原产于澳大利亚，包括塔斯马尼亚胡椒和多里戈胡椒，不应与澳大利亚本地胡椒藤（*Piper rothianum*）混淆，后者属于胡椒科。

背景

塔斯马尼亚胡椒（*Tasmannia lanceolata*）原产于澳大利亚东部海岸，野生分布在海拔1200m塔斯马尼亚（Tasmania）和维多利亚（Victoria）热带雨林和湿润山沟。另一品种多里戈胡椒（*T. insipida*）是新南威尔士州、昆士兰州和北领地的野生品种。虽然这些植物在澳大利亚东海岸生长繁殖，但几乎没有证据表明当地土著人对其有烹饪应用。这些植物的叶子和浆果具有抗菌性，所以有理由认为当地土著人曾将其用作药物。据说，一些19世纪澳大利亚殖民者利用 *T. lanceolata* 树皮，可能用作外用搽剂。19世纪或20世纪，塔斯马尼亚胡椒在英格兰康沃尔郡开始繁殖，其叶子作为胡椒替代品进入了康沃尔厨房。虽然它在康沃尔的起源有些模糊，但在英国，尤其是康沃尔，其叶子仍常被称为"康沃尔胡椒"。

植物

塔斯马尼亚胡椒灌木以其幼茎和枝条的诱人深红色而著称，其颜色与新的深红色牙龈尖相同。

在理想的条件下，塔斯马尼亚胡椒高度为4~5m，因此它基本上是一棵小乔木。我倾向于不把它称为乔木，因为这样会增加许多不同类型胡椒之间的混淆，包括通常称为胡椒树的品种。在低洼地生长的塔斯马尼亚胡椒，具有宽底并逐渐变细的较长叶子，叶长达13cm；而在高山栖息的同类植物的叶子长度则可能只有1cm。这类植物开黄色到奶油色的小花朵，随后结出深紫色至黑色有光

烹饪信息

可与下列物料结合

叶
- 灌木番茄
- 罗勒
- 月桂叶
- 芫荽（叶和种子）
- 姜
- 柠檬草
- 柠檬桃金娘
- 芥菜籽
- 金合欢籽

浆果
- 黑胡椒
- 豆蔻果实
- 芫荽籽
- 小茴香
- 茴香籽
- 大蒜
- 杜松子
- 墨角兰
- 欧芹
- 迷迭香
- 百里香

传统用途

叶
- 大多数食物（与黑白胡椒相同）

浆果
- 野味和丰厚食物（谨慎使用）
- 砂锅
- 袋鼠肉片

香料混合物

叶
- 澳大利亚本土柠檬胡椒
- 烧烤香料

果实
- 烧烤香料
- 杜卡（dukkah）（澳大利亚版）
- 海鲜香料混合物

泽丰满的果实，直径约5mm，里面有一簇黑色小种子。叶子、果实，甚至鲜花都有独特的塔斯马尼亚胡椒的香气，尽管强度各不相同。

塔斯马尼亚胡椒叶（干燥后变得更强劲）具有令人愉悦、带有隐约胡椒和干肉桂韵味的木质香味。这种胡椒风味起初类似于木材和樟脑味，而后其呛口胡椒味和持久辣味变得明显。这种胡椒具有油性、矿物质般松节油香气，即使尝到微量果实粉，最初也会出现甜味水果风味，随后很快就会出现刺激、刺鼻和令人发麻的辣味。并且这种感觉不会在几分钟内消退。这种植物叶子和浆果表现出的这种持续辣味，是由于胡椒果实中含有的酶被人的唾液激活所致。

塔斯马尼亚和多里戈胡椒植物是相似的，只是多里戈品种来自更北方的栖息地，新南威尔士州的东海岸，并且风味具有较少刺激性，从而也有不同的植物学名*T. insipida*。不要将澳大利亚本地胡椒叶与墨西哥胡椒叶（*Piper sanctum*）混淆，后者是胡椒科成员。

加工

塔斯马尼亚胡椒叶的干燥方式与月桂叶相同。为了获得最佳效果，在干燥前要将树叶从树枝上切下，然后将其铺在多孔材料上，如昆虫筛网或金属丝网。将胡椒叶放在干燥、避光、通风良好的地方，放置几天，直到每片叶子干脆。干燥后，可以用研钵和研杵研磨胡椒叶。

成熟的塔斯马尼亚胡椒不需要用与传统胡椒（*Piper nigrum*）相同的方式晒干以形成其风味；它们可以通过使用与胡椒叶相同的方法脱水以便于储存。这种胡椒也可以保存在盐水中，只要在使用前彻底冲洗掉盐水，就像腌制绿色或粉红胡椒一样。到目前为止，最佳质量和最令人愉悦的结果是通过冷冻干燥实现的，这是一种资本密集型工业流程。冷冻干燥的这种胡椒在食用时不像空气干燥的那样辣。它们具有令人愉悦的果味及开胃的矿物质风味，与红肉搭配非常美味。

采购和贮存

塔斯马尼亚胡椒叶主要以粉末形式出售，这种粉末看起来有点颗粒状并呈土黄色。不要购买过多，因为只需少量就足以为食物调味，一旦研磨，即使在理想的储存条件下，风味也会迅速消失。塔斯马尼亚胡椒偶尔以冷冻形式提供，但更常见的是将它们研磨成粗糙、油腻的黑色粉末。冷冻干燥的胡椒粒呈红黑色，易碎并饱满。这种叶磨碎后会产生深紫色粉末，有点像漆树粉。

应将胡椒叶粉和胡椒粒储存在密闭容器中，保护其免受极端高温、光照和潮湿的影响。如果储存正确，整料胡椒可保持其味道至少3年。胡椒粉和胡椒叶粉可有长达1年的保质期。

使用

干燥和粉状的塔斯马尼亚胡椒叶可以与磨碎的黑胡椒或胡椒粉（*Piper nigrum*）采用相同的使用方式。因为塔斯马尼亚胡椒叶风味较呛口和浓烈，我建议相比黑胡椒或白胡椒的量只加入一半即可。如果需要，可以根据自己的口味增加用量。胡椒叶与其他澳大利亚本土香草和香料，如柠檬桃金娘、金合欢籽和灌木番茄配合得很好。可以按适合各自口味的比例，将柠檬桃金娘叶粉与磨碎的胡椒叶和盐混合在一起构成柠檬胡椒混合物。还可以将胡椒叶与芫荽籽粉、金合欢粉、灌木番茄粉、盐混合，在烹饪前撒在羊肉、鹿肉或袋鼠肉片上。

使用风干的胡椒粒时要特别小心。我的经验法则是仅使用传统胡椒数量的五分之一。冷冻干燥的胡椒粒更温和，可以较慷慨地使用。只有胆大、迟钝或味蕾不足的人才会想到将风干的胡椒粒直接放在食物上；这些胡椒粒非常辣且麻，未经加热时，它们的风味属性不能完全释放出来。然而，我在奶油和水果上品尝了适量的冷冻胡椒粒，是绝对美味！当添加到慢煮菜肴（例如炖菜和汤）中时，胡椒浆果的效果特别好，因为延长的烹饪时间往往会消除它们的刺激性，并且其独特风味有机会真正补充食物的风味。它们也非常适合搭配野味肉类，并且在少量使用的情况下，在白色和红色肉类的腌泡汁中使用也有类似效果。

每500g建议的添加量

红肉：5mL叶粉，1mL胡椒粉
白肉：5mL叶粉，1mL胡椒粉
蔬菜：5mL叶粉，1mL胡椒粉
谷物和豆类：5mL叶粉，1mL胡椒粉
烘焙食品：5mL叶粉，1mL胡椒粉

塔斯马尼亚胡椒酱羊羔

塔斯马尼亚胡椒酱非常通用，常用于羊肉调味。这种奶油酱料很轻，带有令人愉悦的胡椒味，是肉类的很好佐料。

羊肉片，每片约175g	4片
干白葡萄酒	60mL
塔斯马尼亚胡椒叶粉	5mL
黄油	15mL
酱汁	
干白葡萄酒	150mL
白兰地	45mL
鸡汤	125mL
餐桌（18%）奶油	300mL
波特酒	15mL
塔斯马尼亚胡椒叶粉	5mL
胡椒浆果	4粒
海盐和现磨黑胡椒粉	适量

制作4人份

制备时间：
5min，加1h腌制
烹饪时间：40min

1. 在一个大的可重复密封的袋子里，加入羊肉、葡萄酒和胡椒叶粉。密封，转动使羊肉涂裹上调料，冷藏1h或过夜。

2. 酱汁：大火，在小炖锅里加入葡萄酒和白兰地，煮沸8~10min，直到汤汁减少三分之二。加入肉汤，煮沸，煮5min。加入奶油，煮沸，搅拌加热3~5min，直到酱汁增稠并减少三分之一。加入波特酒、胡椒叶粉和胡椒浆果搅拌，并用盐和黑胡椒粉调味。放在一边保温。

3. 大火，在煎锅中，融化黄油。加入羊肉，每面煎煮30sec。将火量降至中高火，每边加热5min（肉中央应嫩并呈粉红色）。切片，蘸酱汁食用。

变化
如果需要，可以用等量的袋鼠肉片代替羊肉。

紫苏 （**Perilla**）

学名：*Perilla frutescens*

科：唇形科（Lamiaceae，前科名Labiatae）

品种：紫苏（*P. frutescens var.crispa*）、红紫苏（*P. frutescens nankinensis*）、伊格玛（*P. frutescens var.frutescens*）

其他名称：牛排植物（beefsteak plant）、中国罗勒（Chinese basil）、紫苏薄荷（perilla mint）、紫色薄荷（purple mint）、响尾蛇草（rattlesnake weed）、野芝麻（wild sesame）

风味类型：温和

利用部分：叶子（作为香草）

背景

　　紫苏的具体起源似乎存在一些不确定性。公元500年左右，中国的一位医生在其著作中提到了这一点，并认为紫苏可能原产于喜马拉雅山脉。大约在公元8世纪，紫苏被引入日本，绿色和红色品种都在当地流行，紫苏在日本通常被称为"shiso"。

　　用欧洲种子冷榨的紫苏油在16世纪左右被用作日本的灯油，但最终被更经济的灯油所取代。这种油也用于神道仪式。由于它被认为含有高水平的多不饱和物，因此人们对它有一些新的兴趣。

　　紫苏首次作为观赏植物被引入非亚洲花园。西方文化对日本（特别是在寿司店）和韩国菜的普遍兴趣，使紫苏的种植和使用增加。

植物

　　紫苏通常是一年生植物，在温暖条件下是多年生植物。它是薄荷家庭（唇形科）成员，具有多刺的锯齿状椭圆形叶子，质感比其外形更柔软更随和。植物高60cm，直径约30cm。两种类型紫苏用作香草，一种为收获种子而种植。用作香草的植物中，具有鲜绿色叶子的在日本通常被称为紫苏，而具有深红色叶子的品种被称为红紫苏。除了它们的颜色外，两者的叶子在外观上非常相似。在绿色紫苏占主导地位的韩国，叶子呈鲜绿色，比在日本看到的要大一些。所有类型的紫苏都有芳香味，带有罗勒、决明子、茴香、芫荽和薄荷韵味，使其成为各种受益于这些风味菜肴的合适添加物。

其他品种

　　伊格玛（*Perilla frutescens var.frutescens*）是主要为获取其油性种子而种植的品种，伊格玛种子被收集用于制作紫苏油。因作为油籽使用而导致它有时可能被称为"野芝麻"，尽管它与芝麻没有关系。

烹饪信息

可与下列物料结合	传统用途	香料混合物
● 芝麻菜	● 生鱼片	● 七味唐辛子（种子混合物）
● 罗勒	● 泡菜	
● 细叶芹	● 春卷	
● 菊苣根	● 色拉	
● 香葱	● 汤	
● 莳萝	● 面食和米饭	
● 茴香叶		
● 大蒜		
● 薄荷		

加工

紫苏叶不容易成功干燥，所以它们总是新鲜出售。紫苏油由开花后收集的特定（伊格玛）品种种子冷榨制成。

采购和贮存

新鲜紫苏叶在农产品商店中越来越容易获得，特别是那些专门供应日本和韩国食材的商店。紫苏叶容易枯萎，所以应将它们从茎上摘下并用湿纸巾包起来，放入可重复密封的袋子中，一到家就冷藏；这样可保持长达2天。或者，将茎上摘下的叶子装在可重复密封的袋子中，可冷冻保藏约3周；解冻时，它们可用于食物着色和调味。然而，由于冷冻会使它们枯萎并变暗，因此，解冻的紫苏叶不适合做色拉或配菜。

使用

绿紫苏是日本料理中最常见的紫苏，是生鱼片的传统伴侣。紫苏叶子可以与罗勒、欧芹或芫荽叶采用相同的方式，添加到许多咸味菜肴中。在越南，当地人将紫苏叶子包在春卷和米粉中。在韩国，紫苏叶加辣椒腌制后做成罐头，也经常加入调味泡菜中。紫苏花可用于装饰食物，干燥的种子有时作为配料用于七味唐辛子，这是一种含有芝麻、胡椒和盐以及其他香料的香料混合物。在日本，传统酸梅菜常用红紫苏叶染色。

每500g建议的添加量

红肉：25mL
白肉：25mL
蔬菜：25mL
谷物和豆类：25mL

香草夏卷

　　这些清淡的越南春卷是普通油炸春卷的完美对应品。通常被称为"夏卷"，米粉皮包裹着由柔软米线、新鲜香草和豆腐、猪肉、蟹肉或虾组成的馅料。米粉皮适合各种类型色拉馅，各种形式的夏卷是非常受欢迎的健康午餐。甜辣酱是理想的夏卷蘸酱。

制作20个夏卷

制备时间：
15min，加30min卷包
烹饪时间：无

提示

米粉皮可以在亚洲超市和一些储货丰富的超市中找到。

如果找不到任何紫苏，可以用1/4杯（60mL）新鲜越南薄荷或泰国罗勒替代。

为了享受动手备餐的乐趣，所有食材都可以放在桌子上，客人可以自助备餐。

米线	100g
压实的新鲜薄荷叶，大致切碎	125mL
压实的新鲜芫荽叶，大致切碎	125mL
压实的新鲜紫苏叶，大致切碎（见提示）	125mL
圆形米粉皮，直径15~18cm（见提示）	20张
奶油生菜，利用叶子，去除主茎	1棵
胡萝卜，去皮，切成丝	1根
煮熟的虾	40只

1. 大火，在大锅里将水煮沸。加入米线煮3min，直到变软。使用漏勺捞出，沥干并放在一边。

2. 在碗里加入薄荷、芫荽叶和紫苏，备用。

3. 在一个大浅盘里，分3个批次，用温水浇粉皮，然后放置1~2min，使其完全软化。

4. 将1张粉皮从水中取出，抖掉多余的粉皮，然后将其摊平在盘子或砧板上。将1片生菜叶置于中心，上面加入米线、30mL香草、几片胡萝卜和2片虾。折叠圆底边，折叠两侧，然后紧紧卷起粉皮。将粉皮卷转移到板上，封口面朝下，并用剩余粉皮重复操作。盖上保鲜膜并冷藏，直到供餐（见提示）。夏卷可在冰箱中冷藏保存6h。

石榴（**Pomegranate**）

学名：*Punica granatum*（也称为*P. florida*，*P. grandiflora*和*P. spinosa*）

科： 石榴科（Punicaceae）

品种： 矮石榴（*P. granatum* var.*naana*）、俄罗斯石榴（*P. granatum* var.*zerbaigani*）、精彩石榴（*P. granatum* 'Phonful'）

其他名称： 戈兰尼弟（grenadier）、糖蜜石榴（pomegranate molasses）、阿纳达纳（anardana）、迦太基苹果（Carthaginian apple）

风味类型： 刺激

利用部分： 种子（作为香料）

背景

石榴原产于波斯（现为伊朗），当地至少在4000年前就已经种植石榴。古埃及人以及后来的罗马人经迦太基人知晓石榴。有人认为石榴是伊甸园中的原始苹果。其植物属名"*Punica*"来自拉丁语"*malum Punicum*"，意思是"迦太基苹果"，而"*poma granata*"意为"有许多种子的苹果"。《圣经》中所罗门之歌中提到了石榴，穆罕默德在《古兰经》中也提及石榴，石榴仍然在一些传统犹太仪式中使用。《埃伯斯纸莎草书》中描述石榴生长在巴比伦空中花园中，并成为所罗门王寺庙支柱装饰的一部分。

西班牙人将石榴带到了南美洲，现在它已成为墨西哥烹饪的重要成分，被称为格拉纳达（granada）。

石榴树的树皮和根皮已被作为药物使用。以前，人们将石榴皮剥下并干燥，成为称作"鞣革剂"的橙黄色小碎片，其用于鞣制皮革和作为药物使用。为了观赏、水果生产和取得理想特征风味，人们已经开发出数百种石榴树品种，包括适合鲜食的非常甜品种，用于制作红石榴汁的品种及较酸的品种，后者适用于石榴糖蜜或干燥成为印度烹饪中使用的风味浓郁的石榴籽。

植物

落叶石榴可以是4m高引人注目的密集叶灌木，也可以是高达7m的稀疏而美丽的树。茂盛的深绿色叶子长约8cm，看起来类似于多刺树枝上的月桂叶。石榴开诱人的橙朱红色蜡状花朵，结出黄棕红色果实，大小与苹果相当，其中包含数十粒种子，这些种子位于不可食用的苦涩软浆中。新鲜石榴籽有棱角，长达8mm，由多汁果冻状粉红色外壳包裹。这些新鲜籽没有什么香气，但它们具有

算命先生

在土耳其旅行时，我们听到过一种新婚新娘在地上扔石榴的习俗。当扔在地上的石榴分裂时，掉落的种子数量代表她将拥有多少个孩子。

我对石榴的最生动记忆来自墨西哥。参观过位于东南沿海山麓之间的帕潘特拉（Papantla）香草种植园后，我们回到了前首都克雷特罗。在一家迷人小餐厅，我们享用了一顿鸡肉，这是一种用奶油调味的鸡肉，加入了辣椒和新鲜石榴籽。我在体验酱汁中帕西拉辣椒微妙水果烟草香气的喜悦中，突然爆发的石榴籽风味使我的味蕾倍感享受。

烹饪信息

可与下列物料结合	传统用途	香料混合物
种子	**种子**	**种子**
● 香旱芹	● 咖喱（类似于使用罗望子）	● 印度马萨拉斯
● 多香果		● 鸡肉和海鲜调味料
● 豆蔻果实	**糖蜜**	
● 辣椒	● 鸡肉和猪肉（烹饪前刷过）	
● 肉桂和月桂		
● 丁香	● 色拉酱	
● 芫荽（叶子和种子）	● 夏天的饮料	
● 小茴香		
● 茴香		
● 葫芦巴		
● 生姜		
● 芥末		
● 胡椒		
● 姜黄		
糖蜜		
● 多香果		
● 豆蔻果实		
● 肉桂和月桂		
● 丁香		
● 生姜		
● 芥末		
● 胡椒		

令人愉悦的涩味和果味。

干石榴籽用于印度烹饪，并称为阿纳达纳（anardana）。干燥时，阿纳达纳呈是深红色至黑色，非常黏。

它们具有鲜美果味，浓郁的风味，是罗望子的理想替代品。石榴糖蜜，广泛用于中东美食，是一种深红色，几乎黑色、稠厚的糖蜜，具有丰富的浆果般的果味和柠檬韵味。不含酒精的石榴糖浆，由甜石榴汁制成，不那么浓烈但同样美味。

其他品种

矮石榴（*P. granatum var.naana*）是为了装饰目的而种植的。它有非常光亮的叶子和多产的橙红色花朵，并在修剪时能做出很好的树篱。据我所知，没人为获取水果而种植这种石榴。俄罗斯石榴（*P. granatum var.zerzerigani*）是一种带有大量水果的品种，非常适合用来制作深红色石榴汁。精彩石榴（*P. granatum* Wonderful）产双红色花朵和优质果实。这种品种从加利福尼亚出口到许多国家，已成为世界标准。因其丰富的红色和浓郁的风味而备受推崇，因此作为新鲜水果或制作果汁非常适合食用。

加工

最好吃的石榴来自于夏季炎热干燥、冬季寒冷的气候中生长的树木。石榴树在潮湿的热带气候中不会结果。需要新鲜种子时，必须小心地将苦髓和连接膜去掉。吃石榴的传统方法是用针将每粒种子从开口果中挑出，从而可享受多汁、果冻状半透明果肉的各种风味，同时可避免吃到苦涩的果肉。

为了制作阿纳达纳，要将种子晒干，果肉留在外面。除了研钵和研杵之外，其他任何东西研磨阿纳达纳都不行，因为种子表面上残留黏性物会阻塞香料磨、胡椒磨或咖啡磨。

石榴糖蜜通过煮沸种子直到液体变得高度浓缩而制成，其浓稠质地和浓郁风味在浓缩阶段形成。

采购和贮存

许多农产品零售商出售新鲜石榴，绝对值得购买，特别是如果你有一个很好的食谱使用它们。完整新鲜石榴应存放在阴凉、避光的地方，这样可以存放长达1个月。将整个果实放入冷冻袋并冷冻后，可保存长达2个月。可以将剥出的石榴籽装在可重复密封袋子中冷冻，这样可在冰箱中保存约3个月。

阿纳达纳可以从印度食品商店和特色香料店（中东配料供应商也出售石榴糖蜜）购买。阿纳达纳最好储存在密闭容器中，任何潮湿环境都会使种子变得更加黏稠。

石榴糖蜜易于保存，打开后不需要冷藏，可保存至少1年。在冬天，石榴糖蜜可能会在瓶子里变稠，但是将它放在热水中几分钟应该会使它变得不那么黏稠，并且更容易倒出。

使用

可将新鲜石榴籽加入酱汁中；它们特别适合鸡肉和海鲜。石榴籽可以添加到水果色拉中，撒在帕夫洛娃（一种颇有澳大利特色的甜点，由蛋白酥、水果和奶油等制作）上。阿纳达纳可以像罗望子一样浸泡在水中，得到的液体可用作酸味剂，这种干石榴籽也可以用研钵粉碎，然后直接撒在食物上增加酸味。石榴糖蜜可为色拉酱增添辛辣味，如在烹饪前像腌料一样刷上，对鸡肉和猪肉具有嫩化作用。夏天，在装满苏打水的玻璃杯底部放5mL的石榴糖蜜，可得到一种清爽解渴的饮料。

每500g建议的添加量
红肉：5mL籽，20mL糖蜜
白肉：5mL籽，15mL糖蜜
蔬菜：5mL籽，15mL糖蜜
谷物和豆类：5mL籽，15mL糖蜜
烘焙食品：5mL籽

阿露阿纳达纳

这种简单的香料杂碎（马铃薯）配菜可用干石榴籽（阿纳达纳）提高档次。与德里达尔、印度黄油鸡或南印度沙丁鱼一起配餐。

制作6人份

制备时间：25min
烹饪时间：10min

提示

酥油是一种用于印度烹饪的澄清黄油。也可以使用黄油或澄清黄油。恰特马萨拉是一种典型的印度调味料，用于各种菜肴。它的含盐量很高。
克什米尔辣椒粉是一种很好的多功能辣椒粉，可用于此配方。可以在大多数印度市场找到它。

● **炒菜锅**

马铃薯	1kg
酥油（见提示）	75mL
恰特马萨拉（见提示）	5mL
碎小茴香	5mL
姜黄粉	2mL
辣椒粉（见提示）	1mL
阿纳达纳	125mL
海盐	

1. 在一锅沸腾咸水中，将（带皮）整个马铃薯煮约40min。放在一边冷却，然后切成大约4cm的立方体。

2. 中火，在炒锅中融化酥油。加入马铃薯炒煮1min，直至马铃薯块裹涂上油。添加恰特马萨拉、小茴香、姜黄和辣椒粉。炒煮约5min，直到马铃薯被香料均匀裹涂，开始酥脆。搅拌加入阿纳达纳，煮1min，直至混合均匀。如果需要，可以加盐调味。立即食用。

茄子色拉

在中东，石榴经常被用来为冷热菜肴调味。石榴使这款茄子色拉色彩和风味大大提升。

- **烤箱预热至200℃**
- **2烘焙盘**

茄子，切成2.5cm的立方体（约3大块）	1kg
粗海盐	10mL
橄榄油	60mL
芫荽籽，稍碾碎	15mL
纯希腊酸奶	30mL
石榴，取种子用（见提示）	1颗
切碎的欧芹叶	125mL

1. 在烤盘上，将茄子铺成一层，撒上盐，静置15min，然后用纸巾擦干。

2. 用手，将油和芫荽籽均匀地浇盖在茄子上。在预热的烤箱中烘烤20min，直到真正变成棕色。从烤箱中取出并放在一边稍微冷却。

3. 为了供餐，将烤熟的茄子放在盘子上。顶部加一团酸奶，并撒上石榴籽（种子）和欧芹叶。最好在室温下食用。

变化
在供餐时撒上125mL碎干酪。

制作6人份

制备时间：20min
烹饪时间：30min

提示

为将石榴籽取出，传统上沿其"赤道"切开辦成两半。再使它们稍做伸缩，并用木勺在果皮侧敲击以使种子松动。以下可选方法不那么混乱：使用锋利的刀，将石榴切成两半。用冷水装满一个大碗。用手将石榴浸入水中并剥开膜（它会漂浮到顶部）。用手指轻轻地抠松假种皮（种子），从膜中舀出种子。

石榴糖蜜五花肉

石榴糖蜜在这道简单美味菜肴中作为甜酸元素。与三色菜凉拌卷心菜、巴斯马蒂饭或烤什锦蔬菜一起食用。剩下的五花肉很适合做三明治馅。必须避免使肉皮面蘸上任何腌料，因为这会妨碍它产生完美的口感效果（对许多人来说这是最好的部分）。

制作4人份

制备时间：
10min，加2h腌制
烹饪时间：4.5h

• 23cm方形金属烤盘，内衬铝箔

五花肉	1.5kg
石榴糖蜜	75mL
开水	250mL
大蒜，擦碎	5瓣
细海盐	5mL

1. 将五花肉皮朝上放入准备好的锅中。用锋利的刀，在皮上切出约5mm的浅线。

2. 在耐热碗中，将石榴糖蜜和开水混合。加入大蒜碎搅拌，然后倒入猪肉底部，小心避免沾在猪皮上。将海盐揉入猪皮刻痕并冷藏，静置至少2h或过夜。

3. 将烤箱预热至150℃。烘烤猪肉，静置4h，偶尔搅拌锅，在肉周围翻动腌料。从烤箱中取出并加热至220℃。将五花肉从锅中取出，丢弃金属箔并用干净的铝箔重新铺在平底锅上。将猪肉放回锅中烘烤25~30min，直至肉皮肤变脆并出现噼啪声。从烤箱中取出，静置5min，然后食用。

玫瑰花 （Rose）

学名：*Rosa damascena*

科： 蔷薇科（Rosaceae）

品种： 大马士革玫瑰（*Rosa damascena*）、百叶玫瑰（*R. centifolia*）、中国玫瑰（*R. chinensis*）、狗玫瑰（*R. canina*）

其他名称： 罗莎（rosa，roza）、玫瑰果（rose hips）、玫瑰花瓣（rose petals）

风味类型： 香甜

利用部分： 鲜花（作为香草）

背景

玫瑰被认为原产于波斯北部，它分布在美索不达米亚至巴勒斯坦、小亚细亚和希腊地区。玫瑰自古以来就被人们种植：波斯人将玫瑰水输送到中国。英文"rose（玫瑰）"一词来源于希腊词"rhodon"，意思是"红色"，因为花朵是深红色的（事实上，在许多语言中，玫瑰这个词来源于"红色"一词）。罗马博物学家普林尼（Pliny）为种植最好玫瑰提出了土壤准备方面的建议。

玫瑰油生产的早期方法是将花瓣浸泡在油中，使其浸入玫瑰香气。提取挥发油是一个较复杂的过程。据说，17世纪早期，在莫卧儿皇帝阿克巴尔统治时期就发明了玫瑰奥托（玫瑰油）。为了阿克巴（Akbar）儿子丹尼亚尔（Daniyal）的婚礼盛宴，在宫殿花园周围挖了一条运河，并在其中注满玫瑰水供新婚夫妇划船。观众注意到了浮在水面上因太阳热量而分离的油，当撇去时，它有一种令人惊叹的香气，这一发现当时被有效地商业化。到了1612年，古代波斯城市设拉子的蒸馏厂已在大规模生产玫瑰油。这里提供一个浓度水平概念：生产10g的精油，大约需要100kg的新鲜玫瑰花。

植物

世界上种植的玫瑰有10000多种。任何有香味的品种都可以用于食品。大马士革玫瑰和西洋蔷薇是最受欢迎的烹饪用途玫瑰，它们可使用新鲜或干燥的花瓣，也可用于制造玫瑰水。玫瑰香气略带甜味和麝香味，风味浓郁、清爽、持久、令人垂涎。

玫瑰水的香味与新鲜玫瑰花瓣非常相似。风味最初收敛并呈迷迭香状，但会留下口感清新的花香干燥感。

这种微妙液体具有远远超过人们预期的调味作用。玫瑰水可用于化妆品和护

过度奢侈

在古罗马过度地使用玫瑰反映了其奢侈名声；玫瑰花瓣散在宴会厅地板上，新娘新郎戴着玫瑰花冠，丘比特、维纳斯和巴克斯塑象也戴着玫瑰花冠。今天，特殊时刻将玫瑰花瓣撒在地板上的做法仍在继续。莉兹和我在一家悉尼餐厅度过了一个难忘的情人节晚餐，那里的入口和地板都是厚厚的玫瑰花瓣，我们在印度乌代布尔参观的酒店欢迎到来的客人用玫瑰花瓣沐浴。

烹饪信息

可与下列物料结合	传统用途	香料混合物
● 多香果	● 米饭和蒸粗麦粉	● 拉斯哈努特
● 豆蔻果实	● 冰淇淋	● 甜香料混合物
● 肉桂和月桂	● 脆饼和蛋糕	
● 丁香	● 印度甜点（印度玫瑰奶球）	
● 芫荽籽	● 伊朗和土耳其糖果	
● 茴香籽	● 摩洛哥炖菜	
● 生姜		
● 薰衣草		
● 香樱核		
● 乳香		
● 肉豆蔻		
● 番红花		
● 欧芹		
● 金合欢籽		

香料札记

玫瑰芬芳会让我想起温暖的春天早晨，随我父亲为其著名百花香采收玫瑰花瓣的情形。朋友和幼儿园老板Roy和Heather Rumsey是著名玫瑰种植者，在20世纪50年代和60年代，他们在新南威尔士州杜拉尔（Dural）的农场里种了数英亩玫瑰。这些玫瑰花朵从未被挑选出售，所以爸爸和我会花了几个小时，让我们的柳条筐装满了回家后要烘干的新鲜玫瑰花瓣。连续多年，我们必须采摘数百万花朵，不小心还夹带了数百只在我们摘下花瓣前还在快乐地收集花粉的蜜蜂。我记得只被蜜蜂蜇过一次，那是正在采摘有香味的天竺葵时。

肤品。一次我们在印度的香料发现之旅中，一位有心旅行者带着一个容器，里面装有她用来喷皮肤的玫瑰水。不多一会儿，炎热日子里整个小组都享用到了她所带的玫瑰水！

当花朵留在某些品种的玫瑰花丛（特别是犬玫瑰）上时，形成的球状红色果实被称为玫瑰果。玫瑰果具有果味涩味，并且主要因其高维生素C含量而受到赞赏。

其他品种

西洋玫瑰（*R. centifolia*），也称为"百叶玫瑰"，是一种17世纪前后在荷兰开发的杂交种。它因每朵花有许多紧密簇生花瓣而受追捧，使其成为一种可以在供餐前撒在布瑞雅尼（biryani）之类特殊印度菜肴上的实用品种。中国玫瑰（*R. chinensis*）原产于中国西南部，主要作为观赏植物种植。犬玫瑰（*R. canina*）是一种野生攀缘品种，最常利用的是其富含维生素C的果实（玫瑰果）。这种花的花瓣稀疏，因此几乎没有烹饪用途。

加工

玫瑰花瓣含有极少量精油（低于1%）。它们必须在清晨收获，不然会在炎热天气中失去一些宝贵的挥发物。玫瑰花瓣的干燥方式与香草相同。在干净的纸或金属栅网上将花铺展成薄薄的一层（小于2.5cm深）。保持在温暖、避光、通风良好的区域，直至干燥。在一个星期内，花瓣会萎缩和干燥，但会保留大部分颜色及形成令人愉悦的风味。

玫瑰精油是通过蒸馏新鲜花瓣产生的，玫瑰水是通过将新鲜花瓣浸泡在水

中制成的。因为后者保留了一些在蒸馏中损失的风味成分，所以玫瑰水总是被推荐用于烹饪，而玫瑰油主要用于香水。

玫瑰果最常被制成果酱或果冻，这些水果含有毛状纤维，这意味着它们在食用时会有刺激性。这可以解释为什么玫瑰果最流行的保存方式是将其做成一种颜色鲜艳、滤除纤维的透明果冻。

你可能还会看到一种名为玫瑰糖浆的明亮粉红色产品。这种产品通常由糖、水、色素、柠檬酸和玫瑰油或玫瑰果制成。

采购和贮存

购买新鲜或干燥的玫瑰花瓣用于烹饪时，请确保它们是为烹饪目的而种植和生产的。许多玫瑰专门为花店种植，其主要目标是无瑕疵的花朵。因此，这些产品可能已经接受过大剂量的杀虫剂。干玫瑰花瓣也因其外观和香水而出售，并制作百花香。同样，许多产品出售时没有食品安全方面的考虑。如果你想要新鲜的花瓣供烹饪使用，你可能需要自己种植玫瑰。

许多特色食品零售商和香料店都提供适合添加食品和玫瑰水烹饪的干玫瑰花瓣。然而，玫瑰水不都是相同的，又因为它们是透明的液体，所以质量不能通过外观来决定。我发现黎巴嫩生产的大部分玫瑰水都很好。

最常以粉碎状或粉末状形式出售玫瑰果，可用作高维生素C含量的香草茶。可在大多数商店的凉茶部分找到玫瑰果茶。

玫瑰糖浆可用于甜点浇头和饮料调味，最常用于奶昔。玫瑰糖浆非常甜，不应该用作玫瑰水的替代品。

存放干燥玫瑰花瓣和玫瑰果，应远离极端高温、光线和潮湿。玫瑰花瓣可保持长达1年，玫瑰果可保持长达3年。虽然湿度不会影响玫瑰水，但是当远离光线时可将它保持更长时间。

使用

对于许多西方人来说，使用玫瑰和薰衣草等花卉来为食物调味的想法似乎并不寻常。然而，随着不同文化和美食接触的不断扩大，这类传统增味剂正在寻找新的接受者。几个世纪以来，玫瑰花瓣一直被用于葡萄酒和利口酒调味。玫瑰花瓣果酱在巴尔干地区相当广泛，我记得我母亲会制作玫瑰果蜜饯。结晶的玫瑰花瓣和其他可食用花朵（如紫罗兰）一起，可用于装饰蛋糕。

玫瑰花瓣经常用于摩洛哥香料混合物拉斯哈努特。这款豪华混合香料与炖菜和蒸粗麦粉相得益彰。玫瑰醋可用于色拉酱，可以将新鲜或干燥的玫瑰花瓣浸泡在醋中几周制成。新鲜玫瑰花瓣可用来装饰色拉。炖菜、波斯米饭和五香蒸粗麦粉也可用新鲜玫瑰花瓣装饰。

玫瑰水可用于土耳其软糖、乳香口香糖和印度甜玫瑰果调味，后者是一种炼乳面粉油炸果配糖浆的甜点。玫瑰水还可用于草莓调味，方法是与肉桂棒一起加入糖浆：5mL玫瑰水加250mL水和125mL糖，慢慢煮至糖完全溶解，成为可用作釉料的糖浆。

每500g建议的添加量

白肉： 6mL鲜花瓣，5~10mL干花瓣，5mL玫瑰水
红肉： 10mL鲜花瓣；10~15mL干花瓣7mL玫瑰水
蔬菜： 6mL鲜花瓣，5~10mL干花瓣，5mL玫瑰水
谷物和豆类： 6mL鲜花瓣，5~10mL干花瓣，5mL玫瑰水
烘焙食品： 6mL鲜花瓣，5~10mL干花瓣，5~7mL玫瑰水

玫瑰花瓣马卡龙

马卡龙是一种甜品。它们总是让我想起巴黎的迷人糕点，无数多彩美味尽由糕点展示。添加玫瑰风味物和花瓣使得这些糕点非常漂亮，成为理想的可食用礼物。

制作20~25个马卡龙

制备时间：5min
烹饪时间：20min，加45min静置

提示

玫瑰水是一种常见的中东配料，可以在主要的超市和专卖店找到。

- 配有1cm喷嘴的裱花袋
- 2张烤盘，内衬羊皮纸

磨碎的杏仁	90g
糖果（冰）糖	90mL
蛋清	3个
超细糖	60mL
切碎的干玫瑰花瓣	10mL
玫瑰水（见提示）	4~5滴
纯香兰提取物	3滴

1. 在一个小碗里，将杏仁和糖果冰糖混合在一起。备用。

2. 使用电动搅拌器，搅打蛋清至坚挺。每次加入超细糖15mL，搅拌至混合物浓稠，形成光泽和坚挺的峰。轻轻拌入杏仁混合物、玫瑰花瓣、玫瑰水和香兰提取物，直至混合均匀。将混合物倒入裱花袋，在烤盘中挤出直径约4cm的小圆形。

3. 当面糊用完时，将手指浸入水中并轻轻抚平任何粘住的点。将烤盘放置45min，以使圆形蛋糊可以在顶部形成"表皮"。

4. 烤箱预热至160℃。烘烤马卡龙10~15min，直到刚好改变颜色，你可以很容易地从烤盘上剥离它们（它们应该仍然是海绵状——不烤焦）。将烤盘从烤箱中取出并放在一边稍微冷却，然后将马卡龙转移到金属丝架上以完全冷却。

变化

将125mL马斯卡彭或生奶油与3~4滴玫瑰水混合，然后使用奶油作为两个马卡龙之间的填充物。

摩洛哥鸡肉巴斯蒂利亚

在参观马拉喀什时，我发现这很有趣，只要进入一座宁静里亚德（一个带有中央庭院的传统摩洛哥大房子）便可几乎马上远离城市的混乱。美丽的游泳池和隐避外面世界的花园是非常特别的餐饮场所，马拉喀什许多里亚德现在都是餐馆。在这样的地方，我很喜欢传统的鸽子巴斯蒂利亚。这真是一道神奇的菜肴，其面料酥脆，上面撒有糖和肉桂粉，还覆盖着漂亮的干玫瑰花瓣。这道菜口味平衡得令人难以置信，甜美味满足了人们对甜点的渴望。这是一道非常特别的菜肴，通常用于庆祝和婚礼。

● **烤盘，内衬羊皮纸**

黄油	15mL
洋葱，切丁	2颗
现切姜丝	5mL
拉斯哈努特	22mL
新鲜芫荽叶，分次使用	125mL
新鲜的欧芹叶，分次使用	125mL
中型鸡（约1.25kg），分割（见提示）	1只
鸡蛋，轻轻搅打	4个
鲜榨柠檬汁	15mL
细海盐	1mL
现磨黑胡椒粉	1mL
糕点面皮，每个33cmx20cm	8片
融化的黄油	60mL
烤杏仁片	60mL
糖果（霜）糖	5mL
肉桂粉	2mL
干玫瑰花瓣，粉碎	10mL

制作4人份

制备时间：15min
烹饪时间：50min

提示

巴斯蒂利亚通常用鸽子制作，虽然有时会使用鸡肉，就像我在这里所做的那样。
一只整鸡，只切成6块，2个鸡胸、2个鸡大腿和2个鸡翅膀。也可以使用预制鸡块。

1. 中火，在大型厚底锅或荷兰烤锅中，融化15mL黄油。加入洋葱，加盖煮5min，直至半透明。加入姜丝，煮1min，搅拌至混合均匀。加入60mL芫荽叶和60mL欧芹叶，拌匀。加入鸡肉搅拌均匀，倒入足够水没过鸡肉。将火力降至小火，加盖。煨25~30min，直到鸡肉煮熟。将煮好的鸡肉放入碗中（在锅中保留酱汁）并放在一边冷却。

2. 调至大火，煮约8~10min，直至变稠（应使洋葱裹上汁）。调至中火，加入鸡蛋，不断搅拌直到煮熟。关火，将锅置于一边冷却。

3. 当鸡肉冷却到可以处理时，去除鸡皮和骨头，并大致切碎。在碗里，将鸡肉、柠檬汁、盐和胡椒混合在一起。

4. 烤箱预热至200℃。

5. 在干净的工作台面上，展开1片糕点面皮，刷上融化的黄油。使用锋利的

提示

可以使用馅饼环、馅饼盘或西班牙海鲜饭锅作为模具制作一个大的巴斯蒂利亚，再煮10~15min。

刀，将糕点皮垂直切成两半。将两片面皮垂直交叉排列，舀入将2~3汤匙（30~45mL）鸡蛋混合物至面皮中心。折叠一边糕点面皮，两末端翻起朝相反方向折起。顶部加上四分之一制备鸡肉，撒上芫荽叶、欧芹和杏仁。折叠另一半糕点面皮两端。另取一张新的糕点面皮，刷上融化的黄油，然后将上面皮包斜角向放在上面（在黄油侧）。沿着对角线卷起面皮，沿着松散的边缘折叠，像信封一样折起最后一角的面皮角。用手将面皮包裹拍成圆形。转移到准备好的烤盘，使香草面朝上。刷上融化的黄油。用剩余的配料，重复制作3个以上的巴斯蒂利亚。在预热的烤箱中烘烤约20min，直到呈金黄色。

6. 在一个小碗里，将糖果糖和肉桂混合在一起。撒在巴斯蒂利亚上，再在上面撒些玫瑰花瓣。

迷迭香 （Rosemary）

学名：*Rosmarinus officinalis*

科：唇形科（Lamiaceae原科名Labiatae）

品种：匍匐迷迭香（*R. prostratus*）

其他名称：老人（old man）、极地植物（polar plant）、罗盘杂草（compass weed）、罗盘植物（compass plant）

风味类型：辛香

利用部分：叶子和花朵（作为香草）

背景

迷迭香原产于地中海地区。考虑到这种植物在地中海周围地区生长十分丰富，因此，它的植物学名（*Rosmarinus*）由ros（"露水"）和marinus（"海洋"）构成。迷迭香在沙质、排水良好的土壤和充满海浪朦胧空气中茁壮成长。古希腊植物学家迪奥斯科里斯（Dioscorides）已认识到迷迭香的药用品质，罗马普林尼也是如此。许多传说都与迷迭香有关，据说，这种植物原来开的是纯白色的花，直到玛丽亚带着孩子一起逃到埃及，当她和约瑟夫在迷迭香旁边休息时，她把长袍扔在了迷迭香灌木丛中。从那时起，这种植物的花朵变成了与她衣服相同的蓝色。因此，这种香草被称为"玛丽亚玫瑰"。另一个宗教寓言是迷迭香灌木高度永远不会超过耶稣的高度，即2m。

人们认为是罗马人将迷迭香引入英国的。英国种植迷迭香可能是在诺曼征服之前，因为它的药用价值在11世纪的盎格鲁撒克逊香草中已被提及。到了中世纪，迷迭香在欧洲开始被用于烹饪，特别是盐渍肉类。迷迭香精油是1330年由加泰罗尼亚神秘的哲学家和神学家雷蒙德斯·卢勒（Raimundus Lullus）最早提炼的精油之一。

17世纪的英国法庭上将迷迭香枝烧成香火，以保护法官们免受疾病（例如，面前的不幸囚犯所患的监狱斑疹伤寒）侵害。法国医院同样会烧迷迭香和杜松，以通过消毒空气来预防疾病的传播。

烹饪信息

可与下列物料结合	传统用途	香料混合物
● 香旱芹	● 司康饼	● 意大利香草
● 罗勒	● 饺子和面包	● 香料馅料混合物
● 月桂叶	● 猪肉	
● 芫荽籽	● 羊肉和鸭肉	
● 大蒜	● 马铃薯泥	
● 墨角兰	● 大豆	
● 肉豆蔻	● 肉酱和野味	
● 牛至	● 西葫芦和茄子	
● 辣椒		
● 鼠尾草		
● 香薄荷		
● 龙蒿		
● 百里香		

迷迭香的刺激和健康特性有很多报道。据说含有迷迭香的洗发剂可以促进头发生长。希腊学者过去常常用迷迭香缠绕他们的锁，以帮助他们将学过的东西记住。迷迭香与记忆、恋人的忠诚和纪念的联系有漫长的历史。莎士比亚的《哈姆雷特》中奥菲莉亚对莱尔特斯名句："那里有迷迭香，它为纪念、祈祷爱而存在，记住。"这一作品永恒化了至今流行的迷迭香情感。在澳大利亚，为纪念在第一次世界大战中死于加利波利的士兵，人们会在澳新军团日佩戴迷迭香小枝。

增强记忆力

有一天当你发现难以保持深度集中时，可粉碎一些新鲜迷迭香叶子并深深吸入其刺激的香气。当渗透的蒸汽通过你的嗅觉细胞时，会让你产生清晰的思路和有目的性的思维。

植物

迷迭香是一种耐晒、喜爱阳光的多年生灌木。有两种主要品种：直立植物，高1.5m，具有坚硬、浓密的外观，适合树篱，以及低生长（匍匐）品种（低于30cm）。虽然还有一些其他品种的迷迭香，但很少见到或用于烹饪目的。

直立和匍匐迷迭香都有类似的木质茎和革质针叶。每片叶子都呈深绿色，上面有光泽，中间有纵向折痕；它的边缘具有整齐地卷起的外观。叶子下面呈暗淡浅灰绿色并有凹陷，有一个中央肋茎；从这个角度看，它的卷边使它看起来像一个小小的独木舟。直立迷迭香的叶子（通常称为针头）长约2.5cm，匍匐迷迭香有类似叶子，但较短，平均长1cm。

当揉搓时，迷迭香叶会散发出芳香、松香、凉爽的薄荷香气，带有桉树香气韵味，令人耳目一新。它们的风味表现为涩味、辛辣、温暖、木质和香味、余味悠长的樟脑味。直立迷迭香比匍匐品种更刺鼻；除此以外，它们的感官特征是一样的。干燥后，迷迭香叶的卷边会紧紧卷曲成微小的卷轴；它们会失去扁平外观，开始像硬弯曲的松针。通常将它们切成5mm长度，使其更容易使用。干燥时，迷迭香仍然有辛辣、木质和松树般风味，但确实会失去一些挥发性绿色成分。

葡匐迷迭香叶片的直径几乎是直立迷迭香的一半，它的花朵也更小，并且呈精致的韦其伍德（Wedgwood）蓝色。葡匐迷迭香在假山和挡土墙顶部生长得特别好。

加工

迷迭香必须在收获后立即干燥，以防止挥发油损失。新鲜切成的迷迭香束要在黑暗、通风良好的温暖场所倒挂几天。当叶子非常干燥时，它们可以很容易地从茎上摘下并粉碎成小块，粉碎的干迷迭香有助于其在烹饪中软化及散发其风味。

迷迭香油是一种无色挥发油，用于制造糖果，加工肉类、饮料、肥皂和香水，通过蒸馏生产。

采购和贮存

因为干迷迭香在烹饪时需要很长时间才能软化（如果有的话），尽可能买新鲜的迷迭香。

当茎浸入少许水（就像在花瓶中）每隔几天更新一次时，新鲜迷迭香的枝条将保持一周或更长时间。把它放在柜台上，因为它不适合冷藏。也可将新鲜迷迭香小枝包裹在铝箔中，置于可重复密封的袋中并在冰箱中储存长达3个月。

从茎干上剥去新鲜的迷迭香叶片时，始终用一只手握住茎的底端，用另一只手的拇指和食指，向上移动每片叶子。用向下的动作拉叶子会拉下一条粗糙的茎皮。

干迷迭香具有广泛用途。小片干迷迭香具有令人惊讶的浓缩风味，但如果使用干燥形式的迷迭香，我更喜欢使用优质迷迭香粉，它风味强大，也方便使用。通常情况下，我绝不会建议购买干燥香草粉，因为它们本来已经很微弱挥发油几乎都会通过研磨过程而消散。然而，迷迭香却是一个例外。冷冻干燥的迷迭香看起来像新鲜的香草，在烹饪时容易软化；然而，它缺乏常规干燥迷迭香中发现的挥发油浓度。当储存在密闭容器中并远离极端高温、光线和潮湿时，干燥的迷迭香叶子可保质至少3年，而迷迭香粉可保质18个月。

使用

迷迭香新鲜可口风味适合用于淀粉类食物，可使饺子、面包和饼干获得鲜美的风味。它还可以用于猪肉、羊肉和鸭肉等多脂肉类。意大利人喜欢迷迭香，在

意大利，屠夫经常将一串新鲜迷迭香和羊肉片包在一起。当迷迭香与其他强烈风味配料（如大蒜和葡萄酒）搭配时，其强烈风味不会压倒一道菜肴的风味。

我喜欢在马铃薯泥或豆类中添加2mL切碎的新鲜迷迭香，一枝新鲜的迷迭香将强化大多数砂锅菜风味。我最喜欢的基本膳食之一是在切口塞小枝迷迭香和大蒜碎片的烤羊腿，并在烤之前大量撒上漆树粉和甜红辣椒。迷迭香可用于肝酱，适用于鹿肉、兔子和袋鼠（如果你住在澳大利亚）之类野味。西葫芦、茄子、抱子甘蓝和卷心菜等蔬菜都可利用迷迭香的新鲜美妙树脂味提升风味。

迷迭香烤饼很好吃。将15mL切碎的新鲜迷迭香加入足够的混合物中，可制成十几个美味的烤饼。趁热与黄油一起食用，甚至不会留下饼屑。

每500g建议的添加量

红肉：10mL鲜叶，5mL干叶

白肉：7mL鲜叶，3mL干叶

蔬菜：3mL鲜叶，2mL干叶

谷物和豆类：3mL鲜叶，2mL干叶

烘焙食品：3mL鲜叶，2mL干叶

橄榄葡萄迷迭香塞羊腿

我发现羊肉和迷迭香是最合适的配对之一，难怪这种组合是希腊传统美味。橄榄和葡萄为这种馅料带来甜咸果味，我喜欢想象所有这些成分出现在盘子上之前自然融合在一起的情形。这是一顿令人满意的周日晚餐，配有烤迷迭香马铃薯。

制作4~6人份

制备时间：15min
烹饪时间：2h

提示

请屠夫从羊羔身上取下骨头。
如果想要享受羊肉的美味，但又想省去做大烤肉的麻烦，可以试试我父亲的最爱之一：在烧烤之前将迷迭香粉撒在羊排上。

- **33cm×23cm的金属烤盘**
- **耐热绳**
- **肉类温度计，可选**
- **烤箱预热至220℃**

鸡蛋，搅打	1颗
红洋葱，切碎	1颗
新鲜的全麦面包屑	250mL
红葡萄，四切开	250mL
卡拉马塔橄榄，去核	125mL
煮熟的鹰嘴豆，大致捣碎	125mL
切碎的新鲜迷迭香	10mL
孜然籽	2mL
海盐和现磨黑胡椒粉	适量
无骨羊腿（2kg），整腿	1个
橄榄油	

1. 在碗里加入鸡蛋、洋葱、面包屑、葡萄、橄榄、鹰嘴豆、迷迭香和孜然籽，拌匀，加盐和胡椒粉调味。

2. 在干净的工作台面上，将羊腿平放，切面朝上。用勺子舀馅料，将其均匀浇在肉上，然后小心地将羊腿一侧卷到另一侧，成卷肉筒。用几根耐热绳子系在肉卷上，确保包好馅料。在羊肉上揉油，用盐和胡椒调味，然后转移到烤盘。在预热的烤箱中烘烤20min，然后将温度调低到190℃，并烘烤80min，直到温度计插入肉最厚部分显示65℃，为中等熟度（烤羊肉上餐的最佳熟度）。如果需要，可延长烤肉时间。从烤箱中取出并静置10min，供餐食用。

迷迭香柠檬玉米酥饼

不管在什么场合，这都能算得上是一种令人喜爱的饼。迷迭香和柠檬在咸味菜肴方面有着悠久的历史，但它们在这种黄油脆饼中同样有效。

- **2烤盘，内衬羊皮纸**
- **曲奇饼刀具**

无盐黄油，软化	105mL
砂糖	60mL
鸡蛋，搅打	1个
精细磨碎的柠檬皮	1个
切碎的新鲜迷迭香叶	15mL
多用途面粉	625mL
中号玉米面（见提示）	75mL

1. 在一个大碗里，使用电动搅拌器，高速搅打黄油和糖，直到发白和蓬松。加入鸡蛋、柠檬皮和迷迭香，搅打至混合均匀。加入面粉和玉米面搅拌，直到混合均匀。将混合物转移到撒过粉的操作台表面，轻轻揉搓至光滑。用手将面团做成两个圆盘，并用保鲜膜覆盖，冷藏30min或直至坚固。

2. 烤箱预热至180℃。

3. 在轻微撒粉的操作台面上，将面团擀成3mm厚。使用饼干切割器切出形状并摆放在准备好的烤盘上。

4. 在预热的烤箱中烘烤10min或直至金黄色，小心地转移到栅架放至完全冷却。储存在密闭容器中长达2周。

变化
用等量的橙皮代替柠檬皮。

制作约45个饼干

制备时间：35min，包括冷却
烹饪时间：10min

提示

面团可以卷成香肠形，并冷冻长达3个月。使用时，只需切成3mm的切片，按步骤4烘烤，再多加5min烹饪时间即可。

可以用5mL干迷迭香粉或15mL切碎的干迷迭香代替新鲜的迷迭香。

中号玉米面（玉米粉）是一种细粒玉米粉，可为这种曲奇饼带来质感和嘎吱声。

红花 （**Safflower**）

学名：*Carthamus tinctorius*（也称为*C. glaber*或*Centaurea carthamus*）

科：菊科（Asteraceae 前科名Compositae）
其他名称：美国番红花（American saffron），杂种番红花（bastard saffron），戴尔番红花（dyer's saffron），假番红花（fake saffron, false saffron），红花（flores carthami），番红花蓟（saffron thistle），墨西哥番红花（Mexican saffron）
风味类型：温和
利用部分：花（作为香料）

背景

红花的起源并不确定。一些研究人员认为它原产于埃及和阿富汗，而其他人则认为是印度。红花的植物学名"*Carthamus tinctorius*"来源于阿拉伯语"kurthum"和"tinctor"，意思分别指染料和染房。在许多语言中，红花的名称多少与颜色或染色有关。大部分红花种植都是为了获取其油籽，以此为主要目的种植红花的国家和地区有中东、中国、印度、澳大利亚、南非和南欧等。大量价格很低廉的红花正替代番红花。请注意：世界范围香料市场上的香料贸易商会看着你的眼睛并宣称："是的，这是正宗番红花！"红花花瓣已被用作丝绸和棉花的染料，当它与法国白垩（滑石粉）混合后，该产品就被称为胭脂。红花色素流行用在加工食品中，这些食品希望能够声称100%天然。

植物

红花因其充作番红花的历史而臭名昭著。它是一种坚硬、类似蓟的直立植物，在顶部附近有一个带白色茎的分枝。锯齿状叶子呈椭圆形、多刺、尖锐，长约12cm。1cm的管状花可以是亮黄色、橙色或红色，具体颜色取决于品种。它们由许多尖尖的小花组成，开花后成为浅灰色小种子。这些种子可用于产生金黄色的红花油，由于其多不饱和脂肪的比例高，因此越来越受欢迎。

干红花瓣长5~6mm，一般颜色从黄棕色和锈红色到亮黄色、火红橙色和砖红色。想象力强的人可能会说，它们的羽毛状外观看起来像番红花柱头。红花香气甜美并有皮革气味，并且具有一种一闪而过的苦味。

加工

红花花瓣含有两种着色剂：红花素，用碱性溶液处理花提取的红色染料，红花黄素，通过反复浸泡在水中提取的黄色色素。这种植物的鲜花每周采集两次。

对于采集油籽的作物，当种子成熟时切割收获；然后敲打使它们脱粒而收集种子。在访问土耳其东南部时，我们看到大量红花瓣散布在混凝土路上，在阳光下晒干。这是一种检验红花色强度的途径，因为大多数鲜艳的花朵暴露在直射阳光下会褪色。

烹饪信息

可与下列物料结合	传统用途	香料混合物
● 所有香草和香料（作为着色剂）	● 汤 ● 米饭 ● 糕饼 ● 面包 ● 香草茶	● 通常不用于香料混合物

采购和贮存

不幸的是，在大多数国家，包括澳大利亚、英国和美国，香料贸易商确实会将红花瓣作为红花出售。由于其冒充番红花的冒险历史，它确实有一定程度的用途。印第安人将红花称为"kasubha（克休巴）"，在菲律宾，它被称为"casubha（克休巴）"，这类名字应该出现在红花包装的适当位置。红花可采取与其他香料相同的方式，储存在密闭容器中，远离极端高温、光照和潮湿，如此可保存1年以上。

使用

红花小花可以采用与番红花相同的方式为食物着色，两者的差异在于红花的成本约为正宗番红花柱头价格的百分之一。然而，红花没有番红花的风味，虽然它确实能有效地为食物着色。在菲律宾，红花作为着色配料用于传统小吃"arroz caldo（阿露兹卡杜）"，这是一种含有大米和鸡肉的粥。在西班牙，红花作为番红花替代品添加到汤和米饭中。在波兰，红花为糖果和面包着色。红花在不丹也被用作茶叶，因其在降低胆固醇和患心脏病的风险方面而享有盛誉。因为红花小花的大小范围在8mm到灰尘之间，所以建议在少许温水中浸泡5min，然后滤出橙色液体，再将此液体加到食物中。

香料贸易旅行

我和妻子莉兹去过伊斯坦布尔一个隐蔽的香料市场，当我看到莉兹正盯着一位正在兜售"正宗土耳其番红花"交易员看时，感到非常开心（而且很自豪）。这实际上是红花，莉兹知道。"那不是番红花，"她带着冰冷的目光说道。那人立刻回答说："当然不是，"然后继续向我们周围不知情的游客大喊："正宗番红花! 正宗的土耳其番红花！"那就是说，如果你有机会，伊斯坦布尔香料市场是必须去看一眼的。这是一个迷人的地方，即使受蒙骗也不会花一大笔钱，你会让交易者高兴，你可能会在这个过程中获得一些乐趣。

每500g食物建议添加量

红肉：15朵小花
白肉：12朵小花
蔬菜：10朵小花
谷物和豆类：12朵小花
烘焙食品：10朵小花

番红花 （**Saffron**）

学名：*Crocus sativus*

科：鸢尾科（Iridaceae）

其他名称：杜鹃红素（azafrin）、亚洲番红花（Asian saffron）、希腊番红花（Greek saffron）、意大利番红花（Italian saffron）、波斯番红花（Persian saffron）、正宗番红花（true saffron）

风味类型：辛辣

利用部分：柱头（作为香料）

背景

　　关于番红花的确切起源有不同观点，番红花的历史可以追溯到文明之初。第一次提到番红花种植可以追溯到公元前2300年左右，当时在斯克里特岛克诺索斯宫的壁画描绘了年轻女孩和猴子收获番红花的场景。由于这些壁画的日期不确定，有序种植可能甚至更早。番红花在化妆品方面的应用在《埃伯斯纸莎草书》（公元前1550年）中有记载，而亚历山大大帝发现公元前326年在克什米尔生长有番红花（尽管它不是该地区的原产物）。在古希腊和罗马，番红花被撒在剧院和公共大厅的地板上，这些地板弥漫的香味可能使空气变甜。

　　古希腊人、罗马人、波斯人和印第安人都将番红花作为香料和染料及药物使用。旧约全书写于公元前约1000年，其中的所罗门之歌提到了这一点。希腊人将番红花称之为"krokos（克罗科斯）"，意思是"纬"，指编织织机上所用的线。

　　番红花英文俗名"Saffron"，来自阿拉伯语"sahafarn"，意为"线"，及"za'faran"，意思是"黄色"，该名由公元900年将番红花介绍到西班牙的摩尔商人所称。在公元1世纪，美食家阿比修斯（Apicius）描述过用于鱼和禽的酱料用番红花调味，以及用番红花强化葡萄酒开胃酒。普林尼警告称番红花是"最常被冒充的商品"，这是一个有趣的声明，因为当时的罗马人让奴隶去干的是笨拙活。因此，即使劳动力相对便宜，生产1kg番红花仍然需要大约20万朵花的柱头，少一点也不行。毫不奇怪，番红花的价值经常与黄金相媲美。在公元220年，据说奢侈的罗马皇帝埃拉加巴卢斯（Heliogabalus）在番红花香水中沐浴，而克利奥帕特拉（Cleopatra）以不怎么浪费的方式用番红花做美容，用番红花洗脸祛斑。

　　腓尼基人是伟大的番红花贸易商。他们向罗马人提供的番红花来自科里库斯（Corycus），现称库尔卡斯（Korghoz），位于土耳其的西利西亚（Cilicia）地

一个有趣的事实

虽然已经鉴定出大约90种番红花，但无论在哪里栽培，所有番红花（*Crocus sativus*）都是相同的。这意味着它们都来自同一共同来源，可能是希腊，或小亚细亚，当地有若干形式的野生番红花（*C. sativus*），特别是*C. cartwrightianus*。人们坚信，选择和培育最理想的植物方面的人为干预，最终出现了我们今天所知的番红花。

烹饪信息

可与下列物料结合	传统用途	香料混合物
● 所有香草和香料（适量使用）	● 印度米饭 ● 意大利烩饭和西班牙海鲜饭 ● 海鲜和鸡肉菜肴 ● 面包 ● 库斯库斯	● 拉斯哈努特 ● 西班牙海鲜饭香料混合物

区（罗马人认为西利西亚的番红花质量最好）。在8世纪或9世纪由摩尔人将番红花引入西班牙之后，位于西班牙地理中心的拉曼查地区成为世界上最优质的番红花生产区之一，炎热的夏季和寒冷的冬季为其提供了理想的生长条件。

据说，十字军在13世纪将番红花引入意大利、法国和德国。他们在旅行中发现了番红花，从小亚细亚带来了球茎。番红花的栽培始于14世纪英格兰埃塞克斯郡。16世纪，楔丙瓦尔登（Chypping Walden）镇由于成功栽种番红花，改名为萨封瓦尔登（Saffron Walden），并在盾形纹章安了三朵番红花。番红花可能是从英国出口到东方的唯一真正的香料，埃塞克斯的番红花产量大约蓬勃发展了400多年，主要是受到全球对这种异国香料的迷恋以及该地区发展的国内织物和染色工业的刺激。到了18世纪，英国番红花的商业化种植几乎停止。根据历史学家的说法，随着更低成本进口和化学染料的发明，加速番红花种植量的下降。虽然英国番红花的忠实用户可能不同意，但根据我对其他烹饪香草和香料的观察，我怀疑在西班牙、意大利、克什米尔、伊朗和希腊科扎尼（Kozani）地区的恶劣气候下生长的番红花，与艾塞克斯的番红花相比，它具有更强的色泽和刺激性。

消费者保护法并不是什么新鲜事，对番红花掺假有关的犯罪行为有极其严厉的惩罚规定。由于番红花价值高，是已知受到掺假、冒充和歪曲最多的香料。在15世纪的德国，番红花的掺假非常严重，以致建立了一个名为"Safranschau（萨法兰晓）"的委员会。这群审判者惩罚了"造假者"，并通过焚烧或活埋罪犯及其造假品的方式来伸张正义。尽管今天番红花的掺假并不像15世纪那样是一门手艺，但仍有许多伪造的现象。

植物

番红花是一种秋季开花的观赏性多年生植物，属于百合目鸢尾科。它的高度只有15cm。正宗番红花不能与一种极其有毒的植物混淆，这种植物叫作秋番红花或秋水仙（*Colchicum autumnale*），它在英国野生生长，是澳大利亚的园林观赏花卉。番红花开紫色的花朵，有六个雄蕊和三根花柱，其独有的特征是它的无叶孤立花梗，它在秋天开花以前一直不长叶子。

顺便说一下，番红花地下球茎外观上类似于洋葱，有毒。球茎会长出长长的

买家要小心

用于伪造番红花柱头的巧妙方法让我感到震惊。以玉米长丝和椰壳纤维染色并不少见，但我见过的最具创意性的造假版本是用深红色明胶制成的番红花大小的线。其放在热水中10min后就溶解了。我最近获得一件番红花样品，它几乎没有香气，但看起来很像真的番红花。当我将其在一杯热水中浸泡10min，并拿到荧光灯下看时，我可以看到超过50%的"番红花"由淡紫色碎片组成。这些是已被染色的番红花花瓣；当染料浸出时，显露出了花瓣原来的颜色。红花瓣、姜黄、染色椰子纤维、玉米丝和红色明胶类材料挤出股线，都可以用来冒充番红花，特别容易骗过毫无戒心的游客。

灰绿色葱状叶子，这些叶子环绕着醒目的百合花般蓝色到紫色的花朵。花朵中心突出生动明亮的橙色柱头（雌蕊顶端接受花粉的结构）和蓬松的黄色雄蕊（雄性器官）。每朵花有三个柱头，通过称为花柱的细黄色线连接到花朵的基部。干燥的番红花柱头与花柱分开，柱头是香料，长6~12mm，深红色，一端呈细针状，稍微变宽，直到它们在尖端扇形展开呈小号状。

番红花的花束、风味强度和颜色取决于原产地和质量。然而，一般来说，番红花可以被描述为具有顽强木质、蜂蜜般、橡木酒香味，带有一丝挥之不去的苦味和刺激食欲的风味。它的刺激性香气来自番红花醛和来自苦番红花素的泥土和苦甜味，番红花颜色来自类胡萝卜素。一些等级的番红花可能含有一定比例的淡黄色花柱，它们虽然缺乏柱头的着色强度，但仍然能够赋予经典的番红花风味。

加工

番红花加工是一项具有数百年历史的传统，由于番红花的高价值和对其种植地区经济的重要性而受到重视。因为番红花是无性繁殖的，可以通过分割植物主球茎周围形成的小球茎来实现繁殖。在一些国家，番红花在田间停留五年或更长时间以继续生产，在其他地方，上一季球茎将在春季挖出，并在夏季高峰重新种植。

番红花的收获时间很短，通常不到3周，在此期间，几乎每个相邻城镇的居民，包括所有男女老少，都会全天候劳作收获番红花。连续几个早晨，每株植物最多产3朵花。收集这些花朵的累人劳动要在太阳变得炽热之前的黎明进行。

收获后，下一阶段是摘取珍贵的柱头。这通常在室内进行，手巧的妇女们（包括祖母和曾祖母在内）要工作到深夜，以跟上来自田头充满贝壳状蓝色花朵的花篮。染手指的湿红色柱头通过拇指和食指之间挤压被灵巧地拔出，并轻轻地将其从花朵的底部拉出来。得到的三根柱头，仍与附着的花柱相连，随后要进行干燥。

当柱头是新鲜的时，没有明显的风味或香气。直到香料风干（干燥）至12%水分含量时才会产生这些属性。虽然干燥方法在不同地区有所不同，但采摘的柱头及其连接的苍白花柱通常要铺在筛子上用热木炭余烬进行干燥。对于来自科扎尼（Kozani）的希腊番红花，潮湿的柱头是在铺着丝绸衬里的托盘上在室温下干燥的，这种过程可产生优质、非常深红色的番红花。无论采用何种工艺，都需要注意确保去除水分时不会出现过热或烧焦的情形，以免导致香气和风味的丧失。新鲜番红花柱头在干燥过程中损失约80%的质量，这意味着一年生产11t番红花的地区要收获至少55t新鲜番红花!

采购和贮存

购买番红花时要牢记的基本原则，与购买钻石、黄金或任何其他贵重商品时应遵循的基本原则相同：只从信誉良好的来源购买。肆无忌惮者和（也许是）无知者会将姜黄作为印度番红花粉，也会将红花瓣作为番红花线销售。正宗番红花柱头可描述为细丝、线、缕丝、细叶、茎、桨叶、韭菜或雌蕊。像许多其他有价值商品的供应商一样，番红花生产商已经建立了可识别标准，以帮助贸易商知道他们正在购买什么。

两种最常见的等级是带苍白花柱的细丝和与花柱分离的纯粹柱头。带有花柱的番红花（你会注意到结实的、线状淡黄色缕线）应该比纯柱头便宜20%左右。带花柱的西班牙番红花和克什米尔番红花被称为"Mancha grade（满恰级）"，在伊朗被称为"poshal（帕晓）"。去除花柱的纯柱头的西班牙番红花称为"coupe"，克什米尔番红花称为"mongra"，希腊番红花称为"stigmata"，而

伊朗番红花称为"sargoal"。在这些主要等级下又有许多亚等级，每个级别都通过详细分析确定，以确定关键特征，如苦番红花素和番红花醛的含量，番红花素（色素）和花卉废物以及外来物质的百分比。

番红花也有粉末形式，但除非你对它的等级和纯度非常有信心，否则我建议在配方特别要求番红花粉时自己研磨。通过在热的干锅中轻轻烘烤番红花柱头，然后用研钵和研杵或两个嵌套的勺子将它们压碎，可以很容易地将番红花磨碎。

每一个番红花生产者都声称他们的产品最好，然而，我更相信，不同生产者的番红花往往具有与香气、风味、颜色和相对成本相关的不同属性。据我观察，以下特征似乎很普遍。在20世纪下半叶，西班牙无疑实施了最有效的番红花营销。因此，许多食品专家认为西班牙番红花最好，有些甚至认为这种香料起源于西班牙。最好的西班牙番红花非常好，但任何行业中，质量的差异都会很大。例如，我在托莱多看过（显然是针对游客）出售的番红花，其花柱含量超过了Mancha等级中可接受的20%。

克什米尔mongra级番红花类似于高级西班牙番红花。它有一种独特的，有点异国情调的木质气味，吸入后会在鼻子里萦绕而且干燥，其颜色在温水中会快速扩散（5~10min），但又不会快到引起人们对添加人造染料的怀疑。位于克罗科斯（Krokos）镇的克罗科斯番红花生产合作社出售的希腊番红花受到严格控制，声称在所有番红花中这里产的番红花番红花素含量最高。它呈深红色，具有西班牙和克什米尔番红花的香气和风味。最值得注意的是，即使在浸泡几小时后，柱头仍然会保持其深红色。

伊朗产的番红花年产量为185t，超过世界的总产量220t的80%。南呼罗珊（Southern Khorasan）是该国番红花的主要生产区域之一，当地大部分使用传统方法种植番红花。在伊朗中部，他们曾经建造了有数千个洞的鸽子塔，这样的方式可以很容易地收集鸟粪并用作肥料。然而，令人遗憾的是，这种有机耕作方法无法确定，因为有机认证的过程对于这些传统的自给农民来说过于官僚和昂贵。

伊朗sargoal级番红花具有与其他品种不同的鲜明花香，在中东食谱中表现良好。伊朗的番红花柱头价格往往是其他高档番红花的一半到三分之二。然而，伊朗政府为实现收入最大化而进行的干预推高了价格，现在当地的番红花价格几乎与克什米尔的相当。伊朗番红花的长度似乎比克什米尔的短一些，质地较脆，尽管它们的颜色

强度相当。伊朗番红花的脆性使其相对容易粉碎成粉末。

由于劳动力成本高，澳大利亚塔斯马尼亚的番红花供应量有限，不幸的是价格非常高。塔斯马尼亚番红花的色强度很高，但是，柱头需要在使用前浸泡在水中达8h才能达到最佳效果。

由于成本高，并且少量就有功效，所以番红花通常以0.5g或1g包装出售。由于气候条件和世界需求的影响，会导致番红花供应价格在一定程度上波动。在21世纪初，1g纯净的番红花柱头的成本与0.5g黄金的成本差不多。

番红花储存的方式与其他香料相同：在密闭容器中，避免极端高温、光线和潮湿。不要将番红花柱头存放在冰箱或冰柜中。

对于那些经常使用番红花的人来说，可以将一定量番红花留在液体中过夜。第二天，将溶液过滤，将番红花水倒入冰块托盘中，然后冷冻，需要时，可马上取出来用。

香料贸易旅行

虽然西班牙番红花产量目前不到世界产量的1%，但西班牙产品的认知度很高。在距离托莱多不远的孔苏埃格拉村，有着根深蒂固的传统；每年10月的最后一个周末会举行一年一度的番红花节。我永远不会忘记站在拉曼查平原上一片深紫色番红花田间俯瞰，这个风景如画的村庄（坐落在顶部转动着堂吉诃德风车的山脊前）的情景。

孔苏埃格拉村番红花节的亮点之一是番红花分级（采摘）比赛。大约十几名参赛者坐在村广场舞台上的长桌旁。比赛从孩子开始，到下午轮到成年人。多年来一直参赛的老太太虽专注于夺冠竞争中，还是受到了大笑声和极度欢闹的影响。每位选手都有30个花朵和一个白色盘子。一旦开始信号响起，十几双灵巧的手便开始操作。第一个完成对30朵花朵进行评分的选手跳了起来，她像世界摔跤冠军一样，在空中挥舞着手臂。然后是评委仔细审查结果。在花中每发现一个有价值的柱头，便会丢失了一个点，而对于每个无意义雄蕊意外地被拔出来加入盘中柱头，则又会失去一点。我强烈推荐观看这个节日，这是一种愉快的体验，当地人的幽默和热情好客使其更加精彩。

使用

当用作香料时，番红花通常需要浸于液体中；然后将阳光色液体添加到菜肴中以发挥其魅力。一撮番红花（取决于厨师的解释，这可能是10~30个柱头，但我会说是10个柱头）可为2~3汤匙（30~45mL）温水、牛奶、酒精（例如，伏特加或杜松子酒）、橙花水或玫瑰水调出很深的颜色。在浸入液体的几秒钟内，颜色将开始从番红花股线中浸出；在5min到几个小时的时间内，随着其珍贵色素的释放，每个柱头都会膨胀并变得苍白。因为三分之二以上的番红花的颜色会在前10min内浸出，所以没有必要让它静置数小时。

有一次，我尝试用温油浸泡番红花股线的方式来制作番红花油，就像制作迷迭香或辣椒油一样。但没有成功：油在番红花柱头上起到密封剂的作用，封闭了水溶性颜色及其风味。

传统上，番红花用于印度米饭、意大利烩饭和西班牙海鲜饭。其独特的风味和光亮的颜色很适合鱼类、海鲜和鸡肉。著名的康沃尔番红花蛋糕是一种含有干果的辛辣酵母蛋糕，用番红花着色，法国海鲜汤也用番红花着色。异国情调的摩洛哥香料混合物拉斯哈努特包含整个番红花柱头。在北非，番红花用于鸡肉和羊肉塔吉炖菜调味，也用于五香蒸粗麦粉调味。丰富的奶油莫卧儿（Moghul）菜肴通常含有番红花，烩饭（pilaus）和比尔亚尼菜（biryani）、一些糖果和冰淇淋也是如此。在这些应用中，我喜欢在玫瑰水中浸泡柱头。小心不要在菜肴中加入过多的番红花，因为过量会产生苦味和药味。

用水煮米饭时，一种使用番红花的有趣方法是在水开始被吸收后（约10min后）加入。开始煮米饭时，在温水中浸泡十几个柱头；然后，当米饭吸收了大部分水分时，在米饭表面以"8"字形喷淋浸泡水，加入几股番红花放在饭上面，盖上盖子继续煮，不要搅拌。水分和蒸汽会使番红花的颜色释放出来，白米饭会出现金黄色纹理，在供餐时会产生诱人的色彩效果。

一旦你开始使用番红花，就很容易理解它的微妙之处，以及获得有益结果所需的量少之又少。尝试不同的浸泡过程，观察各种类型番红花为选定菜肴着色需要多长时间，以及它们如何影响香气和风味，这很有趣。

每500g建议的添加量

红肉：12~18柱头
白肉：10~12柱头
蔬菜：8~12柱头
谷物和豆类：8~12柱头
烘焙食品：8~12柱头

波斯哈尔瓦

哈尔瓦（Halva）是一种甜点，遍布中东、印度、亚洲和欧洲。而伊朗版的哈尔瓦是一种加入了独特番红花的甜味、玫瑰香和黄油混合物的甜点。

温水	500mL
超细（砂）糖	250mL
稍压实番红花线粉	2mL
玫瑰水	60mL
黄油	375mL
多用途面粉	500mL
开心果，稍压碎或切碎	15mL
杏仁，稍压碎或切碎	15mL

制作6~8人份

制备时间：10min
烹饪时间：25min

1. 在碗里，加水和糖，搅拌至溶解。将番红花和玫瑰水搅拌均匀。

2. 小火，在锅中融化黄油。逐渐加入面粉，不断搅拌，煮8~10min，直至变成棕色。加入制备好的糖水，搅拌10min，直至变成糊状。

3. 将混合物涂抹在盘子上，形成约2.5cm厚的圆盘。使用勺子，在边缘周围做2.5cm的凹痕，一直围绕圆盘的顶部和侧面，以形成装饰扇形边缘。撒上开心果和杏仁，放在一边冷却后再食用。

西班牙海鲜饭

西班牙海鲜饭通常被认为是西班牙的国菜。虽然它遍布西班牙，但它实际上起源于瓦伦西亚地区。海鲜饭有许多变化，但普遍用到番红花的颜色和风味。当我和父母一起参观孔苏格拉的番红花收获和一年一度的节日时，我们很高兴看到了一个巨大锅里煮熟的"世界上最大的西班牙海鲜饭"，它要用6把长铁锹搅拌。从饭锅大小来说，这顿饭出乎意料地好吃，但那只大锅饭中没有使用番红花。

• **35cm~38cm煎锅或西班牙海鲜饭锅**

鸡汤	1L
稍压实的番红花线	5mL
温和西班牙红辣椒	10mL
甜蜜匈牙利红辣椒	10mL
甜熏红辣椒	5mL
干迷迭香粉	1mL
橄榄油	75mL
大蒜，切碎	3瓣
西班牙海鲜饭用米（见提示）	375mL
无骨去皮鸡胸肉，切成5cm的小块	2块
红甜椒，去籽并切成条状	1个
番茄，去籽并切成1cm的骰子状	2个
豌豆	125mL
鱿鱼筒90~125g，清理并切成环	1条
大比目鱼排180~210g，切成5cm的小块	1块
大虾，去头，虾尾完整	12只
海盐和现磨黑胡椒粉	适量
切碎的新鲜欧芹叶	30mL
柠檬，四等分切开	2个

1. 中火，在小平底锅中加热肉汤至温热。将锅从热源移开，加入番红花、三种红辣椒粉和迷迭香搅拌。备用。

2. 中火，用煎锅或西班牙海鲜饭锅加热油。加入大蒜和大米，不断搅拌，煮2min，直到米饭裹好。搅拌加入准备好的肉汤，煮2min，直至热透。将火调至小火。

3. 将鸡肉、红甜椒和番茄加在米饭上，用铝箔松散地盖上（不要搅拌）。煮15min，直到米饭变软。

4. 面上加上豌豆、鱿鱼、大比目鱼和虾（不要搅拌），用盐和胡椒粉调味。松散地盖上铝箔，煮10min，直到海鲜和米饭（米饭应该煮熟，并在锅底形成硬皮）煮熟。将锅从热源移开，撒上欧芹叶、搭配柠檬角食用，最好直接在餐桌上用锅就餐。

鼠尾草（Sage）

学名：*Salvia officinalis*

科：唇形科（Lamiaceae 原科名Labiatae）
品种：快乐鼠尾草（*S. sclarea*）、希腊鼠尾草（*S. fruticosa*）、加利福尼亚黑鼠尾草（*S. mellifera*）、黑加仑鼠尾草（*S. microphylla*）、菠萝鼠尾草（*S. sctilans*）
其他名称：花园鼠尾草（garden sage）、正宗鼠尾草（true sage）、丹参（salvia）
风味类型：辛辣
利用部分：叶子（作为香草）

背景

　　鼠尾草原产于欧洲南部的地中海北部沿海地区，已经种植了数千年。泰奥弗拉斯托斯（Theophrastus）、普林尼和迪奥斯科里斯（Dioscorides）均提到过鼠尾草的治疗功能，他们将它称为"*elelisphakon*"，这是香草的许多英文古老名字之一，其他名称还有"*elifagus*""*lingua humana*""*selba*"和"*salvia*"。其植物学属名"*Salvia*"来源于拉丁语"*salvere*"，意思是"拯救"或"痊愈"。这种植物因其药用特性而用英文名"sage（鼠尾草）"称呼。

　　9世纪，查理曼皇帝在欧洲中部的皇家农场种植了鼠尾草，到了中世纪，它被认为是一种必不可少的药物。在16世纪的英格兰，在传统红茶变得司空见惯之前，鼠尾草茶是一种受欢迎的饮料。为迎合那些想要获得更强烈感觉者的需要，制作了一种鼠尾草啤酒。17世纪，中国人非常喜欢鼠尾草茶，荷兰商人可以要求用3~4倍重量的中国茶叶来支付鼠尾草叶子。到了19世纪，人们喜欢在猪肉和鸭肉等含丰富脂肪的食物中加入鼠尾草。

植物

　　有大约750种鼠尾草品种，但具有初级烹饪重要性的是花园鼠尾草（*S. officinalis*）。鼠尾草是一种耐寒的多年生直立植物，高90cm，带有绿色和紫色的茎和两到三年内变成木质的根部。鼠尾草叶长约8cm，宽1cm，呈灰绿色，有粗糙感，但上面有绒毛和鹅卵石感。叶子下面有深深的脉络，像一个不透明的蝉翼。随着叶子的成熟和硬化，它们由绿色变成柔和的银灰色。鼠尾草长茎在春天带有紫唇形花，对蜜蜂具有天然吸引力。在达尔马提亚生产了一种价值很高的鼠尾草蜂蜜，这是一种天然产品。

　　鼠尾草有很大的刺激性，类似于迷迭香和百里香。鼠尾草香气清新、有醒脑作用和香酯气。鼠尾草风味属草本味、咸味和涩味，带有薄荷味，干燥鼠尾草叶子很好地保留了新鲜鼠尾草的特征香气和风味。这是一类通常被认为是"摩擦"的叶子，它们呈浅灰色，具有蓬松、有弹性的质地。

烹饪信息

可与下列物料结合

- 罗勒
- 月桂叶
- 香葱
- 大蒜
- 墨角兰
- 薄荷
- 牛至
- 辣椒
- 欧芹
- 胡椒
- 迷迭香
- 香薄荷
- 龙蒿
- 百里香

传统用途

- 富含脂肪的食物，如猪肉、鹅和鸭肉
- 面包馅
- 水饺
- 咸味烤饼
- 汤
- 砂锅
- 烤肉

香料混合物

- 意大利香草
- 混合香草
- 馅料混合物

香料贸易旅行

从我小时候起，就听父母提到达尔马提亚的鼠尾草。结果是，在我们的女儿离开家后，莉兹和我买了一只达尔马提亚狗。有一天，当我带着斑点小狗散步时，一位老先生拦住我说："你的狗来自我的国家。"经过那次意外相遇和关于亚得里亚海沿岸美景的讨论，莉兹和我决定访问达尔马提亚。我们希望能看到野外生长的鼠尾草，并想知道那里是否真的有达尔马提亚狗。

我们知道野生鼠尾草在科纳提岛上受保护，我们很幸运能够与居住在那里的斯克拉契克家族取得联系，并获准收获野生鼠尾草（这个小型家族企业以克多吉Kadulja品牌销售鼠尾草产品）。我可以写一整章关于我们在克罗地亚的精彩体验，从杜布罗夫尼克出发，乘观光船沿着壮丽的亚得里亚海沿岸行驶，游览壮观的景色，最后到达科纳提岛。我们在岛上十几所房子中挑了一处住下来，住宿很干净，具备基本的设施。我们很少到过一处比这更平静和美丽的环境；主人十分热情好客。

第二天早上，我们与家人一起收割鼠尾草，用电动剪刀切割小束，并将切好的茎放在一个袋子里，然后带回家。我担心过野生采伐，因为它经常阻止该植物通过自然方式重新自我恢复，导致它们灭绝。在科纳提，鼠尾草只有在开花后才会收获。当鼠尾草开花时，养蜂人带着蜂巢来到花丛中，其景观是数百万蜜蜂造访大量紫色花朵。这些蜜蜂酿制的鼠尾草蜂蜜是另一种不容错过的味觉体验。

岛上通过蒸馏生产鼠尾草油，并且作为蒸馏过程的副产物，产生鼠尾草水溶胶，即水溶性组分。这些产品可用于医疗目的和芳香疗法。

作为一种脚注，我们在明信片和T恤上看到了大量的达尔马提亚风景照片，而没有一只猎犬。似乎世界各地消防部门大多数狗都是马斯科特狗的亲戚，特别是在美国。

其他品种

快乐鼠尾草（*S. sclarea*）是一种稀疏品种鼠尾草，如今它在烹饪中用得不多。它有一些锈色的叶子，带有蓝白色到白色的花朵。

希腊鼠尾草（*S. fruticosa*）的味道比花园鼠尾草弱，它主要用于制作凉茶。紫叶鼠尾草（*S. officinalis* var. *purpurascens*）是香草园的有吸引力的补充，它可以像花园鼠尾草一样用于烹饪。加利福尼亚黑鼠尾草（*S. mellifera*）生长在北美西南部。它的叶子可以用作花园鼠尾草的替代品，尽管它们不那么刺鼻，可将它的种子研磨成粗粒并用于稀粥中。

黑加仑鼠尾草（*S. microphylla*）来自南美洲。它用于一些墨西哥菜肴。它有一种像鼠尾草一样的味道，带有水果味，具有黑醋栗香韵味。菠萝鼠尾草（*S. rutilans*）原产于中美洲，它是另一种红花鼠尾草，以其鲜花具有菠萝般风味而得名。菠萝鼠尾草有着精致、长2.5cm的细长花朵，内充花蜜，可以采摘用于色拉，也可以直接从花中吮吸美味的花蜜。

加工

由于鼠尾草植物在几年后变得木质化，即使经常切割，它们也需要每三年重新种植一次。压条法是播种鼠尾草的有效方法。鼠尾草在开花后采集，应将它倒挂在避光、通风良好的地方干燥，然后要揉搓茎以除去叶子。由于它们的高含油量和叶子的蓬松结构，即使适当干燥（水分低于12％），揉搓鼠尾草叶也不会像许多其他干香草那样脆。

通过蒸馏可从新鲜收获的叶子中提取精油，这种精油可用于猪肉香肠、加工食品、香水，糖果、漱口水和含漱剂。

采购和贮存

生产零售商随时有新鲜鼠尾草供应。不应该购买看起来枯萎的鼠尾草。如果每隔一天更换一次水，那么鼠尾草插在水中（如同插在花瓶中），可在室温下保持至少一周。鼠尾草叶也可以切碎并放入冰块托盘中，几乎不用加水覆盖，冷冻并贮存至需要时（可在约3个月内使用）。

在购买用于制作鼠尾草茶的干鼠尾草时，尽量购买达尔马提亚鼠尾草，因为这种类型无疑是最适合药用的。搓擦过后，它应该看起来像羊毛并呈灰色，带有绿色调，具有独特的香脂香气和新鲜鼠尾草的咸味。

应将干燥的鼠尾草装在密闭容器中，并保存在阴凉、避光的地方，如此可保持其风味超过1年。

使用

虽然有人可能会发现鼠尾草的刺激性过于强烈，但其涩味的去脂特性使其适合用于猪肉、鹅肉和鸭肉等脂肪类食物。用量适度时，鼠尾草对于长时间加热的菜肴（例如红烩牛膝）能产生最佳效果。它的风味很少因延长加热时间而降低。

鼠尾草与碳水化合物配合得很好，是面包馅、饺子和咸味烤饼的重要配料。豌豆、豆类和蔬菜汤适合添加鼠尾草，马铃薯泥也是如此。鼠尾草和洋葱是众所周知的搭配，茄子和番茄适量添加鼠尾草有非常好的效果。鼠尾草是混合香草中的传统元素，像百里香和墨角兰一样。鼠尾草可用于任何浓郁的汤、炖肉、肉块或烤肉。油炸鼠尾草叶子是时尚装饰品。

每500g建议的添加量

红肉： 15mL鲜叶，5mL干搓碎叶
白肉： 10mL鲜叶，3mL干搓碎叶
蔬菜： 7mL鲜叶，2mL干搓碎叶
谷物和豆类： 7mL鲜叶，2mL干搓碎叶
烘焙食品： 7mL鲜叶，2mL干搓碎叶

焦鼠尾草黄油

这是一种面食的绝佳搭配。我最喜欢使用这种佐料的菜肴是里科塔汤圆、南瓜馄饨或新鲜自制意大利宽面条。第一次制作这种黄油时，你会思考为什么以前没试过它。这是一道非常棒的晚餐派对菜肴。柔软、近乎毛茸茸的新鲜鼠尾草叶变得清淡而酥脆，整个都很美味（对于新鲜的叶子来说，这是不可能的）。

制作250mL

制备时间：5min
烹饪时间：10min

提示

焦鼠尾草黄油可以在冰箱中保存长达3个月。为了冷冻，要将混合物转移到密封容器中，并冷藏直至完全冷却。一旦冷却，使用立式搅拌机桨叶附件，将其搅打顺滑。按需要分成几份，用保鲜膜包裹并冷冻。

优质盐渍黄油	250mL
稍压实的新鲜鼠尾草叶子	125mL

中火，在小平底锅中融化黄油，直到它开始发泡。加入鼠尾草，炒约5min，直到黄油变成焦糖色，鼠尾草叶片缩小，变脆。立即供餐。

变化

制作辛辣版本，加入5mL辣椒片与鼠尾草一起加入锅中。

鼠尾草馅料

　　鼠尾草与烘焙食品具有天然的亲和力。这种美味的馅料混合物可用于鸡或火鸡。在圣诞节，当馅料本身成为一道菜时，可以用优质香肠肉和一些栗子泥来装饰它。

黄油	30mL
洋葱，切碎	1/2颗
切碎的新鲜欧芹叶	15mL
新鲜鼠尾草叶子，切碎	2枝
甜椒粉	15mL
芫荽籽粉	5mL
干鼠尾草	5mL
干百里香	2mL
干牛至	2mL
细海盐	1mL
现磨黑胡椒粉	1mL
柔软的新鲜面包屑（见提示）	250mL

中火，在锅中融化黄油。加入洋葱炒3min，直至软化。转入碗中，搅拌加入欧芹和新鲜的鼠尾草，直至混合均匀。加入甜椒粉、芫荽籽粉、干鼠尾草、百里香、牛至、盐、胡椒粉和面包屑。充分混合（馅料可能看起来很干，但烹饪时会从肉里吸收汁液）。

变化

对于圣诞节配菜，将这种馅料与500g香肠肉、1杯（250mL）煮熟的香肠栗子和1/2杯（125mL）干蔓越莓放在一个大煎锅中。用中火煮，直到肉煮熟，约20min。

制作足以填充1只大鸡（火鸡数量加倍）的馅料

制备时间：10min
烹饪时间：5min

提示

为了制作新鲜面包屑，最好使用新鲜（或制作一天的）白面包。将面包切成厚片，然后在手掌间摩擦，搓成细小面包屑。也可使用盒式刨丝器或食品加工机制作。新鲜面包屑比干燥的大得多。

山羊干酪鼠尾草酥饼

这种美味的酥饼是爸爸的最爱之一。因为鼠尾草的涩味可中和脂肪的油腻感，所以它们是制作干酪的最佳搭配。我在节日期间制作这种饼，配上一点蔓越莓酱和一块山核桃。

制作约25个酥饼

制备时间：10min
烹饪时间：
25min，加30min冷却

提示

面团可以冷冻长达3个月；冷冻烘烤，增加3~4min烘烤时间。

- **食品加工机**
- **2张烤盘，内衬羊皮纸**

蓝纹干酪，如羊乳干酪或斯蒂尔顿干酪	100g
通用面粉，过筛	375mL
黄油	150mL
切碎的新鲜鼠尾草	45mL
山核桃，去壳，切碎	125mL
软山羊干酪	100g

1. 在配有金属刀片的食品加工机中，将蓝纹干酪、面粉、黄油和鼠尾草搅打成黏稠的面团。将面团转移到干净的工作台面，用手将山核桃按入面团。将面团分成两半，并滚成直径约5cm的圆条。用保鲜膜紧紧包裹，冷藏约30min，直到非常坚硬。

2. 烤箱预热至180℃。从面团上取下保鲜膜，用锋利的刀将面团条切成5mm的切片。将切片放在相距2.5cm的预制烤盘上。在预热的烤箱中烘烤10~15min，直到金黄色。小心地将酥饼转移到金属网架上完全冷却。供餐前，每个饼上加一块山羊干酪。将冷却的酥饼储存在密闭容器中可保存2周。

色拉地榆（**Salad Burnet**）

学名：*Sanguisorba minor*（formerly *Poterium sanguisorba*）

科：蔷薇科（Rosaceae）

品种：花园地榆（*S. officinalis*）

其他名称：小地榆（lesser burnet）、花园地榆（garden burnet）

风味类型：温和

利用部分：叶子（作为香草）

背景

虽然几个世纪以来欧洲山区和英格兰南部白垩山地已成为色拉地榆的原生栖息地，但人们认为它起源于地中海。它的药用特性得到了罗马博物学家普林尼的赞赏。色拉地榆的旧植物学名"*Poterium*"源自希腊语"*poterion*"，意思是"饮酒杯"（叶子被加到葡萄酒杯和饮料中）。其余的名字，*sanguisorba*，来自"*sanguis*"和"*sorbere*"，意思是分别是"血液"和"坚定"，暗示其止血特性：它可被用来止血。早期定居者将色拉地榆带到了美国，澳大利亚香草园也可常常见到色拉地榆。

植物

色拉地榆是一种精致的多年生草本植物，可长到30cm左右。它有小而圆的锯齿状深绿色叶子，看起来好像是用锯齿刀剪下来的。这些叶子对生，叶间距约2.5cm，细长的茎，伸长变重时均匀下垂，呈现蕨类外观。夏季，高大的茎秆会从植物的中心长出，开出粉红色浆果状花朵，并有紫色长雄蕊。色拉地榆的香气和风味像黄瓜一样：清凉、清爽。

其他品种

花园地榆（*Sanguisorba officinalis*）的叶子比色拉地榆的粗糙，主要用于药用。毒性信息不确切，因此在使用此品种时要谨慎。

加工

色拉地榆只使用新鲜的，因为它不能很好地脱水。

采购和贮存

可以从生产零售商偶尔购买新鲜的色拉地榆。然而，它们很容易枯萎，所以最好在使用当天购买。洗涤后，以与生菜相同的方式储存，用保鲜膜包裹，放在冰箱底部的保鲜盒中，在那里它们可保存3~5天。

烹饪信息

可与下列物料结合	传统用途	香料混合物
● 罗勒	● 色拉	● 通常不用于香料混合物
● 雪维菜	● 冷汤	
● 芫荽叶	● 香草三明治	
● 独活草	● 炒鸡蛋和煎蛋卷	
● 牛至	● 水果饮料	
● 欧芹		
● 越南薄荷		

每500g建议的添加量
红肉：175mL鲜叶
白肉：175mL鲜叶
蔬菜：125mL鲜叶
谷物和豆类：125mL鲜叶
烘焙食品：125mL鲜叶

　　为了确保供制作饮料使用，请从茎秆上取下小叶子，将它们整个放在冰块托盘中，加满水并冷冻。冷冻后，放入可重复密封的袋子，它们将在冰箱中保存长达2个月。

使用

　　色拉地榆最好用新鲜的。顾名思义，其黄瓜般的口味和精美外观很适用于色拉、冷汤和香草意大利乳清干酪或奶油干酪三明治。炒鸡蛋配上色拉地榆和山萝卜作为配菜，和琉璃苣一样，色拉地榆叶子可增强夏季水果的凉爽外观。

烤籽粒谷物色拉

色拉地榆的黄瓜味和诱人的叶子使其成为夏日色拉的绝佳选择，脆爽面料为凉爽色拉地榆和甜番茄提供了质感和质地。

特级初榨橄榄油，分次使用	10mL
奇亚籽	15mL
南瓜籽	15mL
生的无盐葵花籽	15mL
预煮的斯佩耳特小麦（见提示）	30mL
预煮的藜麦（见提示）	30mL
迷迭香粉	一撮
细海盐	一撮
稍压实的色拉地榆叶子（见提示）	500mL
嫩菠菜	500mL
黄色樱桃番茄，切半	250mL
鲜榨柠檬汁	5mL

1. 中火，在锅中加热5mL油。添加奇亚籽、南瓜籽和葵花籽、斯佩耳特小麦、藜麦和迷迭香，不断搅拌，煮约5min，直到谷物烤至轻微褐色。用盐调味，将锅置于一边冷却。

2. 在一个浅盘中，用5mL油和柠檬汁拌色拉地榆、菠菜和番茄，上面加烤种子和谷物，即可食用。

制作4份

制备时间：5min
烹饪时间：5min

提示

如果没有色拉地榆，也可用其他类型的色拉叶，如芝麻菜或菊苣。一些超市和健康食品商店提供预煮的斯佩耳特小麦和藜麦。也可将藜麦放入一锅沸腾的盐水中煮10min或直到胚芽与种子分离（看起来它们会分开，露出一个小的白色颗粒，即胚芽）。斯佩耳特小麦需要熬25min或直到柔软。种子和谷物混合物可以装在密封容器中，保存在冰箱中可长达2周，可作零食用，可作为蘸汁面料，或用于三明治中。

盐（Salt）

学名：氯化钠（NaCl）

其他名称：食盐、盐岩
风味类型：单独归类为咸
利用部分：结晶（作为香料）

犹太盐

犹太盐只是含有大量吸收性结晶的盐，最初用于"洁食"肉（通过从表面抽出血液使其变成犹太洁食）。理想情况下，它不应含有任何添加剂，这使得它比通常加碘的食盐具有更新鲜、更清爽的味道。然而，今天一些品牌的犹太盐含有抗结块剂。

背景

如经典的"先有鸡还是先有蛋？"的设问一样，没有人确切知道海里的盐是从哪里来的。盐是在岩石中被侵蚀了数百万年后被带到海里的？还是已经在古老海洋中留下的巨大地下沉积物？例如位于地中海底部沙子泥浆下1000m深的盐层。

盐因其味道和保存能力而受到高度重视，有证据表明盐的采集可以追溯到新石器时代。普鲁塔克称盐是"最高贵的食物，是所有调味品中最好的"，耶稣称他的信徒为"地上的盐"。

罗马最早的主要道路之一名为"Via Salaria"（盐街）。国外的罗马军队用盐作为其薪酬的一部分，最终发展成支付现金并成为工资。贸易商理解到盐对远离地下盐矿或海洋的社区的价值，统治者很快意识到对盐贸易征税的好处。公元1世纪，罗马博物学家普林尼写道，印度和中国的统治者从他们的盐税中获得的收入比他们从金矿中获得的收入还多。

盐被认为是人类生存的关键。盐被视为是一种本质上纯净且永不变质的商品（湿盐总归可以再次干燥，不会损失味道），因此，许多关于盐的迷信已经在人类心灵中根深蒂固。当盐溢出时，人们常在左肩上扔一撮盐以打击眼中的魔鬼。罗得的妻子变成了盐柱，在列奥纳多·达芬奇的"最后的晚餐"画作中，犹大肘下有一个溢出的盐罐。我喜欢蒙特瓦尔侯爵勇敢"带一撮盐"的经典故事，他在1716年因盐罐内容物意外溢出而被惊吓死。直到今天，许多宗教仪式都涉及盐的象征意义。但就其历史而言，盐似乎从来没有像近年来那样遭受过如此多的批评，也许是因为滥用它。尽管如此，盐仍然是五种基本口味之一（甜味、酸味、咸味、苦味和鲜味），如果没有它，我们的饮食将变得极为平淡。

为什么要用盐？

盐虽然不是一种香料，但它无疑是第一调味料，它的历史可以追溯到人类文明之初。盐是基本口味之一，与甜味、酸味、苦味和鲜味一样。盐具有维持体液平衡的基本功能，

烹饪信息

可与下列物料结合	传统用途	香料混合物
● 所有香草和香料（适量）	● 所有咸味菜肴 ● 一些甜点	大多数香草和香料混合物，用于烹饪前和餐桌上撒在肉类表面，例如 ● 烧烤调味料 ● 牛排、鱼和家禽撒料 ● 调味盐

这种平衡至关重要，以致缺盐导致脱水的风险大于缺水。需要指出的是，健康成年人每天只需要大约6~8g的盐，这主要可通过为我们所吃食物调味的盐提供。过量用盐，其中大部分由加工食品提供，可能导致健康问题。

　　盐是一种矿物质。因此，它可能含有或不含有许多杂质，包括矿物质、藻类和环境中的其他元素。这些杂质会影响盐的颜色和风味。产生咸味的组分是氯化钠（NaCl），而各种其他矿物质，例如铁、苏打或镁盐，则有助于表现世界不同地区的盐的风味特征。

　　盐的主要类型按地下沉积物或从海中采集区分。无论是细盐还是粗盐，盐总是为结晶状，并且在与水分接触时容易溶解。这使得盐很容易添加，即使是仅在食用前润湿的干燥食品中也是如此。

盐的品种

　　有许多不同类型的特殊盐，每种盐都以其起源和传统制取方法而著称，这些方法通常都是用手耙。

　　印度黑盐是一种真正的岩盐，以4~5cm大小的深紫色至红色块状出售，或磨成粉红色粉末，使用起来极为方便。黑盐含有特别的硫气味，其中大部分会在烹饪过程中消失。在我看来，它是用于印度食谱调味的最佳盐。黑盐可用于海鲜调味，可与阿魏胶（asafetida）、莳萝（cumin）、格拉姆马萨拉（garam masala）和生芒果粉结合，搭配成美味加香料盐混合咖喱。

　　地中海黑盐通过海盐与活化火山炭混合而成。它是一种有吸引力的精盐，可以从有益微量矿物质，特别是镁的存在中获益。

　　盐花来自法国盐田地区，这些地区生产盐已超过1500年。这种盐是昂贵的，几乎有甜味和花香味，来自诺埃尔莫蒂埃岛以及布列塔尼部分地区的天然盐田。

　　凯尔特海盐（有时被称为灰盐）来自与盐花相同的区域。它是人工耙盐，外观粗糙，质地湿润。像盐花一样往食物上撒并不方便，但是有海洋风味，适合于大多数烹饪应用。

调味盐

调味盐，如芹菜盐、大蒜盐和洋葱盐，仅是含有大量盐的香草和香料的混合物。如今流行出售各种风味盐。在我看来，大多数这种盐都是在浪费钱。你可以在几秒钟内自己制作这样的盐。当你可以将这些配料的10%添加到你已拥有的盐中时，为什么还要支付高昂价格去购买辣椒盐、柠檬桃金娘盐或香草盐呢？盐较便宜且较重；它已成为干制食品制造商的水分调节物，通常在影响其他较微妙风味的情形下将其作为填充剂。

莫尔登海盐来自英格兰埃塞克斯郡的莫尔登。其特征性片状质地通过（初始蒸发后的）将浓缩溶液铺在平坦表面上实现。浓盐液在平坦表面上最终干燥，然后刮擦收集。将莫尔登海盐放入餐厅桌上的中国砂锅已成为时尚，因为这种盐的质地和略有甜味

地中海黑色海盐

的味道最适合在烹饪结束时或在餐桌上添加。南非鱼子酱盐的生产方式与莫尔登海盐相似，不同之处在于它们不是扁平和片状，而是鱼子酱形状的小球。

澳大利亚墨累河盐有各种形式，包括薄片盐和粉红盐。这种盐由高盐度的地下水提炼制成，作为美食产品销售。在盐浓度已经成为环境问题的某一地区，当地土地正以每小时一个足球场的速度变成农业生产用地，这个过程使得以前无用的土地得以重新覆盖植被，具有积极的生态效益。夏威夷粉红盐具有大多数其他盐类所没有的甜味，并且有多种纹理和粉红色可供选择。

加工

采盐的过程称为"开采"，这个术语也用于采煤或提取矿石。盐通过三种主要方法加工：盐田、采矿和工业（方法取决于盐的生产地点）。盐田方法涉及将海水引入到蒸发池、盐沼或盐田中。该过程通常涉及几个蒸发阶段。在采矿中，岩盐存在于古代海洋蒸发形成的大型地下岩盐矿床中，要从盐廊中采挖出来。例如波兰维利奇卡的巨大盐道廊在地表以下400m处，主盐廊的大小与大教堂相当。开采盐矿过去较为常见，如今已经在很大程度上被工业技术取代，工业技术涉及将水注入岩盐矿床，水使盐溶解，然后经过过滤并通过煮沸蒸发。

精制盐就是盐，它已经溶解在水中以去除影响颜色和味道的杂质。一旦这些元素被精制出来，盐就会被重新烘干，并以不同的晶体尺寸供应市场需求。在精制盐中，矿物质被剥离，并且包括添加诸如碘和防结块的自由流动剂等添加剂。

香料贸易旅行

我和莉兹在土耳其研究漆树时，从我们在伊兹密尔的酒店走过几个街区便来到一条古老的街道，这条街躲过了1924年将该城市许多木结构建筑夷为平地的灾难性大火。街道两侧是迷人的阳台和藤蔓覆盖的窗户。晚上，鹅卵石铺就的巷道禁止汽车通行，摆放着街边餐馆的桌椅。当我们坐下来吃晚饭时，主人建议用盐烤鱼，这是一道令人印象深刻的菜肴，因为盐在烘烤时会像贝壳一样硬。服务员隆重地把包壳鱼端到桌子上；把它砸碎，打开鱼壳，碎盐片和脆弱鳍片飞过桌子，落在鹅卵石街道上。里面是一条烹饪得很容易脱去骨头的精致鱼，只用柠檬汁和新鲜黑胡椒调味。我们边吃鱼，边喝着清淡的土耳其干红葡萄酒，味道真美！

采购和贮存

许多不同种类盐的显著特征包括：支撑基本咸味，影响口感及在烹饪中溶解或反应的质地，以及有助于区分一种盐与另一种盐的颜色。

人们期望盐是纯净的，最流行的形式是纯白色，即使是微观异物或变色也不能容忍。奇怪的是，一些时尚的盐，如凯尔特盐和喜马拉雅粉红盐，被认为比莫尔登盐片更自然，因为它们有不同的灰白色调。

普通盐（烹饪盐、厨房盐、普通家用盐）由矿盐或海盐精制而成。由于大部分杂质已被去除，因此它提供了简单的标准口味。盐可以是粗盐或细盐，有时盐中加入碳酸镁或硅铝酸钠，为的是使其能自由流动。餐桌上调味用的食盐是普通食盐的更精制版本。这种盐经过精细研磨，往往添加某种形式的抗结块剂。产生碘化盐是为了补充缺碘饮食并减少甲状腺问题的发生率。碘天然存在于海盐中，但在储存期间会减少。粗海盐经常被称为岩盐，这针对其厚实形状而言的。严格来说，岩盐应是从地下沉积物中开采出来的盐。非食品级岩盐被用于制作老式冰淇淋的制冷剂，以及用于电解产生氯的海水游泳池，它也被用于在冬季道路上融化冰雪。

香草盐和植物盐使用高比例天然矿物盐与植物或植物提取物（例如海藻）配制而成。不幸的是，许多消费者认为他们所买的仅是由植物性物质生产的产品。但是，大多数这类盐可能含有大量的食盐。在20世纪80年代，恐盐高峰时期，市场上出现了由氯化钾制成的食盐替代品。如果加入太多氯化钾，则这些盐是苦的，并且会带来令人不快的味道。这类盐还会引起一些并发症，在一些人中引起不良的生理反应。低盐饮食者应该向其医生询问使用何种盐替代品才适当。

盐最好储存在密闭容器中，以保护其免受高湿度的影响。如果它变湿，不会变质，但会结块并且不方便使用。

使用

谈到在食物中加入适量盐时，人人都是专家。我们可以控制盐，可以在桌面上添加它，要多少加多少。用盐的矛盾在于把握不住用多少，但如果加了太多，你就无法把它拿出来。

通常应在烹饪结束时加入盐，因为如果你品尝一道菜，并认为盐在开始时恰到好处，那么烹饪过程中减少任何配料都会使盐含量相对于菜肴配料量而增大。减少咸味的唯一方法是通过添加更多配料来稀释盐的比例。一些食谱作者所建议添加糖，但这不会抵消过多的盐。

当盐加入烹饪用水时，盐会增强蔬菜的味道，因为它提高了盐度，这意味着蔬菜的天然矿物盐会被浸出。烹饪之前撒在西葫芦、茄子和类似蔬菜上的盐会将苦汁析出。在做泡菜之前腌制蔬菜可以渗出多余的水分并使其变硬，从而形成清脆的质地。盐是保存食物过程中的重要元素。例如，通过抽出水分和抑制微生物活动，它可以有效地干燥鱼类，并且许多泡菜依赖于盐的防腐性和使酶失活的属性。

盐的堆积密度因颗粒大小和水分含量不同而异，以下是一些实例：
凯尔特灰盐：6.8g（每5mL）
莫尔登片盐：4.6g（每5mL）
食盐：7.2g（每5mL）

每500g建议的添加量
红肉：2mL
白肉：2mL
蔬菜：2mL
谷物和豆类：2mL
烘焙食品：2mL

蜜饯柠檬

在摩洛哥，柠檬蜜饯是塔吉和炖菜中不可或缺的成分。我喜欢柠檬风味有如此大的变化，以及角色的逆转（外皮被吃掉，果肉通常被丢弃）。最好用刚从树上采摘的小柠檬，但不管用哪种柠檬都行。

制作8个蜜饯柠檬

制备时间：10min，加上3~4周保存
烹饪时间：无

提示

柠檬擦皮后，用手掌根将它们按在干净工作台面上滚动以挤出果汁。

● 1~1.5L灭过菌的罐头瓶

未上蜡的柠檬，擦皮（见提示）	8个
粗海盐	125mL
5cm肉桂棒	2根
月桂叶	2片
鲜榨的柠檬果汁	2个

1. 把柠檬切成两半，然后用盐充分揉搓。将8个切半柠檬放入瓶中，向下压紧并挤出汁液。加入肉桂和月桂叶，在顶上加入剩下的8个切半柠檬，然后加入剩余的盐和柠檬汁（应该完全覆盖柠檬）。用盖子密封，在凉爽、避光的地方放置3~4周，每隔几天将瓶子倒置。如果需要，添加更多柠檬汁，以确保柠檬仍然被液体覆盖。3~4周后，柠檬皮应该非常柔软。

2. 打开瓶子冷藏一下。保存好的柠檬可以放在冰箱里长达6个月。使用时，在冷水下冲洗掉多余的盐，并根据需要加入菜肴中。

盐烤鲷鱼

我父母第一次吃这道菜在土耳其。这种方法烹制出的鱼精致美味，只用柠檬汁和胡椒调味，很容易使鱼骨头剥落。我们现在发现这道菜肴很容易在家里制作，在敲裂盐的硬壳时会有点戏剧效果。

- **33cm×23cm的烤盘**
- **烤箱预热至200℃**

制作2~4人份

制备时间：10min
烹饪时间：40min

整个鲷鱼375g，去鳞去内脏	2条
柠檬，切成薄片	1个
现磨黑胡椒粉	适量
蛋清，搅打	2个
粗海盐	1.5kg

1. 将柠檬片均分塞入每条鱼腹腔中，用胡椒粉充分调味。

2. 在一个大碗里，将蛋清和盐混合均匀，涂抹在烤盘底部，约1cm厚度，将鱼放在上面，用剩余的混合物完全覆盖鱼。在预热的烤箱中烘烤40min，直到盐形成硬壳。在桌子旁边，用刀背敲裂硬壳。去除鱼骨，抖掉鱼肉上多余的盐分。

滨藜（**Saltbush**）

学名：*Atriplex nummularia*（也称为*A. johnstonii*）

科： 藜科（Chenopodiaceae）
品种： 老人滨藜（*A. nummalaria*）、轮辐鳞滨藜（*A. elegans*）、银鳞滨藜（*A. argentea var.dacansa*）、努特高氏石蒜（*A. nuttalli*）、沙棘（*A. saccaria*）、楔鳞滨藜（*A. truncata*）
其他名称： 巨型石蒜、蓝绿石蒜
风味类型： 温和
利用部分： 叶子（作为香草）

背景

滨藜属有250多个品种，通常简称为"saltbush（滨藜）"，它们生长在世界亚热带和温带地区。滨藜原产于澳大利亚，当地原住民收集其种子用于制作damper，这是一种现在用小麦粉制成的标志性澳大利亚面包。滨藜已在北美和墨西哥生长。大多数这类植物仅被用作动物饲料。

在澳大利亚南部，滨藜是最常见的牧草灌木之一，在干旱期饲料稀缺时，它为牲畜提供食物来源。

滨藜含有约20%以普通盐形存在的钠。如果盐稀缺，人们相信，有些人食用滨藜只是为了获得咸味。最近，在将盐作为过度使用的食品添加剂妖魔化之后，那些希望在其饮食中减少盐的人已经转向香草，例如滨藜，这种植物天然含钠量低，但可以提供咸味。

植物

澳大利亚半干旱地区种植有大约60种滨藜，体形最大的称之为"老人滨藜"。这是一种常绿灌木，可以长到3m高，直径几乎等于其高度。叶子长1~3cm，并且具有鳞片状涂层，使其具有吸引人的灰色外观，有点像鼠尾草。叶子的形状有圆形，也有椭圆形的。该植物开非常小的花，雌雄异株，这些花是风媒花。滨藜能够耐干旱，并可在高盐度地区生长。

其他品种

本页提到的众多其他品种都与滨藜（*Atriplex nummularia*）非常相似，它们主要用作牲畜饲料。叶子和茎同样具有咸味。

加工

滨藜采用与大多数烹饪香草相同的方式收获和干燥，但它不像绿色香草那样需要保护免受阳光照射。一旦干燥以后，通常要将叶子搓揉成2~4mm的小叶片，这样添加到食物时很容易软化。

烹饪信息

可与下列物料结合

- 香旱芹
- 灌木番茄
- 罗勒
- 月桂叶
- 芫荽籽
- 大蒜
- 柠檬桃金娘
- 墨角兰
- 薄荷
- 肉豆蔻
- 牛至
- 红辣椒
- 迷迭香
- 鼠尾草
- 百里香
- 金合欢籽

传统用途

- 海鲜
- 汤
- 西式砂锅
- 陶罐菜肴
- 香肠

香料混合物

- 揉鱼香料
- 用作盐替代品的香料混合物

采购和贮存

出售澳大利亚本土产品的香料商店和一些特色食品商店有干滨藜出售。干滨藜，像其他香草和香料一样，应存放在避光的地方，并避免极端高温和潮湿。干滨藜可保持其风味超过1年。

使用

滨藜除了作为盐替代品使用以外，还出现了一个有趣的变相市场，一些澳大利亚羊肉生产商出售"滨藜羊肉"，声称用滨藜喂养的羊肉会产生特别美味和多汁的肉。滨藜羊肉确实好吃，然而，在这方面，我不能确定滨藜对风味的影响有多大。这种良好效果可能是畜牧质量所致。

当谈到滨藜烹饪时，除了其明显的钠含量外，它的风味有点像百里香和欧芹。滨藜可以加入所有咸味食物，如汤、砂锅菜和烤肉，这种场合的菜肴可加盐，也可完全由滨藜代替盐。我喜欢把它加入红辣椒、胡椒、胡椒粉和柠檬桃金娘的香料中，用于海鲜调味。

每500g建议的添加量

红肉：5mL
白肉：3mL
蔬菜：2mL
谷物和豆类：2mL
烘焙食品：2mL

香薄荷 （**Savory**）

学名：*Satureja hortensis*

科：唇形科（Lamiaceae原科名Labiatae）
品种：夏季香薄荷（*S. hortensis*）、冬季香薄荷（*S. montana；*也称为*S. illyrica*，*S. obovata*）、柠檬味冬季香薄荷（*S. montana citriodora*）、百里香叶香薄荷（*S. thymbra*）、葡匐香薄荷（*S. spicigera*）
其他名称：花园香薄荷、甜美香薄荷
风味类型：味辛
利用部分：叶子（作为香草）

背景

香薄荷原产于地中海，数千年来一直是重要的烹饪香草。古罗马人将它当作野菜和调味品，他们在节日用香薄荷蘸醋制酱汁吃。正如罗马人从印度进口胡椒之前的早期记载所证实的那样，当时人们喜欢香薄荷的辛辣味，维吉尔称其为"最香的香草之一"。

植物学名"*Satureja*"被认为是因相信香薄荷是萨特选择的植物而得名。这就解释了为什么人们认为它具有壮阳特性。正如16世纪的《班克斯草本植物》所说，"不能大量用于肉类，因为这会刺激淫秽行为。"

2000年前，罗马人将香薄荷食品引入英国，之后在当地农村草本植物园里种植了大量的香料。香薄荷有时被用作黑胡椒的替代品，这解释了为什么在某些语言中其名称暗示它是一种胡椒。德国人和荷兰人使用香薄荷，他们特别喜欢将它用于豆类菜肴，这可能是因为它能减少肠胃胀气的缘故。德国人广泛使用香薄荷产生了经常使用的名称"*Bohnenkraut*"和"*Bonenkruid*"，字面意思是"豆草"。香薄荷是最初的移民带入新世界的第一批香草之一，即使在今天，香薄荷也是感恩节火鸡馅料的传统配料。

这不是扎塔（Za'atar）

在土耳其，香薄荷和其他香草如百里香、牛至和墨角兰通常被称为"zatar（扎它）"。不要将它们与由百里香、芝麻、漆树和香薄荷构成称为"za'atar（扎塔）"的中东香料混合物相混淆。

植物

一年生草本夏季香薄荷是厨师喜欢的品种，而多年生冬季香薄荷是园丁们的最爱。夏季香薄荷是一种小而细长的草本植物，具有多毛分枝茎，高45cm。叶子长0.5~1cm，叶子呈绿色到青铜色（看起来有点像柔软、椭圆形的小龙蒿叶）。夏季香薄荷开淡紫色、粉红色或白色小花朵，这些花经常与叶子一起收获。香薄荷束芬芳、辛辣，有百里香韵味，隐约带有墨角兰气味。香薄荷的辛辣口味会让人想起香旱芹，正是这种辛辣的风味为这种较刺激的香草增添了美味。

烹饪信息

可与下列物料结合	传统用途	香料混合物
● 香旱芹	● 豆	● 点缀香草束
● 罗勒	● 豌豆	● 细什锦香草
● 月桂叶	● 扁豆	● 扎塔（za'atar）
● 芫荽籽	● 鸡蛋菜肴	
● 大蒜	● 汤和砂锅	
● 墨角兰	● 面包馅	
● 肉豆蔻	● 猪肉	
● 牛至	● 小牛肉	
● 红辣椒	● 家禽	
● 迷迭香	● 鱼	
● 鼠尾草		
● 龙蒿		
● 百里香		

干燥的夏季香薄荷，包括叶子和开花的顶部，呈灰绿色，看起来很不整齐。不均匀外貌是由于它同时存在小叶、大叶、花瓣、芽和较多的细碎叶屑。其风味浓郁，具有新鲜夏日香薄荷特点。

其他品种

冬季香薄荷（Satureja montana）是一种耐寒多年生木质植物，具有如百里香的坚挺外观，在夏香薄荷非生长季节，可作为是夏香薄荷的替代品用。干燥的冬季香薄荷叶子来自冬季香薄荷植物，可能是由于其是多年生的缘故，一年中大部分时间都可以收获。柠檬味冬季香薄荷（S. montana citriodora）是一种在斯洛文尼亚很受欢迎的亚种，味道像柠檬百里香。其窄叶呈绿色并有光泽，平均长1cm，夏末初秋开白色唇形花。它比夏季香薄荷小，长到30cm左右，在花园中形成一道迷人风景。

百里香叶香薄荷（S. thymbra）是一种来自西班牙的野生品种灌木，当用于烹饪时，它具有强烈让人想起百里香的风味。匍匐香薄荷（S. spicigera或S. repandra）是一种多年生紧凑型小叶品种，匍匐香薄荷可用于装饰。

加工

香薄荷是一种香草，干燥后能保持其独特的风味。与许多口感强烈的香草一样，干燥形式香薄荷最适用于许多烹饪应用。夏季香薄荷的商业收获在播种后75~120天内进行，有时在开花之前开始收获，因为在该阶段风味被认为稍强。

如果可能的话，可将切好的多叶的茎和开花的顶部捆成束并倒挂在避光、通风良好的环境中晾干。几天后，叶子会变得脆嫩。此时，可将叶从茎上摘下，然后用簸箕去除多余的坚硬茎秆。

采购和贮存

新鲜夏季香薄荷可在季节性特色农产品零售商处购买。它能很好地保存，因此一束新鲜香薄荷不会很快枯萎。如果将这种香草束插在一杯水中，并用一个塑料袋罩住，放在冰箱中冷藏，则可使香薄荷保持新鲜。每隔几天更换一次水，如此可使新鲜香薄荷保持1周以上。也可将香薄荷用铝箔包裹并冷冻，还可将叶子摘下放在冰块托盘中，几乎不用加水就可冷冻。

干香薄荷通常用冬季香薄荷干燥得到，这种产品全年有供应。优质干香薄荷装在密闭容器中，在阴凉、避光的地方可保存近2年。

使用

香薄荷独特的辛辣味道可为较温和食物带来令人愉悦的美味，又不会将它们的风味盖掉。经典什锦香草束和装饰性香草束（用于砂锅的传统香草）通常包含香薄荷。香薄荷是鸡蛋菜肴的补充物，既可将其精细切碎后加入炒鸡蛋和煎蛋卷，也可与欧芹一起作为配菜。几乎在任何情况下，豆类、扁豆和豌豆都可以从香薄荷中获益。香薄荷浓郁的风味在汤和炖菜等慢煮菜肴中能得到很好的体现。香薄荷能很好地与面包屑结合，是制作小牛肉和鱼类涂料的理想调味品。可将香薄荷在烹饪前撒在待烤的家禽和猪肉上，也可将它放入肉糕和自制香肠中。

每500g建议的添加量
红肉：25mL鲜叶，10mL干搓揉叶
白肉：20mL鲜叶，7mL干搓揉叶
蔬菜：10mL鲜叶，3mL干搓揉叶
谷物和豆类：10mL鲜叶，3mL干搓揉叶
烘焙食品：10mL鲜叶，3mL干搓揉叶

白豆夏香薄荷脆皮

这道脆皮菜肴是用烤鸡代替马铃薯做的一道配菜。可试着用柠檬桃金娘裹鸡或40瓣大蒜鸡。如果你足够幸运，可用你家花园里现成的这种耐寒香草，可以使用新鲜的，也可以使用干燥的香薄荷。

- **23cm圆形或矩形烤盘**
- **烤箱预热至200℃**

煮熟的白豆	625mL
脱脂奶油（见提示）	175mL
第戎芥末	5mL
新鲜或干燥的夏季香薄荷叶子	30mL
新鲜或干百里香叶	5mL
甜熏红辣椒	2mL
细海盐	1mL
新鲜的干面包屑	250mL
磨碎的格鲁耶尔干酪	30mL

在烤盘中，将豆类、奶油、芥末、香薄荷、百里香、红辣椒和盐混合在一起。顶部加面包屑和格鲁耶尔干酪，在预热的烤箱中烘烤40min，直到呈金黄色。

制作4人份

制备时间：10min
烹饪时间：40min

提示

如果只有全脂奶油，可使用125mL与60mL水混合，以达到正确的稠度。

芝麻（Sesame）

学名：*Sesamum indicum*

科： 胡麻科（pedaliaceae）
其他名称： 黑芝麻（black sesame）、白芝麻（white sesame）、胡麻（benne）、芝麻油（gingelly）、生生姆（semsem）、蒂尔（teel）、胡麻（til）
风味类型： 混合
利用部分： 种子（作为香料）

背景

芝麻原产于印度尼西亚和热带非洲，一些专家认为印度也是其原产地，即使在今天，它也被认为是油料作物而不是香料。芝麻可能是用于提取食用油的最古老作物。

芝麻的使用有许多古老记载。一幅4000年历史的埃及墓画描绘了一名面包师在面团中加入芝麻。芝麻受到古希腊人、埃及人和罗马人的重视，并且有可以追溯到公元前1600年的底格里斯河和幼发拉底河谷的生产记录。公元前1550年左右的《伊伯斯纸莎草纸》中提到芝麻，并且考古挖掘也表明芝麻在公元前900至前700年的亚美尼亚生长并且被用来榨油。在土耳其安纳托利亚地区的旧约亚拉腊王国的遗址中发现了芝麻残骸。

非洲普遍使用芝麻，并在17和18世纪由非洲奴役将其带到了美国，他们将芝麻称为"benne"，该词在美国南部部分地区仍然意味着"芝麻"。芝麻有益于健康，成为中东地区的重要食品，在当地仍然是哈尔瓦和芝麻酱的主要成分，通常用于制作鹰嘴豆泥。

植物

芝麻是一年生的直立植物，高1~2m。它既可分枝生长，也可以是不分枝的细长茎。其不规则长椭圆形叶两面都有毛，并散发出令人惊讶的不悦气味。沿其茎从低向上开白色、淡紫色或粉红色花朵，开花后结果或籽囊。芝麻种子包含在长度为2.5cm、四边呈长方形的籽囊内。完全成熟后，籽囊会破裂并散落出其种子。

未去壳的芝麻种子大多呈黑色或金黄色（后者很容易与烤芝麻混淆）。芝麻种子扁平，呈泪状，长度不超过3mm。已去除外皮的白芝麻实际上是灰白色的。它们看起来有蜡质感，它们含油量高，并散发出微弱的坚果香气。黑色和棕

著名民间故事

在《阿里巴巴和四十大盗》的故事中，神奇的密码是"芝麻开门"，这是一个容易记住的短语，因为一个完全成熟的芝麻籽荚，只要轻微触摸一下就会打开。

烹饪信息

可与下列物料结合	传统用途	香料混合物
• 多香果	• 面包	• 扎塔（za'atar）
• 豆蔻果实	• 饼干	• 杜卡（dukkah）
• 肉桂和月桂	• 芝麻酱	• 七味唐辛子
• 丁香	• 鹰嘴豆泥	
• 芫荽籽	• 色拉（稍烘烤）	
• 生姜	• 酥糖	
• 肉豆蔻		
• 红辣椒		
• 漆树		
• 百里香		

色未去壳芝麻种子几乎没有香气，但是当咀嚼时，它们的质地比白芝麻更脆。它们同样有坚果风味，但有一丝清脆韵味。

加工

芝麻籽必须在籽荚完全成熟之前收获；否则籽荚会爆裂，种子将被浪费。为了与现在广泛使用收割机配合，已经开发出具有不易破碎的籽荚的品种。传统加工方法包括切割芝麻茎干并将它们倒挂在垫子上干燥，并使种子掉落，然后以机械方法或使用化学品（使壳溶解）去壳。由于北美消费的芝麻量非常大，因此，不使用化学品脱壳的来自墨西哥的有机芝麻需求量正在增加。

芝麻与花生一起，被归类为已知过敏原，可以伤害一些敏感者。这就是为什么在购买预制食品时，您可能会在标签上看到类似"用加工坚果和芝麻的设备制造"的声明。

这是一种油籽

我很了解芝麻的油腻感。我父亲在20世纪60年代开始用麻布袋购买白芝麻。几个星期后，我家堆放芝麻袋的储藏室木地板上满是大油渍印。

香料贸易旅行

定期访问印度的好处是有机会看到传统的做法，因为它们已经进行了数千年。在前往北方邦西部小镇代奥格尔镇的车道上，我们看到了当地人们以最古老方式提取芝麻油。想象一下直径约1.2m的巨大石臼，一根巨大木杵通过一系列杆和绳索连接到蒙眼婆罗门公牛身上，这只公牛绕里面装满最近收获芝麻籽的大石臼盘旋。芝麻籽在这个大石臼中不断被压碎和挤压，生产新鲜、丰富的芝麻油。其中一名工人取了一小罐油让我们品尝，这是一种我们永远难忘的风味。

采购和贮存

芝麻种子最好定期购买，使用前不宜保存太久，因为它们的高含油量会导致其酸败。白色芝麻种子很容易在超市、健康食品商店和香料店买到。黑芝麻很少见，可以在香料店和亚洲食品商店找到。由于外观相似，黑芝麻经常与黑种草籽混淆，然而，它们的风味是完全不同的。

应将白芝麻和黑芝麻储存在密闭容器中，避免极端高温、光线和潮湿。当以这种方式储存时，未去壳的芝麻种子可保持长达18个月，而去壳白芝麻种子可保存1年。

芝麻油应储存在不透明的玻璃瓶中，并远离极端热和光。制造商会在标签上注明最佳日期，通常不到2年。

使用

白芝麻可撒在面包和饼干上。白芝麻在烘焙过程中会产生令人愉悦的坚果味。芝麻种子经过磨碎后可加入甜糖浆和蜂蜜，压制出令人惊喜的中东糖果。烤芝麻籽可撒在色拉上，不管你信不信，还可用于冰淇淋。与盐一起压碎的烤白芝麻构成的日本味蔬菜调味料称为 "*gomasio*（革马休）"。

世界上生产的芝麻大部分都用于提取芝麻油（英文有时称为 "gingelly oil"），芝麻油是一种具有独特香气和风味的食用油。芝麻油即使在炎热气候下也较稳定，在亚洲炒菜中效果很好。它有很浓郁的风味，所以只需少量就可。亚洲风味色拉酱（柠檬草、酸橙、辣椒和生姜）也可加少量芝麻油而增强风味。

研磨成糊状的芝麻称为芝麻酱，在中东烹饪中广泛使用。黑芝麻在亚洲烹饪中很受欢迎。它们可用于中国甜点，如薄荷太妃糖，日本人将它们与盐和味精混合，用作撒料调味品。然而，黑芝麻不能很好地烘烤，烘烤往往使芝麻产生苦涩味。我在土耳其面包上看到过黑芝麻（一些制造商用芝麻替换黑种草籽）。

烤芝麻

白色（去壳）芝麻籽适用于烤芝麻，经过轻微烘烤可以以突出其坚果味。烤芝麻时，要先加热干锅，就像烤任何香料一样，然后加入种子，摇晃热锅中的芝麻，这样它们就不会粘住和烤焦。当它们开始跳跃并显示出发黑的迹象时，将锅从热源移开，放凉，然后存放在密闭容器中。

每500g建议的添加量

红肉：20~30mL
白肉：20~30mL
蔬菜：20~30mL
烘焙食品：20~30mL

鹰嘴豆泥

没有鹰嘴豆泥，梅兹就不完整。鹰嘴豆泥美味又营养，是整个中东地区的餐饮主食，深受全世界欢迎。经常单独用作涂抹酱、调味品或蘸料的芝麻酱为这种鹰嘴豆泥增添了浓郁的乳脂感。我们每周都会制作一批鹰嘴豆泥（这是我的孩子用心学到的第一个食谱），味道比买的还好。

制备时间：5min
烹饪时间：无

提示

如果需要，可以使用两罐398mL的鹰嘴豆，沥干并冲洗。

芝麻酱（Tahini）是一种由芝麻籽制成的糊状物，可以在储藏丰富的超市购买。

● 食品加工机

熟鹰嘴豆（见提示）	750mL
大蒜	2瓣
细海盐	5mL
孜然粉	2mL
芝麻酱（见提示）	30mL
特级初榨橄榄油	105mL

在配有金属刀片的食品加工机中，将鹰嘴豆、大蒜、盐、孜然粉、芝麻酱和橄榄油加工至少5min，直至顺滑。鹰嘴豆泥装在密闭容器，在冰箱中可保存1周。

变化

为增加辛辣味，加工前加入1汤匙（15mL）哈里萨辣酱。

白胡桃南瓜鹰嘴豆色拉

这种美妙的秋季色拉冷暖食用味道都很美。我喜欢用罐装的西班牙大鹰嘴豆，或者浸泡后自己烧煮，这样虽然费事但可得到正好适合色拉需要的熟豆。由坚果、小茴香和芝麻制成的杜卡可赋予色拉美妙的质地和风味。

● **烤箱预热至190℃**

橄榄油	30mL
芫荽籽粉	2mL
细海盐	2mL
冬南瓜（约750g），去皮、去籽、切成2.5cm的方块	1个
芝麻酱	30mL
油	45mL
柠檬鲜榨汁	1个
细海盐	2mL
煮熟的鹰嘴豆	625mL
杜卡	30mL
切碎的新鲜欧芹叶（意大利平叶）	30mL

制作6人份

制备时间：10min
烹饪时间：30min

提示

如果需要，在上桌前在色拉中撒上碎的羊乳干酪。

1. 将30mL橄榄油、芫荽籽粉和盐在碗中混合。加入南瓜块并拌和涂抹，然后均匀地摊在烤盘上。烘烤30min，翻转一次，直至金黄变嫩。

2. 在一个小碗里，将芝麻酱、45mL油、柠檬汁和盐搅拌在一起。备用。

3. 在一个大碗或盘子里，轻轻地将鹰嘴豆、烤南瓜和芝麻酱拌均匀，撒上杜卡和欧芹叶即可食用。

变化
可以用等量的南瓜或胡萝卜代替冬南瓜。

芝麻金枪鱼

我喜欢日本料理，许多日本菜肴都是如此清淡和美味，全赖于令人难以置信的新鲜鱼类。这道菜的灵感来自我在日本当地餐厅最喜欢的经历之一，芝麻籽和芝麻油都用上了。它既可以单独供餐，也可放入大型共享盘子供餐。

制作4人份

制备时间：5min
烹饪时间：10min

提示

低钠酱油和普通酱油的组合可防止酱汁过咸。如果你喜欢煮熟的鱼，只需在食用前10min加调味料。如同酸橘汁腌鱼一样，调味料的酸度会将鱼"煮熟"。

黑芝麻	30mL
白芝麻	30mL
寿司级无皮金枪鱼片（约625g）	2块
紫苏叶，可选	12片

调料

低钠酱油（见提示）	90mL
普通酱油	30mL
鲜榨柠檬汁	90mL
鲜榨酸橙汁	60mL
芝麻油	10mL

1. 将黑芝麻和白芝麻在浅盘中混合均匀，将金枪鱼在芝麻中滚动，轻轻按压直至鱼完全裹上芝麻。

2. 大火，在不粘锅中烤制金枪鱼，每边2min。从热源移开锅，取出鱼块并切成3mm厚的切片。

3. 在一个小碗里，将酱油、柠檬汁和酸橙汁以及芝麻油搅拌均匀。

4. 将紫苏叶（如果使用的话）放在上面的盘子中，并在其上重叠金枪鱼片。浇上调味汁，立即食用。

变化

用鲑鱼代替金枪鱼。

要做辣皮，将15mL七味唐辛子加入种子包衣中。

甘松香 （Spikenard）

学名：*Nardostachys grandiflora*（也称为*N. jatamansii*）

科： 败酱科（Valerianaceae）

其他名称： 五福花（muskroot）、甘松（nard）、
纳丁尔（nardin）

风味类型： 味辛

利用部分： 根茎（作为香料）

背景

甘松香在古罗马被用来为食物调味，所以它出现在著名美食家和哲学家阿比修斯的食谱中也并不应感到奇怪。显然在中世纪时期欧洲人在使用甘松香，并且作为许多异国情调的配料之一被用于希波克拉斯酒，这种加香料热饮酒还使用丁香、豆蔻、姜和其他香料作配料。圣经的歌曲中提到了甘松香以及"番红花、菖蒲和肉桂，以及各种香树、没药和芦荟，都是最好的香料"。但是，这种植物似乎主要用其根和幼茎制备药物和提取灵修油。虽然甘松香如今可能会出现在宗教仪式上，但它作为调味品使用在很大程度上还是新鲜事。

植物

甘松香与药用缬草（败酱科）是同属的成员，是从喜马拉雅山脉到中国西南部的东亚土生土长的甘松香。它是一种多年生植物，高约30cm，带有钟形粉红色的两性花，在夏末开花。

其他品种

美国甘松香（*Aralia racemosa*）、加利福尼亚甘松香（*A. californica*）和农夫甘松香（*Inula conyza*）是不相关的植物，据我所知从未用于烹饪目的。

加工

在植物完成开花后可收获根茎（地下茎），其根茎可用于蒸馏制备高度芳香的精油。

为了干燥根茎，掘出的根要彻底清洗，在阳光下晒几天。当缠绕在一起的毛茸茸根茎很容易折断并且失去皮革般感觉时，就可以使用。研磨甘松香的最佳方法是将根茎切成小豌豆大小的颗粒，然后用研钵和研杵研磨。

烹饪信息

可与下列物料结合	传统用途	香料混合物
● 多香果	● 砂锅	● 不用于香料混合物
● 豆蔻果实	● 热葡萄酒	
● 肉桂	● 加香料的兔肉	
● 丁香	● 毛绒睡鼠	
● 生姜	● 海胆	
● 天堂谷物		
● 杜松		
● 鼠尾草		
● 百里香		
● 姜黄		
● 莪术		

采购和贮存

商店里出售的最接近甘松香的是缬草根，一些中东杂货商和草药商出售的大量根茎，也可以在线购买甘松香种子。虽然发芽率很低，但仔细关注种子商的播种说明可提高成活率。

应将甘松香存放在密闭容器中，避免极端高温、光照和潮湿。干燥甘松香根茎可保持3~4年，甘松脂粉可保存1年。

甘松香油是这种植物的唯一产品，现在可以购买到。一般不建议在食物中使用甘松香油，它高度浓缩，并且据报道是有毒的。

使用

甘松香根被认为具有类似于肉桂和八角茴香的混合风味，具有深麝香味。少量使用时，与天堂谷物、荜澄茄、长胡椒和生姜一起，可增添异国情调风味。可将整个甘松香加入慢煮菜中，然后在烹饪结束时取出。添加甘松香粉的方法与将姜或姜黄粉添加到盘子中的方式相同。

每500g食物建议添加量
红肉：3mL粉末
白肉：2mL粉末
蔬菜：2mL粉末
谷物和豆类：2mL粉末
烘焙食品：1mL粉末

八角（**Star Anise**）

学名：*Illicium verum*（也称为*I. anisatum*）

科： 八角科（Illiaceae）（原科名木兰科Magnoliaceae）

品种： 日本八角（*I. religiosum*，有毒）、佛罗里达茴香（*I. floridanum*，有毒）

其他名称： 八角星（anise stars）、巴迪昂（badian）、八角（Chinese anise）、中国八角（Chinese star anise）、八角茴香（star aniseed）

风味类型： 味辛

利用部分： 果实（作为香料）

背景

八角原产于中国南部和越南北部，在印度、日本和菲律宾有种植。该树木在前6年不会结果，之后它们可以结果长达100年。几个世纪的贸易将八角从远东带到了印度，我在印度南部的卡拉拉邦尝过许多美味佳肴，这些菜肴都是用八角调制而成。然而，八角直到16世纪才在欧洲出现。令人惊讶的是，直到1588年，一个来自菲律宾的八角样本才到达伦敦。一旦在西方发现，通过蒸馏提取的八角茴香精油就进入糖果和利口酒，尤其是茴香利口酒。

植物

八角是一种亚洲常绿小乔木的干燥星形果实，长到约5m高。八角树是木兰科成员，其长约7.5cm的芳香叶子有光泽。其无味花朵似水仙状，呈黄绿色。开花后，结出由8个种子荚组成的辐射状果实。

仔细观察八角八个粗糙、深褐色、拱形的籽荚，可以发现每一瓣角均裂痕（有些裂得比其他部分大），形成一个独特形状，包含一粒浅褐色蜱形、极其闪亮的种子，该种子没有特别烹饪意义。整个八角的香气明显似茴香般，虽然它与产茴香籽的香草无关，但八角和茴香籽含有相似化学成分的精油。八角具有强烈、甜美、甘草特征和深沉、温暖的香料味，让人想起丁香和月桂。八角的风味似于甘草，有刺激性，使口感清新刺激。如果单独使用，其种子的风味不如星角木质船形辐条状果皮的浓，但它们确实可向食物传递一种有趣的坚果感。

不要混淆香料

永远不要将八角称为"八角茴香籽"，这只会造成混乱。茴香籽是从一年生草本植物中收集的，茴香植物的种子具有非常不同的风味。

烹饪信息

可与下列物料结合	传统用途	香料混合物
● 多香果	许多美味的中国菜，包括	● 中国五香粉
● 豆蔻果实	● 北京烤鸭	● 中国老汤
● 辣椒	● 排骨和肚子	● 咖喱粉
● 肉桂和月桂	● 汤	
● 丁香	● 炒菜	
● 芫荽籽		
● 小茴香		
● 茴香籽		
● 生姜		
● 肉豆蔻干皮		
● 肉豆蔻		
● 胡椒		
● 花椒		

其他品种

日本八角（*I. religiosum*）是一种密切相关的物种，叶子和果实有毒（由含莽草素引起）。它过去被用作正宗八角的掺假物，在中国被称为"疯草"。它在日本被用于葬礼仪式，可以通过其缺乏茴香气味和松节油味来鉴别。我见过符合这种描述的星形物；它们通常比正宗八角小，最多可能有12个角。佛罗里达八角（*I. floridanum*）是另一种有毒植物，也称为"紫色茴香"或"臭椿"。虽然是八角的近亲，但它有毒，不能食用。

加工

八角果实在绿色时（即在它们成熟之前）收获并在阳光下晒干，其过程非常类似于收获丁香、多香果、胡椒甚至香草。在干燥过程中，八角变成深红棕色，并且由于酶活化，它们的特征香气和风味完全发展。八角粉是由（包括种子的）完整干燥星形物研磨成的深色、质地光滑的细腻粉末。

用于食品和饮料制造的精油通过蒸馏生产。

采购和贮存

整个八角可以从一些超市和大多数特色食品商店购买。虽然完整八角具有吸引力，但是一些破裂星角的存在并不一定是低质量的标志，而只代表包装不怎么讲究和粗放处理，或两者兼而有之。整个八角的新鲜度可以通过断开一角，在拇指和食指之间挤压直到脆弱的种子爆裂，然后嗅到独特的茴香/甘草香气来确定。如果未能立即嗅到香味，那么这种香料可能已超过其最佳储存期。如果放在密闭容器中，避免极端高温、光线和潮湿，则八角可保存3~5年。

大多数烹饪用途最适合购买完整八角。但是，如果需要八角粉，请购买它，因为家用磨具不如工业粉碎机有效。八角粉购买量应少些，当存放

在密闭容器中，避免极端高温、光线和潮湿时，八角粉可有1年多的保质期。

使用

在我看来，八角是中国美味烹饪的标志性风味之一。它特别适合猪肉和鸭肉，是中国老汤料包的重要配料，这是一种充满香料的平纹细布包，看起来像一巨大香料花束。八角是中国五香粉中的主要香料。

因为八角具有刺鼻性，所以只需要非常少的量就能获得令人满意的效果。

每500g建议的添加量

红肉： 2颗整八角，6mL粉末

白肉： 2颗整八角，6mL粉末

蔬菜： 1.5颗整八角，5mL粉末

谷物和豆类： 1颗整八角，2mL粉末

烘焙食品： 2mL粉末

米粉汤

米粉汤是一种备受人们喜爱的传统汤，起源于越南北部，由街头摊贩当场新鲜烹制。芳香汤中的关键配料是八角，它与新鲜香草和其他风味物混合，创造出令人惊叹的菜肴。

干扁米粉	125g
牛肉汤	1.25L
5mm姜片，去皮切片	1片
整八角	2颗
甜酱（见提示）	15mL
香菇	90mL
臀部牛排，切成薄片	375g
红手指辣椒，切成薄片	1个
豆芽	250mL
大葱，利用白色和绿色的部分，切成薄片	4根
稍压实的新鲜芫荽叶	60mL
稍压实的新鲜泰国罗勒叶	125mL
稍压实的新鲜薄荷叶	125mL
柠檬，切成楔子	1个

1. 在耐热碗中，用沸水浸泡米粉条，放在一边软化10~15min。

2. 中火，在大平底锅中，加入肉汤、生姜、八角和甜酱，缓缓煮沸。加入香菇和牛排，煮7~10min，至肉熟透。

3. 捞出米粉，平均分为4碗，浇入肉汤。用辣椒、豆芽、大葱、芫荽叶、罗勒、薄荷和柠檬楔子装饰，或者在餐桌上提供配菜，这样人们就可以自己取用。

制作4人份

制备时间：15min
烹饪时间：15min

提示

甜酱（Kecap manis）是一种浓稠的大豆酱，用棕榈糖增加甜味，并加有大蒜和八角。它在亚洲各地都很常用，大型超市和亚洲杂货店都有售。

五香巧克力布朗尼

布朗尼是一种普遍流行的食谱，可以方便地立即制作。八角的温暖甘草味与巧克力相辅相成，这款布朗尼蛋糕是一种很棒的成年人食品。

制作20~25个布朗尼

制备时间：10min
烹饪时间：50min

提示

巴西拉（pasilla）或安可（ancho）辣椒粉的果味与巧克力味相得益彰，但也可以自己将克什米尔椒之类常规微辣红辣椒研磨成粉。

对于方便分配供餐份额，可将面糊倒入纸质松饼杯（填充至一半满）并煮20min。

- **20cm方形烤盘，涂有油脂，内衬羊皮纸**
- **烤箱预热至180℃**

无盐黄油	150mL
黑巧克力（70%），剁成碎片	250g
超细（砂）糖	250mL
松子	45mL
纯香兰精	5mL
八角粉	2mL
温和辣椒粉，可选（见提示）	1mL
鸡蛋	2个
蛋黄	1个
多用途面粉	150mL

1. 将一耐热碗，置于一装水的平底锅中（构成双层锅），在碗中加入巧克力和黄油，加热融化巧克力和黄油，搅拌直至变得顺滑。从锅中取出碗，加入糖、松子、香兰精、八角和辣椒粉（如果使用），搅拌至完全混合。加入鸡蛋和蛋黄搅拌，过筛加入面粉并搅拌，形成光滑的面糊。

2. 将面糊倒入准备好的烤盘中，在预热的烤箱中烘烤35min，直到插入中心的测试器具清洁干净。将布朗尼从烤盘转移到金属架上以完全冷却，然后移出并切成相等的方块。

甜叶菊 （Stevia）

学名：*Stevia rebaudiana-Bertoni*

科： 菊科（Asteraceae 原科名Compositae）

其他名称： 糖果叶（candy leaf）（糖叶sugar leaf）、巴拉圭甜草（sweet herb of Paraguay）、甜蜜叶（sweet honey leaf）

风味类型： 味辛

利用部分： 叶子（作为香草）

背景

甜叶菊原产于巴拉圭、巴西和阿根廷。欧洲人来到美洲很久之前，瓜拉尼部落的印第安人似乎已将甜叶菊叶子作为药用。甜叶菊最初被16世纪西班牙植物学家佩德斯·雅各布斯·斯蒂芬（Petrus Jacobus Stevus）研究，该植物以其命名。后来甜叶菊作为甜味剂用途的发现和鉴定归功于被南美自然科学家莫伊斯·圣地亚哥·贝托尼（Moises Santiago Bertoni），他于1887年鉴定了它，他的名字现在出现在的植物学名中，用于标识食物中使用的品种。

植物

甜叶菊是一种不起眼的柔软绿色植物，主茎上出现具有轻微锯齿状宽叶，叶对生。它看起来像一种小杂草，平均高度不到45cm。甜叶菊叶呈深绿色，略带草香味。甜叶菊非常甜，有苦涩后味，如果吃得太多，这种苦味会在口中长时间滞留。

加工

甜叶菊应在一个避光、干燥、通风良好的地方，摊在筛网上晾干，直到叶子触摸起来非常清脆，这时的水分含量应约为10%。

甜菊糖苷通过专有工艺提取，产生出比糖甜300倍的白色粉末产品：1mL甜菊糖提取物可取代250mL糖。通过将2mL甜叶菊叶粉放入125mL温水中，可以在家中制作简单、效力较低，但因此较易于使用的提取物。留置过夜，然后用咖啡过滤器过滤以产生无颗粒液体。此液体可在冷藏冰箱保存1个月。

比糖更甜

1931年，两位法国化学家分离出了他们命名为甜菊苷的化学成分，发现它比糖甜300倍。在20世纪50年代，日本禁止在饮料、泡菜、肉类和鱼类产品、烘焙食品、酱油和低热量食品中使用人造甜味剂，这无疑是发展其甜菊植物产业的动力。从甜菊叶中提取的甜菊苷被广泛用作日本、韩国、中国、马来西亚、巴西和巴拉圭制成品中的甜味剂。

我觉得有趣的是，甜叶菊这种天然产品会如此清晰地出现人造甜味剂风味。它的大部分甜味来自两种化合物：甜菊糖，可以占干叶质量的10%；莱鲍迪苷，最多3%。

烹饪信息

可与下列物料结合	传统用途	香料混合物
● 多香果	● 饮料	● 仅作为糖替代品
● 香芹籽	● 奶油和奶油干酪	
● 豆蔻果实	● 甜点	
● 辣椒	● 炖水果	
● 丁香	● 冰淇淋	
● 芫荽籽	● 米饭布丁	
● 生姜		
● 甘草		
● 肉豆蔻		
● 八角		

采购和贮存

　　甜叶菊植物可从一些香草苗圃中获得，它们可以在半湿润的亚热带条件下生长，适宜的生长温度范围在20~40℃。

　　甜叶菊叶和甜叶菊叶粉可以在健康食品商店和一些特色香料店购到。

　　甜菊苷提取物通常以白色甜叶菊粉末形式出售，并且会因所用植物的品质而有显著差异。这种粉末中添加有麦芽糖糊精之类的添加剂，用以稀释强度并使粉末使用起来更方便，但也会影响风味强度。

使用

　　关于甜叶菊的第一个也是最重要的事情是，虽然它的甜味对热稳定，并且在烹饪过程中不会变质，但它不会像糖一样焦糖化。因此，它不能用于制作依赖于大量糖的蛋白甜饼或其他配方。但使用自制甜叶菊提取物，非常适用于为饮料、酱汁、松饼、冰淇淋、芝士蛋糕和米饭布丁增加甜味。使用商业甜菊苷粉时，最好按包装所示的糖当量使用。通过在熟悉的食物和饮料中尝试少量甜叶菊，很快就能够确定适合自己口味的添加量。甜叶菊确实有轻微的甘草味，非常奇怪的是，这种味道类似于人造甜味剂阿斯巴甜（E951），这对大家都没有什么吸引力。

每500g建议的添加量
蔬菜：5mL粉末
烘焙食品：5mL粉末

斯佩尔特甜叶菊松饼

我喜欢为孩子们制作无糖松饼，因为他们的饮食中总是含有过多的糖。甜叶菊甜味剂现已广泛使用，非常适合烘焙。斯佩尔特面粉比普通面粉更有益健康，可在超市或健康食品商店购到这种面粉。

- **松饼盘，涂抹油脂**
- **烤箱预热至180℃**

自发面粉（见提示）	500mL
斯佩尔特面粉	250mL
小苏打	2mL
发酵粉	2mL
甜菊粉/甜味剂	60mL
黄油，融化的	60mL
鸡蛋，搅打	2个
纯香兰提取物	5mL
牛奶	250mL
捣碎的成熟香蕉（1小根）	125mL
蓝莓（新鲜或冷冻）	250mL

制作12个松饼

制备时间：10min
烹饪时间：20min

提示

如果在商店里找不到自发的面粉，可以自己做。制作250mL自发面粉，可用250mL通用面粉与7mL发酵粉和2mL盐混合而成。

1. 在一个大碗里，加入自发面粉、斯佩尔特面粉、小苏打、发酵粉和甜叶菊，混匀。

2. 在一个小碗里，加入黄油、鸡蛋、香兰提取物、牛奶和香蕉，搅拌均匀。

3. 将湿混合物倒入干混合物中，搅拌加入蓝莓至均匀。将面糊均匀地分配在准备好的松饼盘中（填充到顶部正下方），然后在预热的烤箱中烘烤20min，直到变成褐色，上面触感结实。从烤箱中取出并将盘放在一边冷却5min，然后转移到金属架上完全冷却。松饼装在密闭容器中可保存3天；完全冷却、冷冻，然后装在可重复密封的袋子，可冻藏3个月。

漆树（**Sumac**）

学名：*Rhus coriaria*

科： 漆树科（Anacardiaceae）
品种： 榆树叶漆树（*R. coriaria*）、柠檬漆树（*R. aromatica*）、光滑漆树（*R. glabra*）、毒漆树（*R. vernix*，也称为 *R. venenata*，*Toxicodendron vernix*）
其他名称： 西西里漆树（Sicilian sumac）、漆树（sumach, sumac）、坦纳漆树（tanner's sumac）
风味类型： 刺激
利用部分： 漆树浆果和浆果的外层果肉（作为香料）

不能食用

大多数漆树品种都有一定程度的毒性。虽然它们不能食用，但很有用。有毒品种被用来制作清漆，它是日本漆器的主要成分，因此它有时被称为"清漆树"。

背景

漆树在地中海地区和北美洲野生生长。它们分布在意大利南部和中东大部分地区，尤其是土耳其东南部和伊朗。罗马人使用漆树浆果，他们将这种树称之为"叙利亚漆树"。当时，欧洲人不知有柠檬存在。漆树是一种令人愉悦的酸味剂，不像醋那么呛口，比罗望子更令人愉悦。漆树各部分都产生单宁和染料，这些单宁和染料在皮革工业中已经使用了几个世纪。美国原住民曾经用光滑（猩红色）漆树（*Rhus glabra*）浆果中制作酸饮料。毒漆树（*R. vernix*），原产于北美洲东部，也称为"毒常春藤树"。这种树有两个植物学名：*R. venenata* 和 *Toxicodendron vernix*。这种漆树以白色果实为特色，树的汁液可用于制作油墨和清漆，永远不能食用这个品种。西方市场已经出现了中东移民引入的漆树，这些移民经开设了烤肉串（沙瓦玛）餐厅，他们将浓郁的漆树粉末撒在新鲜切好的洋葱上。

植物

漆树至少有150种，但只有6种树的浆果适合烹饪使用。其余许多树可能会导致严重的皮肤刺激，并且还报道过因吃浆果而中毒的情况。出于这个原因，我不建议在没有专家指导的情况下试图识别和使用自然状态漆树。相反，应从信誉良好的供应商处购买。

食用漆树和芒果树是同一家族的成员。我第一次遇到它是在土耳其东南部，漆树生长在看起来贫瘠的岩石土壤，两侧是粗糙的橄榄树和多产的开心果和核桃树林，漆树高度为2~3m。它们有相当密集的深绿色的羽状复叶，类似于周围橄榄树的叶子。

漆树虽然是落叶树，但农民易卜拉欣十分肯定地对我们说，可食用品种（*R. coriaria*）漆树的叶子永远不会像许多装饰性漆树的叶子那样变成鲜艳的猩红色。

烹饪信息

可与下列物料结合	传统用途	香料混合物
• 辣椒	• 番茄	• 扎塔（za'atar）
• 大蒜	• 鳄梨三明治	• 肉类揉搓调料
• 生姜	• 色拉（作为装饰）	
• 牛至	• 烤肉串（沙瓦玛）	
• 红辣椒	• 土耳其的披得	
• 欧芹	（pide）	
• 胡椒	• 烤肉和煎肉（烹饪前	
• 迷迭香	撒上）	
• 黑芝麻	• 烤蔬菜	
• 百里香	• 鱼和鸡肉	

此外，他还说从未听说过有人因接触叶子或果实而遭受过敏反应。树丛中有几棵雄树，它们不会结果，但其叶子可收获来添加到漆树粉香料中，也可与百里香和牛至混合制成扎塔。

漆树浆果从树叶中脱颖而出，就像欢乐的圣诞装饰品一样。它们紧密地聚集在8~10cm长的锥形簇中，而靠近基部处最宽尺寸约2cm。由同样密集小白花结出的各种漆树浆果比胡椒大一点，完全成形后，浆果呈绿色，覆盖着毛茸茸的落花，如猕猴桃（大多数无毒漆树品种都有毛状浆果，而某些装饰类型的果实是光滑的）。成熟漆树浆果呈粉红色，收获时呈深红色。漆树浆果的外皮非常薄，果肉包裹着极其坚硬的蜱形种子。

漆树粉呈深酒红色，质地粗糙，并有湿润感。漆树粉有果香味，有一种红葡萄与苹果混合的香气感觉，具有持久的新鲜感。漆树粉味道最初是咸的（加工后加入的盐），风味浓郁（来自浆果的绒毛覆盖物中的苹果酸，也存在于酸苹果中）并有令人愉悦的果味，没有刺激感。

香料贸易旅行

我第一次听说漆树被用作香料时，对这种漆树和其他有毒品种之间的关系感到不安。早在20世纪80年代，我们的一名员工出现过极度过敏反应。周末她在家里砍伐一棵漆树，全部可见的皮肤都呈鲜红色，有可怕炎症。当然，我们让她在家进行恢复，几天后她从过敏中恢复了过来。然而，她对这种树反应情景仍然在我脑海中，这促使莉兹和我去了土耳其东南边境附近尼济普（Nizip）镇的一个漆树农场，我们想亲眼看看漆树生产。

这种体验非常有教育意义。查看从收获到最终产品的整个过程，让我有了描述这种香料的信心。在我们的漆树经历之后，我们的香料贸易商主人把我们带到了幼发拉底河边一个名叫毕来切克（Biraçik）的小镇吃午饭。在露天餐厅，可以欣赏到河流快速流淌的壮丽景色。特色菜肴是当地一种非常油腻和味重的鱼，因加了漆树而使其变得清爽可口。

虽然有很多美味的酸味香料，如罗望子和石榴，但漆树的清爽果味酸味是独一无二的。近年来，它在西方烹饪中越来越为人所知。

其他品种

虽然有食用漆树叶、树皮和根的情况，但我建议谨慎，因为它们的毒性水平不确定。出于这个原因，我只使用这里提到的三种食用品种的漆树浆果。我只使用来自*Rhus coriaria*雄性漆树的叶子。

榆树叶片漆树（*R. coriaria*）是食谱中最常用的品种。柠檬漆树（*R. aromatica*）原产于北美东半部，从魁北克到佛罗里达，再到得克萨斯州均有分布。这种品种具有独特的柠檬味，成熟的浆果可以浸泡在冷水中制成清凉的柠檬饮料（最好不要使用热水，因为这会释放更多的单宁酸，使饮料有点苦）。光滑漆树（*R. glabra*）原产于北美洲，与柠檬漆树一样，它是当地土著人使用的品种之一。它曾被用来制作浓郁的饮料，就像柠檬漆树一样。

加工

手工收获成熟的深红色漆树浆果簇，然后置于阳光下晒干，并进一步成熟两到三天。据说每季第二次收获的浆果味道最浓郁。干燥后，这些果实串用粉碎浆果的石磨进行研磨。同时，研磨也将含酸的外皮和深红色果肉薄层与坚硬石质种子、茎秆和花朵分离开来。将从研磨机中出来的粉末过筛，以产生最黑、最均匀和最甜的香料。作为防腐剂加入的盐，还可以增强漆树的天然风味。有时会混入一些棉籽油，以产生更深的颜色和理想的湿润质地。将残留在筛上的材料刮下并再次通过研磨机，然后第二次筛分以进一步获取穿过网孔的有用漆树材料。

下一步是在较大筛网上将硬种子与茎、叶和梗筛分开，使种子通过，不需要的材料留在网上。这些种子在常规研磨机单独研磨可得到浅棕色粉末，将第一次筛分物以不同比例与第二次和第三次筛分物，以及种子粉混合，可制备不同等级的漆树粉。最佳品质漆树粉外部果肉相对粉状茎和种子的比例最高。通过其深颜色和粗糙、均匀的质地可将其识别出。

采购和贮存

如上所述，应仅从信誉良好的商家购买漆树粉，绝对不建议尝试自己识别、开发和挑选漆树材料。

漆树粉有不同的颜色、质地和湿度。颜色和质地是质量的良好指示：与浅色等级相比，颜色较深、较均匀的材料含有较少茎和粉碎种子。值得注意的是，一些买家更喜欢浅色漆树，可能是因为他们的使用习惯。水分有时会导致结块，但这种柔软"感觉"是由于添加棉籽油所致，而不是水的作用所致，因此即使在结块的粉末中也不应存在产生霉菌的风险。漆树最好储存在密闭容器中，避免极端高温、光线和潮湿。漆树粉至少有1年保质期。

使用

中东地区广泛使用的酸味剂是漆树而不是柠檬汁或醋。漆树可在烹饪前撒在烤羊肉串上，可用于装饰色拉，特别是那些含有番茄、欧芹和洋葱的色拉。漆树与红辣椒、胡椒和牛至混合，可赋予烤肉（特别是羊肉）

很美妙的风味。在烹饪之前，轻微撒些漆树粉可大大强化烤鱼和烤鸡的风味。等量漆树与粗磨黑胡椒粉混合物是桌上柠檬胡椒的绝佳替代品。中东混合物扎塔由百里香、烤芝麻、漆树和盐组合而成。传统上，扎塔撒在扁面包上，刷橄榄油，然后轻微烤。

每500g建议的添加量

红肉： 最多30mL
白肉： 最多30mL
蔬菜： 最多30mL
谷物和豆类： 最多30mL
烘焙食品： 最多30mL

慢烤番茄

新鲜番茄和漆树是一种很棒的组合。当番茄慢慢烘烤时，它们的风味会变得强烈，这道菜长期以来一直是香草香料鉴赏课的最爱。番茄冷热都很好吃，可当点心吃，也可加在色拉或三明治中（特别是柠檬桃金娘鸡肉卷）。

● 烤箱预热至100℃

成熟的李子（罗马）番茄，纵向对切开	12个
砂糖	2mL
细海盐	2mL
现磨黑胡椒粉	2mL
漆树	15~30mL
橄榄油	30mL

将切口朝上的番茄放置在烤盘中。均匀撒上糖、盐和胡椒粉，用漆树调味并喷上油。在预热的烤箱中烤约3h，直到番茄失去水分并收缩但仍然柔软（见提示）。烤成的番茄既可趁热吃，也可冷却后吃。番茄装密闭容器中，可在冷藏冰箱保存3天。

制作24人份

制备时间：5min
烹饪时间：3h

提示

由于番茄含水量高，在烹饪过程中可能需要打开烤箱门以释放一次或两次蒸汽。

阿拉伯蔬菜色拉

传统上，这种色拉是在黎凡特地区家中用隔日面包制作的。浓郁的漆树提升了这道菜肴的口味，使其成为烤肉或美味佳肴的绝佳伴侣。

制作6人份边色拉

制备时间：10min
烹饪时间：15min

提示

使用烤皮塔饼代替马铃薯片和鹰嘴豆泥、巴巴甘加斯等蘸料。
烤制的皮塔饼可以在密闭容器中保存长达1周。

● **烤箱预热至180℃**

全麦皮塔饼	2个
特级初榨橄榄油	30mL
漆树粉	2mL
细海盐	2mL
中号黄瓜，去皮并切成1cm的碎片	1根
小红洋葱，切碎	1/2颗
大号红色番茄，切丁	2个
压实的新鲜平叶（意大利）欧芹叶，大致切碎	125mL
薄荷叶，大致切碎	10片
卷心莴苣，切成1cm的条带	1/2棵

调味酱

鲜榨柠檬汁	25mL
油	25mL
大蒜，压碎	1瓣
细海盐	一撮
漆树粉	15mL

1. 使用剪刀，将皮塔饼切成2.5cm的正方形，并在烤盘上单层排列。

2. 在一个小碗里，混合油、漆树粉和盐，松散地喷洒在皮塔饼上。在预热的烤箱中烘烤10min或直至酥脆。备用。

3. 在一个供餐碗中，将黄瓜、洋葱、番茄、欧芹、薄荷、生菜和制备好的皮塔饼混合在一起。在一个小碗里，搅打色拉配料，并浇在色拉上。色拉撒上额外的漆树粉，立即食用。

变化

如果需要，在色拉中加入125mL切碎的芹菜或萝卜。

甜根芹 （Sweet Cicely）

学名：*Myrrhis odorata*

科： 伞形科（Apiaceae 前科名Umbelliferae）

其他名称： 茴香山萝卜（anise chervil）、英国没药（British myrrh）、西班牙山萝卜（Spanish chervil）、蕨类山萝卜（fern-leaved chervil）、大甜山萝卜（giant sweet chervil）

风味类型： 温和

利用部分： 叶子和未成熟的种子冠（作为香草），根（作为蔬菜）

背景

甜根芹原产于欧洲，曾经作为盆栽灌木栽培，被1世纪希腊医生狄奥斯科里迪斯称为"seseli"（其发音方式）。甜根芹的植物学名由"*myrrhis*"（意为"香水"）和"*odorata*"（意为"香味"）构成。其常见名称以"甜"为前缀，因为其味道具有独特的甜味。它的旧称，错误地暗示它是一种山萝卜，由于甜根芹有类似茴香的外形和蕨叶结构，因此被认为是一种巨型山萝卜。富含油脂的成熟种子曾被收集并粉碎成粉，用于抛光木地板和家具，使其具有高光泽和令人愉悦的香味。

植物

甜根芹是一种相对较高，特别有吸引力的多年生草本植物，在凉爽的气候和山区生长，高0.6~1.5m。厚而中空的分枝茎，与当归相似，具有茂密的类似蕨类的绿叶，由于其柔滑的羽绒覆盖，具有柔软的质地。叶子长约30cm，下面颜色较浅。该植物花朵盛开时具有很高的观赏性：1~5cm具有戏剧般景观的白色花朵，覆盖植物，自远处看起来像一种薰衣草。成熟时，种子呈脊状，细长并呈深褐色，就像大粒野生稻一样。甜根芹的叶子和新鲜的种子具有令人愉快的温暖茴香薄荷气，让人联想到没药，具有令人愉快的甜味。根有类似的味道，它们可以剃成像茴香球茎的色拉或作为冬季汤蔬菜煮熟。

加工

甜根芹几乎总是鲜食，因此，它很少用来脱水。如果自己种植，可以在冬末和夏末采摘其叶子。未成熟种子头可在仍是绿色时收获，但它们不能很好地冷冻。成熟的种子将变成棕色，可以收集并倒挂晾干。当植物在秋季死亡时，可以连根拔起进行干燥。将根干燥以供以后烹饪使用，最好首先将根切成约5mm厚的圆片，以促进水分的释放。将切片放在干燥、温暖、避光的地方几天，直到它们坚固并且完全没有革质。

采购和贮存

甜根芹很容易在凉爽、温和、不潮湿的气候条件下播种生长，但是从新鲜农产品零售商那里不容易获得种子，因此最好自己种植。采摘新鲜叶子后，以与莴苣相同的方式清洗和储存，最好用保鲜膜包裹，放在冰箱底部

烹饪信息

可与下列物料结合	传统用途	香料混合物
● 多香果	● 色拉	● 通常不用于
● 豆蔻果实	● 酸性浆果等酸味水果	香料混合物
● 细叶芹		
● 肉桂和月桂		
● 薄荷		
● 肉豆蔻		
● 欧芹		
● 香草		

的保鲜盒中，这样可保存3~5天。干燥的成熟种子和根最好储存在密闭容器中，避免极端高温、光线和潮湿。在这种情况下，它们可保存长达1年。

使用

甜根芹曾是一种流行蔬菜，像胡萝卜或萝卜一样切成薄片煮沸，其空心茎可像当归那样做成蜜饯。但其叶子和剁碎的未成熟种子冠具有最大的烹饪意义，因为它们在色拉中很美味。将甜根芹叶子加入大黄或酸性浆果等酸性水果的烹饪水中，其天然甜味可抵消水果的酸味。甜根芹是糖尿病患者的安全甜味剂，适合用于奶油和酸奶以及凉爽的夏季饮品。加尔都西会僧侣创造的（以其居住的山脉命名的）加尔都西利口酒用甜根芹调味。

每500g建议的添加量

红肉： 25mL剁碎的鲜叶和种子冠

白肉： 25mL剁碎的鲜叶和种子冠

蔬菜： 25mL剁碎的鲜叶和种子冠

谷物和豆类： 25mL剁碎的鲜叶和种子冠

烘焙食品： 25mL剁碎的鲜叶和种子冠

罗望子（**Tamarind**）

学名：*Tamarindus indica*

科：豆科（Fabaceae，原科名Leguminosae）
其他名称：阿萨姆（assam）、印度枣（Indian date）
风味类型：刺激
利用部分：豆荚（作为香料）

背景

罗望子树原产于东非热带和南亚。它们在印度野生生长，在那里繁殖，仿佛当地是其原生栖息地。耐寒的罗望子树也生长在许多其他热带和亚热带国家，如澳大利亚和墨西哥。罗望子被阿拉伯人和中世纪欧洲人使用。

亚洲罗望子的常见名称是阿萨姆，仅仅意味着"酸"，以表示其高酒石酸含量。这种酸的清洁效果非常明显，在印度，罗望子豆荚已用于抛光黄铜和铜。过去，罗望子叶曾被用于制造红色和黄色染料，主要用于织物。

罗望子树是殖民地花园中的流行装饰元素，特别是在印度西海岸。当地人认为罗望子豆荚存在一种邪恶的灵魂。利用这种迷信，19世纪生活在果阿的英国人在去市场时经常会在一只耳朵后面（如木匠夹铅笔那样）上戴罗望子豆荚，从而使他们不被当地人所打扰。因此，果阿的英国人被当地人昵称为"lugimlee"（意为"罗望子头"），我相信这至今仍然是该地区外国人的绰号。

罗望子因其在阿拉伯国家、印度和亚洲的药用特性而受到重视。据说罗望子可祛热、排毒，特别有益于肝脏和肾脏。

植物

罗望子树高大且茂密，由灰色树皮覆盖粗壮树干，高达20m，其浅绿色羽状复叶由10~15枚咖喱叶形小叶构成，具有很好的遮阴性。在开花时节，树叶被小簇红色条纹黄色花朵点缀。罗望子树的果实是10cm柔软浅棕色荚果，有脆壳。荚壳开裂时，露出浅棕褐色黏稠物质包裹着成串纵向纤维管，这是果浆。果浆包围着约10粒发亮的深棕色角状光滑种子，每粒种子大约3mm×8mm。与空气接触后，果浆开始氧化，变成深棕色，几乎变黑。

罗望子香气浓郁清晰，其风味酸而刺激且清爽，有点像干核果。

加工

站在非常高大的罗望子树下面，很难想象如何能够采摘豆荚。参观印度南部芒格洛尔附近赛地雅布家族的有机香料园时，我们看到了收获罗望子的情形。主人让我们抬头看，突然一棵雄伟罗望子树的上部叶子开始疯狂地颤抖。在树的高处，一位农场工人正在摇动树枝，以抖落完全发育的罗望子豆荚，这些罗望子豆荚开始在咔嗒咔嗒的"冰雹声"中落到地上。然后我们开始收集掉落豆荚并带到家里，在那里我们和家人一起享用美味的午餐。

赛地雅布夫人向我们展示了如何从豆荚的外皮上剥落、露出柔软、黏稠的浅棕色罗望子果肉，上面串有细绳

烹饪信息

可与下列物料结合

- 香旱芹
- 多香果
- 阿魏
- 豆蔻果实
- 辣椒
- 肉桂和月桂
- 丁香
- 芫荽籽
- 茴香籽
- 葫芦巴种子
- 生姜
- 芥末
- 黑种草
- 辣椒
- 姜黄

传统用途

- 亚洲汤
- 咖喱和任何需要酸性汤的菜
- 印度泡菜
- 酸辣酱
- 咖喱酱

香料混合物

- 阿萨姆粉

隐藏在众目睽睽下

印第安人用罗望子制作一种名为"imli panni"的清凉饮料，在中东地区，加入糖罗望子饮料用诱人补品瓶装出售。在部分亚洲地区，人们用加糖罗望子球制成美味甜点，有时还加入辣椒调味。虽然，相当多西方人不知道罗望子，但许多人经常在食用它只是没有意识到而已，它是伍斯特郡酱汁的关键配料之一。

状。然后她开始以一种几乎是中世纪的奇妙灵巧方式去除种子。

用椰子壳作容器，她一只手抓住罗望子果肉块，另一只手握一把镰刀用刀背压果肉。闪亮的黑色种子像大理石一样落入棕榈叶盘中，而左手握着脱去种子的罗望子果肉球。大部分商业生产的罗望子仍然是手工剥皮的，然而，很少看到以如此小心的方式脱除种子。

罗望子浓缩物是一种黑色糖蜜型浓稠液体，通过氧化罗望子糊状物蒸发制成，该提取物已滤除种子和纤维。罗望子糊由新鲜未氧化果肉制成，与盐和一些食物酸混合以防止氧化。

采购和贮存

罗望子可以从香料店和亚洲以及印度杂货店购买。它以块状形式出售：一种塑料包裹的黏稠氧化果浆，含有不同比例的坚硬种子。印度产的罗望子块质地相当干，散布着指甲大小荚内果肉片。亚洲型罗望子通常产自泰国，看起来更干净，非常黏。两者之间的风味差别不大，虽然有些厨师更喜欢外观好看的泰国罗望子，但其他人发现印度品种更容易处理，因为它不那么黏。由于罗望子含酸，所以它非常稳定，不需要特殊储存条件，只需将它块放在密闭容器中，以防止其变干。

罗望子浓缩物使用方便，可以购买约100~500g的罐装产品。罗望子浓缩物由于其高含酸量而不需要特殊的储存条件。但是，应始终遵循包装上的存储说明，因为制造商可能添加了在常温环境下储存时会损害稳定性的成分。

香料贸易旅行

我对雄伟的罗望子树有着生动记忆。1991年，莉兹和我一起去印度进行了一次香料之旅，当时我们正在寻地方野餐。就在海得拉巴郊外，我们在罗望子树凉爽阴凉处找到了一个理想的地方。人们认为罗望子树会产生有害的辛辣蒸汽，人们不仅认为在树下睡觉不安全，而且相信为避免吸入这种蒸汽，其他植物不会在那里生长。这可以解释为什么在罗望子树基部周围通常有很少的植被。然而，它确实是炎热天气里理想的野餐地点。

罗望子酱呈浅棕色，具有咸味，并且用装浓缩物同样大小的容器装。罗望子酱的贮存方式与上述罗望子浓缩物的相同。

另一种较不常见的罗望子形式是一种称为"罗望子霜"或"阿萨姆粉"的罗望子粉，这是通过将罗望子提取物与右旋糖之类载体混合形成的自由流动粉末，阿萨姆粉在印度和亚洲市场销售。它应储存在密闭容器中，避免极端高温和潮湿，因为湿度会使粉末变硬。

一种称为阿萨姆格雷戈（asam gelugor）的柯咖姆（kokam）家族成员，虽然也有酸味，但有时会被错误地称为"罗望子片"。在南印度，柯咖姆通常被称为"鱼罗望子"，这有点混淆，因为柯咖姆与罗望子的唯一相似之处在于它的酸度。

使用

由于其高酒石酸含量，罗望子在大多数热带国家是最受欢迎的食品酸味剂之一。食谱通常要求在烹饪过程中加入一定量的罗望子水（通常为30~125mL）。为了用罗望子块中制作罗望子水，可将核桃大小的罗望子碎片（直径2cm）弄碎并用125mL热水浸泡。搅拌均匀，用勺子挤压，然后静置约15min。将浸泡液体过滤，尽可能

将剩余的渣浆挤干，然后丢弃。罗望子水也可以将10mL浓缩液用125mL水稀释制成。如果您认为罗望子水是另一种形式的柠檬汁并以大致相同的比例使用它，那么任何烹饪应用中的风味强度都应该是正确的。

罗望子酱呈浅棕色，用于亚洲炒菜，由于盐含量高，应注意用量。它不能代替罗望子水，未氧化的糊状物具有不同的风味，较咸并且不那么酸。

罗望子粉在烹饪时添加到菜肴中，是一种方便使用的酸味剂，与使用青芒果粉的方式非常相似。

每500g食物建议的添加量

罗望子水： 用125mL热水浸泡1块核桃大小罗望子块得到。

红肉： 125mL罗望子水

白肉： 75mL罗望子水

蔬菜： 75mL罗望子水

谷物和豆类： 125mL罗望子水

烘焙食品： 125mL罗望子水

甜罗望子虾

这道可爱的虾菜是基于北印度的虾酱配方，它起源于波斯。

制作6小份

制备时间：20min
烹饪时间：20min

提示

罗望子可用于食谱中使用柠檬汁或酸橙汁的菜肴，可平衡甜味、咸味和辣味。

克什米尔辣椒粉可用于此配方。它味道鲜美，用途广泛。可以在大多数印度市场找到不同辣度的这种辣椒粉（取决于辣椒粉中种子和荚膜的量）。

如果没有棕榈糖，可以用等量的浅色红糖代替。

● **研钵和研杵**

罗望子果肉	250mL
热水	375mL
绿色手指辣椒，去籽并切碎	8个
大蒜，切碎	5瓣
孜然籽	110mL
油	60mL
切碎的洋葱	3颗
小茴香粉	110mL
芫荽籽粉	110mL
格拉姆马萨拉	110mL
中辣辣椒粉（见提示）	7mL
黄姜粉	5mL
番茄，切丁	4个
棕榈糖（见提示）	20mL
新鲜或干咖喱叶	20片
海盐	适量
生虾，去皮，去肠	375g
稍压实的新鲜芫荽叶	125mL

1. 在一个小碗里，用热水泡罗望子，静置15min。用细网筛将浸泡液滤入碗中，丢弃滤出的渣浆。

2. 用研钵和研杵研磨辣椒、大蒜和孜然籽。备用。

3. 中火，在大锅中热油。加入洋葱，煮5min，直至软化。加入制备好的辣椒混合物，煮2min，直至香气浓郁。拌入小茴香粉和芫荽籽粉、格拉姆马萨拉、碎辣椒和姜黄粉。拌煮1min，直至混匀。加入番茄，拌煮5min或直到番茄呈酱状。加入罗望子水、糖和咖喱叶，用盐调味。煮沸，降低火力，加入虾，小火煮4~5min，直到虾呈粉红色并煮熟。从热源将锅移开，并用芫荽叶装饰。立即食用。

龙蒿（**Tarragon**）

学名：*Artemisia dracunculus*

科：菊科（Asteraceae 原科名Compositeae）
品种：法国龙蒿（*A. dracunculus*）、俄罗斯龙蒿
（*A. dracunculus dracunculoides*）
其他名称：冬龙蒿、墨西哥龙蒿、西班牙龙蒿（*Tagetes lucida*）
风味类型：强
利用部分：叶子（作为香草）

背景

　　在13世纪之前，很少有人提到龙蒿，当时居住在西班牙的13世纪阿拉伯医生伊本·拜塔尔（Ibn Baitar）描述了它的优点，并将其称为"tarkhun"（阿拉伯语为"龙"）。直到16世纪龙蒿才被广泛称为调味品，并由法国人栽培，他们将其称为"estragon"，意为"小龙"。其名中的"龙"据说源于盘绕的蛇状根系外观，或者人们相信龙蒿是毒蛇的解毒剂。

　　龙蒿于1548年被引入英格兰，杰拉德的《草本植物》（1597）提到了它。龙蒿在法国最受欢迎，是一种烹饪香草，在许多传统食谱中都用到它。龙蒿于1806年在美国出现。

植物

　　法国龙蒿是一种多年生草本植物。它具有深绿色、有光泽、长而窄的光滑叶子，从茎秆两侧发出，形成90cm高的缠结茎。淡黄色小芽很少发育成花，据说即使在其不寻常的育种环境，通常也是不育的。因此，所谓"正宗龙蒿"只能通过分根或插条方式繁殖。它必须生长在排水良好的土壤中，避免霜冻，并应放置在阳光充足的地方，但在午后应避免日晒。法国龙蒿受到厨师们推崇，是因为它具有独特的甘草香气和酸味，有持久的能刺激食欲的风味。

其他品种

　　俄罗斯龙蒿（*A. dracunculus dracunculoides*）没有法国龙蒿的辛辣和香味。它可以很容易地被识别，因为它的高度是一般龙蒿的两倍，并且具有较大、颜色较浅的凹陷叶子和带有种子的花。冬龙蒿（*Tagetes lucida*），也被称为墨西哥龙蒿或西班牙龙蒿，是金盏花家族的成员，如万寿菊。它有鲜艳的黄色花朵，坚固

优质香草

法国龙蒿是烹饪用的首选，原产于地中海地区，而原产于西伯利亚的俄罗斯龙蒿则口味平淡、不太好吃。长期以来，法国龙蒿一直在加利福尼亚进行商业化生产，这意味着当西方世界在20世纪中叶热爱法国菜肴时期，可以买到优质的法国干龙蒿。

烹饪信息

可与下列物料结合	传统用途	香料混合物
• 罗勒	• 鞑靼和贝拉酱	• 什锦香草丝
• 月桂叶	• 色拉酱和醋	• 色拉香草
• 细叶芹	• 鱼和贝类	
• 莳萝	• 鸡	
• 大蒜	• 火鸡	
• 独活草	• 野味	
• 墨角兰	• 小牛肉	
• 红辣椒	• 鸡蛋菜肴	
• 欧芹		
• 香薄荷		

而整洁的深绿色的叶子，具有类似法国龙蒿的相当强烈、辛辣的香气。冬龙蒿通过播种繁殖，经常被错误地当作法国龙蒿出售。

加工

种植法国龙蒿，重要的是要记住至少每三年重新种植一次，最好是从尖端切割。特别是澳大利亚气候，三年后，法国龙蒿植物叶子的香味和风味会劣化，直到成为类似于劣质的俄罗斯品种。

法国龙蒿特别容易干燥，这很有利于这种多年生植物在冬天进行干燥。与欧芹一样，可以在家中干燥这种香草，但仔细干燥的商业化产品通常品质较好。

为了用自己花园种龙蒿干燥，应在它们茂盛时（最好是在不太希望有的无育花蕾出现之前）切断茎，并继续收获，直到秋天出现黄变的迹象。

割下的茎秆要扎成小束，倒立在避光、温暖、干燥、通风良好的地方，束与束之间要有足够空间让空气自由流通。几天之内，叶子应该变成深绿色，没有变黑的迹象，并且触摸时非常清脆。用拇指和食指沿着茎干向下摘下叶子。

龙蒿油通过蒸汽蒸馏提取，用于香水、饮料、糖果、商业化生产的芥末和色拉酱。

购买和贮存

由于法国龙蒿并不总是容易得到，因此在购买新鲜龙蒿时最好谨慎一点。没有独特茴香气或浓郁风味的，可能是俄罗斯龙蒿。冬龙蒿是另一种品种，带有鲜艳的黄色花朵。

新鲜龙蒿茎插在入水杯中（就像在花瓶中），罩上塑料袋，每天更换水，放在冷藏冰箱中可保持几天。剁碎的叶子装入冰块托盘，几乎不用加水，可冷冻保藏至需要用时（约在3个月内使用完）。

干龙蒿叶很容易获得，应该始终购买有适当芳香气和浓郁风味的产品。应购

我们参观了位于新西兰坎特伯雷外的一个香草农场，那里的法国龙蒿田与龙蒿脱水设施相邻。这意味着种植者可在收获后半小时内将切碎的新鲜叶子送入干燥机中干燥，这有助于它们保留其独特的风味。

买深绿色的干龙蒿，不要买深棕色或土黄色的。干龙蒿应装在密闭容器中，放在避免极端高温、光线和潮湿的环境，如此，干龙蒿叶可保持其味道至少1年。

使用

    法国龙蒿将其独特风味赋予鞑靼（tartare）和比尔奈斯（béarnaise）之类法国调味料，并且与香葱、山萝卜和欧芹一样，是什锦香菜丝必不可少的配料。龙蒿特别适合用于为醋调味，通常做法是将洗过的完整龙蒿茎叶放入一瓶优质白葡萄酒醋中几周。龙蒿醋是色拉酱和自制芥末酱的有用配料。龙蒿可用于鱼类和贝类。龙蒿适合鸡肉、火鸡、野味和小牛肉，以及大多数鸡蛋菜肴。切碎的龙蒿叶子（或再水化的干燥叶子）在蛋黄酱、融化的黄油酱和法式调味汁中都很有吸引力，并可强化美味。

每500g食物建议的添加量
红肉: 5mL干叶，20mL剁碎鲜叶
白肉: 3mL干叶，15mL剁碎鲜叶
蔬菜: 2mL干叶，10mL剁碎鲜叶
谷物与豆类: 2mL干叶，10mL剁碎鲜叶
烘焙食品: 2mL干叶，10mL剁碎鲜叶

法式龙蒿鸡

如这款简单经典的菜肴所示，龙蒿、鸡肉和奶油是绝佳搭配。龙蒿独特的茴香气可以降低奶油的腻味，且不会对鸡肉风味有影响。购买鸡时让卖家把鸡肉分割好，或购买八块单独的鸡块，配马铃薯泥或米饭供餐。

制作4人份

准备时间：10min
烹饪时间：50min

提示

对于更丰富多奶油酱汁，用等量餐桌奶油（18%）代替鸡汤，并用盐和胡椒调味。

- **33cm×23cm陶瓷或玻璃烤盘**
- **预热烤箱至180℃**

黄油，分批使用	15mL
青葱，切碎的	3根
鸡，分割成8块	1只
海盐和现磨黑胡椒粉	适量
白葡萄酒	150mL
鸡汤	150mL
餐桌奶油（18%）	150mL
稍压实的新鲜龙蒿叶，分批使用	125mL
鲜榨柠檬汁	15mL

1. 中火，在锅中融化7mL黄油。加入青葱，炒3~4min至呈金黄色。使用漏勺，将青葱转移到烤盘。将火力降至中低火，并融化剩余的黄油。

2. 用纸巾擦干鸡肉，用盐和胡椒调味。将鸡皮朝下放入煎锅中，用中火煎5~8min至呈褐色。将鸡块翻过来煎2min，直至变成浅褐色。将鸡肉皮朝上，转移到烤盘。

3. 将白葡萄酒和肉汤加入煎锅中，搅拌以从锅底刮起棕色的碎块。倒入烤盘，加入奶油、60mL龙蒿和柠檬汁。在预热的烤箱中烘烤40min，直到用叉子刺穿腿部时汁液清澈。

4. 将烤盘从烤箱取出，将剩余的龙蒿加在烤盘面上，用盐和胡椒调味。立即食用。

变化

剩下的鸡肉可以剔去骨头后与蛋黄酱混合，制成美味的三明治馅料，或者用于馅饼。

百里香 （Thyme）

学名：*Thymus vulgaris*

科：唇形科（Lamiaceae 原科名Labia-
tae）

品种：百里香（*T. vulgaris*）、柠檬百里
香（*T. citriodorus*）、百里香（*T. serpyl-
lum*）、野生百里香（*T. pulegioides*）

其他名称：普通百里香

风味类型：辛辣

利用部分：叶子（作为香草）

不适合烹饪的百里香

观赏型百里香很少用于烹饪。这些包括威斯特
摩兰百里香（*T. vulgaris*' Westmoreland'）、金
百里香（*T. x citriodorus*' Aureus'）、银色百里
香（*T. vulgaris*' Silver Posie'）、灰色羊毛百里
香（*T. pseudolanuginosus*）、杂色柠檬百里香
（*T. citriodorus*' Variegata'）和香菜百里香（*T.
herba-barona*）。

背景

　　百里香原产于地中海地区，这种植物的许多种类分布在
南欧、西亚和北非的地区。埃及人（在防腐过程中使用百里
香）和古希腊人（使用它作为熏蒸剂）都知道其防腐性能。
1世纪的希腊医生迪奥斯科里斯提到过百里香的祛痰药用价
值，而普林尼也推荐它用于熏蒸。百里香这个名字来源于希
腊语"*thymon*"，意思是"熏蒸"，当然，还有用"勇气"
和"牺牲"之类相似词语来解释与百里香相关的其他属性。
希腊人说"闻到百里香"，是一种意味着优雅的真诚恭维。
野生百里香的植物学名后缀"*serpyllum*"来源于希腊语，
意为"蠕动"，可能是指百里香在地面覆盖的低矮蛇形缠绕
习性。古罗马人发现百里香令人愉悦的口感适用于多脂肪干
酪，他们也用它来为酒精饮料调味。有一个传说，圣母玛利
亚和圣婴铺床的干草中包括百里香。

　　百里香由罗马人引入英格兰，中世纪在当地可常见到百
里香。到了16世纪，百里香已经在英格兰普遍生长（杰拉
德在他1597的《草本植物》中提到过它），尽管英国百里香
的风味从出现过炎热地中海气候中生长的百里香那种刺激
性。希腊著名的伊米托斯（Hymettus）蜂蜜具有独特的风
味，因为生产这种蜂蜜的花粉采自雅典附近伊米托斯山上盛
开的野生百里香花。

　　1725年，德国药剂师诺伊曼（Neumann）分离出百
里香精油、百里香酚。然而，值得注意的是，直到20世纪
初，世界上大部分的百里酚实际上是从阿育魏实种子中提取
的，而不是从草本百里香提取。

植物

　　虽然有100多种百里香品种，包括许多杂交品种，但实
际上只有普通的花园百里香（*Thymus vulgaris*）和柠檬百里
香具有烹饪意义。

　　花园百里香是一种多年生小灌木，其外观可能有很大
差异，这取决于它生长的土壤和气候条件。通常这种百里
香的外观坚硬、浓密。它有许多直立的细茎，高度不超过

烹饪信息

可与下列物料结合	传统用途	香料混合物
● 印度藏茴香	● 汤	● 点缀香草束
● 罗勒	● 砂锅（casseroles）	● 卡真香料混合物
● 月桂叶	● 肉饼	● 埃尔韦斯普罗旺斯
● 芫荽籽	● 肉酱	● 意大利香草
● 大蒜	● 砂锅（terrines）	● 牙买加混蛋调味料
● 墨角兰	● 香肠	● 混合香草
● 薄荷	● 马铃薯色拉	
● 肉豆蔻	● 家禽填馅	
● 牛至	● 丰厚酱汁和肉汁	
● 红辣椒		
● 迷迭香		
● 鼠尾草		
● 香薄荷		
● 龙蒿		

新鲜并非最好

当我们在法国南部普罗旺斯时，问过一位农民为什么我们没有在当地市场看到任何新鲜的百里香。她的回答是："我们当然只使用干百里香，因为新鲜的烹饪效果不佳。"这证实了我的观点，即在许多菜肴中，一些香草最好以干燥形式使用。

30cm，由对生的小而窄的椭圆形灰绿色叶子覆盖，叶长5~6mm，这种叶底部有时会有锈色。开粉红色花，在树枝顶端的簇生，对蜜蜂特别有吸引力。

百里香的香气刺鼻、温暖、辛辣、令人愉悦。它的风味同样辛辣和温暖，具有挥之不去的药味，带给口腔的清新锐利感，来自其所含的重要挥发油百里香酚。

其他品种

柠檬百里香（*Thymus citriodorus*）是花园百里香和较大野生百里香之间的杂交品种，是一种结构类似的小植物，高度只有15cm。它的叶子比花园百里香的叶子绿，虽然风味不那么刺鼻，但有一种特别吸引人的柠檬味。野生百里香（*T. serpyllum*）可以说是最著名的匍匐生长的地被植物百里香，大量出现在假山中，并长满在砂岩间的空隙。较大野生百里香（*T. pulegioides*）仅为观赏目的而种植。它不像*T. serpyllum*那样低矮，既适合种植在花园地，也能在假山中生长。

加工

当百里香生长到许多人认为最合适状态时，采摘下来时已经接近干燥。我记得在土耳其东南部的漆树周围看到过生长在干旱环境的百里香，并觉得这些小植物看起来多少有点干。然而，由于缺水和阳光充足，它们的风味却非常强。

百里香的干燥方式与鼠尾草、牛至和迷迭香之类其他坚硬香草的相同：在阴凉、温暖、低湿度条件进行。

在大筛子上摩擦叶子可很容易将茎上的叶子搓下，让小叶子通过，同时阻止木质茎秆通过。几年前，我被告知一种巧妙的简单方法，将干百里香灌木放在混

香料贸易旅行

我们参观普罗旺斯百里香农场时，被介绍给一群种植百里香、香薄荷和迷迭香的农民，他们正一起在宣传普罗旺斯的野生百里香。春天开车穿过普罗旺斯一些偏远地区，你会看到露头的粉红色野生百里香（*Thymus vulgaris*）。这种野生百里香的独特之处在于它具有比其他*T. vulgaris*品种高得多的挥发油含量。然而，由于野生百里香没有商业化种植，因此有灭绝风险。几个世纪以来，许多仅从野外采集的植物也经历了类似的命运。采集者挑选花头和种子以及叶子。结果，植物不能自我繁殖。几年来，我们遇到的农民合作社一直在收集野生百里香种子并将其培育用于商业生产。虽然培育野生物种听起来有点矛盾，但有机农业种植者和传统种子收集者正在这样做。这种野生百里香的风味强烈，非常受欢迎，每年收获超过16t用于出口，每年的订购者都在等着要货。

凝土板上，并在它们上面拖动网球场滚筒。灌木弹起后很容易被拾起，树叶则被扫成一堆。

最优质的干百里香叶通常用风选方式去除最后残存的茎干。风选是一种古老的农业方法，用于分离植物材料中不需要的部分。将其抛向空中可使风将轻微颗粒分离出来，而所需的较重部分则直接落到地面上。在风选百里香时下，茎先落到地上，叶子在较远处散落，收集叶子的位置取决于风的强度。如今，风选是通过一系列带筛网机器进行的，以分离不同尺寸和质量的材料，不会产生浪费。

采购与贮存

新鲜花园百里香和柠檬百里香通常可以从农产品零售商那里购买，这种植物的稳定性使得购买到枯萎百里香的情形几乎不存在。如果百里香过于潮湿，叶子就会开始变黑并失去风味。

百里香小枝插在装水容器中（就像插在花瓶中一样）在冷藏冰箱中可保存一周以上。还可以将叶子摘下，装入冰块托盘中，加少量水冷冻，如此可将保持长达3个月。用铝箔包裹的小枝冻结后可保藏长达3个月。

干百里香很容易在超市和特色食品店买到。优质干燥的百里香叶子呈灰绿色，它们之间不应该有任何茎干，因为它们在烹饪时不会变软，如果食用它们会很不舒服。

在中东地区，当地人将非常绿、诱人的辛辣百里香称为"zatar（折他）"，这个术语也被用来描述香料混合物。如果您在中东商店购买百里香，就称要买"zatar herb（折他香草）"；如果你想要买与漆树混合的百里香混合物，就称要买"za'atar mix（扎阿塔尔混合物）"。

干燥形式的柠檬百里香很少见，这主要是因为缺乏需求，而不是干燥后保持其风味能力方面的原因。

百里香的储存方式，应该与其他干香草的方式相同：装在密封容器中，避免极端高温、光线和潮湿。如果储存正确，百里香将比大多数干燥香草持续更长时间，可保存18个月到2年。

使用

如果说列出未使用百里香食谱清单比列出使用百食谱清单容易，未免太夸大其词。然而，在西方和中东美食中，百里香确实可以用于许多传统菜肴。其独特的香薄荷刺激性可为汤、炖菜和砂锅菜，以及几乎所有含肉菜肴带来令人愉悦的风味。百里香与马郁兰、欧芹和月桂叶构成传统点缀性混合香草束，其中最常含有百里香、鼠尾草和马郁兰。百里香很适用于鸡肉调味，我们最喜欢烹饪鸡肉的方法之一是在烧烤、油炸或烘烤之前用扎阿塔尔混合物涂抹。百里香极适合于肉块砂锅，可为肉糕、碎牛肉和香肠增添美妙香薄荷风味。它也适用于番茄和马铃薯，在马铃薯色拉中特别有效，并可以补充玉米和青豆的风味。百里香在油脂性酱汁中效果很好，是制作泡菜和调味五香橄榄的重要配料。

每500g食物建议的添加量

红肉：5mL干叶，15mL鲜叶

白肉：3mL干叶，10mL鲜叶

蔬菜：2mL干叶，7mL鲜叶

谷物与豆类：2mL干叶，7mL鲜叶

烘焙食品：2mL干叶，7mL鲜叶

香肠百里香砂锅

这款质朴、爽口的法式砂锅是我的最爱之一，我经常在冬季派对中做上一大锅。我没用香槟和小吃，而是在砂锅碗上盖浇松脆的香草面包屑。人们可坐在火炉前，用叉子或勺子取食砂锅美食，并用可爱赤霞珠或西拉葡萄酒佐餐。如果想吃得满意，可再加些马铃薯泥。

● **预热至200℃**

面包屑面料

新鲜酵母面包屑	250mL
大蒜，剁碎	1瓣
小红洋葱，剁碎	1/2颗
新鲜百里香叶	15mL
切碎的新鲜欧芹叶	15mL
新鲜磨碎的柠檬皮	5mL
橄榄油	30mL

砂锅

橄榄油	10mL	利马豆，煮熟和沥干	250mL
红洋葱，切碎	1颗	黑眼豆，煮熟和沥干	250mL
大蒜，切碎	2瓣	干红葡萄酒	250mL
红辣椒，去籽并切碎	1个	干百里香	22mL
猪肉香肠，切成1cm的片		干迷迭香	5mL
（见提示）	4根	辣椒	5mL
凤尾鱼片，切碎	2块	熏甜辣椒粉	5mL
鸭胸，切碎	1块	埃斯佩莱特椒粉	5mL
398mL带汁碎番茄罐头	1罐	海盐和现磨黑胡椒粉	适量

1. 面包屑面料：在碗中，将面包屑、大蒜、洋葱、百里香、欧芹、柠檬皮和油混合，充分混合以确保面包屑裹上香草香料。将混物均匀涂抹在烤盘上，在预热的烤箱中烘烤5min，直至呈金黄色。从烤箱中取出并放在一边。

2. 砂锅：中火，在大砂锅或荷兰烤锅中加热油。加入洋葱炒约5min至半透明。加入大蒜和红辣椒，炒2min，直至软化。加入香肠，煮约6min至两边呈褐色。加入凤尾鱼、鸭肉、番茄、利马豆、黑眼豆、红葡萄酒、百里香、迷迭香和两种辣椒粉，搅拌均匀。火力降到小火，煮约30min，直至酱汁变稠，香肠变软，用盐和胡椒粉调味。供餐，将松脆面包屑加在碗顶部。

提示

可以从熟食店和特色食品店买现成的油封鸭（confit duck）。

零陵香豆（**Tonka Bean**）

学名：*Dipteryx odorata*（也称为*Coumarouna odorata*）

科： 豆科（Fabaceae 原科名Leguminosae）
其他名称： 通金豆（tonkin bean）、薰草豆（tonquin bean）
风味类型： 辛辣
利用部分： 种子（作为香料）

香豆素问题

1954年，根据早期及明显有错的香豆素具有血液稀释效应的数据（实际上并非如此），美国食品和药物管理局禁止了进口用于调味的零陵香豆。据我所知，这项限制仍然有效。

背景

零陵香豆原产于南美洲北部。零陵香豆大部分来自委内瑞拉，尽管哥伦比亚、巴西和尼日利亚也有生产。历史上，零陵香豆最有趣并最有争议的方面是其潜在毒性。这种豆含有约3%的香豆素，如果大量食用会导致肝损伤。香豆素还存在于月桂（*Cinnamomum cassia*，*C. burmannii*和*C. loureirii*）、甘草（*Glycyrrhiza glabra*，也是豆科植物成员）和薰衣草（*Lavandula angustifolia*）中。当以正常烹饪量使用时，它对正常健康人没有任何不良影响。在澳大利亚和欧洲的许多地方，零陵香豆在厨师和美食爱好者中的受欢迎程度越来越高。零陵香豆新近受到人们关注，主要与媒体大力吹捧其独特风味属性有关，也可能与其在美国的非法性引起的冒险情绪有关。尽管如此，多数国家食品安全当局的一般建议仍然是"谨慎使用"。

植物

用于果实生产的零陵香豆树通常是密集、有光泽的壮观树木，高度超过20m，直径达1m。树木生长在潮湿、排水良好、较为贫瘠的土壤。然而，肥沃土壤、肥料和堆肥可增加生长密度，也可增加开花和豆荚生产的繁殖力。树干木材很硬，可用于做地板。开花后约三个月，形成绿色，然后是浅棕色至淡黄色的豆荚，它们看起来像成熟的小芒果，这些豆荚中存在种子。零陵香豆非常刺鼻，它们高度复杂的香气让人想起小杏仁饼、苦杏仁、肉桂和香草。

加工

完全成熟的豆荚从树上掉下来，从叶子中捡起，然后装入柳条筐中准备加工。每个豆荚要切开或用锤子敲开，露出一片长约2.5cm的皱纹长方形棕色种子（零陵香豆），当切开以显示其横截面时，豆子显露出乳白色的中心，这些完整全种子的豆要在阳光下晒干。干燥过程会使天然存在于豆中的酶激活，从而使豆

烹饪信息

可与下列物料结合	传统用途	香料混合物
● 多香果	● 牛奶甜点	● 通常不用于香料混合物
● 豆蔻果实	● 焙烤食品	
● 月桂	● 炖水果	
● 肉桂	● 干果蜜饯	
● 丁香		
● 芫荽籽		
● 生姜		
● 香兰		

子外面变黑。豆中心变成浅棕色，产生刺鼻的风味。据我所知，豆荚肉没有烹饪用途。

采购与贮存

零陵香豆可在一些特色香料店购买到。应购买粒形完整的豆，并且一次购买量要少，因为在添加到配方时只需要一点点。有些豆子表面可能会有轻微花纹，有点像杜松子，这不是问题，它只是一些在表面结晶的香豆素。零陵香豆应装在密封良好的密闭容器中，因为其香气很容易交叉污染附近的其他配料。在避免极端高温、光线和潮湿条件下，整粒零陵香豆可保存3年或更长时间。

使用

使用零陵香豆时的关键是"少量使用"，要做到这一点肯定不容易。我发现在食谱中添加零陵香豆的最佳方法是将其碾碎，就像对待肉豆蔻的方法一样。零陵香豆粉末类似于新鲜研磨的肉豆蔻粉，具有高度芳香性。这些香气可用于冰淇淋、奶油布丁、水煮梨、海绵蛋糕、脆饼干、水果蛋糕和圣诞布丁。零陵香豆也可以添加到野味、肉酱和鹅肝中，因为零陵香豆的浓郁风味可与丰富的食物平衡，就像八角茴香与鸭肉和猪肉一样。

零陵香豆的非烹饪用途包括作为烟斗烟草的调味品，以及通过蒸汽蒸馏制成的提取物，用作洗涤剂和香水成分。

每500g食物建议的添加量
红肉：1.5mL粉末
白肉：1mL粉末
蔬菜：1mL粉末
谷物与豆类：1mL粉末
烘焙食品：1mL粉末

焦糖布丁

焦糖布丁是一种从不会过时的经典甜点。传统上用香兰豆制成，这个版本使用零陵香豆，具有类似的风味特征。做这个甜点的诀窍是不要把蛋羹煮过头，否则最终会得到炒鸡蛋。

制作4人份

制备时间：5min
烹饪时间：30min

提示

如果你没有喷灯，可以把烤盘放在烤箱的最顶层架上，尽可能接近热源，然后仔细观察，直到糖溶化并变成深金棕色，大约3~5min。

- **4个直径10cm的小模具**
- **23cm方形玻璃烤盘**
- **平纹细布衬里的筛子**
- **厨房喷灯（见提示）**
- **烤箱预热至170℃**

重奶油或搅打（35%）奶油	300mL
零陵香豆，大致切碎	2粒
蛋黄	4个
超细（砂）糖，加上额外	15mL
焦糖化糖（见提示）	适量

1. 中火，在锅中加入奶油和零陵香豆，只需煮至微沸（不要沸腾）。将锅从热源移开，加盖，静置10min。

2. 同时，在一个搅拌碗中加入糖和蛋黄，搅打至变得轻盈蓬松。加入上述奶油搅拌。将衬布的筛子放在耐热碗上，过滤混合物，去除鸡蛋长丝和零陵子豆粒。

3. 将小模具放入烤盘中，倒入蛋奶混合物。慢慢将热水倒入烤盘中，直到它到达小模具的一半。在预热的烤箱中烘烤约20min，直到蛋羹顶部形成浅金色表皮但仍能摇晃。小心地从烤箱中取出烤盘，将小模具从水中取出。放置约30min冷却，然后小心不要破坏表皮，加盖冷藏至少3h或（理想情况下）过夜。

4. 上餐前，在每个蛋羹撒1/2~1茶匙（2~5mL）糖，约5mL厚。使用厨房喷灯，从蛋羹顶部相距5~7.5cm位置喷火焰，平缓移动火焰，加热糖，直到糖溶化并变成深金棕色（动作要快，以避免"煮烫到"蛋羹）。剩余的蛋羹也同样处理。将布丁放在一边约5min，让糖冷却并硬化后再食用。

姜黄 （**Turmeric**）

学名：*Curcuma longa*（也称为*C. domestica*）

科：姜科（Zingiberaceae）

其他名称：马德拉斯姜黄（Madras turmeric）、阿勒皮姜黄（Alleppey turmeric）、印度番红花（Indian saffron）、黄姜（yellow ginger）

风味类型：混合

利用部分：根茎（作为香料）

背景

姜黄在真正野生状态下并不为人所知，但人们相信它是从野生姜黄进化而来的。通过连续选择野生姜黄及指状物营养繁殖（类似于生姜的繁殖）过程，我们知道现在的姜黄是进化的结果。姜黄原产于南亚，当地主要将它应用在医药和宗教方面。公元前600年的亚述香草中姜黄被列为着色剂植物；公元7世纪它就已经出现在中国。马可波罗在1280年描述了它在中国的用途，并指出它与番红花的相似之处。人们想知道他是否还列举过一些其他有趣的物质，因为除了颜色，番红花和姜黄几乎没有共同之处。即使是颜色，姜黄的亮黄色也与番红花浸泡出的金黄橙黄色完全不同。

公元8世纪姜黄已经在马达加斯加共和国闻名，到了13世纪，它在西非被用作染料。作为一种香料，姜黄是阿育吠陀医学的特色，是印度传统"天然"药物。它的治疗特性在民间医学中有很多记载，现在正由科学家研究。含有姜黄的软膏可用作防腐剂，在亚洲的一些地方，姜黄水被用于化妆品。

姜黄被广泛用作食品（包括糖果和药品）着色剂，以响应消费者对天然色素日益增长的需求。姜黄纸可用于碱度测试。纺织工业多年来一直使用姜黄作为染料，尽管按照今天的标准，它并非完全不会褪色。随着烹饪用途增多而将姜黄价格推高，将有更持久的合成染料取代它。

植物

姜黄是属于姜科（Zingiberaceae）的热带多年生植物的根茎（从初级块茎长出的根系部分）。为了收获，它需要每年种植。姜黄植物具有长而扁平的亮绿色叶子，从基部开始高1m，其淡黄色花朵看起来像生姜花和一些百合花。姜黄根茎通常被称为"手指"，外观呈姜状，长5~8cm。姜黄根茎的横截面比生姜的圆，粗1cm，呈深橙黄色。

姜黄粉呈亮黄色，具有独特的泥土香气和令人惊喜的尖锐、苦涩、辛辣、挥之不去的风味。

烹饪信息

可与下列物料结合

- 多香果
- 香芹籽
- 豆蔻果实
- 辣椒
- 肉桂和月桂
- 丁香
- 芫荽（叶子和种子）
- 茴香籽
- 葫芦巴籽
- 高良姜
- 大蒜
- 生姜
- 柠檬草
- 柠檬桃金娘
- 马克鲁特莱姆叶
- 芥末
- 黑种草
- 红辣椒
- 欧芹
- 罗望子
- 越南薄荷

传统用途

- 亚洲和印度咖喱
- 摩洛哥塔吉
- 炒鸡肉
- 海鲜和蔬菜
- 泡菜
- 酱汁
- 米饭

香料混合物

- 咖喱粉
- 印度马萨拉斯
- 北非腌泡汁香料混合物
- 拉斯哈努特
- 波斯香料混合物
- 唐杜里香料混合物

香料贸易旅行

写此有关姜黄的短文时，我不禁回想起在印度南部卡拉拉邦的一次访问，当时我们参观了一个大型姜黄种植园。在那之前，我们只在小型香料园中看到过生长在胡椒藤和肉豆蔻和丁香树之间的姜黄。有一天，在我们参观大规模生姜干燥之后，被告知在同一地区有大型姜黄种植园。我们在崎岖不平的道路上行驶了好几个小时才看到姜黄，但那只是开始。相当艰难地驱车经过一段牛车道路后，我们在太阳刚要落山时到达了一片空旷地。司机指着一个看起来像圣经描述的泥砖棚，里面装着收获的姜黄，在等待清洗并送到市场。我们问姜黄种植园在哪里，司机回答说这就是种植园，所有的姜黄都刚收获了！

我相信很少有人走了这么远的路，只是为了看一下（那天我们所见的）没有姜黄生长的姜黄种植园。至少在我们脑海中留下了一幅难以忘怀的印象（天色太暗了，不能拍照），矗立着椰子波浪起伏的田野。我喜欢吸入储存姜黄冲人的（带有明显泥土气和刺激性的）香气。起初我以为是土壤和污垢粘在姜黄根茎上发出的气味，现在，每当我闻到优质姜黄的风味时，它都会让我回想起印度南部那个仓库的泥土气味。

加工

将姜黄根茎拔起后，要将它们浸入沸水中约1小时。这可加快干燥速度并使它们变性，因此它们不会发芽。热烫还有助于根茎颜色均匀分布，新鲜姜黄切开时，可注意到橙黄色在整个横截面上分布不均匀。随后要将姜黄指状物放在阳光下晒干。

干燥后，要将姜黄指状物抛光去除外皮、小根和任何残留的土壤颗粒。对其进行抛光的传统方法是让工人用手或脚大力擦拭用几层粗麻布袋包裹的姜黄，造成姜黄磨损（同时可保护操作人员）。另一种方法是将姜黄的指状物放在带有一些石头的长麻袋里。两个工人各抓一端晃动袋子（就像用沙滩巾拍打沙子一样），将脏的棕色根茎变成光滑的、深黄色的手指姜黄，准备上市。如今，抛光在旋转的大型金属丝或穿孔金属桶中进行。垃圾从洞里掉出来，抛光的指状物留在转鼓内。

通过在锤式粉破机中将坚硬的姜黄指破碎，然后将它们转移到设定好的研磨机中，研磨产生熟悉亮黄色的粉末状姜黄（煮沸过程中淀粉糊化会使它们变硬，这就是为什么几乎不可能在家中自己研磨的原因）。

提取的姜黄油树脂可用作食品和制药工业的天然色素（E100），这种色素有时称为"姜黄油树脂"。

采购与贮存

亚洲食品在北美的普及有助于厨师意识到使用新鲜姜黄根茎在颜色和风味方面的好处。新鲜姜黄通常来自特种农产品商家，特别是那些迎合亚洲市场商品的店家。根茎应该丰满、坚实和干净。新鲜姜黄应储存在橱柜的开口容器中，就像保存新鲜洋葱和大蒜一样，如此可保存2周。

有些亚洲农产品商店还提供（用于马来西亚和印度尼西亚烹饪）姜黄叶和用于泰国菜的嫩芽。将这些相当耐藏的叶子存放在冷藏冰箱，可保存1周时间。

姜黄粉有两种主要类型，马德拉斯姜黄粉和阿勒皮姜黄粉。值得注意的是，尽管许多香料具有产地区域前缀，但这并不一定意味着是它们生长的地方。

所标的地名可能是因为某个等级或类型香料始终可以从该特定区域贸易商处获得，或者可能是因为香料命名的区域比其他区域更为出名。例如，马德拉斯姜黄种植在泰米尔纳德邦，但主要在马德拉斯交易。阿勒皮姜黄是在卡拉拉邦生产的，但它的名字来自科钦附近美丽的水网区——阿勒皮地区，当地大部分姜黄都在此交易。

马德拉斯姜黄是浅黄色的，是烹饪最常用的品种。英国人认为它是优等品，可能是因为它能着色又没有什么风味的缘故。马德拉斯姜黄主要用于咖喱、芥末和泡菜上色，它含有约3.5%的姜黄素含量（着色剂）。

阿勒皮姜黄的颜色更深，其姜黄素含量可高达6.5%，使其成为更有效的着色剂。即使在干燥的情况下，它也具有优质新鲜姜黄风味。阿勒皮姜黄更接近新鲜姜黄的风味，带有一点泥土香气和令人惊讶的柠檬薄荷的精致头香，让人联想到它的近亲生姜。由于姜黄素含量较高，质地呈油性，因此将它与其他香料混合时，建议通过一个小过滤器筛分，以防止结块。

姜黄粉应以与其他磨碎香料相同的方式储存：装在密闭容器中，贮存在避免光照和极端高温、潮湿环境。在这些条件下，阿勒皮和马德拉斯姜黄粉可有12~15个月的颜色和风味保质期。

使用

一旦抛弃姜黄主要用于为食物着色的观念，那么就能体验到它有非常了不起的多样化优点。当然，它通常与咖喱有关，适量使用，特别是阿勒皮姜黄，对风味有重要贡献。摩洛哥北非腌泡汁香料混合物取决于姜黄的温暖特质，这种混合物还包括孜然、辣椒粉、辣椒、胡椒、洋葱、大蒜、欧芹和芫荽叶。我们的黑莱姆科威特鱼汤依靠姜黄来调和豆蔻、胡椒、小茴香和辣椒香调，以及芫荽叶和新鲜莳萝。姜黄在用酸橙叶、高良姜、辣椒和澳大利亚本土柠檬桃金娘的炒菜中效果很好。卡皮坦（Kapitan）鸡肉是欧洲殖民者在马来西亚享用的美味佳肴，以洋葱、大蒜、辣椒和姜黄为主要风味配料。

姜黄虽然经常被称为"印度番红花"，但它不应该在配方被当作真正番红花替代品使用，因为它们的风味是完全不同的。但是，可以用姜黄做出诱人的美味黄色米饭。当采用浸煮方法烹饪时，每250mL米饭，加入2mL姜黄粉，4cm肉桂棒，3个整个丁香和4g绿色小豆蔻豆荚。

一定要非常小心，不要将姜黄洒在衣服上，因为它会留下几乎不可能去除的污渍。

每500g食物建议的添加量

红肉：15mL粉末
白肉：15mL粉末
蔬菜：10mL粉末
谷物与豆类：5mL粉末
烘焙食品：5mL粉末

夏梦勒酱

许多食谱要求添加"摩洛哥香料"，这可能包括塔吉香料混合物、拉斯哈努特或柏柏尔。然而，夏梦勒酱确实是默认的摩洛哥香料。如果需要清淡的莎莎酱，可以使用干香料或新鲜的天然混合物制成。它辣度低、味道浓郁，几乎适用从面包到烤肉的各种食物。我最喜欢的夏梦勒酱使用方法是将它与一点原味酸奶混合，然后在烧烤前用它大量涂在剑鱼排上。

● **食品加工机**

大蒜，切碎	1瓣
小葱，切碎	1棵
碎小茴香	15mL
芫荽籽粉	2mL
辣椒粉	10mL
现磨新鲜姜黄根（见提示）	10mL
现磨新鲜姜根	15mL
辣椒	一撮
切碎的新鲜芫荽叶	15mL
切碎的新鲜欧芹叶	30mL
细海盐	1mL
橄榄油	30mL
鲜榨柠檬汁	15mL

制作约250mL

制备时间：10min
烹饪时间：5min

提示

新鲜姜黄很容易弄脏手，因此在抛光时要戴上手套。

在装有金属刀片的食品加工机中，加入大蒜、葱、小茴香、芫荽籽粉、辣椒粉、姜黄、姜、辣椒、芫荽叶、欧芹和盐。脉冲搅打混合。电机运转状态下，通过进料管中加入油和柠檬汁，然后加工成糊状物，必要时刮下碗的两侧。将混合物装在密闭容器中，可在冰箱保存1周。

变化

为了制作肉或鱼腌料，可将60mL夏梦勒酱与30mL普通希腊酸奶混合。

德里达尔

印度北部常使用红扁豆，这种红扁豆可以做出非常令人满意的菜肴。这是我母亲在德里最喜欢吃的菜，她让我也迷上了它，我总会在冰箱里放上一两份以备不时之需。可与蒸印度香米或抓饭一起食用。

制作6人份

制备时间：40min
烹饪时间：20min

提示

红扁豆是达尔的理想选择，因为它们软并且易成糊状，能产生美妙的汤稠度。虽然红扁豆不一定要浸泡，但浸泡约一个小时可缩短烹饪时间并有助于消化。

● **食品加工机**

糊	
稍压实的新鲜芫荽叶和茎	250mL
小洋葱，大致切碎	1颗
去皮，大致切碎的姜根	15mL
蒜末	15mL
绿色手指辣椒，去籽并切碎	1个
扁豆和达尔香料混合物	30mL
油	15mL

达尔	
油	15mL
红扁豆，浸泡在3杯（750mL）水中（见提示）	500mL
煮熟的红芸豆	375mL
398mL罐装番茄丁，带汁	2罐
糖	一撮
新鲜的咖喱叶	30mL
细海盐	5mL
现磨黑胡椒粉	适量
额外的新鲜芫荽叶	适量

1. 糊：在配有金属刀片的食品加工机中，将芫荽叶、洋葱、生姜、蒜末和辣椒混合，加工成顺滑的糊状物。加入扁豆和达尔香料混合物和1汤匙（15mL）油。脉冲搅打充分混合。

2. 达尔：中火，在大平底锅中加热1汤匙（15mL）油。加入糊状物，煮沸，不断搅拌3min，直到香气出现并开始变成棕色。加入扁豆和浸泡水、芸豆、番茄、糖、咖喱叶和盐。煮沸，然后降低火力，煮15min，偶尔搅拌，直至扁豆和芸豆变软。用盐、胡椒粉调味。最后用芫荽叶装饰。

香兰（**Vanilla**）

学名：*Vanilla planifolia*

科：兰科（Orchidaceae）

品种：香兰（*V. planifolia*，又名*V. fragrans*）、西印度香兰（*V. pompona*）、大溪地香兰（*V. tahitensis*）、潴莉叶（*Orchis latifolia*，*O. mascula*，*O. maculata*，*O. anatolica*）

其他名称：香兰豆（vanilla bean）、香兰荚（vanilla pod）、香兰提取物（vanilla extract）、香草精（vanilla essence）、香兰豆酱（vanilla bean paste）

风味类型：甜蜜

利用部分：豆荚（作为香料）

背景

香兰原产于墨西哥东南部和中美洲部分地区，生长在排水良好、富含腐殖质的热带植被土壤。虽然无从知道阿兹特克人何时开始使用香兰，但是到1520年该香料引入西班牙时，它的生产已达到相当复杂的程度。阿兹特克皇帝蒙特祖玛向科尔特斯（Cortés）提供了一种巧克力和加蜂蜜香兰做成的饮料。这一发现给西班牙人留下了深刻的印象，他们将香兰豆进口到西班牙，并在西班牙建立了工厂，生产用香兰调味的巧克力。香兰除了其风味以外，显然还有神经兴奋剂和壮阳药的声誉。香兰也被用于加香烟草。

虽然早在1733年就有一些植物被带到英国，并在19世纪初被重新引入，但所有让它们在自然生长地之外结实的努力都失败了。19世纪中叶，植物学家发现该植物是不育的，因为它们缺乏天然授粉器。在令人惊奇的命运转折中，留尼汪岛上一位名叫埃德蒙·阿尔比乌斯的12岁奴隶发现他可以手工为香兰花授粉。此后，设计了一种令人满意的手工授粉方法，并在世界各地传播。到20世纪初，香兰在留尼汪、塔希提岛以及非洲和马达加斯加的部分地区种植。

可悲的是，由造纸厂废亚硫酸盐液体与煤焦油提取物或丁香油酚（由丁香得到的油）混合而成的人造香兰的发明，几乎破坏了天然香兰产业。仿香兰价格约为真正香兰的十分之一，虽然风味较差，但它很快占据了用于制造冰淇淋、糖果和饮料的大部分香兰调味品市场。然而，到了20世纪末，消费者对天然香料的需求以及对真正香兰的优异风味的欣赏，已使墨西哥香兰工业出现了一些复苏，同样出现复苏的还有印度、巴布亚新几内亚和印度尼西亚等新兴香兰生产国。

烹饪信息

可与下列物料结合	传统用途	香料混合物
• 多香果	• 冰淇淋	• 糖和香料混合物
• 当归（结晶）	• 甜点奶油和酱汁	
• 豆蔻果实	• 蛋糕	
• 肉桂和月桂	• 饼干	
• 丁香	• 甜食	
• 生姜	• 利口酒	
• 薰衣草	• 香兰糖	
• 柠檬桃金娘		
• 柠檬马鞭草		
• 甘草		
• 薄荷		
• 肉豆蔻		
• 班兰叶		
• 玫瑰花瓣		
• 黑芝麻		
• 金合欢籽		

植物

香兰是兰属的一员，兰属是世界上最大开花植物家族的一部分，包括约20000个品种。大约有100种香兰。它是兰科植物中唯一具有任何烹饪意义的属，另一属是晦涩且难以找到的潴莉叶（*Orchis latifolia*）。

最重要的香兰（*V. planifolia*）是一种热带攀援兰花。它的多汁茎，直径为1~2cm，通过紧贴具有长气生根的寄主树，向上可达到10~15m，其扁平肉质叶大，长8~25cm，宽2~8cm。叶子底部呈圆形，并像一绺上跷头发突然变细到尖头。略带香味的浅绿色花朵，花瓣有黄唇沿，平均直径为8~10cm。开花后形成成簇几乎圆柱形的10~25cm的有角囊，这些囊被称为豆荚（或豆）。新鲜时，豆荚没有香气或滋味；风干使香兰豆中天然存在的酶激活，产生香味成分香兰醛（主要香兰味成分）。还有另外两种香兰，但由于它们的香兰醛含量较低，它们的风味通常被认为不如*V. planifolia*品种。

结晶的香兰醛，豆荚纵向分开时，会显露出含数百万小籽的黑色黏状物，每粒籽大小不超过黑胡椒粉。香兰豆香气芬芳、花香、甜美、令人愉悦。同样，它风味丰富、柔和、诱人，但其风味只有与其诱人的气味相配合才能完全被感觉到。

其他品种

西印度香兰（*Vanilla pompona*）类似于*V. planifolia*，但有较大叶子和花朵以及较短、更较粗的豆荚。它的风味比*V. planifolia*和*V. tahitensis*少，很少

兰茎粉

兰茎粉（*Orchis latifolia*，*O. mascula*，*O. maculata* 或*O. anatolica*）是由土耳其安纳托利亚高原独有兰花块茎制成的粉末。它可为冰淇淋（salepi dondurma）带来惊人的弹性，我们很幸运能够在访问土耳其时采集到这种样品。它也可用于制作饮料。由于世界兰花贸易令人难以置信的政治性（我推荐参阅埃里克汉森的《兰花热》和苏珊奥尔良的《兰花小偷》）及兰茎粉在土耳其的独特地位，因此，如无严格控制许可，则其出口是非法的。

香料贸易旅行

当我和莉兹在墨西哥帕潘特拉时，我们被告知，高价的香兰容易被盗。盗贼会偷走已经准备收获的香兰豆荚并秘密风干它们，然后将它们卖给黑市。为了应对这种盗窃行为，主人向我们讲述了一种巧妙的（尽管是劳动密集型的）流程，正在帮助解决问题。现在，许多农民将每个香兰豆荚品牌化，使用嵌在软木塞上的针脚刮擦出即使在风干后仍能保留的图案。因此，如果看到一端带有点状图案的香兰豆荚，您就会看到农业品牌最不寻常的应用之一！显然，这一措施导致盗窃率大幅下降，并抓获了一些盗贼。

用于商业用途。大溪地香兰（*V. tahitensis*）是由*V. pampona*与*V. planifolia*杂交产生的品种。它于1848年由海军上将费迪南德·阿尔方斯·哈默林（Ferdinand-Alphonse Hamelin）引入塔希提岛，现在夏威夷和许多其他热带国家种植，包括留尼汪和纽埃。大溪地香兰有细长的茎、狭窄的叶子和小豆荚，两端逐渐变细。虽然大溪地香兰香兰醛含量低于*V. planifolia*，但它具有独特的香气和风味，使得许多当今厨师倍加追捧。

加工

香兰豆荚加工是一项非常费力的过程，从施肥开始就必须手工完成，以确保授粉和作物生长良好。这些花在麦蜂属（Melipona）小蜜蜂的自然栖息地中被授粉，并且由于没有足够数量的这种蜜蜂为香兰花授粉，或者香兰藤生长区不存在这种蜜蜂，所以必须进行人工授粉。情形更为复杂的是，香兰花中有一个小膜，可防止柱头和雄蕊接触和授粉。因此，为了确保所有的花都能产生香兰豆，必须使种植园每一朵花上的两根细丝弯曲以使它们接触，这是一个（通常用牙签等小工具完成）艰巨的任务。

您可能已经注意到，大多数香兰豆长度均匀，看起来很直。在我们访问墨西哥帕潘特拉一个种植园时，一位农民对我们说，他总要去掉弯曲的豆荚，只在藤蔓上留下好的直筒成熟。因为香兰豆荚不会同时成熟，所以收获可以在约三个月时间内进行。采摘的豆荚运往城镇，在那里风干。

收获时的香兰豆是绿色的，在此阶段是无气味无滋味的。将它们摊在箱子中，置于燃木窑中开始干燥和风干过程。在窑中大约24h后，再将豆子摊散在阳光下吸收热量（它们会变得很热，用手捡起时可以有灼烧感）。一天结束时，要将豆荚收集起来，并用羊毛毯或草席包裹。然后，在遮阴大棚中的多层架子上，将这些豆堆成床过夜。

香兰豆每天要经历的这个过程要连续28天。此后，要将它们储存长达6个月，直到变成颜色非常深的棕色或黑色，并且对风干过程完成感到满意。在此期间，香兰豆可能已被处理过100次或更多次。最初的5kg绿色未风干豆变成为1kg正确风干的香兰豆。然后要根据质量对豆进行分级，并将60~100个豆荚紧密捆

太多好吗？

有人可能认为没有什么工作会比整天使用香兰更令人愉快。但众所周知，香兰工人会因为过度暴露于香兰而引起一种称为"香子兰中毒"的副作用。其症状是头痛、精神不振和过敏反应。

种子质量和品质

我们喜欢自己对香兰品质属性进行测试：黏性种子质量占总豆重的比例。完整、丰满的豆子有时内容不佳（这种现象我们已经在斯里兰卡市场提供的一些非常肥大豆子中注意到）。当我们测试来自不同来源批量豆子的种子质量时，我们发现此比例有很大差异。刮出的黏稠黑色种子质量占总豆质量的6%~20%。据我观察，种子质量百分比最高的豆类具有最佳风味。

是精油还是提取物？

我经常被要求解释精油和提取物之间的区别。提取物是提取到的具有所需属性的物质。例如，将香兰浸泡在酒精中可以提取出香兰味。将提取物称为精油，只会让事情变得混乱，因为提取物品质中只是携带有风味精油罢了。还有问题？虽然令人困惑，但其精油是用蒸馏或浓缩得到的产品（或人工仿制的）特征精化提取物。对于香兰来说，你可能会说它是其风味的精华。请注意，人造精华物不能称为提取物，因为不是从香兰材料中提取得到的。这解释了为什么人造香兰通常被称为"仿香兰精油"。

扎在一起，准备出口。

香兰豆并非都是完美的，有些可能很短或扭曲。在帕潘特拉村，女人们巧妙地将那些不能切开的柔软的豆编织成为迷人的小物件图案。另一种本地产品是由香兰豆制成的美味利口酒。它的味道有点像咖啡酒（Tia Maria），它不仅具有独特的咖啡口味，而且具有浓郁、近乎烟熏味、木质味和甜香兰味。

将精细切碎的香兰豆浸泡在酒精、水和少许糖中，提取香兰豆的香气和风味成分，可制成天然香兰提取物。然后蒸馏掉一部分水，在含35%酒精的溶液中留下可溶性香兰提取物的香精称为"单倍"提取物。这种提取物基于在4杯（1L）酒精中提取的约100g豆的标准。在4杯（1L）酒精中用两倍量的香兰豆，可制成双倍提取物。还可生产三倍和四倍的提取物。然而，由于浓度和强度方面的原因，较强蒸馏过程往往仅适合商业操作。一些所谓的浓香兰精油含有添加的糖、甘油、丙二醇和葡萄糖或玉米糖浆，因此，应注意阅读产品标签！

最近，一些生产商开发出了香兰豆酱。这类酱通常由磨碎的香兰豆（来自提取过程的废料）、香兰提取物、玉米糖浆和增稠剂组成。这些糊状物在餐馆中很受欢迎，因为它们给顾客的印象是所食用的菜肴用了从全豆中刮下的种子。

然而，大多数这些糊状物在烹饪方面的效果往往低于纯提取物或实际种子，因为你得到的产品与从整个香兰豆中刮出的种子非常不同。我见过的最好的香兰豆酱来自太平洋岛屿瓦努阿图，它通过研磨香兰豆，加入有机原糖和少量柠檬汁制成，糊状物中没有别的东西，甚至没有酒精。糖有助于糊状物稠度，柠檬汁有助于保存。

采购与贮存

香兰豆很容易从特色食品零售商处获得。然而，当购买整个香兰豆时，无论其原产于哪个国家，重要的是要确保它们没有变干并失去其风味和香气。良好的香兰豆应呈深棕色或黑色，触感湿润，像糖渍甘草一样柔韧，它应有扑鼻的香气。尺寸并不代表风味品质，但贸易商总会告诉客户最长的豆（17cm或更长）是优质等级。闻到并触摸柔软黑色芳香的香兰豆时，几乎可以感觉到其达到完美状态所受过的数百次处理。您可以品尝到由阳光和温暖的夜晚促成的酶加速反应营造出的诱人风味和真实特质。

市场上有五种主要香兰类型，每种类型都有反映整体质量的等级（与大多数香料一样）。

墨西哥香兰凭着其悠久的香兰历史和（一直持续到19世纪的）300年贸易垄断，长期以来被认为具有最好的香气和风味。一些只用过人造香兰的厨师可能会觉得墨西哥香兰缺乏某种深度风味，但他们却不会欣赏其特有的优雅头香。

波旁香兰有三个主要来源：马达加斯加、科摩罗群岛和留尼汪岛。其质感浓度比墨西哥香兰更加明显，这使得波旁香兰成为提取工业的首选品种。然而，依我看来，它缺乏墨西哥香兰最好香兰所具有的优雅香气。

印度尼西亚和巴布亚新几内亚香兰具有深沉、浓郁的风味，但传统上质量参差不齐。当真正的香兰用于与合成香兰素和糖浆混合时，这并不是那么重要，这是

这类香兰最流行的应用方式。最近，对于最高等级的腌制和豆类选择的更多关注已经使印度尼西亚香兰变得更容易获得，并且它在整个豆类市场上取得了一些成功。

西印度香兰（*V. pompona*）的品质低于墨西哥或波旁香兰。它主要产于原法国瓜德罗普岛。它的香兰醛含量低，主要用于制造香水，因为香味被认为太差而不适合生产香兰提取物。

大溪地香兰（*V. tahitensis*）在塔希提岛繁殖，在夏威夷和其他热带国家生产，包括巴布亚新几内亚和太平洋纽埃岛。它的香兰醛含量低于*V. planifolia*的。有些人认为它的口味很差（这可能是竞争对手的恶意中伤），这种观念使得它不像墨西哥和马达加斯加香兰那样在调味方面受欢迎。就个人而言，我发现大溪地香兰的香气和风味充满异国情调，并赏心悦目。毫不奇怪，大溪地香兰的支持者声称，这种杂交品种的后期收获可提供优质香兰。正如许多风味物一样，本人最能判断出各自的喜好。

香兰豆应储存在密闭容器中，并使其免受极端高温、光照和潮湿的影响。在这些条件下，香兰豆可以保存长达18个月。

购买香兰精油或提取物时，请仔细查看标签以确定产品实际含量。如前所述，有许多混合物可能含有其他香料和人造香兰醛。根据相关国家的包装法规，真正的香兰提取物最有可能被贴上"天然香兰提取物"的标签，并给出参比的酒精含量，例如"按体积计低于35%的酒精"。香兰精应储存在避光并远离高温的环境。在此条件下，它将保持长达18个月。

极少数情况下，可将风干后在一些香兰豆表面上天然形成的含糖结晶粉末刮下来制备香兰粉末。这是一种非常昂贵的香兰产品！通常作为香兰粉销售的产品是香兰豆粉和香兰提取物、食用淀粉和糖混合而成的混合物。人造香兰醛粉通常与细糖混合制成超市中的香兰糖。

现在有一种制造高档香兰糖的趋势，这种糖只由香兰豆粉和糖构成。这款美食风格的香兰糖充满了香兰特有的黑色斑点，是最优质的香兰糖。

使用

香兰精油用于冰淇淋、饼干、蛋糕、糖果和利口酒调味，它还可用于为香水添加香味。真正的天然香兰普遍具有略带焦糖味和淡淡烟熏味的平衡甜美香气。相比之下，人造香兰往往具有尖锐的苦味，具有明显的"化学"韵味。这就是为什么使用太多人造香兰会破坏一道菜肴，而稍微过量加真实香兰没有什么关系的原因。所有香兰精油和提取物都非常浓郁，因此1茶匙（5mL）足够为典型蛋糕调味。

可以将整枚香兰豆放入糖罐中以确保形成精致风味的香兰糖（2杯/500mL糖加一枚豆就足够了）。香兰豆可用于蛋奶羹和给水果调味，我家最爱之一是香兰泡酒煮炖梨。只要在烹饪过程在锅中加入一枚整豆，之后取出豆子，洗净并小心晾干，再放回糖罐中以备日后使用。香兰豆风味完全失去之前，可以在此方法中重复使用多次。请记住，如果在牛奶之类含有蛋白质液体中加入香兰豆，洗净后要将它用保鲜膜包起来，并存放在冰箱里。这种方式保留的香兰豆要在一周内使用完，否则会发霉。

香兰三文鱼色拉

虽然大多数香兰种植园已经从毛里求斯消失，但香兰却在其美食上留下了印记。我很幸运曾在那里度假，享受到了岛上不同文化影响所产生的各种美食。正如你所期望的那样，当地的海鲜非常新鲜，我几乎每天都能享受这种色拉午餐。

香兰豆	1根
鲜榨柠檬汁	60mL
稍压实的浅色红糖	22mL
红色手指辣椒，去籽并剁碎	1个
鲜磨的姜末	2mL
橄榄油	15mL
比利时莴苣，切成大约5cm的块	210g
成熟的番茄，去籽并切碎	2个
新鲜芫荽叶	30mL
油	5mL
寿司级无皮三文鱼柳，切成2块	375g

制作2份

制备时间：10min
烹饪时间：15min

1. 用锋利的刀纵向破开香兰豆。将种子刮在小平底锅中，加入香兰豆荚、柠檬汁和糖。用小火缓缓加热约3min，不断搅拌，直至糖溶解。将45mL酱汁转移到一个小碗里（保留剩余的酱汁）。将辣椒、生姜和橄榄油加入碗中并混合。备用。

2. 在色拉菜碗中，将莴苣、番茄和芫荽叶混合在一起。加入制备好的香兰辣椒酱，然后再混好。将色拉均匀分配到供餐盘子中。备用。

3. 用中大火，在煎锅中加热5mL油。加入三文鱼，每面煎2min或煎至你喜欢的程度（为取得最佳风味，鱼应当煎三分熟）。将三文鱼放在色拉上面，再在鱼上面加上预留的香兰酱。

酸奶香兰奶油

几乎所有甜点都会用些奶油。当我感到非常随意时，我也会将这种香兰奶油涂抹在格兰诺拉麦片上。

制作约500mL

制备时间：过夜
烹饪时间：5min

提示

将酸奶香兰奶油加入早餐麦片，搅拌加入炖水果，或搭配苹果派或煎饼。

● **棉布**

原味酸奶	500mL
超细（砂）糖	10mL
重奶油或搅打（35%）奶油	125mL
香兰豆	2根

1. 用干酪布衬漏勺，放在碗里。将酸奶浇入漏勺中，冷藏过夜。

2. 将沥干的酸奶转移到干净碗中（丢弃沥液），加入糖和浓奶油。使用锋利的刀，纵向剖开香兰豆，将微小黑色种子刮入酸奶奶油混合物。搅拌均匀，加盖并冷藏至少1h后食用（在冷藏冰箱可保存1周）。

香兰水煮梨

我离开家后学会了自力更生，这道甜点是我首次晚餐派对甜点之一。这是一道经典菜肴，永远会使人留下深刻印象。吃过大量调味食物后，我发现它特别清爽。

干雷司令葡萄酒（1瓶）	750mL
水	500~750mL
砂糖	125mL
梨，去皮，茎完好无损（见提示）	6个
5cm肉桂棒	1根
香兰豆，纵向破开并打开	2根
酸奶香兰奶油或香兰冰淇淋，可选	适量

1. 小火，在平底锅中，将葡萄酒、水和糖混合。煮7~10min，偶尔搅拌，直到糖完全溶解。加入梨、肉桂和香兰豆，缓缓炖15~20min，直到用扦子或刀刺穿梨时感觉柔软（时间可根据梨的成熟度而变化）。

2. 为了供餐，将梨纵向切成两半。在每个盘子中带烹饪汤加2片梨。上面加一团酸奶香兰奶油或一勺冰淇淋（如果使用的话）。

制作6人份

制备时间：5min
烹饪时间：25~35min

提示

选择烧煮时能保持形状的梨，如博斯克（Bosc）梨或巴特利特（Bartlett）梨。
为了制取较稠的糖浆，从锅中取出梨后，将液体煮沸约15min，直至达到所需稠度。

越南薄荷（**Vietnamese Mint**）

学名：*Polygonum odoratum*（也称为*Persicaria odorata*）

科：蓼科（Polygonaceae）

品种：水蓼（*Persicaria hydropiper*，又名*Polygonum hydropiper*）

其他名称：亚洲薄荷（Asian mint）、柬埔寨薄荷（Cambodian mint）、辣薄荷（hot mint）、虎杖（knotweed）、叻沙叶（laksa leaf）、红蓼（smartweed）、越南香菜（Vietnamese coriander）

风味类型：强

利用部分：叶子（作为香草）

隔离种植

如果您打算在花园种植越南薄荷，请确保将其种植在自己的花圃中或将其限制在花罐中。这种植物相当泛滥，可以完全占据一片土地，也由此获得了"杂草"这一令人不快的绰号。

背景

越南薄荷属于蓼属"*ploygonum*"，其字面意思是"多节"。它直接指出这种香草的茎具有膨大的节。蓼属植物有200多个品种，自文艺复兴时期以来，其中一些已被列入瑞士、法国和俄罗斯的医学药典。虽然其早期用途没有记载，但值得注意的是，它在亚洲美食中的受欢迎程度非常类似于欧洲人对酢浆草的喜爱。新鲜越南薄荷具有类似的刺激性，有点苦，因其具有增强食欲的效果而备受人们喜爱。

植物

这种多年生草本植物根本不是薄荷科的成员，但与酢浆草同属蓼科（Polygonaceae）。这种植物最常称为"越南薄荷"或"叻沙叶"，其长35cm的细长茎顶部有粉红色或白色长花朵，相隔1~5cm有节，并在节处膨大1~5cm。节上长出深绿色逐渐变细的5~8cm长叶片。由于色素沉积的黑色污迹，叶子颜色可能会显得很暗，这在阴影中生长的植物中似乎不那么明显。越南薄荷香气芬芳，具有薄荷和昆虫般香气韵味。它也类似于芫荽叶和罗勒，带有柑橘风味。这些属性在滋味上也很明显，伴随着令人惊讶的炙辣刺激性。

其他品种

水胡椒（*Persicaria hydropiper*）在澳大利亚也被称为"smartweed（蓼）"。它被认为是半水生的，在沼泽和一般潮湿环境中生长。它出现在澳大利亚和新西兰，以及亚洲大部分地区和欧洲较温暖的地区。水胡椒与越南薄荷的外观非常相似，但看起来更加散乱。叶子有胡椒味，因此有"水胡椒"俗名。

烹饪信息

可与下列物料结合

- 罗勒
- 豆蔻果实
- 辣椒
- 芫荽（叶子和种子）
- 小茴香
- 咖喱叶
- 高良姜
- 生姜
- 胡椒
- 八角
- 罗望子
- 姜黄

传统用途

- 亚洲汤，如叻沙
- 亚洲咖喱和炒菜
- 新鲜绿色色拉
- 蘸酱

香料混合物

- 通常不用于香料混合物

加工

越南薄荷不能令人满意地干燥。它往往会枯萎到几乎没有，并且甚至比干芫荽叶更显著地丧失其特有的风味，所以它总是用新鲜的。

采购与贮存

越南薄荷即使在罐子或玻璃盒内也很容易种植。在温带气候下，自己种植越南薄荷是确保一年大部分时间稳定供应的方法；它像同名的薄荷，是一种多产、泛滥的植物，要"隔离种植"。越南薄荷很容易从专卖店和亚洲市场买到，很有可能被称为"叻沙叶"或"柬埔寨薄荷"。越南薄荷束立于水（像插在花瓶）中可在冷藏冰箱保持几天。或者，整束松散地装在大塑料袋中，置于冷冻室可保持几周。需要时，取出适量以新鲜材料相同的方式使用。

使用

越南薄荷除了用于亚洲汤以外，还可为新鲜色拉调味，并用作装饰物。它也适用于使用芫荽叶、酸橙叶、生姜的蘸汁和鱼露。烹饪过程中添加6片叶子，可对马来西亚咖喱产生有趣的风味贡献。

越南薄荷的香气总是让我想起美味的新加坡叻沙（加有鸡肉或海鲜的香辣汤面）。

每500g食物建议的添加量

红肉：6~8鲜叶
白肉：6~8鲜叶
蔬菜：6~8鲜叶
谷物与豆类：6~8鲜叶
烘焙食品：6~8鲜叶

虾叻沙

这种受人喜爱的马来西亚/新加坡面条有数百种变化，已成为澳大利亚的主要外卖菜。尽管我喜欢外卖速度，但此菜肴入味要求高并使用大量蔬菜，因此自己制作会更令人满意。如果自己种植越南薄荷，则非常方便用于制作这种叻沙。

制作4人份

制备时间：15min
烹饪时间：20min

提示

为制备蝴蝶虾，将虾头和壳去掉，留下尾巴。使用锋利的刀，沿虾弯曲背部纵向小心切割，刀深以不使虾被切开为度。然后你可以将虾肉展开并压平，以创造"蝴蝶"状效果。

油	15mL
洋葱，切碎	1颗
叻沙混合香料	60mL
椰奶	625mL
鸡肉汤、蔬菜汤或鱼汤	300mL
鱼露	10mL
虾，去头、去壳、留尾巴，做成蝴蝶形（见提示）	20只
小白菜，纵向对切开（约8棵）	300g
金针菇或切半的蘑菇	250mL
米粉，煮熟并沥干	300g
稍压实的豆芽	500mL
新鲜的越南薄荷叶，撕裂	30mL
新鲜芫荽叶	30mL
酸橙，四切开	1个

1. 中火，在大锅或炒锅中加热油，加入洋葱炒约3min至透明。加入叻沙香料煮约2min，搅拌成糊状。加入椰奶、肉汤和鱼露，煮沸。降低火力，开盖缓煮约10min。加入虾、白菜和蘑菇，煮约5min，直到虾变成粉红色，坚挺并不透明，蔬菜刚煮熟。

2. 将面条分装在4个深碗中，并浇上叻沙酱。上面加豆芽、越南薄荷和芫荽叶，在上面挤上酸橙汁。立即供餐。

变化
可以用等量鸡肉或硬实的豆腐代替虾。

金合欢籽（**Wattleseed**）

学名：*Acacia aneura*

科： 豆科（Fabaceae原科名Leguminosae）
品种： 岩蕨（*A. aneura*）、海岸金合欢（*A. sophorae*）、梗得布里金合欢（*A. victoriae*）、金荆（*A. pycnantha*）
其他名称： 金合欢（acacia）、含羞草（mimosa）
风味类型： 刺激
利用部分： 种子（作为香料）

背景

澳大利亚原住民了解金合欢籽营养价值的历史已有数千年。他们将各种类型金合欢的籽、根、树胶和树皮当药使用。从树皮裂缝中渗出的金合欢胶可以像棒棒糖一样吮吸或浸在水中制成胶冻。黑色树胶大多味涩难吃，但较淡颜色的金色树脂具有相当令人愉悦的味道。

金合欢树皮被认为是单宁的重要来源。到19世纪末，澳大利亚出口了多达22000t的金合欢树皮，用于皮革鞣制行业。到20世纪末，澳大利亚蓬勃发展的丛林美食行业对冰淇淋、煎饼、巧克力和甜点中的烤金合欢风味产生了浓厚兴趣。

植物

虽然金合欢原产于澳大利亚、非洲、亚洲和美洲，但澳大利亚金合欢可用于烹饪。澳大利亚金合欢也最具装饰性：它们迸发出大量蓬松、鲜艳的花朵，其形状和颜色各异，从乳白色到鲜黄色不等。有烹饪重要意义的金合欢籽来自相对较少具有食用豆科籽荚的金合欢树。金合欢有700多种，其中大部分都产有毒种子，因此必须选择绝对无毒品种用于烹饪。

一种被认为是"食用金合欢"的品种是无脉相思树（*Acacia aneura*）。其种子含有相当高浓度的钾、钙、铁和锌以及蛋白质，其中大部分包含在与种子的尾状组织中。在澳大利亚内陆地区生长的无脉相思树高6m。它们看似不太像豆科（Fabaceae）成员，但可观察到它们具有豆荚，其中含有典型的豆科植物种子。

许多金合欢根本没有叶子，而只具扁平成叶状的茎，这些茎起叶子作用，这种结构使其能够抵抗长时间的干旱。攻击无脉相思树的寄生昆虫会在其树枝上出现肿胀块，这些块内部甜而多汁，被称为"无脉相思树果"。

虽然澳大利亚原住民吃的是绿色嫩种子，但只有烤过，并且通常磨成粉的种

金合欢树

澳大利亚金合欢被称为"篱笆树"，因为早期殖民者使用这种植物的细树枝和树干，以及泥土建造房屋，在欧洲，这种建房方法被称为"金合欢和抹泥法"。金合欢有时被称为"含羞草"，然而，虽然相关，但它不是真正的含羞草。

烹饪信息

可与下列物料结合

- 灌木番茄
- 多香果
- 豆蔻果实
- 肉桂和月桂
- 芫荽籽
- 柠檬桃金娘
- 胡椒
- 胡椒叶
- 百里香
- 欧芹

传统用途

- 冰淇淋和冰糕
- 酸奶
- 干酪蛋糕
- 奶油
- 烤三文鱼
- 鸡
- 袋鼠肉
- 野味

香料混合物

- 澳大利亚本土烧烤香料混合物
- 海鲜调味料
- 烤蔬菜调味料

子才被用作食品调味的香料。整粒的烤金合欢籽深褐色呈球形，大小相当于小芫荽籽。金合欢籽粉更容易添加到食物中，它是一种粒状粉末，外观类似咖啡粉。它具有独特光泽、咖啡般香气和令人愉悦的微苦、有坚果咖啡的风味。

其他品种

用于烹饪的金合欢籽大多数来自无脉相思树（*Acacia aneura*）或以下三种在澳大利亚很常见的植物。沿海篱笆（*A. longifolia var.sophorae*）生长0.5~3m高，它类似于悉尼金合欢（*A. longifolia*）。这些种子研磨成粉可制作成一种典型的澳大利亚面包，也可以作为香料使用。梗得布里（Gundabluey）金合欢（*A. victoriae*）产于澳大利亚大部分地区。它在初夏开花，通常收集豆荚种子，磨成粉用于制作苏打面包，烘焙后也可作为香料使用。金合欢（*A. pycnantha*）是澳大利亚的国花。多年来，我们这些在澳大利亚长大的人会将9月1日视为国家金合欢日。虽然我上学期间它已被非正式地认可，但直到1992年才正式将金合欢认定为国花。

加工

虽然金合欢树所结的荚果数量多，但收集和制备种子供消费却是一项艰苦的劳动密集型任务。金合欢带有种子的豆荚在绿色未成熟时收获，土著人使用传统加工方法，将豆荚放在开阔的地上晾晒，这种方式产生的金合欢

香料札记

一次不期而遇的机会让我领教了一则金合欢奇迹：一位在澳大利亚中部工作的地质学家弗兰克·巴德（Frank Baarda）告诉我，金合欢树的根系可以达到30m，以抵御长期干旱。这位地质学家忍不住告诉我他是如何知道这一点的，因此他对黄金勘探和金合欢树展开了一个引人入胜的解释。

黄金勘探者现在拥有相当灵敏的仪器，可以测量出低至十亿分之几微小比例的"黄金价值"。弗兰克说，他们已经在地表发现了黄金值，表明下面可能存在沉积物，但是在9m处它们没有发现任何东西。探测钻孔时，在地表以下30m处发现了金子，有趣的是，也发现了金合欢树的化石根。从而揭开了上面提到的这个迷。金合欢树根部已经向其叶子输送了少量金，这些金已经累积了几个世纪，并在表面留下了一个小而可辨别的金价值。谁说金钱不会在树上生长？

我还了解到另一则同样有趣的信息片段，在金矿中存在高浓度砷，这是黄金存在的关键指标之一。那么为什么在砷和表面黄金价值之间没有相关迹象呢？原因是因为砷是有毒的，而金合欢树具有抵抗力，不会吸收沉积物中存在的砷。

籽类似于可食用但几乎无味的豌豆。晾晒可减少一定量涩味，并可使种子和附着膜较容易从豆荚中除去。

下一步是烘烤晾晒过的整粒种子，这包括将它们装入有余热的盘子中，并将它们放在一边，直到所有种子上的涂层都显示出开裂的迹象。接下来，将烘焙种子从行将熄灭的余烬中取出并冷却。冷却后，要将它们过筛，将它们与剩余的灰分开（这是一种尘土飞扬的操作）。最后，要将经过清理的烘烤种子研磨成"烘烤籽粉"，准备用于烹饪。

采购与贮存

烘烤并磨碎的金合欢籽可从特色香料店、大胆创新的熟食店和出售澳大利亚本土食品的食品店购买。金合欢籽价格与大多数香料相比，相对昂贵（约为肉豆蔻粉价格的五倍），因为加工过程涉及许多步骤。此外，它主要是野生的（从其野生状态收集）而不是商业种植。近年来，由于对澳大利亚本土原料的需求增加，以及对于收获野生材料危害本地植物种群的担忧，促进了商业种植。从长远来看，这种有序种植将使金合欢籽更容易以较低的成本获得。

金合欢籽应定期少量购买。虽然金合欢籽风味非常稳定，但其储存期最好不要超过2年。烘烤的金合欢籽粉应像其他香料粉一样装在密闭容器中，并避免极端高温、光线和潮湿。

使用

金合欢籽可为甜味菜肴增添风味，如冰淇淋、果汁冰糕、慕斯、酸奶、芝士蛋糕和生奶油。它的风味很适合煎饼，也适合与面包搭配。在这些应用中，磨碎的烘烤种子应该浸入液体成分，最好煮沸，或至少应加热。所产生的浸泡液应当过滤，也可带软化的金合欢籽一起使用，以获得额外的颜色和质地。

金合欢籽可用于鸡肉、羊肉和鱼肉（特别适合鲑鱼排），少量金合欢籽与芫荽籽、少许柠檬桃金娘叶和盐构成的调味料更适合用于这些食材，可将这种混合物撒在食物上，然后煎烤、烘烤或烧烤。金合欢籽可产生微妙的烧烤味。

就澳大利亚而言，与传统烧烤流行的天然山核桃烟味相比，金合欢籽风味更具吸引力，烧烤味道总是让我们这些澳大利亚乡村长大的人感到厌倦。

每500g食物建议的添加量
红肉： 3mL磨碎的烘烤籽
白肉： 2mL磨碎的烘烤籽
蔬菜： 2mL磨碎的烘烤籽
谷物与豆类： 2mL磨碎的烘烤籽
烘焙食品： 2mL磨碎的烘烤籽

烤什锦蔬菜

香草植物风味非常适合根茎蔬菜。遗憾的是，商业开发的香草调味料盐和味精的含量均高。在这道菜中，漆树和金合欢籽使传统混合香草更加出色，这种混合物可撒在任何烤制蔬菜上。这道烘焙菜配上橄榄、葡萄和迷迭香，或配上40蒜瓣鸡腿，可成为绝佳配菜。

- **23cm方形玻璃烤盘，涂上黄油**
- **预热至180℃**

香草混合物

漆树	60mL
细海盐	45mL
干牛至	22mL
干百里香	15mL
大蒜粉	15mL
金合欢籽粉	10mL
干罗勒	5mL
干鼠尾草	5mL
干欧芹	5mL
干地迷迭香	2mL

蔬菜

马铃薯，去皮，切成薄片	500g
南瓜或胡桃南瓜，去皮，切成薄片	500g
红薯，去皮，切成薄片	500g
鸡汤	250mL
切碎格里尔干酪、孔泰干酪或切达干酪	250mL

1. 在一个小碗里，加入漆树、盐、牛至、百里香、大蒜粉、金合欢、罗勒、鼠尾草、欧芹和迷迭香。

2. 在准备好的烤盘中，分层摊放马铃薯、南瓜和红薯，每层撒上约2mL制备的香草混合物和约15mL干酪。将肉汤倒入盘中，将5mL香草混合物和剩余的干酪撒在顶层。用铝箔或羊皮纸松罩在上面，在预热的烤箱中烘烤40min，直至蔬菜叉起来发软。取出铝箔并烘烤约10min，直至顶部变成褐色。

巧克力金合欢籽松露

松露并不像你想象的那样难以制作，它们肯定会在晚宴临近结束时给人留下深刻印象。金合欢籽为巧克力增添了丰富的味道，与浓缩咖啡完美搭配。

● **电动搅拌器**

黑巧克力（70%），剁成碎片	250g
重奶油或搅打（35%）奶油	100mL
金合欢籽粉，分批使用	6mL
无盐黄油，室温均温	30mL
无糖可可粉	75mL

1. 将巧克力放入装在水锅中的耐热碗中（制作成双层锅），将水煮沸，然后立即关闭热源（利用足够余热融化巧克力），搅拌巧克力直至变得顺滑。起锅备用。

2. 小火，在小平底锅中，加入重奶油和5mL的金合欢籽，煮3~5min，经常搅拌，直到冒蒸汽并在锅边缘形成小气泡（不要让它沸腾）。将锅从热源移开，并放在一边冷却。

3. 使用中速电动搅拌器，将黄油搅打约3min至非常柔软呈奶油状，加入巧克力，搅拌至均匀。加盖并冷藏至少1h，直到坚硬。

4. 将可可粉过筛到浅烤盘中，并加入剩余的1mL金合欢籽搅拌。快速操作，用圆形茶匙5mL规格将巧克力混合物舀出，然后在手掌之间滚动成球状。在可可混合物中轻轻滚动球并转移到板上，松露装在密闭容器可在冷藏冰箱保存长达1周。

制作约30个松露

制备时间：5min
烹饪时间：30min，加1h冷却

提示

如果松露在滚动时开始熔化，请将手放在非常冷的水中，或者将它们放在冰浴中30sec，然后擦干手并继续滚动。

莪术 （Zedoary）

学名：*Curcuma zedoaria*，*C. zerumbet*

科： 姜科（Zingiberaceae）
其他名称： 修堤（shoti）、白姜黄（white turmeric）、野生姜黄（wild turmeric）
风味类型： 辛辣
利用部分： 根茎（作为香料）

背景

莪术原产于印度、喜马拉雅山脉和中国，它首先被阿拉伯商人带到中世纪的欧洲。现在莪术在印度尼西亚种植，它在热带和亚热带地区繁衍生息。虽然16世纪莪术在欧洲流行，但其烹饪用途经过几个世纪逐渐消失。其使用量下降的一个原因是种植后收获需要两年时间，这使它在经济上不如其近亲姜和高良姜。另一个合理的原因是它的风味特征通常被认为不如生姜和高良姜，后两者既受欢迎又容易获得。

植物

莪术与高良姜、姜黄和姜同属姜科（Zingiberacea）。其浅绿色长叶子从根茎发芽，其内部呈黄色，类似于较矮的高良姜。莪术的大叶子可达约1m，以叶丛形式生长，很像百合。从鲜红叶片部分开出的花呈黄色。

有两种莪术：长圆形莪术（*Curcuma zedoria*）和椭圆莪术（*C. zerumbet*），它们之间的唯一区别是根茎形状，这可从它们的名称修饰词反映出来。莪术具有独特温暖、芳香、姜味，具有明确的麝香樟脑味，并略带苦味余味。

干燥的莪术根茎看起来像姜，但它们的颜色有点灰白，有些较大，质地较粗糙。

加工

莪术的收获方式与姜和姜黄的相同，在开花后收获。通常要将莪术根茎切成薄片并干燥，以便储存和运输。研磨得到的莪术粉呈黄灰色并且非常有纤维感，纤维水平取决于拔起时的根茎年龄。与生姜一样，根茎越老，它的纤维就越多。

采购与贮存

莪术通常只以切片和干燥形式供应。然而，有时可以从中国草药师处购买到莪术粉。切片的根茎最好在以下条件

烹饪信息

可与下列物料结合	传统用途	香料混合物
● 多香果	● 东南亚咖喱	● 咖喱粉
● 豆蔻果实	● 印度尼西亚海鲜菜肴	● 仁当（rending）咖喱
● 辣椒	● 印度咖喱（作为增稠剂）	
● 肉桂和月桂		
● 丁香		
● 芫荽籽		
● 小茴香		
● 葫芦巴籽		
● 生姜		
● 芥末		
● 黑种草		
● 红辣椒		
● 罗望子		
● 姜黄		

保存：装在密闭容器中，远离极端高温、光线和潮湿，如此可保存3年或更长时间。莪术粉应以相同条件储存，保存时间可超过1年。

使用

　　虽然莪术在烹饪中的应用已经在很大程度被生姜和高良姜所取代，但它仍然被用于一些东南亚咖喱调味。一种称为"kenchur（开奇）"的类似香料在印度尼西亚使用，由较小根茎制成，具有更多的樟脑香气。可将完整的干燥莪术片加入汤中，并且通常在食用前取出。可像生姜粉或高良姜粉一样，将莪术粉添加到咖喱和调味汁中。

　　莪术可为海鲜菜肴添加温和风味，有时爪哇烹饪中也将莪术叶子当香草使用。莪术根的淀粉含量很高，莪术在印度被称为"shoti（修堤）"，它有时作为增稠剂使用，并被用作竹芋的替代品。

每500g食物建议的添加量

红肉：7mL粉末
白肉：5mL粉末
蔬菜：5mL粉末
谷物与豆类：2mL粉末
烘焙食品：2mL粉末

酸莪术

这是一种受欢迎的印度美食辛辣佐餐品。莪术和新鲜的姜赋予它强烈的姜香气和风味，可与多萨、德里达尔或本书介绍的各种印度咖喱一起食用。

制作60mL

制备时间：10min，加1h冷却
烹饪时间：无

提示

如果有新鲜莪术，可以使用等量刨丝的新鲜莪术。

可以在厨具商店找到，也可用于莪术、大蒜或高良姜的姜丝搓刨器，也可使用厨房锉刀，例如Microplane公司制造的刨丝器，或用盒式刨丝器的最细的一面。去皮后再刨丝。

克什米尔辣椒粉味道鲜美，适用性强。可以在大多数印度市场找到不同辣度（取决于一起磨粉的种子和膜的比例）的辣椒。

鲜榨柠檬汁	30mL
莪术粉（见提示）	20mL
新鲜磨碎的姜丝（见提示）	10mL
蒜末	5mL
中辣辣椒（见提示）	2mL

在一个小碗里，加入柠檬汁、莪术、生姜、大蒜和碎辣椒，在上桌前盖上盖子并冷藏至少1h。泡菜装在密闭容器中，可在冷藏冰箱保存长达1周。

第三部分

料合艺
香混技

制作香料混合物的原则

经常使用香料的一大好处是能将它们相互结合，创造出完全不同的风味。香料混合物，也称为调味料、混合物、马萨拉或揉搓物，是烹饪时增加风味的方便有效方法。人们只需对如何组合各种香料有基本的了解，就可以制作自己的香料混合物。像各种艺术家一样，香料混合者会将各种香料结合在一起，创造出具有独特个性的均匀混合物。

香料混合确实既是一门艺术，又是一种科学。每位专业香料混合师都有各自的方法来制作混合物。根据不同的最终用户，混合的要求可能会有很大差异。一家跨国食品公司在其快餐店使用香料混合物，其风味特征应该不冒犯任何人。它还要关注成本以及是否可以随时获得质量稳定的配料。20世纪中期，这类混合物大多数含有高盐、糖和味精。到了20世纪90年代，混合香料仍然倾向于包含：高盐量（毕竟，盐既廉价又重，干燥食品制造商喜欢将盐当水用）、用作填料的小麦粉和防止结块所需的自由流动剂（结块是香料贸易中用于描述块状物形成的术语。当香料混合物含有吸湿性或吸水性配料，并且在不太理想条件下长期储存时会发生这种情况）。在21世纪，较好的香料混合物减少了对盐、味精和小麦粉等配料的依赖，并开始提高全天然香草和香料的比例。

一旦熟悉各种各样的香草和香料，就很容易看出所使用的大多数香草香料都有其独特且通常截然不同的特征。有些香草香料风味强烈，如果单独使用，甚至可能使人感到不愉快。另一些（如肉桂和辣椒粉）则即使单独使用，也有很好的效果。

虽然以下指南有助于了解制作香料混合物的基本原则，但实际上并没有严格的规则，应发挥各自的创造力和直觉来创造一系列个人所喜爱的独特品味。

每当我制作香料混合物时，会寻求创造一种独特的风味。有时混合物与任何使用的单个香料几乎没有相似之处。在其他情况下，混合物中一些特征风味可能占主导地位，例如北美苹果派或南瓜派香料混合物中，肉桂和丁香通常是首先可感受到的香味。

混合香料的艺术

　　成功制作香料混合物的艺术包括将各种不同口味和质地的香料融合在一起，创造理想的平衡，这有点像制备一顿饭时平衡甜、咸、酸和苦味元素。混合香料时，我们使它们的不同属性平衡。为此，将香料分为五个基本类别：甜味、辛辣味、浓郁味、辣味和混合味。

典型混合中的甜味、辛辣味、浓郁味和辣味平衡

　　以下指南旨在帮助您获得关键香料相对强度的直觉。最常用甜味、辛辣味、浓郁味和辣味香料的推荐用量，与构成混合香料的适当比例结合，可产生独特的香料混合物。所需的量（以mL计）接近于典型混合物中各种类型香料的体积比例。请记住，这只是一个近似指南。例如，在辛辣类中，八角粉比葛缕子粉风味强，所以如果使用八角粉，可以考虑减少用量。

甜香料

　　甜香料是具有不同程度固有甜味的香料。它们主要用于甜食，如布丁、蛋糕和糕点。值得一提的是，甜味香料在平衡咸味食物方面也能起重要作用。

辛辣香料

当单独闻时，辛辣香料具有非常强烈的头香气味，这种气味有点像樟脑味并有收敛性。辛辣香料很有价值，因为即使用量很小，它们也使缺乏新鲜感的混合物产生新鲜感。所有辛辣香料均应少量使用。

浓郁香料

正如酸味在菜肴中很重要的平衡作用（想想柠檬汁在食谱中使用的次数）一样，浓郁香料的涩味对香料混合物的平衡也起到重要作用。罗望子不用于香料混合物，因为它处理起来很麻烦，不会很容易与干香料混合。然而，漆树粉是干燥香料混合物的极佳添加剂，青芒果粉也是如此。

辣香料

属于这一类型的香料可以最小比例巧妙地添加到混合物中。但是，它们可以成就一道菜，也可毁掉一道菜。这类香料的数量较少，大量使用的术语"辛辣食物"主要指的是加了这类香料的食物。黑胡椒和辣椒等辣味香料能刺激味蕾，也能促使身体释放内啡肽，这让人获得良好的感觉。用不着太多辛辣味就可使食物开胃，只需少量应用辣味香料。

混合香料

经常使用少量混合香料，但在大多数（但不是全部）常见香料混合物中都可以找到它们。值得注意的是，使用过多芫荽籽几乎是不可能的。如果香料混合物中某种香料加多了，额外加一点芫荽籽就可将做失败的混合物救回来。就可行用量而言，甜辣椒粉与芫荽籽相似。

香料类型的比例

香料类型：甜

典型用量：22mL

- 五香粉
- 月桂
- 肉豆蔻
- 香草
- 茴香种子
- 肉桂
- 玫瑰

香料类型：辛辣

典型用量：4mL

灌木番茄	芹菜籽	生姜	粉红花椒
阿育魏实	丁香	杜松	八角
阿魏	孜然	甘草	金合欢籽
菖蒲	莳萝	肉豆蔻	莪术
葛缕子	葫芦巴籽	黑种草	
小豆蔻	高良姜	鸢尾根	

香料类型：涩

典型用量：12mL

- 青芒果粉
- 伏牛
- 黑莱姆
- 驴蹄草

- 柯卡姆
- 漆树粉
- 石榴
- 罗望子

香料类型：辣

典型用量：1mL

- 辣椒
- 辣根

- 芥末
- 黑胡椒

香料类型：混合

典型用量：60mL

- 芫荽籽
- 茴香籽
- 红辣椒

- 黑芝麻
- 姜黄

密切注意质地

混合不同质地的配料，例如碎孜然、辣椒片、胡椒粉和辣椒粉，需要考虑另一现象，这就是在香料业中所谓的"分层"现象。在一段时间内，不同的粒度形成"层"，看起来像沉积岩的横截面。最终它们分开到这样的程度，即一勺香料混合物将具有与下一勺香料混合物不同的味道。您是否应该在使用之前遇到混合物分层，摇晃或重新混合，以确保风味均匀稳定。

自己制作牛排搓揉腌料

在烧烤前，按以下比例自己配牛排搓揉腌料：

- 22mL肉桂粉
- 4mL姜粉
- 12mL芒果粉
- 1mL现磨黑胡椒粉
- 1mL辣椒粉
- 60mL甜椒粉
- 品尝加盐

注意，虽然辣椒和甜辣椒都是辣味香料，但它们在风味和辣度上的相对差异意味着添加数量也应有某些差异。记住，以上比例可随着实践和对香料的熟悉而进行调整。但是，以建议数量作为起点有助于避免任何重大失误。

度量：容积对质量

制作香料混合物时，重要的是用于测量各种香料的方法要保持一致。无论是按容积还是按质量测量；不要在同一次混合操作时同时使用两种度量方式。并且，不要将给出配料质量的配方，按比例用容积方式量取和制作，例如，将10g换成10mL。大多数香料都有不同的"体积指数"——质量/体积关系，这种关系最好用老谜语来说明"一吨沙子和一吨羽毛，哪个重？"当然它们的质量相同，但是相同质量的沙子和羽毛所占的体积则截然不同。

同样的原则适用于单独香料的使用。同体积时，芫荽籽粉的质量可能为10g，而丁香粉质量可能为20g，因为后者的密度较大。这就是为什么当你购买香料时，包装尺寸可能看起来相同，但质量可以从几克到一百克不等。以下是导致这些差异的因素：配料是完整的、切碎的、切片的还是磨碎的，这些因素将影响体积指数。

在混合物中使用香草

干的摩擦（粉碎）香草可以加入一些香料混合物中。我通常用香草来增加混合物的颜色、质地和风味。有些混合物仅由香草组成，例如混合香草和花束。当香草包含在香料混合物中时，我倾向于使用量不超过甜味香料，比如说15mL，而不是22mL。例如，为了给前面提到的牛排香料添加香草，可加入15mL干燥的搓碎牛至叶。

典型混合物中平衡香草

以下指南给出了用于香草混合物的各种干香草（和/或香料）的适当比例。

通常，平衡混合物包含：

2%辣味香料

4%辛辣香料和/或香草

12%浓郁香料和/或浓烈的香草

22%甜味香料和/或香草

60%合并香料和/或温和香草

香草和香料的建议比例基于使用干香草和香料。如果加入新鲜香草，则将数量乘以3。

贮存香草混合物

如果制作的混合物要储存超过一天或两天，请务必使用干香草。新鲜香草不合适，因为它们的含水量比干香草的含水量高（比干香草高80%）。这种增加的水分会使混合物趋于结块，加速香料中挥发油变质，甚至可能使混合物发霉。

香草类型比例

温和香草

典型用量：25mL

- 亚历山大草
- 细叶芹
- 独活草
- 甜根芹
- 当归
- 接骨木花
- 欧芹
- 琉璃苣
- 黄樟树叶粉
- 色拉地榆

中性香草

典型用量：10mL

- 香蜂草
- 菊苣根
- 泰国青柠叶
- 佛手柑
- 韭菜
- 香兰叶

强烈香草

典型用量：5mL

- 罗勒
- 小茴香叶
- 柠檬马鞭草
- 桃金娘
- 芫荽叶
- 葫芦巴叶
- 柠檬草
- 龙蒿
- 咖喱叶
- 薰衣草
- 墨角兰
- 越南薄荷
- 莳萝
- 柠檬桃金娘
- 薄荷

刺激性香草

典型用量：2mL

- 月桂叶
- 牛至
- 鼠尾草
- 甜叶菊
- 大蒜
- 迷迭香
- 香薄荷
- 百里香

保持冷鲜

任何含有新鲜材料的混合物都应冷藏在冰箱中，并在一两天内使用。

风味置静平衡

有关香料混合物，经常被忽视的一种现象是其风味的"圆润"并且在烹饪时或在储存约24h后变得更好。换句话说，刚混合的咖喱粉可能具有略微刺激香味。一天后，其所有复杂性将整合，出现一种平衡的混合物，没有多余的呛口韵味。

牛肉糜香草混合物

强化肉糕、汉堡或马铃薯泥馅饼的简单香草混合物可以包括：
- 2mL干百里香
- 2mL干鼠尾草
- 5mL干马郁兰

如果喜欢用新鲜香草，可将香草叶切碎，使用3~4倍以上的数量。要制作适合添加到砂锅菜（如红烩牛膝）中的混合物，再在上面清单后添加：
- 2mL碎月桂叶
- 25mL切碎的新鲜芫荽叶

记住，如果使用新鲜香草，混合物应在一两天内使用。

烤肉用典型平衡搓揉腌料

这是一种基于混合香草和香料的典型混合物，非常适合在烘烤前涂肉：
- 2%辣香料=10mL
  5mL辣椒粉+5mL黑胡椒
- 4%辛辣香料和香草=20mL
  10mL碎孜然+8mL姜粉+2mL干迷迭香
- 12%浓郁香料=60mL
  50mL漆树粉+10mL芒果粉
- 22%甜香料=110mL
  70mL肉桂粉+40mL多香果粉
- 60%合并香料和温和的香草=300mL
  150mL芫荽籽粉+115mL甜椒+35mL搓碎欧芹

香料和香草组合金字塔

　　香料和香草组合金字塔是一种方便的"现成计算器"，用于制作混合物时使用的香料和/或香草的比例。金字塔显示了每种类型的香草和香料按其近似的相对风味强度分组。金字塔顶端是最强的成分，最下方是最温和的。显示的百分比表示可以组合形成平衡混合物的近似体积量。

辣香料
（2%）
辣椒、辣
根、芥末、胡椒

辛辣香料和香草
（4%）
印度藏茴香、灌木番
茄、阿魏、月桂叶、菖蒲、
小豆蔻、芹菜籽、丁香、
小茴香、莳萝籽、葫芦巴籽、
高良姜、大蒜、生姜、杜松、
甘草、梅斯、黑种草、牛至、鸢尾
根、肖乳香属粉红胡椒、迷迭香、鼠尾
草、香薄荷、八角、甜叶菊、百里香、金合
欢籽、莪术

浓郁香料和强烈香草（12%）
青芒果粉、伏牛花子、罗勒、黑莱姆粉、续随子、
芫荽叶、咖喱叶、莳萝、茴香复叶、葫芦巴叶、古柯、
薰衣草花、柠檬桃金娘、柠檬马鞭草、柠檬草、马郁兰、
薄荷、桃金娘、石榴、漆树粉、罗望子、
龙蒿、越南薄荷

甜香料和中性香草（22%）
多香果、茴香籽、香蜂草、佛手柑、月桂、肉桂、香葱、泰国青柠
叶、豆蔻、玫瑰、班兰叶、香兰

混合型香料和温和香草（60%）
亚历山大草、当归、琉璃苣、细叶芹、芫荽籽、接骨木花、茴香、沙参叶
粉、独活草、红辣椒、欧芹、色拉地榆、芝麻、甜根芹、姜黄

香料混合

香料混合

　　以下香料混合物配方使用体积测量。因此，5mL牛至可以被认为是1份牛至。可以使用茶匙（5mL）、汤匙（15mL）、杯（250mL）或夸脱壶（1L）量取配料，但只是要确保使用相同容器量取所有配料，使用不同容器量取的次数也不同。建议用茶匙（5mL）作为标准尺寸。这样一开始就不会取得太多。如果对结果满意，可以随时添加更多配料。如果做出任何调整，且结果令人满意的话，应记录下来，就可以重复结果。

存储

　　混合完成后，应将其存放在密闭容器中，避免直射光、极端高温和潮湿环境，以这种方式储存的香料混合物可保持其风味长达1年。不要存放在冰箱或冰柜中。当将它们从冷冻藏境中取出时会形成冷凝水，添加水会使挥发性油脂氧化，并且混合物会较快变质。

使用香料混合物

　　虽然一些香料混合物（例如咖喱粉和腌料）的用途非常特殊，但大多数可以各种方式用于各种菜肴调味。虽然混合物有不同风味强度，但作为基本经验法则，以下用量既可用作搓揉物也可用于配方：

香料混合物用作搓揉腌料

使用香料混合物作为干搓揉（腌）料，在烹饪前以适量混合物裹涂肉、鱼或蔬菜。有些混合物不含盐，在这种情况下，也可以加盐调味。甚至咖喱粉也可用作搓揉料，可尝试在咖喱粉中加入盐，然后用它作为搓揉料，想必会有好的效果。

必要的筛分

制作香料混合物时，应始终使用最优质的香料。使用磨碎香料时，应检查是否结块。如果看起来完全是块状的，则在加入混合物之前要筛分。这样可使它们均匀混合而不会在混合物中添加团块。

每500g食物建议的混合香料建议添加量：

红肉：15mL
白肉：12mL
蔬菜：7mL
谷物和豆类：7mL
烘焙食品：5mL

亚洲炒菜调味料

混合香料已经成为快速制备营养餐的常用方法，添加这种亚洲香料混合物会对各种炒菜产生巨大影响。

八角粉	10mL
细海盐	10mL
孜然粉	7mL
姜粉	7mL
月桂粉	5mL
超细白砂糖	5mL
甘草根粉	5mL
多香果粉	3mL
红辣椒粉（见提示）	3mL
茴香粉	3mL
现磨黑胡椒粉	2mL
芫荽籽粉	2mL

将配料放入碗中搅拌均匀，以确保均匀分布。将混合物转移到密闭的容器并储存在远离极端高温、光线和潮湿环境，可保存1年。

如何使用亚洲炒菜调料

使用这种混合物，在烹饪过程中每500g肉类和蔬菜撒10~15mL，以增加炒菜的烹饪效果。这种混合物在烧烤、焙烤/烘烤，甚至煎烤之前，也可以作干搓揉料用于鱼、鸡肉和红肉。

澳洲灌木胡椒混合物

澳大利亚本土香草香料反映出澳大利亚广阔内陆丛林和独特氛围所赋予的独特风味特征。这些风味包括灌木番茄的坚果、焦糖般的滋味，以及来自金合欢籽的烤咖啡样香调，所有这些都可由柠檬桃金娘的新鲜感强化。

芫荽籽粉	22mL
灌木番茄	10mL
细海盐（见提示）	10mL
金合欢籽粉	2mL
胡椒叶粉	2mL
胡椒粉	2mL
柠檬桃金娘叶粉	2mL

> **提示**
>
> 盐用量可以根据品尝决定。
> 我非常喜欢这种混合物的风味，所以经常将它（而不用椒盐粉）撒在番茄三明治或鸡蛋上。

将配料放入碗中搅拌均匀，确保均匀分布。将混合物转移到密闭容器中，置于远离极端高温、光照和潮湿的环境，最长可保存18个月。

如何使用澳洲灌木胡椒混合物

这种灌木胡椒混合物具有多种功能，完全可以在炙烤，架烤，烘烤或烧烤之前用作烤肉的搓擦腌料，也可以用于在烹饪前为马铃薯楔和茄子等蔬菜调味。它也能作为椒盐的替代品使用。

澳大利亚风味物

移民对澳大利亚历史产生过巨大影响。因此，澳大利亚烹饪以某种方式使用几乎所有烹饪香料和香草。以下香料和香草清单是一些选择的风味，一些属于本土产物，反映出典型的澳大利亚美食体验。这些香料，可单独也可组合用于红肉、白肉、蔬菜和谷物，唤起了澳大利亚人性情无拘无束的鲜明开放性。它们通常按使用量顺序列出。

- 芫荽籽
- 姜
- 灌木番茄
- 柠檬桃金娘
- 奥利达（森林浆果香草）
- 金合欢籽
- 塔斯马尼亚胡椒叶
- 茴香桃金娘
- 塔斯马尼亚胡椒浆果

巴哈拉特

　　巴哈拉特（baharat），也称为埃德维厄（advieh），是经典芳香香料混合物名称，广泛用于阿拉伯和伊拉克烹饪。巴哈拉特最好解释为一种充满各种香气的异国情调混合物。它并不辣，但它具有各种香料所拥有的浪漫香气。结果是一种出色的平衡组合：它有木质酒香、芳香月桂朗姆酒香气、甜蜜桂皮肉桂甜味、深切的苹果般果味。其风味圆润、浓郁、甜美带涩感，并具有令人满意和刺激食欲的辛辣口感。虽然每种香料都有其独特的贡献，并且可留下一种挥之不去的个性，但制作精良的巴哈拉特，感觉不到占主导地位的某种风味。比例可以根据口味偏好而调整，但是典型巴哈拉特可以通过仔细混合以下香料粉来制备。

这可能不是香料混合物

访问伊斯坦布尔香料市场时，看到交易商摊位上方有"巴哈拉特"大型标志可能会令人费解。对于当地人来说，巴哈拉特意味着"鲜花和种子"或简单解读为"香草和香料"。这些产品不太可能是巴哈拉特混合物。

甜椒	20mL
现磨黑胡椒粉	10mL
孜然粉	5mL
芫荽籽粉	5mL
月桂粉	5mL
丁香粉	2mL
绿豆蔻粉	2mL
肉豆蔻粉	2mL

将配料放入碗中搅拌均匀，以确保均匀分布。转移到密闭容器并储存在远离极端高温、光线和潮的环境，可保存1年。

如何使用巴哈拉特

巴哈拉特被添加到食谱中的方式与印度人添加作通用增味剂的格拉姆马萨拉方式大致相同。巴哈拉特为充满异国情调的中东地区菜肴增添了一种温暖，它可揉搓在羊腿上，然后将羊腿焖烧使之变成褐色。事实上，它很适合用于羊肉，包括羊排和烤肉块，都会得到大大改善。当羊肉用巴哈拉特和少许盐调味时，可以在冰箱里腌制一小时，然后再烹饪。巴哈拉特用于炖牛尾之类强健牛肉菜肴也有很不错的效果。如果以添加到羊肉中的方式使用巴哈拉特，任何牛肉砂锅都可获得浓郁的风味和深沉丰富的色彩。巴哈拉特以经典中东食谱为特色，包括番茄酱、汤、鱼咖喱和烧烤鱼。

巴哈拉特橄榄牛肉

巴哈拉特香料混合使这道炖菜吃起来非常令人满意，这道菜肴是所有亨普希尔家庭的冬季主食。妈妈最初用牛颊肉制作的这道炖菜很难吃，但按此方式煮出的牛肉非常嫩。与奶油马铃薯泥搭配，可构成最爽心的美食。

● **烤箱预热至100℃**

橄榄油	15mL
大蒜，切碎	3瓣
牛肉胫骨或颊肉，切成6cm的碎片（见提示）	1kg
巴哈拉特香料混合物	22mL
398mL带汁全番茄罐头	1罐
干红葡萄酒	125mL
黑橄榄，如卡拉马塔水	60mL
椒盐	125mL

1. 小火，在荷兰烤锅中加热油。加入大蒜炒3~4min，直至变软但不变褐。

2. 同时，用巴哈拉香料裹抹牛肉。

3. 将火力调至中高火，将抹过香料牛肉加入锅中。煮8~10min，经常搅拌，直到四面都变成褐色（必要时分批操作）。加入番茄、葡萄酒、橄榄和水，搅拌均匀。加盖，在预热烤箱中烘烤3h，直到牛肉很嫩（在2.5h后检查）。上菜前用椒盐调味。

制作4人份

制备时间：15min
烹饪时间：3.5h

提示

如果使用牛颊肉，可能需要将烹饪时间增加到5h。牛颊肉含有较多结缔组织，需要较长时间烹饪才能分解和软化，但为了得到酥嫩结果有必要延长烹饪时间。

烧烤香料

20世纪80年代，烧烤香料混合物很可能是盐、红辣椒和其他香料的混合物，旨在增强红肉的颜色和风味。从那以后，烧烤如雨后春笋般涌现，出现了各式各样的香料混合物（通常与印度、泰国和摩洛哥等美食相关的香料），现在被认为适合烧烤。这里没有使用高度加工性成分柠檬酸，而是通过加入多功能的中东香料漆树粉来增加一些酸度。以下食谱为经典现代烧烤香料。

提示

想要将干燥香草叶压碎，但不要将它们粉碎。实现这一目标的最佳方法是用粗筛擦拭它们。

或多或少用黑胡椒满足口味需要。

特别要注意容器必须密封，因为所含的盐会吸收水分。此外，一定要将烧烤香料存放在远离光线的地方，这样辣椒就不会褪色，也不会失去风味。

甜椒粉	35mL
粗海盐	15mL
漆树粉	10mL
大蒜粉	5mL
超细白砂糖	5mL
粉碎的干芫荽或细叶芹（见提示）	5mL
干搓碎牛至	5mL
现磨黑胡椒粉（见提示）	5mL
肉桂粉	2mL
姜粉	2mL

将配料放入碗中搅拌均匀，以确保均匀分布。转移到密闭容器（见提示），并置于远离极端的高温、光线和潮湿的环境，可储存1年。

如何使用烧烤香料

我更喜欢将这种（和其他）香料混合物作为干擦料用于肉类，而不是当作普遍的腌汁用。与普遍看法相反，将肉块浸泡在腌泡汁中数小时并不一定会使它更柔软，也不会吸收大量的风味。在某些情况下，盐含量高的腌料实际上会将肉的一些天然汁液浸出。烧烤混合物最好在烹饪前约20min撒在肉上（肉表面水分足以将其粘住）。在室温下将肉放在一边，然后晾干。如果需要，烹饪时在肉上挤一点柠檬汁，这有助于防止香料燃烧并增强风味。

月桂调味料

这种混合物基于一种称为老式月桂调味料的流行美国组合，传统上用于各种海鲜菜肴调味。商业版本通常含盐量很高，想减少钠摄入量的厨师，可以在自己配方中使用较少盐。

细海盐	40mL
甜椒粉	12mL
芹菜籽粉	10mL
红辣椒粉（见提示）	1mL
月桂叶粉（见提示）	1mL
肉豆蔻干皮粉	1mL
黄芥菜籽粉	1mL
多香果粉	0.5mL
姜粉	0.5mL
现磨黑胡椒粉	0.5mL
豆蔻籽粉	0.5mL
肉桂粉	0.5mL

将配料放入碗中搅拌均匀，以确保均匀分布。将混合物装入密闭容器，并储存在远离极端高温、光线和潮湿的环境，可保存1年。

如何使用月桂调味料

除了用于经典的煮螃蟹液以外，月桂调味料确实是一种通用的多用途风味增强剂。可烹饪前撒上食物，烹饪后也可用它来为炸薯条和蒸蔬菜调味。

提示

可以使用更多各自喜欢的辣椒粉调整月桂调味料的辣度。然而，最好避免使用具有独特风味的辣椒，例如巴西拉（pasilla）椒、安蔻（ancho）椒或穆拉托（mulato）椒，因为它们的水果味与其他香料不兼容，不如克什米尔辣椒粉的兼容性好。先用手指捏碎月桂叶，然后用研钵和研杵轻松研磨碎月桂叶。

水煮螃蟹

水煮海鲜是新英格兰和美国南方传统烹饪法，用报纸衬垫的餐桌上，摆放的食物通常包括贝类、马铃薯、玉米和香肠。月桂调味料可为这道菜带来很棒的风味。

制作4人份

制备时间：15min
烹饪时间：25min

提示

如果需要，可以用1kg带壳鲜大虾代替螃蟹。煮5~7min。

- **47L库存罐或类似物**
- **就餐用报纸**

新马铃薯，擦洗和对切开	12个
月桂调味料	60mL
细海盐	30mL
柠檬，四切开	2个
玉米穗，对切开	4根
熏香肠，切成两半	500g
水	3L
活螃蟹（见提示）	8只
月桂调味料，用于撒料	15mL
融化的黄油	250mL

1. 将马铃薯放在锅底，上面加入月桂调味料、盐、柠檬、玉米和香肠。加水，盖上盖子，用中火煮沸。一旦煮沸，小心地将螃蟹放入锅中，并立即加盖。煮沸10~12min，直到螃蟹煮熟（颜色变为粉红色/红色，爪子在拉动时应轻松展开）。

2. 在餐桌上覆盖至少4层报纸。用钳子将煮熟的螃蟹转移到报纸上。使用漏勺沥干蔬菜和香肠，并将其放在报纸上。撒上15mL月桂调味料，准备一碗融化的黄油做蘸料。

贝贝雷

这种埃塞俄比亚香料混合物具有粗糙、泥土质感和辛辣而芬芳的香料味。根据辣椒含量，它可能会非常辣。贝贝雷也可以做成酱料，使用方式类似于咖喱酱。

整孜然籽	10mL
整芫荽籽	10mL
整印度藏茴香籽	5mL
整葫芦巴籽	3mL
整黑胡椒粒	5mL
整多香果	2mL
细海盐	20mL
姜粉	5mL
鸟眼辣椒粉	2~5mL
丁香粉	2mL
肉豆蔻粉	2mL

1. 中火，在干锅中加入孜然籽、芫荽籽、印度藏茴香籽和葫芦巴籽、胡椒和多香果，缓缓焙烤约2~3min，不断搅拌，直至出香气。转移到研钵或香料研磨机并进行粗研磨。

2. 将混合物转移到碗中，加入盐、姜粉、辣椒粉、丁香粉和肉豆蔻粉。搅拌均匀，确保均匀分布。装入密闭容器，并储存在远离极端高温、光线和潮湿环境，可保存1年。

变化
贝贝雷酱：中火，在锅中加热15mL油，加入1个切碎的洋葱，不断搅拌烧煮，直至开始变褐。加入15mL甜椒和45mL贝贝雷香料混合物。煮5min，不停搅拌，直到洋葱软化。将锅从热源移开，并放在一边冷却。转移到密闭容器中，可冷藏保存2周。

如何使用贝贝雷
在西餐烹饪中，干混合物在烹饪前揉搓在肉上可增加诱人辣味。像咖喱酱料一样，贝贝雷酱可为炖菜和砂锅增添风味，500g肉加入15mL贝贝雷酱。

比亚尼混合香料

大米是热带地区的主食，以大米为主的菜肴出现在世界各地热带和亚热带国家的美食中。当我们在印度时，总是期待一道比亚尼，这是最好的家常菜。关于这道菜，每个家庭都有各自的做法。这种混合香料可使人们在心血来潮的任何时候都能在家中享用美味的比亚尼餐。我们往往制作一批，从而有些可以放入冰箱，可在第二天加热后作为午餐用。

> **提示**
>
> 由于这是一种印度香料混合物，建议使用由长泰贾（teja）椒或克什米尔辣椒制成的辣椒薄片。

芫荽籽粉	15mL
肉桂粉	12mL
姜粉	10mL
现磨黑胡椒粉	7mL
茴香粉	7mL
孜然粉	5mL
克什米尔辣椒粉	3mL
豆蔻籽粉	3mL
肉豆蔻粉	3mL
整孜然籽	3mL
中辣辣椒片（见提示）	2mL
丁香粉	1mL

在碗中将配料混合并搅拌均匀，以确保均匀分布。转移到密闭容器，并储存在远离极端高温、光线和潮湿环境，可保存1年。

如何使用比亚尼香料混合物
使用这种混合香料制作比亚尼鸡。

比亚尼鸡

比亚尼是波斯菜，已经进入印度、斯里兰卡、印度尼西亚和马来西亚。我发现它的美妙之处在于它是一道完整的菜肴，包含肉类、米饭、香料和蔬菜，令人十分满意。

- **28cm×18cm砂锅或带盖烤盘**
- **烤箱预热至160℃**

酥油（见提示）	15mL
洋葱，切碎	1颗
比亚尼香料混合物	15mL
去皮无骨鸡胸肉，切成2.5cm的块	500g
番茄，去皮切碎	2个
原味酸奶	75mL
巴斯马蒂米	250mL
鸡汤	250mL
整丁香	3粒
整绿豆蔻荚	3个
8cm肉桂棒	1根
新鲜或冷冻豌豆（解冻）	125mL
黄油	15mL

制作4人份

制备时间：15min
烹饪时间：50min

提示

酥油是一种用于印度烹饪的澄清黄油。如果手头没有，可以用等量黄油或澄清黄油代替。

1. 小火，在锅中融化酥油。加入洋葱和香料混合物炒3min，经常搅拌，直至香气扑鼻。将火力调到中火，加入鸡肉，煎约5min，经常搅拌，直到四面变成褐色。加入番茄和酸奶，搅拌均匀。将火力降低至小火，煮5min，直至酱汁开始变稠，起锅备用。

2. 同时，中火，在平底锅中，将米饭、肉汤、丁香、豆蔻和肉桂混合。煮沸，降至小火，加盖。煨7min，直到肉汤被米饭吸收。将锅从热源移开，用叉子捞出全部香料和抖松的米饭，加入豌豆搅拌均匀。

3. 砂锅或烤盘刷油。将米饭的一半均匀地撒在盘子底部。顶部加鸡肉混合物，再加入剩下的米饭。加点黄油，用铝箔罩住，并加盖（同时使用铝箔和盖子可蒸出较软的米饭）。在预热烤箱中烘烤20min，直到米饭非常柔软蓬松（去除金属箔时要小心蒸汽）。立即供餐。

香草束

香草束（Bouquet garni）具有熟悉的均衡风味，类似于混合香草，但由于包含欧芹而醇厚，又因为它不含鼠尾草而刺激性较小。这个名字本质上意味着"一束香草"（传统上它由百里香、马郁兰和欧芹各一枝，加上几片月桂叶组成，捆成一束）。干燥形式的混合香草用方形粗布做成香料包，烹饪后可取出并丢弃，也可以简单地将干香草添加到菜肴中，使得干燥碎叶软化并与其余配料融合。

鲜香草束

小枝新鲜百里香	1枝
小枝新鲜马郁兰	1枝
小枝新鲜卷曲或平叶欧芹	1枝
新鲜的月桂叶（带茎）	3枝

使用烹饪线，将百里香、马郁兰、欧芹和月桂小枝绑在一起成束。立即使用。

干香草束

干百里香	20mL
干马郁兰	12mL
干欧芹片	7mL
碎月桂叶（见提示）	5mL

将配料放入碗中搅拌均匀，以确保均匀分布。转移到密闭容器，并储存在远离极端高温、光线和潮湿的环境，可保存1年。

如何使用香草束

烹饪时将香草束加入汤、炖菜或砂锅中，使香草风味融入菜肴中。如果使用的是新鲜的香草束，大部分叶子则在烹饪过程中软化并脱落，留下坚硬的茎和大叶子，烹饪结束时很容易将其取出并丢弃。干燥的香草束在慢煮菜肴中更有效，尽管它不像新鲜香草束那样有吸引力。干香草束如果用干酪布包成正方形包，一旦菜肴烹饪好可以很容易地拣出丢弃。

> **提示**
> 在装有金属刀片的食品加工机中将干燥的月桂叶子稍打击约30sec，或直到平均碎叶尺寸小于5mm。

巴西混合香料

几年前，澳大利亚蘑菇种植者协会成员来找我，他们希望将其产品定位为"素食肉"。他们带来了一位巴西厨师到澳大利亚展示如何使蘑菇变得美味，并要求我开发适合此目的的巴西香料混合物。这种温和的调味混合物使用许多巴西食谱中的香草和香料。请注意，肉桂和多香果的甜味如何与孜然的泥土味及胡椒和辣椒的辣味形成完美的平衡。

<table>
<tr><td>**提示**</td><td></td></tr>
</table>

> **提示**
>
> 适合这种混合物的温和辣椒粉包括新墨西哥椒、瓜希尔（guajillo）椒和巴西拉（pasilla）椒。

甜椒粉	17mL
姜粉	12mL
细海盐	5mL
大蒜粉	8mL
洋葱粉	7mL
孜然粉	3mL
芫荽籽粉	3mL
干芫荽叶	2mL
多香果粉	1mL
肉桂粉	1mL
现磨黑胡椒粉	1mL
现磨白胡椒粉	1mL
红辣椒粉（见提示）	1mL

在碗中将配料混合并搅拌均匀，以确保均匀分布。转移到密闭容器，并储存在远离极端高温、光线和潮湿环境，可保存1年。

如何使用巴西香料混合物

除了用于蘑菇外，这种清淡香料混合物也是鱼和鸡肉的极好干擦料。我最喜欢的用法是用少许黄油炒蘑菇，并在烹饪时将这种混合物撒在上面。每250g蘑菇使用约10mL混合物。

卡真混合香料

卡真是一种结合（传统上与意大利烹饪相关的）罗勒之类香草的典型香料混合物例子，通常与拉丁美洲、印度和亚洲美食相关的香料结合。其独特风味来自辣椒、罗勒、大蒜、洋葱、百里香、盐和辣椒，以及不同数量的黑胡椒和胡椒粉，具体用量取决于对辣度的偏好。

甜椒粉	20mL
干罗勒	20mL
洋葱片	15mL
大蒜粉	15mL
细海盐	10mL
现磨黑胡椒粉	10mL
茴香籽粉	10mL
干欧芹片	7mL
肉桂粉	7mL
干百里香	7mL
现磨白胡椒粉（见提示）	2mL
辣椒粉	2mL

提示

如果喜欢更辣的卡真香料混合物，可根据各自口味增加白胡椒粉或辣椒粉用量。

在碗中将配料混合并搅拌均匀，以确保均匀分布。转移到密闭容器，并储存在远离极端高温、光线和潮湿的环境，可保存1年。

如何使用卡真混合香料

这种辣椒与胡椒的混合物是制作新奥尔良传统风味香料的最佳选择，将混合物撒在鸡肉、鱼或牛肉上，放在一边干腌至最多20min，然后再烹饪。无论是煎炒、烤/烧烤还是烘烤。为了达到传统熏黑外观，将经过调味的肉类涂上黄油，这种黄油在烹饪过程中会燃烧，可创造出经典黑化效果。卡真香料也经常添加到浓汤中。

恰特马萨拉

马萨拉只意味着"混合"。在印度，恰特马萨拉用于家庭咸味食物日常烹饪，也可用于小吃和街头食品调味。

提示

对于这种混合物，最合适的辣椒粉是鲜红色的克什米尔椒或者泰贾（teja）椒。

每种印度食谱需要加盐时，我总是选择恰特马萨拉。我把它称为印度"通用撒料"。

孜然粉	40mL
细海盐	15mL
粉状黑盐	15mL
茴香籽粉	15mL
格拉姆马萨拉	7mL
阿魏	一撮
红辣椒粉（见提示）	一撮

在碗中将配料混合并搅拌均匀，以确保均匀分布。转移到密闭容器，并储存在远离极端高温、光线和潮湿环境，可保存1年。

如何使用恰特马萨拉

恰特马萨拉既是肉类也是蔬菜的很好调味品，既可在烹饪之前加入，也可在烹饪之后加入。由于其含盐量高，它适用于马铃薯（恰特）和油炸豆类（如鹰嘴豆）调味。用于咖喱菜肴时可代替普通烹饪盐，同时可添加非常正宗的香味。经典酸奶饮料拉西（lassi）既可做成甜味的，也可做成咸味的。甜味的可使用芒果汁，咸味的每杯可加入1mL恰特马萨拉（250mL）。据推测，盐有助于人在炎热高湿度气候下保持水盐平衡。

茶和咖啡马萨拉

最近西方人对印度食品的热情不仅引起了人们对特定食谱的兴趣，而且还让人们认识了许多印度日常美味佳肴。前往印度的游客回到家乡，渴望重现其部分经历，其中之一就是饮用乳白色甜茶。用于茶调味的香料通常是肉桂、丁香和豆蔻，特殊情形下，偶尔也会包含一些番红花柱头。

2.5cm肉桂棒	1根
嫩豆蔻荚	2个
丁香	3粒
牛奶	250mL
水	250mL
印度红茶叶	15mL
砂糖	20mL

制备时间：5min
烹饪时间：5min

中火，在平底锅中，将香料、牛奶、水、茶叶和糖混合在一起（如果想要使茶非常甜，可以使用更多的糖），加热直到刚开始在边缘起泡。将锅从热源移开，放置几分钟。过滤到个人饮用杯子。

变化

这些香料同样与咖啡互补，这就是为什么我将其称之为"茶和咖啡马萨拉"的原因。为了在餐后咖啡中加入辛辣的香味，每杯（250mL）使用相同数量的香料。将混合香料与咖啡粉一起加入活塞式咖啡机，然后倒入沸水。

夏梦勒

夏梦勒是一种经典的摩洛哥混合物，结合许多我们在印度菜肴中发现的香料，并有欧芹和芫荽叶的新鲜香调。摩洛哥食品的流行使其成为城市餐厅菜单中的保留特色。许多人认为夏梦勒比一些较辣的香料混合物更招人喜爱，它巧妙地利用新鲜洋葱、欧芹和芫荽，将孜然之类强风味物与温和的西班牙椒和姜黄平衡地结合起来，带有一丝大蒜和辣椒韵味。夏梦勒类似莎莎酱，通常用新鲜香草（主要是大蒜和洋葱）制成，并稍用香料调香，可用作调料，或在轻微烹饪前腌制鱼和鸡肉。

提示

阿勒皮姜黄具有比普通姜黄更高的姜黄素含量和更浓的味道。它能与这种混合物中的其他香料完美平衡。

孜然粉	15mL
甜椒粉	10mL
干芫荽叶	5mL
阿勒皮姜黄（见提示）	5mL
干欧芹叶	5mL
大蒜粉	2mL
洋葱粉	2mL
辣椒粉	一撮
现磨黑胡椒粉	一撮
细海盐	一撮

将配料放入碗中搅拌均匀，以确保均匀分布。转移到密闭容器，并储存在远离极端高温、光线和潮湿环境，可保存1年。

如何使用夏梦勒

这种混合物用途广泛，可用作肉类或肉质坚实鱼类（如金枪鱼）的揉搓（干腌）料。我特别喜欢烤肉和烧烤排骨，包括羊肉。将混合物撒在肉或鱼上，放置20min，然后烹饪：煎、烘烤或烧烤。

中式五香粉

这种与众不同的混合物具有八角香气（许多中式食谱中常用的香料），并加入甜味的月桂粉和丁香粉，一些胡椒粉和大量茴香粉，使香味融合。一般香料混合物很少像中式五香粉那样主要由八角风味为主导。

八角粉	30mL
茴香粉	12mL
月桂粉	7mL
花椒粉或黑胡椒粉	2mL
丁香粉	1mL

在碗中将配料混合并搅拌均匀，以确保均匀分布。转移到密闭容器，并储存在远离极端高温、光线和潮湿环境，可保存1年。

如何使用中式五香粉

中式五香粉可用于许多亚洲食谱。它的甜美、浓郁香型特别适合猪肉和鸭肉等油腻肉类。在烹饪过程中撒上中式五香粉，可大大强化炒蔬菜风味。加少许盐后，也是鸡肉、鸭肉、猪肉和海鲜的理想揉搓（干腌）料。

肉桂糖

　　肉桂糖是在旧经典食谱基础上改进的版本，有点特别，因为它不只由肉桂和糖构成。我所著的一些书中，它是最受推崇的甜蜜香料之一！

超细白砂糖	60mL
肉桂粉	5mL
月桂粉	5mL
豆蔻籽粉	1.25mL
丁香粉	1mL
姜粉	1.25mL
香兰豆粉	1mL

　　将配料放入碗中搅拌均匀，以确保均匀分布。转移到密闭容器，并储存在远离极端高温、光线和潮湿环境，可保存1年。

如何使用肉桂糖
这是一个适用于家庭甜甜圈、烤面包、粥、甜点和新鲜水果色拉的甜味香料。可在苹果肉桂蛋糕中使用这种糖。

克里奥尔调味料

这种克里奥尔香料混合物与卡真香料混合物非常相似。但是，它比较温和。

甜椒粉	20mL
细海盐	15mL
洋葱粉	10mL
大蒜粉	10mL
干牛至粉（见提示）	5mL
干罗勒粉	2mL
现磨黑胡椒粉	2mL
现磨白胡椒粉	2mL
磨碎的百里香	1mL
月桂叶粉（见提示）	1mL
多香果粉	2mL

提示

使用研钵和研杵可以容易地研磨干燥的香草，也可用过细筛方式方便地将它们粉碎。
月桂叶很容易先用手指弄碎，然后可用研钵和研杵磨细。

将配料放入碗中搅拌均匀，以确保均匀分布。转移到密闭容器，并储存在远离极端高温、光线和潮湿环境，可保存1年。

如何使用克里奥尔调味料

在这种混合物中，所有成分都是精细粉末，这使其成为肉类的理想香料。也可以使用这种混合物代替浓汤中的卡真香料混合物。

咖喱粉

咖喱粉的概念被认为起源于印度，当地人称其为马萨拉，意为"混合"。一些被派回家乡的殖民者，希望复制南亚次大陆的这种异国风味，将这类马萨拉简化成了我们现在所见到的咖喱粉。因为许多香料具有非常坚硬的质地，需要捣碎或分解才能产生风味和香气，因此为方便起见，它们被制成粉末。

咖喱粉是甜、辛辣、辣和混合香料的混合物。它们可以按数百种不同比例混合，制成适合特殊口味的混合物。还有专门适合一些具体食物类型的咖喱粉，例如，用于牛肉的咖喱粉可能比用于鱼或扁豆的咖喱粉风味要浓郁些。

如何使用咖喱粉

咖喱粉的多功能性令人惊讶。例如，咖喱粉可与蛋黄酱混合制作出美味的色拉酱。几乎难以分辨的咖喱粉可以成功地提升平淡奶油蔬菜汤的风味。我们倾向于将"咖喱"视为酱汁，或视为酱汁中剁碎的肉和蔬菜，但干咖喱粉可以很容易地与少许盐混合作为干腌料揉搓在肉上。肉中的水分可黏附粉末，在烧烤之前和烧烤期间挤上一些柠檬汁会产生额外的刺激感，如果烧烤温度很高，还可以阻止香料燃烧。

基本马德拉斯式印度咖喱粉是食谱中使用的"咖喱粉"的主要成分：类似于混合香料中使用的一些甜味香料：肉桂、多香果和肉豆蔻。用于增加特质深度的丁香、小豆蔻和孜然等辛辣香料，而辣椒、胡椒和苦葫芦巴等火辣香料也会让它变得更具刺激性。以下这些都属于混合香料：茴香、芫荽籽（非常重要）和姜黄。所有自制的咖喱粉应彻底混合，并装在密闭容器中，存放在远离极端高温、光线和潮湿的环境。如此可保持其风味长达1年。

烤香料

制作咖喱粉的一种流行技术是焙烤香料。焙烤可改变风味，并为制作咖喱粉的艺术增添了另一个层面。传统方法是将整香料烘干，然后将它们一起研磨。根据所需风味或其个体特征，每种香料有不同的烘烤时间。例如，过度烘焙的葫芦巴会产生极其苦涩、令人不快的味道。

如果你想为制备的咖喱粉增加额外深度和丰富风味，以下是一简单方法：中火，加热干锅（为方便起见，使用要做咖喱饭的锅），加入适量咖喱粉。锅必须干燥，没有油；香料中的天然油脂可以防止其黏附或燃烧。不断搅拌使粉末均匀受焙烤。当锅内粉料开始改变颜色（可能在30~60sec）并散发出烘烤香气时，将锅从热源移开。可以为个别咖喱菜肴烘焙足够的咖喱粉，也可以烘焙更多咖喱粉供以后使用。如果要批量存放，请完全冷却，然后装入密封容器中。用烘焙香料制成的咖喱粉比普通版本具有更短的存储寿命，它们应该在制作后1个月内使用。

香料札记

当我吃咖喱时，常常想起在印度南部芒格洛尔与赛地亚布（Sediyapu）一家人共进晚餐的情形。当地人很高兴看到我们用他们传统的方式吃饭，即用手指，因为正如他们所说"除非先感受到食物，否则怎么知道在吃什么？"在西方，我们自以为用刀叉吃饭是文明。然而，从印度人的思维方式来看，我们在用愚蠢的方式将食物放入口中，我们感觉不到食物是热还是冷，或者是硬还是软。一些印度人告诉我，他们的感官非常发达，可以通过手指感受盘子里辣椒的辣度。这种能耐应该可以使我们中许多人免于过去经过的被辣经历。

阿莫卡咖喱粉

这种柬埔寨咖喱粉用于鱼类。这是印度移民对印度以东的亚洲美食影响的一个完美例子。它富含辛辣味，但令人惊讶的是，它的风味并未盖过它所调味的海鲜风味。

红辣椒粉	12mL
阿勒皮姜黄粉（见提示）	10mL
马德拉斯姜黄粉	10mL
大蒜粉	7mL
姜粉	7mL
甜椒粉	7mL
孜然粉	6mL
芫荽籽粉	6mL
高良姜粉	5mL
干燥泰国青柠叶粉	5mL
肯奇粉	5mL
现磨黑胡椒粉	3mL
干柠檬桃金娘叶粉	3mL

将配料放入碗中搅拌均匀，以确保均匀分布。转移到密闭容器，并储存在远离极端高温、光线和潮湿环境，可保存1年。

如何使用阿莫卡咖喱粉

这种混合物作为干揉（腌）料非常好，不仅适用于鱼类，也适用于鸡肉，在烧烤和煎制前使用。参见使用此混合物制作柬埔寨咖喱鱼。

柬埔寨咖喱鱼

我父母在悉尼一家简陋的柬埔寨餐厅第一次尝到了阿莫卡美味，各种风味平衡，恰如其分调味出来的海鲜给他们留下了深刻印象。爸爸立刻调制了一个方便的香料组合配方，因此，任何人都可以在家里制作这道菜。与茉莉香米饭搭配，上面配辣椒丝。

- **研钵和杵或小搅拌机**
- **炒锅**

制作4人份

制备时间：10min
烹饪时间：15min

小葱，切碎	2根
细海盐	2mL
阿莫卡咖喱粉	15mL
鱼露	2mL
棕榈糖或压实浅红糖	15mL
400mL椰奶罐头	1罐
去皮的坚实白色鱼片	500g
中号生虾，去壳，去肠	12只
青豆丝	125mL
新鲜长红辣椒，切成丝	1个

1. 用研钵和杵或小搅拌器，研磨葱、盐、咖喱粉、鱼露和糖，制成糊状物，必要时加入一两滴水。

2. 中火，在锅中炒煮糊状物2~3min，直至香气扑鼻。加入椰奶，搅拌均匀。加入鱼、虾和豆，炖10~12min，直到海鲜不透明并煮熟。撒上新鲜辣椒，立即食用。

伦蒂尔达尔混合香料

我们总说如果想成为素食者，印度是最适合的地方。谷物和豆类对身体有益，利用这种香料混合物，就可使一罐简单的红芸豆（或任何其他罐装豆）变成营养美味。我喜欢用这种混合物制作德里达尔。

提示

阿勒皮姜黄具有比普通姜黄更高的姜黄素含量和更浓的味道。它能与这种混合物中的其他香料完美平衡。
用长泰贾辣椒或克什米尔辣椒制成的辣椒片适合这道印度菜。

芫荽籽粉	12mL
孜然粉	11mL
整棕色（黑色）芥末籽	10mL
整孜然籽	10mL
格拉姆马萨拉	7mL
阿勒皮姜黄粉（见提示）	7mL
姜粉	5mL
阿魏粉	5mL
中辣辣椒片（见提示）	5mL
大蒜粉	3mL

将配料放入碗中搅拌均匀，以确保均匀分布。转移到密闭容器，并储存在远离极端高温、光线和潮湿环境，可保存1年。

如何使用伦蒂尔达尔混合香料

除了用于所有豆类，这种香料混合物还是蔬菜的完美增味剂。它是马铃薯和花椰菜汤、烤根蔬菜，甚至甜玉米、油条的绝佳补充。每500g基本配料使用约15mL。

马德拉斯咖喱粉

当食谱简单地要求添加一定量咖喱粉时，则默认用此朴实而芬芳的咖喱粉。

芫荽籽粉	35mL
孜然粉	15mL
地姜黄	15mL
姜粉	5mL
现磨黑胡椒粉	3mL
黄芥菜籽粉	2mL
葫芦巴籽粉	2mL
肉桂粉	2mL
丁香粉	1mL
豆蔻籽粉	1mL
红辣椒粉（见提示）	1mL

将配料放入碗中搅拌均匀，以确保均匀分布。转移到密闭容器，并储存在远离极端高温、光线和潮湿环境，可保存1年。

如何使用马德拉斯咖喱粉

马德拉斯咖喱粉是最受欢迎且适用性最好的印度香料混合物之一。无论何时需要"咖喱粉"，它都可以用于各种菜肴，包括肉类和素食。

提示

根据各自的口味确定辣椒粉的添加量。这种混合物最适合的辣椒类型是长泰贾椒或克什米尔椒。如果喜欢更辣些，可以使用鸟眼辣椒粉。

赫比斯周六咖喱

在赫比斯每周一次的香料鉴尝课之后，爸爸常会留下一碗香料混合原理展示用的咖喱粉，所以他会在星期六制作这道菜。与巴斯马蒂饭或普通米饭一起食用。

制作4人份

制备时间：15min
烹饪时间：2.5h

提示

许多类型的辣椒都是干燥使用的。这些基本干燥的长红辣椒通常比它们的新鲜辣椒更辣，并且具有新鲜品中没有的略微甜的焦糖味。亚洲杂货店都有各种干辣椒供应。

这个配方相对简单，是尝试不同酸味剂的良好基础。尝试kokam、amchur或罗望子代替柠檬汁，并比较差异。

● 烤箱预热至120℃

马德拉斯咖喱粉	30mL
油	30mL
培恩奇富琅	15mL
洋葱，切碎	1颗
羊腿，切成2.5cm的方块	500g
鲜榨柠檬汁	10mL
398mL带汁番茄罐头	1罐
格拉姆马萨拉	10mL
恰特马萨拉	10mL
干长红辣椒（见提示）	3个
大蒜片	30mL
番茄酱	30mL
新鲜或干咖喱叶	8片
梅西（干葫芦巴叶）	5mL
水	250~500mL

中火，在一大号厚平底锅或荷兰烤锅中，加入咖喱粉煮约2min，用木勺不断搅拌，直至冒出香气（注意不要燃烧）。加入油并搅拌成糊状。加入培恩奇富琅一起煮，不断搅拌，直到种子开始爆裂。加入洋葱煮2min，不断搅拌，直到略微变成褐色。分6次加入羊肉煮，每批煮8~10min，直至变成褐色并裹上香料（将煮好的羊肉块转移到盘子）。将盘中煮熟的羊肉放回锅中，加入柠檬汁和番茄，搅拌时用勺子大致捣碎番茄。煮5min，直到番茄软化。在上面撒上格拉姆马萨拉、恰特马萨拉、整辣椒和大蒜片。加入番茄酱、咖喱叶、梅西和水。搅拌均匀，关火。加盖密封，在预热的烤箱中烘烤约2h，直至变软。立即食用或完全冷却并冷藏过夜入味。

马来西亚咖喱粉

马来西亚咖喱与马德拉斯风格相似，但含有茴香粉。如果看到只需要"咖喱粉"的"Nonya（娘惹）"新加坡或马来西亚咖喱配方，那么便可使用此咖喱粉。

芫荽籽粉	30mL
孜然粉	15mL
茴香粉	15mL
阿勒皮姜黄粉	7mL
姜粉	5mL
肉桂粉	5mL
现磨黑胡椒粉	3mL
黄芥菜籽粉	2mL
丁香粉	1mL
豆蔻籽粉	1mL
辣椒粉（见提示）	1mL

将配料放入碗中搅拌均匀，以确保均匀分布。转移到密闭容器，并储存在远离极端高温、光线和潮湿环境，可保存1年。

如何使用马来西亚咖喱粉
马来西亚咖喱粉的使用方式与马德拉斯咖喱粉类似。主要区别在于马来西亚咖喱粉由于省略了葫芦巴，因此口感不那么尖锐。添加茴香籽可以增加一些更适口的甜味。

> **提示**
>
> 可根据各自口味，确定辣椒粉添加量。最合适这种混合物中的是克什米尔辣椒粉。但是，也可用任何中等辣度的红辣椒粉。

马来西亚和新加坡美食中的香料

马来西亚和新加坡美食代表了一些最好融合的例子。其许多典型特征均受到中国、葡萄牙、印度和斯里兰卡烹饪的影响。马六甲海峡的美味烹饪风格，被称为"Nonya（娘惹）"，越来越受到游客欢迎，也许是因为它融合了中国、马来西亚、葡萄牙、印度和缅甸的传统风味。虽然有许多变化，但以下是马来西亚和新加坡使用的一些主要香料。

- 芫荽（叶子和种子）
- 茴香籽
- 肉桂和桂皮
- 姜黄
- 柠檬草
- 孜然
- 姜
- 越南薄荷
- 胡椒（黑色和白色）
- 高良姜
- 小豆蔻（绿色和白色）
- 罗望子
- 辣椒
- 八角

玛莎蔓咖喱粉

这是一种与众不同的泰国咖喱粉：不像我们经常在泰国绿色和红色咖喱中见到的清爽口味，马萨曼咖喱粉明显借鉴了马来西亚特色风味。这种深沉风味混合香料包括常见于马来西亚和印度咖喱的高良姜和八角，具有丰富、浓郁的咖喱味。

<table>
<tr><td>提示</td><td></td></tr>
</table>

提示

如果喜欢辣咖喱，建议使用鸟眼辣椒粉。如果喜欢稍微温和些的，可使用现成的温和型克什米尔椒或红辣椒。对于年轻食客，可用相同量甜椒代替辣椒来减少甚至消除辣味，但又不失风味。

芫荽籽粉	25mL
孜然粉	20mL
茴香粉	7mL
阿勒皮姜黄粉	5mL
甜椒粉	3mL
姜粉	3mL
红辣椒粉（见提示）	3mL
高良姜粉	2mL
月桂粉	2mL
八角粉	2mL
豆蔻粉	1mL

将碗中的配料混合并搅拌均匀，以确保均匀分布。转移到密闭容器，并储存在远离极端高温、光线和潮湿环境，可保存1年。

如何使用玛莎蔓咖喱粉

玛莎蔓咖喱传统上是用牛肉制作的。然而，这种咖喱粉也可以与猪肉、鸡肉甚至鱼类一起使用。

泰国美食中的香料

泰国美食使人联想到芳香清新的酸辣菜肴。这些菜肴的风味得到棕榈糖很好的平衡，在泰国南部，则由椰子风味平衡。总体而言，泰国菜可用一简单术语描述为：清爽、尖锐、新鲜、浓郁、丰富、辛辣及坚果韵味，典型代表有玛莎蔓咖喱或丛林咖喱。虽然有许多变化，但以下是泰国菜肴中使用的一些主要香料。

- 芫荽叶
- 马克鲁特莱姆叶
- 柠檬草
- 辣椒（绿色和红色）

- 姜黄
- 大蒜
- 姜
- 高良姜

- 丁香
- 豆蔻（绿色和泰国白）
- 胡椒（白色）

玛莎牛肉咖喱

泰国北部菜肴所用的玛莎咖喱通常比印度同类咖喱温和、较甜。添加花生有助于使这种风格的咖喱受各年龄组食客欢迎。对于年轻食客，可用相同量甜椒代替辣椒来减少甚至消除辣味，且不失风味。

油	30mL
肩胛或圆形牛排，修整并切成5cm的小块	750g
玛莎咖喱粉	30mL
椰子酱（见提示）	30mL
大号马铃薯，去皮，切成2.5cm的小块	1个
椰奶（见提示）	250mL
鸡汤	250mL
棕榈糖或压实的浅红糖	30mL
烤无盐花生	125mL
细海盐	5mL

1. 中火，在大号重底平底锅中加热油。分批操作：加入牛肉煮8~10min，经常搅拌，直到四面都变成褐色，将牛肉转移到盘子里。

2. 在同一个平底锅中，加入咖喱粉和椰子酱烧煮，不断搅拌，直至形成浓稠的糊状物。将牛肉和汁液一起倒回锅中，加入马铃薯、椰奶、肉汤、糖和花生。搅拌均匀，盖上紧密的盖子，将火降至小火。加盖，煨1h，偶尔搅拌，直到牛肉变软。偶尔搅拌，慢慢煮约30min，直至酱汁变稠，牛肉非常嫩（见提示）。立即食用。

制作4人份

制备时间：15min
烹饪时间：2h

提示

椰子酱的风味与椰奶相同，但较稠，含水量较少。椰子汁是从已经淡化的椰子肉中提取的液体。罐头的上面有一层"奶油"，因此最好在打开前摇动以获得正确的乳状液。此配方中使用椰子酱和牛奶来达到最佳奶油稠度。
如果需要，这种咖喱可以在120℃的烤箱中烹饪相似的时间。

仁当咖喱粉

　　没人真正知道仁当咖喱来自哪里。然而，用这种混合物制作的咖喱是一种传统菜肴，千万家庭做出了变化无穷的咖喱菜肴。做好仁当咖喱的秘诀在于要煮很长时间（长达8h），直到椰奶分解出油，结果是一道相当丰富的较干咖喱菜肴。

提示

最适合这种混合物的辣椒粉包括克什米尔椒、鸟眼椒或任何中辣辣椒粉。

芫荽籽粉	20mL
孜然粉	10mL
茴香粉	5mL
姜粉	5mL
中辣辣椒粉（见提示）	3mL
高良姜粉	2mL
阿勒皮姜黄粉	2mL
月桂粉	2mL
丁香粉	1mL
现磨黑胡椒粉	1mL
豆蔻籽粉	1mL

将碗中的配料混合并搅拌均匀，以确保均匀分布。转移到密闭容器，并储存在远离极端高温、光线和潮湿环境，可保存1年。

如何使用仁当咖喱粉

任何需要咖喱粉的菜肴均可使用仁当咖喱粉。减少常规咖喱配方中的液体量时，这种混合物的效果特别好，从而产生较干和味道浓郁的咖喱。

印度尼西亚美食中的香料

印度尼西亚美食并未保留17世纪以前原住民的巨大香料遗产。丁香、肉豆蔻、梅斯、荜澄茄椒和荜拨都是印度尼西亚菜肴中程度不同的特征香料，但其使用由于受到阿拉伯、印度、中国、葡萄牙和荷兰贸易商影响而被取代。各种烹饪风格和文化也有影响。虽然有许多变化，但以下仍是其关键香料。

- 小茴香籽
- 芫荽籽
- 孜然籽
- 月桂
- 姜黄
- 姜
- 高良姜
- 肉豆蔻
- 胡椒（黑胡椒、澄茄椒和荜拨）
- 罗望子
- 八角

仁当牛肉

这种美味的牛肉咖喱制作简单，加入胡椒粉使其具有正宗的印度尼西亚风味。

● **烤箱预热至120℃**

仁当咖喱粉	45mL
芝麻油	15mL
油	15mL
洋葱，切碎	1颗
大蒜，切碎	2瓣
炖牛肉，切成7.5cm的立方体	500g
荜拨粉	5mL
罗望子浓缩物或5cm鲜罗望子片	5mL
盐，精细研磨（见提示）	10mL
水	125mL
无糖椰丝，烤制（见提示）	60mL
椰汁	15mL

中低火，在干的厚平底锅或荷兰烤锅中，焙烤咖喱粉约2min，偶尔摇晃，直至出香味。加入油、洋葱和大蒜，拌煮1min，直至混合均匀。分次加入牛肉，每次几块肉，煮约6min，直到四面都变成褐色。加入荜拨粉、罗望子和盐，搅拌混合，加水煮沸。加盖，在预热烤箱中烘烤2h或直到非常嫩。搅拌均匀，加入椰汁，放置5min即可食用。

制作4人份

制备时间：10min
烹饪时间：2~2.5h

提示

为精细研磨盐，可在干净的香料或咖啡研磨机中完成。

烤椰丝：放入干锅中，加热，炒3~4min，直到金黄色。

如果要对新鲜罗望子榨汁，可放入一个小碗中，浇上开水，并静置10min浸泡。通过细网筛将其压入碗中，用勺子背面挤压固体以挤出尽可能多的汁液，丢弃剩余的果肉。

斯里兰卡咖喱粉

虽然印度和邻国斯里兰卡的咖喱粉有许多相似之处，但也存在明显差异。斯里兰卡咖喱混合物中，有较多肉桂（这并不奇怪，因为当地原产这种香料），较多辣椒。但是，没有葫芦巴带入苦味成分。人们会认为斯里兰卡咖喱风味较甜，但肉桂与其他香料平衡很好，它会产生丰富和深厚的风味，使得这种风格的咖喱非常吸引人。

提示

添加多少辣椒粉，按各自口味而定。这种混合物最适合使用的辣椒类型是鸟眼辣椒（斯里兰卡人喜欢很辣的咖喱）。然而，克什米尔辣椒粉或任何中等辣度的红辣椒粉肯定也会起作用。

芫荽籽粉	15mL
孜然粉	10mL
茴香粉	7mL
红辣椒粉（见提示）	5mL
阿勒皮姜黄粉	5mL
肉桂粉	5mL
丁香粉	3mL
豆蔻籽粉	2mL
现磨黑胡椒粉	2mL

将配料放入碗中搅拌均匀，以确保均匀分布。转移到密闭容器，并储存在远离极端高温、光线和潮湿的环境，可保存1年。

如何使用斯里兰卡咖喱粉

使用斯里兰卡咖喱粉的方式与咖喱配方中使用咖喱粉的方式相同。这种混合物适用于牛肉、鸡肉和猪肉。

斯里兰卡咖喱

　　我父亲在20世纪80年代初期首次体验斯里兰卡咖喱。当时他雇了一个讨人喜欢、名叫爱尔姆的斯里兰卡工人。每当午餐时间，爱尔姆打开里面装满他妻子前一天晚上为他制作的美味咖喱的蒂芬听（tiffin tin），空气中马上弥漫着天堂般的香气。经过一番交流之后，爱尔姆透露了他妻子制作咖喱的秘密，我父亲得到了混合和制作咖喱的灵感。此菜肴与巴斯马蒂饭或普通蒸米饭一起食用。

● **烤箱预热至105℃**

斯里兰卡咖喱粉	30mL
油	30mL
洋葱，切碎	1颗
羊肩，切成2.5cm的小块	500g
鲜榨柠檬汁	10mL
398mL带汁整番茄罐头	1罐
格拉姆马萨拉	10mL
恰特马萨拉	10mL
干长红辣椒（见提示）	3个
大蒜片	30mL
番茄酱	30mL
新鲜或干咖喱叶	8片
梅西（干葫芦巴叶）	5mL
水	250~500mL

制作4人份

制备时间：15min
烹饪时间：2.5h

提示

许多类型的辣椒都是干燥使用的。基本干燥的红辣椒通常比新鲜的辣椒更辣，并且具有在新鲜品种中未发现的略微甜的焦糖味。亚洲杂货店随处可见各种干辣椒。
您可以在烹饪后立即提供这种咖喱，但为了获得最佳效果，可以完全冷却并冷藏过夜，以使风味充分融合。

1. 中火，在一大号厚平底锅或荷兰烤锅中，加入咖喱粉，用木勺不断搅拌，焙炒约2min，直至出香气（注意不要烧煳），加入油并搅拌成糊状。加入洋葱，不断搅拌煮2min，直到略微变成褐色。分6次加入羊肉，每次煮5~7min，直至变成褐色并涂上香料（将煮好的羊肉转移到盘子里）。

2. 将所有熟羊肉倒回锅中，加入柠檬汁和番茄，搅拌时用勺子大致捣碎番茄，煮5min，直到番茄软化。在上面撒上格拉姆马萨拉、恰特马萨拉，整个辣椒和大蒜片。加入番茄酱、咖喱叶、梅西和水，搅拌均匀，关火。盖上紧密的盖子，在预热的烤箱中烘烤约2h，直到羊肉变软。

万度旺咖喱粉

英国殖民者通过创造一种无处不在的马德拉斯风格咖喱粉来享受印度美食。然而，法国人在本地治理殖民地（位于印度东部科罗曼德海岸），开发了他们自己的咖喱混合物，称为万度旺。这是一种特别令人愉悦的咖喱粉，其甜味来自洋葱和大蒜粉，有辣椒提供的温和辣度，以及来自豆蔻和咖喱叶的经典南印度香气。

提示

这种混合物中最适合用克什米尔辣椒粉。然而，泰贾辣椒粉或任何中等辣度的红辣椒肯定也可以。这是一种非常适合家庭使用的咖喱粉。如果为年轻食客制作，可以用等量甜椒粉代替辣椒粉。

配料	用量
洋葱粉	20mL
大蒜粉	15mL
孜然粉	15mL
芫荽籽粉	7mL
马德拉斯姜黄粉	7mL
切碎的干咖喱叶	5mL
现磨黑胡椒粉	3mL
葫芦巴籽粉	2mL
姜粉	2mL
克什米尔辣椒粉（见提示）	2mL
豆蔻籽粉	1mL
丁香粉	1mL

将配料放入碗中搅拌均匀，以确保均匀分布。转移到密闭容器，并储存在远离极端高温、光线和潮湿环境，可保存1年。

如何使用万度旺咖喱粉

万度旺咖喱粉既适用于蔬菜也适用于肉类，尤其适合用于花椰菜。可以将5mL万度旺咖喱粉和60mL黄油混合制作用于烹煮熟豆类的香料黄油。

万度旺咖喱鸡

一天，一位顾客带着她在法国购买的一小包咖喱粉来到我父亲的商店，想知道是什么，并问我父亲能否做出来。他总是乐于迎接挑战，立刻就投入到这一尝试工作。经过多次嗅闻和品尝之后，他认出这是一种万度旺咖喱粉，立即决定复制它，并略微改进。这是一种适用性较强的咖喱，它已成为家庭成人和儿童的最爱。与蒸米饭一起食用。

油	30mL
洋葱，切碎	1颗
万度旺咖喱粉	30mL
去皮无骨鸡大腿，修整并切成5cm的小块	750g
细海盐	5mL
水	
罗望子酱（见提示）	5mL
原味酸奶	250mL
稍压实的新鲜芫荽叶，大致切碎	125mL

制作4人份

制备时间：10min
烹饪时间：30min

提示

如果需要的话，可以用1个柠檬新鲜榨汁代替罗望子酱。

中火，在大锅里加热油。加入洋葱炒2min，直到略微变成褐色。加入咖喱粉，拌炒1min，直至混合均匀。加入鸡肉，煎5min，经常搅拌，直到鸡肉四面都变成褐色并涂上香料。加入盐和足够覆盖鸡肉的水，加入罗望子糊搅拌，使其混匀。煮沸，火力降到中小火，煮20min，直到鸡肉煮熟。将锅从热源移开，拌入酸奶，用芫荽叶点缀，立即食用。

蔬菜咖喱粉

这种咖喱粉与其他咖喱粉有很大的不同，因为它的设计是为了补充和增强蔬菜的风味，但又不影响蔬菜的特色风味。它没有辣椒或胡椒，这使得它足够温和，可以满足最保守的风味而不影响整体风味。

芫荽籽粉	20mL
甜椒粉	10mL
阿勒皮姜黄粉	7mL
整孜然籽	7mL
整黄菜籽	7mL
整棕色（黑色）芥末籽	7mL
孜然粉籽粉	5mL
茴香粉	2mL
月桂粉	2mL
姜粉	2mL
豆蔻籽粉	1mL
阿魏粉	1mL

将碗中的配料混合并搅拌均匀，以确保均匀分布。转移到密闭容器，并储存在远离极端高温、光线和潮湿环境，可保存1年。

如何使用蔬菜咖喱粉

可用这种混合物来增强蔬菜风味，特别是炒菜，在烹饪过程中每500g蔬菜撒10~15mL。除了用于蔬菜外，这种美味而温和的咖喱混合物也适合搭配海鲜，为了做一道快速咖喱鱼，可用蔬菜咖喱粉涂在坚实鱼肉块上，然后加入一点油用中火烧煮。当鱼被煮熟时（会变成不透明），加入30~45mL椰奶并煮沸，搅拌以刮去粘在锅上的任何棕色碎片。与米饭一起食用。

纹达露咖喱粉

果阿是印度西海岸一个古老海港，16世纪由葡萄牙人居住，以其非常辣的纹达露咖喱而闻名。据说纹达露这个名字来源于所加入的红葡萄酒醋（vinho），这使得其风味与许多从罗望子获取酸味的咖喱完全不同。

鸟眼辣椒粉（见提示）	15mL
孜然籽粉	10mL
辣红椒粉	10mL
月桂粉	5mL
姜粉	5mL
研碎的鸟眼辣椒	5mL
芒果粉	2mL
现磨黑胡椒粉	2mL
丁香粉	1mL
八角粉	1mL

将配料放入碗中搅拌均匀，以确保均匀分布。转移到密闭容器，并储存在远离极端高温、光线和潮湿环境，可保存1年。

> **提示**
>
> 加多少辣椒粉，取决于各自的口味。这种混合物最宜使用的辣椒类型是鸟眼辣椒。但是，如果喜欢较低辣度，当然也可以用克什米尔辣椒粉或任何温和型的红辣椒粉。

纹达露咖喱

20世纪90年代初，我父亲参加了印度西海岸果阿的一次香料会议。他在当地的一家小餐馆吃了一顿美味的纹达露咖喱猪肉并为此着迷。这道咖喱几乎可以辣得令人喘不过气来，所以，不管你信不信，我父亲已经减少了这款经典菜肴中辣椒的用量。

制作4人份

制备时间：15min
烹饪时间：2.5h

提示

纹达露最常用猪肉制作，虽然也可用其他肉类做出同样的美味。许多辣椒都是干辣椒形式使用。基本干红辣椒通常比新鲜辣椒更辣，并且具有新鲜辣椒所没有的微甜焦糖味。亚洲杂货店有各种干辣椒供应。

● **烤箱预热至120℃**

纹达露咖喱粉	30mL
油	30mL
洋葱，切碎	1颗
猪肩肉，切成2.5cm的小块	500g
鲜榨柠檬汁	10mL
398mL带汁整番茄	1罐
格拉姆马萨拉	10mL
恰特马萨拉	10mL
干长红辣椒（见提示）	3个
大蒜片	30mL
番茄酱	30mL
新鲜或干咖喱叶	8片
水	250~500mL
红葡萄酒醋	125mL
梅西（干葫芦巴叶）	5mL

1. 中火，在大号厚底平底锅或荷兰烤锅中，加入咖喱粉拌炒约2min，直至冒出香气（注意不要烧煳），加入油并搅拌成糊状。加入洋葱，拌炒2min，直到略微变成褐色。分批加入猪肉，每次约6片，煮5~7min，直至变成褐色并涂上香料（将煮好的肉块转移到盘子里）。

2. 将所有熟猪肉放回锅中，加入柠檬汁和番茄，搅拌时用勺子大致捣碎番茄，煮5min，直到番茄软化。在上面撒上格拉姆马萨拉、恰特马萨拉、整辣椒和大蒜片，加入番茄酱、咖喱叶、水、醋和梅西。搅拌均匀，关火。盖上密封盖，在预热的烤箱中烘烤约2h，直至变软。立即食用，或者为了获得最佳效果，使其完全冷却并冷藏过夜以使风味充分发展。

黄咖喱粉

　　黄咖喱以姜黄为主。然而，令人惊奇的是，姜黄的泥土味在黄咖喱中通常不会过于强烈。例如，当与饼干和腰果一起使用时，就像在咖喱腰果中那样，可看到姜黄能与其他风味很好地平衡。

芫荽籽粉	20mL
马德拉斯姜黄粉	20mL
阿勒皮姜黄粉	7mL
甜椒粉	7mL
孜然粉	7mL
茴香粉	5mL
姜粉	5mL
月桂粉	3mL
辣椒粉（见提示）	2mL
豆蔻粉	1mL

将配料放入碗中搅拌均匀，以确保均匀分布。转移到密闭容器，并储存在远离极端高温、光线和潮湿环境，可保存1年。

如何使用黄咖喱粉

需要温和咖喱风味时，可在泰国和其他亚洲菜肴中使用这种混合物。这种混合物特别适合海鲜，有助于中和某些鱼类过于强烈的风味。

> **提示**
>
> 对于这种混合物，最合适的辣椒粉是克什米尔辣椒粉或任何中辣干长椒。然而，由于这是一种温和型咖喱粉，肯定也可用甜椒。
>
> 使用之前，将制备好的咖喱粉放置几天，以便留时间使香料香气融合。如果混合物在第一次制作时有呛人香气，不用担心，约24h后它会变得圆润柔和。

杜卡

杜卡是一种埃及特产，严格来说，它不是香料混合物，而是香料调味烤坚果的混合物。虽然杜卡中可能包含多种坚果，但我发现最具吸引力的混合物应包含榛子和开心果。

● **食品加工机**

榛子	60mL
开心果	60mL
白芝麻	150mL
芫荽籽粉	75mL
孜然粉	37mL
细海盐（可根据品尝使用）	5mL
现磨黑胡椒粉	3mL

1. 中火，在锅中拌炒榛子和开心果约3min，直到出现香气。转移到配有金属刀片的食品加工机，脉冲搅打直至粉碎，转移到搅拌碗。

2. 在同一个锅里，将白芝麻炒至金黄色。将锅从热源移开，立即加入搅拌碗中，加入芫荽籽粉、孜然粉、盐和胡椒粉。充分混合，放在一边。完全冷却后，转移到密闭容器中，贮存在避免极端高温、光照和潮湿的环境，最长可保存6个月。

如何使用杜卡

使用杜卡最流行的方法是将一块土耳其面包或硬皮面包掰碎，浸入初榨橄榄油中，然后将涂油面包蘸上杜卡，这是一种美味小吃，适合搭配饮品。杜卡还可用于鸡肉和鱼，成为很好的松脆涂层（在煎炸前涂上它），涂在新鲜色拉上会产生令人愉悦的咀嚼感，例如白胡桃、南瓜、鹰嘴豆色拉，最好再加一点漆树粉。塞尔粉末是一种来自西非的类似香料混合物。

炸鸡香料

　　鸡肉可能比其他任何蛋白质食物更容易通过添加香料来改善风味。多年前，我父亲作为香草和香料混合大师，受委托制作模仿某位退役军人的绅士炸鸡的香料混合物。父亲做的混合物减少了味精用量，这一混合香料50多年来一直是家庭的最爱。我更新的混合物是现代风格的，也可以用作烤家禽的揉搓料。

甜椒粉	25mL
细海盐	20mL
大蒜粉	5mL
超细白砂糖	5mL
干牛至粉	5mL
碎芫荽叶（见提示）	5mL
姜粉	5mL
现磨黑胡椒粉	3mL
迷迭香粉	2mL
肉桂粉	2mL

提示

干芫荽叶子有时会非常大。为了使它们与其他成分充分混合，可用粗筛擦拭它们，这可产生类似于粉末但仍具有较多质地的东西。

将配料放入碗中搅拌均匀，以确保均匀分布。转移到密闭容器，并储存在远离极端高温、光线和潮湿环境，可保存1年。

如何使用炸鸡香料

炸鸡香料是一种多用途调料，可在烹饪前撒在任何肉类或烤蔬菜上，也可撒在从油炸锅中捞出沥干的炸薯条上。

炸鸡

这是一种经典炸鸡制作法。酪乳为涂层带来温和的风味，使鸡肉非常嫩，并带有轻薄外壳。油炸时要小心，因为油非常热。与三色卷心菜色拉一起食用。

制作4人份

制备时间：5min，加6h或过夜腌制
烹饪时间：40min

提示

测试油是否足够热，可放入一块无壳面包。它应该在60sec内变成棕色而不会烧焦。

带骨、带皮的鸡小腿	4个
带骨头、带皮的鸡大腿	4个
酪乳	500mL
多用途面粉	250mL
炸鸡香料	15mL
用于油炸的油	

1. 在可重复密封袋子中，将鸡肉与酪乳混合。密封并翻动上好涂层，然后冷藏6h或过夜。

2. 烹饪前至少1h，将鸡肉从冰箱中取出并调至室温（这样鸡肉可以更快地烹饪并减少烧糊的机会）。

3. 用一个浅碗，将面粉和炸鸡肉混合在一起。搁置备用。

4. 从酪乳中取出鸡肉，鸡肉应涂上一层调味酪乳，倒掉液体。

5. 中火，在锅中，加热4cm油，直至达到约180℃（见提示）。在面粉混合物中拖动鸡肉块，使混合物涂裹上鸡肉两面，然后小心地放入热油锅（根据煎锅大小，可以一次炸3~4块）。每边炸5min，直到呈金黄色和插入最厚部分读取的温度计显示74℃，送至栅架静置2min后再食用。

野味香料

在这种混合香料中，杜松的松树状香气和丁香的辛辣味使野味的浓郁气味得到很好平衡。当我制作这种混合物时，将所有全部配料放入研钵中，然后用杵将它们粗略粉碎。这样，来自杜松子的油很湿润，可被其他香料吸收。

整丁香	2粒
整鸟眼干辣椒	1个
干月桂叶	1片
杜松子	10mL
整百香果	5mL
整黑胡椒粒	5mL
芫荽籽	2mL

将配料放入碗中搅拌均匀，以确保均匀分布。转移到密闭容器，并储存在远离极端高温、光线和潮湿环境，可保存1年。

如何使用野味香料

这种混合物具有令人愉快的融合风味，可用于馅料、砂锅、自制香肠，甚至肉糕。在干腌料中揉搓肉，静置约30min后可进行烹饪。每500g肉使用5mL或更多野味香料混合物，也可用作杜松子替代品（用量与要使用的杜松子量相同）。

格拉姆马萨拉

格拉姆马萨拉是传统印度香料混合物。有人甚至将它看成是各种菜肴的关键，包括咖喱菜肴和黄油鸡。"马萨拉（masala）"意思是"混合物"，而"格拉姆（garam）"意为"香料"，但格拉姆马萨拉本身就是一种独特的混合物。尽管有许多解释，但它们都应具有相同的风味特征。我觉得有趣的是印度厨师经常添加咖喱而不是单独配料，这当然是为了简单，因为它是现成的。

茴香粉	20mL
肉桂粉	12mL
葛缕子籽粉	12mL
现磨黑胡椒粉	2mL
丁香粉	2mL
豆蔻籽粉	2mL

将配料放入碗中搅拌均匀，以确保均匀分布。转移到密闭容器，并储存在远离极端高温、光线和潮湿环境，可保存1年。

如何使用格拉姆马萨拉

这种均衡、几乎甜美的混合物，带有黑胡椒味，缺乏孜然、芫荽和姜黄的特色咖喱味，这使其作为一种广谱印度菜肴调味剂具有极大的多功能性。虽然多数情况下均与咖喱有关，但是当作烧烤鱼揉搓料时，它可以是咸味的，还可加上有人喜欢的干辣椒和盐。我最喜欢的格拉姆马萨拉用法可参见赫比斯周六咖喱。

蒜蓉牛排搓揉料

蒜味牛排搓揉料非常受欢迎，这种混合物用途广泛且易于使用。

大蒜粉	20mL
洋葱粉	15mL
细海盐	12mL
红辣椒颗粒（见提示）	7.5mL
甜味红辣椒	7.5mL
姜粉	5mL
现磨黑胡椒粉	5mL
黄芥末籽粉	2mL
肉桂粉	1mL

将配料放入碗中搅拌均匀，以确保均匀分布。转移到密闭容器，储存于远离极端高温、光线和潮湿的环境，可保存1年。

如何使用大蒜牛排擦

大蒜风味与洋葱、盐和适当香料结合，可用于红肉调味，既可增添颜色，又可产生多汁效果。牛排用些混合物揉搓后，进行烧烤、烘烤或煎烤等烹饪。

提示

红色和绿色甜（灯笼）椒切成小方块，并干燥成灯笼椒粒。虽然这些主要用于加工食品和干粉汤料包，但也可以从一些超市和散装食品商店购买到。它们可提供良好质地并有甜椒滋味。如果找不到，可以将红辣椒中的种子筛除（丢弃种子），然后用研钵和杵将干椒荚粗略地碾碎。

哈里萨

　　哈里萨（Harissa）是一种传统的突尼斯糊状物，通常用作调味品。如果在吃饭的地方有这种可以自己取用的哈里萨，应谨慎使用，其关键配料是大量辣椒。干辣椒风味比新鲜辣椒强，较复杂，哈里萨用干辣椒制备。另一种称为"泰布（tabil）"的突尼斯混合物以相同的方式制成，但它不含红辣椒或孜然。

提示

这是一种辣味酱剂，我喜欢使用干鸟眼辣椒片。也可以使用克什米尔椒、迪斯布莱特椒，及全味阿勒颇胡椒制成薄片。

干烤孜然籽：放入热干锅中，不断摇晃，这样种子就不会黏着或烧煳，直到变暗并散发出芳香。将锅从热源移开，并将种子转移到盘子中冷却。将烘烤后的孜然种子装在密闭容器中（在储存前完全冷却）可保存约1个月。应免受极端高温、光照和潮湿的影响。

● 研钵和杵

干辣椒片（见提示）	60mL
热水	60mL
新鲜的薄荷叶，切碎	6片
捣碎的大蒜	25mL
甜椒	25mL
整葛缕子籽	10mL
整芫荽籽	10mL
整孜然籽，干烤，然后磨碎（见提示）	5mL
细海盐	5mL
橄榄油	约15mL

　　在一个碗里，将辣椒片和热水混合，放置10min，直到相当柔软（不要排出水，它有助于形成糊状物，并被干燥的香料成分吸收）。加入薄荷叶、大蒜、辣椒、葛缕子、芫荽籽和孜然籽以及盐。转移到研钵，用杵研碎并充分搅拌。逐渐加入油，混合直至形成浓稠的糊状物（加油量取决于所需的稠度）。转移到密闭容器中冷藏最多2周。

如何使用哈里萨

传统上，哈里萨被用作烤肉串等熟肉类的调味品。中东餐桌上常常可以见到装有这种混合物的小盘子，就像新加坡的辣椒酱一样。哈里萨是泰国甜辣椒酱和斯瑞拉察（sriracha）的适合替代品，我喜欢在冷肉三明治上用它作为辛辣物替代芥末。哈里萨在用鹰嘴豆泥涂抹的硬皮面包或皮塔饼上很美味。它用于中东菜肴嘉休格（chakchouka）也很棒。

普罗旺斯香草

　　普罗旺斯香草（Herbes de Provence）是法国和欧洲食谱中的传统干香草混合物。它有混合香草和香草束的刺激性，但那些突出的风味最终能通过平衡性配料加以调和。龙蒿的茴香清新、芹菜的清淡和薰衣草的花香对百里香和马郁兰的强度起到了调节作用。应定期用最优质原料制作少量普罗旺斯香草（风味好、保存期长），以下是我最喜欢的一种香草组合。

提示

碎月桂叶会将其气味在烹饪中释放，并且可在烹饪超过1h的菜肴中变软。由于适当干燥的月桂叶非常脆，可以简单地将其用手指弄碎至小于5mm。或者，也可以使用锋利刀或香料研磨机将其剁碎或磨碎，注意不要使它们成为粉末！

配料	用量
干百里香	20mL
干马郁兰	10mL
干欧芹片	10mL
干龙蒿菜	5mL
干薰衣草花	3mL
芹菜籽	2mL
碎月桂叶（见提示）	1片

将配料放入碗中搅拌均匀，以确保均匀分布。转移到密闭容器，并储存在远离极端高温、光线和潮湿环境，可保存1年。

如何使用普罗旺斯香草
普罗旺斯香草可像野味和家禽砂锅使用混合香草那样使用；10~15mL足以满足3~4人的配方。可以把它当作混合香草用于面包馅，并可在普罗旺斯比萨中尝试使用。

咖喱粉

意大利混合香草

在北美，随处可以见到一种名为"干意大利调味料"的包装混合物。事实上，有人认为，对许多人（当然不是意大利居民）来说，意大利食品是由它的风味规定的。尽管这是一种宽泛的概括，但意大利混合香草应该包含能有效地用于传统意大利食谱（如肉酱、意大利面食和比萨饼）的香草组合。

干罗勒	20mL
干百里香	15mL
搓碎的干马郁兰	10mL
搓碎的干牛至	10mL
搓碎的干鼠尾草	5mL
干蒜片	5mL
干迷迭香	5mL

将配料放入碗中搅拌均匀，以确保均匀分布。转移到密闭容器，并储存在远离极端高温、光线和潮湿环境，可保存1年。

如何使用意大利混合香草

烹饪前可将这种混合物撒在比萨上，并将其作为一般调味料加入蔬菜和肉类汤、炖菜和砂锅菜中。制作肉酱时，每500g碎牛肉加入10~20mL意大利香草混合物。

叻沙混合香料

叻沙（Laksa）是一种经典的亚洲面条汤料，已成为澳大利亚最受欢迎的外卖餐之一。这种香料混合物含有大量配料，缺一不可。它为新鲜食材增添的饱满、健康风味，远胜过多数从商店购回的产品。

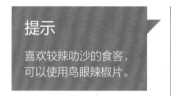

提示

喜欢较辣叻沙的食客，可以使用鸟眼辣椒片。

芫荽籽粉	15mL
孜然粉	7mL
茴香粉	7mL
细海盐	5mL
姜黄粉	3mL
高良姜粉	3mL
中辣辣椒片（见提示）	3mL
大蒜粉	2mL
泰国干青柠叶，细碎	2mL
姜粉	2mL
肉桂粉	2mL
现磨黑胡椒粉	2mL
超细白砂糖	2mL
干柠檬桃金娘叶	1mL
黄芥末籽粉	1mL
丁香粉	0.5mL
豆蔻籽粉	0.5mL

将配料放入碗中搅拌均匀，以确保均匀分布。转移到密闭容器，并储存在远离极端高温、光线和潮湿环境，可保存1年。

如何使用叻沙混合香料
可在叻沙虾或各种亚洲海鲜和面条汤中使用此混合物。

混合胡椒

与现磨的胡椒粉混合物不同，此混合物主要用于烹饪，不适合放入胡椒磨研机。凯特和我被法国南部卡瓦永（Cavaillon）市场所出售的胡椒混合物迷住，几个世纪以来，法国这一区域一直受到马赛贸易商影响，这些商人与北非接触，并获得近东和远东的许多香料。我忍不住复制了这种高度芳香的混合物。

整黑胡椒粒	45mL
整白胡椒	25mL
粉红色的肖乳香胡椒	25mL
绿胡椒	15mL
荜澄茄椒	15mL
花椒	15mL

将配料放入碗中搅拌均匀，以确保均匀分布。转移到密闭容器并存放，远离极端的高温、光线和潮湿，最长可达3年。

如何使用混合胡椒

这种混合物大多适用于慢煮菜肴，烹饪开始时每500g肉可加入15mL。不要磨，因为整粒香料可增加菜肴的颜色和质地，并在烹饪过程中软化。我们喜欢在用红葡萄酒制作的鸡肉砂锅和冬季温暖的牛肉菜肴中加入这种混合物，炖羊肉搭配这种芬芳的胡椒混合物，会呈现出新面貌。每当我们使用这种混合物时，都会使我们回想起卡瓦永市场的体验。

墨西哥辣椒粉

　　这是辣椒、孜然和红辣椒的简单混合物，许多人发现它比红辣椒粉和商业辣椒粉更加令人愉快，后者通常含有人造配料。这是因为其温和性及添加孜然产生的朴实平衡所致，孜然是"墨西哥"风味特有的风味基础。将与辣椒同一家族的甜椒包括在混合物中，增加了一个甜味维度。我觉得有趣（但并不奇怪）的是，与印度咖喱、摩洛哥和中东食物相关的孜然，与甜椒一起使用时，会产生出可识别的墨西哥风味。这说明，香料使用中的微妙变化会产生完全不同的结果。与艺术、音乐和文学一样，其结果取决于如何对待所拥有的东西。

提示

这种混合物中可以使用各种墨西哥辣椒，包括能辣起泡的哈瓦那（habaneros）椒、温和甜美的新墨西哥椒和科罗拉多椒，以及水果味的安可椒、巴西拉椒和莫拉多椒，所有这些都可以根据个人风味偏好利用。
盐的用量还可根据各自口味进行调整。

温和，中辣或很辣的红辣椒粉（见提示）	25mL
孜然粉	15mL
甜椒	10mL
干搓揉碎牛至，可选	5mL
细海盐（见提示）	5mL

　　将配料放入碗中搅拌均匀，以确保均匀分布。转移到密闭容器，并储存在远离极端高温、光线和潮湿环境，可保存1年。

如何使用墨西哥辣椒粉

墨西哥辣椒粉用于北美辣豆酱调味，并为许多其他特克斯曼克斯（Tex-Mex）食谱提供基础风味。塔可调味料通常用墨西哥辣椒粉制成，包括一些含麸质（以降低成本）的淀粉填料、谷氨酸钠（MSG）和额外的盐。这种混合物可用作优质全天然玉米卷调味料，并添加到干酪油炸玉米饼中。

中东海鲜香料

这种香料混合物体现中东独有的风味。特别值得注意的是，它包括可为各种海鲜增添颜色和风味的酸性漆树粉。

孜然粉	10mL
阿勒皮姜黄粉（见提示）	10mL
红辣椒粉（见提示）	5mL
现磨黑胡椒粉	5mL
干黑酸橙粉（见提示）	5mL
姜粉	5mL
漆树粉	5mL
豆蔻籽粉	2.5mL
甜椒粉	2.5mL
盐，按口味添加	

将配料放入碗中搅拌均匀，以确保均匀分布。转移到密闭容器，并储存在远离极端高温、光线和潮湿环境，可保存1年。

如何使用中东海鲜香料

用于有强烈腥味的鱼类和海鲜，如鲑鱼、金枪鱼、虾及胭脂鱼之类多脂鱼，宜以搓揉方式使用这种干燥香料混合物，并在调味后静置约30min再进行烹饪。

提示

阿勒皮姜黄具有比普通姜黄含量高的姜黄素，并有更深层的风味。

为产生较正宗的风味，就使用中东风格的红辣椒粉，如阿勒颇辣椒粉。

黑色酸橙通常以整个形式供应，所以需要自己研磨它们。将2或3个黑酸橙装入袋中，并使用擀面杖将其捣碎成5mm的碎片。转移到研钵中，用研杵彻底研磨。

中东美食中的香料

"中东"是一个地域相对宽泛的术语，它可包括以色列、巴勒斯坦、黎巴嫩、约旦、叙利亚、海湾国家和也门在内的广大地区。这些美食受到阿拉伯、波斯、印度和欧洲文化的影响，并且在不同程度上都使用坚果、水果、酸奶和（以油和酱芝麻酱形式出现的）芝麻，以及一些香料。以下是这些美食所用的一些主要香料。

- 红辣椒
- 芫荽籽
- 漆树
- 欧芹
- 百里香

- 孜然
- 桂皮
- 石榴
- 黑胡椒

- 丁香
- 小豆蔻（绿色）
- 黑樱桃籽
- 乳香

混合香草

　　这种混合香草组合一定是20世纪70年代以前澳大利亚的典型配料（它是当时澳大利亚最常用的香草混合物）。我年轻时，许多去过我父母香草店的人只用混合香草和胡椒烹饪。当时超市中提供的混合香草包通常包含相同比例的百里香、鼠尾草和马郁兰，并夹带有大量树枝、石子和泥土，这是低档产品。我第一次遇到香草和香料混合是在我父母开发的一种非常优质的香草混合物，母亲尝试将混合物用于肉糕中，改变传统三合一的比例，并添加芫荽、牛至和薄荷。我始终记得有两周每天晚上都吃肉糕，直到母亲得到正确配比！在我看来，她的香草混合物仍然是最好的，我想将她的食谱分享给大家。所有配料都是香草，可以从自己的香草园（如果有的话）收集并干燥。

干百里香	20mL
干搓碎鼠尾草	12mL
干搓碎牛至	8mL
干薄荷	5mL
干搓碎马郁兰	3mL
干欧芹片	2mL

将配料放入碗中搅拌均匀，以确保均匀分布。转移到密闭容器，并储存在远离极端高温、光线和潮湿环境，可保存1年。

如何使用混合香草
添加混合香草可使汉堡肉饼风味更好，同样，多数汤、炖菜和砂锅菜也是如此。等量的这种混合物可以用于食谱中代替商店购买的混合香草，每500g碎肉加入10~15mL。

混合香料（苹果派香料/南瓜饼香料）

这种流行的甜味香料混合物经常与香料多香果混淆，在澳大利亚，我们将这种混合物称为"混合香料"，在北美，其常用名称是"苹果派香料"和"南瓜派香料"。混合香料起源于欧洲烹饪，但已经以这些不同名称出现在世界各地。这种混合物最适合用于水果蛋糕、脆饼、甜馅饼和各种美味糕点的调味。芫荽籽粉用量可能看起来令人惊讶，但芫荽是一种混合型香料，能将甜味和辛辣香料融合在一起，香气浓郁，这是其他方式无法实现的。

芫荽籽粉	20mL
肉桂粉	10mL
月桂粉	10mL
肉豆蔻粉	2mL
多香果粉	2mL
姜粉	2mL
丁香粉	1mL
豆蔻籽粉	1mL

将配料放入碗中搅拌均匀，以确保均匀分布。转移到一个密闭的容器存储，远离极端的高温、光线和潮湿，可保存1年。

如何使用混合香料

为将美妙的甜香风味赋予蛋糕、馅饼、饼干和糕点，可在混合干燥配料时，每250mL面粉加入10mL混合香料。如果要求水果蛋糕、馅饼和浓郁或甜味食物有明显香味，需要增加（最多可加倍）混合香料用量。

摩洛哥香料

传统摩洛哥风味与典型印度风味不同，例如，均使用孜然、姜黄、芫荽、辣椒和豆蔻，区别在于使用比例。例如，摩洛哥香料混合物在辣度方面往往较温和，而且味道较不刺激。

孜然粉	40mL
甜椒粉	30mL
剁碎的干洋葱片	15mL
芫荽籽粉	10mL
阿勒皮姜黄粉	7mL
辣椒粉	5mL
大蒜粉	3mL
现磨黑胡椒粉	2.5mL
多香果粉	2.5mL

将配料放入碗中搅拌均匀，以确保均匀分布。转移到密闭容器，并储存在远离极端高温、光线和潮湿环境，可保存1年。

如何使用摩洛哥香料

需要干摩洛哥香料混合物的配方时，可使用这款摩洛哥香料作为默认香料。这种混合物加入少量盐，也可作为鸡肉和全味海鲜的搓擦料，可在烹饪（烧烤、煎烤甚至烘烤）前使用。

摩洛哥美食中的香料

大部分摩洛哥美食都源于其与埃塞俄比亚、埃及和突尼斯等北非邻国的悠久贸易历史。在西方，源自这些地区的风味通常被描述为"摩洛哥"风味。尽管有许多变化，但摩洛哥菜肴中使用的一些主要香料如下。

- 芫荽籽
- 姜黄
- 红辣椒

- 孜然
- 肉桂和桂皮
- 姜

- 丁香
- 胡椒
- 辣椒

培恩奇富琅

培恩奇富琅（Panch phoron），据说源自孟加拉国，是5种种子香料的混合物，具有特色调味效果。培恩奇富琅传统上结合了棕色芥末、黑种草、孜然、葫芦巴和茴香的种子，它最常见于印度北部，那里种植有大多数种子香料。这款巧妙的混合物具有独特的风味特征，很好地说明了适当混合各种香料可以取得所需的风味效果。这种香料混合物不应该与中国的五香粉混淆，尽管其名称中的"panch"来自印度斯坦语中的"五"，但"phoron"意思是"种子"。在印度和西方的香料店，这种混合物有时被称为"培恩奇坡轮（panch puran）""培恩奇富轮（panch phora）"或"培恩奇波拉（panch pora）"。

褐芥末籽	15mL
黑种草籽	12mL
孜然籽	10mL
葫芦巴籽	8mL
茴香籽（小号）	5mL

将整个香料放入碗中搅拌均匀，以确保均匀分布。转移到密闭容器并存放，远离极端的高温、光线和潮湿，最长可达3年。

如何使用培恩奇富琅

这种经典孟加拉国香料混合物用于蔬菜、达尔和鱼咖喱，一般在制作菜肴时用油调味。种子香料能补充碳水化合物的风味，考虑到这一点，可将培恩奇富琅用于马铃薯。在炒锅中用油炒一下培恩奇富琅，然后加入部分煮熟马铃薯块、拌煮，直到变成褐色。这种混合香料也可以为各种肉类提供美味。

提示

如果喜欢冒险，可尝试改变香料的比例，以创造可能更适合各自口味的香料混合物。例如，增加黑种草可增强特殊香味，增加茴香可增加甜味，而增加葫芦巴可增加苦味。我们认识一位厨师粗糙地研磨培恩奇富琅并将其用作烤肉涂层，在烹饪之前将其撒在肉上。我们喜欢在制作肉糕时将15mL培恩奇富琅放入碎牛肉中。有关使用培恩奇富琅的经典食谱，请参阅煸炒香料花椰菜和赫比斯周六咖喱。

胡椒混合粉

　　将各种胡椒和多香果组合投入胡椒磨中，将其现磨并撒到食物上面。制作这种混合物时，我根据风味组合而不仅是其外观选择胡椒。以下整香料组合可产生精致均衡的香气，此混合物适合大多数要求现磨胡椒粉的场合。

提示

当香料粒度大小不一（例如多香果）时，建议剔出直径大于3mL的颗粒。这些大颗粒可能不能很好地通过胡椒磨。

黑胡椒粒	25mL
白胡椒粒	5mL
多香果	5mL
绿胡椒	5mL
荜澄茄椒	5mL

　　将整个香料放入碗中搅拌均匀，以确保均匀分布。转移到一个密闭的容器，并存储在远离极端高温、光线和潮湿的环境，可保存长达3年，或直到你准备使用时。

变化

可以调整此组合以满足各自口味。增加白胡椒比例可使其变辣，也可使用印度、马来西亚和贡布黑胡椒粒组合，以产生轻微甜味和柠檬韵味。

将20mL芫荽籽加入以上混合物中，制成一种混合物，现磨加入餐桌上的鸡肉和鱼肉，可呈现出诱人的新鲜感。

波斯香料

人们有时会发现非常规的特定香料混合物，我创造的波斯香料混合物就是一个例子。这种芳香味组合包括很大比例的辛辣香料，以反映波斯滋味，但风味结合得很好，混合物可以在烹饪前直接用于海鲜或肉类。

现磨黑胡椒粉	10mL
孜然粉	10mL
阿勒皮姜黄粉	10mL
豆蔻籽粉	5mL
芒果粉	5mL
盐，品尝确定用量	

将配料放入碗中搅拌均匀，以确保均匀分布。转移到密闭容器，并储存在远离极端高温、光线和潮湿的环境，可保存长达1年。

如何使用波斯香料

这种混合物非常适合作为干料，在海鲜和红肉上搓揉后，进行烧烤、煎烤甚至烘烤。也可以与通用面粉混合，作为红肉裹涂层，用于砂锅菜和炖菜开始时产生变褐效果。我们喜欢用波斯香料涂裹剑鱼片，然后用少许橄榄油煎炸。

泡菜香料

　　没有什么比去一趟乡下购买时令蔬菜再自己动手腌制更令人愉快。泡腌水果和蔬菜时，通常最好使用整香料。整香料与磨碎的不同，它们不会留下可能影响成品外观的粉状残留物。

整黄介菜籽	25mL
整黑胡椒粒	20mL
莳萝籽	15mL
茴香籽	15mL
整多香果	15mL
整丁香	10mL
碎月桂叶	5mL
4cm肉桂棒，弄碎	1根
切碎干鸟眼辣椒（或品尝确定用量）	5mL

　　将配料放入碗中搅拌均匀，以确保均匀分布。转移到密闭容器，并存放在远离极端高温、光线和潮湿的环境，最长可保存3年。

如何使用泡菜香料

要求泡菜香料的食谱均可使用这种混合物，每1kg蔬菜需加约15mL泡菜香料。一些厨师会用粗棉布将此混合物做成香料包，这样就可以在烹饪完成后去掉香料。另一些人喜欢将其与被腌制配料一起装在瓶子里，如果留在其中，它们风味道会继续注入泡菜，可产生无穷增加美感的颜色和质地效果。

泡菜香料也可泡成香料液加到清汤中。20mL香料混合物和1L干雪利酒混合，装在灭过菌的滗析器或可重新密封的玻璃罐中，放置一到两周，然后用细网筛过滤浸泡滤。每份清汤可加入5mL浸泡液，搅拌均匀。在阴凉、避光环境，此浸泡液可长期保存。

泡菜香料添加到烹饪甲壳类动物如蟹的沸水中时，还可赋予特别互补的风味。

贝利贝利混合香料

这种辣椒混合物粉具有独特浓郁的柠檬味，受到南非消费者以及习惯葡萄牙式烧烤鸡肉风味食客的欢迎。

鸟眼辣椒粉	50mL
甜椒粉	7mL
孜然粉	5mL
细海盐	5mL
姜粉	5mL
芒果粉	3mL

将配料放入碗中搅拌均匀，以确保均匀分布。转移到密闭容器，并储存在远离极端高温、光线和潮湿环境，可保存1年。

如何使用贝利贝利香料混合物

使用这种混合物作为辣椒粉的替代品，或者只是留在手上撒上面食和比萨饼等食物。贝利贝利香料混合物非常适合作为鸡肉和猪肉的干擦，然后进行煎炸，炙烤、架烤甚至烘烤。为了制作美味的贝利贝利鸡肉，将鸡肉混合在一起，放在冰箱中控干腌1h，然后再烹饪。带壳和去壳的虾，撒上贝利贝利香料混合物，用黄油和大蒜炒，制作快速、简单和非常美味的菜肴。

提示

贝利贝利（peri peri）名称通常用于描述南非和印度某些地区的辣椒。因此，贝利贝利（也称为piri piri）调味汁基本上是辣椒调味汁，具有相同的风味特征。

南部非洲的香料

撒哈拉沙漠以南的非洲美食以尼日利亚、埃塞俄比亚和南非共和国的食物为代表。印度人向非洲迁移对这些地区香料的使用产生了影响，马来西亚人的影响也是如此，这在南非开普马来式（Cape Malay）烹饪中很明显。与世界其他地区一样，非洲人在早期航行到美洲后欣然接受了辣椒。在非洲历史上，最早出现的是不同社会阶层人员都可以享受的容易种植的多产辣椒香料。以下是这些地区使用的一些主要香料。

- 芫荽籽
- 辣椒
- 孜然
- 多香果
- 姜
- 胡椒
- 摩洛哥豆蔻
- 葫芦巴籽

猪肉调味料

猪肉非常油腻，具有非常独特味道及深厚风味，在这种混合物中添加的芹菜籽，作为搓揉料可以很好地平衡这种油腻感。这种混合物也能很好地中和鸭子和鹅的油腻性。

芹菜籽	35mL
干牛至粉	15mL
甜椒粉	15mL
现磨黑胡椒粉	10mL
细海盐	5mL

将碗中的配料混合并搅拌均匀，以确保均匀分布。转移到密闭容器，并储存在远离极端高温、光线和潮湿的环境，可保存1年。

如何使用猪肉调味料
这种混合物可作为干擦（腌）料用于猪里脊，可为煎制或烧烤的里脊肉提升色香味效果。可将大量此调味料擦在划过痕的猪肉皮上，再进行烧烤。

葡萄牙调味料

葡萄牙鸡，是一种类似于贝利贝利鸡的美味油炸或烧烤鸡，在澳大利亚已成为一种店内餐食和外卖餐。但是，太多快餐店严重依赖过量的盐、味精和水解植物蛋白（HVP）之类风味增强剂。本配方是一种较健康、较美味的做法。

甜椒粉	30mL
孜然粉	5mL
肉桂粉	5mL
姜粉	5mL
多香果粉	2.5mL
鸟眼辣椒粉	2.5mL

将配料放入碗中搅拌均匀，以确保均匀分布。转移到密闭容器，并储存在远离极端高温、光线和潮湿环境，可保存1年。

如何使用葡萄牙调味料

使用这种调味料混合物作为干燥的调味料揉搓在spatch cocked鸡（见下页提示）或鸡块，然后炙烤、架烤或烧烤制作经典的葡萄牙鸡肉。或者，用它来制作美味的湿腌料，如葡萄牙烤鸡。

葡萄牙烤鸡

这道菜是常规烤鸡的绝佳选择，红辣椒赋予它很好的颜色，辣椒和其他香料提供了一种穿透性温暖辣香风味。

制作4人份

制备时间：20min，加2h腌制

烹饪时间：50min

提示

也可以在木炭或燃气烧烤炉中用中火烤鸡。每隔10min转一次，在鸡皮一侧涂抹一次油，直到烤熟为止。

葡萄牙鸡通常整鸡"杀后洗净去烹饪"，去除骨干并使净鸡整平，这可更快、更均匀地烹饪。鸡肉下面的蔬菜可吸收所有烹饪美味和汁液。

- 搅拌机
- 33cm×23cm的烤盘

鸡

整鸡，约1.5kg	1只
大号马铃薯，未剥皮，切成薄片	1个
大号甘薯，未剥皮，切成薄片	1个

腌汁

葡萄牙调味料	30mL
洋葱，切碎	1/2颗
大蒜，大致切碎	2瓣
红葡萄酒醋	5mL
鲜榨柠檬汁	30mL
油	45mL

1. 鸡肉：在砧板上，将鸡胸肉朝下放置。使用厨房剪刀，沿着骨头的两侧切除骨架（丢弃骨头）。将鸡肉翻过来，用手掌压平。使用小刀，在鸡皮上划出2mm深，2.5cm长的斜口，以使腌料渗透。搁置备用。

2. 腌料：在搅拌机中，将香料混合物、洋葱、大蒜、醋、柠檬汁和油混合。高速混合直至顺滑。将腌料分成两份，将一半腌料与鸡一起装入可重复密封袋，密封并翻转裹料，冷藏至少2h或过夜。将剩余的腌料冷藏在密闭容器中。

3. 烤箱预热至200℃，烤盘抹油。

4. 将马铃薯和甘薯片均匀地放在烤盘底部。将鸡皮朝下放在上面。在预热的烤箱中烘烤20min（见提示）。从烤箱中取出锅，将鸡肉翻过来，抹上保留的腌料。烘烤20~30min，直到鸡肉煮熟（温度计插入最厚部分的即时读数为74℃，鸡皮变黑。从烤箱中取出并放置5min，将鸡切成碎片，搭配煮熟的马铃薯。

四合一香料

　　四合一香料（quatre épices）字面意思是"四种香料"，像许多简单命名的香料混合物一样，它是法国菜肴中使用的传统香料组合。这种香料唯一复杂点是其有咸味和甜味两种版本：咸味四合一香料最常用于腌腊肉食；甜味四合一香料用于布丁和蛋糕。

咸味四合一香料

现磨白胡椒粉	30mL
肉豆蔻粉	12mL
姜粉	10mL
丁香粉	3mL

甜味四合一香料

多香果粉	30mL
肉豆蔻粉	12mL
姜粉	10mL
丁香粉	3mL

将配料放入碗中搅拌均匀，以确保均匀分布。转移到密闭容器，并储存在远离极端高温、光线和潮湿环境，可保存1年。

如何使用咸味四合一香料

这种咸味混合物的经典用途是在制作熟腌肉食（主要是腌猪肉和萨拉米之类香肠）时加入。我还发现咸味四合一香料可很好地装在胡椒粉瓶中当普通白胡椒粉用，其他香料的刺激性掩盖了白胡椒常常带有的霉味。

如何使用甜味四合一香料

甜味四合一香料为水果蛋糕和布丁增添了额外的丰富感，它是（美味苹果馅料用黄油和糖焦糖化的）法式苹果挞（tarte Tatin）中使用的经典香料组合。

拉斯哈努特

这种传统摩洛哥混合物是所有香料混合物的顶峰，有时超过20种成分混合形成均衡、浓郁的混合物，风味圆润。本配方无疑是一个最好的例子，说明一批不同香料可以形成一种比其任何单种香料风味效果好得多的混合物。

提示

阿勒皮姜黄具有比普通姜黄更高的姜黄素含量和更深的风味。它能与这种混合物中的其他香料完美平衡。

先用手指弄碎的月桂叶很容易磨碎，碎月桂叶可用研钵和研杵研磨。

整番红花柱头	15个
甜椒粉	25mL
孜然粉	20mL
姜粉	20mL
芫荽籽粉	10mL
月桂粉	5mL
阿勒皮姜黄粉（见提示）	5mL
茴香粉	3mL
多香果粉	3mL
绿豆蔻籽粉	3mL
整莳萝籽	3mL
高良姜粉	3mL
肉豆蔻粉	3mL
鸢尾根粉	3mL
月桂叶粉（见提示）	1mL
葛缕籽粉	1mL
辣椒粉	1mL
丁香粉	1mL
肉豆蔻干皮粉	1mL
荜澄茄椒粉	1mL
棕色豆蔻荚粉	1mL

将配料放入碗中搅拌均匀，以确保均匀分布。转移到密闭容器，并储存在远离极端高温、光线和潮湿环境，可保存1年。

如何使用拉斯哈努特

虽然这种混合物并不具有刺激性，但它对食物具有很好的普遍适用性，与其他香料混合物相比，它只需要一半的用量。拉斯哈努特具有非常好的通用性，它可为鸡肉和蔬菜塔吉锅（砂锅菜）和拉斯哈努特鸡增添诱人的风味。可在煎炸、烤制或烘烤之前将它撒在鸡肉或鱼上，也可在烹饪时加入蒸粗麦粉中。

拉斯哈努特鸡

这道平衡而美味的砂锅菜肴是我的孩子们开始吃固体食物时吃的第一道菜，它现在仍然是他们（虽然已经不再是孩子）的最爱之一。它绝对是整个家庭所喜欢的一道菜，与五香蒸粗麦粉一起食用（见提示）。

带皮带骨鸡大腿	6支
拉斯哈努特	30mL
橄榄油	15mL
小号洋葱，四切开	2颗
大蒜，对切开	4瓣
鸡汤，分次使用	375mL
小胡萝卜，去皮，切成1cm的丁	2根
新鲜或冷冻豌豆	250mL
小纽扣蘑菇，对切开	12个
盐，依口味确定	

制作4人份

制备时间：15min
烹饪时间：45min

提示

为了制作加香蒸粗麦粉，在烹饪时加入2mL拉斯哈努特到250mL蒸粗麦粉。

1. 将拉斯哈努特涂在鸡肉上。
2. 中火，在平厚底锅中加热油。加入准备好的鸡肉，每边煎3~5min，直到两边都变成褐色。加入洋葱、大蒜和60mL鸡汤。将火降至小火，加盖，煮15min（不要取下盖子）。加入胡萝卜和剩余的300mL鸡汤；盖上盖子煮10min，直到胡萝卜差不多变软。加入豌豆和蘑菇，加盐调味，搅拌混合。煮5~10min，直到蔬菜变软。立即食用。

烤肉搓揉香料

用于烤肉（除了提升风味以外）的主要目的之一是为多汁肉创造出色彩鲜美的外壳，这种搓揉料也可以称为结壳混合物，因为它可增加颜色、质地以及风味效果。

提示

不要因为混合物包含芥末籽而感到困惑。烹饪的热量会使芥末中的辣味酶失活，这意味着该成分在起强化结壳效果时只增加坚果风味。

芫荽籽粉	20mL
甜椒粉	20mL
整棕色芥末籽（见提示）	10mL
漆树粉	10mL
细海盐	7mL
姜粉	3mL
超细白砂糖	2mL
搓碎干牛至	2mL
现磨黑胡椒粉	2mL
多香果粉	1mL

将配料放入碗中搅拌均匀，以确保均匀分布。转移到密闭容器，并储存在远离极端高温、光线和潮湿环境，可保存1年。

如何使用烤肉香料擦

这种混合物除了用作烤肉干擦料之外，还可将它们撒在平底锅旁边的蔬菜上（最受欢迎的是马铃薯、南瓜、胡萝卜和甜菜）。一定要用浓汤制作简单肉汁，风味特别好。

色拉酱调味料

色拉酱是我们将许多健康绿叶蔬菜变成色拉的最好辅助方式。大多数商业色拉酱可能含盐量很高，它们还会包含人们不愿意要的防腐剂，并且通常还含有由藻酸盐制成的乳化剂。这些添加剂使许多调料口感变得有些黏滑，在我看来，这些添加的助剂均会抵消享用新鲜脆爽色拉的全部目的。本调味料所含的芥末粉是一种乳化剂，没有任何令人不快的副作用。进行调味时，醋会抑制芥末中的酶，因此不会太辣。

黄芥末籽粉	10mL
碎干芫荽片（见提示）	5mL
干绿色莳萝叶尖	2mL
粗粉碎黑胡椒	1.5mL
多香果粉	1.5mL

将碗中的配料混合并搅拌均匀，以确保均匀分布。转移到密闭容器，并储存在远离极端高温、光线和潮湿环境，可保存1年。

如何使用色拉酱调味料

在带有倾倒口的杯子中，将20mL色拉酱调味料、75mL橄榄油和60mL醋混合。搅拌均匀，转移至无菌瓶或罐中，在室温下储存长达3个月（见提示）。

制作20mL

提示

要将干燥香草叶子弄碎，但不要将它们粉碎。达到这种效果的最好方法是用粗筛擦拭它们。

因为在这种调味品中使用的干香草含水量很低，所以这种混合物不需要冷藏。它可以在室温（环境温度）下储存至少3个月。如果用新鲜香草替代干芫荽和莳萝，则需要将调味料冷藏，并在3周内使用完。

酸辣汤粉

酸辣汤（Sambar）是一种南印度汤，本身可以是一顿饭，也可以浇在米饭上并与咖喱搭配。做好酸辣汤的基础是称为酸辣汤粉（或称为酸辣汤马萨拉）的香料混合物，本配方非常温和，但如果需要也可以添加更多辣椒。

提示

如果立即使用这种粉末，可以使用新鲜咖喱叶。否则，要使用干咖喱叶，因为这样可以将混合物储存长达12个月。

鹰嘴豆粉也被称为扁豆粉（gram flour）或贝桑粉（besan flour）。它可以在亚洲和印度市场和健康食品商店中找到。

配料	用量
干咖喱叶，切碎（见提示）	8片
芫荽籽粉	25mL
鹰嘴豆粉（见提示）	25mL
孜然粉	10mL
粗粉碎的黑胡椒	5mL
细海盐	2mL
葫芦巴籽粉	2mL
芒果粉	2mL
全棕色芥末籽	2mL
温和的辣椒粉	2mL
肉桂粉	1mL
阿勒皮姜黄粉	1mL
阿魏粉	1mL

将配料放入碗中搅拌均匀，以确保均匀分布。转移到密闭容器，并储存在远离极端高温、光线和潮湿环境，可保存1年。

如何使用酸辣汤粉

酸辣汤粉在煎炸前撒在鸡肉和海鲜上可构成很好的涂层。我发现其中的鹰嘴豆粉有助于咖喱肉汁增稠，在烹饪过程中，每500g肉或蔬菜加入10mL酸辣汤粉搅拌均匀。

调味盐

　　风味盐（flavored salts）是世界上首批大规模销售的香料混合物，它们将最常见的调味料（盐）与各种令人愉悦的风味物（如洋葱、大蒜和芹菜）结合起来制成成品，用于烹饪或在餐桌上供人们随时撒入菜肴中。随后出现的是调味盐（seasoned salts），它们具有更复杂的风味和独有的特征，类似于烧烤香料。它们包括甜椒、洋葱、大蒜、欧芹和其他风味物，以及味精，使其完全不同于早期的植物盐。20世纪下半叶，出于健康原因减少盐摄入的趋势推动了植物盐的流行，例如，新鲜香草食用盐（herbamare），含有海盐、芹菜叶、韭葱、水芹、洋葱、香葱、欧芹、独活草、大蒜、罗勒、马郁兰、迷迭香、百里香，以及含有微量碘的海带和氯化钾等盐替代品。此前，这类产品主要被注重健康的人消费。

细海盐	250mL
磨碎的香料或香草	5mL

在碗里将细海盐和调味料彻底混合。转移到密闭容器中，远离极端潮湿条件，可储存长达1年。

变化

大蒜或洋葱盐：按照制作调味盐的方法，使用等量的盐和大蒜或洋葱粉。每种配料用量比例可以根据口味偏好进行适当调整。

什么是植物盐

植物盐旨在用某些含有天然盐的蔬菜、香草和海藻代替高浓度的氯化钠。然而，许多这些产品都贴错了标签，所以低钠饮食者在接受盐替代品时应该谨慎，即使只看一眼标签上的成分，通常就能看出作为主要配料的盐含量。等量食盐由适当（氯化钠占主要地位的）植物盐取代，有助于降低食盐摄入量。香草、香料和其他配料的风味增强属性应该同样令人满意。

> **提示**
>
> 因为自制调味盐不含抗结剂，所以可能会形成块状物，但这些块状物很容易压碎，且混合物中不会有任何风味损失。

七味唐辛子

有许多变化（有时包括不同类型的海藻），但本款是典型的七味唐辛子。

中辣辣椒片（见提示）	30mL
花椒（山椒）叶粉	15mL
橘皮粉或橙皮粉（见提示）	10mL
黑芝麻	5mL
白芝麻	5mL
大麻籽	2.5mL
棕色芥末籽	2.5mL

将配料放入碗中搅拌均匀，以确保均匀分布。转移到密闭容器并存放在远离极端高温、光线和潮湿的环境，可保存长可达1年。

如何使用七味唐辛子

七味唐辛子既可用作烹饪调味料，也可当餐桌调味品使用，可用于汤、面食、天妇罗和许多其他日本菜肴（见第400页芝麻金枪鱼）。在西式烹饪中，它可有效地用于烧烤、烘烤或煎炸海鲜，只需稍加盐，然后在烹饪前揉搓即可。趁热涂黄油，撒上七味唐辛子的煮熟玉米棒，风味远比仅用椒盐调味的美味得多。

日本料理中的香料

日本料理以其简约和美感而闻名。日式料理的风味通常由主要配料和烹饪方式决定，除寿司外，日本食品主要使用新鲜食材，烹饪方式以煎、煮、蒸或油炸为主。人们往往巧妙地使用香料和香草，使蛋白质和蔬菜保留其特有的风味。以下是日本料理中一些主要香料。

- 花椒叶
- 黑芝麻
- 芥末籽
- 花椒
- 山葵
- 白胡椒

烧烤串香料

烧烤串（烧烤肉串和蔬菜串）烹饪前最好搓揉香料。此款混合物含有经典中东香料组合，具有加深风味和颜色的效果，所包括的欧芹、薄荷和豆蔻可提供新鲜香调。

孜然粉	17mL
阿勒皮姜黄粉	15mL
磨碎黑莱姆（见提示）	10mL
甜红椒粉	10mL
现磨黑胡椒粉	5mL
细海盐	5mL
豆蔻籽粉	5mL
洋葱粉	3mL
碎干芫荽（见提示）	2.5mL
干荷兰薄荷	2.5mL

将配料放入碗中搅拌均匀，以确保均匀分布。转移到密闭容器，并存放在远离极端高温、光线和潮湿环境，可保存长达1年。

如何使用烧烤串香料

烧烤串香料是一种用于红肉的多功能干擦料，主要用于羊肉，无论是烘烤、烧烤、煎炸还是煎制的肉类均可用这种香料。用于制作玉米片美味蘸料，可将10mL烧烤串香料与250mL酸奶油混合，然后加盖冷藏30min。

提示

黑色莱姆通常是购买整个的，所以需要自己将其研磨碎。最简单的方法是将2或3个黑色酸橙放入可重复密封袋子中，并使用擀面杖敲打，直到它们被破碎成不大于5mm的碎片。再转移到研钵中，用研杵进行充分研磨。
要将干燥的香草弄碎，但又不想要将其研成粉末，最好是用将其搓擦通过粗筛的方法。

烤羊肉串

烤羊肉串是夏季烧烤主食，最好在烧烤过程使其轻度烧焦。它们可与蒸粗麦粉和色拉搭配食用，也可以用玉米软饼将它和蒜味黄瓜卷裹起来食用。

制作2人份

制备时间：25min
烹饪时间：15min

提示

如果使用木制烤扦，请在使用之前将它们浸泡在水中至少30min，以防止其在烹饪时燃烧。

● **金属烤扦，上油，或木制烤扦，浸泡（见提示）**

瘦羊肉，切成4cm的小块	250g
鲜榨柠檬汁	5mL
烧烤串香料	5mL
红甜椒，去籽并切成4cm的小块	1个
葱，四切开，葱瓣分开	1颗

1. 在一个大碗里，加入羊肉、柠檬汁和香料混合物。加盖，静置至少15min或冷藏过夜。

2. 将烧烤炉或烤架预热至高温。

3. 交替地将准备好的羊肉、红甜椒和洋葱插入烧烤扦成串。在预热的烧烤炉或烤架上烤制肉串10min，旋转肉串使其均匀地受到烤制（肉内仍然呈粉红色）。将烧烤串从热源取出，并静置5min后再上桌食用。

四川辣味香料

20世纪80年代中期，我在新加坡经营一家香料公司时，我去过最多的餐馆是家川菜馆。我最喜欢的川菜是辣子鸡，这道菜简单地用类似此款混合香料炒鸡。在烹饪结束时，他们在锅中扔了一小撮干天津辣椒，其量相当于每250g鸡肉加约15mL香料。这种混合物是嗜辣者的必备品！

甜椒粉	20mL
中热薄片（见提示）	20mL
超细白砂糖	15mL
细海盐	10mL
姜粉	5mL
大蒜粉	5mL
现磨白胡椒粉	5mL

提示

为取得最好风味，应使用天津辣椒片。如果你手上没有这种辣椒，用瓜希柳（guajillo）辣椒或科罗拉多（Colorado）辣椒片两样也可有美味效果。

将配料放入碗中搅拌均匀，以确保均匀分布。转移到密闭的容器中，贮存于远离极端高温、光照和潮湿的环境，保存期只有6个月（糖、洋葱和大蒜粉以及盐均会吸收水分）。

中国菜肴的香料

中国菜肴并不使用很多种类香料。相反，中国菜肴的很多风味来自烹饪过程中产生的老汤。世界上所有的美食中，中式菜肴是独一无二的，花椒是中国少数几种烹饪香料之一。虽然有很多变化，但以下是一些关键的中国香料。

- 八角
- 茴香
- 芫荽叶
- 莳萝叶
- 桂皮
- 姜
- 花椒
- 黑胡椒
- 辣椒
- 丁香
- 甘草根

填料混合物

体验香料组合物总会使人惊讶。我们为烤鸡生产者开发馅料调味的混合物时，发现孜然能够很好地适应明显不是咖喱的风味。我们有与面包屑混合的基本风味物，如洋葱、大蒜、百里香、鼠尾草、马郁兰、欧芹、牛至、月桂叶和甜红椒。然而，当将其煮熟时，结果发现有点呛口，且口味比较沉闷，直到添加了一撮孜然情形才发生改变。添加的孜然量很少，以致很少有人能够在成品菜肴中认出它，但它的确改变了馅料，使其非常平衡且浓郁。这种馅料也很好地证明了干燥香草能产生比新鲜香草更好的效果。

匈牙利甜椒	25mL
芫荽籽粉	10mL
干鼠尾草	5mL
干百里香	5mL
孜然粉	2mL
干牛至	2mL
现磨黑胡椒粉	1mL
盐，依口味确定	

将配料放入碗中搅拌均匀，以确保均匀分布。转移到密闭容器，并存放在远离极端高温、光线和潮湿的环境，可保存1年。

如何使用填料混合物

在一个大碗里，将本配方制的（50mL）馅料混合物，与1个切碎的洋葱和20mL切碎的新鲜欧芹叶混合。加入1L新鲜的2.5cm面包块和125mL融化的黄油。充分混合。将以上混合物填入家禽腔（馅料在烹饪时会被汁液浸湿）。感恩节火鸡、鸡和野味禽都可以用此混合物做出很美味的食物。

塔可调味料

塔可（Tacos）是我们家的最爱，凯特姐妹们儿时与我和莉兹一起享用了无数次塔可。谁也不知道商业塔可调味料里到底有些什么，所以我自己配了这款全天然的家庭用混合物。

甜椒粉	20mL
孜然粉	15mL
细海盐	10mL
熏甜椒粉	7mL
芫荽籽粉	5mL
芒果粉	5mL
墨西哥辣椒粉（见提示）	2mL
肉桂粉	2mL
干芫荽叶	2mL
干碎牛至	2mL

将配料放入碗中搅拌均匀，以确保均匀分布。转移到密闭容器，并存放于远离极端高温、光线和潮湿的环境，最长可保存1年。

如何使用塔可调味料

按每500g加15mL本调味料制备调味肉糜，用于塔可和墨西哥菜肴，尤其适合带豆类菜肴的调味。烹饪前用本调味料揉搓可提升提烤肉的风味。

> **提示**
>
> 安祖辣椒是墨西哥人烹饪时最喜欢使用的微辣辣椒。虽然瓜希柳椒能提供良好的颜色和风味，但现成的安可辣椒粉可使这种混合物体现一定可靠性。
>
> 由于加入辣椒和孜然，塔可调味料相对温和。

拉美影响力

除了从印度出口的香料外，墨西哥和拉丁美洲食材对世界各地美食产生了巨大影响。在西班牙人来到美洲之前，世界其他地方都不知道多香果、香兰、辣椒、巧克力、番茄、马铃薯和豆类。欧洲，尤其是西班牙，反过来影响了阿根廷、智利、尼加拉瓜、西印度群岛和墨西哥的美食。以下是墨西哥和拉丁美洲菜肴中使用的一些主要香料。

- 红辣椒粉
- 茴香
- 芫荽叶
- 牛至
- 辣椒（巴西拉椒、安祖椒、莫拉多椒、瓜希柳椒、贝京椒、加勒背努椒、哈瓦那椒、新墨西哥椒）
- 肉桂（斯里兰卡）
- 土荆芥
- 万寿菊
- 胭脂红木

塔吉锅混合香料

　　塔吉锅可以简单地描述为摩洛哥砂锅。这种甜辣香料构成的高度芳香混合物连同其名称，与巴哈拉特混合香料相比除了没有加黑胡椒以外，有着惊人相似之处。典型塔吉锅香料混合物很适合羊肉，特别适合气味强烈几乎像野味的羊肉。这些香料有助于消除这种冲味。

甜红椒粉	25mL
芫荽籽粉	12mL
月桂粉	5mL
红辣椒粉	5mL
多香果粉	1mL
丁香粉	1mL
豆蔻籽粉	1mL

　　将配料放入碗中搅拌均匀，以确保均匀分布。转移到密闭容器，并存放在远离极端高温、光线和潮湿的环境，最长可保存1年。

如何使用塔吉锅混合香料

这种混合物适合各种红肉或野味特色炖菜，包括牛面颊肉和牛尾，每500g肉使用20mL。体验这种不寻常香料混合物与羊肉完美结合的最佳方式是尝试羊腱塔吉锅。

羊腱塔吉锅

这种丰富、丰盛的塔吉锅是冬季温暖食物的极品，与蒸粗麦粉一起食用。

● **烤箱预热至160℃**

羊腿	8块
塔吉锅混合香料	60mL
油	15mL
李子，去核	6颗
胡萝卜，去皮，切成2.5cm的小块	4根
洋葱，切碎	2颗
欧洲防风根，去皮，切成2.5cm的小块	2根
398mL带汁碎番茄罐头	1罐
水	1L
橙汁	500mL
大蒜泥	30mL
番茄酱	30mL
现磨黑胡椒粉	1mL
海盐	适量

1. 用塔吉锅混合香料涂抹羊腿。

2. 中火，在锅中加热油。加入羊肉，每面煮5~7min，直至全部变成褐色，转移到一个大型耐热锅或荷兰烤锅中。加入李子、胡萝卜、洋葱、欧洲防风根、番茄、水、橙汁、蒜泥、番茄酱和胡椒粉，盖紧盖子，在预热的烤箱中烘烤1.5~2h，直至肉变得非常软。用盐调味即可食用。

唐杜里混合香料

唐杜里（tandoori）菜肴由称为唐杜（tandoor）的烤炉烹饪，这种烤炉呈圆柱形，由黏土或金属材料制作，炉中燃烧的木炭可以赋予菜肴令人垂涎的烟熏味。

提示

避免使用现成的唐杜里糊，因为大多数都用人工色素产生近乎明亮的鲜红色外观。奇特的鲜艳色彩对风味没有任何作用。

甜椒粉	15mL
孜然粉	7mL
芫荽籽粉	5mL
姜粉	5mL
烟熏甜椒	5mL
肉桂粉	2mL
葫芦巴籽粉	2mL
绿豆蔻籽粉	2mL
棕色小豆蔻荚粉	2mL

将碗中的配料混合并搅拌均匀，以确保均匀分布。转移到密闭容器，并存放在远离极端高温、光线和潮湿的环境，最长可保存1年。

如何使用唐杜里混合香料

这种混合物添加盐非常适合在烧烤、煎烤甚至烘制之前搓擦在各种肉料上。如果胆子再大点，可以用它来制作烤肉腌制糊。在可重复密封袋子中，将10mL唐杜里香料混合物与250mL原味酸奶混合，加入肉，密封袋子，翻转袋子使香料涂上肉块，冷藏过夜。用这种方式腌制出的羊腿特别好吃。

印度菜肴中的香料

印度菜肴可以说比其他任何菜肴使用的香料都多。印度菜肴通常分为北方菜和南方菜，每种菜系均受到当地生长植物的影响，也受移民、入侵者和殖民者文化的影响。以下是印度菜中的一些关键香料。

- 芫荽（叶子和种子）
- 姜黄
- 肉桂
- 孜然
- 姜
- 胡椒
- 辣椒
- 肉豆蔻
- 肉豆蔻干皮
- 葫芦巴（叶子和种子）
- 罗望子
- 柯卡姆
- 小豆蔻（绿色和棕色）
- 番红花
- 丁香

唐佳锅混合香料

　　传统上，摩洛哥单身汉会将他的唐佳锅带到一家肉店让厨师帮助准备食材。该锅装填适当的食材组合，例如，切成5cm的块状的带骨牛小腿、油、香料和蜜饯柠檬，用纸盖住锅口。然后将锅送到当地澡堂，那里的司炉工会将锅置于热煤床上五六个小时，单身汉在晚上时将他的唐佳锅取回。这是一道惊人的慢煮菜，可与家人和朋友一起分享的晚餐。今天，许多人参与唐佳锅式烹饪，使用更为精制的陶罐，这种罐可以在烤箱中使用，有人甚至用无处不在慢烹饪器具进行这种方式烹饪。使用这种香料混合物，可以使小牛腿和其他肉类具有浓郁的风味。

甜椒粉	15mL
芫荽籽粉	10mL
月桂粉	5mL
丁香粉	2mL
豆蔻籽粉	2mL
阿勒颇椒粉，用量或根据品尝确定（见提示）	2mL

将配料放入碗中搅拌均匀，以确保均匀分布。转移到密闭容器，并存放在远离极端高温、光线和潮湿的环境，最长可保存1年。

如何使用唐佳锅混合香料

这种香料混合物是多功能的，在慢煮时可补充各种红肉的风味，每500g肉使用20mL。

为制备鸡肉和小牛肉干擦料，可将1份配方量唐佳锅香料混合物与10mL甜辣椒粉、5mL烟熏甜辣椒粉、5mL磨碎黑莱姆混合，并用盐调味。

> **提示**
>
> 唐佳锅是一种双耳形黏土烹饪锅，深约45cm，是摩洛哥传统用锅。它比塔吉锅更深，可以容纳更多液体，使得它更适合于慢煮（塔吉锅很浅，如果长时间加热配料会变干）。
> 阿勒颇椒是一种温和的辣椒，广泛用于中东烹饪。

唐佳锅小牛肉

这是一款风味得到完美平衡的简单唐佳锅菜肴，包括精致的小牛肉、香料和柠檬，可配马铃薯泥或蒸粗麦粉食用。

制作4人份

制备时间：15min
烹饪时间：3.5h

- **烤箱预热至120℃**
- **唐佳锅、防火砂锅或荷兰烤锅**

小牛腿，约5cm厚	1.5kg
唐佳锅混合香料，分批用	37mL
橄榄油	15mL
洋葱，切碎	2颗
398mL带汁碎番茄罐头	1罐
蜜饯柠檬，仅用皮，剁碎	1颗
水	750mL
细海盐	5mL

1. 22mL香料混合物涂在小牛肉上。

2. 中大火，在煎锅中加热油。加入小牛肉，每边煮6~8min，直到略微变成褐色。将火调至小火，加入洋葱、番茄、柠檬、剩余的香料混合物、水和盐，搅拌混合。将火调至中火，然后慢慢煮沸。加盖，并在预热的烤箱中烘烤3h，或直至非常柔软。立即食用。

藤佩罗百安诺

正如西方食品中随处可见混合香草，印度菜肴中的格拉姆马萨拉和法国菜中的普罗旺斯香草，藤佩罗百安诺可被视为巴西的通用调味品。与所有广泛使用的香草和香料组合一样，这种混合物几乎可有与其制造人数一样多的变化。藤佩罗百安诺起源于巴西巴伊亚州，然而，它的受欢迎程度已遍及巴西全国各地，可能是因为它有很大的普适性。

搓揉碎的干欧芹（见提示）	20mL
搓揉碎的干牛至	15mL
搓揉碎的干罗勒	10mL
肉豆蔻粉	5mL
马德拉斯姜黄粉	5mL
现磨黑胡椒粉	3mL
现磨白胡椒粉	3mL
中辣辣椒片（见提示）	3mL
月桂叶粉（见提示）	2mL

将配料放入碗中搅拌均匀，以确保均匀分布。转移到密闭容器，并存放在远离极端高温、光线和潮湿的环境，最长可保存1年。

变化

可以按以下方法用新鲜芫荽配制藤佩罗百安诺：各用15mL新鲜压实的欧芹、牛至、罗勒和辣椒。使用配有金属刀片的食品加工机，将以上配料加工成糊状，加入刚刚好的油，搅打达到滑溜的稠度，所需油量取决于新鲜香草的多汁性。装在密闭容器中，可在冷藏冰箱内保存最多2天。

如何使用藤佩罗百安诺

这种调味料在烧烤、煎烤，甚至烘烤之前，可作为干腌料揉搓在鱼和鸡上，每250mL汤加10mL藤佩罗百安诺。藤佩罗百安诺在烘烤前撒在蔬菜上，可增添极佳的色彩和风味深度。

提示

干叶有时可能很大。为了使其能与其他配料充分混合，可用粗筛擦拭它们，如此可产生类似于粉末的东西，但具有更粗糙的质地。

用干长红辣椒制成的辣椒片在这个配方中效果最好。对于喜欢温和辣度的人，可使用巴西拉椒。

破碎的叶子首先用手指压碎它们，然后用研钵和研杵研磨碎的叶子。

面包屑羊排

这道菜肴加入巴西混合香料藤佩罗百安诺，提供清淡的香草味，并且不会过于强烈。此外，颜色和质地使这些羊排具有诱人的视觉效果。此菜只需要一块柠檬和绿色色拉配合。

制作4人份

制备时间：10min
烹饪时间：10min

提示

从羊排架切出羊排或羊肉排。它们是顶级精肉，切片需要快速烹饪。

制作新鲜面包屑：将一条新鲜或一日龄白面包（酸面团面包有极好的风味）切成厚片。用手掌擦拭面包片，形成面包屑。或者使用盒式磨碎机刨丝，为获得最佳结果，也可以在装有金属叶片的食品加工机中进行脉冲加工。如果面包非常新鲜，可将碎屑均匀地撒在砧板或托盘上稍微晾干。

通用面粉	60mL
鸡蛋，轻轻搅打	1个
新鲜面包屑（见提示）	250mL
藤佩罗百安诺	5mL
修整过的羊排或羊肉排（约60g，见提示）	8块
油，用于煎炸	适量
柠檬，切成楔形	1颗

1. 准备面包屑，将面粉放入浅碗中。在另一个碗里，搅拌鸡蛋。在一个足以蘸羊肉的碗里，将面包屑和藤佩罗百安诺混合在一起。

2. 将羊排（仅有肉一端）浸入面粉中，抖掉多余的面粉，然后浸入鸡蛋中，让多余的蛋液滴去，再充分地涂上香料面包屑，转移到栅网架（如此可防止一侧变潮湿）。剩余的羊肉同样处理。

3. 中火，在锅中加热5mm深的油，直到锅底出现小气泡。油炸羊肉，每边炸3min，转移到干净的栅网架上静置2min。在羊排旁边配柠檬。

塞尔

塞尔（Tsire）粉是西非一种用盐和香料调味的碎烤花生，传统上用作肉的裹涂层。

烤过的无盐花生，压碎	100g
细海盐	5mL
肉桂粉	5mL
辣椒片（见提示）	5mL
多香果粉	2mL
姜粉	2mL
肉豆蔻粉	2mL
丁香粉	1mL

提示

这种食谱宜用由鸟眼辣椒制成的辣椒片。

将碗中的配料混合并搅拌均匀，以确保均匀分布。转移到密闭的容器中，在远离极端高温、光线和潮湿环境，最多可存放2周。

如何使用塞尔

塞尔的传统使用方法是先用肉蘸油或搅打蛋液，然后用这种坚果和香料的混合物涂层，结果类似于非常美味的面包屑壳。西非最容易获得的肉类是鸡肉，正如沙嗲的花生风味能很好地与鸡肉和羊肉配合一样，塞尔也是如此。

突尼斯混合香料

我最喜欢的北非香料混合物之一是哈里萨。干辣椒与大蒜，葛缕子和薄荷的组合适合许多膳食调味，具有非常好的开胃效果。然而，我有许多不喜欢辣的朋友，所以我觉得有必要找到一种既能享受这些美味带来的快乐，又不感到太辣的方法，这便是我推出此款混合物的初衷。它类似于哈里萨，但不那么辣，没有任何风味缺陷。

提示

用干长红辣椒制成的辣椒片在这个配方中效果最好。对于那些喜欢温和风味者，可使用巴西拉辣椒粉。

干薄荷叶有时可非常大。为了使它们与其他成分充分混合，用粗筛擦拭它们，这会产生类似于粉末的东西，但具有更粗糙的质地。

甜椒粉	27.5mL
大蒜粉	25mL
葛缕籽粉	7.5mL
芫荽籽粉	5mL
孜然粉	5mL
细海盐	5mL
中辣辣椒片（见提示）	2.5mL
搓碎的留兰香（见提示）	2.5mL

将配料放入碗中搅拌均匀，以确保均匀分布。转移到密闭容器，并存放在远离极端高温、光线和潮湿环境，最长可保存1年。

如何使用突尼斯香料混合物

在烧烤、烘烤或煎烤之前，将此混合物作为干腌料搓揉在鸡肉上。也可以在突尼斯扁豆火锅中使用这种混合物，这是一种制作快速的健康素食餐。

突尼斯扁豆火锅

这是一道令人满意的丰盛健康的菜肴，既可单独供餐，也可与烤面包一起食用。如果需要辣椒，可在供餐前撒上5mL哈里萨。

橄榄油	15mL
洋葱，切碎	1颗
芹菜茎，切成小丁	2根
胡萝卜，切成小丁	1根
突尼斯混合香料	45mL
马铃薯，切丁	1颗
水或蔬菜汤，分次使用	500mL
带汁整番茄罐头	250mL
煮棕色扁豆（见提示）	500mL
煮鹰嘴豆（见提示）	250mL
煮熟的红芸豆	75mL
小干面食，如通心粉或小贝壳面	45mL

中火，在锅中加热油。加入洋葱、芹菜和胡萝卜，炒2~3min，直至变成浅褐色。加入香料混合物和马铃薯，煮2min，直到炒出香味。加入250mL水和番茄，煮沸后再煮5min。加入扁豆、鹰嘴豆、芸豆和剩余的250mL水，充分混合。加入面食搅拌，煮沸后再煮10min，直到意大利面熟。如果需要调整汤的稠度，可以加入更多水来调整。立即食用。

制作4人份

制备时间：10min
烹饪时间：25min

提示

煮扁豆：用细网筛装250mL干扁豆，在冷水下冲洗。转移到中型平底锅中，加入1L水和5mL盐。用中火煮约20min或直至嫩。

煮干鹰嘴豆和芸豆：用一个大碗装豆，加至少2.5cm高出豆面的水覆盖，浸泡过夜。用冷水淋洗，然后装入大平底锅中，加至少高出豆面12.5cm的盐水。用中低火煮1.5h或直到嫩，然后排水。煮好的豆可在冷藏冰箱保存长达1周，或在冷冻冰箱中保存长达3个月。

香兰豆糖

许多制备的香兰糖都是用人造香兰风味剂制成的，所以几年前我就决定利用优质香兰自己制作香兰糖。我喜欢将磨碎的香兰豆与超细白砂糖混合，但是，如果无法购买到优质香兰豆粉，也可以使用整个香兰豆及下面的浸泡方法（香兰豆柔软而柔韧，因其水分含量高而不易磨碎）。

> **提示**
>
> 从香兰豆荚中刮下种子时，切勿丢弃豆荚。将它放入糖罐子里，香兰风味会浸入糖中，直到香兰豆荚完全干枯。

超细白砂糖	45mL
香兰豆粉	5mL

将配料放入碗中搅拌均匀，以确保均匀分布。转移到密闭容器，并存放在远离极端高温、光线和潮湿环境，最长可保存1年。

浸泡方法

将2枚软香兰豆装入250mL带密封盖的罐子里，在罐内加入250mL超细白砂糖，密封罐子。将罐子存放在阴凉、避光的地方3周，以使香兰风味注入糖中。使用前摇一摇，可以在来年使用时多次加糖。

札塔

札塔（Za'atar）这个词往往会在市场上造成一些混乱。这个阿拉伯语词在许多中东国家被用来描述百里香及由百里香、芝麻、漆树粉和盐制成的调味混合物。像许多香料混合物一样，札塔也来自不同地区。不同地区喜欢不同的札塔配料比例，并且在一些地区还可以添加漆树叶作为配料。

干百里香叶，粉碎（见提示）	15mL
干欧芹叶，搓碎	10mL
漆树粉	5mL
烤芝麻（见提示）	2.5mL
干牛至叶	1.5mL
细海盐	1mL

在一个碗里将配料搅拌均匀，确保均匀分布。转移到密闭容器，并存放在远离极端高温、光线和潮湿的环境，最长可保存1年。

提示

想要将干燥香草粉碎，又不希望将它们磨得过细，最好是将它们搓揉通过一粗筛实现此目的。

烤芝麻：中火，在干锅中不断摇晃2~3min，直到略微变成褐色。立即转移到盘子冷却，防止进一步褐变。

变化

具有新鲜可口滋味的札塔，可按以下方法制备：用45mL切碎新鲜百里香或柠檬百里香替代配方中的干百里香。使用新鲜百里香的制备物，保存期不应超过几天。

如何使用札塔

札塔一般用于碳水化合物类食材。札塔面包可以像制作大蒜面包一样，将10~15mL的札塔混合物与125mL黄油混合，将此风味黄油涂在法式面包片上，用铝箔包裹，在预热到180℃烤箱中烤约15min。较传统的中东制作方法是用橄榄油刷扁面包（如黎巴嫩面包或皮塔饼），再在上面撒札塔，并稍烘烤。札塔可与马铃薯泥混合，也可以作为烤马铃薯角的调味料。札塔可用于制作诱人的美味涂层，应用于烧烤、烘烤和煎烤的鸡块。在烧烤之前，它还可以当作干腌料搓揉在羊排上，再烧烤成美味的烤羊排。

参考文献

The Australian New Crops Newsletter. Queensland, Australia: University of Queensland, Gatton College. Available online at www.newcrops.uq.edu.au.

Botanical.com. "A Modern Herbal." Available online at http://botanical.com.

Bremness, Lesley. *Herbs*. Dorling Kindersley Handbooks. New York: Dorling Kindersley Publishing,1994.

Brouk, B. *Plants Consumed by Man*. London, England: Academic Press,1975.

Burke's Backyard. "Burke's Backyard Fact Sheets." Available online at http://www.burkesbackyard.com.au/index.php.

The Chef's Garden. Available online at www.chefs-garden.com.

Cherikoff, Vic. *The Bushfood Handbook*: *How to Gather, Grow, Process and Cook Australian Wild Foods*. Balmain, NSW, Australia: Ti Tree Press,1989.

Corn, Charles. *The Scents of Eden*: *A History of the Spice Trade*. New York: Kodansha America,1998.

Cribb, A.B., and J.W. Cribb. *Wild Food in Australia*. Sydney, Australia: William Collins,1975.

Dave's Garden. "Plant Files." Available online at http://davesgarden.com/guides/pf.

Duke, James A. *Handbook of Edible Weeds*. London, England: CRC Press,1982.

Encyclopedia of Life. "Plants." Available online at http://eol.org/info/plants.

Farrell, Kenneth T. *Spices, Condiments and Seasonings*.2nd ed. New York: Van Nostrand Reinhold,1990.

Feasting at Home. Blog. "Eggplant Moussaka." Available online at http://www.feastingathome.com/2013/03/rustic-eggplant-moussaka.html.

Gernot Katzer Spice Pages. Available online at www-uni-gray.at/~katzer/engl.

The Guardian. "Nigel Slater's Winter Recipes." Available online at http://www.theguardian.com/lifeandstyle/2011/jan/23/nigel-slater-recipes.

Gourmet Traveller. "Meyer Lemon and Olive Oil Cakes." Available online at http://www.gourmettraveller.com.au/recipes/recipe-search/fare-exchange/2011/9/meyer-lemon-and-olive-oil-cakes.

Greenberg, Sheldon, and Elisabeth Lambert Ortiz. *The Spice of Life*. London, England: Mermaid Books,1984.

Grieve, M. *A Modern Herbal*. Vol.1 and 2. New York: Hafner Publishing,1959.

Heal, Carolyn, and Michael Allsop. *Cooking with Spices*. London, England: David and Charles,1983.

Hemphill, Ian. *Spice Travels*: *A Spice Merchant's Voyage of Discovery*. Sydney, Australia: Pan Macmillan, 2002.

Hemphill, Ian, and Elizabeth Hemphill. *Herbaceous*:

A Cook's Guide to Culinary Herbs. Melbourne, Australia: Hardie Grant, 2003.

———. *Spicery*: *A Cook's Guide to Culinary Spices*. Melbourne, Australia: Hardie Grant,2004.

Hemphill, John, and Rosemary Hemphill. *Hemphill's Herbs*: *Their Cultivation and Usage*. Sydney, Australia: Lansdowne Press,1983.

———. *Myths and Legends of the Garden*. Sydney, Australia: Hodder Headline,1997.

———. *What Herb Is That? How to Grow and Use the Culinary Herbs*. Sydney, Australia: Lansdowne Press,1995.

Hemphill, Rosemary. *Fragrance and Flavour*: *The Growing and Use of Herbs*. Sydney, Australia: Angus & Robertson,1959.

———. *Herbs for All Seasons*. Sydney, Australia: Angus & Robertson,1972.

———. *Spice and Savour*: *Cooking with Dried Herbs, Spices and Aromatic Seeds*. Sydney, Australia: Angus & Robertson,1964.

Herbivoracious. "Make Your Own Kimchi." Available online at http://herbivoracious.com/2013/05/making-your-own-kimchi-recipe.html.

Hot. Sour. Salty. Sweet. And Umami. Blog. "Holy Basil." Available online at http://holybasil.wordpress.com/2008/01/09/bo-kho-vietnamese-beef-stew.

Humphries, John. *The Essential Saffron Companion*. Berkeley, CA: Ten Speed Press,1998.

Jaffrey, Madhur. *World of the East Vegetarian Cooking*. New York: Knopf,1981.

Johnny's Selected Seeds. Available online at www.johnnyseedsonlinecatalog.com.

Kennedy, Diana. *The Essential Cuisines of Mexico*. New York: Clarkson N. Potter, 2000.

———. *My Mexico*: *A Culinary Odyssey with More Than 300 Recipes*. New York: Clarkson N. Potter,1998.

Kew Plant Cultures. Available online at http://www.kew.org/plant-cultures/index.html.

Kew Royal Botanic Gardens. "Electronic Plant Information Centre." Available online at http://epic.kew.org/index.htm.

Landing, James E. *American Essence*: *A History of the Peppermint and Spearmint Industry in the United States*. Kalamazoo, MI: Kalamazoo Public Museum,1969.

Leith, Prue, and Caroline Waldegrave. *Leith's Cookery Bible*.3rd ed. London, England: Bloomsbury Publishing, 2003.

Loewenfeld, Claire, and Phillipa Back. *The Complete Book of Herbs and Spices*. Sydney, Australia: A.H. and A.W. Reed,1976.

Macoboy, Sterling. *What Tree Is That?* Sydney, Australia: Ure Smith,1979.

Mallos, Tess. *The Complete Middle East Cookbook.* Sydney, Australia: Lansdowne,1995.

Miers, Tomasina. *Mexican Food Made Simple.* Great Britain: Hodder & Stoughton, 2010.

Milan, Lyndey, and Hemphill, Ian. *Just Add Spice.* Sydney, Australia: Penguin Books, 2010.

Miller, Mark. *The Great Chile Book.* Berkeley, CA: Ten Speed Press,1991.

Morris, Sallie, and Lesley Mackley. *The Spice Ingredients Cookbook.* London, England: Lorenz Books,1997.

Nguyen, Pauline. *Secrets of the Red Lantern.* Australia: Murdoch Books, 2007.

Our Italian Family Recipes. Blog. "Torcetti: Little Twists." Available online at http://www.ouritalianfamilyrecipes.com/recipes/desserts/cookies/torcetti-little-twists.

Ottolenghi, Yotam, and Tamimi, Sami. *Ottolenghi: The Cookbook.* Great Britain: Ebury Press,2008.

Perikos, John. *The Chios Gum Mastic.* Chios, Greece: John Perikos,1993.

Plants for a Future Database. Available online at http://www.pfaf.org/user/plantsearch.aspx.

Pruthi, J.S., ed. *Spices and Condiments*: *Chemistry*, *Microbiology*, *Technology.* London, England: Academic Press,1980.

Purseglove, J.W., E.G. Brown, C.L. Green, and S.R.J. Robbins, *Spices.* Vol.1 and 2. Tropical Agriculture Series. London, England: Longman Group,1981.

Raghavan Uhl, Susheela. *Handbook of Spices*, *Seasonings*, *and Flavorings.* Lancaster, PA: Technomic Publishing, 2000.

Ridley, H.N. *Spices.* London, England: McMillan and Co.,1912.

Robins, Juleigh. *Wild Lime*: *Cooking from the Bush Garden.* St. Leonards, NSW, Australia: Allen & Unwin,1998.

Rogers, J. *What Food Is That? And How Healthy Is It?* Willoughby, NSW, Australia: Weldon Publishing,1990.

Rosengarten, Frederick, Jr. *The Book of Spices.* New York: Jove Publications,1973.

Rural Industries Research and Development Corporation. "Plant Industries." Available online at http://www.rirdc.gov.au/research-programs/plant-industries.

Smith, Keith, and Irene Smith. *Grow Your Own Bushfoods.* Sydney, Australia: New Holland Publishers,1999.

Solomon, Charmaine. *The Complete Asian Cookbook.* Revised and Updated. Victoria, Australia: Hardie Grant Books, 2011.

———. *Encyclopedia of Asian Food*: *The Definitive Guide to Asian Cookery.* Kew, Victoria, Australia: Hamlyn Australia,1996.

Spices Board India. *Indian Spices*: *A Catalogue.* Cochin: Ministry of Commerce, Government of India,1992.

Stobart, Tom. *Herbs, Spices and Flavourings.* London, England: Grub Street,1998.

Stuart, Malcolm, ed. *The Encyclopedia of Herbs and Herbalism.* Sydney, Australia: Paul Hamlyn,1979.

Tannahill, Reay. *Food in History.* London, England: Penguin Books,1988.

Thompson, David. *Thai Food.* Victoria, Australia: Penguin Group, 2002.

The Tiffin Box: *Food and Memories.* Blog. "Potato and Pea Samosas." Available online at http://www.thetiffinbox.ca/2013/05/indian-classics-traditional-potato-and-peas-samosas-authentic-recipe.html.

Torres Yzabal, Maria Delores, and Shelton Wiseman. *The Mexican Gourmet*: *Authentic Ingredients and Traditional Recipes from the Kitchens of Mexico.* San Diego: Thunder Bay Press,1995.

Toussaint-Samat, Maguelonne. *History of Food.* Oxford, England: Blackwell Publishing,1998.

Turner, Jack. *Spice*: *The History of a Temptation.* New York: Knopf, 2004.

United States Department of Agriculture Plant Database. Available online at https://plants.usda.gov.

Von Welanetz, Diana, and Paul Von Welanetz. *The Von Welanetz Guide to Ethnic Ingredients.* Los Angeles: J.P. Tarcher,1982.

Wikipedia. "List of Plants by Common Name." Available online at http://en.wikipedia.org/wiki/List_of_plants_by_common_name.

Wilson, Sally. *Some Plants Are Poisonous.* Kew, Victoria, Australia: Reed Books Australia,1997.

Yanuq: *Cooking in Peru.* Blog. "Ocapa." Available online at http://www.yanuq.com/english/recipe.asp?idreceta=75.